深圳市中国科学院仙湖植物园
植物名录

深圳市中国科学院仙湖植物园　编著

U0197506

科学出版社

北京

内 容 简 介

　　本书对深圳市中国科学院仙湖植物园引种保育的高等植物进行了统计和梳理，参考了最新的文献和资料，参照最新的分类系统，按苔藓植物、石松类植物、蕨类植物、裸子植物、被子植物的顺序进行排列。本书还尽可能全面地列出了植物的地理分布，并对保种植物我国特有与否、濒危等级、国家重点保护野生植物保护等级等信息进行了说明。

　　本书可作为各植物园、植物保种机构、科研机构、高等院校等的参考用书，可供植物爱好者和植物保种领域的相关人员参阅。

图书在版编目（CIP）数据

深圳市中国科学院仙湖植物园植物名录/深圳市中国科学院仙湖植物园编著.
—北京：科学出版社，2021.9
　ISBN 978-7-03-067737-2

　Ⅰ. ①深⋯　Ⅱ. ①深⋯　Ⅲ. ①植物园–植物–深圳–名录
Ⅳ. ①Q948.526.51-62

中国版本图书馆 CIP 数据核字（2020）第 262398 号

责任编辑：王　静　付　聪 / 责任校对：郭瑞芝
责任印制：吴兆东 / 封面设计：无极书装

科 学 出 版 社 出版
北京东黄城根北街 16 号
邮政编码：100717
http://www.sciencep.com
北京捷迅佳彩印刷有限公司 印刷
科学出版社发行　各地新华书店经销

*

2021 年 9 月第 一 版　　开本：889×1194 1/16
2021 年 9 月第一次印刷　　印张：23 3/4
字数：838 000
定价：320.00 元
（如有印装质量问题，我社负责调换）

《深圳市中国科学院仙湖植物园植物名录》
出版委员会

编著单位：深圳市中国科学院仙湖植物园

领导委员会

主　任：杨义标

副主任：谢锐星　张寿洲　张　力　胡振华　邹远军
　　　　杨积涛

编　委　会

主　编：邱志敬

副主编：金　红　王　晖

编　委：秦　密　何　希　谢锐星　张寿洲　李　楠
　　　　张　力　左　勤　万　涛　钟淑婷　唐婧文
　　　　王虹妍　杨蕾蕾　赵国华　孙巧玲　黄义钧
　　　　杨红梅　陈珍传　余俊杰　梁琼芳　任路明
　　　　巫锡良　林茂华　王茜茜　刘仪烨　陈景方
　　　　郎校安　莫佛艳　谌丽施　刘　平　曹惠聪
　　　　陈　朋　邓玲丽　邓　添　李洪雷　卢惊鸿
　　　　罗　倩　舒　文　王　克　王文广　郑曼枞
　　　　朱果果　陈　涛

序

    植物引种保育是植物园的核心功能之一，深圳市中国科学院仙湖植物园（以下简称：仙湖植物园）建园 38 年来，一直将植物的引种和保育工作作为重要任务，通过野外考察和引种，植物园先后在我国多地开展引种工作数百余次，并与国内外知名植物园如英国皇家植物园——邱园、爱丁堡皇家植物园、纽约植物园、密苏里植物园、中国科学院西双版纳热带植物园、北京植物园、中国科学院华南植物园、中国科学院武汉植物园、厦门园林植物园、贵州省植物园、桂林植物园、昆明植物园、上海植物园、上海辰山植物园等开展了多次物种交换和引种活动。经过一批又一批仙湖人的努力，目前仙湖植物园保育的活植物已达 12 204 个分类群（包括种及种下分类等级和品种，下同），成为我国最重要的植物保育基地之一。

    这个成果来之不易！加上活植物的管理养护和维护等工作量巨大，要想保持活植物的数量稳步增加，未来更需要不断地引种和更加优质地养护。虽然仙湖植物园已经取得了一定的成绩，但我们也意识到仙湖植物园与世界著名植物园之间的差距还较大，今后仍需继续保持引种力度，进一步提高引种成功率，做好栽培养护、物候记录和数据库管理工作。

深圳市中国科学院仙湖植物园主任　杨义标

2021 年 9 月

前　言

仙湖植物园位于深圳市中东部，坐落于美丽的梧桐山脚下，东倚深圳市第一高峰——梧桐山（海拔 944m），西临深圳水库，占地面积 668hm²。仙湖植物园坐标为北纬 22°34′55.96″、东经 114°10′55.33″，属于亚热带季风海洋性气候，夏季高温高湿而多雨，春秋冬季温和而少雨，夏季长达 6 个月。仙湖植物园所在地年平均气温为 23.7℃，最高气温为 36.6℃，最低气温为 1.4℃，年均降雨量为 1608.1mm，夏秋两季为台风多发季节。

仙湖植物园共有 23 个专类植物园和 3 个植物保种温室苗圃，目前共保种高等植物 12 204 个分类群，其中原生种 8378 种（或种下分类等级，下同），品种 3826 个。根据 2021 年 9 月国家林业和草原局与农业农村部公布的《国家重点保护野生植物名录》，仙湖植物园共保种国家重点保护野生植物 423 种，其中一级 81 种、二级 342 种；中国特有种 1881 种。根据《中国生物多样性红色名录——高等植物卷》，仙湖植物园包含已野外绝灭或地区绝灭的植物 11 种，极危 112 种，濒危 250 种，近危 301 种，易危 359 种。

仙湖植物园保种的高等植物中，包含苔藓植物 27 科 30 属 39 种；石松类和蕨类植物 44 科 153 属 908 个分类群；裸子植物 12 科 52 属 351 个分类群，其中苏铁类植物 236 个分类群；被子植物 227 科 1900 属 10 906 个分类群，其中保种比较多的类群为苦苣苔科（1727 个分类群）、兰科（688 个分类群）、夹竹桃科（564 个分类群）、凤梨科（541 个分类群）、仙人掌科（484 个分类群）、天南星科（437 个分类群）、秋海棠科（368 个分类群）。

本书植物分类参照最新版的多识植物分类系统，其中，苔藓植物系统是由多识团队根据最新分子研究结果整理而得，广义蕨类植物系统参照 PPG I 系统（2016）并略有修订；裸子植物系统由多识团队在 Christenhusz 裸子植物分类系统（2011）的基础上，结合最新的分子研究结果略有修订；被子植物系统由多识团队在 APG IV 系统（2016）的基础上，结合最新的研究成果略有修订。本书之所以使用多识植物分类系统，是因为该系统具有以下优点：一是该系统是依据 PPG I 系统、APG IV 系统等学界广泛接受和使用的分类系统发展而来；二是该系统紧跟分子系统学研究成果，更新比较及时；三是该系统严格根据命名法规对科属名称进行考证，拉丁名拼写准确，命名法相关的内容比较翔实。为便于读者查找，本书在植物大类上仍保留传统的苔藓植物、石松类植物、蕨类植物、裸子植物和被子植物。

关于物种的地理分布，为了保证信息量，本书尽可能保证分布范围信息量不减少，因此分布区可能会存在前后包含的情况，我们不再做更深入的探讨。

本书每一植物除列出拉丁名和（或无）中文名外，还按顺序列出了如下内容：登录号、中国特有信息、《中国生物多样性红色名录——高等植物卷》濒危等级、《国家重点保护野生植物名录》保护等级、分布。其中，不是或者不确定中国特有的，不在《中国生物多样性红色名录——高等植物卷》和《国家重点保护野生植物名录》（2021 年 9 月发布）中的，分布地缺乏、未知或不清楚的均用"—"来代替。

举例：

Cathaya argyrophylla Chun & Kuang　　银杉

0004036　中国特有　濒危（EN）　一级　中国

Angiopteris fokiensis Hieron.　福建观音座莲
F0050235　中国特有 — 二级　中国南部

本书收录的植物来自仙湖植物园广大科技工作者的引种记录和定植记录及仙湖植物园活植物数据库等资料。本书植物名称校对、植物分类系统、地理分布等信息主要参考：《中国植物志》及其英文修订版、多识植物百科（http://duocet.ibiodiversity.net/）、《国家重点保护野生植物名录》（http://www.forestry.gov.cn/main/3954/20210908/163949170374051.html）、物种 2000 中国节点（http://www.sp2000.org.cn/）、中国自然标本馆（http://www.cfh.ac.cn/）、中国珍稀濒危植物信息系统（http://www.iplant.cn/rep/）、Plants of the World Online（http://www.plantsoftheworldonline.org）、Tropicos（http://www.tropicos.org）、The Plant List（http://www.theplantlist.org）等资料。在此向这些资料的作者及整理者表示诚挚的感谢，并向参与仙湖植物园引种保育、野外考察、种质交换、定植栽培、清查鉴定等工作的所有科技工作者和职工表示感谢，感谢他们的辛苦工作和不懈坚持。

感谢深圳市城市管理和综合执法局的支持，以及仙湖植物园各级领导对本书编写工作的支持和帮助。感谢仙湖植物园保种中心各位同仁的协助和支持，以及仙湖植物园各兄弟部门的支持和配合。最后，感谢上海世博文化公园汪远先生对名录的校对，以及仙湖植物园谢锐星先生提供封面图片。

由于编者水平有限，错漏之处在所难免，竭诚欢迎各位读者批评指正，以便再版时予以修订。

编　者
2021 年 9 月

目 录

Bryophytes 苔藓植物

Marchantiophytina 地钱亚门

Marchantiaceae 地钱科

Marchantia 地钱属

Marchantia emarginata subsp. *tosana* (Steph.) Bischl. 东亚地钱
0004889 — — — —

Marchantia polymorpha L. 地钱
F9000001 — — — —

Dumortieraceae 毛地钱科

Dumortiera 毛地钱属

Dumortiera hirsuta (Sw.) Nees 毛地钱
F9000002 — — — —

Conocephalaceae 蛇苔科

Conocephalum 蛇苔属

Conocephalum conicum (L.) Dumort. 蛇苔
0002570 — — — —

Conocephalum japonicum (Thunb.) Grolle 小蛇苔
F9000003 — — — —

Ricciaceae 钱苔科

Riccia 钱苔属

Riccia fluitans L. 叉钱苔
0004299 — — — —

Aneuraceae 绿片苔科

Riccardia 片叶苔属

Riccardia multifida (L.) Gray 片叶苔
0001073 — — — —

Frullaniaceae 耳叶苔科

Frullania 耳叶苔属

Frullania muscicola Steph. 盔瓣耳叶苔
0000197 — — — —

Calypogeiaceae 护蒴苔科

Calypogeia 护蒴苔属

Calypogeia arguta Nees & Mont. 刺叶护蒴苔
0000248 — — — —

Bryophytina 真藓亚门

Polytrichaceae 金发藓科

Pogonatum 小金发藓属

Pogonatum neesii (Müll. Hal.) Dozy 硬叶小金发藓
0002880 — — — —

Funariaceae 葫芦藓科

Physcomitrium 立碗藓属

Physcomitrium eurystomum Sendtn. 红蒴立碗藓
0001440 — — — —

Leucobryaceae 白发藓科

Campylopus 曲柄藓属

Campylopus umbellatus (Arn.) Paris 节茎曲柄藓
0002382 — — — —

Fissidentaceae 凤尾藓科

Fissidens 凤尾藓属

Fissidens crispulus Brid. 黄叶凤尾藓
0004842 — — — —

Fissidens dubius P. Beauv. 卷叶凤尾藓
F9000004 — — — —

Fissidens polypodioides Hedw. 网孔凤尾藓
F9000005 — — — —

Dicranellaceae 小曲尾藓科

Dicranella 小曲尾藓属

Dicranella coarctata (Müll. Hal.) Bosch & Sande Lac. 南亚小曲尾藓
0001133 — — — —

Pottiaceae　丛藓科

Barbula　扭口藓属

Barbula indica (Hook.) Spreng.　小扭口藓
0004846 — — — —

Pseudosymblepharis　拟合睫藓属

Pseudosymblepharis angustata (Mitt.) Hilp.　狭叶拟合睫藓
F9000006 — — — —

Bartramiaceae　珠藓科

Breutelia　热泽藓属

Breutelia dicranacea Mitt.　仰叶热泽藓
F9000007 — — — —

Philonotis　泽藓属

Philonotis hastata Wijk & Marg.　密叶泽藓
0004543 — — — —

Mniaceae　提灯藓科

Plagiomnium　匐灯藓属

Plagiomnium cuspidatum T. J. Kop.　匐灯藓
F9000008 — — — —
Plagiomnium succulentum T. J. Kop.　大叶匐灯藓
0003091 — — — —
Plagiomnium vesicatum T. J. Kop.　圆叶匐灯藓
F9000009 — — — —

Bryaceae　真藓科

Bryum　真藓属

Bryum billarderi Schwägr.　比拉真藓
F9000010 — — — —
Bryum cellulare Hook.　柔叶真藓
0001130 — — — —

Rhodobryum　大叶藓属

Rhodobryum giganteum Paris　暖地大叶藓
F9000011 — — — —

Rhizogoniaceae　桧藓科

Pyrrhobryum　桧藓属

Pyrrhobryum dozyanum (Sande Lac.) Manuel　大桧藓
F9000012 — — — —
Pyrrhobryum spiniforme Mitt.　刺叶桧藓
F9000013 — — — —

Racopilaceae　卷柏藓科

Racopilum　卷柏藓属

Racopilum cuspidigerum Aongstr.　薄壁卷柏藓
F9000014 — — — —

Hypopterygiaceae　孔雀藓科

Hypopterygium　孔雀藓属

Hypopterygium flavolimbatum Müll. Hal.　黄边孔雀藓
F9000015 — — — —

Pterobryaceae　蕨藓科

Calyptothecium　耳平藓属

Calyptothecium hookeri (Mitt.) Broth.　急尖耳平藓
F9000016 — — — —

Meteoriaceae　蔓藓科

Duthiella　绿锯藓属

Duthiella speciosissima Broth. ex Cardot　美绿锯藓
F9000017 — — — —

Brachytheciaceae　青藓科

Palamocladium　褶叶藓属

Palamocladium leskeoides Britton　褶叶藓
F9000018 — — — —

Anomodontaceae　牛舌藓科

Herpetineuron　羊角藓属

Herpetineuron toccoae (Sull. & Lesq.) Cardot　羊角藓
F9000019 — — — —

Taxiphyllaceae　鳞叶藓科

Taxiphyllum　鳞叶藓属

Taxiphyllum taxirameum (Mitt.) M. Fleisch.　鳞叶藓
F9000020 — — — —

Hypnaceae　灰藓科

Hypnum　灰藓属

Hypnum plumaeforme Wilson　大灰藓
0003483 — — — —

Sematophyllaceae　锦藓科

Sematophyllum　锦藓属

Sematophyllum subpinnatum (Brid.) E. Britton　锦藓
0002098 — — — —

Thuidiaceae　羽藓科

Thuidium　羽藓属

Thuidium cymbifolium (Dozy & Molk.) Dozy & Molk.　大羽藓
F9000021 — — — —
Thuidium pristocalyx (Müll. Hal.) A. Jaeger　灰羽藓
0000473 — — — —

Lycophytes 石松类植物

Lycopodiaceae 石松科

Dendrolycopodium 玉柏属

Dendrolycopodium verticale (Li Bing Zhang) Li Bing Zhang & X. M. Zhou. 笔直石松
0004291 — — — 美国；亚北极区

Diphasiastrum 扁枝石松属

Diphasiastrum complanatum (L.) Holub 扁枝石松
F0050485 — — — 亚北极区；北半球温带

Huperzia 石杉属

Huperzia carinata (Desv.) Trevis. 覆叶石松
0001636 — — 二级 太平洋岛屿；亚洲热带及亚热带
Huperzia carinata 'Blue Pato' 'Blue Pato'覆叶石松
0003278 — — — —
Huperzia carinata 'Nang-Klay' 'Nang-Klay'覆叶石松
0003229 — — — —
Huperzia miyoshiana (Makino) Ching 东北石杉
F0050513 — 易危（VU） 二级 中国、美国西北部、俄罗斯（远东地区）、韩国、日本
Huperzia 'Nang Klay Nakornsri' 'Nang Klay Nakornsri'石杉
0004300 — — — —
Huperzia phlegmarioides (Gaudich.) Rothm. 马尾杉状石杉
0002820 — — — 西南太平洋岛屿
Huperzia serrata (Thunb.) Trevis. 蛇足石杉
F0027079 — 濒危（EN） 二级 俄罗斯（远东地区）、中国、日本、夏威夷群岛、墨西哥、古巴、葡萄牙、西班牙

Lycopodiastrum 藤石松属

Lycopodiastrum casuarinoides (Spring) Holub ex R. D. Dixit 藤石松
F9000023 — — — 中国、朝鲜、韩国、日本、马来西亚、尼泊尔、不丹、孟加拉国

Lycopodium 石松属

Lycopodium clavatum L. 东北石松
F9000024 — — — 北半球温带及热带山地

Palhinhaea 垂穗石松属

Palhinhaea cernua (L.) Vasc. & Franco 垂穗石松
F0034013 — — — 世界热带及亚热带

Phlegmariurus 马尾杉属

Phlegmariurus dalhousieanus (Spring) A. R. Field & Bostock 蓝缨马尾杉
F0021637 — — — 加里曼丹岛、斐济、马来半岛、印度尼西亚（马鲁古群岛）、澳大利亚、所罗门群岛
Phlegmariurus fargesii (Herter) Ching 金丝条马尾杉
F9000022 — — 二级 中国、日本
Phlegmariurus fordii (Baker) Ching 福氏马尾杉
0001537 — — 二级 中国、越南、日本、菲律宾
Phlegmariurus guangdongensis Ching 广东马尾杉
0001260 中国特有 — 二级 中国
Phlegmariurus nummularifolius (Blume) Ching 钱币马尾杉
F0033994 — — — —
Phlegmariurus petiolatus (C. B. Clarke) C. Y. Yang 有柄马尾杉
F9006891 中国特有 — 二级 中国南部
Phlegmariurus phlegmaria (L.) Holub 马尾杉
0002650 — — 二级 世界热带及亚热带
Phlegmariurus phlegmaria 'Philippines' 'Philippines'马尾杉
0000737 — — — —
Phlegmariurus phlegmaria 'White Stem Burma' 'White Stem Burma'马尾杉
0004432 — — — —
Phlegmariurus sieboldii (Miq.) Ching 鳞叶马尾杉
F0021619 — — 二级 亚洲温带
Phlegmariurus squarrosus (G. Forst.) Á. Löve & D. Löve 粗糙马尾杉
F0021640 — — 二级 西印度洋岛屿、太平洋岛屿；亚洲热带及亚热带
Phlegmariurus yunnanensis Ching 云南马尾杉
F0050560 中国特有 — 二级 中国

Isoetaceae 水韭科

Isoetes 水韭属

Isoetes hypsophila Hand.-Mazz. 高寒水韭
F0050536 中国特有 易危（VU） 一级 中国
Isoetes orientalis Hong Liu & Q. F. Wang 东方水韭

F0050531 中国特有 极危（CR） 一级 中国

Isoetes sinensis T. C. Palmer 中华水韭

F0034717 — 濒危（EN） 一级 中国、韩国、日本南部

Isoetes yunguiensis Q. F. Wang & W. C. Taylor 云贵水韭

0003408 中国特有 极危（CR） 一级 中国

Selaginellaceae 卷柏科

Selaginella 卷柏属

Selaginella biformis A. Braun ex Kuhn 二形卷柏

0001326 — — — 亚洲热带及亚热带

Selaginella ciliaris (Retz.) Spring 缘毛卷柏

F9000025 — — — 太平洋岛屿；亚洲热带及亚热带

Selaginella delicatula (Desv.) Alston 薄叶卷柏

F0022346 — — — 亚洲热带及亚热带

Selaginella doederleinii Hieron. 深绿卷柏

0001491 — — — 中国南部、日本、中南半岛

Selaginella hainanensis X. C. Zhang & Noot. 琼海卷柏

F0022364 中国特有 — — 中国南部

Selaginella heterostachys Baker 异穗卷柏

F9000026 — — — 中国、日本、菲律宾、越南

Selaginella involvens (Sw.) Spring 兖州卷柏

0002733 — — — 西北太平洋岛屿；亚洲热带及亚热带

Selaginella kraussiana (Kunze) A. Braun 小翠云

0003676 — — — 马卡罗尼西亚；非洲南部

Selaginella labordei Hieron. ex Christ 细叶卷柏

0000393 — — — 中国、缅甸

Selaginella limbata Alston 耳基卷柏

0003980 — — — 中国

Selaginella moellendorffii Hieron. 江南卷柏

F0022332 — — — 中国、中南半岛、日本、菲律宾

Selaginella monospora Spring 单子卷柏

F9000027 — — — 尼泊尔、中国南部、中南半岛

Selaginella picta A. Braun ex Baker 黑顶卷柏

F0022354 — — — 中国南部、中南半岛

Selaginella pulvinata (Hook. & Grev.) Maxim. 垫状卷柏

F0034841 — 近危（NT） — 中国、俄罗斯（远东地区）、日本、中南半岛

Selaginella remotifolia Spring 疏叶卷柏

F9000028 — — — 中国、日本、巴布亚新几内亚

Selaginella sibirica (Milde) Hieron. 西伯利亚卷柏

F0037177 — — — 俄罗斯、韩国；亚北极区（美洲部分）

Selaginella sinensis (Desv.) Spring 中华卷柏

F9000029 — — — 蒙古、中国

Selaginella tamariscina (P. Beauv.) Spring 卷柏

00053076 — — — 亚洲

Selaginella uncinata (Desv.) Spring 翠云草

F0022327 — — — 中国、越南、日本

Selaginella vardei H. Lév. 细瘦卷柏

F0025545 — — — 中国；南亚

Selaginella wallichii (Hook. & Grev.) Spring 瓦氏卷柏

F0022336 — — — 印度（阿萨姆邦）、中国南部、马来西亚西部

Ferns　蕨类植物

Equisetaceae　木贼科

Equisetum　木贼属

Equisetum arvense L.　问荆
0001168 — — — 亚北极区；北半球温带
Equisetum myriochaetum Schltdl. & Cham.　长毛木贼
F9000030 — — — 秘鲁；中美洲西北部
Equisetum ramosissimum Desf.　节节草
F0027894 — — — 世界亚热带及温带
Equisetum ramosissimum var. *huegelii* (Milde) Christenh. & Husby　笔管草
0003022 — — — —

Psilotaceae　松叶蕨科

Psilotum　松叶蕨属

Psilotum nudum (L.) P. Beauv.　松叶蕨
F0034026 — 易危（VU） — 世界热带及亚热带

Ophioglossaceae　瓶尔小草科

Helminthostachys　七指蕨属

Helminthostachys zeylanica (L.) Hook.　七指蕨
F0025356 — 濒危（EN） 二级 西太平洋岛屿；亚洲热带及亚热带

Ophioglossum　瓶尔小草属

Ophioglossum pendulum L.　带状瓶尔小草
0004442 — 易危（VU） 二级 坦桑尼亚；西印度洋岛屿、太平洋岛屿；亚洲热带及亚热带
Ophioglossum reticulatum L.　心叶瓶尔小草
F0050612 — 近危（NT） — 世界热带及亚热带
Ophioglossum thermale Kom.　狭叶瓶尔小草
F0026127 — 近危（NT） — 俄罗斯（远东地区）；亚洲
Ophioglossum vulgatum L.　瓶尔小草
F0020713 — — — 南美洲南部；北半球温带及亚热带

Sceptridium　阴地蕨属

Sceptridium daucifolium (Wall. ex Hook. & Grev.) Y. X. Lin　薄叶阴地蕨
F0034591 — 近危（NT） — 西南太平洋岛屿；亚洲热带及亚热带

Sceptridium japonicum (Prantl) Y. X. Lin　华东阴地蕨
F9000031 — — — 中国南部、韩国、日本
Sceptridium ternatum (Thunb.) Lyon　阴地蕨
F0034590 — — — 拉丁美洲

Marattiaceae　合囊蕨科

Angiopteris　观音座莲属

Angiopteris annamensis C. Chr. & Tardieu　长尾观音座莲
F9000032 — — 二级 越南、中国南部
Angiopteris cartilagidens Christ　尖齿观音座莲
F9000033 — — 二级 菲律宾、中国南部
Angiopteris cochinchinensis de Vriese　琼越观音座莲
F9000034 — — 二级 中国、越南
Angiopteris crassipes Welw. ex C. Presl　大脚观音座莲
F9000035 — — 二级 中国；南亚
Angiopteris danaeoides Z. R. He & Christenh.　尾叶原始观音座莲
F0021567 中国特有 — 二级 中国
Angiopteris evecta (G. Forst.) Hoffm.　观音座莲
0001212 — — 二级 太平洋岛屿；亚洲热带及亚热带
Angiopteris fokiensis Hieron.　福建观音座莲
F0050235 中国特有 — 二级 中国南部
Angiopteris helferiana C. Presl　楔基观音座莲
F9000036 — — 二级 马来西亚西部；亚洲温带
Angiopteris hokouensis Ching　河口观音座莲
F0050265 — — 二级 中国、越南
Angiopteris itoi (Shieh) J. M. Camus　伊藤氏原始观音座莲
0004904 中国特有 极危（CR） 二级 中国
Angiopteris latipinna (Ching) Z. R. He, W. M. Chu & Christenh.　阔叶原始观音座莲
F9000037 中国特有 濒危（EN） 二级 中国
Angiopteris oblanceolata Ching & Chu H. Wang　倒披针观音座莲
F9000038 中国特有 — 二级 中国南部
Angiopteris smithii Racib.　史密斯莲座蕨
F0034569 — — — 加里曼丹岛、菲律宾、印度尼西亚（苏拉威西岛）
Angiopteris sparsisora Ching　法斗观音座莲
F9000039 中国特有 — 二级 中国
Angiopteris subrotundata (Ching) Z. R. He & Christenh.　圆

基原始观音座莲
F9000040 中国特有 — 二级 中国
Angiopteris wangii Ching 王氏观音座莲
F9000041 中国特有 — 二级 中国
Angiopteris yunnanensis Hieron. 云南观音座莲
Q201611065853 — — 二级 中国、越南北部

Christensenia 天星蕨属

Christensenia aesculifolia (Blume) Maxon 天星蕨
F0029086 — 极危（CR） 二级 亚洲热带及亚热带

Osmundaceae 紫萁科

Osmunda 紫萁属

Osmunda angustifolia Ching 狭叶紫萁
0003967 — — — 中国、中南半岛
Osmunda banksiifolia (C. Presl) Kuhn 粗齿紫萁
F0023428 — 近危（NT） — 中国东部、俄罗斯（远东地区）、马来西亚西部及中部
Osmunda japonica Thunb. 紫萁
F0024902 — — — 中国、巴基斯坦、中南半岛
Osmunda javanica Blume 宽叶紫萁
F0023421 — — — 中国南部、马来西亚中西部
Osmunda mildei C. Chr. 粤紫萁
F0021960 中国特有 极危（CR） — 中国
Osmunda regalis L. 高贵紫萁
F0033968 — — — 地中海地区、伊朗；欧洲
Osmunda vachellii Hook. 华南紫萁
F0020143 — — — 中国南部、马来半岛

Osmundastrum 桂皮紫萁属

Osmundastrum cinnamomeum (L.) C. Presl 桂皮紫萁
F9000042 — — 印度、中国、蒙古、俄罗斯（远东地区）、中南半岛北部

Todea 南紫萁属

Todea barbara (L.) T. Moore 国王蕨
F9000043 — — — 澳大利亚东部及南部、新西兰；非洲南部

Hymenophyllaceae 膜蕨科

Cephalomanes 厚叶蕨属

Cephalomanes javanicum (Blume) Bosch 爪哇厚叶蕨
F9000046 — — — 印度（阿萨姆邦）、中南半岛、马来西亚

Crepidomanes 假脉蕨属

Crepidomanes latealatum (Bosch) Copel. 翅柄假脉蕨
F9000047 — — — 中国、日本、印度尼西亚（苏门答腊岛）

Hymenophyllum 膜蕨属

Hymenophyllum barbatum (Bosch) Baker 华东膜蕨
0003895 — — — 中国、中南半岛
Hymenophyllum polyanthos (Sw.) Sw. 长柄蕗蕨
F9000044 — — — 美洲热带

Vandenboschia 瓶蕨属

Vandenboschia auriculata (Blume) Copel. 瓶蕨
F9000045 — — — 亚洲热带及亚热带
Vandenboschia striata (D. Don) Ebihara 南海瓶蕨
0004157 — — — 中国、日本

Dipteridaceae 双扇蕨科

Cheiropleuria 燕尾蕨属

Cheiropleuria bicuspis (Blume) C. Presl 燕尾蕨
F9000049 — 易危（VU） — 亚洲热带及亚热带

Dipteris 双扇蕨属

Dipteris chinensis Christ 中华双扇蕨
F0024684 — 濒危（EN） — 中国南部、中南半岛北部
Dipteris wallichii (R. Br.) T. Moore 喜马拉雅双扇蕨
F0025284 — — — 中国、尼泊尔、印度东北部、孟加拉国、缅甸

Gleicheniaceae 里白科

Dicranopteris 芒萁属

Dicranopteris linearis (Burm. f.) Underw. 铁芒萁
F9000050 — — — 世界热带及亚热带
Dicranopteris pedata (Houtt.) Nakaike 芒萁
F0034577 — — — 中国、韩国、日本、中南半岛
Dicranopteris splendida (Hand.-Mazz.) Tagawa 大羽芒萁
F9000051 — — — 中国、中南半岛、菲律宾

Diplopterygium 里白属

Diplopterygium blotianum (C. Chr.) Nakai 阔片里白
F9000052 — — — 印度、中国南部、马来西亚
Diplopterygium cantonensis (Ching) Nakai 广东里白
F9000053 — — —
Diplopterygium chinensis (Rosenst.) De Vol 中华里白
F9000054 — — — 中国、越南北部
Diplopterygium glaucum (Thunb. ex Houtt.) Nakai 里白
F9000055 — — — 中国南部、社会群岛；亚洲东部温带
Diplopterygium laevissimum (Christ) Nakai 光里白
0002479 — — — 中国南部、日本、马来半岛

Lygodiaceae　海金沙科

Lygodium　海金沙属

Lygodium circinnatum (Burm. f.) Sw.　海南海金沙
F0021764 — — — 西太平洋岛屿；亚洲热带及亚热带

Lygodium flexuosum (L.) Sw.　曲轴海金沙
06296102 — — — 澳大利亚北部；亚洲热带及亚热带

Lygodium japonicum (Thunb.) Sw.　海金沙
F0021034 — — — 亚洲热带及亚热带

Lygodium longifolium (Willd.) Sw.　掌叶海金沙
F0021033 — — — 中国南部；亚洲热带

Lygodium merrillii Copel.　网脉海金沙
F0021768 — 濒危（EN）— 中国、越南、印度尼西亚（苏门答腊岛）、加里曼丹岛、菲律宾

Lygodium microphyllum (Cav.) R. Br.　小叶海金沙
0003197 — — — 世界热带及亚热带

Lygodium salicifolium C. Presl　柳叶海金沙
F0021760 — — — 中国；西北太平洋岛屿；亚洲热带

Schizaeaceae　莎草蕨科

Actinostachys　莎草蕨属

Actinostachys digitata (L.) Wall.　莎草蕨
F9000057 — 濒危（EN）— 塞舌尔；西太平洋岛屿；世界热带及亚热带

Anemiaceae　双穗蕨科

Anemia　双穗蕨属

Anemia mexicana Klotzsch　墨西哥双穗蕨
F0021117 — — — 美国（得克萨斯州中西部）、墨西哥

Anemia phyllitidis (L.) Sw.　双穗蕨
0004947 — — — 美洲热带

Salviniaceae　槐叶苹科

Azolla　满江红属

Azolla filiculoides Lam.　细叶满江红
F0050134 — — — 原产于拉丁美洲的哥伦比亚，现广布于全世界

Azolla pinnata subsp. *asiatica* R. M. K. Saunders & K. Fowler　满江红
F9000058 — — — 亚洲热带及亚热带

Salvinia　槐叶苹属

Salvinia cucullata Bory　勺叶槐叶苹
F0034711 — — — 孟加拉国、马来半岛

Salvinia molesta D. Mitch.　人厌槐叶苹
F0034716 — — — 南美洲

Salvinia natans (L.) All.　槐叶苹
F9000059 — — — 中南半岛、印度尼西亚（爪哇岛）；欧亚大陆温带

Marsileaceae　苹科

Marsilea　苹属

Marsilea angustifolia R. Br.　窄叶苹
0004051 — — — 澳大利亚

Marsilea drummondii A. Braun　银毛苹
0001597 — — — 澳大利亚

Marsilea hirsuta R. Br.　汤匙苹
0002277 — — — 澳大利亚

Marsilea quadrifolia L.　苹
0002038 — — — 加那利群岛；欧洲、亚洲

Regnellidium　二叶苹属

Regnellidium diphyllum Lindm.　二叶苹
0002462 — — — 南美洲

Culcitaceae　垫囊蕨科

Culcita　垫囊蕨属

Culcita macrocarpa C. Presl　垫囊蕨
F9000060 — — — 葡萄牙北部、西班牙、马卡罗尼西亚

Plagiogyriaceae　瘤足蕨科

Plagiogyria　瘤足蕨属

Plagiogyria adnata (Blume) Bedd.　瘤足蕨
0001206 — — — 中国、不丹、韩国、日本、马来西亚

Plagiogyria euphlebia (Kunze) Mett.　华中瘤足蕨
0001517 — — — 中国、日本、菲律宾

Plagiogyria falcata Copel.　镰羽瘤足蕨
F0023981 — — — 中国、菲律宾

Plagiogyria japonica Nakai　华东瘤足蕨
F0050884 — — — 中国；亚洲东部温带

Plagiogyria stenoptera (Hance) Diels　耳形瘤足蕨
0004335 — — — 中国南部、越南、日本、菲律宾

Cibotiaceae　金毛狗科

Cibotium　金毛狗属

Cibotium barometz (L.) J. Sm.　金毛狗
0001147 — — 二级 亚洲热带及亚热带

Cibotium cumingii Kunze　菲律宾金毛狗
F9000061 — — 二级 加里曼丹岛、菲律宾、中国

Cibotium menziesii Hook.
F9000062 — — — 夏威夷群岛

Dicksoniaceae 蚌壳蕨科

Calochlaena 软蕨属

Calochlaena dubia (R. Br.) M. D. Turner & R. A. White 软蕨
F9000063 — — — 澳大利亚东部及东南部

Calochlaena villosa (C. Chr.) M. D. Turner & R. A. White 柔毛软蕨
F9000064 — — — 印度尼西亚、澳大利亚

Dicksonia 蚌壳蕨属

Dicksonia antarctica Labill. 软树蕨
0001437 — — — —

Dicksonia arborescens L'Hér. 蚌壳蕨
F9000065 — — — 圣赫勒拿岛

Cyatheaceae 桫椤科

Alsophila 桫椤属

Alsophila capensis (L. f.) J. Sm.
F9000066 — — — 非洲南部

Alsophila costularis Baker 中华桫椤
00000134 — — 二级 中国、印度、尼泊尔、中南半岛北部

Alsophila dregei (Kunze) R. M. Tryon
F9000067 — — — 马达加斯加；非洲南部

Alsophila latebrosa Wall. ex Hook. 阴生桫椤
F0034599 — — 二级 中国、马来西亚中西部

Alsophila setosa Kaulf. 刚毛桫椤
F9000069 — — — 南美洲

Alsophila spinulosa (Wall. ex Hook.) R. M. Tryon 桫椤
00000143 — 近危（NT） 二级 中南半岛北部；东亚、南亚

Gymnosphaera 黑桫椤属

Gymnosphaera austroyunnanensis S. G. Lu & Chun X. Li 滇南黑桫椤
0001754 中国特有 极危（CR） 二级 中国

Gymnosphaera denticulata (Baker) Copel. 粗齿黑桫椤
0001188 — — — 中国、日本

Gymnosphaera henryi (Baker) S. R. Ghosh 平鳞黑桫椤
F9007003 — — 二级 中国南部、马来西亚西部；南亚

Gymnosphaera khasyana (T. Moore ex Kuhn) Ching 喀西黑桫椤
F9000068 — — 二级 中国、印度、孟加拉国、尼泊尔、缅甸

Gymnosphaera metteniana (Hance) Tagawa 小黑桫椤
F0036900 — — — 中国南部、越南；亚洲东部温带

Gymnosphaera podophylla (Hook.) Copel. 黑桫椤
F0020291 — — 二级 中国南部、中南半岛；亚洲东部温带

Sphaeropteris 白桫椤属

Sphaeropteris brunoniana (Wall. ex Hook.) R. M. Tryon 白桫椤
0001441 — 濒危（EN） 二级 尼泊尔东南部、中国、中南半岛

Sphaeropteris lepifera (J. Sm. ex Hook.) R. M. Tryon 笔筒树
0001836 — — 二级 中国南部、菲律宾、巴布亚新几内亚

Sphaeropteris tomentosissima (Copel.) R. M. Tryon 毛番桫椤
F9000070 — — — 巴布亚新几内亚

Lindsaeaceae 鳞始蕨科

Lindsaea 鳞始蕨属

Lindsaea chienii Ching 钱氏鳞始蕨
F9000071 — — — 中国、印度、韩国、日本、中南半岛

Lindsaea ensifolia Sw. 双唇蕨
F0021702 — — — 世界热带及亚热带

Lindsaea heterophylla Dryand. 异叶双唇蕨
0000478 — — — 西印度洋岛屿；亚洲热带及亚热带

Lindsaea lobata Poir. 网脉鳞始蕨
F9000072 — — — 越南、马来西亚；西北太平洋岛屿

Lindsaea orbiculata (Lam.) Mett. ex Kuhn 团叶鳞始蕨
Q201801039105 — — — 澳大利亚北部；亚洲热带及亚热带

Odontosoria 乌蕨属

Odontosoria biflora (Kaulf.) C. Chr. 阔片乌蕨
F0091472 — 近危（NT） — 中国、日本南部、马里亚纳群岛

Odontosoria chinensis (L.) J. Sm. 乌蕨
F0026094 — — — 西印度洋岛屿、太平洋岛屿；亚洲热带及亚热带

Osmolindsaea 香鳞始蕨属

Osmolindsaea japonica (Baker) Lehtonen & Christenh. 日本香鳞始蕨
F9000073 — — — 中国南部；亚洲东部温带

Osmolindsaea odorata (Roxb.) Lehtonen & Christenh. 香鳞始蕨
F0025012 — — — 亚洲热带及亚热带

Pteridaceae 凤尾蕨科

Acrostichum 卤蕨属

Acrostichum aureum L. 卤蕨
0000270 — — — 世界热带及亚热带

Acrostichum speciosum Willd. 尖叶卤蕨
F0050535 — 极危（CR） — 西印度洋岛屿、西南太平洋岛屿；亚洲热带及亚热带

Actiniopteris 眉刷蕨属

Actiniopteris radiata (Sw.) Link 眉刷蕨
F9000074 — — — 阿拉伯半岛、伊朗、缅甸；非洲

Actiniopteris semiflabellata Pic. Serm. 扇叶眉刷蕨
F9000075 — — — 尼泊尔；非洲

Adiantum 铁线蕨属

Adiantum × *ailaoshanense* Y. H. Yan & Y. Wang 哀牢山铁线蕨
F0023634 中国特有 — — 中国

Adiantum capillus-junonis Rupr. 团羽铁线蕨
F0050323 — — — 中国、蒙古、韩国、朝鲜、日本、泰国东北部

Adiantum capillus-veneris L. 铁线蕨
F0025923 — — — 世界广布

Adiantum caudatum L. 鞭叶铁线蕨
0000617 — — — 西南太平洋岛屿；亚洲热带及亚热带

Adiantum chilense var. *sulphureum* (Kaulf.) Kuntze ex Hicken 智利铁线蕨
F9000076 — — — 智利中南部、阿根廷西南部

Adiantum davidii Franch. 白背铁线蕨
F0050618 中国特有 — — 中国

Adiantum diaphanum Blume 长尾铁线蕨
F0021468 — 近危（NT）— 中国、澳大利亚（昆士兰州、维多利亚州）、新西兰、马来西亚；西南太平洋岛屿

Adiantum edgeworthii Hook. 普通铁线蕨
F0023570 — — — 中国、日本、菲律宾

Adiantum erythrochlamys Diels 肾盖铁线蕨
F9000077 中国特有 — — 中国

Adiantum flabellulatum L. 扇叶铁线蕨
F0050314 — — — 亚洲热带及亚热带

Adiantum gravesii Hance 白垩铁线蕨
F0034361 — — — 中国南部、越南北部

Adiantum hispidulum Sw. 毛叶铁线蕨
00053024 — — — 西印度洋岛屿、西太平洋岛屿；亚洲热带及亚热带、非洲

Adiantum induratum Christ 圆柄铁线蕨
F9000079 — 近危（NT）— 中国南部、越南

Adiantum malesianum Ghatak 假鞭叶铁线蕨
0000888 — — — 中国南部、中南半岛、马来西亚

Adiantum menglianense Y. Y. Qian 孟连铁线蕨
F0025502 中国特有 — — 中国

Adiantum myriosorum Baker 灰背铁线蕨
F9000081 — 近危（NT）— 中国、尼泊尔、缅甸

Adiantum nelumboides X. C. Zhang 荷叶铁线蕨
F0025439 中国特有 极危（CR）一级 中国

Adiantum pedatum L. 掌叶铁线蕨

F0050521 — 近危（NT）— 中国、印度、尼泊尔、不丹、孟加拉国、俄罗斯（远东地区）、日本、美国；亚北极区

Adiantum peruvianum Klotzsch 秘鲁铁线蕨
F0023524 — — — 南美洲

Adiantum philippense L. 半月形铁线蕨
F9000080 — — — 拉丁美洲

Adiantum raddianum C. Presl 楔叶铁线蕨
0002713 — — — 美洲热带

Adiantum raddianum 'Lady Geneva' 'Lady Geneva'楔叶铁线蕨
F9000082 — — — —

Adiantum raddianum 'Royal Delight' 蕾迪亚铁线蕨
0001973 — — — —

Adiantum refractum Christ 月芽铁线蕨
F9000083 — — — 巴基斯坦北部、中国、缅甸

Adiantum sinicum Ching 苍山铁线蕨
F9000078 — — — 阿拉伯半岛、中国；南亚、非洲

Adiantum trapeziforme L. 梯叶铁线蕨
F0025394 — — — 美洲热带

Aleuritopteris 粉背蕨属

Aleuritopteris anceps (Blanf.) Panigrahi 粉背蕨
F9000093 — — — 亚洲热带及亚热带

Aleuritopteris argentea var. *obscura* (Christ) Ching 陕西粉背蕨
F9000101 — — — 中国、俄罗斯、韩国、朝鲜、日本、中南半岛北部

Aleuritopteris duclouxii (Christ) Ching 裸叶粉背蕨
F0034527 — — — 印度、中国南部

Aleuritopteris farinosa (Forssk.) Fée 污粉背蕨
0002150 — — — 秘鲁、阿拉伯半岛；非洲、中美洲

Aleuritopteris rufa (Don) Ching 棕毛粉背蕨
F0022713 — — — 中国、印度、孟加拉国、尼泊尔、中南半岛北部

Antrophyum 车前蕨属

Antrophyum callifolium Blume 美叶车前蕨
F9000084 — — — 塞舌尔、中国南部、中南半岛；太平洋岛屿

Antrophyum henryi Hieron. 车前蕨
0001163 中国特有 易危（VU）— 中国

Antrophyum obovatum Baker 长柄车前蕨
F0021745 — — — 中国、日本、中南半岛

Antrophyum wallichianum M. G. Gilbert & X. C. Zhang 革叶车前蕨
0002094 — 易危（VU）— 社会群岛；亚洲热带及亚热带

Astrolepis　星鳞蕨属

Astrolepis integerrima (Hook.) D. M. Benham & Windham
F9000099 — — — 美国、墨西哥、伊斯帕尼奥拉岛

Astrolepis sinuata (Lag. ex Sw.) D. M. Benham & Windham
F9000105 — — — 美国中南部；拉丁美洲

Bommeria　铜背蕨属

Bommeria hispida (Mett. ex Kuhn) Underw.
F9000098 — — — 美国、墨西哥、尼加拉瓜

Calciphilopteris　戟叶黑心蕨属

Calciphilopteris ludens (Wall. ex Hook.) Yesilyurt & H. Schneid.
戟叶黑心蕨
F9000100 — — — 澳大利亚（昆士兰州北部）；亚洲热带
及亚热带

Ceratopteris　水蕨属

Ceratopteris thalictroides (L.) Brongn.　水蕨
0004041 — 易危（VU）　二级　世界热带及亚热带

Cerosora　翠蕨属

Cerosora microphylla (Hook.) R. M. Tryon　翠蕨
F9000085 — — — 中国、尼泊尔、中南半岛北部

Cheilanthes　碎米蕨属

Cheilanthes brausei Fraser-Jenk.　滇西旱蕨
F0034424 中国特有 — — 中国

Cheilanthes chusana Hook.　毛轴碎米蕨
F0023780 — — — 中国南部、韩国、朝鲜、日本、菲律
宾、印度尼西亚（苏拉威西岛）

Cheilanthes eatonii Baker
F9000097 — — — 美国、墨西哥

Cheilanthes nitidula Hook.　旱蕨
F0034461 — — — 巴基斯坦、中国、中南半岛

Cheilanthes notholaenoides (Desv.) Maxon ex Weath.
F9000103 — — — 美洲热带

Cheilanthes nudiuscula T. Moore　隐囊蕨
0000652 — — — 南太平洋岛屿；亚洲热带及亚热带

Cheilanthes opposita Kaulf.　碎米蕨
F0024834 — — — 印度、斯里兰卡、中国、中南半岛

Cheilanthes tenuifolia Hook.　薄叶碎米蕨
F0091543 — — — 太平洋岛屿；亚洲热带及亚热带

Cheilanthes viridis (Forssk.) Sw.　绿叶旱蕨
F0025949 — — — 马达加斯加、阿拉伯半岛、印度；非
洲东部及南部热带

Coniogramme　凤了蕨属

Coniogramme affinis Hieron.　尖齿凤了蕨
0000722 — — — 巴基斯坦、中国

Coniogramme emeiensis Ching & K. H. Shing　峨眉凤了蕨
F9000086 中国特有 — — 中国南部

Coniogramme fraxinea (D. Don) Diels　全缘凤了蕨
F9000087 — — — 西南太平洋岛屿；亚洲热带及亚热带

Coniogramme intermedia Hieron.　普通凤了蕨
F0025397 — — — 巴基斯坦、俄罗斯（远东地区）、中南
半岛、中国

Coniogramme japonica (Thunb.) Diels　凤了蕨
0001617 — — — 中国、越南北部；亚洲东部温带

Coniogramme robusta Christ　黑轴凤了蕨
F9000088 中国特有 — — 中国

Coniogramme rosthornii Hieron.　乳头凤了蕨
0000410 — — — 中国、越南

Coniogramme serrulata (Blume) Fée　澜沧凤了蕨
0001304 — — — 巴基斯坦、中国南部、马来西亚中部及
西部；西印度洋岛屿

Coniogramme wilsonii Hieron.　疏网凤了蕨
F0022136 中国特有 — — 中国

Doryopteris　黑心蕨属

Doryopteris concolor (Langsd. & Fisch.) Kuhn　黑心蕨
F0020139 — — — 美洲热带

Haplopteris　书带蕨属

Haplopteris amboinensis (Fée) X. C. Zhang　剑叶书带蕨
F0050564 — — — 马来西亚

Haplopteris anguste-elongata (Hayata) E. H. Crane　姬书
带蕨
F0025419 — — — 中国、菲律宾

Haplopteris doniana (Mett. ex Hieron.) E. H. Crane　带状书
带蕨
F9000089 — — — 中国南部、印度、尼泊尔

Haplopteris elongata (Sw.) E. H. Crane　唇边书带蕨
F0034712 — — — 南太平洋岛屿；非洲南部

Haplopteris flexuosa (Fée) E. H. Crane　书带蕨
F0025082 — — — 中国、印度、尼泊尔、韩国、朝鲜、
日本、马来半岛

Haplopteris fudzinoi (Makino) E. H. Crane　平肋书带蕨
F9000090 — — — 印度、中国南部、日本

Haplopteris mediosora (Hayata) X. C. Zhang　中囊书带蕨
F9000091 — — — 中国、菲律宾

Haplopteris plurisulcata (Ching) X. C. Zhang　曲鳞书带蕨
F9000092 — — — 中国、越南北部

Hemionitis　铜星蕨属

Hemionitis palmata L.　掌叶泽泻蕨
0002548 — — — 美洲热带

Notholaena 隐囊蕨属

Notholaena standleyi Maxon
F9000108 — — —

Onychium 金粉蕨属

Onychium cryptogrammoides Christ 黑足金粉蕨
F0022315 — — — 巴基斯坦、中国、中南半岛

Onychium japonicum (Thunb.) Kunze 野雉尾金粉蕨
0003383 — — — 中国、印度尼西亚（爪哇岛）；亚洲东部温带

Onychium japonicum var. *lucidum* (Don) Christ 栗柄金粉蕨
F9000109 — — — 巴基斯坦、中国、越南

Onychium moupinense Ching 穆坪金粉蕨
F9000110 — — — 中国、印度、尼泊尔、孟加拉国、不丹

Onychium siliculosum (Desv.) C. Chr. 金粉蕨
F0025475 — — — 澳大利亚北部；亚洲热带及亚热带

Onychium tenuifrons Ching 蚀盖金粉蕨
F9000111 — — — 中国、印度、尼泊尔、孟加拉国、不丹

Paraceterach 金毛裸蕨属

Paraceterach bipinnata (Christ) R. M. Tryon 川西金毛裸蕨
F9000095 — — — 中国、尼泊尔中部

Paragymnopteris 欧金毛裸蕨属

Paragymnopteris vestita (Wall. ex C. Presl) K. H. Shing 金毛裸蕨
F9000106 — — — 巴基斯坦、中国、中南半岛北部、菲律宾

Parahemionitis 泽泻蕨属

Parahemionitis cordata (Roxb. ex Hook. & Grev.) Fraser-Jenk. 泽泻蕨
F9000096 — — — 中国、马来西亚；南亚

Pellaea 峭壁蕨属

Pellaea andromedifolia (Kaulfuss) Fée
F9000094 — — — 美国、墨西哥

Pellaea falcata (R. Br.) Fée 镰羽旱蕨
F0022310 — — —

Pellaea nana Bostock
F9000102 — — — 澳大利亚

Pellaea paradoxa Hook.
F9000104 — — — 澳大利亚

Pityrogramma 粉叶蕨属

Pityrogramma calomelanos (L.) Link 粉叶蕨
00052819 — — — 美洲热带

Pteris 凤尾蕨属

Pteris actiniopteroides Christ 猪鬃凤尾蕨
F9000112 — — 印度（阿萨姆邦）、中国

Pteris amoena Blume 红秆凤尾蕨
F9000113 — — — 印度（阿萨姆邦）、日本、所罗门群岛

Pteris angustipinnula Ching & S. H. Wu 线裂凤尾蕨
F0026123 中国特有 — — 中国

Pteris arisanesis Tagawa 线羽凤尾蕨
F0025864 — — —

Pteris aspericaulis Wall. ex Hieron. 紫轴凤尾蕨
F0024808 — — — 巴基斯坦、中国、中南半岛

Pteris aspericaulis var. *tricolor* Moore ex Lowe 三色凤尾蕨
0003672 — — — 印度（阿萨姆邦）、中国、缅甸

Pteris bella Tagawa 栗轴凤尾蕨
F9000114 — 近危（NT）— 中国、中南半岛

Pteris biaurita L. 狭眼凤尾蕨
F0021448 — — — 美洲热带

Pteris cadieri Christ 条纹凤尾蕨
F0025867 — — — 中南半岛、琉球群岛、菲律宾

Pteris cadieri var. *hainanensis* (Ching) S. H. Wu 海南凤尾蕨
F0034243 — — — 中国、越南、马来半岛

Pteris cretica L. 欧洲凤尾蕨
F0021493 — — — 非洲南部、欧洲、亚洲

Pteris cretica 'Roeweri' 鸡冠凤尾蕨
0003869 — — — —

Pteris cretica subsp. *laeta* (Wall. ex Ettingsh.) C. Chr. & Tardieu 粗糙凤尾蕨
0002475 — — — 土耳其；亚洲热带及亚热带

Pteris cretica var. *albolineata* Hook. 银心凤尾蕨
0003546 — — — —

Pteris dactylina Hook. 指叶凤尾蕨
F0025947 — — — 中国、印度、尼泊尔、孟加拉国、不丹、中南半岛

Pteris decrescens Christ 多羽凤尾蕨
F9000115 — — — 中国南部、中南半岛

Pteris deltodon Baker 岩凤尾蕨
0004709 — — — 中国、中南半岛

Pteris dentata Forssk. 牙齿凤尾蕨
F9000116 — — — 爱琴海岛屿、土耳其、伊朗、阿拉伯半岛；非洲

Pteris dispar Kunze 刺齿半边旗
00053318 — — — 中国南部；亚洲东部温带

Pteris dissitifolia Baker 疏羽半边旗
0001726 — — — 中国、中南半岛北部

Pteris ensiformis Burm. 剑叶凤尾蕨
0001125 — — — 太平洋岛屿；亚洲热带及亚热带

Pteris ensiformis 'Victoria' 银羽凤尾蕨
0000426 — — — —

Pteris ensiformis var. *merrillii* (C. Chr. ex Ching) S. H. Wu

少羽凤尾蕨
F9000117 — — — 中国、越南
Pteris ensiformis var. *victoriae* Baker 白羽凤尾蕨
F0025865 — — — 中国、新加坡、马来西亚、印度北部、中南半岛
Pteris esquirolii Christ 阔叶凤尾蕨
F0023369 — — — 中国南部、越南
Pteris finotii Christ 疏裂凤尾蕨
F9000118 — — — 中国、越南北部
Pteris gallinopes Ching 鸡爪凤尾蕨
F0026125 中国特有 — — 中国
Pteris grevilleana Wall. ex J. Agardh 林下凤尾蕨
F0025873 — — — 中国、印度、尼泊尔、孟加拉国、不丹、马来西亚；亚洲东部温带
Pteris henryi Christ 狭叶凤尾蕨
0003597 — — — 中国、中南半岛北部
Pteris inaequalis Baker 中华凤尾蕨
0001364 — — — 中国、印度、日本
Pteris insignis Mett. ex Kuhn 全缘凤尾蕨
0003667 — — — 中国南部、中南半岛、印度尼西亚（苏门答腊岛）
Pteris khasiana subsp. *fauriei* (Hieron.) Fraser-Jenk. 傅氏凤尾蕨
F0025862 — — — 中国南部及东部、菲律宾；亚洲东部温带
Pteris kiuschiuensis Hieron. 平羽凤尾蕨
0000163 — — — 中国南部、日本
Pteris kiuschiuensis var. *centro-chinensis* Ching & S. H. Wu 华中凤尾蕨
F9000119 中国特有 — — 中国南部
Pteris linearis Poir. 线形凤尾蕨
0002296 — — — 圣赫勒拿岛；西印度洋岛屿；非洲
Pteris maclurei Ching 两广凤尾蕨
0001271 — — —
Pteris morii Masam. 琼南凤尾蕨
F9000120 中国特有 — — 中国南部
Pteris multifida Poir. 井栏边草
0001735 — — — 中国、越南；亚洲东部温带
Pteris nipponica W. C. Shieh 日本凤尾蕨
F9000121 — — — 韩国南部、日本、中国
Pteris quadriaurita Franch. & Sav. 四耳凤尾蕨
F9000122 — — — 印度西南部、斯里兰卡
Pteris ryukyuensis Tagawa 琉球凤尾蕨
0004454 — 近危（NT）— 中国、日本
Pteris semipinnata L. 半边旗
F0025884 — — — 亚洲热带及亚热带
Pteris setulosocostulata Hayata 有刺凤尾蕨

F0025466 — — — 中国、印度、尼泊尔、孟加拉国、不丹、菲律宾、日本
Pteris terminalis Wall. ex J. Agardh 溪边凤尾蕨
0004338 — — — 太平洋岛屿；亚洲热带及亚热带
Pteris vittata L. 蜈蚣凤尾蕨
F0023181 — — — 世界热带及亚热带
Pteris wallichiana C. Agardh 西南凤尾蕨
0000960 — — — 亚洲热带及亚热带
Pteris wulaiensis C. M. Kuo 乌来凤尾蕨
0004686 中国特有 — — 中国

Taenitis 竹叶蕨属
Taenitis blechnoides (Willd.) Sw. 竹叶蕨
F9000123 — — — 澳大利亚北部；西北太平洋岛屿；亚洲热带及亚热带

Dennstaedtiaceae 碗蕨科

Dennstaedtia 碗蕨属
Dennstaedtia scabra (Wall.) Moore 碗蕨
F9000125 — — — 亚洲热带及亚热带
Dennstaedtia scabra var. *glabrescens* (Ching) C. Chr. 光叶碗蕨
0003473 — — — —
Dennstaedtia wilfordii (T. Moore) Christ 溪洞碗蕨
F9000124 — — — 中国、巴基斯坦、印度、尼泊尔、俄罗斯（远东地区南部）、日本

Histiopteris 栗蕨属
Histiopteris incisa (Thunb.) J. Sm. 栗蕨
0002625 — — — 世界热带及亚热带

Hypolepis 姬蕨属
Hypolepis punctata (Thunb.) Mett. 姬蕨
F0021149 — — — 中国南部；亚洲东部温带
Hypolepis resistens (Kunze) Hook. 密毛姬蕨
F0022784 — — — 中国南部；西南太平洋岛屿；亚洲热带

Microlepia 鳞盖蕨属
Microlepia hancei Prantl 华南鳞盖蕨
F0020131 — — — 中国南部、印度尼西亚（苏门答腊岛）；南亚
Microlepia hookeriana (Wall.) C. Presl 虎克鳞盖蕨
F0024914 — — — 中国、印度（阿萨姆邦）、中南半岛、马来西亚西部
Microlepia kurzii (Clarke) Bedd. 毛阔叶鳞盖蕨
F0021147 — — — 中国、印度（阿萨姆邦）、马来半岛
Microlepia marginata (Panz.) C. Chr. 边缘鳞盖蕨
0002681 — — — 尼泊尔、中南半岛、巴布亚新几内亚；

亚洲东部温带

Microlepia marginata var. *villosa* (C. Presl) Y. C. Wu　毛叶边缘鳞盖蕨

0002529 — — — —

Microlepia platyphylla (Don) J. Sm.　阔叶鳞盖蕨

F0025524 — — — 菲律宾；南亚

Microlepia pseudostrigosa Makino　假粗毛鳞盖蕨

F0023386 — — — 中国、越南；亚洲东部温带

Microlepia rhomboidea (Wall.) C. Presl　斜方鳞盖蕨

0001339 — — — 中国南部、菲律宾；南亚

Microlepia speluncae (L.) T. Moore　热带鳞盖蕨

F9000127 — — — 世界热带及亚热带

Microlepia strigosa (Thunb.) C. Presl　粗毛鳞盖蕨

F0021470 — — — 太平洋岛屿；亚洲热带及亚热带

Microlepia substrigosa Tagawa　亚粗毛鳞盖蕨

F9000128 — — — 中国、印度、尼泊尔、孟加拉国、不丹、日本

Microlepia todayensis Christ　乔大鳞盖蕨

F0022868 — — — 越南、马来半岛、印度尼西亚（苏门答腊岛）、菲律宾

Microlepia trapeziformis (Roxb.) Kuhn　针毛鳞盖蕨

F9000126 — — — 马来西亚

Monachosorum　稀子蕨属

Monachosorum henryi Christ　稀子蕨

0003184 — — — 中国、菲律宾

Cystopteridaceae　冷蕨科

Acystopteris　亮毛蕨属

Acystopteris japonica (Luerss.) Nakai　亮毛蕨

F0050509 — — — 中国、韩国、朝鲜、日本

Acystopteris tenuisecta (Blume) Tagawa　禾秆亮毛蕨

F0050411 — — — 亚洲热带及亚热带

Cystopteris　冷蕨属

Cystopteris pellucida (Franch.) Ching　膜叶冷蕨

F9000129 中国特有 — — 中国

Gymnocarpium　羽节蕨属

Gymnocarpium oyamense (Baker) Ching　东亚羽节蕨

F9000130 — — — 尼泊尔、中国、韩国、朝鲜、日本、巴布亚新几内亚

Rhachidosoraceae　轴果蕨科

Rhachidosorus　轴果蕨属

Rhachidosorus blotianus Ching　脆叶轴果蕨

0003519 — — — 中国、越南

Rhachidosorus truncatus Ching　云贵轴果蕨

F0022482 中国特有 — — 中国

Diplaziopsidaceae　肠蕨科

Diplaziopsis　肠蕨属

Diplaziopsis cavaleriana (Christ) C. Chr.　川黔肠蕨

F9000131 — — — 中国、韩国、朝鲜、日本

Diplaziopsis javanica (Blume) C. Chr.　肠蕨

F9000132 — 易危（VU） — 南太平洋岛屿；亚洲热带及亚热带

Aspleniaceae　铁角蕨科

Asplenium　铁角蕨属

Asplenium aethiopicum (Burm. f.) Becherer　西南铁角蕨

F9000133 — — — 太平洋岛屿；世界热带及亚热带

Asplenium aitchisonii Fraser-Jenk. & Reichst.　高山铁角蕨

00047227 — — — 巴基斯坦、中国中部及西部

Asplenium antiquum Makino　大鳞巢蕨

0001759 — 极危（CR） — 中国；亚洲东部温带

Asplenium antrophyoides Christ　狭翅巢蕨

F0020084 — — — 中国南部、中南半岛

Asplenium asterolepis Ching　黑鳞铁角蕨

F9000134 中国特有 — — 中国

Asplenium austrochinense Ching　华南铁角蕨

0003579 — — — 中国南部、越南

Asplenium belangeri (Bory) Kze.　南方铁角蕨

F0020028 — — — 中国（海南、广西）、印度、越南、马来西亚、印度尼西亚

Asplenium bulbiferum G. Forst.　芽胞铁角蕨

F0025482 — — — 马里亚纳群岛、新西兰

Asplenium coenobiale Hance　线裂铁角蕨

F0023963 — — — 中国南部、越南、日本

Asplenium crinicaule Hance　毛轴铁角蕨

F0020026 — — — 印度、中国、菲律宾

Asplenium delavayi (Franch.) Copel.　水鳖蕨

F0020081 — — — 尼泊尔西部、印度（锡金）、中国中部、中南半岛北部

Asplenium ensiforme Wall. ex Hook. & Grev.　剑叶铁角蕨

F9000135 — — — 中南半岛；南亚、东亚

Asplenium exiguum Bedd.　云南铁角蕨

0001552 — — — 俄罗斯（西伯利亚西南部）、菲律宾；亚洲中部

Asplenium finlaysonianum Wall. ex Hook.　网脉铁角蕨

0000788 — — — 中国、印度、马来半岛

Asplenium formosae Christ　南海铁角蕨

F0020034 — — — 中国、越南、日本

Asplenium glanduliserratum Ching ex S. H. Wu　腺齿铁角蕨
F0025813 — — — —

Asplenium griffithianum Hook.　厚叶铁角蕨
F0020021 — — — 印度、中国、不丹、孟加拉国、韩国、朝鲜、日本、中南半岛

Asplenium gueinzianum Mett. ex Kuhn　撕裂铁角蕨
F0025486 — — — 中南半岛、也门北部；南亚、东亚、非洲南部

Asplenium hainanense Ching　海南铁角蕨
F9000136 — — — 中国、中南半岛

Asplenium holosorum Christ　江南铁角蕨
0001641 — — — 印度、中国南部、越南

Asplenium humbertii Tardieu　扁柄巢蕨
F0020016 — 濒危（EN）— 中国、中南半岛北部

Asplenium incisum Thunb.　虎尾铁角蕨
0004679 — — — 俄罗斯（远东地区）、中国；亚洲东部温带

Asplenium indicum Sledge　胎生铁角蕨
F0025498 — — — 中国、尼泊尔、印度、缅甸、泰国、越南、菲律宾、日本南部

Asplenium komarovii Akasawa　对开蕨
F0026308 — 易危（VU）二级 俄罗斯；亚洲东部温带

Asplenium longissimum Blume　长尾铁角蕨
F0020014 — — — 查戈斯群岛、印度（阿萨姆邦）

Asplenium neolaserpitiifolium Tardieu & Ching　大羽铁角蕨
F9000137 — — — 马来西亚；南亚、东亚温带

Asplenium nidus L.　巢蕨
F0034742 — — — 马来西亚、澳大利亚

Asplenium nidus 'Philippines Motated'　菲律宾缀化巢蕨
F0020709 — — — —

Asplenium normale D. Don　倒挂铁角蕨
0003405 — — — 马达加斯加、巴布亚新几内亚、斐济、夏威夷群岛；非洲东部及中东部热带、亚洲热带及亚热带

Asplenium pekinense Hance　北京铁角蕨
F0034439 — — — 巴基斯坦、中国、俄罗斯（远东地区南部）；亚洲东部温带

Asplenium phyllitidis D. Don　长叶巢蕨
F0020001 — 近危（NT）— 中国南部；亚洲热带

Asplenium polyodon G. Forst.　镰叶铁角蕨
F0020070 — — — 圣诞岛、澳大利亚、新西兰；太平洋岛屿

Asplenium prolongatum Hook.　长叶铁角蕨
F0020006 — — — 马来半岛；南亚、东亚

Asplenium pseudolaserpitiifolium Ching　假大羽铁角蕨
F0034732 — — — 中国、印度、越南、印度尼西亚、菲律宾

Asplenium ritoense Hayata　骨碎补铁角蕨
F9000138 — — — 中国南部；亚洲东部温带

Asplenium ruprechtii Sa. Kurata　过山蕨
F0050589 — — — 俄罗斯（西伯利亚南部）、韩国、朝鲜、日本、中国

Asplenium sampsoni Hance　岭南铁角蕨
F0020031 — — — —

Asplenium sarelii Hook.　华中铁角蕨
F0023959 中国特有 — — 中国

Asplenium saxicola Rosenst.　石生铁角蕨
F0034420 — 近危（NT）— 中国南部、越南

Asplenium scolopendrium L.　欧洲对开蕨
F0050453 — — — 伊朗、马卡罗尼西亚；欧洲、非洲北部

Asplenium scortechinii Bedd.　狭叶铁角蕨
F0050488 — — — 中国南部、中南半岛、印度尼西亚（苏门答腊岛）

Asplenium speluncae Christ　黑边铁角蕨
F9000139 中国特有 濒危（EN）— 中国南部

Asplenium sublaserpitiifolium Ching　拟大羽铁角蕨
F9000140 — — — 中国南部、马来半岛

Asplenium tenerum G. Forst.　膜连铁角蕨
0003292 — — — 塞舌尔；太平洋岛屿；世界热带及亚热带

Asplenium tenuifolium D. Don　细裂铁角蕨
F0023962 — — — 中国、马来半岛、日本、菲律宾；南亚

Asplenium thunbergii Kunze　羽裂铁角蕨
F9006969 — — — 马达加斯加、斯里兰卡、印度（阿萨姆邦）、巴布亚新几内亚

Asplenium trichomanes L.　铁角蕨
0000372 — — — 世界广布

Asplenium tripteropus Nakai　三翅铁角蕨
F0020032 — — — 印度（阿萨姆邦）；亚洲东部温带

Asplenium unilaterale Lam.　半边铁角蕨
F0034378 中国特有 — — 中国

Asplenium wilfordii Mett. ex Kuhn　闽浙铁角蕨
F0025387 — — — 中国；亚洲东部温带

Asplenium wrightii Eaton ex Hook.　狭翅铁角蕨
F0025399 — — — 中国南部、越南；亚洲东部温带

Asplenium yoshinagae Makino　棕鳞铁角蕨
F0021520 — — — 中国、韩国、朝鲜、日本、菲律宾

Hymenasplenium　膜叶铁角蕨属

Hymenasplenium cardiophyllum (Hance) Nakaike　细辛膜叶铁角蕨
F0020172 — — — —

Hymenasplenium cheilosorum Tagawa　齿果膜叶铁角蕨
F9000141 — — — 菲律宾；南亚、东亚

Hymenasplenium excisum (C. Presl) S. Linds.　切边膜叶铁

角蕨
F0020013 — — — 马达加斯加；太平洋岛屿；亚洲热带及亚热带
Hymenasplenium obscurum (Blume) Tagawa　绿秆膜叶铁角蕨
F0020025 — — — 马达加斯加；非洲南部、亚洲热带及亚热带

Woodsiaceae　岩蕨科

Physematium　二羽岩蕨属
Physematium manchuriense (Hook.) Nakai.　膀胱蕨
F9000142 — — — 中国、俄罗斯（远东地区）、日本

Woodsia　岩蕨属
Woodsia lanosa Hook.　毛盖岩蕨
F0050524 — — — 中国、印度、尼泊尔、孟加拉国、不丹

Onocleaceae　球子蕨科

Matteuccia　荚果蕨属
Matteuccia struthiopteris (L.) Tod.　荚果蕨
F0050528 — — — 欧亚大陆温带

Onoclea　球子蕨属
Onoclea sensibilis var. *interrupta* Maxim.　球子蕨
F0050529 — — — 俄罗斯（西伯利亚东南部）、中国、韩国、朝鲜、日本

Pentarhizidium　东方荚果蕨属
Pentarhizidium intermedium (C. Christensen) Hayata　中华荚果蕨
F9000143 — — — 印度西北部、尼泊尔、不丹、中国
Pentarhizidium orientale Hayata　东方荚果蕨
F9000144 — — — 印度、尼泊尔、不丹、中国、日本

Blechnaceae　乌毛蕨科

Blechnopsis　乌毛蕨属
Blechnopsis orientalis (L.) C. Presl　乌毛蕨
0003251 — — — 太平洋岛屿；亚洲热带及亚热带

Brainea　苏铁蕨属
Brainea insignis (Hook.) J. Sm　苏铁蕨
F0022273 — 易危（VU）二级 中国、印度、尼泊尔、孟加拉国、不丹、马来西亚

Cleistoblechnum　荚囊蕨属
Cleistoblechnum eburneum (Christ) Gasper & Salino　荚囊蕨
F0020157 中国特有 — — 中国

Doodia　锉蕨属
Doodia aspera R. Br.　锉蕨
F9000145 — — — 巴布亚新几内亚、澳大利亚（昆士兰州）；南太平洋岛屿

Stenochlaena　光叶藤蕨属
Stenochlaena palustris (Burm.) Bedd.　光叶藤蕨
F0050496 — — — 西太平洋岛屿；亚洲热带及亚热带
Stenochlaena palustris 'Cristata'　光叶藤蕨缀化
F0034634 — — — —

Woodwardia　狗脊属
Woodwardia harlandii Hook.　崇澍蕨
0003652 — — — 中国、韩国、朝鲜、日本、中南半岛北部
Woodwardia japonica (L. f.) Sm.　狗脊
0004791 — — — 中国南部、中南半岛；亚洲东部温带
Woodwardia orientalis Sw.　东方狗脊
0004810 — — — 中国东部、菲律宾
Woodwardia prolifera Hook. & Arn.　珠芽狗脊
F9000146 — — — 中国、韩国、朝鲜、日本、菲律宾
Woodwardia unigemmata (Makino) Nakai　顶芽狗脊
F0020149 — — — 巴基斯坦、中国、韩国、朝鲜、日本、中南半岛北部、印度尼西亚（爪哇岛）、菲律宾、巴布亚新几内亚

Athyriaceae　蹄盖蕨科

Anisocampium　安蕨属
Anisocampium cuspidatum (Bedd.) Yea C. Liu, W. L. Chiou & M. Kato　拟鳞毛蕨
F0020228 — — — 中国、印度、尼泊尔、孟加拉国、不丹
Anisocampium niponicum (Mett.) Yea C. Liu, W. L. Chiou & M. Kato　日本安蕨
F9000153 — — — 中国、尼泊尔、不丹、孟加拉国、中南半岛北部；亚洲东部温带
Anisocampium sheareri (Baker) Ching　华东安蕨
F0025939 — — — 中国；亚洲东部温带

Athyrium　蹄盖蕨属
Athyrium anisopterum Christ　宿蹄盖蕨
0003547 — — — 中国南部、马来西亚西部；南亚
Athyrium arisanense (Hayata) Tagawa　阿里山蹄盖蕨
F9000147 中国特有 — — 中国
Athyrium atkinsonii Bedd.　大叶假冷蕨
0004940 — — — 巴基斯坦、中国、韩国、朝鲜、日本、越南
Athyrium attenuatum (C. B. Clarke) Tagawa　剑叶蹄盖蕨
F9000148 — — — 缅甸；亚洲中部

Athyrium brevifrons Nakai ex Tagawa　东北蹄盖蕨
F0050525 — — — 俄罗斯（西伯利亚）、韩国、朝鲜、日本、中国北部

Athyrium christensenii Tardieu　中越蹄盖蕨
F9000149 — — — 中国、越南

Athyrium delavayi Christ　翅轴蹄盖蕨
F0022448 — — — 印度（阿萨姆邦）、中国南部、缅甸

Athyrium dissitifolium (Baker) C. Chr.　疏叶蹄盖蕨
0002217 — — — 印度、中国南部、中南半岛

Athyrium epirachis (Christ) Ching　轴果蹄盖蕨
F0022491 — — — 中国、日本

Athyrium imbricatum Christ　密羽蹄盖蕨
0001025 — — — 中国、印度、尼泊尔、孟加拉国、不丹、缅甸、日本

Athyrium iseanum Rosenst.　长江蹄盖蕨
0003412 — — — 中国、韩国、朝鲜、日本

Athyrium kuratae Seriz.　仓田蹄盖蕨
F9000151 — — — 中国、日本南部

Athyrium mengtzeense Hieron.　蒙自蹄盖蕨
F0025522 — — — 中国、印度、尼泊尔、孟加拉国、不丹

Athyrium otophorum (Miq.) Koidz.　光蹄盖蕨
0003779 — — — 喜马拉雅山脉中部及西部、印度（阿萨姆邦）；亚洲东部温带

Athyrium roseum Christ　玫瑰蹄盖蕨
F0021111 中国特有 — — 中国

Athyrium sinense Rupr.　中华蹄盖蕨
F9000154 中国特有 — — 中国北部及东部

Athyrium strigillosum (T. Moore ex E. J. Lowe) Salomon　软刺蹄盖蕨
F9000155 — — — 巴基斯坦、中国、缅甸、日本南部

Athyrium vidalii (Franch. & Sav.) Nakai　尖头蹄盖蕨
F9000156 — — — 越南、中国、千岛群岛南部；亚洲东部温带

Athyrium viviparum Christ　胎生蹄盖蕨
F9000157 中国特有 — — 中国南部

Athyrium wardii (Hook.) Makino　华中蹄盖蕨
0000662 — — — 中国、韩国、千岛群岛、日本、斯里兰卡

Athyrium yokoscense (Franch. & Sav.) Christ　禾秆蹄盖蕨
F9000158 — — — 中国、俄罗斯（远东地区）、日本

Cornopteris　角蕨属

Cornopteris crenulatoserrulata (Makino) Nakai　细齿角蕨
F9000150 — — — 俄罗斯（远东地区南部）、中国、朝鲜、韩国、日本

Cornopteris decurrentialata (Hook.) Nakai　角蕨
F0026100 — — — 中国、尼泊尔、中南半岛北部、菲律宾；亚洲东部温带

Cornopteris opaca (Don) Tagawa　黑叶角蕨
F0022504 — — — 亚洲热带及亚热带

Deparia　对囊蕨属

Deparia boryana (Willd.) M. Kato　介蕨
F0022618 — — — 世界热带及亚热带

Deparia chinensis (Ching) X. S. Guo & C. Du　中华介蕨
F0024947 中国特有 — — 中国

Deparia japonica (Thunb.) M. Kato　假蹄盖蕨
F0022676 — — — 巴基斯坦、中国、千岛群岛南部、印度尼西亚（小巽他群岛）

Deparia lancea (Thunb.) Fraser-Jenk.　单叶双盖蕨
F0020244 — — — 中南半岛、菲律宾、加里曼丹岛；南亚、东亚

Deparia okuboana (Makino) M. Kato　华中介蕨
F0022545 — — — 中国、韩国、朝鲜、日本、越南

Deparia omeiensis (Z. R. Wang) M. Kato　峨眉假蹄盖蕨
F0022619 中国特有 — — 中国

Deparia petersenii (Kunze) M. Kato　毛轴假蹄盖蕨
0002210 — — — 马斯克林群岛；亚洲热带及亚热带

Deparia unifurcata (Baker) M. Kato　峨眉介蕨
0000975 — — — 中国、越南、日本

Deparia viridifrons (Makino) M. Kato　绿叶介蕨
F0022621 — — — 中国南部、越南、韩国、日本

Diplazium　双盖蕨属

Diplazium basahense Ching　白沙双盖蕨
F9000159 中国特有 — — 中国南部

Diplazium changjiangense Z. R. He　昌江短肠蕨
F0022525 中国特有 — — 中国南部

Diplazium chinense (Baker) C. Chr.　中华短肠蕨
F0022544 — — — 中国南部、越南；亚洲东部温带

Diplazium conterminum Christ　边生双盖蕨
F0022463 — — — 印度东北部、中南半岛；亚洲东部温带

Diplazium crassiusculum Ching　厚叶双盖蕨
F0025942 — — — 中国、韩国、朝鲜、日本、越南

Diplazium dilatatum Blume　毛柄短肠蕨
F0022494 — — — 西南太平洋岛屿；亚洲热带及亚热带

Diplazium doederleinii (Luerss.) Makino　光脚短肠蕨
F9000160 — — — 尼泊尔、中国、韩国、朝鲜、日本、菲律宾

Diplazium donianum (Mett.) Tardieu　双盖蕨
F0020694 — — — 印度、中国、不丹、孟加拉国、缅甸、韩国、朝鲜、日本、印度尼西亚（爪哇岛）

Diplazium esculentum (Retz.) Sw.　菜蕨
F0025295 — — — 西南太平洋岛屿；亚洲热带及亚热带

Diplazium hachijoense Nakai　薄盖短肠蕨
0001934 — — — 中国南部；亚洲东部温带

Diplazium hainanense Ching　海南双盖蕨
F0022442 — — — 中国南部、越南

Diplazium hirtipes Christ　鳞轴短肠蕨
F9000161 — — — 中国南部、越南北部

Diplazium laxifrons Rosenst.　异裂短肠蕨
0000049 — — — 中国、印度、尼泊尔、韩国、朝鲜、日本

Diplazium matthewii (Copel.) C. Chr.　阔片双盖蕨
F0022509 — — — 中国南部、中南半岛北部、菲律宾、南亚次大陆

Diplazium maximum (D. Don) C. Chr.　大叶短肠蕨
0001985 — — — 菲律宾、印度尼西亚；亚洲温带

Diplazium megaphyllum (Baker) Christ　大羽短肠蕨
F0022603 — — — 中国南部、中南半岛北部

Diplazium mettenianum (Miq.) C. Chr.　江南短肠蕨
F0022459 — — — 中国、韩国、朝鲜、日本、中南半岛北部

Diplazium ovatum (W. M. Chu ex Ching & Z. Y. Liu) R. Wei & X. C. Zhang　卵果短肠蕨
F0022520 — — — 中国、越南

Diplazium pin-faense Ching　薄叶双盖蕨
F0022564 — — — 印度（阿萨姆邦）、日本南部

Diplazium pinnatifidopinnatum (Hook.) T. Moore　羽裂短肠蕨
F0022597 — — — —

Diplazium proliferum (Lam.) Kaulf.　多生菜蕨
0004626 — — — 太平洋岛屿；世界热带及亚热带

Diplazium prolixum Rosenst.　双生双盖蕨
F0022489 — — — 印度北部、中国南部

Diplazium pseudosetigerum (Christ) Fraser-Jenk.　矩圆短肠蕨
F9000162 — — — 印度（阿萨姆邦）、中国南部

Diplazium pullingeri (Baker) J. Sm.　毛轴线盖蕨
0000403 — 近危（NT） — 中国、韩国、朝鲜、日本

Diplazium serratifolium Ching　锯齿双盖蕨
0001740 — — — 中国、越南

Diplazium stenochlamys C. Chr.　网脉短肠蕨
0003090 — — — 中国、越南北部

Diplazium succulentum (C. B. Clarke) C. Chr.　肉质短肠蕨
0002223 — — — 中国

Diplazium virescens Kunze　淡绿短肠蕨
F0022611 — — — 印度（阿萨姆邦）、中南半岛北部；亚洲东部温带

Diplazium viridescens Ching　草绿短肠蕨
F0022527 中国特有 — — 中国

Diplazium wichurae (Mett.) Diels　耳羽短肠蕨
F0022473 — — — 中国南部；亚洲东部温带

Diplazium yaoshanense (Wu ex Wu, Wong & Pong) Tardieu　假江南短肠蕨
F0022480 — — — 中国

Thelypteridaceae　金星蕨科

Ampelopteris　星毛蕨属

Ampelopteris prolifera (Retz.) Copel.　星毛蕨
F0022930 — — — 世界热带及亚热带

Chingia　仁昌蕨属

Chingia longissima Holttum　秦蕨
F0025433 — — — 太平洋岛屿

Cyclogramma　钩毛蕨属

Cyclogramma flexilis (Christ) Tagawa　小叶钩毛蕨
0000447 — — — 中国、越南、日本

Cyclogramma leveillei (Christ) Ching　狭基钩毛蕨
F9000178 中国特有 — — 中国

Cyclosorus　毛蕨属

Cyclosorus acuminatus (Houtt.) Nakai　渐尖毛蕨
F0022435 — — — 中国、菲律宾、越南；亚洲东部温带

Cyclosorus aridus (Don) Tagawa　干旱毛蕨
F0022834 — — — 西南太平洋岛屿；亚洲热带及亚热带

Cyclosorus crinipes (Hook.) Ching　鳞柄毛蕨
F0020185 — — — 中国（南部至喜马拉雅山脉）、马来半岛

Cyclosorus dentatus (Forssk.) Ching　齿牙毛蕨
F0021467 — — — 太平洋岛屿；世界热带及亚热带

Cyclosorus heterocarpus (Blume) Ching　异果毛蕨
0002470

Cyclosorus interruptus (Willd.) H. Ito　毛蕨
0004034 — — — 太平洋岛屿；世界热带及亚热带

Cyclosorus latipinnus (Benth.) Tardieu　宽羽毛蕨
Q201702273139 中国特有 — — 中国

Cyclosorus nanxiensis Ching ex K. H. Shing　南溪毛蕨
F9000177 中国特有 — — 中国

Cyclosorus parasiticus (L.) Farw.　华南毛蕨
0004423 — — — 太平洋岛屿；非洲、亚洲热带及亚热带

Cyclosorus scaberulus Ching　糙叶毛蕨
0003457 中国特有 — — 中国南部

Cyclosorus terminans (Hook.) Shing　顶育毛蕨
F9006971 — 濒危（EN） — 中国、澳大利亚（昆士兰州东北部）；非洲中西部热带、亚洲热带

Cyclosorus truncatus (Poir.) Tardieu　截裂毛蕨
F0026117 — — — —

Glaphyropteridopsis　方秆蕨属

Glaphyropteridopsis erubescens (Hook.) Ching　方秆蕨

F0026124 — — — 菲律宾、喜马拉雅山脉；亚洲东部温带

Glaphyropteridopsis rufostraminea (Christ) Ching 粉红方秆蕨

0004633 中国特有 — — 中国

Leptogramma 茯蕨属

Leptogramma tottoides H. Ito 小叶茯蕨

F9000180 中国特有 — — 中国

Macrothelypteris 针毛蕨属

Macrothelypteris ornata (J. Sm.) Ching 树形针毛蕨

F0023129 — — — 中南半岛；南亚、东亚

Macrothelypteris torresiana (Gaudich.) Ching 普通针毛蕨

00018513 — — — 澳大利亚北部及东部；西印度洋岛屿；亚洲热带及亚热带

Macrothelypteris viridifrons (Tagawa) Ching 翠绿针毛蕨

0004616 — — — 中国、韩国、日本

Mesopteris 龙津蕨属

Mesopteris tonkinensis (C. Christensen) Ching 龙津蕨

F0023005 — 近危（NT） — 中国、越南

Metathelypteris 凸轴蕨属

Metathelypteris adscendens (Ching) Ching 微毛凸轴蕨

F9000166 中国特有 — — 中国

Metathelypteris gracilescens (Blume) Ching 凸轴蕨

F9000173 — — — 中国、巴布亚新几内亚；亚洲东部温带

Metathelypteris laxa (Franch. & Sav.) Ching 疏羽凸轴蕨

0004360 — — — 印度、中国南部、泰国东北部；亚洲东部温带

Metathelypteris singalanensis (Baker) Ching 鲜绿凸轴蕨

F9000179 — — — 中国南部、越南、马来西亚西部

Metathelypteris uraiensis (Rosenst.) Ching 乌来凸轴蕨

F9000181 — — — 中国、日本、菲律宾

Parathelypteris 金星蕨属

Parathelypteris angulariloba (Ching) Ching 钝角金星蕨

F9000167 — — — 中国、越南、日本南部

Parathelypteris glanduligera (Kunze) Ching 金星蕨

F9000172 — — — 中国、印度、尼泊尔、韩国、朝鲜、日本、菲律宾

Parathelypteris hirsutipes (Clarke) Ching 毛脚金星蕨

F9000174 — — — 印度（阿萨姆邦）、中国、印度尼西亚（苏门答腊岛）

Parathelypteris japonica (Bak.) Ching 光脚金星蕨

F9000175 — — — 中国南部；亚洲东部温带

Phegopteris 卵果蕨属

Phegopteris aurita (Hook.) J. Sm. 耳状紫柄蕨

F9000163 — — — 亚洲热带及亚热带

Phegopteris connectilis (Michx.) Watt 卵果蕨

F9000164 — — — 亚北极区；北半球温带

Phegopteris decursive-pinnata (H. C. Hall) Fée 延羽卵果蕨

F0020298 — — — 尼泊尔、中国、韩国、朝鲜、日本、越南、印度尼西亚（爪哇岛、苏拉威西岛）

Pronephrium 新月蕨属

Pronephrium gymnopteridifrons (Hayata) Holttum 新月蕨

F0022977— — — 中国南部、菲律宾

Pronephrium hekouensis Ching ex Y. X. Lin 河口新月蕨

F9000165 中国特有 — — 中国

Pronephrium lakhimpurense (Rosenst.) Holttum 红色新月蕨

F9000176 — — — 尼泊尔中部、中国南部、中南半岛

Pronephrium megacuspe (Baker) Holttum 微红新月蕨

F0024919 — — — 印度、中国南部

Pronephrium nudatum (Roxb.) Holttum 大羽新月蕨

0002902 — — — 中国、菲律宾

Pronephrium penangianum (Hook.) Holttum 披针新月蕨

0004331 — — — 巴基斯坦、中国南部、缅甸

Pronephrium simplex (Hook.) Holttum 单叶新月蕨

F0026183 — — — 中国南部、越南；亚洲东部温带

Pronephrium triphyllum (Sw.) Holttum 三羽新月蕨

F0021478— — — 西太平洋岛屿；亚洲热带及亚热带

Pseudocyclosorus 假毛蕨属

Pseudocyclosorus caudipinnus (Ching) Ching 尾羽假毛蕨

F9000169 — — — 马来西亚；南亚、东亚南部

Pseudocyclosorus esquirolii (Christ) Ching 西南假毛蕨

F9000170 — — — 尼泊尔、中国、韩国、朝鲜、日本、中南半岛

Pseudocyclosorus falcilobus (Hook.) Ching 镰片假毛蕨

F9000171 — — — 印度、中国、朝鲜、韩国、日本、中南半岛

Pseudocyclosorus tylodes (Kunze) Holttum 假毛蕨

0002547 — — — —

Pseudophegopteris 紫柄蕨属

Pseudophegopteris pyrrhorachis (Kunze) Ching 紫柄蕨

F0022443 中国特有 — — 中国

Stegnogramma 溪边蕨属

Stegnogramma cyrtomioides (C. Chr.) Ching 贯众叶溪边蕨

0004601 中国特有 近危（NT） — 中国

Stegnogramma griffithii (Mett.) K. Iwats. 圣蕨

F0027669 — — — 印度（阿萨姆邦）、中国南部、中南半岛；亚洲东部温带

Stegnogramma sagittifolia (Ching) L. J. He & X. C. Zhang
戟叶圣蕨
0003364 中国特有 —— 中国

Didymochlaenaceae 翼囊蕨科

Didymochlaena 翼囊蕨属
Didymochlaena truncatula (Sw.) J. Sm. 翼囊蕨
F9000182 ——— 世界热带及亚热带

Hypodematiaceae 肿足蕨科

Hypodematium 肿足蕨属
Hypodematium crenatum (Forssk.) Kuhn & Decken 肿足蕨
F0020297 ——— 世界热带及亚热带

Leucostegia 大膜盖蕨属
Leucostegia truncata (D. Don) Fraser-Jenk. 大膜盖蕨
F9000183 ———

Dryopteridaceae 鳞毛蕨科

Arachniodes 复叶耳蕨属
Arachniodes amabilis (Blume) Tindale 斜方复叶耳蕨
F0021436 ——— 日本；亚洲热带
Arachniodes aristata (G. Forst.) Tindale 刺头复叶耳蕨
F0021430 ——— 太平洋岛屿
Arachniodes assamica (Kuhn) Ohwi 阔羽复叶耳蕨
F9000184 ——— 尼泊尔、中国、韩国、朝鲜、日本、中南半岛
Arachniodes blinii (H. Lév.) Nakaike 粗齿黔蕨
0004366 中国特有 —— 中国南部
Arachniodes cavalerii (Christ) Ohwi 背囊复叶耳蕨
F0024894 ———
Arachniodes chinensis (Rosenst.) Ching 中华复叶耳蕨
0002358 ——— 印度、中国、朝鲜、韩国、日本、马来西亚
Arachniodes coniifolia (T. Moore) Ching 细裂复叶耳蕨
F9000185 ——— 中国、尼泊尔、缅甸
Arachniodes festina (Hance) Ching 华南复叶耳蕨
0000470 ——— 中国、越南
Arachniodes gigantea Ching 高大复叶耳蕨
0001551 中国特有 —— 中国
Arachniodes grossa (Tardieu & C. Chr.) Ching 粗裂复叶耳蕨
0003865 ——— 中国、越南北部
Arachniodes hainanensis (Ching) Ching 海南复叶耳蕨
F0021359 ——— 中国南部、越南
Arachniodes hekiana Sa. Kurata 假斜方复叶耳蕨

F0021513 ——— 中国、韩国、朝鲜、日本
Arachniodes neopodophylla (Ching) Nakaike 长叶黔蕨
F0023952 ——— 中国
Arachniodes nigrospinosa (Ching) Ching 黑鳞复叶耳蕨
F0026163 中国特有 —— 中国
Arachniodes quadripinnata (Hayata) Seriz. 四回毛枝蕨
0000160 ——— 中国、日本
Arachniodes simplicior (Makino) Ohwi 长尾复叶耳蕨
F0021121 ——— 中国、韩国、日本
Arachniodes simulans (Ching) Ching 华西复叶耳蕨
F0021270 ——— 尼泊尔、中国、韩国、朝鲜、日本
Arachniodes spectabilis (Ching) Ching 清秀复叶耳蕨
F0025518 ——— 印度、中国、中南半岛

Bolbitis 实蕨属
Bolbitis angustipinna (Hayata) H. Itô 多羽实蕨
F0022688 — 易危（VU） — 中国、印度、中南半岛、马来西亚
Bolbitis appendiculata (Willd.) K. Iwats. 刺蕨
F0050492 ——— 亚洲热带及亚热带
Bolbitis christensenii (Ching) Ching 贵州实蕨
F9000186 ——— 中国、越南
Bolbitis hekouensis Ching 河口实蕨
0002565 中国特有 —— 中国
Bolbitis heteroclita (C. Presl) Ching 长叶实蕨
F0022967 ——— 亚洲热带及亚热带
Bolbitis × laxireticulata K. Iwats. 网脉实蕨
0001044 ——— 中国
Bolbitis rhizophylla (Kaulf.) Hennipman 根叶刺蕨
0001309 ——— 中国、菲律宾
Bolbitis scalpturata (Fée) Ching 红柄实蕨
0001672 — 极危（CR） — 中国南部、中南半岛、马来西亚中部
Bolbitis sinensis (Baker) K. Iwats. 中华刺蕨
F0022695 ——— 印度（阿萨姆邦）、中国南部、中南半岛、印度尼西亚（爪哇岛）、巴布亚新几内亚
Bolbitis subcordata (Copel.) Ching 华南实蕨
0000789 ——— 印度（阿萨姆邦）、日本、越南

Ctenitis 肋毛蕨属
Ctenitis decurrentipinnata (Ching) Ching 海南肋毛蕨
F0022192 ———
Ctenitis pseudorhodolepis Ching & Chu H. Wang 棕鳞肋毛蕨
F0022178 中国特有 —— 中国
Ctenitis sinii Ohwi 三相蕨
F0026110 — 近危（NT） — 中国、韩国、日本
Ctenitis subglandulosa (Hance) Ching 亮鳞肋毛蕨
F0022173 ——— 西太平洋岛屿；亚洲热带及亚热带

Cyrtomium 贯众属

Cyrtomium aequibasis (C. Chr.) Ching 等基贯众

F0020849 中国特有 —— 中国

Cyrtomium caryotideum (Wall. ex Hook. & Grev.) C. Presl 刺齿贯众

F0020881 ——— 巴基斯坦、菲律宾、夏威夷群岛；亚洲东部温带

Cyrtomium devexiscapulae (Koidz.) Ching 披针贯众

0000880 ——— 中国南部、越南北部；亚洲东部温带

Cyrtomium falcatum (L. f.) C. Presl 全缘贯众

F0020982 — 易危（VU）— 中国、越南；亚洲东部温带

Cyrtomium fortunei J. Sm. 贯众

F0020179 ——— 印度、中国、韩国、中南半岛

Cyrtomium grossum Christ 惠水贯众

F9000188 中国特有 濒危（EN）— 中国

Cyrtomium hemionitis Christ 单叶贯众

F0020786 — 濒危（EN）— 中国、越南北部

Cyrtomium lonchitoides (Christ) Christ 小羽贯众

0001394 ——— 中国、越南、日本

Cyrtomium macrophyllum (Makino) Tagawa 大叶贯众

0003273 ——— 巴基斯坦；亚洲东部温带

Cyrtomium nephrolepioides (Christ) Copel. 低头贯众

F0034363 中国特有 —— 中国南部

Cyrtomium omeiense Ching & K. H. Shing ex K. H. Shing 峨眉贯众

F0020984 中国特有 —— 中国

Cyrtomium pachyphyllum (Rosenst.) C. Chr. 厚叶贯众

F0020921 中国特有 —— 中国

Cyrtomium serratum Ching & K. H. Shing ex K. H. Shing 尖齿贯众

0000643 中国特有 —— 中国

Cyrtomium taiwanense Tagawa 台湾贯众

0001334 ——— 中国（台湾）

Cyrtomium tukusicola Tagawa 齿盖贯众

F0020801 ——— 中国、日本

Cyrtomium urophyllum Ching 线羽贯众

F0021124 中国特有 —— 中国南部

Cyrtomium yamamotoi Tagawa 阔羽贯众

0003750 ——— 中国、泰国东部、日本

Dryopteris 鳞毛蕨属

Dryopteris atrata (Kunze) Ching 暗鳞鳞毛蕨

0000175 ——— 印度西南部、尼泊尔中部、中国、中南半岛

Dryopteris basisora Christ 基生鳞毛蕨

F9000189 — 易危（VU）— 中国

Dryopteris bodinieri (Christ) C. Chr. 大平鳞毛蕨

F0021076 中国特有 濒危（EN）— 中国

Dryopteris championii (Benth.) C. Chr. 阔鳞鳞毛蕨

F0021058 ——— 中国；亚洲东部温带

Dryopteris chinensis (Baker) Koidz. 中华鳞毛蕨

F9000190 ——— 俄罗斯（远东地区南部）、中国、日本

Dryopteris chrysocoma (Christ) C. Chr. 金冠鳞毛蕨

F9000191 ——— 巴基斯坦、中国、中南半岛

Dryopteris clarkei (Baker) Kuntze 膜边轴鳞蕨

0003329 ——— 印度、尼泊尔、不丹、中国南部、缅甸

Dryopteris cochleata (Buch.-Ham. ex D. Don) C. Chr. 二型鳞毛蕨

F0022610 ——— 亚洲热带及亚热带

Dryopteris commixta Tagawa 混淆鳞毛蕨

F0021060 ——— 中国南部、韩国、日本

Dryopteris conjugata Ching 连合鳞毛蕨

F9000192 ——— 中国、印度、尼泊尔、不丹、孟加拉国、缅甸

Dryopteris conjugata 'Gutianensis' 'Gutianensis'连合鳞毛蕨

F9000193 ———

Dryopteris coreano-montana Nakai 东北亚鳞毛蕨

F9000202 ——— 俄罗斯（远东地区）、朝鲜、韩国、日本、中国

Dryopteris crassirhizoma Nakai 粗茎鳞毛蕨

F0050519 ——— 中国、俄罗斯（远东地区）、日本

Dryopteris crispifolia Rasbach, Reichst. & G. Vida

F9000194 ——— 亚速尔群岛

Dryopteris cycadina (Franch. & Sav.) C. Chr. 桫椤鳞毛蕨

F0025940 ——— 中国南部；亚洲东部温带

Dryopteris cyclopeltidiformis C. Chr. 弯羽鳞毛蕨

F9000195 ——— 中国南部、越南

Dryopteris decipiens (Hook.) Kuntze 迷人鳞毛蕨

F0021154 ——— 中国南部；亚洲东部温带

Dryopteris dehuaensis Ching & K. H. Shing 德化鳞毛蕨

0001822 中国特有 —— 中国

Dryopteris diffracta Hayata 弯柄假复叶耳蕨

0001428 ——— 印度、中国南部

Dryopteris erythrosora (Eaton) Kuntze 红盖鳞毛蕨

F0025901 ——— 中国；亚洲东部温带

Dryopteris fructuosa (Christ) C. Chr. 硬果鳞毛蕨

F0021514 ——— 中国（中部、南部及喜马拉雅山脉中东部）、缅甸

Dryopteris fuscipes C. Chr. 黑足鳞毛蕨

F0021066 ——— 中国南部、越南；亚洲东部温带

Dryopteris hasseltii (Blume) C. Chr. 草质假复叶耳蕨

0001376 ——— 西太平洋岛屿；亚洲热带及亚热带

Dryopteris heterolaena C. Chr. 异鳞轴鳞蕨

0000887 — — — 印度、中国南部

Dryopteris hondoensis Koidz. 桃花岛鳞毛蕨

F0026107 — — — 中国、韩国、日本

Dryopteris immixta Ching 假异鳞毛蕨

F9000196 — — — 中国、韩国、日本中南部

Dryopteris indusiata (Makino) Yamam. ex Yamam. 平行鳞毛蕨

F0023979 — — — 中国南部、日本

Dryopteris integriloba C. Chr. 羽裂鳞毛蕨

0001252 — — — 中国、马来半岛、日本

Dryopteris juxtaposita Christ 粗齿鳞毛蕨

0003005 — — — 中南半岛；南亚、东亚中部

Dryopteris kawakamii Hayata 泡鳞轴鳞蕨

F0022471 — — — 中国、缅甸北部

Dryopteris labordei (Christ) C. Chr. 齿头鳞毛蕨

F0023851 — — — 中国南部、日本

Dryopteris lachoongensis (Bedd.) B. K. Nayar & S. Kaur 脉纹鳞毛蕨

F0021000 — — — 中国、印度、尼泊尔、孟加拉国、不丹

Dryopteris lepidopoda Hayata 黑鳞鳞毛蕨

0000753 — — — 中国、印度、尼泊尔、孟加拉国、不丹、缅甸

Dryopteris liangkwangensis Ching 两广鳞毛蕨

0003969 — 濒危（EN）— — 中国

Dryopteris lunanensis (Christ) C. Chr. 路南鳞毛蕨

0004182 — — — 不丹、中国中部

Dryopteris marginata (C. B. Clarke) Christ 边果鳞毛蕨

F9000197 — — — 尼泊尔中部及东部、中国、中南半岛

Dryopteris namegatae (Kurata) Kurata 黑鳞远轴鳞毛蕨

0002686 — — — 印度；亚洲东部温带

Dryopteris neorosthorni Ching 近川西鳞毛蕨

F9000198 — — — —

Dryopteris pacifica (Nakai) Tagawa 太平鳞毛蕨

F0021061 — — — 中国、日本、朝鲜

Dryopteris panda (C. B. Clarke) Christ 大果鳞毛蕨

F0026108 — — — 中国、印度、尼泊尔、孟加拉国、不丹

Dryopteris peninsulae Kitag. 半岛鳞毛蕨

F9000199 中国特有 — — 中国

Dryopteris podophylla (Hook.) Kuntze 柄叶鳞毛蕨

F0025933 中国特有 — — 中国南部

Dryopteris polita Rosenst. 蓝色鳞毛蕨

0004528 — — — 中国、韩国、朝鲜、日本、巴布亚新几内亚

Dryopteris porosa Ching 微孔鳞毛蕨

0000305 — — — 中国、缅甸、老挝、越南、泰国北部

Dryopteris pseudocaenopteris (Kunze) Li Bing Zhang 红腺蕨

F0050407 — — — 中国、尼泊尔中南部、巴布亚新几内亚

Dryopteris pycnopteroides (Christ) C. Chr. 密鳞鳞毛蕨

F0021515 中国特有 — — 中国

Dryopteris redactopinnata Soumen K. Basu & Panigrahi 藏布鳞毛蕨

F9000200 — — — 巴基斯坦、中国

Dryopteris rosthornii (Diels) C. Chr. 川西鳞毛蕨

0001078 — — — 巴基斯坦、中国中部及南部

Dryopteris ryo-itoana Kurata 宽羽鳞毛蕨

F9000201 — — — 中国、日本

Dryopteris scottii (Bedd.) Ching ex C. Chr. 无盖鳞毛蕨

F0021077 — — — 尼泊尔、中国、韩国、朝鲜、日本、印度尼西亚（苏门答腊岛）

Dryopteris setosa (Thunb.) Akasawa 两色鳞毛蕨

F9000187 — — — 泰国、马来西亚

Dryopteris shikokiana (Makino) C. Chr. 无盖肉刺蕨

0000406 — — — 中国南部、日本

Dryopteris sieboldii (van Houtte ex Mett.) Kuntze 奇羽鳞毛蕨

F0021043 — — — 中国南部、日本

Dryopteris simasakii (H. Itô) Sa. Kurata 高鳞毛蕨

F9000203 — — — 中国南部、日本

Dryopteris sparsa (Buch.-Ham. ex D. Don) Kuntze 稀羽鳞毛蕨

0003570 — — — 加罗林群岛；亚洲热带及亚热带

Dryopteris stenolepis (Baker) C. Chr. 狭鳞鳞毛蕨

F0026102 — — — 中国、印度、尼泊尔、孟加拉国、不丹、中南半岛北部

Dryopteris sublacera Christ 半育鳞毛蕨

F9000204 — — — 中国、印度、尼泊尔、孟加拉国、不丹

Dryopteris tenuicula Matthew & Christ 华南鳞毛蕨

F0025869 — — — 中国南部；亚洲东部温带

Dryopteris tokyoensis (Matsum. ex Makino) C. Chr. 东京鳞毛蕨

F9000205 — 濒危（EN）— 中国南部、韩国、日本

Dryopteris tsoongii Ching 观光鳞毛蕨

F0021512 中国特有 — — 中国

Dryopteris varia (L.) Kuntze 变异鳞毛蕨

F0021062 — — — 印度（阿萨姆邦）、日本、中南半岛

Dryopteris wallichiana (Spreng.) Hyl. 大羽鳞毛蕨

0004295 — — — 土耳其、夏威夷群岛、高夫岛；美洲热带及亚热带、亚洲热带及亚热带

Dryopteris woodsiisora Hayata 细叶鳞毛蕨

0002466 — — — 印度、尼泊尔、不丹、蒙古、中国、中南半岛北部

Dryopteris yongdeensis W. M. Chu ex S. G. Lu　永德鳞毛蕨

0003744 中国特有 — — 中国

Dryopteris yoroii Seriz.　栗柄鳞毛蕨

F0026103 — — — 中国、印度、尼泊尔、孟加拉国、不丹、缅甸

Dryopteris zayuensis Ching & S. K. Wu　褐鳞鳞毛蕨

F9000206 — — — 中国

Elaphoglossum　舌蕨属

Elaphoglossum conforme (Sw.) Schott　同形舌蕨

F9000207 — — — 圣赫勒拿岛、马达加斯加；非洲南部

Elaphoglossum luzonicum var. *mcclurei* (Ching) F. G. Wang & F. W. Xing　华南吕宋舌蕨

F9000208 中国特有 易危（VU） — 中国

Elaphoglossum marginatum T. Moore　舌蕨

F0025495 — — — 中国南部、中南半岛、印度尼西亚（爪哇岛）、南亚次大陆

Elaphoglossum sinii C. Chr.　圆叶舌蕨

F9000209 中国特有 — — 中国

Elaphoglossum stelligerum (Wall. ex Baker) T. Moore ex Salomon　云南舌蕨

F9000210 — — — 中国、马来半岛；南亚

Elaphoglossum yoshinagae (Yatabe) Makino　华南舌蕨

F0024681 — — — 中国南部、中南半岛、日本

Lomagramma　网藤蕨属

Lomagramma matthewii (Ching) Holttum　网藤蕨

F0024624 — — — 中国、印度、尼泊尔、孟加拉国、不丹、中南半岛

Mickelia　同羽实蕨属

Mickelia guianensis (Aubl.) R. C. Moran, Labiak & Sundue

0003773 — — — 美洲南部热带

Pleocnemia　黄腺羽蕨属

Pleocnemia winitii Holttum　黄腺羽蕨

0004305 — — — 中国、尼泊尔、中南半岛北部

Polystichum　耳蕨属

Polystichum acanthophyllum (Franch.) Christ　刺叶耳蕨

F9000211 中国特有 — — 中国

Polystichum acutidens Christ　尖齿耳蕨

0004642 — — — 中国、尼泊尔、中南半岛、日本

Polystichum acutipinnulum Ching & K. H. Shing　尖头耳蕨

F9000212 中国特有 — — 中国南部

Polystichum alcicorne (Baker) Diels　角状耳蕨

0003523 中国特有 — — 中国

Polystichum altum Ching ex Li Bing Zhang & H. S. Kung　高大耳蕨

0004229 中国特有 近危（NT） — 中国

Polystichum attenuatum Tagawa & K. Iwats.　长羽芽胞耳蕨

F9000219 — — — 中国、印度、尼泊尔、孟加拉国、不丹、中南半岛

Polystichum auriculum Ching　滇东南耳蕨

0004778 — — — 中国、越南

Polystichum balansae Christ　镰羽耳蕨

F0020956 — — — 印度北部、中国南部、越南、日本

Polystichum basipinnatum Diels　单叶鞭叶蕨

F0025452 中国特有 — — 中国

Polystichum caruifolium Diels　峨眉耳蕨

F0025357 中国特有 — — 中国

Polystichum chingiae Ching　滇耳蕨

F9000213 — — — 中国、越南

Polystichum chunii Ching　陈氏耳蕨

F0023987 中国特有 — — 中国（湖南、广西、贵州）

Polystichum craspedosorum (Maxim.) Diels　鞭叶耳蕨

F9000214 — — — 俄罗斯（远东地区）、朝鲜、韩国、日本、中国

Polystichum crassinervium Ching ex W. M. Chu & Z. R. He　粗脉耳蕨

F0020942 中国特有 — — 中国中部及南部

Polystichum crinigerum (C. Chr.) Ching　毛发耳蕨

F0025535 中国特有 — — 中国

Polystichum deltodon (Baker) Diels　对生耳蕨

F0020939 — — — 中国南部、日本、菲律宾

Polystichum dielsii Christ　圆顶耳蕨

0001281 — — — 中国、越南北部

Polystichum discretum (Don) J. Sm.　分离耳蕨

F9000215 — — — 巴基斯坦、中国、中南半岛

Polystichum erosum Ching & K. H. Shing　蚀盖耳蕨

0000666 中国特有 — — 中国南部

Polystichum excellens Ching　尖顶耳蕨

F0020985 — — — 中国南部、越南北部

Polystichum excelsius Ching & Z. Y. Liu　杰出耳蕨

F0020987 中国特有 — — 中国

Polystichum falcatilobum Ching ex W. M. Chu & Z. R. He　长镰羽耳蕨

0000563 — — — 中国；亚洲温带

Polystichum fimbriatum Christ　流苏耳蕨

0003269 — — — 中国、越南北部

Polystichum fraxinellum (Christ) Diels　柳叶蕨

F0020153 — — — 中国、越南北部

Polystichum guangxiense W. M. Chu & H. G. Zhou　广西耳蕨

F0021013 中国特有 —— 中国

Polystichum hancockii (Hance) Diels　小戟叶耳蕨

F0021020 ——— 中国；亚洲东部温带

Polystichum hecatopterum Diels　芒齿耳蕨

0003302 ——— 印度、中国

Polystichum hookerianum (C. Presl) C. Chr.　尖羽耳蕨

F0025778 ——— 中国、印度、尼泊尔、孟加拉国、不丹、中南半岛

Polystichum ichangense Christ　宜昌耳蕨

F9000216 中国特有 —— 中国

Polystichum lanceolatum (Baker) Diels　亮叶耳蕨

0003233 中国特有 —— 中国南部

Polystichum lentum (Don) Moore　柔软耳蕨

F9000217 ——— 中国、印度、尼泊尔、孟加拉国、不丹、中南半岛

Polystichum lepidocaulon J. Sm.　鞭叶蕨

0001181 ——— 中国；亚洲东部温带

Polystichum longipaleatum Christ　长鳞耳蕨

F9000218 中国特有 —— 中国（南部及喜马拉雅山脉）

Polystichum longispinosum Ching ex Li Bing Zhang & H. S. Kung　长刺耳蕨

0004677 中国特有 —— 中国

Polystichum makinoi (Tagawa) Tagawa　黑鳞耳蕨

F0020958 ——— 不丹、中国、日本

Polystichum mayebarae Tagawa　前原耳蕨

F0021024 ——— 中国、韩国、日本

Polystichum mehrae Fraser-Jenk. & Khullar　印西耳蕨

0004460 ——— 巴基斯坦、中国

Polystichum mengziense Li Bing Zhang　蒙自耳蕨

F0021018 中国特有 —— 中国

Polystichum minimum (Y. T. Hsieh) Li Bing Zhang　斜基柳叶蕨

F0020934 ——— 中国、越南

Polystichum neolobatum Nakai　革叶耳蕨

F0050611 ——— 中国、印度、尼泊尔、韩国、朝鲜、日本

Polystichum neozelandicum Fée

F9000220 ——— 新西兰、查塔姆群岛

Polystichum obliquum (Don) Moore　斜羽耳蕨

F9000221 ——— 中国、印度、尼泊尔、孟加拉国、不丹、缅甸、菲律宾

Polystichum retrosopaleaceum (Kodama) Tagawa　倒鳞耳蕨

0000892 ——— 中国南部、韩国、日本

Polystichum scariosum C. V. Morton　灰绿耳蕨

F0020961 ——— 中国、印度、尼泊尔、韩国、朝鲜、日本、马来西亚

Polystichum semifertile (Clarke) Ching　半育耳蕨

0001739 ——— 尼泊尔中部、中国、中南半岛北部

Polystichum setiferum (Forssk.) Moore ex Woyn.　黑鳞刺耳蕨

F9000222 ——— 地中海地区、伊拉克、伊朗、马卡罗尼西亚

Polystichum shensiense Christ　陕西耳蕨

F0050616 ——— 巴基斯坦、中国、缅甸北部

Polystichum sinotsus-simense Ching & Z. Y. Liu　中华对马耳蕨

F9006972 中国特有 —— 中国

Polystichum stimulans (Kunze ex Mett.) Bedd.　猫儿刺耳蕨

0001745 ——— 中国

Polystichum subacutidens Ching ex L. L. Xiang　多羽耳蕨

F0026973 ——— 中国、越南北部

Polystichum submarginale (Baker) Ching ex P. S. Wang　近边耳蕨

F9000223 中国特有 —— 中国

Polystichum submite (Christ) Diels　秦岭耳蕨

F0050597 中国特有 —— 中国

Polystichum tenuius (Ching) Li Bing Zhang　离脉柳叶蕨

0000587 ——— 中国、越南北部

Polystichum tonkinense (Christ) W. M. Chu & Z. R. He　中越耳蕨

0002315 ——— 中国南部、越南北部

Polystichum trapezoideum (Ching & K. H. Shing ex K. H. Shing) Li Bing Zhang　梯羽耳蕨

0003448 中国特有 —— 中国

Polystichum tripteron (Kunze) C. Presl　戟叶耳蕨

F0023986 ——— 中国、韩国、日本

Polystichum tsus-simense (Hook.) J. Sm.　对马耳蕨

F0020964 ——— 中国、印度、尼泊尔、韩国、朝鲜、日本、越南；西印度洋岛屿；非洲南部

Polystichum uniseriale (Ching ex K. H. Shing) Li Bing Zhang　单行耳蕨

F9000224 中国特有 —— 中国

Polystichum xiphophyllum (Baker) Diels　剑叶耳蕨

F0020945 ——— 中国、马来半岛

Polystichum yunnanense Christ　云南耳蕨

F9000225 ——— 也门、阿富汗、巴基斯坦、中国、缅甸

Rumohra　革叶蕨属

Rumohra adiantiformis (G. Forst.) Ching　革叶蕨

F9000226 ——— 巴布亚新几内亚、澳大利亚东部及东南部、新西兰；西印度洋岛屿；美洲热带及亚热带、非洲南部

Nephrolepidaceae　肾蕨科

Nephrolepis　肾蕨属

Nephrolepis biserrata (Sw.) Schott　长叶肾蕨
F0025928 ——— 世界热带及亚热带

Nephrolepis biserrata var. auriculata Ching　耳叶肾蕨
F9000227 中国特有 —— 中国南部

Nephrolepis brownii (Desv.) Hovenkamp & Miyam.　毛叶肾蕨
F0023130 ——— 太平洋岛屿；亚洲热带及亚热带

Nephrolepis 'Butterfly'　蝴蝶肾蕨
F0050135 ——— 中南半岛；太平洋岛屿

Nephrolepis cordifolia (L.) C. Presl　肾蕨
F0020136 ——— 太平洋岛屿；亚洲热带及亚热带

Nephrolepis exaltata (L.) Schott　高大肾蕨
0002028 ——— 美洲热带及亚热带

Nephrolepis exaltata 'Lemon Buttons'　钮扣蕨
F0034724 ————

Nephrolepis exaltata 'Marshalii'　复叶波士顿蕨
0003167 ————

Nephrolepis falcata (Cav.) C. Chr.　菲律宾镰叶肾蕨
F9000228 ——— 斯里兰卡、中南半岛、印度尼西亚（苏门答腊岛）、菲律宾

Lomariopsidaceae　藤蕨科

Cyclopeltis　拟贯众属

Cyclopeltis crenata (Fée) C. Chr.　拟贯众
F0023839 ——— 中国南部、中南半岛、马来西亚西部

Lomariopsis　藤蕨属

Lomariopsis lineata (C. Presl) Holttum　藤蕨
F9000229 ——— 中国、中南半岛、巴布亚新几内亚

Lomariopsis spectabilis Mett.　美丽藤蕨
F0020144 ——— 中国、中南半岛、马来西亚西部及中部

Pteridryaceae　牙蕨科

Pteridrys　牙蕨属

Pteridrys australis Ching　毛轴牙蕨
F9000230 — 濒危（EN）— 中国、马来半岛

Pteridrys cnemidaria (Christ) C. Chr. & Ching　薄叶牙蕨
F9000231 — 近危（NT）— 中国、马来半岛、菲律宾；南亚

Pteridrys lofouensis (Christ) C. Chr. & Ching　云贵牙蕨
F0022556 中国特有 野外绝灭（EW）— 中国

Arthropteridaceae　爬树蕨科

Arthropteris　爬树蕨属

Arthropteris palisotii (Desv.) Alston　爬树蕨
F0027966 — 易危（VU）— 世界热带及亚热带

Tectariaceae　三叉蕨科

Tectaria　三叉蕨属

Tectaria coadunata (Wall. ex Hook. et Grev.) C. Chr.　大齿三叉蕨
F0022093 ——— 中国、印度、尼泊尔、泰国、越南、老挝、马达加斯加

Tectaria decurrens (C. Presl) Copel.　下延三叉蕨
0003291 ——— 南太平洋岛屿；亚洲热带及亚热带

Tectaria dissecta (G. Forst.) Lellinger　薄叶轴脉蕨
F0021487 ——— 马来西亚；太平洋岛屿

Tectaria dubia (Bedd.) Ching　大叶三叉蕨
F0024792 ——— 中国南部、马来半岛、菲律宾、南亚次大陆

Tectaria ebenina (C. Chr.) Ching　黑柄三叉蕨
F9000232 — 地区绝灭（RE）— 中国、越南北部

Tectaria fauriei Tagawa　芽胞三叉蕨
F0020919 ——— 中国、印度、马来半岛

Tectaria fuscipes (Wall. ex Bedd.) C. Chr.　黑鳞轴脉蕨
F0023391 ——— 尼泊尔中部、不丹、孟加拉国、中南半岛

Tectaria griffithii (Baker) C. Chr.　鳞柄三叉蕨
F9000233 ——— 中国南部、印度、马来半岛、菲律宾

Tectaria harlandii (Hook.) C. M. Kuo　沙皮蕨
F0023055 ——— 中国、越南

Tectaria herpetocaulos Holttum　思茅三叉蕨
0001910 ——— 印度（阿萨姆邦）、中国、马来半岛

Tectaria impressa (Fée) Holttum　疣状三叉蕨
F0026113 ——— 中国、印度、尼泊尔、孟加拉国、不丹、印度尼西亚（苏门答腊岛）

Tectaria kusukusensis (Hayata) Lellinger　台湾轴脉蕨
F0022157 ——— 中国、越南

Tectaria leptophylla (C. H. Wright) Ching　剑叶三叉蕨
F0021130 ——— 中国、越南北部

Tectaria membranacea (Hook.) Fraser-Jenk. & Kholia　毛叶轴脉蕨
0000513 ——— 澳大利亚（昆士兰州）；亚洲热带及亚热带

Tectaria morsei C. Chr.　掌状三叉蕨
F0022029 ——— 亚洲热带及亚热带

Tectaria phaeocaulis (Rosenst.) C. Chr.　条裂三叉蕨

0002731 — — — 中国、中南半岛北部

Tectaria polymorpha (Wall. ex Hook.) Copel. 多形三叉蕨

0000897 — — — 亚洲热带及亚热带

Tectaria quinquefida (Baker) Ching 五裂三叉蕨

F9000235 — 濒危（EN） — 中国南部、越南北部

Tectaria remotipinna Ching & Chu H. Wang 疏羽三叉蕨

F0022090 中国特有 — — 中国

Tectaria rockii C. Chr. 洛克三叉蕨

F0022035 — — — 中国南部、中南半岛

Tectaria sagenioides (Mett.) Christenh. 轴脉蕨

F0022179 — — — 中国、中南半岛、马来西亚

Tectaria setulosa (Baker) Holttum 棕毛轴脉蕨

F0022270 — — — 中国南部、马来半岛

Tectaria simonsii (Baker) Ching 燕尾三叉蕨

F0022032 — — — 印度、中国、不丹、孟加拉国、缅甸、韩国、朝鲜、马来西亚北部、加里曼丹岛

Tectaria stearnsii Maxon

F9006973 — — — 西南太平洋岛屿

Tectaria subtriphylla (Hook. & Arn.) Copel. 三叉蕨

F0022037 — — — 斯里兰卡、中国、中南半岛北部

Tectaria variabilis Tardieu & Ching 多变叉蕨

0004700 — — — 中国南部、越南北部

Tectaria vasta (Blume) Copel. 翅柄三叉蕨

F0022067 — — — 印度、中国、马来西亚中西部

Tectaria zeylanica (Houtt.) Sledge 地耳蕨

F0020168 — — — —

Oleandraceae 蓧蕨科

Oleandra 蓧蕨属

Oleandra cumingii J. Sm. 华南蓧蕨

F0034031 — — — 中国南部、中南半岛、马来西亚

Oleandra undulata (Willd.) Ching 波边蓧蕨

F0050409 — — — 中国、中南半岛

Oleandra wallichii (Hook.) C. Presl 高山蓧蕨

F9000236 — — — 中国、印度、尼泊尔、孟加拉国、不丹

Davalliaceae 骨碎补科

Davallia 骨碎补属

Davallia assamica (Bedd.) Baker 长叶阴石蕨

F0022381 — — — 不丹、印度、缅甸、中国

Davallia denticulata (Burm.) Mett. 假脉骨碎补

F0022282 — 极危（CR） — 澳大利亚（昆士兰州东部）；亚洲热带

Davallia divaricata Blume 大叶骨碎补

0004419 — — — 亚洲热带及亚热带

Davallia griffithiana Hook. 杯盖阴石蕨

F0021628 — — — 印度、中国、不丹、孟加拉国、韩国、朝鲜、中南半岛

Davallia perdurans Christ 鳞轴小膜盖蕨

0003657 — — — 印度（阿萨姆邦）、中国、中南半岛北部

Davallia pulchra D. Don 美小膜盖蕨

F9000239 — — — 中南半岛；南亚、东亚南部

Davallia repens Kuhn 阴石蕨

F9000237 — — — 世界热带及亚热带

Davallia solida (G. Forst.) Sw. 阔叶骨碎补

F0022385 — — — 太平洋岛屿；亚洲热带及亚热带

Davallia solida var. *pyxidata* (Cav.) Noot.

F9000238 — — — 澳大利亚

Davallia trichomanoides Blume 骨碎补

0000461 — 近危（NT） — 亚洲热带及亚热带

Polypodiaceae 水龙骨科

Bosmania 膜叶星蕨属

Bosmania lastii (Baker) Testo 膜叶星蕨

F0025532 — — — 亚洲热带及亚热带

Drynaria 槲蕨属

Drynaria baronii (Christ) Diels 秦岭槲蕨

F9000240 中国特有 — — 中国

Drynaria bonii Christ 团叶槲蕨

F0020615 — 近危（NT） — 印度（阿萨姆邦）、中国南部、中南半岛

Drynaria coronans J. Sm. 崖姜

F9000241 — — — 亚洲热带及亚热带

Drynaria delavayi Christ 川滇槲蕨

F9000242 — 易危（VU） — 中国、印度、尼泊尔、孟加拉国、不丹、中南半岛

Drynaria meyeniana (Schott) Christenh. 连珠蕨

F0034626 — — — 中国、菲律宾

Drynaria mollis Bedd. 毛槲蕨

F0050430 — 近危（NT） — 中国、印度、尼泊尔、孟加拉国、不丹

Drynaria propinqua (Wall. ex Mett.) J. Sm. ex Bedd. 石莲姜槲蕨

F0025398 — 近危（NT） — 中国、印度、尼泊尔、孟加拉国、不丹、中南半岛、印度尼西亚（爪哇岛）

Drynaria quercifolia (L.) J. Sm. 栎叶槲蕨

F0020538 — — — 中国南部、澳大利亚北部；亚洲热带

Drynaria rigidula (Sw.) Bedd. 硬叶槲蕨

F9000243 — 近危（NT） — 中国；西南太平洋岛屿

Drynaria roosii Nakaike 槲蕨

F0024944 — — — 中南半岛、中国

Drynaria speciosa (Blume) Christenh. 顶育蕨

F0034727 — — — 中国、中南半岛、马来西亚

Goniophlebium 棱脉蕨属

Goniophlebium amoenum (Wall. ex Mett.) Bedd. 友水龙骨

F0020222 — — — 中国、印度、尼泊尔、孟加拉国、不丹、中南半岛

Goniophlebium argutum (Wall. ex Hook.) Bedd. 尖齿拟水龙骨

F0025501 — — — 中国、印度、尼泊尔、孟加拉国、不丹、中南半岛

Goniophlebium bourretii (C. Chr. & Tardieu) X. C. Zhang 滇越水龙骨

F0027980 — — — 中国、越南

Goniophlebium chinense (Christ) X. C. Zhang 中华水龙骨

F9000244 中国特有 — — 中国

Goniophlebium formosanum (Baker) Rödl-Linder 台湾水龙骨

F0020227 — — — 中国、日本

Goniophlebium lachnopus (Wall. ex Hook.) J. Sm. 濑水龙骨

F9000245 — — — 中国、印度、尼泊尔、孟加拉国、不丹、泰国北部

Goniophlebium niponicum (Mett.) Bedd. 日本水龙骨

F0020236 — — — 印度、中国、不丹、孟加拉国、缅甸、韩国、朝鲜、日本、越南

Lecanopteris 蚁蕨属

Lecanopteris crustacea Copel. 壳茎蚁蕨

F0034731 — — — 泰国、马来西亚西部

Lecanopteris mirabilis Copel. 贝壳蚁蕨

F0050126 — — — 印度尼西亚（苏拉威西岛）、巴布亚新几内亚

Lecanopteris sinuosa Copel. 单叶蚁蕨

F0050423 — — — 马来西亚、瓦努阿图

Lemmaphyllum 骨牌蕨属

Lemmaphyllum diversum (Rosenst.) De Vol & C. M. Kuo 披针骨牌蕨

0003728 中国特有 — — 中国

Lemmaphyllum drymoglossoides Ching 抱石莲

F0024842 中国特有 — — 中国

Lemmaphyllum microphyllum C. Presl 伏石蕨

F9000248 — — — 印度（阿萨姆邦）、韩国、中国

Lepisorus 瓦韦属

Lepisorus affinis Ching 海南瓦韦

F9000249 中国特有 — — 中国南部

Lepisorus asterolepis (Baker) Ching 黄瓦韦

F9000250 — — — —

Lepisorus bicolor Ching 二色瓦韦

F9000251 中国特有 — — 中国

Lepisorus buergerianus (Miq.) C. F. Zhao, R. Wei & X. C. Zhang 鳞果星蕨

0002498 — — — 中国、越南北部、日本

Lepisorus carnosus (Wall. ex J. Sm.) C. F. Zhao, R. Wei & X. C. Zhang 肉质伏石蕨

F0025521 — — — 中国、印度、尼泊尔、孟加拉国、不丹、菲律宾

Lepisorus contortus (Christ) Ching 扭瓦韦

F0050609 中国特有 — — 中国

Lepisorus ensatus (Thunb.) C. F. Zhao, R. Wei & X. C. Zhang 剑叶盾蕨

F0020429 — — — 印度（阿萨姆邦）、菲律宾；亚洲东部温带

Lepisorus fortunei (T. Moore) C. M. Kuo 江南星蕨

F0021481 — — — 中国、尼泊尔、不丹、孟加拉国、马来半岛；亚洲东部

Lepisorus lewisii (Baker) Ching 庐山瓦韦

F9000252 中国特有 — — 中国南部

Lepisorus longifolius (Blume) Holttum 禾叶瓦韦

F9000253 — — — 中南半岛、马来西亚

Lepisorus loriformis (Wall.) Ching 带叶瓦韦

0000431 — — — 中国、印度、尼泊尔、孟加拉国、不丹、缅甸

Lepisorus macrosphaerus (Baker) Ching 大瓦韦

F0020705 — — — 中国、中南半岛

Lepisorus marginatus Ching 有边瓦韦

F0050584 中国特有 — — 中国

Lepisorus megasorus (C. Chr.) Ching 宝岛瓦韦

F0020395 中国特有 — — 中国

Lepisorus miyoshianus (Makino) Fraser-Jenk. 丝带蕨

0001609 — — — 中国、日本

Lepisorus mucronatus (Fée) Li Wang 尖嘴蕨

0000502 — 极危（CR） — 太平洋岛屿；亚洲热带及亚热带

Lepisorus normalis (D. Don) C. F. Zhao, R. Wei & X. C. Zhang 毛鳞蕨

0002568 — — — 中国、韩国、朝鲜、日本、印度尼西亚（苏门答腊岛）；非洲南部热带

Lepisorus obscurevenulosus (Hayata) Ching 粤瓦韦

F9000254 — — — —

Lepisorus oligolepidus (Baker) Ching 稀鳞瓦韦

F9000255 — — — 中国、印度、尼泊尔、孟加拉国、不丹、缅甸、日本

Lepisorus ovatus (Wall. ex Bedd.) C. F. Zhao, R. Wei & X. C. Zhang 盾蕨

F0020436 —— 中国、印度、尼泊尔、韩国、朝鲜、日本、中南半岛北部

Lepisorus palmatopedatus (Baker) C. F. Zhao, R. Wei & X. C. Zhang 扇蕨

0001987 中国特有 —— 中国

Lepisorus pseudonudus Ching 长瓦韦

0000555 中国特有 —— 中国

Lepisorus rostratus (Bedd.) C. F. Zhao, R. Wei & X. C. Zhang 骨牌蕨

F0027990 —— 尼泊尔、中国、韩国、朝鲜、日本、印度尼西亚（苏门答腊岛北部）

Lepisorus scolopendrium (Buch.-Ham. ex D. Don) Mehra & Bir 棕鳞瓦韦

F0025525 —— 中国、印度、尼泊尔、孟加拉国、不丹、中南半岛

Lepisorus squamatus (A. R. Sm. & X. C. Zhang) C. F. Zhao, R. Wei & X. C. Zhang 高平蕨

F0050184 —— 中国、越南

Lepisorus subhemionitideus (Christ) C. F. Zhao, R. Wei & X. C. Zhang 滇鳞果星蕨

F9000272 —— 中国、印度、尼泊尔、孟加拉国、不丹、中南半岛北部、巴布亚新几内亚

Lepisorus superficialis (Blume) C. F. Zhao, R. Wei & X. C. Zhang 表面星蕨

F9000273 —— 亚洲热带及亚热带

Lepisorus thunbergianus (Kaulf.) Ching 瓦韦

0003012 —— 喜马拉雅山脉、菲律宾、夏威夷群岛；亚洲东部

Lepisorus tosaensis (Makino) H. Itô 阔叶瓦韦

F9000256 —— 中国、越南、日本

Lepisorus zippelii (Blume) C. F. Zhao, R. Wei & X. C. Zhang 显脉星蕨

0003401 —— 亚洲热带及亚热带

Leptochilus 薄唇蕨属

Leptochilus cantoniensis (Baker) Ching 心叶薄唇蕨

F0025390 — 易危（VU）— 中国、越南

Leptochilus decurrens Blume 似薄唇蕨

F0020393 —— 亚洲热带及亚热带

Leptochilus digitatus (Baker) Noot. 掌叶线蕨

0000602 —— 中国南部、越南

Leptochilus ellipticus (Thunb.) Noot. 线蕨

F0020380 —— 中国、印度、尼泊尔、韩国、朝鲜、日本、菲律宾、澳大利亚（昆士兰州）

Leptochilus ellipticus var. *flexilobus* (Christ) X. C. Zhang 曲边线蕨

F0021483 —— 中国、越南北部

Leptochilus ellipticus var. *pothifolius* (Buch.-Ham. ex D. Don) X. C. Zhang 宽羽线蕨

F9000257 —— 喜马拉雅山脉、菲律宾；亚洲东部温带

Leptochilus hemionitideus (Wall. ex Mett.) Noot. 断线蕨

F0021501 —— 中国、印度、尼泊尔、韩国、朝鲜、日本、菲律宾

Leptochilus × *hemitomus* (Hance) Noot. 胄叶线蕨

F0034741 —— 中国；亚洲热带

Leptochilus henryi (Baker) X. C. Zhang 矩圆线蕨

F0021485 —— 中国、越南

Leptochilus leveillei (Christ) X. C. Zhang & Noot. 绿叶线蕨

0000290 中国特有 —— 中国

Leptochilus pedunculatus (Hook. & Grev.) Fraser-Jenk. 具柄线蕨

F0020928 —— 中国、越南

Leptochilus pteropus (Blume) Fraser-Jenk. 翅星蕨

F0020386 —— 亚洲热带及亚热带

Leptochilus wrightii (Hook. & Baker) X. C. Zhang 褐叶线蕨

0000359 —— 中国南部、越南；亚洲东部温带

Loxogramme 剑蕨属

Loxogramme assimilis Ching 黑鳞剑蕨

0002604 —— 中国南部、越南北部

Loxogramme chinensis Ching 中华剑蕨

F0025505 —— 中国、印度、尼泊尔、孟加拉国、不丹、菲律宾

Loxogramme cuspidata (Zenker) M. G. Price 西藏剑蕨

F9000258 —— 中南半岛；南亚、东亚温带

Loxogramme duclouxii Christ 褐柄剑蕨

F0050410 —— 中南半岛、南亚次大陆；亚洲东部热带

Loxogramme grammitoides (Baker) C. Chr. 匙叶剑蕨

F9000259 —— 中国、尼泊尔、不丹、孟加拉国；亚洲东部温带

Loxogramme salicifolia (Makino) Makino 柳叶剑蕨

F0025508 —— 中国、越南；亚洲东部温带

Microsorum 星蕨属

Microsorum cuspidatum (D. Don) Tagawa 光亮瘤蕨

F0020520 —— 中国、印度、尼泊尔、孟加拉国、不丹、马来半岛

Microsorum 'Green Flame' 绿焰星蕨

F0020194 ——

Microsorum insigne (Blume) Copel. 羽裂星蕨

0000763 —— 亚洲热带及亚热带

Microsorum membranifolium (R. Br.) Ching 显脉瘤蕨

F0020529 — 濒危（EN）— 中国；太平洋岛屿；亚洲热带

Microsorum musifolium 'Crocodyllus'　大叶星蕨

F0020274 — — — —

Microsorum punctatum (L.) Copel.　星蕨

F0050540 — — — —

Microsorum punctatum 'Crocodyllus'　鳄鱼皮星蕨

F0020201 — — — 世界热带及亚热带

Microsorum punctatum 'Grandiceps'　鱼尾星蕨

0002232 — — — —

Microsorum siamense Boonkerd　暹罗星蕨

F0034337 — — — 泰国

Microsorum steerei (Harr.) Ching　广叶星蕨

F0020183 — — — 中国、越南

Microsorum thailandicum Boonkerd & Noot.　蓝叶星蕨

F0034339 — — — 泰国

Phlebodium　金水龙骨属

Phlebodium aureum (L.) J. Sm.　金水龙骨

F0034608 — — — 美国东南部；美洲南部热带

Phlebodium aureum 'Blue Star'　蓝星粗脉蕨

F0021767 — — — —

Phymatosorus　瘤蕨属

Phymatosorus longissimus (Blume) Pic. Serm.　多羽瘤蕨

F0021992 — — — 太平洋岛屿；亚洲热带及亚热带

Platycerium　鹿角蕨属

Platycerium alcicorne Desv.　东非鹿角蕨

0000613 — — — 肯尼亚；西印度洋岛屿；非洲南部热带

Platycerium andinum Baker　美洲鹿角蕨

F0021656 — — — 南美洲

Platycerium bifurcatum (Cav.) C. Chr.　二歧鹿角蕨

0000930 — — — 澳大利亚、新喀里多尼亚

Platycerium 'Charles Alford'　阿福鹿角蕨

0002699 — — — —

Platycerium coronarium (J. Koenig) Desv.　皇冠鹿角蕨

0000056 — — — 中南半岛、马来西亚

Platycerium elephantotis Schweinf.　象耳鹿角蕨

F0021659 — — — 非洲热带

Platycerium ellisii Baker　异叶鹿角蕨

0004161 — — — 马达加斯加

Platycerium grande (A. Cunn.) J. Sm.　壮丽鹿角蕨

0000405 — — — 菲律宾、印度尼西亚（苏拉威西岛）

Platycerium hillii T. Moore　深绿鹿角蕨

F0021652 — — — 澳大利亚（昆士兰州东北部）

Platycerium holttumii de Jonch. & Hennipman　何其美鹿角蕨

0001279 — — — 中南半岛、新加坡、马来西亚

Platycerium 'Mt. Kitchakood'　'Mt. Kitchakood'鹿角蕨

F9000260 — — — —

Platycerium quadridichotomum (Bonap.) Tardieu　四歧鹿角蕨

F0021653 — — — 马达加斯加

Platycerium ridleyi Christ　马来鹿角蕨

0004523 — — — 泰国、马来西亚西部

Platycerium 'Silver Frond'　银叶鹿角蕨

F0021655 — — — —

Platycerium stemaria (P. Beauv.) Desv.　三角鹿角蕨

F0021654 — — — 马达加斯加；非洲热带

Platycerium superbum de Jonch. & Hennipman　巨大鹿角蕨

F9000261 — — — 澳大利亚（昆士兰州东部、新南威尔士州东北部）

Platycerium veitchii (Underw.) C. Chr.　立叶鹿角蕨

0002384 — — — 澳大利亚（昆士兰州）

Platycerium wallichii Hook.　鹿角蕨

F0021645 — 极危（CR）　二级　印度（阿萨姆邦）、中国、中南半岛

Platycerium wandae Racib.　女王鹿角蕨

F0021649 — — — 印度尼西亚（马鲁古群岛）、俾斯麦群岛

Platycerium willinckii T. Moore　长叶鹿角蕨

F9006975 — — — 印度尼西亚（爪哇岛、苏拉威西岛）

Pleopeltis　多盾蕨属

Pleopeltis macrocarpa (Bory ex Willd.) Kaulf.　大果百生蕨

F0023045 — — — 阿拉伯半岛、印度南部、斯里兰卡；美洲南部热带、非洲热带

Pleurosoriopsis　睫毛蕨属

Pleurosoriopsis makinoi (Maxim. ex Makino) Fomin　睫毛蕨

F9000262 — — — 俄罗斯（远东地区南部）、中国、日本

Polypodium　多足蕨属

Polypodium glycyrrhiza D. C. Eaton

F9000263 — — — 堪察加半岛、阿留申群岛、美国西北部

Polypodium sibiricum Sipliv.　东北多足蕨

F0050522 — — — 俄罗斯（西伯利亚）、韩国、朝鲜、日本、中国北部、加拿大西部及中部；亚北极区（美洲部分）

Prosaptia　穴子蕨属

Prosaptia contigua (G. Forst.) C. Presl　缘生穴子蕨

F9000246 — 地区绝灭（RE）— 西太平洋岛屿；亚洲热带及亚热带

Prosaptia intermedia (Ching) Tagawa　穴子蕨

F9000247 — — — 印度（阿萨姆邦）、缅甸、印度尼西亚（苏门答腊岛）

Pyrrosia 石韦属

Pyrrosia adnascens (Sw.) Ching 贴生石韦

F0050539 — — — 中国、尼泊尔、印度尼西亚（苏门答腊岛）

Pyrrosia angustissima (Giesenh. ex Diels) Tagawa & K. Iwats. 石蕨

F0029093 — — — 中国、泰国西南部；亚洲东部温带

Pyrrosia assimilis (Baker) Ching 相近石韦

0003018 中国特有 — — 中国

Pyrrosia calvata (Baker) Ching 光石韦

F0020680 中国特有 — — 中国

Pyrrosia costata (C. Presl) Tagawa & K. Iwats. 下延石韦

F0025517 — — — 中南半岛；南亚、东亚

Pyrrosia davidii (Baker) Ching 华北石韦

F0025507 中国特有 — — 中国

Pyrrosia drakeana (Franch.) Ching 毡毛石韦

F0020646 中国特有 — — 中国

Pyrrosia heteractis (Mett. ex Kuhn) Ching 纸质石韦

F0020644 — — — 不丹、中国南部、中南半岛

Pyrrosia laevis (J. Sm. ex Bedd.) Ching 平滑石韦

F0020637 — — — 印度（阿萨姆邦）、中国、缅甸

Pyrrosia lingua (Thunb.) Farw. 石韦

F0034743 — — — 中国、中南半岛、韩国

Pyrrosia longifolia (Burm. f.) Morton 南洋石韦

F0020662 — 易危（VU）— 中国；太平洋岛屿；亚洲热带

Pyrrosia nuda (Giesenh.) Ching 裸叶石韦

00053339 — — — 中国、尼泊尔、中南半岛

Pyrrosia petiolosa (Christ) Ching 有柄石韦

F0020663 — — — 蒙古、韩国、中国

Pyrrosia piloselloides (L.) M. G. Price 抱树莲

0003642 — — — 中国、韩国、朝鲜、日本、马尔代夫

Pyrrosia polydactyla (Hance) Ching 槭叶石韦

F0023711 中国特有 — — 中国

Pyrrosia porosa (C. Presl) Hovenkamp 柔软石韦

F0020690 — — — 中南半岛、菲律宾；南亚、东亚

Pyrrosia sheareri (Baker) Ching 庐山石韦

F0020648 — — — 中国、越南

Pyrrosia similis Ching 相似石韦

F0020723 中国特有 — — 中国

Pyrrosia stigmosa (Sw.) Ching 柱状石韦

F0020687 — — — 印度、中国、巴布亚新几内亚

Pyrrosia subfurfuracea (Hook.) Ching 绒毛石韦

F0024848 — — — 中国、印度、尼泊尔、孟加拉国、不丹、中南半岛

Pyrrosia tonkinensis (Giesenh.) Ching 中越石韦

F0020748 — — — 中国南部、中南半岛

Selliguea 修蕨属

Selliguea capitellata (Wall.) X. C. Zhang & L. J. He 单行节肢蕨

F0025477 — — — 中国、印度、尼泊尔、孟加拉国、不丹、中南半岛

Selliguea dareiformis (Hook.) X. C. Zhang & L. J. He 雨蕨

F0025443 — 濒危（EN）— 中国、印度、尼泊尔、孟加拉国、不丹、中南半岛

Selliguea hastata (Thunb.) H. Ohashi & K. Ohashi 金鸡脚假瘤蕨

F9000265 — — — 中国、韩国、朝鲜、日本、菲律宾

Selliguea himalayensis (Hook.) Christenh. 琉璃节肢蕨

F9000266 — — — 中国、尼泊尔、缅甸北部

Selliguea lehmannii (Mett.) Christenh. 节肢蕨

F9000267 — — — 中国、印度、尼泊尔、孟加拉国、不丹、中南半岛

Selliguea moulmeinensis (Bedd.) X. C. Zhang & L. J. He 多羽节肢蕨

F9000268 — — — 中国、印度、尼泊尔、孟加拉国、不丹、中南半岛、菲律宾

Selliguea stewartii (Bedd.) S. G. Lu, Hovenkamp & M. G. Gilbert 尾尖假瘤蕨

F9000269 — — — 中国

Selliguea trilobus (Houttuyn) M. G. Price 三指假瘤蕨

F9000270 — — — 中国南部、中南半岛、马来西亚

Selliguea trisecta (Baker) Fraser-Jenk. 三出假瘤蕨

F0050925 — — — 印度（阿萨姆邦）、中国、缅甸

Serpocaulon 蛇茎蕨属

Serpocaulon triseriale (Sw.) A. R. Sm.

F9000271 — — — 美洲热带及亚热带

Gymnosperms 裸子植物

Cycadaceae 苏铁科

Cycas 苏铁属

Cycas angulata R. Br. 棱角苏铁
F9000276 — — — 澳大利亚

Cycas apoa K. D. Hill 伊里安苏铁
F9000277 — — — 巴布亚新几内亚北部

Cycas armstrongii Miq. 北领地苏铁
F9000278 — — — 澳大利亚北领地北部

Cycas arnhemica K. D. Hill 阿纳姆苏铁
F9000279 — — — 澳大利亚北领地北部

Cycas balansae Warb. 宽叶苏铁
F9000280 — 濒危（EN）一级 中国、越南北部

Cycas basaltica C. A. Gardner 玄武岩苏铁
F9000281 — — — 澳大利亚

Cycas beddomei Dyer 安得拉苏铁
F9000282 — — — 印度南部

Cycas bifida (Dyer) K. D. Hill 叉叶苏铁
0000483 — 极危（CR）一级 中国、越南北部

Cycas brachycantha K. D. Hill, H. T. Nguyen & P. K. Lôc 北口苏铁
F9000283 — — — 越南北部

Cycas cairnsiana F. Muell. 凯恩斯苏铁
0000281 — — — 澳大利亚（昆士兰州）

Cycas calcicola Maconochie 灰岩苏铁
F9000284 — — — 澳大利亚北领地北部

Cycas campestris K. D. Hill 田野苏铁
F9000285 — — — 巴布亚新几内亚

Cycas canalis K. D. Hill 龙骨叶苏铁
F9000286 — — — 澳大利亚北领地西北部

Cycas changjiangensis N. Liu 葫芦苏铁
0001336 中国特有 极危（CR）一级 中国南部

Cycas chevalieri Leandri 义安苏铁
F9000287 — — — 越南中部

Cycas circinalis L. 拳叶苏铁
F9000288 — — — 印度南部

Cycas clivicola K. D. Hill 坡生苏铁
F9000289 — — — 中南半岛、新加坡、马来西亚

Cycas conferta Chirgwin 密叶苏铁
F9000290 — — — 澳大利亚北领地北部

Cycas curranii (J. Schust.) K. D. Hill 卡兰苏铁
F9000291 — — — 菲律宾

Cycas debaoensis Y. C. Zhong & C. J. Chen 德保苏铁
0000066 中国特有 极危（CR）— 中国

Cycas diannanensis C. T. Kuan & G. D. Tao 滇南苏铁
0003196 中国特有 极危（CR）一级 中国

Cycas dolichophylla K. D. Hill 长叶苏铁
F9000292 — 濒危（EN）一级 中国、中南半岛北部

Cycas elongata (Leandri) D. Y. Wang 越南篦齿苏铁
0004363 — — — 越南北部

Cycas fairylakea D. Yue Wang, F. X. Wang & H. B. Liang 仙湖苏铁
0003119 中国特有 — 一级 中国

Cycas ferruginea F. N. Wei 锈毛苏铁
0001475 — 易危（VU）一级 中国、越南北部

Cycas furfuracea W. Fitzg. 鳞秕苏铁
F9000293 — — — 澳大利亚

Cycas guizhouensis K. M. Lan & R. F. Zou 贵州苏铁
0004946 中国特有 — 一级 中国

Cycas hainanensis C. J. Chen 海南苏铁
0000116 中国特有 濒危（EN）一级 中国南部

Cycas hongheensis S. Y. Yang & S. L. Yang 灰干苏铁
0003331 中国特有 极危（CR）一级 中国

Cycas inermis Lour. 无刺苏铁
F9000294 — — — 老挝东部、越南中南部

Cycas javana (Miq.) de Laub. 爪哇苏铁
0002593 — — — 印度尼西亚（苏门答腊岛南部、爪哇岛）

Cycas lane-poolei C. A. Gardner 西澳苏铁
F9000295 — — — 澳大利亚西北部

Cycas lindstromii S. L. Yang, K. D. Hill & Hiep 平顺苏铁
F9000296 — — — 越南南部

Cycas × longipetiolula D. Y. Wang 长柄叉叶苏铁
F9000274 中国特有 — 一级 中国

Cycas 'Lopburi' 'Lopburi'苏铁
F9000297 — — — —

Cycas maconochiei Chirgwin & K. D. Hill 北澳苏铁
F9000298 — — — 澳大利亚

Cycas media R. Br. 间型苏铁
0002638 — — — 澳大利亚（昆士兰州）

Cycas megacarpa K. D. Hill 大果苏铁

F9000299 — — — 澳大利亚（昆士兰州东部）
Cycas micholitzii Dyer　越南叉叶苏铁
F9000300 — 极危（CR）— 中国、老挝东部、越南中部
Cycas × multifrondis D. Y. Wang　多羽叉叶苏铁
F9000275 — — 一级 中国、越南北部
Cycas multipinnata C. J. Chen & S. Y. Yang　多歧苏铁
F9000301 — 濒危（EN）一级 中国、越南北部
Cycas nathorstii J. Schust.　南印苏铁
F9000302 — — — 印度、斯里兰卡北部
Cycas nongnoochiae K. D. Hill　北榄坡苏铁
F9000303 — — — 泰国北部、老挝西北部
Cycas ophiolitica K. D. Hill　蛇纹岩苏铁
0002594 — — — 澳大利亚（昆士兰州东部）
Cycas orientis K. D. Hill　东部苏铁
F9000304 — — — 澳大利亚
Cycas pachypoda K. D. Hill　粗柄苏铁
F9000305 — — — 越南
Cycas panzhihuaensis L. Zhou & S. Y. Yang　攀枝花苏铁
0000834 中国特有 濒危（EN）一级 中国
Cycas papuana F. Muell.　巴布亚苏铁
F9000306 — — — 巴布亚新几内亚南部
Cycas pectinata Griff.　篦齿苏铁
0000081 — 易危（VU）一级 中国
Cycas platyphylla K. D. Hill　阔叶苏铁
F9000307 — — — 澳大利亚（昆士兰州中北部及东北部）
Cycas 'Poolii'　'Poolii'苏铁
F9000308 — — — —
Cycas revoluta Thunb.　苏铁
0002755 — 极危（CR）一级 日本、中国
Cycas riuminiana Porte ex Regel　吕宋苏铁
F9000309 — — — 菲律宾
Cycas rumphii Miq.　华南苏铁
0002839 — — — 加里曼丹岛南部、巴布亚新几内亚、澳大利亚（阿什莫尔礁）
Cycas seemannii A. Braun　大洋苏铁
F9000310 — — — 澳大利亚（昆士兰州）；西南太平洋岛屿
Cycas segmentifida D. Y. Wang & C. Y. Deng　叉孢苏铁
0002703 中国特有 濒危（EN）一级 中国
Cycas sexseminifera F. N. Wei　石山苏铁
0004170 — 濒危（EN）一级 中国、越南北部
Cycas siamensis Miq.　云南苏铁
0002889 — — 一级 中南半岛、中国
Cycas silvestris K. D. Hill　林生苏铁
0001116 — — — 澳大利亚（昆士兰州北部）
Cycas simplicipinna (Smitinand) K. D. Hill　单羽苏铁
0001426 — — 一级 中南半岛北部、中国

Cycas szechuanensis W. C. Cheng & L. K. Fu　四川苏铁
0003901 中国特有 极危（CR）一级 中国
Cycas taitungensis C. F. Shen, K. D. Hill, C. H. Tsou & C. J. Chen　台东苏铁
0000103 中国特有 极危（CR）一级 中国
Cycas taiwaniana Carruth.　闽粤苏铁
F9000311 中国特有 濒危（EN）一级 中国
Cycas tanqingii D. Y. Wang　绿春苏铁
F9000312 — 濒危（EN）一级 中国、越南北部
Cycas tansachana K. D. Hill & S. L. Yang　北标苏铁
F9000313 — — — 泰国中部
Cycas 'Tenuis'　'Tenuis'苏铁
F9000314 — — — —
Cycas 'Thailand'　'Thailand'苏铁
F9000315 — — — —
Cycas thouarsii R. Br.　光果苏铁
0004739 — — — 肯尼亚东部、坦桑尼亚、莫桑比克、科摩罗、阿尔达布拉群岛、马达加斯加东部
Cycas 'Topinensis'　'Topinensis'苏铁
F9000316 — — — —
Cycas 'Vietname'　'Vietname'苏铁
F9000317 — — — —
Cycas wadei Merr.　库利昂苏铁
F9000318 — — — 菲律宾
Cycas 'Wenlock'　'Wenlock'苏铁
F9000319 — — — —

Zamiaceae　泽米铁科

Bowenia　多羽铁属
Bowenia serrulata (W. Bull) Chamb.　细齿多羽铁
0003469 — — — 澳大利亚（昆士兰州北部及东北部）
Bowenia spectabilis Hook.　多羽铁
F9000320 — — — 澳大利亚（昆士兰州）

Ceratozamia　角状铁属
Ceratozamia hildae G. P. Landry & M. C. Wilson　竹叶角状铁
F9000321 — — — 墨西哥
Ceratozamia 'Inermis'　无刺角果泽米
F9000322 — — — —
Ceratozamia kuesteriana Regel　松林角状铁
F9000323 — — — 墨西哥
Ceratozamia latifolia Miq.　宽叶角状铁
F9000324 — — — 墨西哥
Ceratozamia matudae Lundell　松田角状铁
F9000325 — — — 墨西哥、危地马拉东部
Ceratozamia mexicana Brongn.　角状铁

F9000326 — — — 墨西哥

Ceratozamia norstogii D. W. Stev.　诺斯氏角状铁

F9000327 — — — 墨西哥

Ceratozamia 'Palma Sola'　'Palma Sola'角状铁

F9000328 — — — —

Ceratozamia 'Plumosa'　'Plumosa'角状铁

F9000330 — — — —

Ceratozamia robusta Miq.　粗壮角状铁

0002353 — — — 墨西哥、伯利兹、危地马拉

Ceratozamia 'Santiago'　'Santiago'角状铁

F9000331 — — — —

Ceratozamia 'Santiago Tuxla'　'Santiago Tuxla'角状铁

F9000332 — — — —

Ceratozamia tenuis (Dyer) D. W. Stev. & Vovides　窄叶角果泽米

F9000333 — — — —

Ceratozamia zaragozae Medellín　绿河角状铁

F9000334 — — — 墨西哥

Dioon　双子铁属

Dioon angustifolium Miq.　狭叶双子铁

F9000335 — — — 墨西哥

Dioon califanoi De Luca & Sabato　卡利氏双子铁

F9000336 — — — 墨西哥

Dioon edule Lindl.　双子铁

0002700 — — — 墨西哥东北部

Dioon edule 'Jacala'　'Jacala'双子铁

F9000337 — — — —

Dioon edule 'Jacala Hildalgo'　'Jacala Hildalgo'双子铁

F9000338 — — — —

Dioon edule 'Rio Verde'　'Rio Verde'双子铁

F9000339 — — — —

Dioon 'Goldon'　'Goldon'双子铁

F9000340 — — — —

Dioon 'Hildago'　'Hildago'双子铁

F9000341 — — — —

Dioon holmgrenii De Luca, Sabato & Vázq. Torres　霍尔姆氏双子铁

F9000342 — — — 墨西哥

Dioon mejiae Standl. & L. O. Williams　神耳双子铁

F9000345 — — — —

Dioon merolae De Luca, Sabato & Vázq. Torres　阔叶双子铁

F9000343 — — — 墨西哥

Dioon merolae 'Santiago La Chiguiri'　'Santiago La Chiguiri'阔叶双子铁

F9000344 — — — —

Dioon purpusii Rose　托梅林双子铁

F9000346 — — — 墨西哥

Dioon rzedowskii De Luca, A. Moretti, Sabato & Vázq. Torres　瓦哈卡双子铁

F9000347 — — — 墨西哥

Dioon spinulosum Dyer ex Eichl.　多刺双子铁

0000739 — — — 墨西哥

Dioon 'Tamaulipas'　'Tamaulipas'双子铁

F9000348 — — — —

Dioon tomasellii De Luca, Sabato & Vázq. Torres　托马氏双子铁

F9000349 — — — 墨西哥

Encephalartos　非洲铁属

Encephalartos aemulans Vorster　劳斯堡非洲铁

0003381 — — — 南非（夸祖鲁-纳塔尔省）

Encephalartos altensteinii Lehm.　面包非洲铁

F9000350 — — — —

Encephalartos aplanatus Vorster　波叶非洲铁

F9000351 — — — 斯威士兰

Encephalartos arenarius R. A. Dyer　沙生非洲铁

0003475 — — — 南非（东开普省）

Encephalartos barteri subsp. *allochrous* L. E. Newton　杂色西部非洲铁

F9000352 — — — 尼日利亚

Encephalartos bubalinus Melville　野牛非洲铁

F9000353 — — — 非洲东部热带

Encephalartos caffer (Thunb.) Lehm.　非洲铁

F9000354 — — — 南非（东开普省）

Encephalartos cerinus Lavranos & D. L. Goode　蜡色非洲铁

F9000355 — — — 南非（夸祖鲁-纳塔尔省）

Encephalartos concinnus R. A. Dyer & I. Verd.　优雅非洲铁

F9000356 — — — 津巴布韦

Encephalartos cupidus R. A. Dyer　渴望非洲铁

F9000357 — — — 南非（姆普马兰加省）

Encephalartos cycadifolius (Jacq.) Lehm.　苏铁叶非洲铁

F9000358 — — — 南非（东开普省）

Encephalartos dolomiticus Lavranos & D. L. Goode　石生非洲铁

F9000359 — — — 非洲林波波河流域

Encephalartos dyerianus Lavranos & D. L. Goode　戴尔氏非洲铁

F9000360 — — — 非洲林波波河流域

Encephalartos equatorialis P. J. H. Hurter　赤道非洲铁

F9000361 — — — 乌干达东南部

Encephalartos eugene-maraisii I. Verd.　尤金马雷非洲铁

F9000362 — — — 非洲林波波河流域

Encephalartos ferox G. Bertol.　锐刺非洲铁
0004025 — — — 莫桑比克、南非（夸祖鲁-纳塔尔省）

Encephalartos friderici-guilielmi Lehm.　弗里氏非洲铁
F9000363 — — — 南非（东开普省、夸祖鲁-纳塔尔省）

Encephalartos ghellinckii Lem.　格林柯非洲铁
F9000364 — — — 南非（东开普省、夸祖鲁-纳塔尔省）

Encephalartos gratus Prain　可爱非洲铁
0001991 — — — 非洲南部

Encephalartos heenanii R. A. Dyer　希南非洲铁
F9000365 — — — 南非、斯威士兰西北部

Encephalartos hildebrandtii A. Braun & C. D. Bouché　东部非洲铁
F9000366 — — — 肯尼亚东南部、坦桑尼亚东北部

Encephalartos hirsutus P. J. H. Hurter　硬毛非洲铁
F9000367 — — — 非洲林波波河流域

Encephalartos horridus (Jacq.) Lehm.　蓝非洲铁
F9000368 — — — 南非（东开普省）

Encephalartos humilis I. Verd.　矮非洲铁
F9000369 — — — 南非（姆普马兰加省）

Encephalartos inopinus R. A. Dyer　意外非洲铁
F9000370 — — — 非洲林波波河流域

Encephalartos ituriensis Bamps & Lisowski　伊图里非洲铁
F9000371 — — — 非洲中部及南部

Encephalartos kisambo Faden & Beentje　凯萨堡非洲铁
F9000372 — — — 肯尼亚东南部、坦桑尼亚东北部

Encephalartos laevifolius Stapf & Burtt Davy　光叶非洲铁
F9000373 — — — 非洲南部

Encephalartos lanatus Stapf & Burtt Davy　绵毛非洲铁
F9000374 — — — 南非（姆普马兰加省）

Encephalartos latifrons Lehm.　宽羽非洲铁
F9000375 — — — 南非（东开普省）

Encephalartos lebomboensis I. Verd.　莱邦博非洲铁
F9000376 — — — 莫桑比克、南非（夸祖鲁-纳塔尔省）

Encephalartos lehmannii Lehm.　莱曼氏非洲铁
F9000378 — — — 南非（东开普省）

Encephalartos lehmannii 'Kirkwood'　'Kirkwood'来氏非洲铁
F9000377 — — — —

Encephalartos longifolius (Jacq.) Lehm.　长叶非洲铁
F9000379 — — — 南非（东开普省）

Encephalartos mackenziei L. E. Newton　麦肯兹非洲铁
F9000380 — — — 苏丹东南部

Encephalartos manikensis (Gilliland) Gilliland　马尼卡非洲铁
F9000381 — — — 非洲南部

Encephalartos manikensis 'Bandula'　'Bandula'马尼卡非洲铁

F9000382 — — — —

Encephalartos middelburgensis Vorster, Robbertse & S. van der Westh.　米德尔堡非洲铁
F9000383 — — — 南非（姆普马兰加省）

Encephalartos msinganus Vorster　姆辛加非洲铁
F9000384 — — — 南非（夸祖鲁-纳塔尔省）

Encephalartos munchii R. A. Dyer & I. Verd.　莫桑比克非洲铁
F9000385 — — — 莫桑比克

Encephalartos natalensis R. A. Dyer & I. Verd.　纳塔尔非洲铁
F9000387 — — — 南非（夸祖鲁-纳塔尔省）

Encephalartos natalensis 'Highflats'　'Highflats'纳塔尔非洲铁
F9000386 — — — —

Encephalartos natalensis 'Squebes'　'Squebes'纳塔尔非洲铁
F9000388 — — — —

Encephalartos natalensis 'Transkii'　'Transkii'纳塔尔非洲铁
F9000389 — — — —

Encephalartos natalensis 'Vryheid'　'Vryheid'纳塔尔非洲铁
F9000390 — — — —

Encephalartos ngoyanus I. Verd.　诺亚非洲铁
F9000391 — — — 南非（夸祖鲁-纳塔尔省）、斯威士兰

Encephalartos nubimontanus P. J. H. Hurter　云山非洲铁
F9000392 — — — 非洲林波波河流域

Encephalartos paucidentatus Stapf & Burtt Davy　少齿非洲铁
F9000393 — — — 南非（姆普马兰加省）、斯威士兰

Encephalartos princeps R. A. Dyer　帝王非洲铁
F9000394 — — — 南非（东开普省）

Encephalartos pterogonus R. A. Dyer & I. Verd.　棱翅非洲铁
F9000395 — — — 莫桑比克

Encephalartos sclavoi De Luca, D. W. Stev. & A. Moretti　斯克氏非洲铁
F9000396 — — — 坦桑尼亚东北部

Encephalartos senticosus Vorster　多刺非洲铁
F9000397 — — — 斯威士兰、南非（夸祖鲁-纳塔尔省）

Encephalartos septentrionalis Schweinf. ex Eichler　北部非洲铁
F9000398 — — — 非洲

Encephalartos 'Sudan'　'Sudan'非洲铁
F9000399 — — — —

Encephalartos tegulaneus Melville　肯尼亚非洲铁
F9000400 — — — —

Encephalartos transvenosus Stapf & Burtt Davy　细脉非洲铁
F9000401 — — — 非洲林波波河流域
Encephalartos trispinosus (Hook. f.) R. A. Dyer　三刺非洲铁
F9000402 — — — 南非（东开普省）
Encephalartos turneri Lavranos & D. L. Goode　特纳氏非洲铁
F9000403 — — — 莫桑比克
Encephalartos umbeluziensis R. A. Dyer　布鲁兹非洲铁
F9000404 — — — 莫桑比克、斯威士兰
Encephalartos villosus Lem.　长柔毛非洲铁
F9000406 — — — 南非
Encephalartos villosus 'Coffee Bay'　'Coffee Bay'长柔毛非洲铁
F9000405 — — —
Encephalartos whitelockii P. J. H. Hurter　怀特氏非洲铁
F9000407 — — — 乌干达西南部

Lepidozamia 鳞木铁属

Lepidozamia hopei (W. Hill) Regel　北鳞木铁
0002469 — — — 澳大利亚（昆士兰州东北部）
Lepidozamia peroffskyana Regel　鳞木铁
0000704 — — — 澳大利亚（昆士兰州）

Macrozamia 澳洲铁属

Macrozamia communis L. A. S. Johnson　普通澳洲铁
0001968 — — — 澳大利亚（新南威尔士州东南部）
Macrozamia communis 'Cessnock'　'Cessnock'普通澳洲铁
F9000409 — — —
Macrozamia concinna D. L. Jones　优雅澳洲铁
F9000410 — — — 澳大利亚（新南威尔士州）
Macrozamia 'Concoinus Hybrid'　'Concoinus Hybrid'普通澳洲铁
F9000408 — — —
Macrozamia conferta D. L. Jones & P. I. Forst.　密叶澳洲铁
F9000411 — — — 澳大利亚（昆士兰州东南部）
Macrozamia crassifolia P. I. Forst. & D. L. Jones　厚叶澳洲铁
F9000412 — — — 澳大利亚（昆士兰州东南部）
Macrozamia diplomera (F. Muell.) L. A. S. Johnson　双羽澳洲铁
F9000413 — — — 澳大利亚（新南威尔士州中东部）
Macrozamia douglasii W. Hill ex F. M. Bailey　道格氏澳洲铁
F9000414 — — — 澳大利亚（昆士兰州东南部）
Macrozamia dyeri (F. Muell.) C. A. Gardner　代尔氏澳洲铁
F9000415 — — — 澳大利亚西南部
Macrozamia fawcettii C. Moore　沙地澳洲铁

F9000416 — — — 澳大利亚（新南威尔士州东北部）
Macrozamia fearnsidei D. L. Jones　费尔氏澳洲铁
F9000417 — — — 澳大利亚（昆士兰州）
Macrozamia flexuosa C. Moore　曲折澳洲铁
F9000418 — — — 澳大利亚（新南威尔士州东部）
Macrozamia fraseri Miq.　弗雷泽氏澳洲铁
F9000419 — — — 澳大利亚西南部
Macrozamia heteromera C. Moore　异羽澳洲铁
F9000420 — — — 澳大利亚（新南威尔士州中东部）
Macrozamia johnsonii D. L. Jones & K. D. Hill　约翰逊氏澳洲铁
F9000421 — — — 澳大利亚（新南威尔士州东北部）
Macrozamia lomandroides D. L. Jones　多须草状澳洲铁
F9000422 — — — 澳大利亚（昆士兰州东南部）
Macrozamia longispina P. I. Forst. & D. L. Jones　长刺澳洲铁
F9000423 — — — 澳大利亚（昆士兰州东南部）
Macrozamia lucida L. A. S. Johnson　光亮澳洲铁
F9000424 — — — 澳大利亚（昆士兰州）
Macrozamia machinii P. I. Forst. & D. L. Jones
F9000425 — — — 澳大利亚（昆士兰州东南部）
Macrozamia 'Manikenaia'　'Manikenaia'澳洲铁
F9000426 — — —
Macrozamia miquelii (F. Muell.) A. DC.　昆士兰澳洲铁
F9000427 — — — 澳大利亚（昆士兰州东部及东南部、新南威尔士州东北部）
Macrozamia montana K. D. Hill　山地澳洲铁
F9000428 — — — 澳大利亚（新南威尔士州）
Macrozamia moorei F. Muell.　穆尔氏澳洲铁
0000466 — — — 澳大利亚（昆士兰州中东部）
Macrozamia mountperriensis F. M. Bailey　佩里山澳洲铁
F9000429 — — — 澳大利亚（昆士兰州东南部）
Macrozamia parcifolia P. I. Forst. & D. L. Jones　少叶澳洲铁
F9000430 — — — 澳大利亚（昆士兰州东南部）
Macrozamia pauli-guilielmi W. Hill & F. Muell.　保罗氏澳洲铁
F9000431 — — — 澳大利亚（昆士兰州东南部）
Macrozamia platyrhachis F. M. Bailey　宽轴澳洲铁
F9000432 — — — 澳大利亚（昆士兰州东部）
Macrozamia plurinervia (L. A. S. Johnson) D. L. Jones　多脉澳洲铁
F9000433 — — — 澳大利亚（昆士兰州）
Macrozamia polymorpha D. L. Jones　多型澳洲铁
F9000434 — — — 澳大利亚（新南威尔士州中东部）
Macrozamia reducta K. D. Hill & D. L. Jones　减化澳洲铁
F9000435 — — — 澳大利亚（新南威尔士州东部）

Macrozamia riedlei (Dum. Cours.) C. A. Gardner　西部澳洲铁
F9000436 — — — 澳大利亚西南部
Macrozamia spiralis (Salisb.) Miq.　澳洲铁
F9000437 — — — 澳大利亚（新南威尔士州东部）
Macrozamia stenomera L. A. S. Johnson　狭羽澳洲铁
F9000438 — — — 澳大利亚（新南威尔士州东北部）

Microcycas　小苏铁属

Microcycas calocoma (Miq.) A. DC.　小苏铁
0000214 — — — 古巴西部

Stangeria　蕨铁属

Stangeria eriopus (Kunze) Baill.　蕨铁
0002124 — — — 南非（东开普省、夸祖鲁-纳塔尔省）

Zamia　泽米铁属

Zamia angustifolia Jacq.　狭叶泽米铁
F9000440 — — — 古巴东部、巴哈马
Zamia chigua Seem.　奇寡沟扇铁
F9000441 — — — 哥伦比亚西部
Zamia cunaria Dressler & D. W. Stev.　库纳泽米铁
F9000442 — — — 巴拿马
Zamia encephalartoides D. W. Stev.　非洲铁状泽米铁
F9000443 — — — 哥伦比亚东北部
Zamia erosa O. F. Cook & G. N. Collins　全叶泽米铁
F9000444 — — — 古巴、牙买加西部、波多黎各
Zamia fairchildiana L. D. Gómez　费歇尔氏泽米铁
0001766 — — — 墨西哥
Zamia furfuracea L. f. ex Aiton　鳞秕泽米铁
00005472 — — — 墨西哥
Zamia herrerae Calderón & Standl.　赫雷拉泽米
F9000445 — — — 墨西哥、危地马拉
Zamia inermis Vovides, J. D. Rees & Vázq. Torres　无刺泽米铁
F9000446 — — — 墨西哥
Zamia integrifolia L. f.　金叶泽米铁
F9000447 — — — 美国、巴哈马、古巴、开曼群岛
Zamia 'Lake Catemaco'　'Lake Catemaco'泽米铁
F9000439 — — —
Zamia lecointei Ducke　巴西泽米铁
F9000448 — — — 委内瑞拉南部、秘鲁北部、巴西
Zamia lindenii Regel ex André　垂果沟扇铁
F9000449 — — — 厄瓜多尔西部、秘鲁西北部
Zamia loddigesii Miq.　洛氏泽米铁
F9000450 — — — 墨西哥、伯利兹
Zamia muricata Willd.　瘤突泽米铁
F9000451 — — — 哥伦比亚、委内瑞拉北部

Zamia neurophyllidia D. W. Stev.　脉羽沟扇铁
0003137 — — — 尼加拉瓜南部、哥斯达黎加、巴拿马
Zamia paucijuga Wieland　少羽泽米铁
F9000452 — — — 墨西哥西南部
Zamia poeppigiana Mart. & Eichler　镰羽沟扇铁
F9000453 — — — 秘鲁北部及中部、巴西
Zamia portoricensis Urb.　波多黎加泽米
F9000454 — — — 波多黎各西部
Zamia prasina W. Bull　葱绿泽米铁
F9000455 — — — 墨西哥东南部、伯利兹
Zamia pseudoparasitica J. Yates　假寄生泽米铁
F9000456 — — — 巴拿马北部
Zamia pumila L.　泽米铁
0004657 — — — 大安的列斯群岛
Zamia pumila 'Floridana'　佛罗里达泽米
0001434 — — —
Zamia pygmaea Sims　矮泽米铁
F9000458 — — — 古巴西部
Zamia pygmaea 'Hidnii'　'Hidnii'矮泽米铁
F9000457 — — —
Zamia roezlii Regel ex Linden　隆脉沟扇铁
F9000459 — — — 哥伦比亚、厄瓜多尔
Zamia standleyi Schutzman　洪都拉斯泽米铁
F9000461 — — — 危地马拉、洪都拉斯
Zamia standleyi 'Colon'　'Colon'洪都拉斯泽米铁
F9000460 — — —
Zamia tonkinensis L. Linden & Rodigas　贝利福特苏铁
F9000462 — — —
Zamia variegata Warsz.　斑叶泽米铁
F9000463 — — — 墨西哥、危地马拉
Zamia vazquezii D. W. Stev., Sabato & De Luca　韦拉克鲁斯泽米铁
F9000464 — — — 墨西哥
Zamia verschaffeltii Miq.　华美泽米铁
F9000465 — — — 墨西哥

Ginkgoaceae　银杏科

Ginkgo　银杏属

Ginkgo biloba L.　银杏
0003064 中国特有 极危（CR）一级 中国

Araucariaceae　南洋杉科

Agathis　贝壳杉属

Agathis dammara (Lamb.) Rich. & A. Rich.　贝壳杉
0003359 — — — 菲律宾、印度尼西亚（马鲁古群岛）
Agathis robusta (C. Moore ex F. Muell.) F. M. Bailey　粗壮

贝壳杉
F9000466 ——— 巴布亚新几内亚、澳大利亚（昆士兰州东部）

Araucaria 南洋杉属

Araucaria araucana (Molina) K. Koch 智利南洋杉
0004353 ————

Araucaria bidwillii Hook. 大叶南洋杉
0003941 ——— 澳大利亚（昆士兰州）

Araucaria columnaris (G. Forst.) Hook. 柱冠南洋杉
0003105 ——— 新喀里多尼亚东南部

Araucaria cunninghamii Mudie 南洋杉
00005707 ——— 巴布亚新几内亚、澳大利亚东部

Araucaria heterophylla (Salisb.) Franco 异叶南洋杉
0000967 ——— 诺福克岛

Araucaria nemorosa de Laub. 林生南洋杉
0004638 ——— 新喀里多尼亚东南部

Araucaria rulei F. Muell. 簇枝南洋杉
0001703 ——— 新喀里多尼亚

Podocarpaceae 罗汉松科

Dacrycarpus 鸡毛松属

Dacrycarpus imbricatus (Blume) de Laub. 鸡毛松
0002891 ——— 中国、中南半岛；西南太平洋岛屿

Dacrydium 陆均松属

Dacrydium elatum (Roxb.) Wall. ex Hook. 高大陆均松
F9000467 ——— 中国、中南半岛、马来西亚西部、菲律宾

Nageia 竹柏属

Nageia fleuryi (Hickel) de Laub. 长叶竹柏
F9000468 ——— 中国南部、中南半岛

Nageia nagi (Thunb.) Kuntze 竹柏
00048106 — 濒危（EN）— 中国、日本

Pectinopitys 核果杉属

Pectinopitys standleyi (J. Buchholz & N. E. Gray) C. N. Page 哥斯达黎加核果杉
F9000469 ————

Podocarpus 罗汉松属

Podocarpus annamiensis N. E. Gray 海南罗汉松
0000430 — 濒危（EN）二级 中国南部、中南半岛

Podocarpus chinensis Wall. ex J. Forbes 短叶罗汉松
0001249 —— 二级 中国、缅甸北部、日本中部及南部

Podocarpus costalis C. Presl 兰屿罗汉松
00005650 — 极危（CR）二级 中国、菲律宾

Podocarpus forrestii Craib & W. W. Sm. 大理罗汉松
0001002 中国特有 极危（CR）二级 中国

Podocarpus macrophyllus (Thunb.) Sweet 罗汉松
00005718 — 易危（VU）二级 中国、缅甸北部、日本

Podocarpus neriifolius D. Don 百日青
Q201703187461 — 易危（VU）二级 尼泊尔、中南半岛、马来西亚西部及中部、中国

Sciadopityaceae 金松科

Sciadopitys 金松属

Sciadopitys verticillata (Thunb.) Siebold & Zucc. 金松
F9000470 ——— 日本中南部及南部

Cupressaceae 柏科

Callitris 澳柏属

Callitris columellaris F. Muell. 北澳柏
F9000471 —— 澳大利亚

Calocedrus 翠柏属

Calocedrus macrolepis Kurz 翠柏
F9000472 —— 二级 中国南部、中南半岛北部

Chamaecyparis 扁柏属

Chamaecyparis formosensis Matsum. 红桧
0003019 中国特有 濒危（EN）二级 中国北部及中部

Chamaecyparis lawsoniana (A. Murray) Parl. 美国扁柏
F9000473 ——— 美国（俄勒冈州、加利福尼亚州）

Chamaecyparis lawsoniana 'Argentea' 银色美国花柏
F9000474 ————

Chamaecyparis lawsoniana 'Pendula' 垂枝美国花柏
F9000475 ————

Chamaecyparis lawsoniana 'Triumph of Boskvop' 凯旋美国花柏
F9000476 ————

Chamaecyparis obtusa (Siebold & Zucc.) Endl. 日本扁柏
0003713 ——— 日本、中国

Chamaecyparis obtusa 'Breviramea' 凤尾柏
F9000477 ————

Chamaecyparis obtusa 'Tetragona' 孔雀柏
F9000478 ————

Chamaecyparis pisifera (Siebold & Zucc.) Endl. 日本花柏
0003488 ——— 日本

Chamaecyparis pisifera 'Filifera' 'Filifera'线柏
F9000479 ————

Chamaecyparis pisifera 'Squarrosa' 绒柏
0002234 ————

Chamaecyparis pisifera 'Squarrosa Ohwi' 'Squarrosa Ohwi'

线柏

0003262 — — — —

Chamaecyparis thyoides (L.) Britton, Sterns & Poggenb. 美国尖叶扁柏

F9000480 — — — 美国东部

Cryptomeria 柳杉属

Cryptomeria japonica (Thunb. ex L. f.) D. Don 日本柳杉

0001030 — — — 日本中南部

Cryptomeria japonica 'Elegans' 扁叶柳杉

F9000481 — — — —

Cryptomeria japonica 'Lobbii' 茸毛柳杉

F9000482 — — — —

Cryptomeria japonica 'Vilmoriniana' 千头柳杉

F9000483 — — — —

Cunninghamia 杉木属

Cunninghamia konishii Hayata 台湾杉木

F9000484 — 易危（VU）— 中南半岛北部、中国

Cunninghamia lanceolata (Lamb.) Hook. 杉木

0003243 中国特有 — — 中国南部

Cupressus 柏木属

Cupressus chengiana S. Y. Hu 岷江柏木

F9000485 中国特有 易危（VU）二级 中国

Cupressus funebris Endl. 柏木

0001254 中国特有 — — 中国

Cupressus torulosa D. Don 西藏柏木

F9000486 — 濒危（EN）一级 巴基斯坦北部、尼泊尔中部、中国

Fokienia 福建柏属

Fokienia hodginsii (Dunn) A. Henry & H. H. Thomas 福建柏

00011360 — 易危（VU）二级 中国南部、中南半岛北部

Glyptostrobus 水松属

Glyptostrobus pensilis (Staunton ex D. Don) K. Koch 水松

00005637 — 易危（VU）一级 中国南部、老挝中部

Juniperus 刺柏属

Juniperus chinensis L. 圆柏

00005709 — — — 俄罗斯（远东地区）、缅甸北部；亚洲东部温带

Juniperus chinensis var. *sargentii* A. Henry 偃柏

00005604 — 易危（VU）— 中国、俄罗斯（远东地区）、朝鲜、日本

Juniperus communis L. 欧洲刺柏

0002451 — — — 亚北极区；北半球温带

Juniperus formosana Hayata 刺柏

F9006914 中国特有 — — 中国

Juniperus virginiana L. 北美圆柏

0001750 — — — 加拿大、美国、墨西哥

Metasequoia 水杉属

Metasequoia glyptostroboides Hu & W. C. Cheng 水杉

00044190 中国特有 濒危（EN）一级 中国

Platycladus 侧柏属

Platycladus orientalis (L.) Franco 侧柏

00011540 — — — 俄罗斯（远东地区）、中国、韩国

Platycladus orientalis 'Semperaurescens' Dallim. & A. B. Jacks 金黄球柏

F9000487 — — — —

Platycladus orientalis 'Sieboldii' Dallim. & A. B. Jacks. 千头柏

0003044 — — — —

Sequoia 北美红杉属

Sequoia sempervirens (D. Don) Endl. 北美红杉

F9000488 — — — 美国（俄勒冈州、加利福尼亚州）

Taiwania 台湾杉属

Taiwania cryptomerioides Hayata 台湾杉

00044974 — 易危（VU）— 中国、缅甸东北部、越南北部

Taxodium 落羽杉属

Taxodium distichum (L.) Rich. 落羽杉

00000471 — — — 中国、美国东南部

Taxodium distichum var. *imbricarium* (Nutt.) Croom 池杉

00043516 — — — 美国东南部

Taxodium mucronatum Ten. 墨西哥落羽杉

F9000489 — — — 美国、墨西哥、危地马拉

Thuja 崖柏属

Thuja occidentalis L. 北美香柏

0003172 — — — 加拿大、美国

Thuja standishii (Gordon) Carrière 日本香柏

F9000490 — — — 日本

Thujopsis 罗汉柏属

Thujopsis dolabrata (L. f.) Siebold & Zucc. 罗汉柏

F9000491 — — — 日本

Taxaceae 红豆杉科

Amentotaxus 穗花杉属

Amentotaxus argotaenia (Hance) Pilg. 穗花杉

0001319 — — 一级 中国、中南半岛

Amentotaxus yunnanensis H. L. Li　云南穗花杉
F9000492　中国特有　易危（VU）　一级　中国

Cephalotaxus　三尖杉属

Cephalotaxus fortunei Hook.　三尖杉
0000395 — — — 中国、缅甸北部
Cephalotaxus harringtonii (Knight ex J. Forbes) K. Koch　日本粗榧
F9000493 — 近危（NT）— 中国、印度（阿萨姆邦）、日本中南部
Cephalotaxus oliveri Mast.　篦子三尖杉
00046859　中国特有　易危（VU）　二级　中国南部

Taxus　红豆杉属

Taxus wallichiana Zucc.　西藏红豆杉
F9000495 — 易危（VU）一级 印度、尼泊尔、不丹、中国、越南东南部、菲律宾、印度尼西亚（苏门答腊岛、苏拉威西岛）
Taxus wallichiana var. *mairei* (Lemée & H. Lév.) L. K. Fu & Nan Li　南方红豆杉
F9000494 — 易危（VU）一级 尼泊尔东南部、中国、越南南部

Torreya　榧属

Torreya fargesii Franch.　巴山榧
F9000496　中国特有　易危（VU）　二级　中国
Torreya grandis Fortune ex Lindl.　榧
0000898　中国特有 — 二级 中国
Torreya jackii Chun　长叶榧
F9000498　中国特有　易危（VU）　二级　中国
Torreya yunnanensis W. C. Cheng & L. K. Fu　云南榧
F9000497　中国特有　濒危（EN）　二级　中国

Pinaceae　松科

Abies　冷杉属

Abies chensiensis Tiegh.　秦岭冷杉
F9000499　中国特有　易危（VU）　二级　中国
Abies delavayi Franch.　苍山冷杉
F9000501 — — — 印度、中国、中南半岛北部
Abies ernestii Rehder　黄果冷杉
F9000500　中国特有 — — 中国
Abies fargesii Franch.　巴山冷杉
F9000502　中国特有 — — 中国中部
Abies firma Siebold & Zucc.　日本冷杉
F9000503 — — — 日本中南部
Abies holophylla Maxim.　杉松
F9000504 — — — 俄罗斯、韩国
Abies ziyuanensis L. K. Fu & S. L. Mo　资源冷杉
F9000505　中国特有　濒危（EN）　一级　中国

Cathaya　银杉属

Cathaya argyrophylla Chun & Kuang　银杉
0004036　中国特有　濒危（EN）　一级　中国

Cedrus　雪松属

Cedrus deodara (Roxb.) G. Don　雪松
0001899 — — — 阿富汗东北部、尼泊尔西部、印度西北部

Keteleeria　油杉属

Keteleeria davidiana (C. E. Bertrand) Beissn.　铁坚油杉
F9000506　中国特有 — 二级 中国
Keteleeria fortunei (A. Murray bis) Carrière　油杉
0000323 — 易危（VU）— 中国南部

Larix　落叶松属

Larix gmelinii var. *principis-rupprechtii* (Mayr) Pilg.　华北落叶松
F9000507　中国特有　易危（VU）— 中国
Larix kaempferi (Lamb.) Carriére　日本落叶松
F9000508 — — — 日本中部

Nothotsuga　长苞铁杉属

Nothotsuga longibracteata (W. C. Cheng) H. H. Hu ex C. N. Page　长苞铁杉
F9000509　中国特有 — — 中国南部

Pinus　松属

Pinus armandii Franch.　华山松
F9000510 — — — 中国、缅甸北部
Pinus bungeana Zucc. ex Endl.　白皮松
F9000511　中国特有　濒危（EN）— 中国中部
Pinus elliottii Engelm.　湿地松
0004497 — — — 美国东南部
Pinus fenzeliana Hand.-Mazz.　海南五针松
F9000512 — — — 中国、越南
Pinus henryi Mast.　巴山松
F9000513　中国特有 — — 中国中部
Pinus kesiya var. *langbianensis* (A. Chev.) Gaussen ex Bui　思茅松
F9000514 — — — 中国、中南半岛、菲律宾
Pinus koraiensis Siebold & Zucc.　红松
0004116 — 易危（VU）二级 俄罗斯（远东地区）、中国、韩国、日本
Pinus latteri Mason　南亚松
F9000515 — 易危（VU）— 中国、中南半岛
Pinus massoniana Lamb.　马尾松

00005719 中国特有 — — 中国
Pinus palustris Mill.　长叶松
0000784 — — — 美国
Pinus serotina Michx.　晚松
F9000516 — — — 美国
Pinus squamata Xiang W. Li　五针白皮松
F9000517 中国特有 极危（CR）— 中国
Pinus sylvestris var. *mongolica* Litv.　樟子松
F9000518 — 易危（VU）— 中国、蒙古北部、俄罗斯东部
Pinus tabuliformis Carrière　油松
0004415 — — — 中国、韩国
Pinus taeda L.　火炬松
F9000519 — — — 美国中部及东南部
Pinus thunbergii Parl.　黑松
00005598 — — — 韩国、日本中部及南部

Pseudolarix　金钱松属

Pseudolarix amabilis (J. Nelson) Rehder　金钱松
00011628 中国特有 易危（VU）二级 中国

Pseudotsuga　黄杉属

Pseudotsuga sinensis Dode　黄杉
F9000520 中国特有 — 二级 中国

Tsuga　铁杉属

Tsuga chinensis (Franch.) Pritz.　铁杉

F9000521 中国特有 — — 中国

Ephedraceae　麻黄科

Ephedra　麻黄属

Ephedra intermedia Schrenk & C. A. Mey.　中麻黄
00053253 — 近危（NT）— 伊朗、蒙古、喜马拉雅山脉
Ephedra rituensis Y. Yang, D. Z. Fu & G. H. Zhu　日土麻黄
00052750 中国特有 — — 中国西部

Welwitschiaceae　百岁兰科

Welwitschia　百岁兰属

Welwitschia mirabilis Hook. f.　百岁兰
00052736 — — — —

Gnetaceae　买麻藤科

Gnetum　买麻藤属

Gnetum hainanense C. Y. Cheng　海南买麻藤
F9000522 中国特有 — — 中国南部
Gnetum montanum Markgr.　买麻藤
00018812 — — — 中国、印度、尼泊尔、孟加拉国、不丹、中南半岛
Gnetum parvifolium (Warb.) C. Y. Cheng ex Chun　小叶买麻藤
0003062 — — — 中国南部、中南半岛

Angiosperms　被子植物

Cabombaceae　莼菜科

Brasenia　莼菜属

Brasenia schreberi J. F. Gmel.　莼菜
F9000523 — 极危（CR）　二级　澳大利亚东部、美国；世界热带及温带

Nymphaeaceae　睡莲科

Euryale　芡属

Euryale ferox Salisb. ex K. D. Koenig & Sims　芡
0004325 — — — 印度北部、中国、俄罗斯（远东地区南部）

Nuphar　萍蓬草属

Nuphar pumila (Timm) DC.　萍蓬草
0001567 — 易危（VU）— 亚北极区；欧亚大陆温带

Nymphaea　睡莲属

Nymphaea alba L.　白睡莲
0003204 — — — 喜马拉雅山脉西部；欧洲、亚洲、非洲西北部
Nymphaea 'Aomaosite'　'奥毛斯特'睡莲
F9000525 — — — —
Nymphaea 'Blue Capensis Charies Thomas'　'汤姆斯'睡莲
F9000526 — — — —
Nymphaea 'Charras'　'查尔拉斯'睡莲
F9000527 — — — —
Nymphaea 'Colorado'　科罗拉多睡莲
0002799 — — — —
Nymphaea 'Cruziana Dribyuy'　克鲁兹王莲
0003270 — — — —
Nymphaea 'Daubeniana'　'纳本达'睡莲
F9000528 — — — —
Nymphaea 'Eldorado'　'爱得拉多'睡莲
0004873 — — — —
Nymphaea 'Fire Opal'　'烛光'睡莲
0004796 — — — —
Nymphaea 'Indian'　'印第安'睡莲
F9000529 — — — —
Nymphaea × *laydekeri* Lat.-Marl. ex André
F9000524 — — — —

Nymphaea lotus L.　齿叶睡莲
Q201805048064 — — — 非洲
Nymphaea 'Malin Randig'　'马拉·云第'睡莲
0002485 — — — —
Nymphaea marliacea 'Attraction'　诱惑
0004678 — — — —
Nymphaea mexicana Zucc.　黄睡莲
0002322 — — — 美国、墨西哥
Nymphaea nouchali Burm. f.　延药睡莲
F9000530 — — — 亚洲热带及亚热带
Nymphaea nouchali var. *caerulea* (Savigny) Verdc.　蓝睡莲
0002064 — — — 埃及、阿拉伯半岛；非洲南部
Nymphaea nouchali var. *zanzibariensis* (Casp.) Verdc.　袖珍睡莲
F9000531 — — — 肯尼亚东南部、科摩罗、马达加斯加；非洲南部
Nymphaea odorata 'Arkansas'　'阿肯色香'香睡莲
0001671 — — — —
Nymphaea odorata 'Pink Sunrise'　'霞光'香睡莲
F9000532 — — — —
Nymphaea 'Peter-Slocum'　'彼得'睡莲
F9000533 — — — —
Nymphaea 'Pink Grapefruit'　'粉星'睡莲
F9000534 — — — —
Nymphaea 'Pink Peony'　'粉牡丹'睡莲
0001226 — — — —
Nymphaea pubescens Willd.　柔毛齿叶睡莲
0003818 — — — 澳大利亚东北部；亚洲热带及亚热带
Nymphaea rubra Roxb. ex Andrews　印度红睡莲
0001794 — — — 印度东北部、马来西亚西部
Nymphaea tetragona Georgi　睡莲
F9000535 — — — 朝鲜半岛、喜马拉雅山脉；欧洲北部、美洲西北部
Nymphaea tetragona 'Gonnere'　'白仙子'睡莲
F9000536 — — — —
Nymphaea tetragona 'Helvola'　'海芙拉'睡莲
F9000537 — — — —

Victoria　王莲属

Victoria cruziana Orb.　小王莲

F9000538 — — — —

Schisandraceae　五味子科

Illicium　八角属

Illicium henryi Diels　红茴香
0004779 中国特有 — — 中国

Illicium lanceolatum A. C. Sm.　红毒茴
F9000539 中国特有 — — 中国

Illicium majus Hook. f. & Thomson　大八角
F9000540 — — — 中国南部、中南半岛

Illicium micranthum Dunn　小花八角
F0036483 中国特有 — — 中国南部

Illicium simonsii Maxim.　野八角
F9000541 — — — 印度（阿萨姆邦）、中国

Illicium verum Hook. f.　八角
00046656 中国特有 — — 中国

Kadsura　南五味子属

Kadsura coccinea (Lem.) A. C. Sm.　黑老虎
00018569 — 易危（VU） — 中国南部、中南半岛

Kadsura heteroclita (Roxb.) Craib　异形南五味子
F0024234 — — — 中国南部、斯里兰卡、马来西亚西部

Kadsura longipedunculata Finet & Gagnep.　南五味子
0003632 中国特有 — — 中国中部

Schisandra　五味子属

Schisandra incarnata Stapf　兴山五味子
0004733 — — — 中国、印度

Schisandra propinqua subsp. sinensis (Oliv.) R. M. K. Saunders　铁箍散
0000522 中国特有 — — 中国

Schisandra sphenanthera Rehder & E. H. Wilson　华中五味子
0003453 中国特有 — — 中国

Canellaceae　白樟科

Warburgia　十数樟属

Warburgia stuhlmannii Engl.　十数樟
F9000542 — — — 肯尼亚东南部、坦桑尼亚东北部

Saururaceae　三白草科

Houttuynia　蕺菜属

Houttuynia cordata Thunb.　蕺菜
0000482 — — — 中国；亚洲东部及南部

Houttuynia cordata 'Hongye'　红蕺菜
0003118 — — — —

Saururus　三白草属

Saururus cernuus L.　蜥尾草
0003489 — — — 加拿大东部、美国、墨西哥

Saururus chinensis (Lour.) Baill.　三白草
00047726 — — — 中国、韩国、朝鲜、日本、菲律宾

Piperaceae　胡椒科

Peperomia　草胡椒属

Peperomia argyreia (Hook. f.) É. Morren　西瓜皮椒草
F9000543 — — — 巴西

Peperomia arifolia Miq.　芋叶椒草
0004637 — — — 玻利维亚、巴西、阿根廷北部

Peperomia bicolor 'Hybrid 1'　'Hybrid 1'双色椒草
0004736 — — — —

Peperomia bicolor 'Hybrid 4'　'Hybrid 4'双色椒草
0003645 — — — —

Peperomia blanda (Jacq.) Kunth　石蝉草
F9000544 — — — 阿拉伯半岛南部；美洲热带及亚热带、非洲热带

Peperomia caespitosa C. DC.　丛生豆瓣绿
0004815 — — — 哥伦比亚、秘鲁北部

Peperomia caperata Yunck.　皱叶椒草
F9000545 — — — 巴西

Peperomia clusiifolia (Jacq.) Hook.　红边椒草
F9000546 — — — 牙买加

Peperomia clusiifolia 'Jewelry'　五彩椒草
F9000547 — — — —

Peperomia clusiifolia 'Red Edged'　红边豆瓣绿
0004378 — — — —

Peperomia eburnea 'Hybrid 1'　'Hybrid 1'草胡椒
0003325 — — — —

Peperomia eburnea 'Hybrid 3'　'Hybrid 3'草胡椒
0000577 — — — —

Peperomia emarginella (Sw. ex Wikstr.) C. DC.
0004721 — — — 美国（佛罗里达州南部）；美洲热带

Peperomia ferreyrae Yunck.　柳叶椒草
0004819 — — — 秘鲁

Peperomia fraseri 'Hybrid 1'　'Hybrid 1'白尾椒草
0001893 — — — —

Peperomia fraseri 'Hybrid S'　'Hybrid S'白尾椒草
0001232 — — — —

Peperomia galioides Kunth　狭叶椒草
0004159 — — — 美洲热带

Peperomia heyneana Miq.　蒙自草胡椒
F9000548 — — — 中南半岛；南亚、东亚南部

Peperomia honigii Steyerm.

0003548 — — — 委内瑞拉

Peperomia incana (Haw.) Hook.　灰绿椒草

F9000549 — — — 巴西

Peperomia maculosa (L.) Hook.　多斑椒草

0003560 — — — 美洲南部热带

Peperomia meridana Yunck.　美皱椒草

0002702 — — — 委内瑞拉西北部

Peperomia meridana 'Hybrid S'　'Hybrid S'美皱椒草

0004412 — — — —

Peperomia metallica L. Linden & Rodigas　金光椒草

0004521 — — — 秘鲁

Peperomia metallica 'Pa'　'Pa'金光椒草

0004367 — — — —

Peperomia obtusifolia (L.) A. Dietr.　圆叶椒草

0003568 — — — 美国（佛罗里达州）；美洲热带

Peperomia obtusifolia 'Hybrid A'　'Hybrid A'圆叶椒草

0000903 — — — —

Peperomia obtusifolia 'Golden Gate'　金点椒草

F9000550 — — — —

Peperomia pellucida (L.) Kunth　草胡椒

0004858 — — — 马达加斯加；美洲热带及亚热带、非洲热带

Peperomia pereskiifolia (Jacq.) Kunth　剑叶豆瓣绿

F9000551 — — — 美洲南部热带

Peperomia pubescens Ruiz & Pav.　毛篓

F9000552 — — — 秘鲁

Peperomia quadrangularis (J. V. Thomps.) A. Dietr.　四棱椒草

0002166 — — — 美洲热带

Peperomia quadrangularis 'Hybrid 3'　'Hybrid 3'四棱椒草

0004529 — — — —

Peperomia quadrangularis 'Hybrid 4'　'Hybrid 4'四棱椒草

0003767 — — — —

Peperomia quadrangularis 'Hybrid A'　'Hybrid A'四棱椒草

0004608 — — — —

Peperomia serpens (Sw.) G. Don　垂椒草

0001488 — — — 墨西哥南部；美洲热带

Peperomia serpens 'Variegata'　斑叶垂椒草

F9000553 — — — —

Peperomia strawii Hutchison ex Pino & Klopf.

0001576 — — — 萨尔瓦多

Peperomia tetraphylla (G. Forst.) Hook. & Arn.　豆瓣绿

F0036754 — — — 世界热带及亚热带

Peperomia tristachya Kunth

0004069 — — — 哥伦比亚、厄瓜多尔

Piper　胡椒属

Piper aduncum L.　树胡椒

0003289 — — — 美洲热带

Piper betle L.　蒌叶

F9000554 — — — 中南半岛、马来西亚

Piper hancei Maxim.　山蒟

0001158 中国特有 — — 中国南部

Piper kadsura (Choisy) Ohwi　风藤

F9000555 — — — 亚洲东部温带

Piper longum L.　荜拔

0003552 — — — 中国、印度、尼泊尔、孟加拉国、中南半岛

Piper nigrum L.　胡椒

00047538 — — — 中国；亚洲东南部

Piper pedicellatum C. DC.　角果胡椒

F9000556 — — — 中国、印度、尼泊尔、孟加拉国、中南半岛北部

Piper rostratum Roxb.

0000411 — — — 印度尼西亚（爪哇岛、苏门答腊岛）、马来西亚

Piper sarmentosum Roxb.　假蒟

F9000557 — — — 亚洲热带、世界温带

Piper wallichii (Miq.) Hand.-Mazz.　石南藤

F9000558 — — — 中国、尼泊尔

Aristolochiaceae　马兜铃科

Aristolochia　马兜铃属

Aristolochia acuminata Lam.　耳叶马兜铃

F0038334 — — — 澳大利亚（昆士兰州北部）；亚洲热带及亚热带

Aristolochia fangchi Y. C. Wu ex L. D. Chow & S. M. Hwang　广防己

F9000559 — — — 中国南部、越南北部

Aristolochia gigantea Mart. & Zucc.　巨花马兜铃

0000517 — — — 巴西；美洲中部

Aristolochia grandiflora Sw.　大花马兜铃

F9000560 — — — —

Aristolochia kaempferi Willd.　大叶马兜铃

F9000561 — — — 日本中南部及南部

Aristolochia mollissima Hance　寻骨风

F9000562 中国特有 — — 中国

Aristolochia ringens Vahl　麻雀花

F0038331 — — — 美洲中南部热带

Asarum　细辛属

Asarum caudigerellum C. Y. Chen & C. S. Yang　短尾细辛

F9000563 中国特有 易危（VU）— 中国

Asarum caudigerum Hance　尾花细辛

F0036972 — — — 中国、越南

Asarum debile Franch.　铜钱细辛

0001690　中国特有 —— 中国中部

Asarum delavayi Franch.　川滇细辛

0003940　中国特有 —— 中国

Asarum forbesii Maxim.　杜衡

F9000564　中国特有　近危（NT）— 中国南部

Asarum geophilum Hemsl.　地花细辛

F9000565　中国特有 —— 中国

Asarum himalaicum Hook. f. & Thomson ex Klotzsch　单叶细辛

0003417 —　易危（VU）— 中国、印度、尼泊尔、孟加拉国、不丹

Asarum ichangense C. Y. Chen & C. S. Yang　小叶马蹄香

F9000566　中国特有 —— 中国

Asarum insigne Diels　金耳环

0004903　中国特有　易危（VU）　二级　中国

Asarum petelotii O. C. Schmidt　红金耳环

F9000567 ——　中国、越南北部

Asarum pulchellum Hemsl.　长毛细辛

0003029　中国特有 —— 中国南部

Asarum sieboldii Miq.　汉城细辛

0001255 —　易危（VU）— 俄罗斯（远东地区南部）、中国、韩国、日本

Asarum splendens (F. Maek.) C. Y. Chen & C. S. Yang　青城细辛

00047506　中国特有 —— 中国

Saruma　马蹄香属

Saruma henryi Oliv.　马蹄香

F9000568　中国特有　濒危（EN）　二级　中国中部

Myristicaceae　肉豆蔻科

Endocomia　内毛楠属

Endocomia macrocoma subsp. *prainii* (King) W. J. de Wilde　云南风吹楠

0002385 ——　印度（阿萨姆邦）、中国、安达曼群岛、巴布亚新几内亚

Horsfieldia　风吹楠属

Horsfieldia kingii (Hook. f.) Warb.　大叶风吹楠

00011353 —　易危（VU）　二级　尼泊尔东部、中国、泰国北部

Myristica　肉豆蔻属

Myristica fragrans Houtt.　肉豆蔻

0001570 ———　印度尼西亚（马鲁古群岛）

Magnoliaceae　木兰科

Alcimandra　长蕊木兰属

Alcimandra cathcartii (Hook. f. & Thomson) Dandy　长蕊木兰

0003673 —　易危（VU）　二级　中国、不丹、印度、缅甸、越南

Houpoea　厚朴属

Houpoea officinalis (Rehder & E. H. Wilson) N. H. Xia & C. Y. Wu　厚朴

0001359　中国特有 —　二级　中国

Houpoea officinalis 'Biloba'　凹叶厚朴

F9000569 ————

Lirianthe　长喙木兰属

Lirianthe albosericea (Chun & C. H. Tsoong) N. H. Xia & C. Y. Wu　绢毛木兰

F9000570　中国特有　濒危（EN）— 中国

Lirianthe championii (Benth.) N. H. Xia & C. Y. Wu　香港木兰

0000681 —　濒危（EN）— 中国、越南北部

Lirianthe coco (Lour.) N. H. Xia & C. Y. Wu　夜香木兰

F9000571 —　濒危（EN）— 中国、越南

Lirianthe delavayi (Franch.) N. H. Xia & C. Y. Wu　山玉兰

F9000572　中国特有 —— 中国

Lirianthe delavayi 'Rubra'　红花山玉兰

F9000573 ————

Lirianthe fujianensis N. H. Xia & C. Y. Wu　福建木兰

F9000574　中国特有 —— 中国

Lirianthe henryi (Dunn) N. H. Xia & C. Y. Wu　大叶木兰

0000335 —　濒危（EN）　二级　中国、缅甸、泰国

Lirianthe odoratissima (Y. W. Law & R. Z. Zhou) N. H. Xia & C. Y. Wu　馨香木兰

F9000575　中国特有　极危（CR）　二级　中国

Liriodendron　鹅掌楸属

Liriodendron chinense (Hemsl.) Sarg.　鹅掌楸

0002383 ——　二级　中国、越南北部

Liriodendron tulipifera L.　北美鹅掌楸

F9000576 ———　加拿大、美国

Magnolia　北美木兰属

Magnolia × *brooklynensis* Kalmb.　布鲁克林木兰

00012668 ————

Magnolia × *brooklynensis* 'Eva Maria'　'Eva Maria'布鲁克林木兰

00012868 ————

Magnolia fraseri Walter 山地木兰
00012663 — — — 美国

Magnolia grandiflora L. 荷花木兰
0000678 — — — 美国

Magnolia grandiflora 'Gallisoniensis' 'Gallisoniensis'荷花玉兰
F9006877 — — — —

Magnolia guangnanensis Y. W. Law & R. Z. Zhou 香木兰
0003310 — — — —

Magnolia persuaveolens Dandy 黄花木兰
F9000577 — — — 加里曼丹岛

Magnolia sharpii V. V. Miranda
F9000578 — — — 墨西哥

Manglietia 木莲属

Manglietia aromatica Dandy 香木莲
0001080 — 易危（VU） 二级 中国、越南

Manglietia carimina Y. W. Law & R. Z. Zhou 深红木莲
F9000579 — — — —

Manglietia conifera Dandy 桂南木莲
00044182 — — — 中国、越南北部

Manglietia crassipes Y. W. Law 粗梗木莲
F9000580 中国特有 极危（CR） — 中国

Manglietia dandyi (Gagnep.) Dandy 大叶木莲
0000242 — 濒危（EN） 二级 中国、老挝、越南

Manglietia decidua Q. Y. Zheng 落叶木莲
0000240 中国特有 易危（VU） 二级 中国

Manglietia duclouxii Finet & Gagnep. 川滇木莲
F9000581 — 易危（VU） — 中国、越南北部

Manglietia fordiana Oliv. 木莲
0000948 — — — 中国、越南

Manglietia fordiana var. *forrestii* (W. W. Sm. ex Dandy) B. L. Chen & Noot. 滇桂木莲
F9000582 — — — —

Manglietia fordiana var. *hainanensis* (Dandy) N. H. Xia 海南木莲
F9000583 中国特有 近危（NT） — 中国

Manglietia glauca Blume 灰木莲
00044619 — — — —

Manglietia grandis Hu & W. C. Cheng 大果木莲
0000612 中国特有 易危（VU） 二级 中国

Manglietia hookeri Cubitt & W. W. Sm. 中缅木莲
0000871 — 易危（VU） — 中国、缅甸、泰国

Manglietia insignis (Wall.) Blume 红花木莲
0002118 — 易危（VU） — 中国、印度、缅甸、尼泊尔、泰国

Manglietia kwangtungensis (Merr.) Dandy 毛桃木莲
0001711 中国特有 易危（VU） — 中国

Manglietia miechangensis Y. W. Law & D. X. Li 蔑厂木莲
F9000584 — — —

Manglietia ovoidea Hung T. Chang & B. L. Chen 卵果木莲
0000034 中国特有 濒危（EN） — 中国

Manglietia pachyphylla H. T. Chang 厚叶木莲
F9000585 中国特有 易危（VU） 二级 中国

Manglietia paruicula Y. W. Law & R. Z. Zhou 锥花木莲
0003182 — — — —

Manglietia patungensis Hu 巴东木莲
F9000586 中国特有 易危（VU） — 中国

Manglietia szechuanica Hu 四川木莲
F9000587 中国特有 易危（VU） — 中国

Manglietia zhengyiana N. H. Xia 锈毛木莲
00012992 中国特有 濒危（EN） — 中国

Michelia 含笑属

Michelia alba DC. 白兰
00047984 — — — —

Michelia baillonii (Pierre) Finet & Gagnep. 合果木
00044622 — 易危（VU） 二级 中国；亚洲南部

Michelia balansae (A. DC.) Dandy 苦梓含笑
0004251 — — — 中国、越南

Michelia cavaleriei Finet & Gagnep. 平伐含笑
00013038 中国特有 濒危（EN） — 中国

Michelia cavaleriei var. *platypetala* (Hand.-Mazz.) N. H. Xia 阔瓣含笑
0000823 中国特有 — — 中国

Michelia champaca L. 黄兰花
00011437 — — — 中国；亚洲南部

Michelia chapensis Dandy 乐昌含笑
0000768 — 近危（NT） — 中国、越南北部

Michelia compressa (Maxim.) Sarg. 台湾含笑
00044626 — — — 中国、日本南部、菲律宾

Michelia coriacea Hung T. Chang & B. L. Chen 西畴含笑
F9000588 中国特有 易危（VU） — 中国

Michelia doltsopa Buch.-Ham. ex DC. 南亚含笑
F9000589 — — — 中国；亚洲中南部

Michelia figo (Lour.) Spreng. 含笑花
00005480 — — — —

Michelia figo var. *crassipes* (Y. W. Law) B. L. Chen & Noot. 紫花含笑
0002981 — — — —

Michelia floribunda Finet & Gagnep. 多花含笑
0002340 — — — 中国、老挝、缅甸、泰国、越南

Michelia foveolata Merr. ex Dandy 金叶含笑
00044442 — — — 中国、越南北部

Michelia fujianensis Q. F. Zheng　福建含笑
0000712 中国特有 易危（VU）— 中国

Michelia fulva var. *calcicola* (C. Y. Wu ex Y. W. Law & Y. F. Wu) Sima & H. Yu　棕毛含笑
0003174 — — — —

Michelia guangdongensis Y. H. Yan, Q. W. Zeng & F. W. Xing　广东含笑
0000070 中国特有 濒危（EN）二级 中国

Michelia guangxiensis Y. W. Law & R. Z. Zhou　广西含笑
0001310 中国特有 濒危（EN）— 中国

Michelia hypolampra Dandy　香子含笑
0002231 — 濒危（EN）— 中国、越南

Michelia lacei W. W. Sm.　壮丽含笑
0003293 — 濒危（EN）— 中国、缅甸、泰国北部、越南

Michelia macclurei Dandy　醉香含笑
0002085 — — — 中国、越南北部

Michelia martinii (H. Lév.) H. Lév.　黄心夜合
F9006887 — — — —

Michelia martinii 'Tiny'　'Tiny'含笑
00013087 — — — —

Michelia maudiae Dunn　深山含笑
00005534 中国特有 — — 中国

Michelia mediocris Dandy　白花含笑
0001895 — — — 中国、柬埔寨、越南

Michelia microcarpa B. L. Chen & S. C. Yang　小果含笑
F9000590 — 易危（VU）— 中国、越南

Michelia odora (Chun) Noot. & B. L. Chen　观光木
0001729 — 易危（VU）— 中国、越南北部

Michelia opipara Hung T. Chang & B. L. Chen　马关含笑
0002846 中国特有 濒危（EN）— 中国

Michelia shiluensis Chun & Y. F. Wu　石碌含笑
00011334 中国特有 濒危（EN）二级 中国

Michelia skinneriana Dunn　野含笑
0004524 中国特有 — — 中国

Michelia sphaerantha C. Y. Wu ex Z. S. Yue　球花含笑
F9000591 中国特有 易危（VU）— 中国

Michelia velutina Blume　绒叶含笑
0000272 — 地区绝灭（RE）— 中国；亚洲中南部

Michelia wilsonii Finet & Gagnep.　峨眉含笑
0001879 中国特有 易危（VU）二级 中国

Michelia wilsonii subsp. *szechuanica* (Dandy) J. Li　川含笑
F9000592 中国特有 易危（VU）— 中国

Michelia xanthantha C. Y. Wu ex Y. W. Law & Y. F. Wu　黄花含笑
F9000593 中国特有 易危（VU）— 中国

Michelia yunnanensis Franch. ex Finet & Gagnep.　云南含笑
0003641 中国特有 — — 中国

Oyama　天女花属

Oyama sieboldii (K. Koch) N. H. Xia & C. Y. Wu　天女花
F9000594 — 近危（NT）— 中国、日本、韩国

Oyama sieboldii 'Multipetala'　多瓣天女花
F9000595 — — — —

Oyama sieboldii subsp. *sinensis* ined.　圆叶天女花
F9000596 — — — —

Pachylarnax　厚壁木属

Pachylarnax sinica (Y. W. Law) N. H. Xia & C. Y. Wu　华盖木
0004548 中国特有 极危（CR）一级 中国

Parakmeria　拟单性木兰属

Parakmeria kachirachirai (Kaneh. & Yamam.) Y. W. Law　恒春拟单性木兰
Q201709064744 中国特有 — — 中国

Parakmeria lotungensis (Chun & C. H. Tsoong) Y. W. Law　乐东拟单性木兰
0001367 中国特有 易危（VU）— 中国

Parakmeria omeiensis W. C. Cheng　峨眉拟单性木兰
0000191 中国特有 极危（CR）一级 中国

Parakmeria yunnanensis Hu　云南拟单性木兰
0000741 — 易危（VU）二级 中国、缅甸北部

Talauma　盖裂木属

Talauma hodgsonii Hook. f. & Thomson　盖裂木
0000876 — 易危（VU）— 中国；亚洲中南部

Tulipastrum　黄瓜玉兰属

Tulipastrum acuminatum × *Yulania sargentiana*
F9000597 — — — —

Woonyoungia　焕镛木属

Woonyoungia septentrionalis (Dandy) Y. W. Law　焕镛木
0004215 中国特有 易危（VU）一级 中国

Yulania　玉兰属

Yulania accuminata 'Golden Sun'　'Golden Sun'渐尖木兰
00013056 — — — —

Yulania acuminata 'Koban Dori'　'Koban Dori'渐尖木兰
00012841 — — — —

Yulania acuminata 'Miss Honeybee'　'Miss Honeybee'渐尖木兰
00012763 — — — —

Yulania 'Akarp'　'Akarp'玉兰
00013025 — — — —

Yulania amoena (W. C. Cheng) D. L. Fu　天目玉兰
F9000604　中国特有　易危（VU）　—　中国

Yulania amoena 'Changhua'　'Changhua'玉兰
0002487　—　—　—　—

Yulania 'Anticipation'　'Anticipation'玉兰
00012811　—　—　—　—

Yulania 'Betty'　'贝蒂'玉兰
00012684　—　—　—　—

Yulania biondii (Pamp.) D. L. Fu　望春玉兰
0000707　中国特有　—　—　中国

Yulania 'Burgundy 4225'　'Burgundy 4225'玉兰
F9000605　—　—　—　—

Yulania campbellii (Hook. f. & Thomson) D. L. Fu　滇藏玉兰
F9000606　—　易危（VU）　—　中国；亚洲中南部

Yulania 'Chameleon'　长花玉兰
00012995　—　—　—　—

Yulania 'Charles Coates'　'Charles Coates'玉兰
00012757　—　—　—　—

Yulania 'Cliff Hanger'　'Cliff Hanger'玉兰
00012797　—　—　—　—

Yulania cylindrica (E. H. Wilson) D. L. Fu　黄山玉兰
00012698　中国特有　—　—　中国

Yulania 'Daphne'　'Daphne'玉兰
00013190　—　—　—　—

Yulania dawsoniana (Rehder & E. H. Wilson) D. L. Fu　光叶玉兰
F9000607　中国特有　濒危（EN）　—　中国

Yulania 'Daybreak'　'Daybreak'玉兰
00012861　—　—　—　—

Yulania denudata (Desr.) D. L. Fu　玉兰
00044331　中国特有　近危（NT）　—　中国

Yulania denudata '862'　'862'玉兰
F9000608　—　—　—　—

Yulania denudata 'Banana'　香蕉玉兰
F9000609　—　—　—　—

Yulania denudata 'Beauty'　美脉二乔
F9000610　—　—　—　—

Yulania denudata 'Dahua'　大花白玉兰
F9000611　—　—　—　—

Yulania denudata 'Lamp'　玉灯玉兰
F9000613　—　—　—　—

Yulania denudata 'Lamp No. 1'　玉灯1号
F9000614　—　—　—　—

Yulania denudata 'Lazhi'　腊质玉兰
F9000612　—　—　—　—

Yulania denudata 'Red Nerve'　红脉二乔
F9000615　—　—　—　—

Yulania 'Emma Cook'　'Emma Cook'玉兰
00012818　—　—　—　—

Yulania 'Fairylake'　'Fairylake'玉兰
00013041　—　—　—　—

Yulania 'Fragrant Cloud'　'丹馨'玉兰
F9000616　—　—　—　—

Yulania 'Frank's Masterpiece'　'Frank's Masterpiece'玉兰
00012707　—　—　—　—

Yulania 'Galaxy'　'Galaxy'玉兰
00012817　—　—　—　—

Yulania 'Gold Crown'　'Gold Crown'玉兰
00013024　—　—　—　—

Yulania 'Gold Cup'　'Gold Cup'玉兰
00012771　—　—　—　—

Yulania 'Gold Sta'　'Gold Sta'玉兰
00013111　—　—　—　—

Yulania 'Golden Endeavor'　'Golden Endeavor'玉兰
00013197　—　—　—　—

Yulania 'Golden Flink'　'Golden Flink'玉兰
00012833　—　—　—　—

Yulania 'Golden Gift'　'Golden Gift'玉兰
00012827　—　—　—　—

Yulania 'Golden Pond'　'Golden Pond'玉兰
00013185　—　—　—　—

Yulania 'Honey Liz'　'Honey Liz'玉兰
00013037　—　—　—　—

Yulania 'Hot Flash'　'Hot Flash'玉兰
00013169　—　—　—　—

Yulania 'Huangguan'　'皇冠'玉兰
0003911　—　—　—　—

Yulania 'Jane'　'Jane'玉兰
00013059　—　—　—　—

Yulania 'Jinqiu'　金球玉兰
F9000617　—　—　—　—

Yulania 'Judy'　'Judy'玉兰
00013104　—　—　—　—

Yulania kobus (DC.) Spach　日本辛夷
0002233　—　—　—　—

Yulania kobus 'Norman Gould'　'Norman Gould'日本辛夷
00013189　—　—　—　—

Yulania 'Kuoban'　阔瓣玉兰
F9000618　—　—　—　—

Yulania liliiflora (Desr.) D. L. Fu　紫玉兰
F9000619　中国特有　易危（VU）　—　中国

Yulania liliiflora 'Hongyuanbao'　红元宝玉兰
00012822　—　—　—　—

Yulania × *loebneri* 'Leonard Messel'　'Leonard Messel'玉兰
00013179 — — — —

Yulania × *loebneri* 'Neil Mceachern'　'Neil Mceachern'玉兰
00012770 — — — —

Yulania × *loebneri* 'White Rose'　'White Rose'玉兰
00013177 — — — —

Yulania 'Lois'　'Lois'玉兰
00013129 — — — —

Yulania 'Luck'　'Luck'玉兰
F9006888 — — — —

Yulania 'Meili'　美丽玉兰
F9000620 — — — —

Yulania × *michelia* 'Fairylake'　红寿星玉兰
F9000598 — — — —

Yulania × *michelia* 'Star'　红笑星玉兰
F9000599 — — — —

Yulania 'North Type'　'North Type'玉兰
00013130 — — — —

Yulania 'Pegasus'　'Pegasus'玉兰
F9000621 — — — —

Yulania 'Phil's Masterpiece'　'Phil's Masterpiece'玉兰
F9000622 — — — —

Yulania 'Pickard's Ruby'　'Pickard's Ruby'玉兰
F9000623 — — — —

Yulania pilocarpa (Z. Z. Zhao & Z. W. Xie) D. L. Fu　罗田玉兰
0001294 中国特有 濒危（EN）— 中国

Yulania 'Pink'　'Pink'玉兰
00013166 — — — —

Yulania 'Pink Giant'　'Pink Giant'玉兰
00012768 — — — —

Yulania 'Pinkie'　'Pinkie'玉兰
00013036 — — — —

Yulania 'Plena'　'Plena'玉兰
00012878 — — — —

Yulania 'Princess Meimei'　'Princess Meimei'玉兰
00012766 — — — —

Yulania 'Pseudokobus'　'Pseudokobus'玉兰
00012826 — — — —

Yulania 'Randy'　'Randy'玉兰
00012576 — — — —

Yulania 'Red Lamp'　'Red Lamp'玉兰
00012798 — — — —

Yulania 'Ricki'　'Ricki'玉兰
00013091 — — — —

Yulania 'Rullan'　'Rullan'玉兰
F9000624 — — — —

Yulania 'Rustica Rubra'　'Rustica Rubra'玉兰
F9000625 — — — —

Yulania 'Saierqiao'　赛二乔木兰
F9000626 — — — —

Yulania salicifolia (Siebold & Zucc.) D. L. Fu　柳叶玉兰
00012825 — — — —

Yulania sargentiana (Rehder & E. H. Wilson) D. L. Fu　凹叶玉兰
00012893 中国特有 易危（VU）— 中国

Yulania 'Semperflores'　'Semperflores'玉兰
00012776 — — — —

Yulania sinostellata (P. L. Chiu & Z. H. Chen) D. L. Fu　景宁玉兰
00012772 中国特有 极危（CR）— 中国

Yulania × *soulangeana* (Soul.-Bod.) D. L. Fu　二乔玉兰
0000638 — — — —

Yulania soulangeana 'Dahua'　大花红玉兰
F9000627 — — — —

Yulania soulangeana 'Fan'　桃花扇玉兰
F9000628 — — — —

Yulania soulangeana 'Lennei'　'Lennei'玉兰
F9000629 — — — —

Yulania × *soulangeana* 'Linnai'　林耐玉兰
00012858 — — — —

Yulania × *soulangeana* 'No. 1'　红玉兰1号
0004362 — — — —

Yulania × *soulangeana* 'Purprea'　紫二乔玉兰
F9000600 — — — —

Yulania × *soulangeana* 'Red Luck'　红运玉兰
0000193 — — — —

Yulania × *soulangeana* 'Red Luck No. 1'　红运1号玉兰
F9000601 — — — —

Yulania × *soulangeana* 'Red Luck No. 2'　红运2号玉兰
F9000602 — — — —

Yulania × *soulangeana* 'Semperflores'　常春二乔玉兰
F9000603 — — — —

Yulania sprengeri (Pamp.) D. L. Fu　武当玉兰
F9000630 中国特有 — — 中国

Yulania 'Spring Joy'　'Spring Joy'玉兰
00013194 — — — —

Yulania 'Star'　'Star'玉兰
00012708 — — — —

Yulania 'Star Wars'　'Star Wars'玉兰
00012870 — — — —

Yulania 'Stellar Acclaim'　'Stellar Acclaim'玉兰
00013168 — — — —

Yulania stellata (Siebold & Zucc.) Sima & S. G. Lu　星花玉兰

00012764 — 极危（CR）— 中国、日本
Yulania stellata 'Rose'　'Rose'星花玉兰
00013116 — — — —
Yulania 'Sun Spire'　'Sun Spire'玉兰
F9000631 — — — —
Yulania 'Sunsation'　'Sunsation'玉兰
00013071 — — — —
Yulania 'Susan'　'Susan'玉兰
00013154 — — — —
Yulania 'Sweet'　'Sweet'玉兰
00013121 — — — —
Yulania 'Unknown 609'　'Unknown 609'玉兰
00013103 — — — —
Yulania viridula D. L. Fu, T. B. Zhao & G. H. Tian　青皮玉兰
00012813 中国特有　濒危（EN）— 中国
Yulania 'Xiangxing'　香型玉兰
F9000632 — — — —
Yulania 'Yellow Bird'　黄鸟玉兰
F9000633 — — — —
Yulania 'Yellow River'　'飞黄'玉兰
F9000634 — — — —
Yulania zenii (W. C. Cheng) D. L. Fu　宝华玉兰
0003916 中国特有　极危（CR）二级　中国
Yulania 'Zierqiao'　'Zierqiao'玉兰
00013094 — — — —

Annonaceae　番荔枝科

Alphonsea　藤春属

Alphonsea monogyna Merr. & Chun　藤春
F9000635 — 易危（VU）— 中国、越南

Annona　番荔枝属

Annona glabra L.　圆滑番荔枝
F9000636 — — — 美洲热带及亚热带、非洲西部及中西部热带
Annona muricata L.　刺果番荔枝
00044439 — — — 墨西哥南部；美洲南部热带
Annona squamosa L.　番荔枝
0004832 — — — 墨西哥、哥伦比亚

Artabotrys　鹰爪花属

Artabotrys fragrans Ast ex Jovet-Ast　香鹰爪花
0001118 — 近危（NT）— 中国、越南
Artabotrys hexapetalus (L. f.) Bhandari　鹰爪花
00011703 — — — 印度南部、斯里兰卡、中南半岛

Cananga　依兰属

Cananga odorata (A. DC.) (Lam.) Hook. f. & Thomson　依兰

0001701 — — — 马来西亚、澳大利亚（昆士兰州）

Chieniodendron　蕉木属

Chieniodendron hainanense Y. Tsiang & P. T. Li　蕉木
00012727 中国特有　濒危（EN）二级　中国

Desmos　假鹰爪属

Desmos chinensis Lour.　假鹰爪
00005915 — — — 中国南部；亚洲热带

Fissistigma　瓜馥木属

Fissistigma oldhamii (Hemsl.) Merr.　瓜馥木
00047487 中国特有 — — 中国

Goniothalamus　哥纳香属

Goniothalamus griffithii Hook. f. & Thomson　缅泰哥纳香
F9000637 — — — 缅甸南部、泰国西南部
Goniothalamus laoticus (Finet & Gagnep.) Bân　柄芽哥纳香
F9000638 — — — 中国、中南半岛

Monoon　单籽暗罗属

Monoon longifolium (Sonn.) B. Xue & R. M. K. Saunders　长叶单籽暗罗
F9000639 — — — 印度南部、斯里兰卡
Monoon longifolium 'Pendula'　垂枝暗罗
0000192 — — — —
Monoon simiarum (Buch.-Ham. ex Hook. f. & Thomson) B. Xue & R. M. K. Saunders　腺叶单籽暗罗
F9000640 — — — 不丹、中国、中南半岛

Polyalthia　暗罗属

Polyalthia suberosa (Roxb.) Thwaites　暗罗
0002663 — — — 中国；亚洲热带

Uvaria　紫玉盘属

Uvaria boniana Finet & Gagnep.　光叶紫玉盘
F9000641 — — — 中国南部、越南北部
Uvaria littoralis (Blume) Blume　紫玉盘
00005372 — — — 斯里兰卡、马来半岛、巴布亚新几内亚

Calycanthaceae　蜡梅科

Calycanthus　夏蜡梅属

Calycanthus chinensis (W. C. Cheng & S. Y. Chang) W. C. Cheng & S. Y. Chang ex P. T. Li　夏蜡梅
F9000642 中国特有　濒危（EN）二级　中国

Chimonanthus　蜡梅属

Chimonanthus praecox (L.) Link　蜡梅
00005641 中国特有 — — 中国

Hernandiaceae 莲叶桐科

Illigera 青藤属

Illigera celebica Miq. 宽药青藤
F9000643 — — — 中国南部、中南半岛、巴布亚新几内亚北部

Illigera grandiflora W. W. Sm. & Jeffrey 大花青藤
F9000644 — — — 中国、缅甸北部

Illigera rhodantha Hance 红花青藤
F9000645 — — — 中国南部、中南半岛

Lauraceae 樟科

Actinodaphne 黄肉楠属

Actinodaphne henryi Gamble 思茅黄肉楠
F9000646 — 易危（VU）— 中国、缅甸、老挝、越南、泰国北部

Actinodaphne obovata (Nees) Blume 倒卵叶黄肉楠
F9000647 — 近危（NT）— 印度、尼泊尔、不丹、中国

Actinodaphne omeiensis (H. Liu) C. K. Allen 峨眉黄肉楠
F9000648 — — — 中国、泰国西南部

Actinodaphne pilosa (Lour.) Merr. 毛黄肉楠
F9000649 — — — 中国、中南半岛

Actinodaphne trichocarpa C. K. Allen 毛果黄肉楠
F9000650 中国特有 — — 中国

Alseodaphne 油丹属

Alseodaphne yunnanensis Kosterm. 云南油丹
F9000651 中国特有 濒危（EN）— 中国

Alseodaphnopsis 北油丹属

Alseodaphnopsis petiolaris (Meisn.) H. W. Li & J. Li 长柄油丹
F9000652 — 近危（NT）— 印度（阿萨姆邦）、中国、缅甸北部

Alseodaphnopsis sichourensis (H. W. Li) H. W. Li & J. Li 西畴油丹
F9000653 中国特有 濒危（EN）— 中国

Beilschmiedia 琼楠属

Beilschmiedia brevipaniculata C. K. Allen 短序琼楠
F9000654 中国特有 易危（VU）— 中国

Beilschmiedia delicata S. K. Lee & Y. T. Wei 美脉琼楠
F9000655 中国特有 — — 中国

Beilschmiedia fasciata H. W. Li 白柴果
F9000656 中国特有 易危（VU）— 中国

Beilschmiedia punctilimba H. W. Li 点叶琼楠
F9000657 中国特有 — — 中国

Beilschmiedia robusta C. K. Allen 粗壮琼楠
F9000658 — — — 中国、越南

Cassytha 无根藤属

Cassytha filiformis L. 无根藤
F9000659 — — — 世界热带及亚热带

Cinnamomum 樟属

Cinnamomum bodinieri H. Lév. 猴樟
F9000660 中国特有 — — 中国

Cinnamomum burmannii (Nees & T. Nees) Blume 阴香
0000649 — — — 中国；亚洲南部

Cinnamomum burmannii 'Heyneanum' 狭叶阴香
F9000661 — — —

Cinnamomum camphora (L.) J. Presl 樟
00011579 — — — 韩国、日本中西部及南部、中国

Cinnamomum curvifolium (Lour.) Nees
F9000662 — — — 中国、中南半岛

Cinnamomum jensenianum Hand.-Mazz. 野黄桂
F9000663 中国特有 — — 中国南部

Cinnamomum loureiroi Nees 青化桂
0004145 — — — 越南

Cinnamomum micranthum (Hayata) Hayata 沉水樟
0000107 — 易危（VU）— 中国、越南北部、菲律宾

Cinnamomum osmophloeum Kaneh. 土肉桂
0004921 中国特有 — — 中国北部及中部

Cinnamomum parthenoxylon (Jack) Meisn. 黄樟
00011573 — — — 中国、尼泊尔、马来西亚西部及南部

Cinnamomum rigidissimum H. T. Chang 卵叶桂
F9000664 中国特有 近危（NT）二级 中国

Cinnamomum tenuifolium (Makino) Sugim. 天竺桂
0003296 — — 二级 日本中南部、中国

Cinnamomum wilsonii Gamble 川桂
F9000665 中国特有 — — 中国

Laurus 月桂属

Laurus nobilis L. 月桂
00043381 — — — 地中海地区

Lindera 山胡椒属

Lindera aggregata (Sims) Kosterm. 乌药
F9000666 — — — 中国、越南、菲律宾

Lindera akoensis Hayata 台湾香叶树
00000013 中国特有 — — 中国

Lindera communis Hemsl. 香叶树
00005501 — — — 中国、中南半岛

Lindera erythrocarpa Makino 红果山胡椒
F9000667 — — — 中国、韩国、日本

Lindera floribunda (C. K. Allen) H. P. Tsui 绒毛钓樟
F9000668 中国特有 — — 中国

Lindera fragrans Oliv. 香叶子
F9000669 中国特有 — — 中国

Lindera glauca (Siebold & Zucc.) Blume 山胡椒
F9000670 — — — 中国、中南半岛；亚洲东部温带

Lindera kwangtungensis (H. Liu) C. K. Allen 广东山胡椒
F9000671 — — — 中国南部、越南

Lindera limprichtii H. J. P. Winkl. 卵叶钓樟
F9000672 中国特有 — — 中国

Lindera megaphylla Hemsl. 黑壳楠
F0036587 — — — 中国、缅甸

Lindera metcalfiana C. K. Allen 滇粤山胡椒
F9000673 — — — 中国南部、越南

Lindera nacusua (D. Don) Merr. 绒毛山胡椒
F9000674 — — — 中国、尼泊尔、中南半岛

Lindera neesiana (Wall. ex Nees) Kurz 绿叶甘橿
F9000675 — — — 中国、尼泊尔、缅甸北部

Lindera obtusiloba Blume 三桠乌药
F9000676 — — — 不丹、中国、缅甸、韩国、日本

Lindera pulcherrima var. *attenuata* C. K. Allen 香粉叶
F9000677 中国特有 — — 中国

Lindera pulcherrima var. *hemsleyana* (Diels) H. P. Tsui 川钓樟
F9000678 — — — 中国、缅甸

Lindera setchuenensis Gamble 四川山胡椒
F0025590 中国特有 — — 中国

Lindera thomsonii C. K. Allen 三股筋香
F9000679 — — — 中国、印度、尼泊尔、不丹、孟加拉国、中南半岛

Litsea 木姜子属

Litsea acutivena Hayata 尖脉木姜子
F9000680 — — — 中国、中南半岛

Litsea auriculata S. S. Chien & W. C. Cheng 天目木姜子
F9000681 — 易危（VU） — 中国、越南

Litsea chinpingensis Yen C. Yang & P. H. Huang 金平木姜子
F9000682 中国特有 近危（NT） — 中国

Litsea cubeba (Lour.) Pers. 山鸡椒
0004030 — — — 中国、韩国、朝鲜、日本南部、马来西亚西部

Litsea dilleniifolia P. Y. Pai & P. H. Huang 五桠果叶木姜子
F9000683 中国特有 易危（VU） — 中国

Litsea elongata (Nees) Hook. f. 黄丹木姜子
F9000684 — — — 中国、印度、尼泊尔、孟加拉国、不丹、中南半岛北部

Litsea glutinosa (Lour.) C. B. Rob. 潺槁木姜子
00011531 — — — 亚洲热带及亚热带

Litsea greenmaniana C. K. Allen 华南木姜子
F9000686 中国特有 — — 中国

Litsea greenmaniana 'Angustifolia' 'Angustifolia'华南木姜子
F9000685 — — —

Litsea honghoensis H. Liu 红河木姜子
F9000687 中国特有 易危（VU） — 中国

Litsea hupehana Hemsl. 湖北木姜子
F9000688 中国特有 — — 中国

Litsea ichangensis Gamble 宜昌木姜子
F9000689 中国特有 — — 中国

Litsea lancifolia (Roxb. ex Nees) Fern.-Vill. 剑叶木姜子
F9000690 — — — 中国、尼泊尔、马来西亚

Litsea mollis Hemsl. 毛叶木姜子
F9000691 — — — 中国西部及南部、中南半岛

Litsea monopetala (Roxb.) Pers. 假柿木姜子
00011811 — — — 中国南部、马来西亚西部；南亚

Litsea pedunculata (Diels) Yen C. Yang & P. H. Huang 红皮木姜子
F0037799 中国特有 — — 中国南部

Litsea pungens Hemsl. 木姜子
F9000692 — — — 中国、缅甸

Litsea rotundifolia var. *oblongifolia* (Nees) C. K. Allen 豺皮樟
00045966 — — — 中国、越南

Litsea salicifolia (Roxb. ex Nees) Hook. f. 黑木姜子
F9000693 — — — 中国、尼泊尔、中南半岛

Litsea subcoriacea Yen C. Yang & P. H. Huang 桂北木姜子
F9000694 中国特有 — — 中国

Litsea tsinlingensis Yen C. Yang & P. H. Huang 秦岭木姜子
F9000695 中国特有 — — 中国

Litsea vang var. *lobata* Lecomte 沧源木姜子
F9000696 — — — 中国、柬埔寨

Litsea verticillata Hance 轮叶木姜子
F9000697 — — — 中国、中南半岛

Machilus 润楠属

Machilus breviflora (Benth.) Hemsl. 短序润楠
0004193 中国特有 — — 中国

Machilus calcicola S. Lee & C. J. Qi 灰岩润楠
F9000698 中国特有 — — 中国

Machilus chekiangensis S. K. Lee 浙江润楠
00005782 中国特有 近危（NT） — 中国

Machilus chinensis (Champ. ex Meisn.) Hemsl. 华润楠
F9000699 — — — 中国、越南

Machilus chrysotricha H. W. Li 黄毛润楠
0003997 中国特有 — — 中国

Machilus gamblei King ex Hook. f. 黄心树
F9000700 — — — 中国、尼泊尔、中南半岛

Machilus glaucescens (Nees) Wight 柔毛润楠
F9000701 — — — 南亚、东亚

Machilus grijsii Hance 黄绒润楠
00046683 中国特有 — — 中国

Machilus ichangensis Rehder & E. H. Wilson 宜昌润楠
0001499 中国特有 — — 中国中部

Machilus lichuanensis W. C. Cheng 利川润楠
0002213 中国特有 — — 中国

Machilus litseifolia S. K. Lee 木姜润楠
F9000702 中国特有 — — 中国

Machilus melanophylla H. W. Li 暗叶润楠
F9000703 中国特有 易危（VU） — 中国

Machilus microcarpa Hemsl. 小果润楠
F0037796 中国特有 — — 中国

Machilus minkweiensis S. K. Lee 闽桂润楠
F9000704 — — — 中国、越南

Machilus montana L. Li, J. Li & H. W. Li 山楠
F9000705 中国特有 — — 中国

Machilus multinervia H. Liu 多脉润楠
F9000706 中国特有 易危（VU） — 中国

Machilus nakao S. K. Lee 纳槁润楠
F9000707 — 近危（NT） — 中国、越南

Machilus nanmu (Oliv.) Hemsl. 润楠
00048030 中国特有 濒危（EN） 二级 中国

Machilus oculodracontis Chun 龙眼润楠
F9000708 中国特有 濒危（EN） — 中国

Machilus oreophila Hance 建润楠
F9000709 — — — 中国南部、越南

Machilus parabreviflora H. T. Chang 赛短花润楠
F9000710 中国特有 近危（NT） — 中国

Machilus pauhoi Kaneh. 刨花润楠
F9000711 中国特有 — — 中国

Machilus phoenicis Dunn 凤凰润楠
F9000712 中国特有 — — 中国

Machilus platycarpa Chun 扁果润楠
F9000713 — — — 中国、越南

Machilus pyramidalis H. W. Li 塔序润楠
F0037847 中国特有 易危（VU） — 中国

Machilus rehderi C. K. Allen 狭叶润楠
F9000714 中国特有 — — 中国

Machilus robusta W. W. Sm. 粗壮润楠
F9000715 — — — 中国、印度、尼泊尔、孟加拉国、不丹、中南半岛

Machilus rufipes H. W. Li 红梗润楠
F0036043 中国特有 近危（NT） — 中国

Machilus salicina Hance 柳叶润楠
0000455 — — — 中国南部、中南半岛

Machilus salicoides S. K. Lee 华蓥润楠
F9000716 中国特有 野外绝灭（EW） — 中国

Machilus shweliensis W. W. Sm. 瑞丽润楠
F9000717 — — — 中国、缅甸

Machilus sichourensis H. W. Li 西畴润楠
F9000718 中国特有 近危（NT） — 中国

Machilus tenuipilis H. W. Li 细毛润楠
F9000719 中国特有 近危（NT） — 中国

Machilus thunbergii Siebold & Zucc. 红楠
F0025612 — — — 中国东部及南部、越南、韩国、日本

Machilus velutina Champ. ex Benth. 绒毛润楠
F9000720 — — — 中国南部、中南半岛

Machilus versicolora S. K. Lee & F. N. Wei 黄枝润楠
F9000721 中国特有 — — 中国

Machilus viridis Hand.-Mazz. 绿叶润楠
F9000722 中国特有 — — 中国

Machilus wenshanensis H. W. Li 文山润楠
F9000723 中国特有 — — 中国

Machilus yunnanensis Lecomte 滇润楠
0002146 — — — 中国、中南半岛

Machilus yunnanensis var. *tibetana* S. K. Lee 西藏润楠
F9000724 中国特有 近危（NT） — 中国（西藏南部）

Neocinnamomum 新樟属

Neocinnamomum caudatum (Nees) Merr. 滇新樟
F9000725 — — — 中国、尼泊尔、中南半岛

Neocinnamomum fargesii (Lecomte) Kosterm. 川鄂新樟
F9000726 中国特有 — — 中国

Neolitsea 新木姜子属

Neolitsea aurata (Hayata) Koidz. 新木姜子
F0036509 — — — 中国南部、越南；亚洲东部温带

Neolitsea aurata var. *glauca* Y. C. Yang 粉叶新木姜子
F0036431 中国特有 — — 中国

Neolitsea cambodiana Lecomte 锈叶新木姜子
F9000727 — — — 中国、中南半岛

Neolitsea cassia (L.) Kosterm. 云实新木姜子
F9000728 — — — 斯里兰卡

Neolitsea chui Merr. 鸭公树
F9000729 中国特有 — — 中国

Neolitsea confertifolia (Hemsl.) Merr. 簇叶新木姜子
F9000730 — — — 中国、越南

Neolitsea kwangsiensis H. Liu 广西新木姜子
F9000731 中国特有 — — 中国

Neolitsea levinei Merr.　大叶新木姜子
F9000732 中国特有 —— 中国南部
Neolitsea phanerophlebia Merr.　显脉新木姜子
F9000733 中国特有 —— 中国
Neolitsea sericea (Blume) Koidz.　舟山新木姜子
F0025640 — 濒危（EN） 二级 中国、韩国、日本
Neolitsea sutchuanensis Y. C. Yang　四川新木姜子
F9000734 中国特有 —— 中国
Neolitsea undulatifolia (H. Lév.) C. K. Allen　波叶新木姜子
F9000735 中国特有 —— 中国

Ocotea　甜樟属

Ocotea lancifolia (Schott) Mez　披针叶楠
F0028470 ——— 玻利维亚东部、巴西、阿根廷东北部

Persea　鳄梨属

Persea americana Mill.　鳄梨
F9000736 ——— 中国；美洲热带

Phoebe　楠属

Phoebe bournei (Hemsl.) Y. C. Yang　闽楠
00011287 中国特有 易危（VU） 二级 中国南部
Phoebe brachythyrsa H. W. Li　短序楠
F9000737 中国特有 极危（CR） — 中国
Phoebe chekiangensis C. B. Shang　浙江楠
00011290 中国特有 易危（VU） 二级 中国
Phoebe faberi (Hemsl.) Chun　竹叶楠
F0028445 中国特有 —— 中国中部
Phoebe hui W. C. Cheng ex Y. C. Yang　细叶楠
F9000738 中国特有 近危（NT） 二级 中国
Phoebe hunanensis Hand.-Mazz.　湘楠
F0036434 中国特有 —— 中国
Phoebe hungmoensis S. K. Lee　红毛山楠
F9000739 —— 中国南部、越南
Phoebe legendrei Lecomte　雅砻江楠
F9000740 中国特有 —— 中国
Phoebe lichuanensis S. K. Lee　利川楠
F9000741 中国特有 极危（CR） — 中国
Phoebe macrocarpa C. Y. Wu　大果楠
F9000742 —— 中国、越南北部
Phoebe neuranthoides S. K. Lee & F. N. Wei　光枝楠
F9000743 中国特有 —— 中国
Phoebe puwenensis W. C. Cheng　普文楠
F9000744 中国特有 易危（VU） — 中国
Phoebe sheareri (Hemsl.) Gamble　紫楠
00012802 —— 中国南部、越南
Phoebe yaiensis S. K. Lee　崖楠

F9000745 — 濒危（EN） — 中国、越南
Phoebe zhennan S. K. Lee & F. N. Wei　楠木
00011291 中国特有 易危（VU） 二级 中国

Chloranthaceae　金粟兰科

Chloranthus　金粟兰属

Chloranthus erectus (Buch.-Ham.) Verdc　鱼子兰
0000381 ——— 中国、尼泊尔、马来西亚
Chloranthus fortunei (A. Gray) Solms　丝穗金粟兰
0001450 ——— 中国南部及东部、韩国、日本中西部及南部
Chloranthus henryi Hemsl.　宽叶金粟兰
0002126 中国特有 —— 中国南部
Chloranthus holostegius (Hand.-Mazz.) C. Pei & San　全缘金粟兰
F0036915 中国特有 —— 中国
Chloranthus multistachys C. Pei　多穗金粟兰
F9000746 中国特有 —— 中国
Chloranthus sessilifolius K. F. Wu　四川金粟兰
F9000747 中国特有 —— 中国南部
Chloranthus spicatus (Thunb.) Makino　金粟兰
F0036859 中国特有 —— 中国南部

Sarcandra　草珊瑚属

Sarcandra glabra (Thunb.) Nakai　草珊瑚
00011392 ——— 中国、韩国、朝鲜、日本、菲律宾
Sarcandra glabra subsp. *brachystachys* (Blume) Verdc.　海南草珊瑚
F9000748 ——— 印度南部、斯里兰卡、中国南部、中南半岛

Acoraceae　菖蒲科

Acorus　菖蒲属

Acorus calamus L.　菖蒲
F0036937 ——— 亚洲、北美洲
Acorus calamus 'Variegatus'　花叶菖蒲
0004856 ————
Acorus calamus var. *angustatus* Besser　狭叶菖蒲
F9000749 ——— 亚洲
Acorus gramineus Soland.　金钱蒲
F0038051 ——— 印度、中国、不丹、孟加拉国、缅甸、韩国、朝鲜、日本、菲律宾
Acorus gramineus 'Ogon'　'Ogon'金钱蒲
F9000750 ————
Acorus gramineus 'Variegatus'　斑叶石菖蒲
F9006943 ————

Araceae 天南星科

Adelonema 刺团芋属

Adelonema crinipes (Engl.) S. Y. Wong & Croat
F9000751 — — — 南美洲

Adelonema panamense Croat & Mansell
F9000752 — — — 巴拿马

Adelonema peltatum (Mast.) S. Y. Wong & Croat
F9000753 — — — 哥伦比亚、厄瓜多尔

Adelonema picturatum (Linden & André) S. Y. Wong & Croat
F9000754 — — — 美洲中南部热带

Adelonema wallisii (Regel) S. Y. Wong & Croat 春雪芋
0000215 — — — 哥斯达黎加、巴拿马、哥伦比亚

Aglaodorum 长梗万年青属

Aglaodorum griffithii (Schott) Schott 长柄万年青
F9000755 — — — 中南半岛、新加坡、马来西亚、印度尼西亚（苏门答腊岛）、加里曼丹岛西北部

Aglaonema 广东万年青属

Aglaonema brevispathum (Engl.) Engl.
F9000756 — — — 中南半岛

Aglaonema commutatum Schott 细斑粗肋草
F9000759 — — — 马来西亚中部

Aglaonema commutatum 'Pseudo-Bracteatum' 白柄粗肋草
F9000757 — — — —

Aglaonema commutatum 'San Remo' 斜纹亮丝草
F9000758 — — — —

Aglaonema commutatum 'Treubii' 狭叶亮丝草
F9000760 — — — —

Aglaonema costatum N. E. Br. 心叶粗肋草
F9000761 — — — 孟加拉国、马来半岛

Aglaonema costatum 'Foxii' 白宽肋粗肋草
0004801 — — — —

Aglaonema 'Croat52844' 'Croat52844'广东万年青
F9000762 — — — —

Aglaonema 'Croat61127' 'Croat61127'广东万年青
F9000763 — — — —

Aglaonema 'Croat69694' 'Croat69694'广东万年青
F9000764 — — — —

Aglaonema fumeum Serebryanyi
F9000765 — — — —

Aglaonema hookerianum Schott 虎克广东万年青
F9000766 — — — 印度、孟加拉国、缅甸西部

Aglaonema 'King of Siam' 黄马亮丝草
F9000767 — — — —

Aglaonema marantifolium Blume 竹芋叶广东万年青
F9000768 — — — 印度尼西亚（马鲁古群岛）、巴布亚新几内亚

Aglaonema modestum Schott ex Engl. 广东万年青
F0026461 — — — 孟加拉国东南部、中国南部

Aglaonema nitidum (Jack) Kunth 粗肋草
F9000769 — — — 中南半岛南部、马来西亚西部

Aglaonema nitidum 'Curtisii' '白雪公主'长叶粗肋草
0003575 — — — — —

Aglaonema 'Pattaya Beauty' 中银亮丝草
0002450 — — — — —

Aglaonema robeleynii (Van Geert) Pitcher & Manda 白雪粗肋草
F9000770 — — — 菲律宾

Aglaonema 'Silver King' 银王亮丝草
F9000771 — — — —

Aglaonema 'Silver Queen' 银后亮丝草
0001420 — — — — —

Aglaonema simplex (Blume) Blume 越南万年青
F0026911 — — — 孟加拉国、中国、马来西亚

Alocasia 海芋属

Alocasia 'Black Beauty' 'Black Beauty'海芋
F9000774 — — — —

Alocasia × *chantrieri* André
F9000772 — — — —

Alocasia cucullata (Lour.) Schott 尖尾芋
F0028122 — — — 斯里兰卡、中国、尼泊尔、中南半岛

Alocasia lecomtei Engl.
F9000775 — — — 越南

Alocasia longiloba Miq. 尖叶海芋
F0038007 — — — 中国、中南半岛、马来西亚中西部

Alocasia macrorrhizos (L.) G. Don 热亚海芋
F9000776 — — — 中国；亚洲热带

Alocasia × *mortfontanensis* André 黑叶观音莲
F9000773 — — — —

Alocasia odora (Roxb.) K. Koch 海芋
F0027654 — — — 印度（阿萨姆邦）、日本南部、加里曼丹岛

Alocasia wentii Engl. & K. Krause 盾叶观音莲
F9000777 — — — 巴布亚新几内亚

Amorphophallus 魔芋属

Amorphophallus albispathus Hett. 白苞魔芋
F9000778 — — — 泰国南部

Amorphophallus dunnii Tutcher 南蛇棒
F9000779 中国特有 — — 中国

Amorphophallus konjac K. Koch 魔芋
F0036745 中国特有 近危（NT）— 中国

Amorphophallus muelleri Blume 香港魔芋

F9000780 — — — 中国、中南半岛、马来西亚西部

Amorphophallus paeoniifolius (Dennst.) Nicolson 疣柄魔芋

2019110607 — — — 中国；亚洲南部

Amorphophallus titanum (Becc.) Becc. ex Arcang. 巨魔芋

F0029299 — — — —

Amydrium 雷公连属

Amydrium humile Schott 小雷公连

F0035774 — — — 马来半岛、印度尼西亚（苏门答腊岛）

Amydrium medium Nicolson 米提亚雷公连

F0035718 — — — 缅甸南部、泰国、马来西亚

Amydrium sinense (Engl.) H. Li 雷公连

F9000781 — — — 中国南部、越南北部

Amydrium zippelianum (Schott) Nicolson

F9000782 — — — 马来西亚中部、巴布亚新几内亚

Anchomanes 巨伞芋属

Anchomanes difformis (Blume) Engl. 长柄刺芋

F9000783 — — — 非洲热带

Anthurium 花烛属

Anthurium acaule (Jacq.) Schott

F9000784 — — — 马提尼克岛

Anthurium amnicola Dressler 涧生花烛

F9000785 — — — 巴拿马

Anthurium andraeanum Linden ex André 花烛

F0028272 — — — 哥伦比亚、厄瓜多尔

Anthurium andraeanum 'Amoenum' 桃红花烛

F9000786 — — — —

Anthurium andraeanum 'Elosoniae' 粉红花烛

F9000787 — — — —

Anthurium atropurpureum R. E. Schult. & Maguire

F9000788 — — — 美洲南部热带

Anthurium augustinum K. Koch & Lauche

F9000789 — — — 巴西

Anthurium 'Baby Red' 'Baby Red'花烛

F9000790 — — — —

Anthurium 'Baizibao' 白子宝花烛

F9000791 — — — —

Anthurium bakeri Hook. f. 狭叶花烛

F0035725 — — — 拉丁美洲

Anthurium balaoanum Engl.

F0036790 — — — 厄瓜多尔

Anthurium barclayanum Engl.

0002344 — — — 厄瓜多尔西部、秘鲁

Anthurium 'Beijingchenggong' 红苞花烛

F9000792 — — — —

Anthurium berriozabalense Matuda

F9000793 — — — 墨西哥、伯利兹

Anthurium besseae Croat

F9000794 — — — 玻利维亚

Anthurium bonplandii G. S. Bunting 宽叶花烛

0002887 — — — 美洲南部热带

Anthurium bradeanum Croat & Grayum

F9000795 — — — 美洲中部

Anthurium brevipedunculatum Madison

F9000796 — — — 哥伦比亚东南部、巴西、玻利维亚

Anthurium brownii Mast.

F9000797 — — — 哥斯达黎加、巴拿马、哥伦比亚、厄瓜多尔

Anthurium 'Candy' 'Candy'花烛

F9000798 — — — —

Anthurium chiapasense Standl.

F9000799 — — — 墨西哥南部、危地马拉西南部

Anthurium clavigerum Poepp.

F0038268 — — — 美洲中南部热带

Anthurium clidemioides Standl.

F9000800 — — — 哥斯达黎加、巴拿马、哥伦比亚

Anthurium colonicum K. Krause

F9000801 — — — 巴拿马、哥伦比亚西南部

Anthurium 'Compact' 'Compact'花烛

F0035752 — — — —

Anthurium crassilaminum Croat

F9000802 — — — 巴拿马

Anthurium crassinervium (Jacq.) Schott

F0028319 — — — 哥伦比亚、委内瑞拉、库拉索岛

Anthurium crenatum (L.) Kunth

F0028321 — — — 多米尼加、维尔京群岛

Anthurium croatii Madison

0000394 — — — 哥伦比亚东南部、巴西、玻利维亚

Anthurium crystallinum Linden & André 水晶花烛

0000432 — — — 巴拿马、哥伦比亚

Anthurium curicuriariense Croat

F9000803 — — — 巴西

Anthurium cuspidatum Mast.

F9000804 — — — 尼加拉瓜、哥斯达黎加、巴拿马、哥伦比亚、厄瓜多尔

Anthurium debilis Croat & D. C. Bay

F9000805 — — — 哥伦比亚

Anthurium digitatum (Jacq.) Schott

F9000806 — — — 委内瑞拉、特立尼达和多巴哥

Anthurium dolichostachyum Sodiro

F9000807 — — — 哥伦比亚南部、厄瓜多尔

Anthurium dressleri Croat

F9000808 — — — 巴拿马、哥伦比亚西北部

Anthurium ernestii Engl.

0002760 — — — —

Anthurium fatoense K. Krause

F9000809 — — — 哥斯达黎加南部、巴拿马、哥伦比亚西南部

Anthurium 'Felista' 'Felista'花烛

F9000810 — — — —

Anthurium fendleri Schott

F0028316 — — — 巴拿马、哥伦比亚、委内瑞拉

Anthurium folsomianum Croat

F9000811 — — — 巴拿马

Anthurium fragrantissimum Croat

F9000812 — — — 巴拿马、哥伦比亚

Anthurium friedrichsthalii Schott

F9000813 — — — 美洲中部

Anthurium galactospadix Croat

F0028188 — — — 哥伦比亚、秘鲁、巴西

Anthurium 'Garden Hybrid' 绿苞红心花烛

F9000814 — — — —

Anthurium 'Gfrr' 'Gfrr'花烛

F9000815 — — — —

Anthurium gladiifolium Schott

F9000816 — — — 巴西

Anthurium gracile (Rudge) Lindl. 鞭炮花烛

F9000817 — — — 美洲中部及南部热带

Anthurium harrisii (Graham) G. Don

0001014 — — — 巴西

Anthurium hoffmannii Schott

F9000818 — — — 哥斯达黎加、巴拿马

Anthurium 'Hongzibao' 红孖宝花烛

F9000819 — — — —

Anthurium jenmanii Engl. 巨巢花烛

F9000820 — — — 特立尼达和多巴哥、委内瑞拉、巴西

Anthurium 'Jungle Bush' 密林丛花烛

F0028164 — — — —

Anthurium 'Jungle King' 密林王花烛

0002943 — — — —

Anthurium kunthii Poepp.

F0036789 — — — 美洲中部及南部

Anthurium 'Ladylove' 'Ladylove'花烛

F9000821 — — — —

Anthurium lancifolium Schott

F9000822 — — — 尼加拉瓜东南部、哥斯达黎加、巴拿马、哥伦比亚

Anthurium lechlerianum Schott

F9000823 — — — 秘鲁、玻利维亚

Anthurium lentii Croat & R. A. Baker

F0038136 — — — 哥斯达黎加、巴拿马、哥伦比亚西北部

Anthurium lilacinum G. S. Bunting

0000467 — — — 委内瑞拉北部

Anthurium lindenianum K. Koch & Augustin

F9000824 — — — 哥伦比亚

Anthurium llewelynii Croat

F0038098 — — — —

Anthurium loefgrenii Engl.

F0005432 — — — 巴西

Anthurium longipeltatum Matuda

0003596 — — — 墨西哥

Anthurium loretense Croat

F9000825 — — — 哥伦比亚南部、秘鲁北部、巴西北部

Anthurium lucidum Kunth

F9000826 — — — 巴西

Anthurium 'Luckylove' 'Luckylove'花烛

F9000827 — — — —

Anthurium luxurians Croat & R. N. Cirino

F9000828 — — — 哥伦比亚

Anthurium magnificum Linden 绒叶花烛

0000781 — — — 哥伦比亚

Anthurium 'Michigan' 'Michigan'花烛

F9000829 — — — —

Anthurium 'Montana' 粉苞花烛

F9000830 — — — —

Anthurium nymphaeifolium K. Koch & C. D. Bouché

F9000831 — — — 哥伦比亚北部、委内瑞拉

Anthurium obtusatum Engl.

0001889 — — — 哥伦比亚

Anthurium obtusilobum Schott

F9000832 — — — 哥斯达黎加、巴拿马、哥伦比亚、厄瓜多尔西北部

Anthurium obtusum (Engl.) Grayum

F9000833 — — — 美洲中南部热带

Anthurium ochranthum K. Koch

F9000834 — — — 拉丁美洲

Anthurium 'Orange Red' 'Orange Red'花烛

F9000835 — — — —

Anthurium oxycarpum Poepp.

F9000836 — — — 哥伦比亚东南部、巴西、玻利维亚

Anthurium oxyphyllum Sodiro

0000351 — — — 厄瓜多尔

Anthurium pallidiflorum Engl.

F0038210 — — — 厄瓜多尔西部

Anthurium papillilaminum Croat

F9000837 — — — 巴拿马

Anthurium paraguasense Croat

F0028284 — — — 哥伦比亚

Anthurium paraguayense Engl.

F0028271 — — — 南美洲

Anthurium parasiticum (Vell.) Stellfeld

F9000838 — — — 巴西东南部

Anthurium parvispathum Hemsl.

F9000839 — — — 危地马拉、洪都拉斯

Anthurium pedatoradiatum Schott　掌叶花烛

0000832 — — — 墨西哥南部

Anthurium pendulifolium N. E. Br.

F9000840 — — — 哥伦比亚、秘鲁北部

Anthurium pentaphyllum (Aubl.) G. Don　五裂叶花烛

F0035746 — — — 特立尼达和多巴哥；美洲南部热带

Anthurium plowmanii Croat　巴西花烛

F9000841 — — — 南美洲

Anthurium podophyllum (Cham. & Schltdl.) Kunth　细裂花烛

F9000842 — — — 墨西哥

Anthurium 'Polavis'　帕拉维斯花烛

F9000843 — — — —

Anthurium polydactylum Madison

F9000844 — — — 哥伦比亚东南部、巴西、玻利维亚

Anthurium polyschistum R. E. Schult. & Idrobo　多裂花烛

F0035720 — — — 哥伦比亚、厄瓜多尔、玻利维亚东北部

Anthurium pranceanum Croat

F9000845 — — — 巴西

Anthurium pseudoclavigerum Croat

F9000846 — — — —

Anthurium pseudonigrescens Croat

F9000847 — — — 厄瓜多尔西北部

Anthurium radicans K. Koch & Haage

F0035730 — — — 巴西

Anthurium ravenii Croat & R. A. Baker

F9000848 — — — 美洲中部

Anthurium rimbachii Sodiro

F9000849 — — — 厄瓜多尔

Anthurium sagittatum (Sims) G. Don

F9000850 — — — 美洲南部热带

Anthurium salvadorense Croat

0001034 — — — 危地马拉、萨尔瓦多

Anthurium salvinii Hemsl.

F0038196 — — — 墨西哥、哥伦比亚

Anthurium sanguineum Engl.

F9000851 — — — 哥伦比亚、厄瓜多尔

Anthurium scandens (Aubl.) Engl.　珠果花烛

F9000852 — — — 美洲热带

Anthurium scherzerianum Schott　火鹤花

0002758 — — —

Anthurium seleri Engl.

0003438 — — — 墨西哥、危地马拉中西部

Anthurium silvigaudens Standl. & Steyerm.

F9000853 — — — 危地马拉、洪都拉斯

Anthurium spectabile Schott

F9000854 — — — 哥斯达黎加

Anthurium subcordatum Schott

F9000855 — — — 危地马拉、洪都拉斯

Anthurium 'Sweet Dream'　'Sweet Dream'花烛

F9000856 — — — —

Anthurium 'Texana'　'Texana'花烛

F9000857 — — — —

Anthurium trilobum Lindl.

0003882 — — — 巴拿马、哥伦比亚、厄瓜多尔

Anthurium truncicola Engl.

F9000858 — — — 哥伦比亚、秘鲁

Anthurium uleanum Engl.

F9000859 — — — 哥伦比亚南部、玻利维亚、巴西北部

Anthurium umbrosum Liebm.

F9000860 — — — 墨西哥

Anthurium upalaense Croat & R. A. Baker

0003176 — — — 尼加拉瓜、哥斯达黎加、巴拿马

Anthurium ventanasense Croat

F0028277 — — — 厄瓜多尔

Anthurium verapazense Engl.

F0028270 — — — 中美洲

Anthurium versicolor Sodiro

F9000861 — — — 哥伦比亚、巴西、玻利维亚

Anthurium 'Vitava'　维塔瓦花烛

F9000862 — — — —

Anthurium vittariifolium Engl.

F9000863 — — — 哥伦比亚东南部、秘鲁、巴西

Anthurium wagenerianum K. Koch & C. D. Bouché

0001980 — — — 库拉索岛、委内瑞拉北部

Anthurium wattii Croat & D. C. Bay

F9000864 — — — 哥伦比亚

Anthurium 'Weicheng'　卫城花烛

F9000865 — — — —

Anthurium willdenowii Kunth

F0035692 — — — 小安的列斯群岛、特立尼达和多巴哥

Anubias　水榕芋属

Anubias afzelii Schott　阿佛榕

F0035712 — — — 非洲

Anubias barteri Schott　水榕芋

F0035749 — — — 非洲西部及中西部热带

Apoballis　宿檐属

Apoballis acuminatissima (Schott) S. Y. Wong & P. C. Boyce

F0035709 — — — 印度尼西亚（苏门答腊岛）

Arisaema　天南星属

Arisaema balansae Engl.　元江南星

F0027694 — 易危（VU） — 中国、中南半岛北部

Arisaema bockii Engl.　灯台莲

F9000866 中国特有 — — 中国南部

Arisaema candidissimum W. W. Sm.　白苞南星
F9000867 中国特有 — — 中国
Arisaema clavatum Buchet　棒头南星
F9000868 中国特有 易危（VU）— 中国
Arisaema decipiens Schott　奇异南星
F9000869 — — — 印度（阿萨姆邦）、中国南部、中南半岛北部
Arisaema erubescens (Wall.) Schott　一把伞南星
F9000870 — — — 尼泊尔
Arisaema heterophyllum Blume　天南星
Q201703172028 — — — 中国；亚洲东部温带
Arisaema lobatum Engl.　花南星
F9000871 中国特有 — — 中国
Arisaema saxatile Buchet　岩生南星
F9000872 中国特有 — — 中国
Arisaema sikokianum Franch. & Sav.　全缘灯台莲
0001743 — — — 日本
Arisaema wattii Hook. f.　双耳南星
F9000873 — 近危（NT）— 印度（阿萨姆邦）、中国

Caladium　五彩芋属

Caladium bicolor (Aiton) Vent.　五彩芋
F0038006 — — — 拉丁美洲
Caladium bicolor 'Candidum'　白雪彩叶芋
F9000874 — — — —
Caladium bicolor 'Florida Calypso'　'Florida Calypso' 五彩芋
F9000875 — — — —
Caladium bicolor 'Frieda Hemple'　'Frieda Hemple' 五彩芋
F9000876 — — — —
Caladium bicolor 'Jessie Thayer'　红脉花叶芋
F9000877 — — — —
Caladium bicolor 'Red Flare'　'Red Flare' 五彩芋
F9000878 — — — —
Caladium bicolor 'Red Frill'　'Red Frill' 五彩芋
F9000879 — — — —

Chlorospatha　绿苞芋属

Chlorospatha pubescens Croat & L. P. Hannon
F9000880 — — — 厄瓜多尔

Colocasia　芋属

Colocasia affinis Schott　卷苞芋
F0090993 — — — 中国、尼泊尔
Colocasia esculenta (L.) Schott　芋
Q201611058619 — — — 印度、中国南部、印度尼西亚（苏门答腊岛）

Cryptocoryne　隐棒花属

Cryptocoryne wendtii de Wit　温特式水椒草
0001074 — — — 斯里兰卡西部及中部

Culcasia　香藤芋属

Culcasia striolata Engl.
0000076 — — — 非洲西部及中西部热带

Dieffenbachia　黛粉芋属

Dieffenbachia amoena Hort. ex Gentil　大王黛粉芋
0004075 — — — —
Dieffenbachia amoena 'Tropic Snow'　夏雪黛粉叶
0002742 — — — —
Dieffenbachia 'Camilla'　白玉黛粉叶
0001100 — — — —
Dieffenbachia concinna Croat & Grayum
0000528 — — — 尼加拉瓜东南部、哥斯达黎加、巴拿马
Dieffenbachia costata Klotzsch ex Schott
F9000881 — — — 南美洲西部
Dieffenbachia daguensis Engl.　革叶万年青
F9000882 — — — 哥伦比亚、厄瓜多尔
Dieffenbachia elegans A. M. E. Jonker & Jonker
F9000883 — — — 圭亚那、巴西北部
Dieffenbachia 'Exotica'　喷雪黛粉叶
F9000884 — — — —
Dieffenbachia horichii Croat & Grayum
0004236 — — — 哥斯达黎加
Dieffenbachia humilis Poepp.
F9000885 — — — 美洲南部热带
Dieffenbachia killipii Croat
F9000886 — — — 巴拿马、哥伦比亚
Dieffenbachia leopoldii W. Bull　白肋万年青
F9006942 — — — 哥伦比亚
Dieffenbachia 'Marianne'　绿玉黛粉叶
F9000887 — — — —
Dieffenbachia 'Niti Petiolatum'　'Niti Petiolatum' 黛粉芋
F9000888 — — — —
Dieffenbachia nitidipetiolata Croat & Grayum
F9000889 — — — 巴拿马、哥伦比亚
Dieffenbachia oerstedii Schott
F9000890 — — — 拉丁美洲
Dieffenbachia parlatorei Linden & André
F9000891 — — — 哥伦比亚、委内瑞拉
Dieffenbachia parvifolia Engl.
F9000892 — — — 美洲南部热带
Dieffenbachia 'Pinatubo'　细玉黛粉叶
F9000893 — — — —
Dieffenbachia seguine (Jacq.) Schott　黛粉芋

F0028142 —— 美洲南部热带
Dieffenbachia seguine 'Superba'　高傲黛粉叶
F9000894 ————
Dieffenbachia sequina (Linn.) Schott　彩叶万年青
F9000895 ————
Dieffenbachia standleyi Croat
F0038125 —— 洪都拉斯、尼加拉瓜
Dieffenbachia stenophylla Madison
F9000896 ————
Dieffenbachia tonduzii Croat & Grayum
F9000897 —— 拉丁美洲
Dieffenbachia 'Vesuvius'　维苏威黛粉叶
0002962 ————
Dieffenbachia williamsii Croat
F9000898 —— 玻利维亚

Dracontium　龙莲属
Dracontium amazonense G. H. Zhu & Croat
F9000899 —— 委内瑞拉南部、秘鲁北部、玻利维亚东部

Dracunculus　龙芋属
Dracunculus canariensis Kunth　加那利龙木芋
F9000900 —— 加那利群岛、马德拉群岛

Epipremnum　麒麟叶属
Epipremnum aureum (Linden & André) G. S. Bunting　绿萝
F0032751 —— 社会群岛
Epipremnum aureum 'Marble Queen'　白金葛
F9000901 ————
Epipremnum pinnatum (L.) Engl.　麒麟叶
11203162 —— 太平洋岛屿；亚洲热带及亚热带
Epipremnum pinnatum 'All Gold'　金叶葛
F9000902 ————
Epipremnum pinnatum 'Virens'　翠藤
F9000903 ————

Gonatopus　麟足芋属
Gonatopus boivinii (Decne.) Engl.
F9000904 —— 非洲

Homalomena　千年健属
Homalomena hainanensis H. Li　海南千年健
F9000905 中国特有 近危（NT）— 中国南部
Homalomena occulta (Lour.) Schott　千年健
F9000906 —— 中国南部、中南半岛
Homalomena philippinensis Engl.　菲律宾扁叶芋
F9000907 —— 中国、菲律宾

Lasia　刺芋属
Lasia spinosa (L.) Thwaites　刺芋
F0035762 —— 亚洲热带及亚热带

Lemna　浮萍属
Lemna minor L.　浮萍
0001514 —— 世界温带及亚热带

Leucocasia　大野芋属
Leucocasia gigantea (Blume) Schott　大野芋
00048140 — 近危（NT）— 中国南部、中南半岛、马来西亚西部

Monstera　龟背竹属
Monstera adansonii Schott　孔叶龟背竹
F9000908 —— 墨西哥南部；美洲热带
Monstera adansonii 'Variegata'　斑叶小龟背竹
F9000909 ————
Monstera deliciosa Liebm.　龟背竹
0000018 —— 中美洲
Monstera deliciosa 'Variegata'　斑叶龟背竹
F9000910 ————
Monstera epipremnoides Engl.　拎藤龟背竹
F9000911 —— 哥斯达黎加
Monstera lechleriana Schott
F9000912 —— 巴拿马、哥伦比亚、委内瑞拉、玻利维亚
Monstera obliqua Miq.　斜叶龟背竹
0002856 —— 美洲中部及南部热带
Monstera oreophila Madison
F9000913 —— 哥斯达黎加、巴拿马、哥伦比亚西北部

Montrichardia　河蕉芋属
Montrichardia arborescens (L.) Schott　溪边芋
F0035729 —— 美洲热带

Nephthytis　拂台芋属
Nephthytis afzelii Schott　绿菲芋
F9000914 —— 非洲西部及中西部热带
Nephthytis poissonii (Engl.) N. E. Br.
F9000915 —— 非洲

Philodendron　喜林芋属
Philodendron angustilobum Croat & Grayum
F9000917 —— 哥伦比亚西南部；美洲中部
Philodendron applanatum G. M. Barroso
F9000918 —— 哥伦比亚东南部、秘鲁、巴西北部
Philodendron auriculatum Standl. & L. O. Williams
F9000919 —— 哥斯达黎加

Philodendron balaoanum Engl.

F9000920 — — — 厄瓜多尔

Philodendron barrosoanum G. S. Bunting

F0035759 — — — 委内瑞拉、秘鲁

Philodendron billietiae Croat

F0035748 — — — 巴西、圭亚那

Philodendron 'Bob See' 'Bob See'喜林芋

F0035738 — — — —

Philodendron camposportoanum G. M. Barroso

0002280 — — — 美洲南部热带

Philodendron conforme G. S. Bunting

F9000921 — — — 委内瑞拉

Philodendron 'Con-Go' 金钻

0003904 — — — —

Philodendron crassinervium Lindl.

F9000922 — — — 巴西东南部

Philodendron 'Croat75442' 'Croat75442'喜林芋

F9000923 — — — —

Philodendron 'Croat81047' 'Croat81047'喜林芋

F9000924 — — — —

Philodendron deltoideum Poepp.

F9000925 — — — 秘鲁、玻利维亚西部

Philodendron distantilobum K. Krause

F9000926 — — — 秘鲁、玻利维亚、巴西北部

Philodendron dodsonii Croat & Grayum

F9000927 — — — 哥斯达黎加、巴拿马、哥伦比亚、厄瓜多尔

Philodendron dunstervilleorum G. S. Bunting

F9000928 — — — 委内瑞拉南部、巴西北部

Philodendron edenudatum Croat

F9000929 — — — 巴拿马

Philodendron elegans K. Krause

F0035751 — — — 哥伦比亚

Philodendron ernestii Engl.

F9000930 — — — 南美洲北部

Philodendron erubescens 'Green Emerald' 长心叶蔓绿绒

F9000931 — — — —

Philodendron ferrugineum Croat

F9000932 — — — 巴拿马、哥伦比亚西北部

Philodendron gloriosum André 心叶喜林芋

0000904 — — — 哥伦比亚

Philodendron 'Golden Crocodille' 'Golden Crocodille'喜林芋

F0035744 — — — —

Philodendron 'Golden Dragon' 'Golden Dragon'喜林芋

F0035719 — — — —

Philodendron grandifolium (Jacq.) Schott 大叶蔓绿绒

0001940 — — — 南美洲北部

Philodendron grazielae G. S. Bunting 圆扇蔓绿绒

F0035750 — — — 哥伦比亚南部、秘鲁、巴西北部

Philodendron hastatum K. Koch & Sello

F0035714 — — — 巴西东南部

Philodendron hederaceum (Jacq.) Schott 心叶蔓绿绒

F0028119 — — — 美洲热带

Philodendron hederaceum 'Variegeted' 'Variegeted'心叶蔓绿绒

Philodendron hederaceum var. *oxycardium* (Schott) Croat

F9006976 — — — 墨西哥、危地马拉、洪都拉斯

F0035747 — — — —

Philodendron heleniae Croat

F9000933 — — — 巴拿马、秘鲁

Philodendron hylaeae G. S. Bunting

F9000934 — — — 美洲南部热带

Philodendron imbe Schott ex Kunth 喜林芋

F9000935 — — — —

Philodendron 'Imperial Red' 红帝王蔓绿绒

0002000 — — — —

Philodendron 'Imperial Gold' 金帝王蔓绿绒

F9000936 — — — —

Philodendron 'Imperial Green' 绿帝王喜林芋

F0031255 — — — —

Philodendron insigne Schott

F9000937 — — — 美洲南部热带

Philodendron 'Jet Streak' 'Jet Streak'喜林芋

F9000938 — — — —

Philodendron jimenae Croat

F9000939 — — — 哥伦比亚、厄瓜多尔

Philodendron krugii Engl.

F9000940 — — — 南美洲

Philodendron lacerum (Jacq.) Schott 神锯蔓绿绒

F0035728 — — — 大安的列斯群岛

Philodendron lazorii Croat

F9000941 — — — 巴拿马、哥伦比亚西北部

Philodendron 'Lemon Lime' 金锄喜林芋

F9000942 — — — —

Philodendron leyvae García-Barr.

F9000943 — — — 哥伦比亚

Philodendron linnaei Kunth

F0038130 — — — 美洲南部热带

Philodendron × *mandaianum* 'Golden Spotted' 洒金喜林芋

F9000916 — — — —

Philodendron × *mandaianum* 'Red Duchess' 红帝王喜林芋

0002483 — — — —

Philodendron × *mandaianum* 'Red Emerald' 红公主喜林芋

F9000944 — — — —

Philodendron × *mandaianum* 'Royal Queen' 深红蔓绿绒

F9006915 — — — —

Philodendron martianum Engl.　立叶蔓绿绒
0002728 — — — 巴西东部及南部

Philodendron melanochrysum Linden & André
F9000945 — — — 哥伦比亚

Philodendron melanoneuron Croat
F9000946 — — — 哥伦比亚、厄瓜多尔

Philodendron melinonii Brongn. ex Regel　明脉蔓绿绒
F9000947 — — — 南美洲北部

Philodendron ornatum Schott
F9000948 — — — 特立尼达和多巴哥；美洲南部热带

Philodendron paloraense Croat　鸟趾喜林芋
F0035734 — — — —

Philodendron panduriforme (Kunth) Kunth　琴叶喜林芋
F0035716 — — — 美洲南部热带

Philodendron parvidactylum Croat
F9000949 — — — 厄瓜多尔

Philodendron pedatum (Hook.) Kunth　掌叶蔓绿绒
F9000950 — — — 美洲南部热带

Philodendron pinnatifidum (Jacq.) Schott
F9000951 — — — 委内瑞拉、巴西北部

Philodendron plowmanii Croat
F9000952 — — — —

Philodendron pseudauriculatum Croat
F9000953 — — — 巴拿马、哥伦比亚西北部

Philodendron quinquelobum K. Krause
F9000954 — — — 巴西、秘鲁、玻利维亚

Philodendron radiatum Schott
F9000955 — — — 墨西哥、哥伦比亚北部

Philodendron recurvifolium Schott
F9000956 — — — 巴西

Philodendron 'Red Erubescens'　红心叶喜林芋
0004491 — — — —

Philodendron renauxii Reitz
F9000957 — — — 巴西

Philodendron sagittifolium Liebm.　箭叶喜林芋
F9000958 — — — 中美洲

Philodendron schottianum H. Wendl. ex Schott
F9000959 — — — 哥斯达黎加、巴拿马

Philodendron scottmorianum Croat & Moonen
F9000960 — — — 法属圭亚那

Philodendron serpens Hook. f.
F9000961 — — — 哥伦比亚、厄瓜多尔

Philodendron simmondsii Mayo
F9000962 — — — 特立尼达和多巴哥

Philodendron smithii Engl.
F9000963 — — — 中美洲

Philodendron sodiroi N. E. Br.　银叶喜林芋
F9000964 — — — —

Philodendron squamiferum Poepp.　鳞叶喜树蕉
F0035761 — — — 巴西北部、圭亚那

Philodendron subhastatum K. Krause
F9000965 — — — 哥伦比亚、厄瓜多尔

Philodendron tatei K. Krause
F9000966 — — — 南美洲北部

Philodendron 'Temptation II'　密叶喜林芋
0001858 — — — —

Philodendron tenue K. Koch & Augustin
F0038177 — — — 中美洲、南美洲北部

Philodendron tripartitum (Jacq.) Schott　三裂喜林芋
0001888 — — — 美洲热带

Philodendron ventricosum Madison
F9000967 — — — 厄瓜多尔

Philodendron verrucosum L. Mathieu ex Schott　疣喜林芋
F0038178 — — — 哥斯达黎加、秘鲁

Philodendron victoriae G. S. Bunting
F9000968 — — — 哥伦比亚东南部、委内瑞拉

Philodendron warszewiczii K. Koch & C. D. Bouché
F9000969 — — — 中美洲

Philodendron wendlandii Schott　鸟巢蔓绿绒
F0035741 — — — 尼加拉瓜东南部、哥斯达黎加、巴拿马、哥伦比亚中西部

Philodendron wendlandii 'Gold Pride'　金黄心叶蔓绿绒
F9000970 — — — —

Philodendron werkhoveniae Croat
F9000971 — — — 苏里南

Philodendron wilburii Croat & Grayum
F9000972 — — — 哥斯达黎加、巴拿马、哥伦比亚西南部

Pinellia　半夏属

Pinellia cordata N. E. Br.　滴水珠
F9000973 中国特有 — — 中国南部

Pinellia pedatisecta Schott　虎掌
F0036750 中国特有 — — 中国

Pinellia ternata (Thunb.) Ten. ex Breitenb.　半夏
F0037078 — — — 中国；亚洲东部温带

Pistia　大薸属

Pistia stratiotes L.　大薸
0003817 — — — 世界热带及亚热带

Pothoidium　假石柑属

Pothoidium lobbianum Schott　假石柑
F0035767 — — — 中国、中南半岛、马来西亚中部及东部

Pothos　石柑属

Pothos chinensis (Raf.) Merr.　石柑子

F0038080 — — — 琉球群岛；南亚
Pothos repens (Lour.) Druce 百足藤
0001141 — — — 中国南部、越南北部

Remusatia 岩芋属

Remusatia hookeriana Schott 早花岩芋
F9000974 — — — 中国

Rhaphidophora 崖角藤属

Rhaphidophora africana N. E. Br.
F9000975 — — — 非洲西部热带
Rhaphidophora angustata Schott
F9000976 — — — 马来半岛、印度尼西亚（苏门答腊岛）
Rhaphidophora chevalieri Gagnep.
F9000977 — — — 泰国北部及东北部、老挝、越南
Rhaphidophora cryptantha P. C. Boyce & C. M. Allen 银脉崖角藤
F0035721 — — — 巴布亚新几内亚
Rhaphidophora decursiva (Roxb.) Schott 爬树龙
F9000978 — — — 中南半岛；南亚、东亚南部
Rhaphidophora hongkongensis Schott 狮子尾
F0036852 — — — 中国南部、中南半岛
Rhaphidophora hookeri Schott 毛过山龙
F9000979 — — — 印度、尼泊尔、不丹、孟加拉国、中南半岛
Rhaphidophora liukiuensis Hatus. 针房藤
F0035713 — — — 中国
Rhaphidophora luchunensis H. Li 绿春崖角藤
F0029930 中国特有 易危（VU） — 中国
Rhaphidophora schottii Hook. f.
F9000980 — — — 印度（阿萨姆邦）
Rhaphidophora tetrasperma Hook. f.
F9000981 — — — 马来半岛

Rhodospatha 红苞芋属

Rhodospatha badilloi G. S. Bunting
F9000982 — — — 委内瑞拉西北部及北部
Rhodospatha bogneri Croat
F9000983 — — — —

Sauromatum 斑龙芋属

Sauromatum giganteum (Engl.) Cusimano & Hett. 独角莲
F0026942 中国特有 — — 中国
Sauromatum horsfieldii Miq. 西南犁头尖
F9000984 — 易危（VU） — 中国南部、中南半岛、印度尼西亚（苏门答腊岛、小巽他群岛）

Scindapsus 藤芋属

Scindapsus 'Burle Marx's Fantasy' 'Burle Marx's Fantasy' 藤芋

F0035753 — — — —
Scindapsus maclurei (Merr.) Merr. & F. P. Metcalf 海南藤芋
F9000985 — 近危（NT） — 中国南部、中南半岛北部
Scindapsus megalophylla 'Variegata' 花斑大叶绿萝
0003481 — — — —
Scindapsus pictus Hassk. 星点藤芋
F9000987 — — — 孟加拉国东南部、缅甸、泰国、马来西亚
Scindapsus pictus 'Argyracus' 银星绿萝
F9000986 — — — —
Scindapsus rupestris Ridl.
F9000988 — — — 泰国、马来西亚西部

Spathiphyllum 白鹤芋属

Spathiphyllum blandum Schott
F9000989 — — — 中美洲
Spathiphyllum brevirostre (Liebm.) Schott
F9000990 — — — 墨西哥、伯利兹
Spathiphyllum cannifolium (Dryand. ex Sims) Schott 蕉叶白鹤芋
F9000991 — — — 特立尼达和多巴哥；美洲南部热带
Spathiphyllum cochlearispathum (Liebm.) Engl. 匙鞘万年青
F9000992 — — — 墨西哥
Spathiphyllum floribundum (Linden & André) N. E. Br. 银苞芋
F9000993 — — — 哥伦比亚、委内瑞拉西北部、秘鲁北部
Spathiphyllum floribundum 'Maura Loa' 绿巨人
0000147 — — — —
Spathiphyllum friedrichsthalii Schott
F9000994 — — — 中美洲
Spathiphyllum laeve Engl.
F9000995 — — — 太平洋岛屿；中美洲
Spathiphyllum lanceifolium (Jacq.) Schott 白鹤芋
F9000996 — — — 哥伦比亚、委内瑞拉
Spathiphyllum lechlerianum Schott
0003541 — — — 哥伦比亚、秘鲁
Spathiphyllum matudae G. S. Bunting
F9000997 — — — 墨西哥南部、危地马拉、洪都拉斯
Spathiphyllum 'Mauna Loe' 矮白鹤芋
F9000998 — — — —
Spathiphyllum ortgiesii Regel
F9000999 — — — 墨西哥、洪都拉斯
Spathiphyllum patinii (R. Hogg) N. E. Br. 光叶苞叶芋
F9001000 — — — 巴拿马、哥伦比亚
Spathiphyllum perezii G. S. Bunting
F9001001 — — — 哥伦比亚、委内瑞拉西北部

Spathiphyllum phryniifolium Schott 柊叶白鹤芋
F9001002 — — — 中美洲
Spathiphyllum wendlandii Schott
F9001003 — — — 美洲中部

Spirodela 紫萍属

Spirodela polyrhiza (L.) Schleid. 紫萍
0003951 — — — 世界广布

Stenospermation 厚叶芋属

Stenospermation andreanum Engl.
F9001004 — — — 巴拿马、哥伦比亚、厄瓜多尔
Stenospermation marantifolium Hemsl.
F9001005 — — — 尼加拉瓜、哥斯达黎加、巴拿马、哥伦比亚西北部
Stenospermation multiovulatum (Engl.) N. E. Br.
F9001006 — — — 哥伦比亚西部、厄瓜多尔
Stenospermation popayanense Schott
F9001007 — — — 哥伦比亚、厄瓜多尔
Stenospermation sessile Engl.
F9001008 — — — 哥斯达黎加、巴拿马、哥伦比亚
Stenospermation spruceanum Schott
F9001009 — — — 美洲中南部热带
Stenospermation ulei K. Krause
F9001010 — — — 委内瑞拉、圭亚那、巴西北部
Stenospermation velutinum Croat & D. C. Bay
F9001011 — — — 哥伦比亚

Steudnera 泉七属

Steudnera colocasiifolia K. Koch 泉七
F9001012 — — — 中国、中南半岛

Syngonium 合果芋属

Syngonium angustatum Schott
F9001013 — — — —
Syngonium auritum (L.) Schott 五指合果芋
F0035736 — — — 大安的列斯群岛
Syngonium chiapense Matuda
F9001014 — — — 墨西哥、危地马拉
Syngonium erythrophyllum Birdsey ex G. S. Bunting 红叶合果芋
F0035769 — — — 巴拿马、哥伦比亚西北部
Syngonium hastiferum (Standl. & L. O. Williams) Croat
F9001015 — — — 洪都拉斯、哥斯达黎加
Syngonium hoffmannii Schott 鹅趾合果芋
F9001016 — — — 哥伦比亚西南部；美洲中部
Syngonium macrophyllum Engl. 大叶合果芋
F9001017 — — 拉丁美洲
Syngonium mauroanum Birdsey ex G. S. Bunting 三裂合果芋

F9001018 — — — 哥斯达黎加、巴拿马西部
Syngonium neglectum Schott
F9001019 — — — 墨西哥
Syngonium podophyllum Schott 合果芋
0001518 — — — 美洲热带
Syngonium podophyllum 'Albolineatum' 白纹合果芋
0001628 — — — —
Syngonium podophyllum 'Atrovirens' 黄纹合果芋
0004783 — — — —
Syngonium podophyllum 'Gold Allusion' 爱玉合果芋
F9001020 — — — —
Syngonium podophyllum 'Jenny' 'Jenny'合果芋
F0002141 — — — —
Syngonium podophyllum 'Pink Butterfly' 粉蝶合果芋
F9001021 — — — —
Syngonium podophyllum 'Pinky' 锦叶合果芋
F9001022 — — — —
Syngonium podophyllum 'Pixie' 'Pixie'合果芋
0001955 — — — —
Syngonium podophyllum 'Silky' 白叶合果芋
F9001023 — — — —
Syngonium podophyllum 'Variegatum' 翠叶合果芋
F9001024 — — — —
Syngonium rayi Grayum
F9001025 — — — 哥斯达黎加、巴拿马
Syngonium sagittatum G. S. Bunting
F9001026 — — — 墨西哥
Syngonium steyermarkii Croat
F0035755 — — — 墨西哥、危地马拉
Syngonium triphyllum Birdsey ex Croat
F9001027 — — — 美洲中部
Syngonium wendlandii Schott 绒叶合果芋
F9001028 — — — 哥斯达黎加
Syngonium yurimaguense Engl.
F9001029 — — — 美洲南部热带

Thaumatophyllum 鹅掌芋属

Thaumatophyllum adamantinum (Mart. ex Schott) Sakur., Calazans & Mayo
F9001030 — — — 巴西
Thaumatophyllum bipinnatifidum (Schott ex Endl.) Sakur., Calazans & Mayo 春羽
0001123 — — — 玻利维亚东部、巴西东南部及南部、阿根廷东北部
Thaumatophyllum brasiliense (Engl.) Sakur., Calazans & Mayo
F9001031 — — — 巴西东南部
Thaumatophyllum lundii (Warm.) Sakur., Calazans & Mayo

F9001032 — — — 巴西

Thaumatophyllum saxicola (K. Krause) Sakur., Calazans & Mayo

F9001033 — — — 巴西

Thaumatophyllum undulatum (Engl.) Sakur., Calazans & Mayo

F9001034 — — — 玻利维亚、巴西、阿根廷

Typhonium 犁头尖属

Typhonium blumei Nicolson & Sivad. 犁头尖

F0027762 — — — 中国、中南半岛

Typhonodorum 暴风芋属

Typhonodorum lindleyanum Schott 暴风芋

F9001035 — — — 坦桑尼亚；西印度洋岛屿

Wolffia 无根萍属

Wolffia arrhiza (L.) Horkel ex Wimm. 欧亚无根萍

0002127 — — — 非洲、欧洲、亚洲

Xanthosoma 千年芋属

Xanthosoma brasiliense (Desf.) Engl.

0003402 — — — 加勒比地区；南美洲北部

Xanthosoma sagittifolium (L.) Schott 千年芋

04971332 — — — 哥斯达黎加；美洲南部热带

Zamioculcas 雪铁芋属

Zamioculcas zamiifolia (G. Lodd.) Engl. 雪铁芋

00019398 — — — 非洲

Zantedeschia 马蹄莲属

Zantedeschia aethiopica (L.) Spreng. 马蹄莲

F9001036 — — — —

Zantedeschia albomaculata (Hook.) Baill. 白马蹄莲

F9001037 — — — 尼日利亚、坦桑尼亚；非洲南部

Zantedeschia elliottiana (W. Watson) Engl. 黄花马蹄莲

F9001038 — — — 南非

Zantedeschia rehmannii Engl. 红马蹄莲

F9001039 — — — 非洲南部

Zomicarpella 匐蟒芋属

Zomicarpella amazonica Bogner 亚马孙匍斑芋

F9001040 — — — 巴西

Tofieldiaceae 岩菖蒲科

Tofieldia 岩菖蒲属

Tofieldia divergens Bureau & Franch. 叉柱岩菖蒲

F9001041 中国特有 — — 中国

Tofieldia thibetica Franch. 岩菖蒲

F9001042 中国特有 — — 中国

Alismataceae 泽泻科

Alisma 泽泻属

Alisma canaliculatum A. Braun & C. D. Bouché 窄叶泽泻

F9001043 — — — 中国、千岛群岛；亚洲东部温带

Alisma gramineum Lej. 草泽泻

F9001044 — — — 北半球温带

Alisma plantago-aquatica L. 泽泻

Q201611032902 — — — 中国；亚洲中部及南部

Alisma plantago-aquatica subsp. *orientale* (Sam.) Sam. 东方泽泻

00046103 — — — 喜马拉雅山脉；亚洲东部温带

Aquarius 象耳慈姑属

Aquarius horizontalis (Rataj) Christenh. & Byng 齿果泽泻

F0036711 — — — 美洲南部热带

Aquarius macrophyllus (Kunth) Christenh. & Byng 大叶皇冠草

F9001045 — — — 玻利维亚、巴西

Caldesia 泽苔草属

Caldesia parnassifolia (Bassi) Parl. 泽苔草

F9001046 — 极危（CR）— 高加索地区、俄罗斯（远东地区）、澳大利亚（昆士兰州）；亚洲热带、欧洲、非洲

Hydrocleys 水金英属

Hydrocleys nymphoides (Humb. & Bonpl. ex Willd.) Buchenau 水金英

0002297 — — — 美洲热带

Limnocharis 黄花蔺属

Limnocharis flava (L.) Buchenau 黄花蔺

F9001047 — — — 美洲热带

Sagittaria 慈姑属

Sagittaria lichuanensis J. K. Chen, X. Z. Sun & H. Q. Wang 利川慈姑

F9001048 中国特有 易危（VU）— 中国南部

Sagittaria pygmaea Miq. 矮慈姑

F9001049 — — — 不丹；亚洲东部温带

Sagittaria trifolia L. 野慈姑

F9001050 — — — 日本、马来西亚；欧亚大陆

Hydrocharitaceae 水鳖科

Blyxa 水筛属

Blyxa japonica (Miq.) Maxim. ex Asch. & Gürke 水筛

F9001051 — — — 亚洲热带及亚热带

Hydrilla 黑藻属

Hydrilla verticillata (L. f.) Royle 黑藻
F9001052 — — — 澳大利亚；欧洲东部、亚洲、非洲南部

Hydrocharis 水鳖属

Hydrocharis dubia (Blume) Backer 水鳖
F9001053 — — — 俄罗斯（远东地区）；亚洲热带

Nechamandra 虾子菜属

Nechamandra alternifolia (Roxb. ex Wight) Thwaites 虾子菜
F9001054 — — — 索科特拉岛；南亚、东亚东南部

Vallisneria 苦草属

Vallisneria natans (Lour.) H. Hara 苦草
F9001055 — — — 伊拉克、印度、中国、蒙古、俄罗斯（远东地区）

Vallisneria spiralis L. 欧亚苦草
F9001056 — — — 中南半岛；欧洲、非洲南部

Aponogetonaceae 水蕹科

Aponogeton 水蕹属

Aponogeton abyssinicus Hochst. ex A. Rich. 东非水蕹
F9001057 — — — 非洲

Potamogetonaceae 眼子菜科

Potamogeton 眼子菜属

Potamogeton crispus L. 菹草
F9001058 — — — 旧世界

Potamogeton distinctus A. Benn. 眼子菜
F9001059 — — — 中国、印度、尼泊尔、不丹、孟加拉国、俄罗斯（远东地区）；西南太平洋岛屿

Potamogeton natans L. 浮叶眼子菜
0003934 — 近危（NT） — 北半球温带及亚热带

Potamogeton schweinfurthii A. Benn.
F9001060 — — — 地中海地区、伊拉克、伊朗、阿拉伯半岛；非洲

Nartheciaceae 沼金花科

Aletris 肺筋草属

Aletris stenoloba Franch. 狭瓣粉条儿菜
0001922 中国特有 — — 中国

Burmanniaceae 水玉簪科

Burmannia 水玉簪属

Burmannia chinensis Gand. 香港水玉簪
F9001061 — — — 印度东部、中国南部、中南半岛

Burmannia disticha L. 水玉簪
F9001062 — — — 中国南部、澳大利亚东部；亚洲热带

Dioscoreaceae 薯蓣科

Dioscorea 薯蓣属

Dioscorea alata L. 参薯
F9001063 — — — 亚洲热带

Dioscorea bicolor Prain & Burkill 尖头果薯蓣
F9001064 中国特有 濒危（EN） — 中国

Dioscorea bulbifera L. 黄独
F9001065 — — — 世界热带及亚热带

Dioscorea cirrhosa Lour. 薯莨
00019438 — — — 中南半岛、中国南部

Dioscorea elephantipes (L'Hér.) Engl. 龟甲龙
F9001066 — — — —

Dioscorea hamiltonii Hook. f. 褐苞薯蓣
F9001067 — — — 中国、泰国；南亚

Dioscorea hispida Dennst. 白薯莨
00048141 — 近危（NT） — 澳大利亚北部；亚洲热带及亚热带

Dioscorea mexicana Scheidw. 墨西哥龟甲龙
F9001068 — — — 墨西哥、哥伦比亚北部

Dioscorea nipponica Makino 穿龙薯蓣
F9001069 — — — 中国中部及北部、日本中部

Dioscorea oppositifolia L. 薯蓣
F9001070 — — — 印度南部、斯里兰卡、中国、尼泊尔、不丹、孟加拉国、缅甸

Dioscorea pentaphylla L. 五叶薯蓣
F9001071 — — — 澳大利亚北部；亚洲热带及亚热带

Dioscorea zingiberensis C. H. Wright 盾叶薯蓣
F0037914 — — — 中国中部、越南

Tacca 蒟蒻薯属

Tacca chantrieri André 箭根薯
00048018 — 近危（NT） — 印度（阿萨姆邦）、中国南部、马来半岛

Tacca leontopetaloides (L.) Kuntze 蒟蒻薯
F9001072 — — — 太平洋岛屿；世界热带

Tacca plantaginea (Hance) Drenth 裂果薯
0002884 — — — 中国南部、中南半岛

Stemonaceae 百部科

Stemona 百部属

Stemona tuberosa Lour. 大百部
F0037915 — — — 亚洲热带及亚热带

Cyclanthaceae　环花草科

Carludovica　巴拿马草属

Carludovica palmata Ruiz & Pav.　巴拿马草
Q201702271328 — — — 拉丁美洲

Pandanaceae　露兜树科

Pandanus　露兜树属

Pandanus amaryllifolius Roxb. ex Lindl.　香露兜
F9001073 — — — 印度尼西亚（马鲁古群岛）

Pandanus austrosinensis T. L. Wu　露兜草
00046590 中国特有 — — 中国

Pandanus kaida Kurz　勒古子
F9001074 — — — 印度、中国

Pandanus pygmaeus Thouars　禾叶露兜树
0002175 — — — 马达加斯加北部及东部

Pandanus pygmaeus 'Golden Pygmy'　金边矮露兜
F9001075 — — — —

Pandanus tectorius Parkinson ex Du Roi　露兜树
0000338 — — — 菲律宾；太平洋岛屿

Pandanus tectorius 'Roehrsianus'　金边露兜树
F9001076 — — — —

Pandanus utilis Bory　扇叶露兜树
00012191 — — — 马斯克林群岛

Melanthiaceae　藜芦科

Chamaelirium　仙杖花属

Chamaelirium shimentaiense Y. H. Tong, C. M. He & Y. Q. Li　石门台白丝草
F9001077 中国特有 — — 中国

Helonias　沼红花属

Helonias thibetica (Franch.) N. Tanaka　丫蕊花
F9001078 中国特有 — — 中国

Paris　重楼属

Paris bashanensis F. T. Wang & Tang　巴山重楼
F9001079 中国特有 近危（NT）二级 中国

Paris cronquistii (Takht.) H. Li　凌云重楼
F9001080 — 易危（VU）二级 中国、越南北部

Paris dunniana H. Lév.　海南重楼
F9001081 — 易危（VU）二级 中国、越南中北部

Paris fargesii Franch.　球药隔重楼
F9001082 — 近危（NT）二级 印度、中国南部

Paris fargesii var. *petiolata* (Baker ex C. H. Wright) F. T. Wang & Tang　具柄重楼
F9001083 中国特有 濒危（EN）二级 中国南部

Paris polyphylla Sm.　七叶一枝花

F9001084 — 近危（NT）二级 中国

Paris thibetica Franch.　黑籽重楼
F9001086 — 近危（NT）二级 中国、印度、尼泊尔、孟加拉国、不丹

Paris thibetica 'Appendiculata'　'Appendiculata'黑籽重楼
F9001085 — — — —

Paris verticillata M. Bieb.　北重楼
F9001087 — — — 俄罗斯（西伯利亚）、中国、日本

Trillium　延龄草属

Trillium tschonoskii Maxim.　延龄草
F9001088 — — — 印度（锡金）；亚洲东部温带

Veratrum　藜芦属

Veratrum maackii f. *japonicum* (Baker) H. Hara　黑紫藜芦
F9001089 — — — —

Veratrum maackii Regel　毛穗藜芦
F9001090 — — — 俄罗斯（远东地区）、中国北部、日本

Veratrum nigrum L.　藜芦
F9001091 — — — 欧洲中部、亚洲

Colchicaceae　秋水仙科

Disporum　万寿竹属

Disporum bodinieri (H. Lév. & Vaniot) F. T. Wang & Tang　短蕊万寿竹
0004256 中国特有 — — 中国

Disporum cantoniense (Lour.) Merr.　万寿竹
0001781 — — — 中国、印度、尼泊尔、孟加拉国、不丹、马来西亚

Disporum megalanthum F. T. Wang & Tang　大花万寿竹
0003437 中国特有 — — 中国

Disporum sessile D. Don ex Schult. & Schult. f.　宝铎草
0004219 — — — 萨哈林岛（库页岛）南部；亚洲东部温带

Disporum trabeculatum Gagnep.　横脉万寿竹
F9001092 — — — 中国南部、越南

Gloriosa　嘉兰属

Gloriosa superba L.　嘉兰
2019110605 — — — 中国、中南半岛；南亚

Smilacaceae　菝葜科

Smilax　菝葜属

Smilax aberrans Gagnep.　弯梗菝葜
F9001093 — — — 中国南部、越南北部

Smilax bockii Warb.　肖菝葜
00018324 — — — 尼泊尔、中国、韩国、朝鲜

Smilax china L. 菝葜
00047777 — — — 中国、韩国、朝鲜、日本、菲律宾
Smilax chingii F. T. Wang & Tang 柔毛菝葜
F9001094 中国特有 — — 中国南部
Smilax cocculoides Warb. 银叶菝葜
F9001095 中国特有 — — 中国南部
Smilax davidiana A. DC. 小果菝葜
F9001096 — — — 印度（阿萨姆邦）、中国南部
Smilax glabra Roxb. 土茯苓
F9001097 — — — 印度（阿萨姆邦）、中国、中南半岛
Smilax glaucochina Warb. 黑果菝葜
F9001098 中国特有 — — 中国
Smilax hypoglauca Benth. 粉背菝葜
00048148 — — — 加里曼丹岛东南部
Smilax lanceifolia Roxb. 马甲菝葜
F9001099 — — — 中国、尼泊尔东南部、马来西亚西部
Smilax lebrunii H. Lév. 粗糙菝葜
F9001100 — — — 中国、缅甸
Smilax menispermoidea A. DC. 防己叶菝葜
F9001101 — — — 中国、印度、尼泊尔、孟加拉国、不丹
Smilax microphylla C. H. Wright 小叶菝葜
00047784 中国特有 — — 中国中部
Smilax myrtillus A. DC. 乌饭叶菝葜
F9001102 — — — 不丹、中国
Smilax polycolea Warb. 红果菝葜
F9001103 中国特有 — — 中国南部
Smilax riparia A. DC. 牛尾菜
F9001104 — — — 中国、菲律宾
Smilax stans Maxim. 鞘柄菝葜
F9001105 — — — 中国、韩国、朝鲜、日本中南部
Smilax trachypoda J. B. Norton 糙柄菝葜
F9001106 中国特有 — — 中国中部
Smilax vanchingshanensis (F. T. Wang & Tang) F. T. Wang & Tang 梵净山菝葜
F9001107 中国特有 — — 中国

Liliaceae 百合科

Cardiocrinum 大百合属

Cardiocrinum giganteum (Wall.) Makino 大百合
F0029356 — — — 中国、印度、尼泊尔、孟加拉国、不丹

Clintonia 七筋姑属

Clintonia udensis Trautv. & C. A. Mey. 七筋姑
F9001108 — — — 中国、印度、尼泊尔、不丹、孟加拉国、俄罗斯（远东地区）、日本中北部及北部

Fritillaria 贝母属

Fritillaria cirrhosa D. Don 川贝母
F9001109 — 近危（NT） 二级 巴基斯坦、中国中部
Fritillaria delavayi Franch. 梭砂贝母
F9001110 — 易危（VU） 二级 印度（锡金）、中国
Fritillaria monantha Migo 天目贝母
F9001111 中国特有 濒危（EN） 二级 中国南部
Fritillaria pallidiflora Schrenk 伊贝母
F9001112 — 易危（VU） 二级 中国；亚洲中部
Fritillaria taipaiensis P. Y. Li 太白贝母
F9001113 中国特有 濒危（EN） 二级 中国中部
Fritillaria thunbergii Miq. 浙贝母
F9001114 中国特有 — 二级 中国
Fritillaria walujewii Regel 新疆贝母
F9001115 — 濒危（EN） 二级 中国；亚洲中部

Lilium 百合属

Lilium brownii F. E. Br. ex Miellez 野百合
0001198 — — — 中国、中南半岛北部
Lilium brownii var. *viridulum* Baker 百合
00046328 中国特有 — 中国
Lilium bulbiferum L. 橙花百合
0002343 — — — 欧洲中部及南部
Lilium candidum L. 圣母百合
0001997 — — — 欧洲、亚洲
Lilium 'Casa Blanca' 香水百合
0003126 — — —
Lilium concolor Salisb. 渥丹
F9001116 — — — 中国、韩国、朝鲜、日本
Lilium duchartrei Franch. 宝兴百合
F9001117 — — — 印度、中国
Lilium fargesii Franch. 绿花百合
F9001118 中国特有 近危（NT） 二级 中国中部
Lilium 'Garden Hybrids' 橙红百合
0004090 — — —
Lilium 'Golden' 金百合
F9001119 — — —
Lilium henryi Baker 湖北百合
F9001120 中国特有 近危（NT） — 中国
Lilium lancifolium Thunb. 卷丹
F9001121 — — — 俄罗斯（远东地区）、朝鲜、韩国、日本、中国
Lilium leucanthum (Baker) Baker 宜昌百合
F9001122 中国特有 — — 中国中部
Lilium leucanthum var. *centifolium* (Stapf ex Elwes) Woodcock & Coutts 紫脊百合
0001155 中国特有 — — 中国

Lilium longiflorum Thunb. 麝香百合
F9001123 — — — 日本、菲律宾
Lilium nepalense D. Don 紫斑百合
0001749 — — — 中国、印度、尼泊尔、不丹、孟加拉国、缅甸、泰国
Lilium regale E. H. Wilson 岷江百合
0003671 中国特有 — — 中国
Lilium rosthornii Diels 南川百合
F9001124 中国特有 — — 中国
Lilium sargentiae E. H. Wilson 通江百合
0003531 中国特有 — — 中国
Lilium 'Star Gazer' 葵百合
F9001125 — — —
Lilium stewartianum Balf. f. & W. W. Sm. 单花百合
F9001126 中国特有 野外绝灭（EW） — 中国
Lilium sulphureum Baker ex Hook. f. 淡黄花百合
0001808 — — — 中国南部、缅甸

Tricyrtis 油点草属

Tricyrtis macropoda Miq. 油点草
0003635 — — — 日本中南部
Tricyrtis maculata (D. Don) J. F. Macbr. 黄花油点草
F9001127 — — — 中国、尼泊尔

Tulipa 郁金香属

Tulipa gesneriana L. 郁金香
F9001128 — — 二级 起源于土耳其，中国有分布

Orchidaceae 兰科

Acampe 脆兰属

Acampe praemorsa (Roxb.) Blatt. & McCann
F9001130 — — — 亚洲热带及亚热带
Acampe praemorsa var. *longepedunculata* (Trimen) Govaerts 多花脆兰
F0036781 — — — 亚洲热带及亚热带

Acanthephippium 坛花兰属

Acanthephippium striatum Lindl. 锥囊坛花兰
0004663 — 濒危（EN） — 中国；亚洲南部
Acanthephippium sylhetense Lindl. 坛花兰
0001901 — 易危（VU） — 中国；亚洲南部

Acianthera 梗帽兰属

Acianthera pectinata (Lindl.) Pridgeon & M. W. Chase 栉叶腋花兰
F9001131 — — — 巴西东南部及南部

Adenoncos 腺钗兰属

Adenoncos parviflora Ridl. 小花腺兰
F9001132 — — — 泰国、马来西亚西部

Aerangis 空船兰属

Aerangis citrata (Thouars) Schltr. 柠檬空船兰
F9001133 — — — 马达加斯加东部

Aerides 指甲兰属

Aerides falcata Lindl. & Paxton 指甲兰
F9001134 — 濒危（EN） — 中国、中南半岛
Aerides houlletiana Rchb. f.
F9001135 — — — 中南半岛
Aerides krabiensis Seidenf.
F9001136 — — — 马来半岛
Aerides lawrenceae Rchb. f.
F9001137 — — — 菲律宾
Aerides odorata Lour. 香花指甲兰
F9001138 — 濒危（EN） 二级 中国；亚洲热带
Aerides rosea Lodd. ex Lindl. & Paxton 多花指甲兰
F0033389 — 濒危（EN） — 中国、印度、尼泊尔、孟加拉国、不丹、中南半岛

Aeridostachya 气穗兰属

Aeridostachya crassipes (Ridl.) Rauschert 厚叶毛兰
F9001139 — — — 马来西亚西部

Agrostophyllum 禾叶兰属

Agrostophyllum callosum Rchb. f. 禾叶兰
F0033427 — 近危（NT） — 中国、尼泊尔、中南半岛

Angraecum 彗星兰属

Angraecum sesquipedale Thouars 长距彗星兰
F9001140 — — —

Ania 安兰属

Ania hongkongensis (Rolfe) Tang & F. T. Wang 香港带唇兰
F0071034 — 近危（NT） — 中国、越南
Ania penangiana (Hook. f.) Summerh. 绿花带唇兰
F9001141 — 近危（NT） — 印度东部、中国、巴布亚新几内亚
Ania ruybarrettoi S. Y. Hu & Barretto 南方带唇兰
0002092 — 濒危（EN） — 中国、越南北部
Ania viridifusca (Hook.) Tang & W. T. Wang ex Summerh. 高褶带唇兰
F0027340 — 濒危（EN） — 中国、印度、尼泊尔、孟加拉国、不丹、中南半岛

Anoectochilus 金线兰属

Anoectochilus roxburghii (Wall.) Lindl. 金线兰
F0091400 — 濒危（EN） 二级 中国、印度、尼泊尔、孟加拉国、不丹、中南半岛

Anthogonium 筒瓣兰属

Anthogonium gracile Wall. ex Lindl. 筒瓣兰

0003666 — — — 中国、尼泊尔、中南半岛

Appendicula 牛齿兰属

Appendicula cornuta Blume 牛齿兰

F0091235 — — — 印度（锡金）、中国、马来西亚

Appendicula fenixii (Ames) Schltr. 长叶牛齿兰

F9001142 — — — 中国、菲律宾北部

Arachnis 蜘蛛兰属

Arachnis clarkei (Rchb. f.) J. J. Sm. 花蜘蛛兰

0004908 — 易危（VU） — 中国

Arachnis flos-aeris (L.) Rchb. f.

F0033344 — — — 中南半岛南部、马来西亚西部、菲律宾

Arachnis labrosa (Lindl. & Paxton) Rchb. f. 窄唇蜘蛛兰

0001483 — — — 中国、尼泊尔、不丹、孟加拉国

Arundina 竹叶兰属

Arundina graminifolia (D. Don) Hochr. 竹叶兰

0000714 — — — 亚洲热带及亚热带

Bambuseria 竹叶毛兰属

Bambuseria bambusifolia (Lindl.) Schuit., Y. P. Ng & H. A. Pedersen 竹叶毛兰

0001397 — — — 中国、印度、尼泊尔、孟加拉国、不丹

Bifrenaria 双柄兰属

Bifrenaria harrisoniae (Hook.) Rchb. f. 比佛兰

F9001143 — — — 巴西东南部及南部

Bletilla 白及属

Bletilla ochracea Schltr. 黄花白及

F9001144 — 濒危（EN） — 中国、越南

Bletilla striata (Thunb.) Rchb. f. 白及

0001184 — 濒危（EN） 二级 中国、韩国、朝鲜、日本中南部

Brassavola 柏拉兰属

Brassavola nodosa (L.) Lindl. 夜丽兰

F9001145 — — — 美洲热带

Brassia 长萼兰属

Brassia verrucosa Bateman ex Lindl. 疣斑蜘蛛兰

F9001146 — — — 拉丁美洲

Bulbophyllum 石豆兰属

Bulbophyllum affine Wall. ex Lindl. 赤唇石豆兰

F0033364 — — — 喜马拉雅山脉中西部、琉球群岛

Bulbophyllum alcicorne C. S. P. Parish & Rchb. f.

F9001147 — — — 中南半岛、新加坡、马来西亚

Bulbophyllum ambrosia (Hance) Schltr. 芳香石豆兰

F9001148 — — — 中国、尼泊尔、中南半岛

Bulbophyllum ambrosia 'Yamaharu' 'Yamaharu'芳香石豆兰

F0033321 — — — —

Bulbophyllum andersonii (Hook. f.) J. J. Sm. 梳帽卷瓣兰

F0033527 — — — 印度（锡金）、中国南部、中南半岛

Bulbophyllum aubrevillei Bosser

F9001149 — — — 马达加斯加东北部

Bulbophyllum auratum (Lindl.) Rchb. f.

F9001150 — — — 印度（锡金）、泰国、马来西亚西部

Bulbophyllum baronii Ridl.

F9001151 — — — 马达加斯加

Bulbophyllum blepharistes Rchb. f.

F0033368 — — — 印度（阿萨姆邦）、马来半岛

Bulbophyllum boiteaui H. Perrier

F9001152 — — — 马达加斯加

Bulbophyllum candidum (Lindl.) Hook. f. 白花大苞兰

F0033096 — 易危（VU） — 不丹、中国、缅甸北部

Bulbophyllum cariniflorum Rchb. f. 尖叶石豆兰

F0033099 — 近危（NT） — 喜马拉雅山脉、中南半岛

Bulbophyllum chondriophorum (Gagnep.) Seidenf. 城口卷瓣兰

F9001153 中国特有 易危（VU） — 中国

Bulbophyllum clandestinum Lindl.

F9001154 — — — 孟加拉国；西太平洋岛屿

Bulbophyllum conchidioides Ridl.

F9001155 — — — 马达加斯加中东部

Bulbophyllum contortisepalum J. J. Sm.

F0033383 — — — 巴布亚新几内亚、瓦努阿图

Bulbophyllum corallinum Tixier & Guillaumin 环唇石豆兰

F9001156 — — — 中国、中南半岛

Bulbophyllum crabro (C. S. P. Parish & Rchb. f.) J. J. Verm., Schuit. & de Vogel 短瓣兰

F9001157 — 近危（NT） — 中国、尼泊尔中南部、马来半岛

Bulbophyllum crassipes Hook. f. 短耳石豆兰

F0033355 — — — 印度（锡金）、中国、马来半岛西北部

Bulbophyllum cylindraceum Wall. ex Lindl. 大苞石豆兰

F9001158 — 近危（NT） — 中国、尼泊尔

Bulbophyllum delitescens Hance 直唇卷瓣兰

F0033738 — 易危（VU） — 印度（阿萨姆邦）、中国南部

Bulbophyllum depressum King & Pantl. 戟唇石豆兰

F9001159 — 易危（VU） — 中国、印度、尼泊尔、孟加拉国、不丹、马来西亚西部、印度尼西亚（小巽他群岛）

Bulbophyllum drymoglossum Maxim. 圆叶石豆兰

F0033841 — — — 中国南部；亚洲东部温带

Bulbophyllum emarginatum (Finet) J. J. Sm. 匍茎卷瓣兰

F0027427 — — — 印度、尼泊尔、不丹、中国、中南半岛

Bulbophyllum eublepharum Rchb. f. 墨脱石豆兰

F0033633 — 近危（NT）— 尼泊尔东部、中国

Bulbophyllum falcatum (Lindl.) Rchb. f. 小眼镜蛇石豆兰

F0033380 — — — 肯尼亚西南部；非洲西部热带

Bulbophyllum fascinator (Rolfe) Rolfe 艳丽石豆兰

F0033385 — — — 印度东北部、中南半岛、马来西亚西部及中部

Bulbophyllum fenestratum J. J. Sm.

F9001160 — — — 泰国、马来西亚西部

Bulbophyllum flabellum-veneris (J. Koenig) Aver.

F9001161 — — — 中国南部、马来西亚西部及中部

Bulbophyllum forrestii Seidenf. 尖角卷瓣兰

F0033077 — — — 印度（阿萨姆邦）、中国、中南半岛

Bulbophyllum fritillariiflorum J. J. Sm. 小红蝉石豆兰

F0033384 — — — 巴布亚新几内亚

Bulbophyllum frostii Summerh. 荷兰木鞋豆

F0033370 — — — 越南

Bulbophyllum funingense Z. H. Tsi & H. C. Chen 富宁卷瓣兰

F0033432 — — — 中国、越南北部

Bulbophyllum gracillimum (Rolfe) Rolfe

F0033311 — — — 泰国；西南太平洋岛屿

Bulbophyllum grandiflorum 'K. S.' 大花石豆兰

F0033350 — — —

Bulbophyllum griffithii (Lindl.) Rchb. f. 短齿石豆兰

F9001162 中国特有 近危（NT）— 中国（中部至喜马拉雅山脉）

Bulbophyllum gymnopus Hook. f. 线瓣石豆兰

0004372 中国特有 易危（VU）— 中国（东部至喜马拉雅山脉）

Bulbophyllum haniffii Carr 飘带石豆兰

F9001163 — 易危（VU）— 中国、中南半岛、马来西亚

Bulbophyllum helenae (Kuntze) J. J. Sm. 角萼卷瓣兰

0004617 — 易危（VU）— 中国、中南半岛

Bulbophyllum hirtum (Sm.) Lindl. ex Wall. 落叶石豆兰

F9001164 — 近危（NT）— 中国、中南半岛

Bulbophyllum hirundinis (Gagnep.) Seidenf. 莲花卷瓣兰

F0091906 — 近危（NT）— 中国南部、越南

Bulbophyllum kwangtungense Schltr. 广东石豆兰

F0092015 中国特有 — — 中国南部

Bulbophyllum lasiochilum C. S. P. Parish & Rchb. f.

F0033318 — — — 马来半岛

Bulbophyllum leopardinum (Wall.) Lindl. ex Wall. 短莛石豆兰

F0091925 — 易危（VU）— 中国、印度、尼泊尔、孟加拉国、不丹、中南半岛

Bulbophyllum lindleyanum Griff. 须毛石豆兰

F0091939 — — — 缅甸、泰国

Bulbophyllum lobbii Lindl. 罗比石豆兰

F9001165 — — — 印度、菲律宾

Bulbophyllum longibrachiatum Z. H. Tsi 长臂卷瓣兰

0000874 — 濒危（EN）— 中国、中南半岛北部

Bulbophyllum longiflorum Thouars

F0033365 — — — 马来西亚；太平洋岛屿、西印度洋岛屿；非洲中部

Bulbophyllum maxillare (Lindl.) Rchb. f. 布鲁氏石豆兰

F0033369 — — — 尼科巴群岛、澳大利亚（昆士兰州北部）

Bulbophyllum maximum (Lindl.) Rchb. f. 中响尾蛇豆兰

F0033381 — — — 非洲热带

Bulbophyllum medusae (Lindl.) Rchb. f. 蛇发石豆兰

F0033377 — — — 泰国、马来西亚西部

Bulbophyllum melanoglossum Hayata 紫纹卷瓣兰

F0033371 中国特有 近危（NT）— 中国

Bulbophyllum moniliforme C. S. P. Parish & Rchb. f. 念珠石豆兰

F9001166 — — — 尼泊尔中部、不丹、孟加拉国、中南半岛

Bulbophyllum morphologorum Kraenzl.

F9001167 — — — 中南半岛

Bulbophyllum nigrescens Rolfe 钩梗石豆兰

F0027450 — 近危（NT）— 中国、中南半岛北部

Bulbophyllum obtusangulum Z. H. Tsi 黄花卷瓣兰

F9001168 — — —

Bulbophyllum odoratissimum (Sm.) Lindl. ex Wall. 密花石豆兰

F0033264 — — — 中国、尼泊尔

Bulbophyllum omerandrum Hayata 毛药卷瓣兰

F9001169 中国特有 近危（NT）— 中国

Bulbophyllum orientale Seidenf. 麦穗石豆兰

F0027375 — — — 中国、中南半岛

Bulbophyllum ovalifolium (Blume) Lindl. 卵叶石豆兰

F9001170 — 近危（NT）— 中国、马来西亚中西部

Bulbophyllum pecten-veneris (Gagnep.) Seidenf. 斑唇卷瓣兰

F0091907 — — — 中国南部、中南半岛

Bulbophyllum pectinatum Finet 长足石豆兰

F9001171 — 易危（VU）— 印度（阿萨姆邦）、中国

Bulbophyllum phalaenopsis J. J. Sm. 大领带兰

F0033255 — — — 巴布亚新几内亚西部

Bulbophyllum picturatum (Lodd.) Rchb. f. 彩色卷瓣兰

F9001172 — 近危（NT）— 印度（阿萨姆邦）、中国、中南半岛

Bulbophyllum polyrrhizum Lindl. 锥茎石豆兰

0002248 — — — 印度（北阿坎德邦）、中国、中南半岛

Bulbophyllum psittacoglossum Rchb. f. 滇南石豆兰

F9001173 — 易危（VU）— 中国、中南半岛

Bulbophyllum pteroglossum Schltr. 曲萼石豆兰

0001787 — 易危（VU）— 中国、印度、尼泊尔、孟加拉国、不丹

Bulbophyllum reptans (Lindl.) Lindl. ex Wall. 伏生石豆兰

F0027429 — — — 中国、印度、尼泊尔、孟加拉国、不丹

Bulbophyllum retusiusculum Rchb. f. 藓叶卷瓣兰

F0032994 — — — 中国、尼泊尔中部、马来半岛

Bulbophyllum scabratum Rchb. f. 齿瓣石豆兰

0002669 — — — 中国、尼泊尔、中南半岛

Bulbophyllum schillerianum Rchb. f. 线叶石斛

F9001174 — — 二级 澳大利亚、中国

Bulbophyllum shanicum King & Pantl. 二叶石豆兰

F9001175 — 易危（VU）— 中国、缅甸

Bulbophyllum shweliense W. W. Sm. 伞花石豆兰

F9001176 — 近危（NT）— 不丹、中国

Bulbophyllum spathulatum (Rolfe ex E. W. Cooper) Seidenf. 匙萼卷瓣兰

F9001177 — 易危（VU）— 印度（锡金）、中国、中南半岛

Bulbophyllum stenobulbon C. S. P. Parish & Rchb. f. 短足石豆兰

F9001178 — 易危（VU）— 印度（锡金）、中国南部、中南半岛

Bulbophyllum striatum (Griff.) Rchb. f. 细柄石豆兰

F0027382 — — — 中国、尼泊尔、中南半岛

Bulbophyllum sutepense (Rolfe ex Downie) Seidenf. & Smitinand 聚株石豆兰

F0027440 — — — 中国、中南半岛

Bulbophyllum taeniophyllum C. S. P. Parish & Rchb. f. 带叶卷瓣兰

F9001179 — — — 中国、中南半岛、马来西亚西部

Bulbophyllum tengchongense Z. H. Tsi 云北石豆兰

F9001180 中国特有 濒危（EN）— 中国

Bulbophyllum tokioi Fukuy. 小叶石豆兰

F9001181 中国特有 近危（NT）— 中国北部及中部

Bulbophyllum triste Rchb. f. 球茎石豆兰

F9001182 — 濒危（EN）— 印度（北阿坎德邦）、中国

Bulbophyllum umbellatum Lindl. 伞花卷瓣兰

F0033294 — — — 中国、中南半岛

Bulbophyllum unciniferum Seidenf. 直立卷瓣兰

F9001183 — 易危（VU）— 中国、中南半岛北部

Bulbophyllum vaginatum (Lindl.) Rchb. f. 鞘石豆兰

F9001184 — — — 泰国、马来西亚西部

Bulbophyllum violaceolabellum Seidenf. 等萼卷瓣兰

0003542 — 濒危（EN）— 中国、中南半岛北部

Bulbophyllum wallichii Rchb. f. 双叶卷瓣兰

F0033450 — 易危（VU）— 喜马拉雅山脉、中南半岛

Bulbophyllum wendlandianum (Kraenzl.) Dammer 温德兰石豆兰

F0033331 — — — 中南半岛

Bulbophyllum wightii Rchb. f. 睫毛卷瓣兰

F0033386 — — — 斯里兰卡

Bulbophyllum yunnanense Rolfe 蒙自石豆兰

F9001185 — 地区绝灭（RE）— 中国、尼泊尔、越南北部

Bulleyia 蜂腰兰属

Bulleyia yunnanensis Schltr. 蜂腰兰

0001654 — 濒危（EN）— 印度、中国、缅甸北部

Calanthe 虾脊兰属

Calanthe alismifolia Lindl. 细点根节兰

F9001186 — — — 中国、印度、尼泊尔、韩国、朝鲜、日本南部

Calanthe alpina Hook. f. ex Lindl. 流苏虾脊兰

0001187 — — — 中国、印度、尼泊尔、韩国、朝鲜、日本

Calanthe arcuata Rolfe 弧距虾脊兰

F0032967 — 易危（VU）— 中国、尼泊尔

Calanthe argenteostriata C. Z. Tang & S. J. Cheng 银带虾脊兰

F0071788 — — — 中国、越南

Calanthe brevicornu Lindl. 肾唇虾脊兰

0001173 — — — 中国

Calanthe cardioglossa Schltr.

F9001187 — 濒危（EN）— 中国、中南半岛

Calanthe clavata Lindl. 棒距虾脊兰

0001547 — — — 印度（锡金）、中国南部、马来半岛

Calanthe davidii Franch. 剑叶虾脊兰

F0071924 — — — 中国、印度、尼泊尔、韩国、朝鲜、日本南部

Calanthe densiflora Lindl. 密花虾脊兰

F9001188 — — — 尼泊尔、中南半岛、琉球群岛

Calanthe discolor Lindl. 虾脊兰

F9001189 — — — 中国南部、韩国、日本

Calanthe flava (Blume) C. Morren

F9001190 — — — 印度尼西亚（苏门答腊岛、小巽他群岛）

Calanthe furcata var. *alismatifolia* (Lindl.) M. Hiroe 泽泻虾脊兰

F0027635 — — —

Calanthe graciliflora Hayata 钩距虾脊兰

F0032961 中国特有 近危（NT） — 中国

Calanthe hancockii Rolfe 叉唇虾脊兰

0002684 — — — 中国、缅甸

Calanthe herbacea Lindl. 西南虾脊兰

F9001191 — 易危（VU） — 印度（锡金）、中国

Calanthe labrosa (Rchb. f.) Rchb. f. 葫芦茎虾脊兰

F0091940 — 易危（VU） — 中国、中南半岛

Calanthe puberula Lindl. 镰萼虾脊兰

F0032964 — — — 喜马拉雅山脉；亚洲东部温带

Calanthe rosea (Lindl.) Benth.

F9001192 — — — 缅甸南部、泰国、菲律宾

Calanthe rubens Ridl.

F9001193 — — — 中南半岛、新加坡、马来西亚、加里曼丹岛北部、菲律宾

Calanthe speciosa (Blume) Lindl. 二列叶虾脊兰

F9001194 — — — 中国、韩国、日本、泰国、马来西亚

Calanthe striata R. Br. ex Spreng. 二色虾脊兰

F9006986 — 极危（CR） — 中国、韩国、日本中西部及南部

Calanthe sylvatica (Thouars) Lindl. 长距虾脊兰

0002488 — — — 西印度洋岛屿；世界热带

Calanthe tricarinata Lindl. 三棱虾脊兰

0003530 — — — 巴基斯坦北部；亚洲东部温带

Calanthe triplicata (Willemet) Ames 三褶虾脊兰

F0071100 — — — 太平洋岛屿；亚洲热带及亚热带

Calanthe tsoongiana Tang & F. T. Wang 无距虾脊兰

F9001195 中国特有 近危（NT） — 中国南部

Callostylis 美柱兰属

Callostylis rigida Blume 美柱兰

F0027425 — — — 中国、中南半岛、马来西亚西部

Cattleya 卡特兰属

Cattleya amethystoglossa Linden & Rchb. f. ex R. Warner

0003323 — — — 巴西

Cattleya milleri (Blumensch. ex Pabst) Van den Berg

F9001196 — — — 巴西

Cattleya walkeriana Gardner

F0033392 — — — 巴西中西部及东南部

Cephalanthera 头蕊兰属

Cephalanthera falcata (Thunb.) Blume 金兰

F9001197 — — — 中国南部、韩国、日本中部及南部

Cephalantheropsis 黄兰属

Cephalantheropsis halconensis (Ames) S. S. Ying 黄兰

F0091074 — — — 中国、菲律宾

Ceratostylis 牛角兰属

Ceratostylis ampullacea Kraenzl.

F0050958 — — — 泰国、马来西亚西部

Ceratostylis hainanensis Z. H. Tsi 牛角兰

F0033076 中国特有 易危（VU） — 中国南部

Ceratostylis himalaica Hook. f. 叉枝牛角兰

0001006 — — — 尼泊尔东部、中国、中南半岛

Ceratostylis subulata Blume 管叶牛角兰

F9001198 — — — 瓦努阿图；亚洲热带

Cheirostylis 叉柱兰属

Cheirostylis chinensis Rolfe 中华叉柱兰

F9001199 — — — 中国、中南半岛、菲律宾

Cheirostylis takeoi (Hayata) Schltr. 全唇叉柱兰

F0091734 — 近危（NT） — 越南北部、中国

Cheirostylis yunnanensis Rolfe 云南叉柱兰

F0027469 — — — 印度（锡金）、中国南部

Chiloschista 异型兰属

Chiloschista yunnanensis Schltr. 异型兰

F0091936 中国特有 — — 中国

Chrysoglossum 金唇兰属

Chrysoglossum assamicum Hook. f. 锚钩金唇兰

0000119 — 易危（VU） — 印度（阿萨姆邦）、中国

Chrysoglossum ornatum Blume 金唇兰

F0091076 — — — 尼泊尔；西南太平洋岛屿

Cleisostoma 隔距兰属

Cleisostoma birmanicum (Schltr.) Garay 美花隔距兰

0002808 — — — 中南半岛、中国南部

Cleisostoma fuerstenbergianum Kraenzl. 长叶隔距兰

F9001200 — — — 中国、中南半岛

Cleisostoma linearilobatum (Seidenf. & Smitinand) Garay 隔距兰

F0033413 — 易危（VU） — 印度（锡金）、中国、马来半岛

Cleisostoma menghaiense Z. H. Tsi 勐海隔距兰

F9001201 中国特有 易危（VU） — 中国

Cleisostoma nangongense Z. H. Tsi 南贡隔距兰

F9001202 — 易危（VU） — 中国、老挝

Cleisostoma paniculatum (Ker Gawl.) Garay 大序隔距兰

F0033702 — — — 印度（阿萨姆邦）、中国

Cleisostoma parishii (Hook. f.) Garay　短茎隔距兰
0000392 — — — 印度（阿萨姆邦）、中国、缅甸

Cleisostoma racemiferum (Lindl.) Garay　大叶隔距兰
0002139 — — — 尼泊尔东部、中国、马来半岛

Cleisostoma rostratum (Lindl.) Garay　尖喙隔距兰
F0033516 — — — 中国南部、中南半岛

Cleisostoma simondii (Gagnep.) Seidenf.　毛柱隔距兰
F0033424 — — — 中国、尼泊尔、中南半岛

Cleisostoma simondii var. *guangdongense* Z. H. Tsi　广东隔距兰
F0071785　中国特有　易危（VU）— 中国

Cleisostoma striatum (Rchb. f.) N. E. Br.　短序隔距兰
F9001203 — 易危（VU）— 印度（锡金）、中国、加里曼丹岛北部

Cleisostoma subulatum Blume　锥叶隔距兰
F0033348 — — — 中国、尼泊尔、不丹、孟加拉国、中南半岛、马来西亚

Cleisostoma williamsonii (Rchb. f.) Garay　红花隔距兰
F0033093 — — — 不丹、中国南部、马来西亚

Coelogyne　贝母兰属

Coelogyne assamica Linden & Rchb. f.　云南贝母兰
F9001204 — 易危（VU）— 不丹、中国、中南半岛

Coelogyne barbata Lindl. ex Griff.　髯毛贝母兰
0002957 — 近危（NT）— 中国

Coelogyne corymbosa Lindl.　眼斑贝母兰
F0033618 — 近危（NT）— 中国、尼泊尔

Coelogyne cumingii Lindl.
F9001205 — — — 中南半岛、马来西亚西部

Coelogyne ecarinata C. Schweinf.　红花贝母兰
0001277 — — — 缅甸北部

Coelogyne fimbriata Lindl.　流苏贝母兰
F0033210 — — — 中国、尼泊尔、马来西亚西部

Coelogyne flaccida Lindl.　栗鳞贝母兰
F0033224 — 近危（NT）— 中国、尼泊尔

Coelogyne fuscescens Lindl.　褐唇贝母兰
F9001206 — 近危（NT）— 中国、尼泊尔、不丹、孟加拉国、中南半岛

Coelogyne lentiginosa Lindl.
F9001207 — — — 中南半岛

Coelogyne leucantha W. W. Sm.　白花贝母兰
0000824 — 易危（VU）— 中国、中南半岛北部

Coelogyne longipes Lindl.　长柄贝母兰
F9001208 — — — 尼泊尔东部、中国、中南半岛

Coelogyne nitida (Wall. ex D. Don) Lindl.　密茎贝母兰
F0033619 — — — 尼泊尔、中国、中南半岛

Coelogyne occultata Hook. f.　卵叶贝母兰
F0033601 — — — 印度（锡金）、中国

Coelogyne ovalis Lindl.　长鳞贝母兰
F9001209 — — — 中国、中南半岛

Coelogyne prolifera Lindl.　黄绿贝母兰
0003470 — — — 尼泊尔、中国、中南半岛

Coelogyne punctulata Lindl.　狭瓣贝母兰
F9001210 — 易危（VU）— 尼泊尔、中国

Coelogyne rochussenii de Vriese　罗什松贝母兰
F0071197 — — — 泰国、马来西亚

Coelogyne sanderae Kraenzl.　撕裂贝母兰
0000059 — 易危（VU）— 孟加拉国、中国、中南半岛

Coelogyne trinervis Lindl.
F9001211 — — — 印度（阿萨姆邦）、中国、马来西亚中西部

Coelogyne viscosa Rchb. f.　禾叶贝母兰
0003766 — 近危（NT）— 印度（锡金）、中国、马来半岛

Coelogyne zhenkangensis S. C. Chen & K. Y. Lang　镇康贝母兰
F9001212　中国特有　极危（CR）— 中国

Collabium　吻兰属

Collabium chinense (Rolfe) Tang & F. T. Wang　吻兰
F9001213 — — — 中国、中南半岛

Collabium formosanum Hayata　台湾吻兰
F9001214 — — — 缅甸、泰国、中国北部及东部

Cremastra　杜鹃兰属

Cremastra appendiculata (D. Don) Makino　杜鹃兰
F9001215 — 近危（NT）二级　中国

Crepidium　沼兰属

Crepidium biauritum (Lindl.) Szlach.　二耳沼兰
0000782 — 易危（VU）— 中国、中南半岛

Crepidium purpureum (Lindl.) Szlach.　深裂沼兰
F0091900 — — — 琉球群岛中部、马来西亚中部；南亚

Cryptochilus　宿苞兰属

Cryptochilus luteus Lindl.　宿苞兰
F9001216　中国特有 — — 中国

Cryptochilus roseus (Lindl.) S. C. Chen & J. J. Wood　玫瑰宿苞兰
F0091413　中国特有 — — 中国

Cryptochilus sanguineus Wall.　红花宿苞兰
0004506 — 濒危（EN）— 尼泊尔、中国

Cryptochilus strictus (Lindl.) Schuit., Y. P. Ng & H. A. Pedersen　鹅白苹兰
F9001217 — — — 尼泊尔、中国、中南半岛北部

Cylindrolobus 柱兰属

Cylindrolobus biflorus (Griff.) Rauschert
F9001218 — — — 印度（锡金）、中南半岛、马来西亚西部及南部

Cylindrolobus marginatus (Rolfe) S. C. Chen & J. J. Wood 棒茎毛兰
F0027423 — — — 中国、缅甸

Cymbidium 兰属

Cymbidium aloifolium (L.) Sw. 纹瓣兰
F0027799 — 近危（NT） 二级 喜马拉雅山脉、中南半岛、马来西亚西部

Cymbidium bicolor Lindl. 南亚硬叶兰
0003442 — — 二级 印度、斯里兰卡、安达曼和尼科巴群岛、马来西亚西部及中部、中国

Cymbidium crassifolium Herb. 硬叶兰
F9001219 — 近危（NT） 二级 中国（南部至喜马拉雅山脉）、中南半岛

Cymbidium cyperifolium Wall. ex Lindl. 莎叶兰
F9001220 — 易危（VU） 二级 中国（南部至喜马拉雅山脉）、菲律宾

Cymbidium dayanum Rchb. f. 冬凤兰
F9001221 — 易危（VU） 二级 中国、日本、马来西亚

Cymbidium eburneum Lindl. 独占春
0003075 — 濒危（EN） 二级 中国、印度、尼泊尔、孟加拉国、不丹

Cymbidium elegans Lindl. 莎草兰
F9001222 — 濒危（EN） 二级 中国、印度、尼泊尔、孟加拉国、不丹

Cymbidium 'Enid Haupt' 'Enid Haupt'兰
F9001223 — — — —

Cymbidium ensifolium (L.) Sw. 建兰
F0091044 — 易危（VU） 二级 中南半岛、菲律宾；亚洲东部温带

Cymbidium erythraeum Lindl. 长叶兰
F0033436 — 易危（VU） 二级 中国、印度、尼泊尔、孟加拉国、不丹

Cymbidium erythraeum var. *flavum* (Z. J. Liu & J. Yong Zhang) Z. J. Liu, S. C. Chen & P. J. Cribb 黄花长叶兰
F9001224 中国特有 — 二级 中国

Cymbidium erythrostylum Rolfe 越南红柱兰
F9001225 — — 二级 越南、中国

Cymbidium faberi Rolfe 蕙兰
0003507 — — 二级 中国、尼泊尔

Cymbidium faberi 'Heitian'e' 黑天鹅
0000961 — — — —

Cymbidium faberi 'Huahudie' 花蝴蝶
0004485 — — — —

Cymbidium faberi 'Shuimitao' 水蜜桃
0002558 — — — —

Cymbidium faberi 'Xiangjiaochuan' 香蕉船
0001644 — — — —

Cymbidium faberi 'Xiaojintong' 小金童
0000634 — — — —

Cymbidium floribundum Lindl. 多花兰
F0032951 — 易危（VU） 二级 中国、越南北部

Cymbidium 'Foul Play' 'Foul Play'兰
F9001226 — — — —

Cymbidium 'Garden Hybrids' 'Garden Hybrids'兰
0003588 — — — —

Cymbidium goeringii (Rchb. f.) Rchb. f. 春兰
0003550 — 易危（VU） 二级 中国、印度、尼泊尔、韩国、朝鲜、日本

Cymbidium gripper 'Royal' 'Royal'兰
F9001227 — — — —

Cymbidium 'Harrit' 'Harrit'兰
F9001228 — — — —

Cymbidium hookerianum Rchb. f. 虎头兰
0000690 — 濒危（EN） 二级 中国；亚洲中南部

Cymbidium 'Ice Ranch' 'Ice Ranch'兰
F9001229 — — — —

Cymbidium insigne Rolfe 美花兰
F9001230 — 极危（CR） 一级 泰国北部、中国南部

Cymbidium iridioides D. Don 黄蝉兰
F9001231 — 易危（VU） 二级 中国、印度、尼泊尔、孟加拉国、不丹

Cymbidium kanran Makino 寒兰
F0091091 — 易危（VU） 二级 中国南部、越南西北部、日本中西部及南部

Cymbidium 'Kiku Ono' 'Kiku Ono'兰
F9001232 — — — —

Cymbidium lancifolium Hook. 兔耳兰
F0027792 — — — 亚洲热带及亚热带

Cymbidium lowianum (Rchb. f.) Rchb. f. 碧玉兰
0003070 — 濒危（EN） 二级 中国、中南半岛北部

Cymbidium maguanense F. Y. Liu 象牙白
0004668 中国特有 极危（CR） 二级 中国

Cymbidium mastersii Griff. ex Lindl. 大雪兰
0000494 — 濒危（EN） 二级 中国、印度、尼泊尔、孟加拉国、不丹

Cymbidium 'Mephisto Waltz' 'Mephisto Waltz'兰
F9001233 — — — —

Cymbidium 'Orange Gleam' 'Orange Gleam'兰
F9001234 — — — —

Cymbidium qiubeiense K. M. Feng & H. Li 丘北冬蕙兰
0002401 中国特有 濒危（EN）二级 中国

Cymbidium 'Rievaulx' 'Rievaulx'兰
F9001235 — — —

Cymbidium serratum Schltr. 豆瓣兰
F9001236 中国特有 近危（NT）二级 中国

Cymbidium sinense (Andrews) Willd. 墨兰
F0091439 — 易危（VU）二级 印度（阿萨姆邦）、日本、中国

Cymbidium suavissimum Sander ex C. H. Curtis 果香兰
F9001237 — 易危（VU）二级 中国、中南半岛北部

Cymbidium tigrinum C. S. P. Parish ex Hook. 斑舌兰
F9001238 — 极危（CR）二级 印度（阿萨姆邦）、中国

Cymbidium tortisepalum Fukuy. 莲瓣兰
F9001240 中国特有 易危（VU）二级 中国

Cymbidium tortisepalum var. *longibracteatum* (Y. S. Wu & S. C. Chen) S. C. Chen & Z. J. Liu 春剑
F9001241 中国特有 濒危（EN）二级 中国

Cymbidium tracyanum L. Castle 西藏虎头兰
F9001242 — — 二级 中国、中南半岛北部

Cymbidium wenshanense Y. S. Wu & F. Y. Liu 文山红柱兰
F9001243 — 极危（CR）一级 中国、越南

Cynorkis 狗兰属

Cynorkis lowiana Rchb. f.
F9001244 — — — 马达加斯加

Cypripedium 杓兰属

Cypripedium calceolus L. 杓兰
F9001245 — 近危（NT）二级 中国、日本、韩国、俄罗斯

Cypripedium henryi Rolfe 绿花杓兰
F9001246 中国特有 近危（NT）二级 中国中部

Cypripedium japonicum Thunb. 扇脉杓兰
F9001247 — — 二级 中国、韩国、日本

Dendrobium 石斛属

Dendrobium acinaciforme Roxb. 金剑石斛
F0032938 — — 二级 印度、中国、巴布亚新几内亚

Dendrobium aduncum Lindl. 钩状石斛
F0033479 — 易危（VU）二级 中国、印度、尼泊尔、孟加拉国、不丹

Dendrobium albopurpureum (Seidenf.) Schuit. & Peter B. Adams 滇金石斛
F0027386 — — 二级 中国、中南半岛

Dendrobium albosanguineum Lindl. & Paxton
F9001248 — — — 孟加拉国、缅甸、泰国

Dendrobium amethystoglossum Rchb. f. 紫舌石斛

F0033772 — — — 菲律宾

Dendrobium amplum Lindl. 宽叶厚唇兰
F9001249 中国特有 — 二级 中国

Dendrobium anosmum Lindl. 檀香石斛
0003748 — — 二级 斯里兰卡、中南半岛、巴布亚新几内亚、中国

Dendrobium aphyllum (Roxb.) C. E. C. Fisch. 兜唇石斛
F0033197 — — 二级 中国、印度、尼泊尔、不丹、缅甸、老挝、越南、马来西亚

Dendrobium 'Aurora' 'Aurora'石斛
F9001250 — — —

Dendrobium bellatulum Rolfe 矮石斛
F0033473 — 濒危（EN）二级 印度、尼泊尔、不丹、孟加拉国、中南半岛、中国

Dendrobium bensoniae Rchb. f. 本斯石斛
F0033449 — — — 印度

Dendrobium bilobulatum Seidenf.
F9001251 — — — 中南半岛、新加坡、马来西亚

Dendrobium brymerianum Rchb. f. 长苏石斛
0000205 — 濒危（EN）二级 印度（阿萨姆邦）、中国、中南半岛北部

Dendrobium bullenianum Rchb. f. 黄玉石斛
F0033766 — — — 菲律宾

Dendrobium calicopis Ridl.
F0033342 — — — 马来半岛

Dendrobium canaliculatum R. Br.
F0033343 — — — 巴布亚新几内亚、澳大利亚北部

Dendrobium capillipes Rchb. f. 短棒石斛
F0027409 — 濒危（EN）二级 印度（阿萨姆邦）、中国、中南半岛

Dendrobium cariniferum Rchb. f. 翅萼石斛
F0032388 — 濒危（EN）二级 印度（阿萨姆邦）、中国、中南半岛

Dendrobium chittimae Seidenf.
F0033590 — — — 中南半岛

Dendrobium christyanum Rchb. f. 喉红石斛
F0033474 — 易危（VU）二级 中国、中南半岛

Dendrobium chrysanthum Wall. ex Lindl. 束花石斛
F0033072 — 易危（VU）二级 中国、印度、尼泊尔、孟加拉国、不丹、中南半岛

Dendrobium chrysotoxum Lindl. 鼓槌石斛
F0033182 — 易危（VU）二级 印度、中国、中南半岛

Dendrobium comatum (Blume) Lindl. 金石斛
F0032604 — — 二级 中国东部及南部、越南南部；西太平洋岛屿

Dendrobium concolor (Z. H. Tsi & S. C. Chen) Schuit. & Peter B. Adams 同色金石斛

0002282 中国特有 — 二级 中国

Dendrobium crepidatum Lindl. & Paxton 玫瑰石斛

F0027337 — 濒危（EN）二级 中国、中南半岛

Dendrobium cruentum Rchb. f. 鸟嘴石斛

F0033092 — — — 中南半岛、新加坡、马来西亚

Dendrobium crumenatum Sw. 木石斛

F0033765 — 极危（CR）二级 中国；亚洲热带

Dendrobium crystallinum Rchb. f. 晶帽石斛

F0033417 — 濒危（EN）二级 印度（阿萨姆邦）、中国、中南半岛

Dendrobium dekockii J. J. Sm. 玫蝶石斛

0004479 — — — 巴布亚新几内亚

Dendrobium delacourii Guillaumin 小豆苗石斛

F0033433 — — 印度（阿萨姆邦）、中南半岛

Dendrobium denneanum Kerr 叠鞘石斛

F0032937 — 易危（VU）二级 中国、印度、尼泊尔、孟加拉国、不丹、中南半岛

Dendrobium densiflorum Lindl. 密花石斛

F0027362 — 易危（VU）二级 中国

Dendrobium devonianum Paxton 齿瓣石斛

F0027462 — 濒危（EN）二级 不丹、中国南部

Dendrobium dixanthum Rchb. f. 黄花石斛

0002156 — 濒危（EN）二级 中国、中南半岛

Dendrobium draconis Rchb. f. 龙石斛

F0033794 — — — 印度（阿萨姆邦）、中南半岛

Dendrobium ellipsophyllum Tang & F. T. Wang 反瓣石斛

F0033070 — 濒危（EN）二级 中国、中南半岛

Dendrobium exile Schltr. 景洪石斛

F0027365 — 易危（VU）二级 中国、中南半岛

Dendrobium falconeri Hook. 串珠石斛

F0026896 — 易危（VU）二级 印度（锡金东部）、中国南部、中南半岛

Dendrobium fanjingshanense Z. H. Tsi ex X. H. Jin & Y. W. Zhang 梵净山石斛

F0033779 中国特有 濒危（EN）二级 中国

Dendrobium farmeri 'Yellow' 四角石斛

F0071141 — — —

Dendrobium fimbriatum Hook. 流苏石斛

F0033688 — 易危（VU）二级 中国、印度、尼泊尔、孟加拉国、不丹、中南半岛

Dendrobium findlayanum C. S. P. Parish & Rchb. f. 棒节石斛

F0027393 — 濒危（EN）二级 中国、中南半岛

Dendrobium flexicaule Z. H. Tsi, S. C. Sun & L. G. Xu 曲茎石斛

F9001253 中国特有 极危（CR）一级 中国

Dendrobium formosum Roxb. ex Lindl.

F9001254 — — — 印度、尼泊尔、不丹、孟加拉国、中南半岛

Dendrobium furcatum Reinw. ex Lindl. 粉灯笼石斛

F9001255 — — — 印度尼西亚（苏拉威西岛）

Dendrobium fuscescens Griff. 景东厚唇兰

F9001256 — — 二级 中国

Dendrobium gibsonii Paxton 曲轴石斛

F0033791 — 濒危（EN）二级 中国、印度、尼泊尔、不丹、孟加拉国、中南半岛

Dendrobium goldschmidtianum Kraenzl. 红花石斛

F0033778 — — 二级 中国、菲律宾

Dendrobium gratiosissimum Rchb. f. 杯鞘石斛

F0027460 — 易危（VU）二级 印度（阿萨姆邦）、中国、中南半岛

Dendrobium hainanense Rolfe 海南石斛

0001925 中国特有 易危（VU）二级 中国南部

Dendrobium hancockii Rolfe 细叶石斛

0002181 — 濒危（EN）二级 中国、越南北部

Dendrobium harveyanum Rchb. f. 苏瓣石斛

F9001257 — 濒危（EN）二级 中国、中南半岛

Dendrobium henryi Schltr. 疏花石斛

F0091161 — — 二级 中国南部、中南半岛北部

Dendrobium hercoglossum Rchb. f. 重唇石斛

F0032939 — 近危（NT）二级 中国南部、马来半岛、菲律宾

Dendrobium heterocarpum Wall. ex Lindl. 尖刀唇石斛

F0032941 — 易危（VU）二级 中国；亚洲热带

Dendrobium hookerianum Lindl. 金耳石斛

F0033425 — 易危（VU）二级 中国

Dendrobium 'Hybrid' 秋石斛

F0033341 — — — —

Dendrobium jenkinsii Wall. ex Lindl. 小黄花石斛

F0027456 — — 二级 中国、印度、尼泊尔、不丹、孟加拉国、中南半岛北部

Dendrobium keithii Ridl.

F0033337 — — — 安达曼群岛、印度（阿萨姆邦）、孟加拉国、缅甸、泰国

Dendrobium kingianum Bidwill ex Lindl. 澳洲石斛

F0033340 — — — 澳大利亚东部

Dendrobium lasianthera J. J. Sm. 毛药石斛

F0033314 — — — 巴布亚新几内亚

Dendrobium leptocladum Hayata 菱唇石斛

F0033475 中国特有 — 二级 中国（台湾）

Dendrobium linawianum Rchb. f. 矩唇石斛

F0033477 中国特有 濒危（EN）二级 中国

Dendrobium lindleyi Steud. 聚石斛

F0033121 — — 二级 中国（南部至喜马拉雅山脉东部）、

中南半岛

Dendrobium lituiflorum Lindl. 喇叭唇石斛
F0033494 — 极危（CR） 二级 印度、尼泊尔、不丹、中国、中南半岛

Dendrobium loddigesii Rolfe 美花石斛
F0027951 — 易危（VU） 二级 中国南部、中南半岛

Dendrobium lohohense Tang & F. T. Wang 罗河石斛
F0033196 中国特有 濒危（EN） 二级 中国南部

Dendrobium longicornu Lindl. 长距石斛
F0033428 — 濒危（EN） 二级 中国

Dendrobium macrophyllum A. Rich. 人面石斛
F0033767 — — — 马来西亚；西太平洋岛屿

Dendrobium mariae Schuit. & Peter B. Adams 厚唇兰
F9001258 — — 二级 中国、中南半岛

Dendrobium minutiflorum Kraenzl. 勐海石斛
F0027353 — — 二级 新喀里多尼亚、中国

Dendrobium moniliforme (L.) Sw. 细茎石斛
F0027396 — 极危（CR） 二级 喜马拉雅山脉；亚洲东部温带

Dendrobium moschatum (Banks) Sw. 杓唇石斛
F9001259 — 濒危（EN） 二级 喜马拉雅山脉、中南半岛

Dendrobium nathanielis Rchb. f.
F9001260 — — 印度（阿萨姆邦）、马来半岛

Dendrobium nobile Lindl. 石斛
F0027383 — 易危（VU） 二级 中国、中南半岛；中亚、南亚

Dendrobium oligophyllum Gagnep.
0001409 — — — 中南半岛

Dendrobium pachyglossum C. S. P. Parish & Rchb. f. 厚舌石斛
F9001261 — — — 中南半岛、新加坡、马来西亚、加里曼丹岛

Dendrobium pachyphyllum (Kuntze) Bakh. f.
F9001262 — — — 印度（阿萨姆邦）、缅甸、孟加拉国、马来西亚西部

Dendrobium palpebrae Lindl.
F9001263 — — — 孟加拉国、中南半岛

Dendrobium parcum Rchb. f. 舌石斛
0004336 — — — 中南半岛

Dendrobium parishii H. Low 紫瓣石斛
F0033312 — 濒危（EN） 二级 印度、中国、中南半岛

Dendrobium peguanum Lindl.
F9001264 — — — 喜马拉雅山脉中部、泰国

Dendrobium pendulum Roxb. 肿节石斛
F0033652 — 濒危（EN） 二级 印度（阿萨姆邦）、中国、中南半岛

Dendrobium 'Pinkie' 'Pinkie'石斛

F9001265 — — — —

Dendrobium plicatile Lindl. 流苏金石斛
0001469 — — 二级 中国；亚洲热带

Dendrobium polyanthum Wall. ex Lindl. 报春石斛
F0033675 — 易危（VU） 二级 喜马拉雅山脉、中南半岛

Dendrobium proteranthum Seidenf.
F9001266 — — — 泰国

Dendrobium pulchellum Roxb. ex Lindl. 蜻蜓石斛
F0033777 — — — 尼泊尔、孟加拉国、马来半岛

Dendrobium purpureum Roxb. 紫红石斛
F0033309 — — — 印度尼西亚东部、巴布亚新几内亚

Dendrobium rotundatum (Lindl.) Hook. f. 双叶厚唇兰
F9001267 — — 二级 尼泊尔东部、中国

Dendrobium 'Roy Tokunaga' 'Roy Tokunaga'石斛
F0091000 — — — —

Dendrobium salaccense (Blume) Lindl. 竹枝石斛
0002602 — 易危（VU） 二级 印度南部、中国、马来西亚西部

Dendrobium sanderae Rolfe 山打石斛
F0033455 — — — 菲律宾

Dendrobium scabrilingue Lindl.
F0071133 — — — 中南半岛

Dendrobium scoriarum W. W. Sm. 广西石斛
F0033639 — 极危（CR） 二级 中国、越南

Dendrobium secundum (Blume) Lindl. ex Wall. 毛刷石斛
F0033357 — — — 孟加拉国、缅甸、马来西亚中西部

Dendrobium senile C. S. P. Parish & Rchb. f. 绒毛石斛
F0032999 — — — 中南半岛

Dendrobium signatum Rchb. f. 黄喉石斛
F0033409 — — — 中南半岛

Dendrobium spatella Rchb. f. 剑叶石斛
F9007004 — — 二级 中国、印度、老挝、越南、柬埔寨、马来半岛

Dendrobium speciosum Sm. 大明石斛
F0033770 — — — 澳大利亚东部及东南部

Dendrobium spectabile (Blume) Miq. 大鬼石斛
F0033797 — — — 巴布亚新几内亚、新喀里多尼亚

Dendrobium sphenochilum F. Muell. & Kraenzl.
F9001268 — — — 印度尼西亚（苏拉威西岛）、俾斯麦群岛

Dendrobium strongylanthum Rchb. f. 梳唇石斛
F0033486 — 近危（NT） 二级 中国、中南半岛北部

Dendrobium stuposum Lindl. 叉唇石斛
F9001269 — 易危（VU） 二级 中国、中南半岛、马来西亚、尼泊尔、不丹、孟加拉国

Dendrobium sulcatum Lindl. 具槽石斛
0004135 — 濒危（EN） 二级 印度（锡金）、中国、中南

半岛北部

Dendrobium terminale C. S. P. Parish & Rchb. f. 刀叶石斛
0000480 — 易危（VU） 二级 中国、尼泊尔、不丹、孟加拉国、马来半岛

Dendrobium thyrsiflorum B. S. Williams 球花石斛
F0027345 — 近危（NT） 二级 印度（阿萨姆邦）、中国、中南半岛

Dendrobium tortile Lindl. 扭瓣石斛
F0033774 — — 印度（阿萨姆邦）、马来半岛

Dendrobium transparens Wall. ex Lindl. 紫婉石斛
F0033683 — — 二级 中国、越南西北部

Dendrobium trantuanii Perner & X. N. Dang 越南扁石斛
F0033792 — — 老挝东北部、越南西北部

Dendrobium treubii J. J. Sm.
F0033324 — — 印度尼西亚（马鲁古群岛）

Dendrobium tricristatum Schuit. & Peter B. Adams 三脊金石斛
0004292 中国特有 — 二级 中国

Dendrobium trigonopus Rchb. f. 翅梗石斛
F0027457 — 近危（NT） 二级 中国、中南半岛

Dendrobium trinervium Ridl. 三脉石斛
F9001270 — — 中南半岛、新加坡、马来西亚

Dendrobium unicum Seidenf. 独角石斛
F0033454 — — 中南半岛

Dendrobium venustum Teijsm. & Binn.
F9001271 — — 中南半岛

Dendrobium vietnamense Aver. 越南石斛
F0033469 — — 越南

Dendrobium virgineum Rchb. f.
F9001272 — — 中南半岛

Dendrobium wardianum R. Warner 大苞鞘石斛
F0033490 — 易危（VU） 二级 中国、印度、尼泊尔、不丹、孟加拉国、中南半岛北部

Dendrobium wattii (Hook. f.) Rchb. f. 高山石斛
F0033793 — 濒危（EN） 二级 印度（阿萨姆邦）、中国、中南半岛

Dendrobium williamsonii Day & Rchb. f. 黑毛石斛
0004451 — 濒危（EN） 二级 印度（阿萨姆邦）、中国（海南）、中南半岛

Dendrobium ypsilon Seidenf. 迷你扁石斛
F0033325 — — 马来半岛

Dendrochilum 足柱兰属

Dendrochilum uncatum Rchb. f. 足柱兰
F9001273 — 濒危（EN） — 中国、菲律宾

Dendrolirium 绒兰属

Dendrolirium lasiopetalum (Willd.) S. C. Chen & J. J. Wood 白绵绒兰
0003577 — 易危（VU） — 中国、印度、尼泊尔、孟加拉国、不丹、马来西亚西部

Dendrolirium tomentosum (J. Koenig) S. C. Chen & J. J. Wood 绒兰
0000078 — — — 印度（阿萨姆邦）、中国南部、中南半岛

Dienia 无耳沼兰属

Dienia ophrydis (J. Koenig) Seidenf. 无耳沼兰
0001826 — — — 西南太平洋岛屿；亚洲热带及亚热带

Diploprora 蛇舌兰属

Diploprora championii (Lindl.) Hook. f. 蛇舌兰
F0071143 — — — 印度南部、斯里兰卡、琉球群岛、喜马拉雅山脉

Epipactis 火烧兰属

Epipactis helleborine (L.) Crantz 火烧兰
F9001274 — — — 中国；非洲西北部、欧洲

Eria 毛兰属

Eria clausa King & Pantl. 匍茎毛兰
F0027936 — — — 尼泊尔中部、中国、中南半岛北部

Eria coronaria (Lindl.) Rchb. f. 足茎毛兰
F0071101 — — — 中国、中南半岛

Eria gagnepainii A. D. Hawkes & A. H. Heller 香港毛兰
F0071891 — — — 中国、越南

Eria javanica (Sw.) Blume 香花毛兰
F9001275 — 濒危（EN） — 印度（锡金）、中国、巴布亚新几内亚

Eria rhomboidalis Tang & F. T. Wang 菱唇毛兰
F9001276 — 近危（NT） — 中国南部、越南东北部

Eria scabrilinguis Lindl. 半柱毛兰
F0091446 — — — 中国、尼泊尔、日本

Eria yanshanensis S. C. Chen 砚山毛兰
F9001277 — 濒危（EN） — 中国、越南北部

Eriodes 毛梗兰属

Eriodes barbata (Lindl.) Rolfe 毛梗兰
0003772 — 易危（VU） — 不丹、中国、中南半岛北部

Erythrodes 钳唇兰属

Erythrodes blumei (Lindl.) Schltr. 钳唇兰
F0036782 — — — 尼科巴群岛、马来西亚西部

Eulophia 美冠兰属

Eulophia dabia (D. Don) Hochr. 长距美冠兰
F9001278 — 易危（VU） — 阿富汗、巴基斯坦、中国南

部、尼科巴群岛

Eulophia graminea Lindl. 美冠兰
F0091599 — — — 亚洲热带及亚热带

Eulophia herbacea Lindl. 毛唇美冠兰
F9001279 — 濒危（EN）— 中国

Eulophia pauciflora Guillaumin
F9001280 — — — 中南半岛

Eulophia sooi Chun & Tang ex S. C. Chen 剑叶美冠兰
F9001281 — 濒危（EN）— 中国、缅甸

Eulophia streptopetala Lindl.
F9001282 — — — 阿拉伯半岛西南部；非洲南部

Eulophia zollingeri (Rchb. f.) J. J. Sm. 无叶美冠兰
0001549 — — — 澳大利亚（昆士兰州）；亚洲热带及亚热带

Gastrochilus 盆距兰属

Gastrochilus acinacifolius Z. H. Tsi 镰叶盆距兰
F9001283 中国特有 易危（VU）— 中国南部

Gastrochilus bellinus (Rchb. f.) Kuntze 大花盆距兰
0004503 — 易危（VU）— 中国、中南半岛

Gastrochilus calceolaris (Buch.-Ham. ex Sm.) D. Don 盆距兰
F0027355 — — — 中国、尼泊尔、马来西亚西部

Gastrochilus distichus (Lindl.) Kuntze 列叶盆距兰
F0033617 — — — 中国

Gastrochilus hainanensis Z. H. Tsi 海南盆距兰
0003335 — 濒危（EN）— 中国（海南）、中南半岛

Gastrochilus obliquus (Lindl.) Kuntze 无茎盆距兰
0004545 — 易危（VU）— 印度、尼泊尔、不丹、中国、中南半岛

Gastrochilus platycalcaratus (Rolfe) Schltr. 滇南盆距兰
F9001284 — 易危（VU）— 中国、中南半岛

Gastrochilus pseudodistichus (King & Pantl.) Schltr. 小唇盆距兰
F9001285 — 近危（NT）— 中国、印度、尼泊尔、不丹、孟加拉国、中南半岛北部

Gastrochilus xuanenensis Z. H. Tsi 宣恩盆距兰
F9001286 中国特有 濒危（EN）— 中国

Geodorum 地宝兰属

Geodorum densiflorum (Lam.) Schltr. 地宝兰
F0071951 — — — 西太平洋岛屿；亚洲热带及亚热带

Geodorum eulophioides Schltr. 贵州地宝兰
0002208 — 濒危（EN）— 中国、缅甸

Geodorum recurvum (Roxb.) Alston 多花地宝兰
F0027335 — 近危（NT）— 印度（阿萨姆邦）、中国南部、中南半岛

Goodyera 斑叶兰属

Goodyera biflora (Lindl.) Hook. f. 大花斑叶兰
F9001287 — 近危（NT）— 喜马拉雅山脉；亚洲东部温带

Goodyera procera (Ker Gawl.) Hook. 高斑叶兰
F0091415 — — — 亚洲热带及亚热带

Goodyera schlechtendaliana Rchb. f. 斑叶兰
F0027091 — 近危（NT）— 中国、韩国、朝鲜、日本、印度尼西亚（苏门答腊岛）

Goodyera velutina Maxim. ex Regel 绒叶斑叶兰
F9001288 — — — 中国、日本、韩国

Guarianthe 哥丽兰属

Guarianthe bowringiana (Veitch) Dressler & W. E. Higgins 宝林哥丽兰
F9001289 — — — 墨西哥、危地马拉、洪都拉斯

Gymnadenia 手参属

Gymnadenia orchidis Lindl. 西南手参
F9001290 — 易危（VU）二级 巴基斯坦、中国中部

Habenaria 玉凤花属

Habenaria davidii Franch. 长距玉凤花
F9001291 — 近危（NT）— 中国、尼泊尔东部及中南部

Habenaria malintana (Blanco) Merr. 南方玉凤花
F9001292 — — — 中国（南部至喜马拉雅山脉中部）、中南半岛、菲律宾、东帝汶

Habenaria myriotricha Gagnep. 玉凤兰
F9001293 — — — 中国、中南半岛

Habenaria rhodocheila Hance 橙黄玉凤花
F0071949 — — — 中国南部、马来半岛、菲律宾

Hemipilia 舌喙兰属

Hemipilia limprichtii Schltr. 短距舌喙兰
F9001294 中国特有 近危（NT）— 中国

Holcoglossum 槽舌兰属

Holcoglossum amesianum (Rchb. f.) Christenson 大根槽舌兰
F0033624 — 易危（VU）— 印度（阿萨姆邦）、中国、中南半岛

Holcoglossum flavescens (Schltr.) Z. H. Tsi 短距槽舌兰
F0032991 — 易危（VU）— 中国、中南半岛东北部

Holcoglossum himalaicum (Deb, Sengupta & Malick) Aver. 圆柱叶鸟舌兰
F9001295 — 濒危（EN）— 中国、尼泊尔、不丹、孟加拉国、缅甸北部

Holcoglossum kimballianum (Rchb. f.) Garay 管叶槽舌兰
F0027351 — 濒危（EN）— 中国、中南半岛

Holcoglossum lingulatum (Aver.) Aver.　舌唇槽舌兰
0002627 — 濒危（EN）— 中国、越南西北部

Holcoglossum quasipinifolium (Hayata) Schltr.　槽舌兰
0003248 中国特有 — — 中国

Holcoglossum rupestre (Hand.-Mazz.) Garay　滇西槽舌兰
F0033838 中国特有 极危（CR）— 中国

Holcoglossum sinicum Christenson　中华槽舌兰
0004370 中国特有 濒危（EN）— 中国

Holcoglossum subulifolium (Rchb. f.) Christenson　白唇槽舌兰
0000776 — 近危（NT）— 中国南部、中南半岛

Holcoglossum wangii Christenson　筒距槽舌兰
0001082 — — — 中国、越南北部

Ipsea　水仙兰属

Ipsea thailandica Seidenf.
F9001296 — — — 泰国

Ischnogyne　瘦房兰属

Ischnogyne mandarinorum (Kraenzl.) Schltr.　瘦房兰
F9001297 中国特有 — — 中国中部

Jumellea　矛唇兰属

Jumellea comorensis (Rchb. f.) Schltr.　科摩罗朱米兰
F9001298 — — — 科摩罗

Liparis　羊耳蒜属

Liparis balansae Gagnep.　圆唇羊耳蒜
F9001299 — 易危（VU）— 中国南部、中南半岛

Liparis bautingensis Tang & F. T. Wang　保亭羊耳蒜
F9001300 中国特有 易危（VU）— 中国南部

Liparis bistriata C. S. P. Parish & Rchb. f.　折唇羊耳蒜
F0026965 中国特有 — — 中国

Liparis bootanensis Griff.　镰翅羊耳蒜
F0091083 — — — 印度、尼泊尔、不丹、中国、日本南部、马来西亚

Liparis cespitosa (Lam.) Lindl.　丛生羊耳蒜
F0033522 — — — 南太平洋岛屿；非洲南部

Liparis chapaensis Gagnep.　平卧羊耳蒜
F9001301 — 易危（VU）— 中国、中南半岛

Liparis cordifolia Hook. f.　心叶羊耳蒜
0001751 — — — 中国、印度、尼泊尔、孟加拉国、不丹

Liparis distans C. B. Clarke　大花羊耳蒜
F0032996 — — — 印度、菲律宾

Liparis elliptica Wight　扁球羊耳蒜
0001197 — — — 中国、印度、尼泊尔、韩国、朝鲜、日本；西南太平洋岛屿

Liparis fargesii Finet　小羊耳蒜
F9001302 中国特有 近危（NT）— 中国

Liparis glossula Rchb. f.　方唇羊耳蒜
F9001303 — 易危（VU）— 中国

Liparis kwangtungensis Schltr.　广东羊耳蒜
F9001304 中国特有 — — 中国

Liparis latifolia Lindl.　宽叶羊耳蒜
F9001305 — 易危（VU）— 中国南部、泰国、马来西亚西部及中部

Liparis latilabris Rolfe　阔唇羊耳蒜
F9001306 — 近危（NT）— 中国、越南北部

Liparis nervosa (Thunb.) Lindl.　见血青
F9001307 — — — 世界热带及亚热带

Liparis platyrachis Hook. f.　小花羊耳蒜
F9001308 — 濒危（EN）— 中国

Liparis regnieri Finet　翼蕊羊耳蒜
F9001309 — — — 中国、中南半岛

Liparis resupinata Ridl.　蕊丝羊耳蒜
F0027466 — — — 印度南部、中国、尼泊尔

Liparis stricklandiana Rchb. f.　扇唇羊耳蒜
F0071029 — — — 印度、尼泊尔、不丹、中国南部

Liparis tschangii Schltr.　折苞羊耳蒜
F9001310 — 易危（VU）— 印度、中国、中南半岛

Liparis viridiflora (Blume) Lindl.　长茎羊耳蒜
F0027935 — — — 巴布亚新几内亚；南亚、东亚南部

Ludisia　血叶兰属

Ludisia discolor (Ker Gawl.) Blume　血叶兰
F0071024 — — 二级 中国南部、中南半岛、印度尼西亚（苏门答腊岛）、菲律宾

Luisia　钗子股属

Luisia brachystachys (Lindl.) Blume　小花钗子股
F9001311 — — — 中国、中南半岛

Luisia cordata Fukuy.　圆叶钗子股
F0033353 中国特有 — — 中国

Luisia magniflora Z. H. Tsi & S. C. Chen　大花钗子股
F0027349 — 近危（NT）— 中国、缅甸

Luisia morsei Rolfe　钗子股
F0032403 — — — 中国南部、中南半岛

Luisia teres (Thunb.) Blume　叉唇钗子股
0001274 — 近危（NT）— 中国南部、越南北部；亚洲东部温带

Malaxis　原沼兰属

Malaxis monophyllos (L.) Sw.　沼兰
F9001312 — — — 菲律宾；北半球温带

Maxillaria 腭唇兰属

Maxillaria alba (Hook.) Lindl.

F9001313 — — — 美洲热带

Maxillaria tenuifolia Lindl. 薄叶腭唇兰

F0033407 — — — 中美洲

Maxillaria variabilis Bateman ex Lindl. 变异腭唇兰

F0091941 — — — 中美洲西北部

Micropera 小囊兰属

Micropera obtusa (Lindl.) Tang & F. T. Wang

F9001314 — — — 喜马拉雅山脉中部、泰国

Micropera poilanei (Guillaumin) Garay 小囊兰

F0027834 — 近危（NT） — 中国南部、越南

Micropera rostrata (Roxb.) N. P. Balakr.

F0033393 — — — 印度、孟加拉国

Microtis 葱叶兰属

Microtis unifolia (G. Forst.) Rchb. f. 葱叶兰

F9001315 — — — 中国、韩国、朝鲜、日本中南部及南部、马来西亚；太平洋中南部岛屿；大洋洲

Mycaranthes 拟毛兰属

Mycaranthes floribunda (D. Don) S. C. Chen & J. J. Wood 拟毛兰

0004253 — 易危（VU） — 印度、尼泊尔、不丹、中国、加里曼丹岛

Neogyna 新型兰属

Neogyna gardneriana (Lindl.) Rchb. f. 新型兰

F9001316 — 易危（VU） — 中国、尼泊尔、中南半岛

Oberonia 鸢尾兰属

Oberonia caulescens Lindl. 狭叶鸢尾兰

F9001317 — 近危（NT） — 中国、印度、尼泊尔、孟加拉国、不丹

Oberonia cavaleriei Finet 棒叶鸢尾兰

F0033430 — — — 中国、印度、尼泊尔、孟加拉国、不丹、中南半岛

Oberonia ensiformis (Sm.) Lindl. 剑叶鸢尾兰

F9001318 — — — 南亚、东亚

Oberonia falconeri Hook. f. 短耳鸢尾兰

F9001319 — — — 马来半岛；南亚、东亚

Oberonia gammiei King & Pantl. 齿瓣鸢尾兰

F9001320 — 近危（NT） — 印度东北部、中国南部、中南半岛

Oberonia japonica (Maxim.) Makino 小叶鸢尾兰

F9001321 — — — 中国；亚洲东部温带

Oberonia jenkinsiana Griff. ex Lindl. 条裂鸢尾兰

F0033616 — — — 印度、尼泊尔、不丹、中国、中南半岛

Oberonia menghaiensis S. C. Chen 勐海鸢尾兰

F9001322 中国特有 — — 中国

Oberonia obcordata Lindl. 橘红鸢尾兰

F9001323 — — — 中国、尼泊尔、中南半岛

Oberonia pachyphylla King & Pantl.

F9001324 — — — 尼泊尔、不丹、孟加拉国、中南半岛

Oberonia pyrulifera Lindl. 裂唇鸢尾兰

F0033631 — — — 中国、印度、尼泊尔、不丹、孟加拉国、缅甸、泰国

Oberonia rufilabris Lindl. 红唇鸢尾兰

F0033626 — 濒危（EN） — 中国、尼泊尔、马来半岛、加里曼丹岛北部、菲律宾

Odontochilus 齿唇兰属

Odontochilus lanceolatus (Lindl.) Blume 齿唇兰

F9001325 — 近危（NT） — 印度（锡金）、中国南部

Oeceoclades 僧兰属

Oeceoclades maculata (Lindl.) Lindl.

F9001326 — — — 非洲

Oeonia 鸟花兰属

Oeonia rosea Ridl. 红心鸟花兰

F9001327 — — — 留尼汪岛、马达加斯加

Oncidium 文心兰属

Oncidium 'Garden Hybrid' 白裙文心兰

F9001328 — — — —

Oreorchis 山兰属

Oreorchis fargesii Finet 长叶山兰

F9001329 中国特有 近危（NT） — 中国南部

Otochilus 耳唇兰属

Otochilus fuscus Lindl. 狭叶耳唇兰

0004002 — — — 尼泊尔、中国、中南半岛

Otochilus lancilabius Seidenf. 宽叶耳唇兰

F9001330 — — — 中国、老挝、尼泊尔、越南

Otochilus porrectus Lindl. 耳唇兰

F9001331 — — — 印度（阿萨姆邦）、中国、中南半岛

Oxystophyllum 拟石斛属

Oxystophyllum changjiangense (S. J. Cheng & C. Z. Tang) M. A. Clem. 拟石斛

F9001332 中国特有 濒危（EN） — 中国南部

Panisea 曲唇兰属

Panisea apiculata Lindl.

F9001333 — — — 印度（阿萨姆邦）、中南半岛

Panisea cavaleriei Schltr. 平卧曲唇兰

0004323 中国特有 — — 中国

Panisea uniflora (Lindl.) Lindl. 单花曲唇兰

0004586 — 近危（NT） — 中国、尼泊尔、马来半岛

Panisea yunnanensis S. C. Chen & Z. H. Tsi 云南曲唇兰

F9001334 — 濒危（EN） — 中国、越南北部

Paphiopedilum 兜兰属

Paphiopedilum appletonianum (Gower) Rolfe 卷萼兜兰

0003799 — 濒危（EN） 一级 中国、中南半岛

Paphiopedilum areeanum O. Gruss 根茎兜兰

0003886 — 濒危（EN） 一级 中国、缅甸北部

Paphiopedilum armeniacum S. C. Chen & F. Y. Liu 杏黄兜兰

F0032927 中国特有 极危（CR） 一级 中国

Paphiopedilum barbigerum Tang & F. T. Wang 小叶兜兰

F0033420 — 濒危（EN） 一级 中国、越南北部

Paphiopedilum bellatulum (Rchb. f.) Stein 巨瓣兜兰

0004252 — 濒危（EN） 一级 中国、中南半岛

Paphiopedilum callosum (Rchb. f.) Stein 硬皮兜兰

0000129 — — — 中南半岛、新加坡、马来西亚

Paphiopedilum charlesworthii (Rolfe) Pfitzer 红旗兜兰

0004900 — 濒危（EN） 一级 印度（阿萨姆邦）、中国

Paphiopedilum concolor (Lindl. ex Bateman) Pfitzer 同色兜兰

F0033143 — 易危（VU） 一级 中国、中南半岛

Paphiopedilum delenatii Guillaumin 德氏兜兰

F9001335 — — 一级 中国、越南

Paphiopedilum dianthum Tang & F. T. Wang 长瓣兜兰

F0027381 — 易危（VU） 一级 中国、中南半岛北部

Paphiopedilum emersonii Koop. & P. J. Cribb 白花兜兰

F9001336 — 极危（CR） 一级 中国、越南北部

Paphiopedilum exul (Ridl.) Rolfe 流放兜兰

F9001337 — — — 泰国

Paphiopedilum 'Exul' × *Paphiopedilum hirsutissimum*

F9001338 — — — —

Paphiopedilum glaucophyllum J. J. Sm. 灰叶兜兰

0000308 — — — 印度尼西亚（爪哇岛）

Paphiopedilum godefroyae (God.-Leb.) Stein 云南兜兰

F9001339 — — — 泰国

Paphiopedilum gratrixianum Rolfe 瑰丽兜兰

0002187 — 濒危（EN） 一级 中国南部、中南半岛北部

Paphiopedilum hangianum Perner & O. Gruss 绿叶兜兰

F9001340 — 极危（CR） 一级 中国、越南北部

Paphiopedilum helenae Aver. 巧花兜兰

0000377 — 濒危（EN） 一级 中国、越南北部

Paphiopedilum henryanum Braem 亨利兜兰

F0033098 — 易危（VU） 一级 中国、越南北部

Paphiopedilum hirsutissimum (Lindl. ex Hook.) Stein 带叶兜兰

F0071247 — 易危（VU） 二级 印度（阿萨姆邦）、中国南部

Paphiopedilum insigne (Wall. ex Lindl.) Pfitzer 波瓣兜兰

F9001341 — 极危（CR） 一级 印度（阿萨姆邦）、中国

Paphiopedilum malipoense S. C. Chen & Z. H. Tsi 麻栗坡兜兰

0004596 — 极危（CR） 一级 中国南部、越南北部

Paphiopedilum 'Maudiae' 绿魔帝兜兰

F0033712 — — — —

Paphiopedilum micranthum Tang & F. T. Wang 硬叶兜兰

F0033109 — 易危（VU） 二级 中国、越南北部

Paphiopedilum niveum (Rchb. f.) Stein 白兜兰

F9001342 — — — 马来半岛北部、加里曼丹岛

Paphiopedilum parishii (Rchb. f.) Stein 飘带兜兰

F0033090 — 极危（CR） 一级 印度（阿萨姆邦）、中国

Paphiopedilum purpuratum (Lindl.) Stein 紫纹兜兰

F0071276 — 濒危（EN） 一级 中国南部、越南北部

Paphiopedilum tigrinum Koop. & N. Haseg. 虎斑兜兰

0001383 — 极危（CR） 一级 中国、缅甸东北部

Paphiopedilum tranlienianum O. Gruss & Perner 天伦兜兰

F9001343 — 濒危（EN） 一级 中国、越南北部

Paphiopedilum venustum (Wall. ex Sims) Pfitzer 秀丽兜兰

F0071271 — 濒危（EN） 一级 尼泊尔东部、孟加拉国东北部、中国

Paphiopedilum vietnamense O. Gruss & Perner 越南兜兰

0004732 — — — 越南北部

Paphiopedilum villosum (Lindl.) Stein 紫毛兜兰

F0026900 — 易危（VU） 一级 印度（阿萨姆邦）、中国南部、中南半岛

Paphiopedilum villosum var. *boxallii* (Rchb. f.) Pfitzer 包氏兜兰

0002447 — — 一级 中国、中南半岛北部

Paphiopedilum villosum var. *densissimum* (Z. J. Liu & S. C. Chen) Z. J. Liu & S. C. Chen 密毛兜兰

0001708 中国特有 近危（NT） 一级 中国

Paphiopedilum wardii Summerh. 彩云兜兰

0002851 — — 一级 中国、缅甸

Paphiopedilum wenshanense Z. J. Liu & J. Yong Zhang 文山兜兰

F9001344 中国特有 濒危（EN） 一级 中国

Papilionanthe 凤蝶兰属

Papilionanthe biswasiana (Ghose & Mukerjee) Garay 白花凤蝶兰

0001454 — 濒危（EN）— 中国、缅甸、老挝、越南、泰国北部

Papilionanthe taiwaniana (S. S. Ying) Ormerod　台湾凤蝶兰

F9001129　中国特有 — — 中国

Papilionanthe teres (Roxb.) Schltr.　凤蝶兰

F0027363 — 易危（VU）— 尼泊尔、中国、中南半岛

Paraphalaenopsis　筒叶蝶兰属

Paraphalaenopsis laycockii (M. R. Hend.) A. D. Hawkes　棒叶蝴蝶兰

0001876 — — — 加里曼丹岛

Pecteilis　白蝶兰属

Pecteilis hawkesiana (King & Pantl.) C. S. Kumar

F9001345 — — — 中国、中南半岛

Pecteilis susannae (L.) Raf.　龙头兰

F9001346 — — — 中国、尼泊尔、马来西亚、巴布亚新几内亚

Pelatantheria　钻柱兰属

Pelatantheria bicuspidata Tang & F. T. Wang　尾丝钻柱兰

F0027341 — — — 中国、缅甸、老挝、越南、泰国

Pelatantheria rivesii (Guillaumin) Tang & F. T. Wang　钻柱兰

F0027358 — 易危（VU）— 中国、中南半岛

Phaius　鹤顶兰属

Phaius columnaris C. Z. Tang & S. J. Cheng　仙笔鹤顶兰

F9001347 — 濒危（EN）— 中国、老挝

Phaius flavus (Blume) Lindl.　黄花鹤顶兰

F0071783 — — — 亚洲热带及亚热带

Phaius mishmensis (Lindl. & Paxton) Rchb. f.　紫花鹤顶兰

F0071083 — 易危（VU）— 中国、尼泊尔、不丹、孟加拉国、菲律宾

Phaius takeoi (Hayata) H. J. Su　长茎鹤顶兰

F9001348 — 濒危（EN）— 中国、中南半岛

Phaius tankervilleae (Banks) Blume　鹤顶兰

F0071786 — — — 南太平洋岛屿；亚洲热带及亚热带

Phaius wallichii Lindl.　大花鹤顶兰

F9001349 — 濒危（EN）— 中南半岛；南亚、东亚南部

Phalaenopsis　蝴蝶兰属

Phalaenopsis amabilis (L.) Blume　美丽蝴蝶兰

0004592 — — — —

Phalaenopsis aphrodite Rchb. f.　蝴蝶兰

Q201611092377 — — — 中国、菲律宾

Phalaenopsis bastianii 'Yellow'　'Yellow'蝴蝶兰

F0033373 — — — —

Phalaenopsis 'Brother Potential'　'Brother Potential'蝴蝶兰

F9001350 — — — —

Phalaenopsis 'Brother Showpiece'　'Brother Showpiece'蝴蝶兰

F9001351 — — — —

Phalaenopsis 'Brother Wish'　'Brother Wish'蝴蝶兰

F9001352 — — — —

Phalaenopsis 'Chancellor'　'Chancellor'蝴蝶兰

F9001353 — — — —

Phalaenopsis 'City Girl'　'City Girl'蝴蝶兰

F9001354 — — — —

Phalaenopsis cornu-cervi (Breda) Blume & Rchb. f.

F0033396 — — — 孟加拉国、缅甸、泰国、马来西亚西部、菲律宾

Phalaenopsis 'Cosmic Star'　'Cosmic Star'蝴蝶兰

F9001355 — — — —

Phalaenopsis deliciosa Rchb. f.　大尖囊兰

0002977 — 易危（VU）— 马来西亚；南亚、东亚

Phalaenopsis difformis (Wall. ex Lindl.) Kocyan & Schuit.　羽唇兰

F0033242 — — — 中国、印度、尼泊尔、孟加拉国、不丹、马来西亚西部

Phalaenopsis equestris (Schauer) Rchb. f.　小兰屿蝴蝶兰

F0033360 — — — 中国、菲律宾

Phalaenopsis fasciata Rchb. f.

F0033319 — — — 菲律宾

Phalaenopsis 'Form Mini'　'Form Mini'蝴蝶兰

F9001356 — — — —

Phalaenopsis 'Hsinging Facia'　'Hsinging Facia'蝴蝶兰

F9001357 — — — —

Phalaenopsis 'Hsinging Redqueen'　'Hsinging Redqueen'蝴蝶兰

F9001358 — — — —

Phalaenopsis hygrochila J. M. H. Shaw　湿唇兰

0000131 — 近危（NT）— 印度（阿萨姆邦）、中国、中南半岛

Phalaenopsis 'Lilac Frost'　'Lilac Frost'蝴蝶兰

F9001359 — — — —

Phalaenopsis lueddemanniana Rchb. f.　短梗蝴蝶兰

F9001360 — — — 菲律宾

Phalaenopsis mannii Rchb. f.　版纳蝴蝶兰

0002774 — 濒危（EN）— 尼泊尔东部、中国

Phalaenopsis 'Nagasaki'　'Nagasaki'蝴蝶兰

F9001361 — — — —

Phalaenopsis 'Oriental Aurora'　'Oriental Aurora'蝴蝶兰

F9001362 — — — —

Phalaenopsis parishii Rchb. f.　侏儒蝴蝶兰

0004015 — — — 尼泊尔东部、孟加拉国、中南半岛

Phalaenopsis philippinensis Golamco ex Fowlie & C. Z. Tang　菲律宾蝴蝶兰

F0091738 — — — 菲律宾

Phalaenopsis pulchra (Rchb. f.) H. R. Sweet　紫花蝴蝶兰

F0033322 — — — 菲律宾

Phalaenopsis 'Sailor Pinkie'　'Sailor Pinkie'蝴蝶兰

F9001363 — — — —

Phalaenopsis schilleriana Rchb. f.　西蕾丽蝴蝶兰

F0033354 — — — 菲律宾

Phalaenopsis 'Snow City'　'Snow City'蝴蝶兰

F9001364 — — — —

Phalaenopsis 'Sogo Firework'　'Sogo Firework'蝴蝶兰

F9001365 — — — —

Phalaenopsis stobartiana Rchb. f.　滇西蝴蝶兰

0000865 中国特有 极危（CR） — 中国南部

Phalaenopsis stuartiana Rchb. f.　小叶蝴蝶兰

0001186 — — — 菲律宾

Phalaenopsis subparishii (Z. H. Tsi) Kocyan & Schuit.　短茎萼脊兰

F9001366 中国特有 濒危（EN） — 中国南部

Phalaenopsis wilsonii Rolfe　华西蝴蝶兰

F0033236 — 易危（VU） 二级 中国南部、中南半岛北部

Pholidota　石仙桃属

Pholidota articulata Lindl.　节茎石仙桃

0003900 — — — 中国；亚洲热带

Pholidota cantonensis Rolfe　细叶石仙桃

F0032546 中国特有 — — 中国

Pholidota chinensis Lindl.　石仙桃

F0091237 — — — 中国南部、中南半岛

Pholidota imbricata Hook.　宿苞石仙桃

F0033703 — — — 西南太平洋岛屿；亚洲热带及亚热带

Pholidota leveilleana Schltr.　单叶石仙桃

F9001367 — 易危（VU） — 中国

Pholidota longipes S. C. Chen & Z. H. Tsi　长足石仙桃

F9001368 中国特有 易危（VU） — 中国

Pholidota missionariorum Gagnep.　尖叶石仙桃

F9001369 — 近危（NT） — 不丹、中国

Pholidota pallida Lindl.　粗脉石仙桃

0002365 — — — 喜马拉雅山脉、中南半岛

Pholidota yunnanensis Rolfe　云南石仙桃

F0027766 — 近危（NT） — 中国南部、中南半岛北部

Phreatia　馥兰属

Phreatia formosana Rolfe ex Hemsl.　馥兰

F9001370 — 易危（VU） — 中国、中南半岛

Phreatia matthewsii Rchb. f.

F9001371 — — — 社会群岛

Pinalia　苹兰属

Pinalia acervata (Lindl.) Kuntze　钝叶苹兰

0004038 — 易危（VU） — 中国、尼泊尔、中南半岛

Pinalia amica (Rchb. f.) Kuntze　粗茎苹兰

F0027368 — — — 中国

Pinalia bractescens (Lindl.) Kuntze　具苞苹兰

F9001372 — — — 亚洲热带

Pinalia conferta (S. C. Chen & Z. H. Tsi) S. C. Chen & J. J. Wood　密苞苹兰

F9001373 中国特有 易危（VU） — 中国（西藏东南部）

Pinalia graminifolia (Lindl.) Kuntze　禾叶苹兰

0004080 — — — 中国、尼泊尔

Pinalia japonica (Maxim.) Ormerod　日本苹兰

F9001374 — — — 中国、日本中部及南部

Pinalia obvia (W. W. Sm.) S. C. Chen & J. J. Wood　长苞苹兰

F9001375 中国特有 易危（VU） — 中国南部

Pinalia spicata (D. Don) S. C. Chen & J. J. Wood　密花苹兰

F9001376 — — — 中国、中南半岛

Pinalia szetschuanica (Schltr.) S. C. Chen & J. J. Wood　马齿苹兰

F9001377 中国特有 — — 中国南部

Platanthera　舌唇兰属

Platanthera japonica (Thunb.) Lindl.　舌唇兰

00047532 — — — 中国、印度、尼泊尔、孟加拉国、不丹、韩国、日本

Platanthera minor (Miq.) Rchb. f.　小舌唇兰

F0091095 — — — 中国、韩国中部、日本中部及南部

Pleione　独蒜兰属

Pleione bulbocodioides (Franch.) Rolfe　独蒜兰

F9001378 中国特有 — 二级 中国

Pleione forrestii Schltr.　黄花独蒜兰

F9001379 — 濒危（EN） 二级 中国、中南半岛北部

Pleione grandiflora (Rolfe) Rolfe　大花独蒜兰

F9001380 — 极危（CR） 二级 印度（北阿坎德邦）、中国、越南西北部

Pleione hookeriana (Lindl.) Rollisson　毛唇独蒜兰

F9001381 — 易危（VU） 二级 中国

Pleione maculata (Lindl.) Lindl. & Paxton　秋花独蒜兰

F9001382 — 易危（VU） 二级 中国

Pleione praecox (Sm.) D. Don　疣鞘独蒜兰

F9001383 — 易危（VU） 二级 中国

Pleione yunnanensis (Rolfe) Rolfe　云南独蒜兰

F9001384 — 易危（VU） 二级 中国、缅甸北部

Podochilus　柄唇兰属

Podochilus khasianus Hook. f.　柄唇兰

F0033842 — 近危（NT）— 中国、尼泊尔、不丹、孟加拉国

Pomatocalpa 鹿角兰属

Pomatocalpa spicatum Breda 鹿角兰

0002203 — 近危（NT）— 中国、中南半岛、马来西亚、尼泊尔、不丹、孟加拉国

Porpax 盾柄兰属

Porpax pusilla (Griff.) Schuit., Y. P. Ng & H. A. Pedersen 对茎毛兰

F9001385 — — — 中国、尼泊尔、中南半岛

Prosthechea 附柱兰属

Prosthechea pterocarpa (Lindl.) W. E. Higgins

F9001386 — — — 墨西哥中部及中南部

Pteroceras 长足兰属

Pteroceras leopardinum (C. S. P. Parish & Rchb. f.) Seidenf. & Smitinand 长足兰

F9001387 — 近危（NT）— 印度南部、中国、印度尼西亚（苏门答腊岛北部）、菲律宾

Pteroceras simondianus (Gagnep.) Aver. 滇越长足兰

F0033154 — — — —

Renanthera 火焰兰属

Renanthera citrina Aver. 中华火焰兰

0002687 — — 二级 中国、越南

Renanthera coccinea Lour. 火焰兰

F0036772 — 濒危（EN） 二级 中国南部、中南半岛

Renanthera imschootiana Rolfe 云南火焰兰

0004767 — 极危（CR） 二级 印度、中国、越南

Renanthera monachica Ames

F9006923 — — — 菲律宾

Renanthera philippinensis (Ames & Quisumb.) L. O. Williams 菲律宾火焰兰

0003397 — — — 菲律宾

Rhyncholaelia 喙丽兰属

Rhyncholaelia glauca (Lindl.) Schltr. 喙果兰

F0033379 — — — 墨西哥南部、危地马拉、洪都拉斯

Rhynchostylis 钻喙兰属

Rhynchostylis coelestis (Rchb. f.) A. H. Kent 直立狐尾兰

F0071125 — — — 中南半岛

Rhynchostylis gigantea (Lindl.) Ridl. 海南钻喙兰

F0033796 — 濒危（EN）— 中国南部、中南半岛、马来西亚

Rhynchostylis gigantea 'Alba' 'Alba'海南钻喙兰

F0071039 — — — —

Rhynchostylis gigantea 'Orange' 'Orange'海南钻喙兰

F9001388 — — — —

Rhynchostylis gigantea 'Red' 'Red'海南钻喙兰

F0071223 — — — —

Rhynchostylis gigantea 'Rubrum' 'Rubrum'钻喙兰

F9006988 — — — —

Rhynchostylis retusa (L.) Blume 钻喙兰

0003141 — 濒危（EN） 二级 中国；亚洲热带

Robiquetia 寄树兰属

Robiquetia spathulata (Blume) J. J. Sm. 大叶寄树兰

0001333 — — — 中国、中南半岛、马来西亚、尼泊尔、不丹、孟加拉国

Robiquetia succisa (Lindl.) Seidenf. & Garay 寄树兰

F0027359 — — — 尼泊尔东部、中国南部、中南半岛

Saccolabiopsis 拟囊唇兰属

Saccolabiopsis armitii (F. Muell.) Dockrill

F9001389 — — — 巴布亚新几内亚、澳大利亚（昆士兰州）

Sarcoglyphis 大喙兰属

Sarcoglyphis smithiana (Kerr) Seidenf. 大喙兰

0000579 — 易危（VU）— 中国、中南半岛

Schoenorchis 匙唇兰属

Schoenorchis gemmata (Lindl.) J. J. Sm. 匙唇兰

F0033277 — — — 尼泊尔东部、中国南部、中南半岛

Seidenfadenia 举喙兰属

Seidenfadenia mitrata (Rchb. f.) Garay 棒叶指甲兰

F0071124 — — — 缅甸、老挝

Smitinandia 盖喉兰属

Smitinandia micrantha (Lindl.) Holttum 盖喉兰

0002396 — 近危（NT）— 中国、马来半岛

Spathoglottis 苞舌兰属

Spathoglottis plicata Blume 紫花苞舌兰

F0027329 — 近危（NT）— 太平洋岛屿；亚洲热带及亚热带

Spiranthes 绶草属

Spiranthes hongkongensis S. Y. Hu & Barretto 香港绶草

F0091418 中国特有 — — 中国

Spiranthes sinensis (Pers.) Ames 绶草

F0091518 — — — 印度（阿萨姆邦）、日本中南部、新喀里多尼亚

Staurochilus 掌唇兰属

Staurochilus fasciatus (Rchb. f.) Ridl.

F0033346 — — — —

Strongyleria 毛苞兰属

Strongyleria pannea (Lindl.) Schuit., Y. P. Ng & H. A. Pedersen 指叶毛兰

F0027369 — 近危（NT）— 中国、印度、尼泊尔、孟加拉国、不丹、马来西亚西部

Tainia 带唇兰属

Tainia dunnii Rolfe 带唇兰

F9001390 中国特有 近危（NT）— 中国

Tainia latifolia (Lindl.) Rchb. f. 阔叶带唇兰

F0027428 — 易危（VU）— 中国、印度、尼泊尔、孟加拉国、不丹、马来西亚西部

Tainia macrantha Hook. f. 大花带唇兰

F0091042 — 易危（VU）— 中国、越南

Thelasis 矮柱兰属

Thelasis pygmaea (Griff.) Lindl. 矮柱兰

F0033419 — — — 亚洲热带及亚热带

Thrixspermum 白点兰属

Thrixspermum centipeda Lour. 白点兰

F0033519 — — — 印度（阿萨姆邦）、中国南部、马来西亚

Thrixspermum saruwatarii (Hayata) Schltr. 长轴白点兰

F9001391 — 近危（NT）— 中国、印度

Thunia 笋兰属

Thunia alba (Lindl.) Rchb. f. 笋兰

0001049 — — — 中国、印度、尼泊尔、孟加拉国、不丹、马来半岛

Trichoglottis 毛舌兰属

Trichoglottis geminata (Teijsm. & Binn.) J. J. Sm.

F0033367 — — — 马来西亚

Trichoglottis lorata (Rolfe ex Downie) Schuit. 小掌唇兰

0001634 — — — 中国、中南半岛

Trichoglottis orchidea (J. Koenig) Garay

F9001392 — — — 中南半岛、新加坡、马来西亚、印度尼西亚（爪哇岛）

Trichotosia 毛鞘兰属

Trichotosia dasyphylla (C. S. P. Parish & Rchb. f.) Kraenzl. 瓜子毛兰

F0027373 — 易危（VU）— 中国、尼泊尔、中南半岛

Tropidia 竹茎兰属

Tropidia angulosa (Lindl.) Blume 阔叶竹茎兰

F9001393 — 近危（NT）— 不丹、中国南部、印度尼西亚（小巽他群岛）

Uncifera 叉喙兰属

Uncifera acuminata Lindl. 叉喙兰

0003171 — — — 中国、尼泊尔

Vanda 万代兰属

Vanda alpina (Lindl.) Lindl. 垂头万代兰

F9001394 — 濒危（EN）— 中国

Vanda ampullacea (Roxb.) L. M. Gardiner 鸟舌兰

F0032988 — 濒危（EN）— 中国、尼泊尔、中南半岛

Vanda brunnea Rchb. f. 白柱万代兰

F0033620 — 易危（VU）— 中国、中南半岛

Vanda coerulea Griff. ex Lindl. 大花万代兰

F0021618 — 濒危（EN）二级 中国、印度、缅甸、泰国

Vanda coerulescens Griff. 小蓝万代兰

F9001395 — 濒危（EN）— 印度、中国

Vanda concolor Blume 琴唇万代兰

0002644 — 易危（VU）— 中国、越南

Vanda cristata Wall. ex Lindl. 叉唇万代兰

0002765 — 濒危（EN）— 中国、中南半岛

Vanda curvifolia (Lindl.) L. M. Gardiner

F9001396 — — — 印度、孟加拉国、缅甸、泰国

Vanda falcata (Thunb.) Beer 风兰

F0033241 — 濒危（EN）— 中国；亚洲东部温带

Vanda flabellata (Rolfe ex Downie) Christenson 扇唇指甲兰

0001372 — — — 中国、中南半岛

Vanda lamellata Lindl. 雅美万代兰

F0033376 — 易危（VU）— 加里曼丹岛北部、中国、菲律宾、马里亚纳群岛

Vanda lilacina Teijsm. & Binn.

F9001397 — — — 中国、中南半岛

Vanda liouvillei Finet 刘维尔万代兰

F9001399 — — — 印度（阿萨姆邦）、中南半岛

Vanda liouvillei 'Black Flower' 'Black Flower'刘维尔万代兰

F9001398 — — — —

Vanda pumila Hook. f. 矮万代兰

F0033256 — 易危（VU）— 印度（北阿坎德邦）、中国、印度尼西亚（苏门答腊岛北部）

Vanda richardsiana (Christenson) L. M. Gardiner 短距风兰

0001097 中国特有 极危（CR）— 中国

Vanda subconcolor Tang & F. T. Wang 纯色万代兰

F0033528 中国特有 濒危（EN）— 中国

Vanda tessellata (Roxb.) Hook. ex G. Don

F0071208 — — — 中南半岛；南亚

Vanda tricolor Lindl.

F0033356 — — — 印度尼西亚（爪哇岛、小巽他群岛）

Vandopsis 拟万代兰属

Vandopsis gigantea (Lindl.) Pfitzer　拟万代兰

0000404 — — — 中国、马来半岛

Vandopsis undulata (Lindl.) J. J. Sm.　白花拟万代兰

F0033630 — — — 中国

Vanilla 香荚兰属

Vanilla annamica Gagnep.　南方香荚兰

F9001400 — 易危（VU）— 中国南部、中南半岛

Vanilla odorata C. Presl

F0033352 — — — 墨西哥南部；美洲热带

Vanilla planifolia Andrews　香荚兰

F0033310 — — —

Vanilla siamensis Rolfe ex Downie　大香荚兰

F9001401 — 濒危（EN）— 中国、中南半岛

Vrydagzynea 二尾兰属

Vrydagzynea elongata Blume　长序翻唇兰

F0027600 — — — 印度尼西亚（马鲁古群岛）、俾斯麦群岛、澳大利亚（昆士兰州东北部）

Zeuxine 线柱兰属

Zeuxine nervosa (Wall. ex Lindl.) Benth. ex Trimen　芳线柱兰

0002997 — — — 琉球群岛、菲律宾；南亚

Zeuxine strateumatica (L.) Schltr.　线柱兰

0002261 — — — 亚洲热带及亚热带

Hypoxidaceae　仙茅科

Curculigo 仙茅属

Curculigo capitulata (Lour.) Kuntze　大叶仙茅

F0026982 — — — 澳大利亚（昆士兰州北部）；亚洲热带及亚热带

Curculigo crassifolia (Baker) Hook. f.　绒叶仙茅

F9001402 — — — 中国、尼泊尔

Curculigo gracilis (Kurz) Wall. ex Hook. f.　疏花仙茅

F9001403 — — — 中国、尼泊尔

Curculigo latifolia Dryand. ex W. T. Aiton　蜜果仙茅

F9001404 — — — 中国、中南半岛、马来西亚

Curculigo orchioides Gaertn.　仙茅

0001717 — — — 西太平洋岛屿；亚洲热带及亚热带

Hypoxis 小金梅草属

Hypoxis hemerocallidea Fisch., C. A. Mey. & Avé-Lall.　萱草叶小金梅草

0003599 — — 世界热带

Ixioliriaceae　鸢尾蒜科

Ixiolirion 鸢尾蒜属

Ixiolirion tataricum (Pall.) Herb.　鸢尾蒜

F9001405 — — — 土耳其东部、克什米尔地区

Iridaceae　鸢尾科

Aristea 蓝星鸢尾属

Aristea alata Baker　翅茎蓝星鸢尾

00052561 — — — 非洲东部热带

Aristea ecklonii Baker　蓝星鸢尾

F9001406 — — — 非洲南部

Crocosmia 雄黄兰属

Crocosmia × crocosmiiflora (Lemoine) N. E. Br.　雄黄兰

F9001407 — — — 非洲南部

Crocosmia 'Lucifer'　'金星'雄黄兰

F9001408 — — — —

Crocosmia masoniorum (L. Bolus) N. E. Br.　天鹅雄黄兰

F9001409 — — — 南非（东开普省、夸祖鲁-纳塔尔省）

Crocus 番红花属

Crocus cancellatus Herb.　西里西亚番红花

0001741 — — — 土耳其南部、叙利亚西南部

Crocus heuffelianus Herb.

0003881 — — — 阿尔卑斯山脉东南部、匈牙利东部、喀尔巴阡山脉

Crocus nudiflorus Sm.

0002641 — — — 法国西南部、西班牙北部

Dietes 离被鸢尾属

Dietes grandiflora N. E. Br.　大花离被鸢尾

F9001410 — — — 南非

Iris 鸢尾属

Iris 'Avanelle'　'Avanelle'鸢尾

F9001411 — — — —

Iris 'Banbury Ruffles'　'Banbury Ruffles'鸢尾

F9001412 — — — —

Iris 'Barbata-Nana'　矮髯鸢尾

F9001413 — — — —

Iris 'Baria'　'Baria'鸢尾

F9001414 — — — —

Iris 'Black'　'Black'鸢尾

F9001415 — — — —

Iris 'Black Gamecock'　'Black Gamecock'鸢尾

F9001416 — — — —

Iris 'Blauw'　'Blauw'鸢尾

F9001417 — — — —

Iris bloudowii Ledeb. 中亚鸢尾

F9001418 — — — 俄罗斯（西伯利亚南部）、蒙古；亚洲中部

Iris 'Bold' 'Bold'鸢尾

F9001419 — — — —

Iris 'Bold Pretender' 'Bold Pretender'鸢尾

F9001420 — — — —

Iris 'Brannigan' 'Brannigan'鸢尾

F9001421 — — — —

Iris 'Brassie' 'Brassie'鸢尾

F9001422 — — — —

Iris brevicaulis Raf. 短茎鸢尾

F9001423 — — — 加拿大、美国

Iris 'Bule Denin' 'Bule Denin'鸢尾

F9001424 — — — —

Iris bulleyana Dykes 西南鸢尾

F9001425 — — — 中国、缅甸

Iris 'Cherry Garden' 'Cherry Garden'鸢尾

F9001426 — — — —

Iris chrysographes Dykes 金脉鸢尾

F9001428 — — — 中国、缅甸东北部

Iris chrysographes 'Crimson' '深红色'金脉鸢尾

F9001427 — — — —

Iris 'Colorific' 'Colorific'鸢尾

F9001429 — — — —

Iris confusa Sealy 扁竹兰

F9001430 中国特有 — — 中国南部

Iris 'Dale Dennis' 'Dale Dennis'鸢尾

F9001431 — — — —

Iris 'Darkover' 'Darkover'鸢尾

F9001432 — — — —

Iris decora Wall. 尼泊尔鸢尾

F9001433 — — — 巴基斯坦、中国

Iris delavayi Micheli 长葶鸢尾

F9001434 中国特有 — — 中国

Iris 'Delicatair' 'Delicatair'鸢尾

F9001435 — — — —

Iris dichotoma Pall. 野鸢尾

F9001436 — — — 俄罗斯（西伯利亚南部）、中国、韩国南部

Iris 'Doll Dear' 'Doll Dear'鸢尾

F9001437 — — — —

Iris domestica (L.) Goldblatt & Mabb. 射干

0000657 — — — 中国、印度、尼泊尔、韩国、朝鲜、日本、菲律宾

Iris douglasiana Herb. 道格拉斯鸢尾

F9001438 — — — 美国

Iris ensata Thunb. 玉蝉花

F9001478 — 近危（NT） — 俄罗斯（西伯利亚东南部）、中国、日本

Iris ensata 'Aichi-No-Kugayaki' '爱知之辉'玉蝉花

F9001439 — — — —

Iris ensata 'Aki-Akane' '秋茜'玉蝉花

F9001440 — — — —

Iris ensata 'Dair' '内里'玉蝉花

F9001441 — — — —

Iris ensata 'Furisode-Sugata' '振袖姿'玉蝉花

F9001442 — — — —

Iris ensata 'Gunen' '群燕'玉蝉花

F9001443 — — — —

Iris ensata 'Haru-No-Koto' '春之琴'玉蝉花

F9001444 — — — —

Iris ensata 'Hatsumurasaki' '初紫'玉蝉花

F9001445 — — — —

Iris ensata 'Heki-Gyoku' '碧玉'玉蝉花

F9001446 — — — —

Iris ensata 'Hime-Komachi' '姬小町'玉蝉花

F9001447 — — — —

Iris ensata 'Ina-Komachi' '伊那小町'玉蝉花

F9001448 — — — —

Iris ensata 'Iseji-No-Hara' '伊路之春'玉蝉花

F9001449 — — — —

Iris ensata 'Kagurajishi' '神乐狮子'玉蝉花

F9001450 — — — —

Iris ensata 'Kankoubana' '郭公花'玉蝉花

F9001451 — — — —

Iris ensata 'Kinbosi' '玉蝉花'玉蝉花

F9001452 — — — —

Iris ensata 'Kitanotenshi' '北野天使'玉蝉花

F9001453 — — — —

Iris ensata 'Kougyoku' '皇玉'玉蝉花

F9001454 — — — —

Iris ensata 'Kozasa-Gawa' '小川'玉蝉花

F9001455 — — — —

Iris ensata 'Mangetsu-No-Koi' '满月之恋'玉蝉花

F9001456 — — — —

Iris ensata 'Matsuzaka-Hakuum' '松阪白云'玉蝉花

F9001457 — — — —

Iris ensata 'Matsuzaka-Shiranui' '板阪不知明'玉蝉花

F9001458 — — — —

Iris ensata 'Minori-No-Aki' '稔之秋'玉蝉花

F9001459 — — — —

Iris ensata 'Muramatsun' '村祭'玉蝉花

F9001460 — — — —
Iris ensata 'Mutsu-No-Usbeni' '陆奥之薄红'玉蝉花

F9001461 — — — —
Iris ensata 'Nagai-Sanshi-Suime' '长井山紫水明'玉蝉花

F9001462 — — — —
Iris ensata 'Nagaiseiryu' '长井清流'玉蝉花

F9001463 — — — —
Iris ensata 'Noga' 'Noga'玉蝉花

F9001464 — — — —
Iris ensata 'Noga Wanosagi' '野川之鹭'玉蝉花

F9001465 — — — —
Iris ensata 'Oaedo' '江大户'玉蝉花

F9001466 — — — —
Iris ensata 'Onarimon' '御成门'玉蝉花

F9001467 — — — —
Iris ensata 'Otome' '乙女'玉蝉花

F9001468 — — — —
Iris ensata 'Purple' '紫色鸢尾'玉蝉花

F9001469 — — — —
Iris ensata 'Ronran' '楼兰'玉蝉花

F9001470 — — — —
Iris ensata 'Sakuragaoka' '樱丘'玉蝉花

F9001471 — — — —
Iris ensata 'Sanseki-No-Kun' '三夕之感'玉蝉花

F9001472 — — — —
Iris ensata 'Shigure-Saigyo' '时雨西行'玉蝉花

F9001473 — — — —
Iris ensata 'Shin-Izumi' '新泉'玉蝉花

F9001474 — — — —
Iris ensata 'Shirasu' '白州'玉蝉花

F9001475 — — — —
Iris ensata 'Souka-No-Kuori' '凑香之香'玉蝉花

F9001476 — — — —
Iris ensata 'Suiren' '垂帘'玉蝉花

F9001477 — — — —
Iris ensata 'Tsukiyono' '月夜野'玉蝉花

F9001479 — — — —
Iris ensata 'Tyouseiden' '长生殿'玉蝉花

F9001480 — — — —
Iris ensata 'Yama-Momiji' '山红叶'玉蝉花

F9001481 — — — —
Iris ensata 'Yoru-No-Niji' '夜之虹'玉蝉花

F9001482 — — — —
Iris ensata 'Yukum' '游君'玉蝉花

F9001483 — — — —
Iris ensata 'Yume-No-Hagoro' '梦之羽衣'玉蝉花

F9001484 — — — —

Iris ensata 'Yurnine' '雄峰'玉蝉花

F9001485 — — — —
Iris 'Forest Light' 'Forest Light'鸢尾

F9001486 — — — —
Iris forrestii Dykes 云南鸢尾

F9001487 — — — 中国、缅甸北部
Iris fulva Ker Gawl. 铜红鸢尾

F9001488 — — — 美国中北部及东南部
Iris germanica L. 德国鸢尾

F9001489 — — — —
Iris glaucescens Bunge 粉绿鸢尾

F9001490 — — — 蒙古西北部；欧洲东部、中亚
Iris 'Gleaming Gold' 'Gleaming Gold'鸢尾

F9001491 — — — —
Iris graeberiana Sealy 格雷博鸢尾

F9001492 — — — 吉尔吉斯斯坦
Iris graminea L. 禾叶鸢尾

F9001493 — — — 欧洲
Iris 'Green Little' 'Green Little'鸢尾

F9001494 — — — —
Iris halophila Pall. 喜盐鸢尾

F9001495 — — — 罗马尼亚、蒙古、巴基斯坦；中亚
Iris hookeri Penny ex G. Don 虎克鸢尾

F9001496 — — — 加拿大、美国
Iris hookeriana Foster 胡克鸢尾

F9001497 — — — 阿富汗、巴基斯坦、喜马拉雅山脉西部
Iris 'Indian Light' 'Indian Light'鸢尾

F9001498 — — — —
Iris innominata L. F. Hend. 无名鸢尾

F9001499 — — — 美国（俄勒冈州西南部及加利福尼亚州西北部）
Iris japonica Thunb. 蝴蝶花

0003144 — — — 中国、日本、缅甸
Iris 'Just Jennifer' 'Just Jennifer'鸢尾

F9001500 — — — —
Iris 'Kharut' 'Kharut'鸢尾

F9001501 — — — —
Iris laevigata Fisch. 燕子花

F9001502 — — — 俄罗斯（西伯利亚南部）、中国、日本
Iris 'Lavender Doll' 'Lavender Doll'鸢尾

F9001503 — — — —
Iris 'Lilly White' 'Lilly White'鸢尾

F9001504 — — — —
Iris 'Little Dream' 短梦鸢尾

F9001505 — — — —
Iris 'Little Sapphire' 'Little Sapphire'鸢尾

F9001506 — — — —
Iris 'Little Satire' 'Little Satire'鸢尾

F9001507 — — — —
Iris 'Little Shudow' 'Little Shudow'鸢尾

F9001508 — — — —
Iris longipetala Herb. 长瓣鸢尾

F9001509 — — — 美国（加利福尼亚州西部）
Iris 'Louisiana Group' 路易斯安娜鸢尾

0004670 — — — —
Iris 'Loura' 'Loura'鸢尾

F9001510 — — — —
Iris 'Loura Louise' 'Loura Louise'鸢尾

F9001511 — — — —
Iris lutescens Lam. 淡黄鸢尾

F9001512 — — — 欧洲
Iris 'Meadow Court' 'Meadow Court'鸢尾

F9001513 — — — —
Iris 'Mellon Honey' 'Mellon Honey'鸢尾

F9001514 — — — —
Iris milesii Baker ex Foster 红花鸢尾

F9001515 — — — 中国（中部及喜马拉雅山脉西部）
Iris 'Moonlight' 'Moonlight'鸢尾

F9001516 — — — —
Iris 'Nambe' 'Nambe'鸢尾

F9001517 — — — —
Iris 'New Idea' 'New Idea'鸢尾

F9001518 — — — —
Iris orientalis Mill. 东方长筒鸢尾

F9001519 — — — 希腊东北部、土耳其
Iris orientalis 'Shelford Giant' '谢费尔德'东方长筒鸢尾

F9001520 — — — —
Iris oxypetala Bunge 蓝花鸢尾

F9001521 — — — 中国（北部及喜马拉雅山脉西部）、俄罗斯（远东地区南部）、日本
Iris pallida Lam. 香根鸢尾

F9001524 — — — 意大利、巴尔干半岛西北部
Iris pallida 'Aurea' 'Aurea'香根鸢尾

F9001522 — — — —
Iris pallida 'Aurea Variegata' 'Aurea Variegata'香根鸢尾

F9001523 — — — —
Iris pallida 'Variegata' 'Variegata'香根鸢尾

F9001525 — — — —
Iris 'Pastel Charn' 'Pastel Charn'鸢尾

F9001526 — — — —
Iris 'Peack Eyes' 'Peack Eyes'鸢尾

F9001527 — — — —
Iris 'Petit Polka' 'Petit Polka'鸢尾

F9001528 — — — —
Iris 'Pogo' 'Pogo'鸢尾

F9001529 — — — —
Iris prismatica Pursh 角柱鸢尾

F9001530 — — — 美国东部
Iris pseudacorus L. 黄菖蒲

Q201611059324 — — — 高加索地区、地中海地区、伊拉克、伊朗；欧洲
Iris 'Regards Rood' 'Regards Rood'鸢尾

F9001531 — — — —
Iris 'Ritz' 'Ritz'鸢尾

F9001532 — — — —
Iris sanguinea Hornem. 溪荪

F9001533 — — — 俄罗斯（西伯利亚南部）、中国、日本
Iris sanguinea 'Korea' 'Korea'溪荪

F9001534 — — — —
Iris sanguinea 'Snow Queen' 冰雪皇后

F9001535 — — — —
Iris setosa 'Pall. Ex Link' 山鸢尾

F9001536 — — — —
Iris sibirica L. 西伯利亚鸢尾

F9001543 — — — —
Iris sibirica 'Cabardense' 'Cabardense'西伯利亚鸢尾

F9001537 — — — —
Iris sibirica 'Caesars Brother' '恺撒兄弟'西伯利亚鸢尾

F9001538 — — — —
Iris sibirica 'Cambridge' '剑桥'西伯利亚鸢尾

F9001539 — — — —
Iris sibirica 'Dance Ballerina Dance' 'Dance Ballerina Dance'西伯利亚鸢尾

F9001540 — — — —
Iris sibirica 'Ewen' '埃文'西伯利亚鸢尾

F9001541 — — — —
Iris sibirica 'Fourfold White' 'Fourfold White'西伯利亚鸢尾

F9001542 — — — —
Iris sibirica 'Papillon' 'Papillon'西伯利亚鸢尾

F9001544 — — — —
Iris sibirica 'Pink Haze' '粉朦胧'西伯利亚鸢尾

F9001545 — — — —
Iris sibirica 'Poland' 'Poland'西伯利亚鸢尾

F9001546 — — — —
Iris sibirica 'Red Flare' '红光'西伯利亚鸢尾

F9001547 — — — —
Iris sibirica 'Roanoake's Choice' 'Roanoake's Choice'西伯利亚鸢尾

F9001548 — — — —

Iris sibirica 'Welcome Return' 'Welcome Return'西伯利亚鸢尾

F9001549 — — — —

Iris sibirica 'Wisley White' 'Wisley White'西伯利亚鸢尾

F9001550 — — — —

Iris sintenisii Janka 新泰尼鸢尾

F9001551 — — — 土耳其北部；欧洲东南部及东部

Iris songarica Schrenk 准噶尔鸢尾

F9001552 — — — 伊朗、阿富汗、巴基斯坦、中国、蒙古

Iris speculatrix Hance 小花鸢尾

F0026458 中国特有 — — 中国

Iris 'Spicy' 'Spicy'鸢尾

F9001553 — — — —

Iris 'Spicy Cajun' 'Spicy Cajun'鸢尾

F9001554 — — — —

Iris spuria subsp. *musulmanica* (Fomin) Takht. 木苏鸢尾

F9001555 — — — 土耳其中东部、伊朗

Iris 'Stockhdm' 'Stockhdm'鸢尾

F9001556 — — — —

Iris 'Surprise Blue' 'Surprise Blue'鸢尾

F9001557 — — — —

Iris tectorum Maxim. 鸢尾

F0036982 中国特有 — — 中国

Iris 'Truly' 'Truly'鸢尾

F9001558 — — — —

Iris typhifolia Kitag. 北陵鸢尾

F9001559 中国特有 — — 中国

Iris unguicularis Poir. 爪瓣鸢尾

F9001560 — — — 地中海地区东部；非洲西北部

Iris versicolor L. 变色鸢尾

F9001561 — — — 加拿大、美国

Iris 'Viola' 'Viola'鸢尾

F9001562 — — — —

Iris virginica 'Pink' 'Pink'鸢尾

F9001563 — — — —

Iris virginica 'Pink Butterfly' 'Pink Butterfly'鸢尾

F9001564 — — — —

Iris 'Volts' 'Volts'鸢尾

F9001565 — — — —

Iris wilsonii C. H. Wright 黄花鸢尾

Q201703179480 中国特有 — — 中国中部

Olsynium 春钟花属

Olsynium douglasii (A. Dietr.) E. P. Bicknell 春钟花

F9001566 — — — 加拿大、美国西部

Trimezia 黄扇鸢尾属

Trimezia gracilis (Herb.) Christenh. & Byng 巴西鸢尾

0001001 — — — 巴西中西部及东南部、巴拉圭

Asphodelaceae 阿福花科

Aloe 芦荟属

Aloe affinis A. Berger

F9001568 — — — 南非（姆普马兰加省）

Aloe africana Mill. 非洲芦荟

00018404 — — — 南非

Aloe albiflora Guillaumin

F9001569 — — — 马达加斯加南部

Aloe alooides (Bolus) Druten 相似芦荟

F9001570 — — — 南非（姆普马兰加省）

Aloe amudatensis Reynolds

F9001571 — — — 布隆迪、肯尼亚西北部

Aloe arborescens Mill. 木立芦荟

00019347 — — — 世界热带

Aloe arborescens × *Aloe speciosa*

F9001572 — — — —

Aloe arborescens 'Variegata' 斑叶木立芦荟

00019074 — — — —

Aloe arenicola Reynolds 极乐锦

F9001573 — — — 南非

Aloe bakeri Scott Elliot

F9001574 — — — 马达加斯加东南部

Aloe boylei Baker

F9001575 — — — 非洲南部

Aloe brevifolia Mill. 短叶芦荟

F9001576 — — — 南非

Aloe broomii Schönland 狮子锦

F9001577 — — — 非洲南部

Aloe buettneri A. Berger

F9001578 — — — 乍得、纳米比亚西北部；非洲西部热带

Aloe buhrii Lavranos

F9001579 — — — 南非

Aloe bulbillifera H. Perrier

F9001580 — — — 马达加斯加

Aloe cameronii Hemsl.

F9001581 — — — 非洲南部热带

Aloe castanea Schönland 栗褐芦荟

00019003 — — — 南非、斯威士兰

Aloe chabaudii Schönland 菊花芦荟

00019097 — — — 非洲南部

Aloe cheranganiensis S. Carter & Brandham

F9001582 — — — 乌干达北部、肯尼亚西北部

Aloe christianii Reynolds

F9001583 — — — 非洲南部

Aloe claviflora Burch. 棒花芦荟

F9001584 — — — 非洲南部

Aloe conifera H. Perrier　圆锥芦荟

F9001585 — — — 马达加斯加

Aloe cooperi Baker　库伯芦荟

F9001586 — — — 莫桑比克；南非

Aloe cremnophila Reynolds & P. R. O. Bally

F9001587 — — — 索马里北部

Aloe dawei A. Berger

F9001588 — — — 刚果（金）东北部、肯尼亚西部

Aloe decaryi Guillaumin

F9001589 — — — 马达加斯加南部

Aloe deltoideodonta Baker

F9001590 — — — 马达加斯加

Aloe descoingsii Reynolds　第可芦荟

0004661 — — — 马达加斯加南部

Aloe elegans Tod.

F9001591 — — — 苏丹西部、厄立特里亚、埃塞俄比亚中部

Aloe elgonica Bullock

F9001592 — — — 肯尼亚

Aloe excelsa A. Berger　高芦荟

00018462 — — — 非洲南部热带

Aloe falcata Baker

F9001593 — — — 南非

Aloe ferox Mill.　好望角芦荟

F9001594 — — — —

Aloe ferox 'Rededge'　'Rededge'好望角芦荟

F9001595 — — — —

Aloe fleurentinorum Lavranos & L. E. Newton　福氏芦荟

F9001596 — — — —

Aloe flexilifolia Christian

F9001597 — — — 坦桑尼亚东北部

Aloe gariepensis Pillans　醉鬼亭

F9001598 — — — 纳米比亚

Aloe glabrescens (Reynolds & P. R. O. Bally) S. Carter & Brandham

F9001599 — — — 索马里北部

Aloe glauca Mill.　蓝芦荟

F9001600 — — — 南非

Aloe globuligemma Pole-Evans　球芽芦荟

00019320 — — — 非洲南部

Aloe graciliflora Groenew.　蛇尾锦

F9001601 — — — 南非（姆普马兰加省）

Aloe grandidentata Salm-Dyck

F9001602 — — — 非洲南部

Aloe grata Reynolds

F9001603 — — — 安哥拉

Aloe greenii C. Green ex Rob.　格林芦荟

F9001604 — — — 非洲南部

Aloe haworthioides Baker　琉璃姬孔雀

0004793 — — — 马达加斯加

Aloe hereroensis Engl.

F9001605 — — — 非洲南部

Aloe hexapetala Salm-Dyck　艳丽芦荟

F9001606 — — — —

Aloe hildebrandtii Baker

F9001607 — — — 索马里北部

Aloe humilis (L.) Mill.　帝王锦

00019226 — — — 南非

Aloe immaculata Pillans

F9001608 — — — 非洲林波波河流域

Aloe inermis Forssk.

F9001609 — — — 沙特阿拉伯南部、阿曼西部

Aloe jacksonii Reynolds

0001382 — — — 埃塞俄比亚东部、索马里

Aloe jucunda Reynolds　俏芦荟

00019327 — — — 索马里北部

Aloe juvenna Brandham & S. Carter　翡翠殿

F9001610 — — — 肯尼亚西南部、坦桑尼亚北部

Aloe karasbergensis Pillans

F9001611 — — — 纳米比亚、南非

Aloe kedongensis Reynolds

F9001612 — — — 肯尼亚西南部

Aloe kilifiensis Christian

F9001613 — — — 肯尼亚东南部、坦桑尼亚东北部

Aloe lateritia Engl.

F9001614 — — — 埃塞俄比亚南部、马拉维北部

Aloe lineata (Aiton) Haw.　石玉扇

F9001615 — — — 南非

Aloe littoralis Baker　海岸芦荟

F9001616 — — — 纳米比亚；非洲南部热带

Aloe 'Lizardiips'　'Lizardiips'芦荟

F9001617 — — — —

Aloe maculata All.　皂芦荟

F9001618 — — — 非洲南部

Aloe marlothii A. Berger　鬼切芦荟

00018489 — — — —

Aloe microstigma 'Variegata'　'Variegata'星光锦

F9001619 — — — —

Aloe millotii Reynolds

F9001620 — — — 马达加斯加南部

Aloe mubendiensis Christian

F9001621 — — — 乌干达西部

Aloe nobilis 'Variegata'　'Variegata'不夜城芦荟

F9001622 — — — —

Aloe nyeriensis Christian & I. Verd.　涅里芦荟

F9001623 — — — 肯尼亚中部

Aloe parvibracteata Schönland

F9001624 — — — 非洲南部

Aloe pearsonii Schönland

F9001625 — — — 纳米比亚西南部、南非

Aloe peckii P. R. O. Bally & I. Verd.

F9001626 — — — 索马里北部

Aloe peglerae Schönland　红火棒

F9001627 — — — 南非

Aloe pendens Forssk.　下垂芦荟

00019002 — — — 也门西部

Aloe perfoliata L.　不夜城芦荟

00019310 — — — 南非

Aloe pluridens Haw.　多齿芦荟

F9001629 — — — 南非（东开普省、夸祖鲁-纳塔尔省）

Aloe polyphylla Pillans　多叶芦荟

F9001630 — — — 莱索托

Aloe pratensis Baker　草地芦荟

F9001631 — — — 南非（东开普省、夸祖鲁-纳塔尔省）

Aloe prinslooi I. Verd. & D. S. Hardy

F9001632 — — — 南非东部

Aloe 'Pudikopp'　'Pudikopp'芦荟

F9001633 — — — —

Aloe rauhii 'Snow Flake'　白斑芦荟

00019302

Aloe reitzii Reynolds　莱次芦荟

F9001634 — — — 非洲南部

Aloe reynoldsii Letty

F9001635 — — — 南非（东开普省）

Aloe rivierei Lavranos & L. E. Newton

F9001636 — — — 阿拉伯半岛西南部

Aloe schelpei Reynolds

F9001637 — — — 埃塞俄比亚中部

Aloe secundiflora Engl.

F9001638 — — — 埃塞俄比亚南部、坦桑尼亚

Aloe sinkatana Reynolds　辛卡特芦荟

F9001639 — — — 苏丹东北部

Aloe 'Snow Flake'　'Snow Flake'芦荟

F9006908 — — — —

Aloe 'Soledadh'　'Soledadh'芦荟

F9001640 — — — —

Aloe somaliensis C. H. Wright ex W. Watson　索马里芦荟

F9001641 — — — 吉布提、索马里北部

Aloe spectabilis Reynolds

F9001642 — — — 南非（夸祖鲁-纳塔尔省）

Aloe spicata L. f.　穗花芦荟

F9001643 — — — 非洲南部

Aloe × spinosissima A. Berger

F9001567 — — — —

Aloe striata Haw.　银芳锦

00019350 — — — 南非

Aloe suprafoliata Pole-Evans　开卷芦荟

F9001644 — — — 南非

Aloe thraskii Baker　沙丘芦荟

F9001645 — — — 南非

Aloe tororoana Reynolds　托罗芦荟

F9001646 — — — 乌干达东南部

Aloe vacillans Forssk.

F9001647 — — — 阿拉伯半岛西南部

Aloe vanbalenii Pillans

F9001648 — — — 南非

Aloe vaombe Decorse & Poiss.　树型芦荟

F9001649 — — — 马达加斯加南部

Aloe vera (L.) Burm. f.　库拉索芦荟

00019399 — — — 地中海地区

Aloe vogtsii Reynolds

F9001650 — — — 非洲林波波河流域

Aloe volkensii Engl.

F9001651 — — — 非洲东部热带

Aloe 'Walmsley's Bronze'　'Walmsley's Bronze'芦荟

F9001652 — — — —

Aloe whitcombei Lavranos

F9001653 — — — 阿曼南部

Aloe wickensii Pole-Evans　隐柄芦荟

F9001654 — — — 南非（姆普马兰加省）

Aloe wollastonii Rendle

0001615 — — — 非洲热带中东部

Aloe zebrina Baker　斑马芦荟

F9001655 — — — 非洲南部热带

Aloestrela　马岛树芦荟属

Aloestrela suzannae (Decary) Molteno & Gideon F. Sm.

F9001656 — — — —

Aloiampelos　蔓芦荟属

Aloiampelos ciliaris (Haw.) Klopper & Gideon F. Sm.　细茎芦荟

F9001657 — — — —

Aloiampelos tenuior (Haw.) Klopper & Gideon F. Sm.

F9001658 — — — 南非

Aloidendron　树芦荟属

Aloidendron barberae (Dyer) Klopper & Gideon F. Sm.　大树芦荟

00018470 — — — 莫桑比克、南非

Aloidendron dichotomum (Masson) Klopper & Gideon F. Sm.　二歧芦荟

F9001659 — — — —
Aloidendron pillansii (L. Guthrie) Klopper & Gideon F. Sm. 巨箭筒芦荟
F9001660 — — — 纳米比亚
Aloidendron ramosissimum (Pillans) Klopper & Gideon F. Sm. 多权芦荟
F9001661 — — — 纳米比亚
Aloidendron sabaeum (Schweinf.) Boatwr. & J. C. Manning
F9001662 — — — 阿拉伯半岛西南部

Aristaloe 绫锦芦荟属

Aristaloe aristata (Haw.) Boatwr. & J. C. Manning 绫锦
F9001663 — — — 非洲南部

Astroloba 松塔掌属

Astroloba herrei Uitewaal 白夜之塔
0000862 — — — 南非

Bulbine 须尾草属

Bulbine frutescens (L.) Willd. 须尾草
00018800 — — — 非洲南部

Dianella 山菅兰属

Dianella ensifolia (L.) Redouté 山菅兰
0004192 — — — 非洲南部热带、亚洲热带及亚热带
Dianella ensifolia 'Aurea-Marginata' 金边山菅兰
0000161 — — — —
Dianella ensifolia 'Marginata' 银边山菅兰
0000951 — — — —
Dianella ensifolia 'Yellow Stripe' 金道山菅兰
0003476 — — — —

Gasteria 鲨鱼掌属

Gasteria carinata (Mill.) Duval 牛舌
F9001664 — — — 南非
Gasteria carinata var. *verrucosa* (Mill.) van Jaarsv. 鲨鱼掌
F9001665 — — — 南非
Gasteria disticha (L.) Haw. 青龙刀
00019360 — — — 南非
Gasteria minima Poelln. 子宝
00019091 — — — —
Gasteria nitida (Salm-Dyck) Haw. 贝克星龙
F9001666 — — — 南非
Gasteria nitida var. *armstrongii* (Schönland) van Jaarsv. 卧牛
0004393 — — — 南非
Gasteria obliqua (Aiton) Duval 墨牟
F9001667 — — — 南非
Gasteria pulchra (Aiton) Haw. 虎尾锦

F9001668 — — — 南非

Haworthia 牡丹卷属

Haworthia affretuse 'Variegata' 玉绿之光
0004108 — — — —
Haworthia cooperi 'Leightonii' 水晶掌
0001784 — — — —
Haworthia cooperi var. *truncata* (H. Jacobsen) M. B. Bayer 姬玉露
0002478 — — — 南非
Haworthia crausii M. Hayashi 绿心十二卷
F9001669 — — — —
Haworthia cymbiformis (Haw.) Duval 京之华
0000011 — — — 南非
Haworthia cymbiformis 'Albovariegata' 涡青鸟
0002009 — — — —
Haworthia cymbiformis var. *obtusa* (Haw.) Baker 青玉帘
0000511 — — — 南非
Haworthia emelyae var. *multifolia* M. B. Bayer 红叶之前
0002306 — — — 南非
Haworthia herbacea (Mill.) Stearn 姬凌锦
0001674 — — — 南非
Haworthia magnifica Poelln. 美丽十二卷
0003746 — — — 南非
Haworthia marumiana var. *batesiana* (Uitewaal) M. B. Bayer 菊绘卷
0001244 — — — 南非
Haworthia retusa (L.) Duval 寿
F9001670 — — — 南非
Haworthia truncata Schönland 绿玉扇
0004509 — — — 南非
Haworthia truncata × *Haworthia retusa*
0001833 — — — —
Haworthia truncata var. *maughanii* (Poelln.) B. Fearn 万象
F9001671 — — — 南非

Haworthiopsis 十二卷属

Haworthiopsis attenuata (Haw.) G. D. Rowley 松之雪
F9001672 — — — 南非
Haworthiopsis attenuata 'Albovariegata' 'Albovariegata' 十二卷
0004570 — — — —
Haworthiopsis attenuata 'Norieu Kihiyo' 'Norieu Kihiyo' 十二卷
0001211 — — — —
Haworthiopsis attenuata var. *radula* (Jacq.) G. D. Rowley 松霜
F9001673 — — — 南非

Haworthiopsis coarctata (Haw.) G. D. Rowley 龙爪瓦苇
F9001674 — — — 南非

Haworthiopsis fasciata (Willd.) G. D. Rowley 条纹十二卷
0001208 — — — 南非

Haworthiopsis glauca 'Herrei' 青瞳
0004416 — — —

Haworthiopsis limifolia (Marloth) G. D. Rowley 琉璃殿
00019366 — — — 莫桑比克

Haworthiopsis reinwardtii (Salm-Dyck) G. D. Rowley 鹰爪
F9001675 — — — 南非

Haworthiopsis tessellata (Haw.) G. D. Rowley 龙鳞锉掌
F9001676 — — — 非洲南部

Haworthiopsis venosa 'Tessellata' 'Tessellata'十二卷
F9001677 — — —

Haworthiopsis viscosa (L.) Gildenh. & Klopper 三角鹰爪花
F9001678 — — — 南非

Hemerocallis 萱草属

Hemerocallis citrina Baroni 黄花菜
F9001679 — — — 俄罗斯（远东地区南部）、中国、日本

Hemerocallis fulva (L.) L. 萱草
00018542 — — — 中国、印度、日本、韩国、俄罗斯

Hemerocallis lilioasphodelus L. 北黄花菜
F9001680 — — — 阿尔卑斯山脉东南部、阿尔巴尼亚东北部、俄罗斯（西伯利亚）、中国、韩国

Hemerocallis middendorffii var. *esculenta* (Koidz.) Ohwi 北萱草
F9001681 — — — 日本

Hemerocallis minor Mill. 小黄花菜
F9001682 — — — 俄罗斯（西伯利亚）、中国、韩国

Hemerocallis multiflora Stout 多花萱草
F9001683 中国特有 近危（NT） — 中国

Hemerocallis plicata Stapf 折叶萱草
F9001684 中国特有 近危（NT） — 中国

Kniphofia 火把莲属

Kniphofia rufa Baker
F9001685 — — — —

Kniphofia sarmentosa (Andrews) Kunth
F9001686 — — — 南非

Kniphofia thomsonii Baker 汤姆逊火把莲
00053257 — — — 埃塞俄比亚、坦桑尼亚北部

Kumara 折扇芦荟属

Kumara plicatilis (L.) G. D. Rowley 折扇芦荟
F9001687 — — — —

Phormium 麻兰属

Phormium 'Alison Blackman' '爱丽丝'麻兰

F9001688 — — — —
Phormium 'Apricot Queen' '杏后'麻兰
F9001689 — — —
Phormium 'Pink Stripe' 'Pink Stripe'麻兰
F9001690 — — —
Phormium 'Rainbow Maiden' '彩虹少女'麻兰
F9001691 — — —
Phormium 'Rainbow Queen' '彩虹皇后'麻兰
F9001692 — — —
Phormium tenax 'Sundowner' '晚霞'麻兰
F9001693 — — —
Phormium 'Tom Thumb' 'Tom Thumb'麻兰
F9001694 — — — —

Tulista 珠纹卷属

Tulista pumila (L.) G. D. Rowley 点纹十二卷
0003367 — — — 南非

Amaryllidaceae 石蒜科

Agapanthus 百子莲属

Agapanthus africanus (L.) Hoffmanns. 百子莲
0004357 — — — 南非

Allium 葱属

Allium giganteum Regel 大花葱
F9001695 — — — 伊朗东北部；亚洲中部

Allium macrostemon Bunge 薤白
F9001696 — — — 俄罗斯（远东地区）、中国

Allium paepalanthoides Airy Shaw 天蒜
F9001697 中国特有 — — 中国

Allium thunbergii G. Don 球序韭
F9001698 — — — 中国；亚洲东部温带

Allium tuberosum Rottler ex Spreng. 韭
00048034 — — — 中国

Ammocharis 沙殊兰属

Ammocharis coranica (Ker Gawl.) Herb.
0001607 — — — 世界热带

Brunsvigia 花盏属

Brunsvigia bosmaniae F. M. Leight.
0003796 — — — 纳米比亚、南非

Clivia 君子兰属

Clivia miniata (Lindl.) Verschaff. 君子兰
F9001699 — — — 非洲南部

Clivia miniata 'Aurea' 黄花君子兰
F9001700 — — —

Clivia miniata 'Variegata' 花叶君子兰

F9001701 — — — —

Clivia nobilis Lindl. 垂笑君子兰

F9001702 — — — 南非（东开普省）

Clivia robusta B. G. Murray, Ran, de Lange, Hammett, Truter & Swanev.

0002141 — — — 南非（东开普省、夸祖鲁-纳塔尔省）

Crinum 文殊兰属

Crinum × amabile Donn ex Ker Gawl. 红花文殊兰

F9001703 — — — 印度

Crinum asiaticum 'Variegatum' 花叶文殊兰

0002837 — — — —

Crinum asiaticum var. *sinicum* (Roxb. ex Herb.) Baker 文殊兰

0003621 — — — 中国南部

Crinum bulbispermum (Burm. f.) Milne-Redh. & Schweick.

0002363 — — — 非洲南部

Crinum campanulatum Herb.

0004407 — — — 南非（东开普省）

Crinum graminicola I. Verd.

0003581 — — — 南非

Crinum kirkii Baker

0004655 — — — 非洲东部热带

Crinum latifolium L. 西南文殊兰

F0035953 — — — 印度、中国南部

Crinum lineare L. f.

0000860 — — — 南非（东开普省）

Crinum paludosum I. Verd.

0002639 — — — 世界热带

Crinum variabile (Jacq.) Herb.

0002741 — — — 南非

Cyrtanthus 垂筒花属

Cyrtanthus breviflorus Harv. 垂枝幻蝶蔓

00018382 — — — 非洲南部

Cyrtanthus mackenii Hook. f. 垂筒花

F9006930 — — — 南非

Cyrtanthus mackenii 'Cooperi' 粉垂筒花

0003754 — — — —

Cyrtanthus obliquus (L. f.) Aiton 扭叶曲管花

0000293 — — — 南非

Hippeastrum 朱顶红属

Hippeastrum aulicum (Ker Gawl.) Herb. 脐顶红

0002289 — — — 巴西、巴拉圭

Hippeastrum bukasovii (Vargas) Gereau & Brako 布卡索维朱顶红

0001587 — — — 秘鲁

Hippeastrum correiense (Bury) Worsley 绿纹朱顶红

0004630 — — — 巴西东南部

Hippeastrum cuzcoense (Vargas) Gereau & Brako

0002472 — — — 秘鲁

Hippeastrum evansiae (Traub & I. S. Nelson) H. E. Moore 皱边朱顶红

0003199 — — — 玻利维亚

Hippeastrum glaucescens (Mart. ex Schult. & Schult. f.) Herb.

0001111 — — — 南美洲东北部

Hippeastrum hybridum 'Floris Hekker' 花海克朱顶兰

F9001704 — — — —

Hippeastrum hybridum 'Las Vegas' 拉斯维加斯朱顶兰

F9001705 — — — —

Hippeastrum hybridum 'Pink Queen' 粉皇后朱顶红

0004771 — — — —

Hippeastrum hybridum 'Red Lion' 红狮子朱顶兰

0000128 — — — —

Hippeastrum iguazuanum (Ravenna) T. R. Dudley & M. Williams 伊瓜苏朱顶红

0003031 — — — 巴西南部、阿根廷

Hippeastrum leonardii (Vargas) Gereau & Brako 蕾宝朱顶红

0004385 — — — 秘鲁

Hippeastrum macbridei (Vargas) Gereau & Brako

0000664 — — — 秘鲁

Hippeastrum mandonii Baker 猫花朱顶红

0002290 — — — 玻利维亚

Hippeastrum morelianum Lem. 绿星朱顶红

0001023 — — — 巴西东南部

Hippeastrum pardinum (Hook. f.) Dombrain 红喷点朱顶红

0004711 — — — 秘鲁、玻利维亚

Hippeastrum parodii Hunz. & A. A. Cocucci 黄喇叭朱顶红

0002059 — — — 玻利维亚、阿根廷北部

Hippeastrum psittacinum (Ker Gawl.) Herb. 鹦鹉朱顶红

0000822 — — — 巴西东部及南部

Hippeastrum 'Red Lion' 'Red Lion'朱顶红

F9001706 — — — —

Hippeastrum reticulatum (L'Hér.) Herb. 白肋朱顶红

0002364 — — — 巴西东部、阿根廷

Hippeastrum striatum (Lam.) H. E. Moore 朱顶红

0004403 — — — 巴西东部及南部

Hippeastrum teyucuarense (Ravenna) Van Scheepen

0000660 — — — 阿根廷东北部

Hippeastrum vittatum (L'Hér.) Herb. 花朱顶红

F9006870 — — — 玻利维亚西部、巴西南部、阿根廷

Hippeastrum vittatum 'Red Lion' 'Red Lion'花朱顶红

F9006871 — — — —

Hippeastrum yungacense (Cárdenas & I. S. Nelson) Meerow 杨格森朱顶红

0001021 — — — 玻利维亚

Hymenocallis 水鬼蕉属

Hymenocallis caribaea 'Variegata' 长叶蜘蛛兰

F9001707 — — — —

Hymenocallis littoralis (Jacq.) Salisb. 水鬼蕉

0000750 — — — 墨西哥、秘鲁北部、巴西

Hymenocallis littoralis 'Variegata' 花叶蜘蛛兰

F9001708 — — — —

Lycoris 石蒜属

Lycoris albiflora Koidz. 乳白石蒜

F9001709 — — — —

Lycoris anhuiensis Y. Xu & G. J. Fan 安徽石蒜

F9001710 中国特有 濒危（EN） — 中国

Lycoris aurea (L'Hér.) Herb. 忽地笑

0000317 — — — 中国、中南半岛

Lycoris caldwellii Traub 短蕊石蒜

F9001711 中国特有 近危（NT） — 中国

Lycoris chinensis Traub 中国石蒜

F9001712 — — — 中国、韩国

Lycoris guangxiensis Y. Xu & G. J. Fan 广西石蒜

F9001713 中国特有 易危（VU） — 中国

Lycoris houdyshelii Traub 江苏石蒜

F9001714 中国特有 易危（VU） — 中国

Lycoris incarnata Comes ex Sprenger 香石蒜

F9001715 中国特有 — — 中国

Lycoris longituba var. *flava* Y. Xu & X. L. Huang 黄长筒石蒜

0003847 中国特有 — — 中国

Lycoris longituba Y. C. Hsu & G. J. Fan 长筒石蒜

0002311 中国特有 易危（VU） — 中国

Lycoris rosea Traub & Moldenke 玫瑰石蒜

F9001716 中国特有 — — 中国

Lycoris sanguinea Maxim. 血红石蒜

F9001717 — — — 韩国、日本中部及南部

Lycoris shaanxiensis Y. Xu & Z. B. Hu 陕西石蒜

F9001718 中国特有 — — 中国

Lycoris sprengeri Comes ex Baker 换锦花

F9001719 中国特有 — — 中国

Lycoris squamigera Maxim. 鹿葱

0002598 — — — 中国、韩国

Lycoris straminea Lindl. 稻草石蒜

F9001720 中国特有 易危（VU） — 中国

Narcissus 水仙属

Narcissus tazetta 'Florepleno' 重瓣水仙

F9001721 — — — —

Narcissus tazetta subsp. *chinensis* (M. Roem.) Masamura & Yanagih. 水仙

0003315 — — — 中国东部、日本南部及中西部沿海

Pamianthe 银杯水仙属

Pamianthe peruviana Stapf 白杯水仙

0004809 — — — 秘鲁、玻利维亚中部

Pancratium 全能花属

Pancratium zeylanicum L.

0001885 — — — 印度、马来西亚

Scadoxus 网球花属

Scadoxus multiflorus (Martyn) Raf. 网球花

F0026312 — — — 阿拉伯半岛西南部；世界热带

Tulbaghia 紫娇花属

Tulbaghia violacea Harv. 紫娇花

0001790 — — — 南非

Tulbaghia violacea 'Siler Lace' '粉色渐变'紫娇花

F9001722 — — — —

Ungernia 辐花石蒜属

Ungernia trisphaera Bunge 辐花石蒜

F9001723 — — — 亚洲中部

Urceolina 瓶水仙属

Urceolina × *grandiflora* (Planch. & Linden) Traub 南美水仙

F9001724 — — — 哥伦比亚西部、厄瓜多尔西部

Urceolina plicata (Meerow) Christenh. & Byng

0004275 — — — 秘鲁、玻利维亚

Worsleya 瀑石花属

Worsleya procera (Lem.) Traub 蓝色孤挺花

0002719 — — — 巴西东部

Zephyranthes 葱莲属

Zephyranthes candida (Lindl.) Herb. 葱莲

0003306 — — — 巴西东南部及南部、阿根廷东北部

Zephyranthes carinata Herb. 韭莲

F9001725 — — — 墨西哥、哥伦比亚

Zephyranthes minuta (Kunth) D. Dietr. 小韭莲

F9001726 — — — 墨西哥、危地马拉

Zephyranthes rosea Lindl. 玫瑰韭莲

F9001727 — — — 哥伦比亚、秘鲁

Asparagaceae 天门冬科

Agave 龙舌兰属

Agave americana L. 龙舌兰

00018485 — — — 美国南部、墨西哥

Agave americana 'Marginata'　金边龙舌兰
0000991 — — — —

Agave americana 'Medi-Picta'　银心龙舌兰
F9001728 — — — —

Agave americana var. *medio-picta* 'Alba'　'Alba'龙舌兰
0004803 — — — —

Agave americana 'Varginata'　'Varginata'龙舌兰
0000203 — — — —

Agave angustifolia Haw.　狭叶龙舌兰
00018825 — — — 中美洲

Agave angustifolia 'Marginata'　'Marginata'龙舌兰
F9006902 — — — —

Agave attenuata Salm-Dyck　翠绿龙舌兰
00018591 — — — 墨西哥西部及中部

Agave bovicornuta Gentry　异齿龙舌兰
F9001729 — — — 墨西哥

Agave havardiana Trel.
F9001730 — — — 美国（得克萨斯州西南部）、墨西哥

Agave isthmensis 'Hoi Raiz'　王妃雷神黄中斑
0003154 — — — —

Agave kerchovei Lem.　五色万代
00018503 — — — 墨西哥

Agave macroacantha Zucc.　八荒殿
00018502 — — — 墨西哥

Agave parryi Engelm.　巴利龙舌兰
00018297 — — — 美国、墨西哥北部及西部

Agave parryi var. *huachucensis* (Baker) Little　吉祥天
0002473 — — — 美国

Agave potatorum Zucc.　棱叶龙舌兰
00019258 — — — 墨西哥

Agave potatorum 'Compatta'　王妃雷神
0000255 — — — —

Agave potatorum 'Kari-Raijin-Nishik'　雷神锦
0002651 — — — —

Agave potatorum 'Kichijokan'　金边雷神
00018552 — — — —

Agave potatorum 'Kisshou-Kan'　吉祥冠
00018741 — — — —

Agave potatorum 'Variegata'　斑叶吉祥冠
00018587 — — — —

Agave salmiana Otto ex Salm-Dyck　宽叶龙舌兰
0000408 — — — 墨西哥

Agave salmiana var. *ferox* (K. Koch) Gentry　齿牙龙舌兰
00019272 — — — 墨西哥

Agave schidigera Lem.　白丝龙舌兰
00019069 — — — 墨西哥

Agave sisalana Perrine　剑麻

00018246 — — — 墨西哥

Agave stricta Salm-Dyck　直叶龙舌兰
00018574 — — — 墨西哥

Agave titanota Gentry　仁王冠
00011645 — — — 墨西哥

Agave titanota 'Hakugei'　白鲸
0000576 — — — —

Agave triangularis Jacobi　五十万代
0002083 — — — 墨西哥

Agave victoriae-reginae T. Moore　维多利亚龙舌兰
00018289 — — — 墨西哥东北部

Agave vivipara L.　垂叶龙须兰
F9006904 — — — 加勒比地区南部

Albuca　哨兵花属

Albuca bracteata (Thunb.) J. C. Manning & Goldblatt　虎眼万年青
F9001731 — — — 南非（东开普省、夸祖鲁-纳塔尔省）

Albuca namaquensis Baker　弹簧草
0002428 — — — 纳米比亚、南非

Albuca virens (Lindl.) J. C. Manning & Goldblatt
00053007 — — — 非洲南部

Anemarrhena　知母属

Anemarrhena asphodeloides Bunge　知母
F9001732 — — — 蒙古、中国

Asparagus　天门冬属

Asparagus aethiopicus L.　羊齿竹
Q201606293648 — — — 南非

Asparagus cochinchinensis (Lour.) Merr.　天门冬
00018536 — — — 中国、日本、中南半岛、菲律宾

Asparagus densiflorus (Kunth) Jessop　非洲天门冬
F9006997 — — — 非洲南部

Asparagus densiflorus 'Myers'　狐尾武竹
0000140 — — — —

Asparagus densiflorus 'Sprengeri'　武竹
F9001733 — — — —

Asparagus falcatus L.　镰叶天门冬
F9001734 — — — 阿拉伯半岛、印度、斯里兰卡；非洲南部

Asparagus filicinus Buch.-Ham. ex D. Don　羊齿天门冬
0000600 — — — 中国、印度、尼泊尔、孟加拉国、不丹

Asparagus lycopodineus (Baker) F. T. Wang & Tang　短梗天门冬
F9001735 — — — 不丹、中国中部

Asparagus macowanii Baker　松叶武竹
0003376 — — — 非洲南部

Asparagus munitus F. T. Wang & S. C. Chen　西南天门冬
F9001736　中国特有　易危（VU）　—　中国

Asparagus officinalis L.　石刁柏
F9001737　—　—　—　中国、哈萨克斯坦、蒙古、俄罗斯

Asparagus retrofractus L.　法国松
F9001738　—　—　—　纳米比亚、南非

Asparagus setaceus (Kunth) Jessop　文竹
0001650　—　—　—　科摩罗；非洲南部

Asparagus setaceus 'Cupressoides'　猫竹
F9001739　—　—　—

Asparagus setaceus 'Nanus'　矮文竹
F9001740　—　—　—

Aspidistra　蜘蛛抱蛋属

Aspidistra alternativa D. Fang & L. Y. Yu　忻城蜘蛛抱蛋
F0005434　中国特有　—　—　中国

Aspidistra carinata Y. Wan & X. H. Lu　天峨蜘蛛抱蛋
F9001741　中国特有　—　—　中国

Aspidistra cavicola D. Fang & K. C. Yen　洞生蜘蛛抱蛋
F9001742　中国特有　—　中国

Aspidistra cyathiflora Y. Wan & C. C. Huang　杯花蜘蛛抱蛋
F9001743　—　—　—　中国、越南

Aspidistra ebianensis K. Y. Lang & Z. Y. Zhu　峨边蜘蛛抱蛋
F9001744　中国特有　—　—　中国

Aspidistra elatior Blume　蜘蛛抱蛋
0003636　—　—　—　日本南部

Aspidistra elatior 'Variegata'　白纹蜘蛛抱蛋
0001772　—　—　—

Aspidistra fasciaria G. Z. Li　带叶蜘蛛抱蛋
F0029939　中国特有　—　—　中国

Aspidistra fenghuangensis K. Y. Lang　凤凰蜘蛛抱蛋
F0029950　中国特有　—　—　中国

Aspidistra fimbriata F. T. Wang & K. Y. Lang　流苏蜘蛛抱蛋
F0026616　中国特有　—　—　中国

Aspidistra fungilliformis Y. Wan　伞柱蜘蛛抱蛋
00046247　中国特有　—　—　中国

Aspidistra leyeensis Y. Wan & C. C. Huang　乐业蜘蛛抱蛋
F0029940　中国特有　—　—　中国

Aspidistra linearifolia Y. Wan & C. C. Huang　线叶蜘蛛抱蛋
00047824　中国特有　—　—　中国

Aspidistra longanensis Y. Wan　隆安蜘蛛抱蛋
F9001745　中国特有　—　—　中国

Aspidistra longifolia Hook. f.
F9001746　—　—　—　中国、印度、尼泊尔、孟加拉国、不丹、马来半岛北部

Aspidistra longiloba G. Z. Li　巨型蜘蛛抱蛋
F9001747　中国特有　—　—　中国

Aspidistra longipedunculata D. Fang　长梗蜘蛛抱蛋
F9001748　中国特有　濒危（EN）　—　中国

Aspidistra longipetala S. Z. Huang　长瓣蜘蛛抱蛋
F0005429　中国特有　—　—　中国

Aspidistra lurida Ker Gawl.　九龙盘
F9001749　中国特有　—　—　中国

Aspidistra minutiflora Stapf　小花蜘蛛抱蛋
F0036568　中国特有　—　—　中国

Aspidistra minutiflora 'Punctata'　狭叶小花蜘蛛抱蛋
0000291　—　—　—　—

Aspidistra oblanceifolia F. T. Wang & K. Y. Lang　棕叶草
00048150　中国特有　—　—　中国

Aspidistra omeiensis Z. Y. Zhu & J. L. Zhang　峨眉蜘蛛抱蛋
F9001750　中国特有　近危（NT）　—　中国

Aspidistra patentiloba Y. Wan & X. H. Lu　柳江蜘蛛抱蛋
00047499　中国特有　易危（VU）　—　中国

Aspidistra retusa K. Y. Lang & S. Z. Huang　广西蜘蛛抱蛋
F0029941　中国特有　—　—　中国

Aspidistra sichuanensis K. Y. Lang & Z. Y. Zhu　四川蜘蛛抱蛋
0004691　中国特有　—　—　中国南部

Aspidistra subrotata Y. Wan & C. C. Huang　辐花蜘蛛抱蛋
00046995　—　—　—　中国、中南半岛

Aspidistra triloba F. T. Wang & K. Y. Lang　湖南蜘蛛抱蛋
F9001751　中国特有　—　—　中国

Aspidistra typica Baill.　卵叶蜘蛛抱蛋
0003856　—　—　—　中国、越南北部

Aspidistra zongbayi K. Y. Lang & Z. Y. Zhu　棕粑叶
F0029355　中国特有　—　—　中国

Barnardia　绵枣儿属

Barnardia japonica (Thunb.) Schult. & Schult. f.　绵枣儿
F9001752　—　—　—　中国；亚洲东部温带

Beaucarnea　酒瓶兰属

Beaucarnea recurvata (K. Koch & Fintelm.) Lem.　酒瓶兰
0001494　—　—　—　墨西哥

Chlorophytum　吊兰属

Chlorophytum capense (L.) Voss　南非吊兰
F9001753　—　—　—　南非（东开普省）

Chlorophytum comosum 'Marginatum'　金边吊兰
0001755　—　—　—

Chlorophytum comosum 'Picturatum'　金心吊兰
F9001754　—　—　—

Chlorophytum comosum 'Variegatum'　银边吊兰
F9001755　—　—　—

Chlorophytum comosum 'Vittatum'　中斑吊兰

0004501 — — — —

Chlorophytum laxum R. Br. 小花吊兰

F0036569 — — — 阿拉伯半岛、印度、中南半岛、马来西亚西部、澳大利亚北部；非洲热带东北部

Chlorophytum macrophyllum (A. Rich.) Asch. 宽叶吊兰

00051762 — — — 非洲热带

Chlorophytum madagascariense Baker 马达加斯加吊兰

0003839 — — — 马达加斯加

Chlorophytum malayense Ridl. 大叶吊兰

0001785 — — — 中国南部、马来半岛

Chlorophytum nepalense (Lindl.) Baker 西南吊兰

0003937 — — — 尼泊尔、孟加拉国、印度、缅甸、泰国

Cordyline 朱蕉属

Cordyline australis (G. Forst.) Endl. 澳洲朱蕉

F9001756 — — — 新西兰

Cordyline australis 'Sundance' '太阳舞'澳洲朱蕉

F9001757 — — — —

Cordyline fruticosa (L.) A. Chev. 朱蕉

0000936 — — — 巴布亚新几内亚；西太平洋岛屿

Cordyline fruticosa 'Aichiaka' 亮叶朱蕉

F9001758 — — — —

Cordyline fruticosa 'Angusta-Marginata' 银边狭叶朱蕉

F9001759 — — — —

Cordyline fruticosa 'Augusta' 'Augusta'狭叶朱蕉

F9001760 — — — —

Cordyline fruticosa 'Bella' 'Bella'狭叶朱蕉

0003446 — — — —

Cordyline fruticosa 'Bicolor' 二色朱蕉

F9001761 — — — —

Cordyline fruticosa 'Dreamy' 梦幻朱蕉

F9001762 — — — —

Cordyline fruticosa 'Hakuba' 白马朱蕉

F9001763 — — — —

Cordyline fruticosa 'Miniature Marron' 矮密叶朱蕉

Q201611053576 — — — —

Cordyline fruticosa 'Miniraus' 姬朱蕉

F9001764 — — — —

Cordyline fruticosa 'Morokoshiba' 长叶朱蕉

F9001765 — — — —

Cordyline fruticosa 'Purple Compacta' 紫叶朱蕉

F9001766 — — — —

Cordyline fruticosa 'Red Edge' 红边朱蕉

0001349 — — — —

Cordyline fruticosa 'Rubra' 彩虹朱蕉

F9001767 — — — —

Cordyline fruticosa 'Rubro Striata' 红条朱蕉

F9001768 — — — —

Cordyline fruticosa 'Ti' 绿叶朱蕉

F9001769 — — — —

Cordyline fruticosa 'Tricolor' 彩纹朱蕉

0004680 — — — —

Cordyline fruticosa 'Tricolor Bicolor' 五彩朱蕉

F9001770 — — — —

Cordyline fruticosa 'Youmeninsihiki' 银边翠绿朱蕉

F9001771 — — — —

Cordyline indivisa (G. Forst.) Endl. 蓝朱蕉

F9001772 — — — 新西兰

Disporopsis 竹根七属

Disporopsis aspersa (Hua) Engl. ex Diels 散斑竹根七

F9001773 中国特有 — — 中国南部

Disporopsis fuscopicta Hance 竹根七

F0036176 — — — 中国南部

Disporopsis longifolia Craib 长叶竹根七

F0037965 — — — 中国、中南半岛

Disporopsis pernyi (Hua) Diels 深裂竹根七

0001257 中国特有 — — 中国

Dracaena 龙血树属

Dracaena angustifolia (Medik.) Roxb. 长花龙血树

F0037951 — — — 澳大利亚北部；亚洲热带及亚热带

Dracaena braunii Engl. 银边富贵竹

F9001774 — — — 非洲中西部热带

Dracaena cambodiana Pierre ex Gagnep. 海南龙血树

00011608 — 易危（VU） 二级 印度（阿萨姆邦）、中南半岛、中国（海南南部）

Dracaena cochinchinensis (Lour.) S. C. Chen 剑叶龙血树

00053865 — 易危（VU） 二级 中国、中南半岛

Dracaena draco (L.) L. 龙血树

F9001775 — — — 摩洛哥、马卡罗尼西亚

Dracaena elliptica Thunb. & Dalm. 细枝龙血树

F9001776 — 近危（NT） — 印度（阿萨姆邦）、中国、马来西亚

Dracaena fragrans (L.) Ker Gawl. 香龙血树

0004795 — — — 非洲热带

Dracaena fragrans 'Bausei' 嵌玉龙血树

F9001777 — — — —

Dracaena fragrans 'Compacta' 密也龙血树

0001851 — — — —

Dracaena fragrans 'Lindenii' 金边香龙血树

0003975 — — — —

Dracaena fragrans 'Massangeana' 金心香龙血树

0004394 — — — —

Dracaena fragrans 'Roehrs Gold' 密叶竹蕉

F9006903 — — — —
Dracaena fragrans 'Warneckii'　银线竹蕉
0004944 — — — —
Dracaena fragrans 'Warneckii Striata'　黄绿纹竹蕉
0002737 — — — —
Dracaena hokouensis G. Z. Ye　河口龙血树
F9001778 — — — 中国、越南
Dracaena reflexa Lam.　百合竹
F9001779 — — — 莫桑比克东北部；西印度洋岛屿
Dracaena reflexa 'Song of Jamaica'　金心百合竹
F9001780 — — — —
Dracaena reflexa var. *angustifolia* Baker　红边龙血树
00018370 — — — 西印度洋岛屿
Dracaena reflexa 'Variegata'　黄边百合竹
F9001781 — — — —
Dracaena sanderiana 'Celica'　金边万年竹蕉
F9001782 — — — —
Dracaena sanderiana 'Virans'　万年竹蕉
F9001783 — — — —
Dracaena sanderiana 'Virenscens'　富贵竹
0002585 — — — —
Dracaena surculosa Lindl.　吸枝龙血树
F9001785 — — — 非洲西部及中西部热带
Dracaena surculosa 'Bausei'　白中道星点木
F9001784 — — — —
Dracaena surculosa 'Florida Beauty'　白斑星点木
0002792 — — — —
Dracaena surculosa 'Maculata'　油点木
0003501 — — — —
Dracaena terniflora Roxb.　矮龙血树
F9001786 — 近危（NT）— 中国；亚洲热带
Dracaena thalioides Makoy ex E. Morren　长柄朱蕉
0001009 — — — —

Drimiopsis　豹叶百合属

Drimiopsis botryoides Baker　麻点百合
F9001787 — — — 埃塞俄比亚南部、坦桑尼亚
Drimiopsis maculata Lindl. & Paxton　阔叶油点百合
00019096 — — — 非洲南部

Furcraea　巨麻属

Furcraea foetida (L.) Haw.　巨麻
00018723 — — — 南加勒比地区；南美洲北部
Furcraea foetida 'Medio-Pict'　金边毛里求斯麻
0000740 — — — —
Furcraea foetida 'Mediopicta'　中斑万年麻
0002025 — — — —
Furcraea foetida 'Striata'　黄纹万年麻

00018738 — — — —
Furcraea foetida 'Variegata'　'Variegata'金边毛里求斯麻
F9006880 — — — —
Furcraea macdougalii Matuda
F9001788 — — — —
Furcraea selloa 'Marginata'　塞洛万年麻
0001608 — — — —

Hesperaloe　草丝兰属

Hesperaloe parviflora (Torr.) J. M. Coult.　小花草丝兰
0001421 — — — 美国（得克萨斯州西南部）、墨西哥东北部

Hosta　玉簪属

Hosta 'Green Gold'　金边玉簪
F9001789 — — — —
Hosta plantaginea (Lam.) Asch.　玉簪
F9001790 中国特有 — — 中国
Hosta plantaginea 'Fairy Variegata'　花叶玉簪
F9001791 — — — —
Hosta sieboldiana (Hook.) Engl.　粉叶玉簪
F9001792 — — — 日本
Hosta sieboldii (Paxton) J. W. Ingram　皱叶玉簪
F9001793 — — — 日本、萨哈林岛（库页岛）
Hosta undulata (Otto & A. Dietr.) L. H. Bailey　波叶玉簪
F9001794 — — — —
Hosta ventricosa Stearn　紫萼
F9001795 中国特有 — — 中国南部
Hosta 'Wide Brim'　银边玉簪
F9001796 — — — —

Hyacinthus　风信子属

Hyacinthus orientalis L.　风信子
F9001797 — — — 土耳其南部、以色列北部

Ledebouria　油点百合属

Ledebouria cordifolia (Baker) Stedje & Thulin
F9001798 — — — 非洲南部热带
Ledebouria socialis (Baker) Jessop　油点百合
0000190 — — — 南非

Liriope　山麦冬属

Liriope graminifolia (L.) Baker　禾叶山麦冬
0000780 — — — 中国、菲律宾北部
Liriope muscari (Decne.) L. H. Bailey　阔叶山麦冬
F9001799 — — — 中国；亚洲东部温带
Liriope spicata Lour.　山麦冬
0003999 — — — 中国、日本中南部、越南

Maianthemum 舞鹤草属

Maianthemum atropurpureum (Franch.) LaFrankie 高大鹿药

F9001800 中国特有 近危（NT） — 中国

Maianthemum fuscum (Wall.) LaFrankie 西南鹿药

F9001801 — 近危（NT） — 中国、尼泊尔

Maianthemum japonicum (A. Gray) LaFrankie 鹿药

F9001802 — — — 俄罗斯（远东地区）、中国中部、日本

Maianthemum tubiferum (Batalin) LaFrankie 合瓣鹿药

F9001803 中国特有 — — 中国

Ophiopogon 沿阶草属

Ophiopogon bockianus Diels 连药沿阶草

F0038032 — — — 中国南部、越南

Ophiopogon bodinieri H. Lév. 沿阶草

0004401 — — — 不丹、中国中部

Ophiopogon bodinieri 'Nigrescens' 黑叶沿阶草

0002189 — — — —

Ophiopogon chingii F. T. Wang & Tang 长茎沿阶草

0000177 中国特有 — — 中国南部

Ophiopogon clavatus C. H. Wright ex Oliv. 棒叶沿阶草

F9001804 中国特有 — — 中国南部

Ophiopogon dracaenoides (Baker) Hook. f. 褐鞘沿阶草

F9001805 — — — 印度（锡金）、中国南部

Ophiopogon grandis W. W. Sm. 大沿阶草

F9001806 中国特有 — — 中国

Ophiopogon heterandrus F. T. Wang & L. K. Dai 异药沿阶草

F9001807 中国特有 — — 中国南部

Ophiopogon intermedius 'Argenteo' 银边沿阶草

Q201607118281 — — — —

Ophiopogon jaburan (Siebold) G. Lodd. 剑叶沿阶草

F9001808 — — — 韩国、日本中西部及南部

Ophiopogon jaburan 'Aurea Variegatus' 假金丝马尾

0004811 — — — —

Ophiopogon japonicus (Thunb.) Ker Gawl. 麦冬

00047624 — — — 中国、越南、菲律宾；亚洲东部温带

Ophiopogon japonicus 'Nanus' 'Nanus'麦冬

F9001809 — — — —

Ophiopogon mairei H. Lév. 西南沿阶草

F9001810 中国特有 — — 中国

Ophiopogon planiscapus 'Arabicus' 扁葶沿阶草

F9001811 — — — —

Ophiopogon planiscapus 'Nigrescens' 黑麦冬

0000127 — — — —

Ophiopogon platyphyllus Merr. & Chun 宽叶沿阶草

F9001812 中国特有 — — 中国

Ophiopogon stenophyllus (Merr.) L. Rodr. 狭叶沿阶草

00046107 中国特有 — — 中国南部

Ophiopogon tonkinensis L. Rodr. 多花沿阶草

F9001813 — 近危（NT） — 中国、越南

Ophiopogon xylorrhizus F. T. Wang & L. K. Dai 木根沿阶草

0003505 中国特有 — — 中国

Ornithogalum 伞长青属

Ornithogalum gracillimum R. E. Fr.

F9001814 — — — 埃塞俄比亚南部、肯尼亚

Peliosanthes 球子草属

Peliosanthes macrostegia Hance 大盖球子草

F9001815 — — — 印度（阿萨姆邦）、中国、马来半岛

Peliosanthes ophiopogonoides F. T. Wang & Tang 长苞球子草

F0037260 中国特有 近危（NT） — 中国

Peliosanthes sinica F. T. Wang & Tang 匍匐球子草

F9001816 — 近危（NT） — 中国、老挝

Peliosanthes teta Andrews 簇花球子草

F0036784 — — — 印度（锡金）、中国南部、马来西亚西部

Polygonatum 黄精属

Polygonatum cirrhifolium (Wall.) Royle 卷叶黄精

F9001817 — — — 中国

Polygonatum cyrtonema Hua 多花黄精

F9001818 中国特有 近危（NT） — 中国南部

Polygonatum filipes Merr. ex C. Jeffrey & McEwan 长梗黄精

F9001819 中国特有 — — 中国南部

Polygonatum humile Fisch. ex Maxim. 小玉竹

F9001820 — — — 哈萨克斯坦东部、中国、日本

Polygonatum kingianum Collett & Hemsl. 滇黄精

F9001821 — — — 中国南部、中南半岛

Polygonatum odoratum (Mill.) Druce 玉竹

0003277 — — — 欧洲、亚洲

Polygonatum sibiricum 'Delaroche' 黄精

F0036921 — — — —

Polygonatum zanlanscianense Pamp. 湖北黄精

F9001822 中国特有 — — 中国

Reineckea 吉祥草属

Reineckea carnea (Andrews) Kunth 吉祥草

0000421 — — — 中国、日本中南部

Reineckea carnea 'Lichuanensis' 'Lichuanensis'吉祥草

F9001823 — — — —

Rohdea 万年青属

Rohdea chinensis (Baker) N. Tanaka　开口箭
00018792 — — —

Rohdea delavayi (Franch.) N. Tanaka　筒花开口箭
F0037949 中国特有 — — 中国

Rohdea japonica (Thunb.) Roth　万年青
0002848 — — — 中国、日本中南部及南部

Rohdea japonica 'Huban'　洒金万年青
F9001824 — — —

Rohdea japonica 'Marginata'　银边万年青
F9001825 — — —

Rohdea nepalensis (Raf.) N. Tanaka　橙花开口箭
F9001826 — — — 中国

Rohdea wattii (C. B. Clarke) Yamashita & M. N. Tamura　弯蕊开口箭
F9001827 — — — 不丹、中国南部

Ruscus 假叶树属

Ruscus aculeatus L.　假叶树
0003313 — — — 地中海地区、高加索地区、马卡罗尼西亚；欧洲西部及南部

Thysanotus 异蕊草属

Thysanotus chinensis Benth.　异蕊草
F9001828 — — — 中国、澳大利亚北部

Tupistra 长柱开口箭属

Tupistra grandistigma F. T. Wang & S. Yun Liang　长柱开口箭
F9001829 — — — 中国、越南

Yucca 丝兰属

Yucca aloifolia L.　千手丝兰
F9001830 — — — 美国东南部、百慕大、墨西哥中部及南部

Yucca aloifolia 'Marginata'　金边千手兰
0003712 — — —

Yucca aloifolia 'Quadricolor'　金心丝兰
F9001831 — — —

Yucca brevifolia Engelm.　小叶丝兰
F9001832 — — — 美国南部、墨西哥

Yucca elata (Engelm.) Engelm.　高丝兰
F9001833 — — — 美国、墨西哥北部

Yucca filamentosa 'Marginata'　柔软丝兰
F9001834 — — —

Yucca flaccida Haw.　软叶丝兰
F9001835 — — — 加拿大、美国中东部及东部

Yucca gigantea Lem.　象腿丝兰
00011309 — — — 墨西哥中部；美洲中部

Yucca gloriosa L.　凤尾丝兰
F9001836 — — — 美国东南部

Yucca gloriosa var. *tristis* Carrière　金边凤尾丝兰
F9001837 — — — 美国

Yucca rostrata Engelm. ex Trel.　细叶丝兰
0000269 — — — 美国、墨西哥

Yucca schidigera Roezl ex Ortgies　宽叶丝兰
F9001838 — — — 美国、墨西哥

Yucca schottii Engelm.　斯肯特丝兰
F9001839 — — —

Yucca thompsoniana Trel.　窄叶王兰
F9001840 — — — 美国、墨西哥东北部

Arecaceae　棕榈科

Acrocomia 刺茎椰子属

Acrocomia aculeata (Jacq.) Lodd. ex R. Keith　刺干棕（顶毛棕）
F9001841 — — — 拉丁美洲

Actinorhytis 拱叶椰属

Actinorhytis calapparia (Blume) H. Wendl. & Drude ex Scheff.　拱叶椰
F9001842 — — — 巴布亚新几内亚

Adonidia 圣诞椰属

Adonidia merrillii (Becc.) Becc.　圣诞椰子
0004312 — — — 加里曼丹岛、菲律宾

Aiphanes 刺叶椰子属

Aiphanes horrida (Jacq.) Burret　刺叶椰子
F9001843 — — — 特立尼达和多巴哥；美洲南部热带

Archontophoenix 假槟榔属

Archontophoenix alexandrae (F. Muell.) H. Wendl. & Drude　假槟榔
0002881 — — — 澳大利亚（昆士兰州东北部及东部）

Archontophoenix cunninghamiana (H. Wendl.) H. Wendl. & Drude　阔叶假槟榔
F9001844 — — — 澳大利亚东部

Areca 槟榔属

Areca catechu L.　槟榔
F9001845 — — — 菲律宾

Areca triandra Roxb. ex Buch.-Ham.　三药槟榔
00011643 — — — 印度（阿萨姆邦）、中南半岛、马来西亚中西部

Arenga 桄榔属

Arenga caudata (Lour.) H. E. Moore　双籽棕

F9001846 — — — 中国、中南半岛、马来西亚

Arenga engleri Becc.　山棕

00000213 中国特有 — — 中国

Arenga hookeriana (Becc.) Whitmore　虎克桄榔

F9001847 — — — 马来半岛北部

Arenga pinnata (Wurmb) Merr.　砂糖椰子

0003822 — — — 印度（阿萨姆邦）、中南半岛、马来西亚中部

Arenga westerhoutii Griff.　桄榔

0000958 — — — 不丹、中国南部、马来半岛

Asterogyne　鸡爪椰属

Asterogyne martiana (H. Wendl.) H. Wendl. ex Hemsl.

F9001848 — — — 美洲中部及西北部

Astrocaryum　星果椰子属

Astrocaryum aculeatum G. Mey.　星果椰

F9001849 — — — 美洲南部热带

Attalea　直叶椰子属

Attalea butyracea (Mutis ex L. f.) Wess. Boer　大果直叶椰

F9001850 — — — 美洲南部热带

Bactris　桃果椰子属

Bactris gasipaes Kunth　桃果椰子

F9001851 — — — 美洲中南部热带

Beccariophoenix　顶环椰子属

Beccariophoenix madagascariensis Jum. & H. Perrier　裂苞椰子

F9001852 — — — 马达加斯加中部及东南部

Bentinckia　毛梗椰属

Bentinckia nicobarica (Kurz) Becc.　班秩克椰子

F9001853 — — — 尼科巴群岛

Bismarckia　霸王棕属

Bismarckia nobilis Hildebrandt & H. Wendl.　霸王棕

0002646 — — — 马达加斯加北部及西部

Borassus　糖棕属

Borassus flabellifer L.　糖棕

0000524 — — — 印度、中南半岛、印度尼西亚（爪哇岛、小巽他群岛）

Brahea　石棕属

Brahea armata S. Watson　石棕

F9001854 — — — 墨西哥

Brahea brandegeei (Purpus) H. E. Moore　高干长穗棕

F9001855 — — — 墨西哥

Brahea dulcis (Kunth) Mart.

F9001856 — — — 墨西哥、危地马拉、洪都拉斯

Butia　果冻椰子属

Butia capitata (Mart.) Becc.　布迪椰子

0001368 — — — 巴西

Calamus　省藤属

Calamus jenkinsianus Griff.　长鞭藤

0003540 — — — 中国、印度、尼泊尔、不丹、孟加拉国、中南半岛

Calyptrocalyx　隐萼椰属

Calyptrocalyx hollrungii (Becc.) Dowe & M. D. Ferrero

F9001857 — — — 巴布亚新几内亚东部

Carpentaria　北澳椰属

Carpentaria acuminata (H. Wendl. & Drude) Becc.　木匠椰

F9001858 — — — 澳大利亚北领地北部

Carpoxylon　硬果椰属

Carpoxylon macrospermum H. Wendl. & Drude　硬果椰

F9001859 — — — 瓦努阿图

Caryota　鱼尾葵属

Caryota cumingii Lodd. ex Mart.　菲岛鱼尾葵

F9001860 — — — 菲律宾

Caryota maxima Blume　鱼尾葵

0002804 — — — 不丹、中国南部、马来西亚西部及中部

Caryota mitis Lour.　短穗鱼尾葵

00011415 — — — 中国、中南半岛、马来西亚

Caryota monostachya Becc.　单穗鱼尾葵

00000224 — — — 中国南部、越南北部

Caryota obtusa Griff.　董棕

F0037982 — 易危（VU）　二级 印度、中国、中南半岛

Chamaedorea　竹节椰属

Chamaedorea cataractarum Mart.　拱叶竹节椰

Q201701266793 — — — 墨西哥南部

Chamaedorea elegans Mart.　袖珍椰

0000913 — — — 墨西哥、危地马拉、洪都拉斯

Chamaedorea ernesti-augusti H. Wendl.　二裂坎棕

F9001861 — — — 墨西哥南部、危地马拉、洪都拉斯

Chamaedorea geonomiformis H. Wendl.　苇椰状竹节椰

F9001862 — — — 中美洲

Chamaedorea metallica O. F. Cook ex H. E. Moore　燕尾葵

0001490 — — — 墨西哥

Chamaedorea microspadix Burret　小穗竹节椰

0002204 — — — 墨西哥

Chamaedorea oblongata Mart.　长叶坎棕

F9001863 － － － 中美洲
Chamaedorea seifrizii Burret　玲珑竹节椰
Q201611017658 － － － 墨西哥东南部、危地马拉、洪都拉斯
Chamaedorea tepejilote Liebm.　墨西哥玲珑棕
F9001864 － － － 墨西哥、哥伦比亚西部

Chamaerops　矮棕属

Chamaerops humilis L.　矮棕
0004150 － － － 地中海地区西部及中部

Chambeyronia　喷焰椰属

Chambeyronia macrocarpa (Brongn.) Vieill. ex Becc.　大果肖肯棕
0001585 － － － 新喀里多尼亚

Chuniophoenix　琼棕属

Chuniophoenix hainanensis Burret　琼棕
18026252 中国特有 濒危（EN） 二级 中国南部
Chuniophoenix nana Burret　矮琼棕
0000489 － － 二级 越南北部、中国南部

Coccothrinax　银棕属

Coccothrinax argentata (Jacq.) L. H. Bailey　佛州银棕
F9001865 － － － 美国（佛罗里达州南部）、巴哈马、特克斯和凯科斯群岛、墨西哥东南部、哥伦比亚
Coccothrinax argentea (Lodd. ex Schult. & Schult. f.) Sarg. ex K. Schum.　银扇葵
F9001866 － － － 伊斯帕尼奥拉岛
Coccothrinax boschiana M. M. Mejía & R. G. García
F9001867 － － － 多米尼加
Coccothrinax litoralis León
F9001868 － － － 古巴
Coccothrinax proctorii Read
F9001869 － － － 开曼群岛
Coccothrinax spissa L. H. Bailey　密银棕
F9001870 － － － 伊斯帕尼奥拉岛

Cocos　椰子属

Cocos nucifera L.　椰子
0000940 － － － 马来西亚中部；西南太平洋岛屿

Colpothrinax　瓶棕属

Colpothrinax wrightii Schaedtler
F9001871 － － － 古巴西南部

Copernicia　蜡棕属

Copernicia alba Morong　白蜡棕
F9001872 － － － 巴西中西部、阿根廷东北部
Copernicia baileyana León　比利蜡棕

F9001873 － － － 古巴中东部
Copernicia macroglossa Schaedtler　长舌蜡棕
F9001874 － － － 古巴西部及中部

Corypha　贝叶棕属

Corypha umbraculifera L.　贝叶棕
0002763 － － － 印度西南部、斯里兰卡
Corypha utan Lam.　高大贝叶棕
0002818 － － － 安达曼群岛、印度（阿萨姆邦）、澳大利亚北部

Cryosophila　根刺棕属

Cryosophila warscewiczii (H. Wendl.) Bartlett　根刺棕
00043579 － － － 美洲中部

Cyrtostachys　猩红椰属

Cyrtostachys renda Blume　猩红椰子
F9001875 － － － 泰国、马来西亚西部

Dictyosperma　飓风椰属

Dictyosperma album (Bory) Scheff.　网子椰子
F9001876 － － － 马斯克林群岛
Dictyosperma album 'Red'　红公圣棕
F9001877 － － － －

Drymophloeus　林鱼椰属

Drymophloeus litigiosus (Becc.) H. E. Moore　木榈
F9001878 － － － 印度尼西亚（马鲁古群岛）、巴布亚新几内亚

Dypsis　马岛椰属

Dypsis decaryi (Jum.) Beentje & J. Dransf.　三角椰子
00000466 － － － 马达加斯加东南部
Dypsis decipiens (Becc.) Beentje & J. Dransf.　鸳鸯椰子
F9001879 － － － 马达加斯加中部
Dypsis fibrosa (C. H. Wright) Beentje & J. Dransf.　多毛金果椰
F9001880 － － － 马达加斯加北部及东部
Dypsis lastelliana (Baill.) Beentje & J. Dransf.　红冠棕
0002885 － － － 马达加斯加北部及东北部
Dypsis leptocheilos (Hodel) Beentje & J. Dransf.　红领椰子
0001341 － － － 马达加斯加北部
Dypsis nodifera Mart.　多节金果椰
F9001881 － － － 马达加斯加北部及东部
Dypsis onilahensis (Jum. & H. Perrier) Beentje & J. Dransf.　安尼蓝狄棕
F9001882 － － － 马达加斯加
Dypsis pembana (H. E. Moore) Beentje & J. Dransf.
F9001883 － － － 坦桑尼亚
Dypsis utilis (Jum.) Beentje & J. Dransf.

F9001884 — — — 马达加斯加东部

Elaeis 油棕属

Elaeis guineensis Jacq. 油棕
Q201611031931 — — — 非洲热带

Euterpe 菜椰属

Euterpe edulis Mart. 食用菜椰
F9001885 — — — 南美洲

Euterpe oleracea Mart. 菜椰
F9001886 — — — 特立尼达和多巴哥；美洲南部热带

Geonoma 苇椰属

Geonoma pohliana Mart.
F9001887 — — — 玻利维亚东部、巴西、巴拉圭东部

Guihaia 石山棕属

Guihaia argyrata (S. K. Lee & F. N. Wei) S. K. Lee, F. N. Wei & J. Dransf. 石山棕
F0025990 — — — 中国、越南东北部

Guihaia grossefibrosa (Gagnep.) J. Dransf., S. K. Lee & F. N. Wei 两广石山棕
F9001888 — — — —

Howea 豪爵椰属

Howea belmoreana (C. Moore & F. Muell.) Becc. 璎珞豪爵椰
0001241 — — — 澳大利亚

Howea forsteriana (F. Muell.) Becc. 豪爵椰
F9001889 — — — 澳大利亚

Hydriastele 水柱椰属

Hydriastele pinangoides (Becc.) W. J. Baker & Loo
F9001890 — — — 巴布亚新几内亚

Hydriastele wendlandiana (F. Muell.) H. Wendl. & Drude 水柱椰子
F9001891 — — — 巴布亚新几内亚、澳大利亚（北领地北部、昆士兰州北部及东北部）

Hyophorbe 酒瓶椰属

Hyophorbe lagenicaulis (L. H. Bailey) H. E. Moore 酒瓶椰
00045960 — — — 毛里求斯

Hyophorbe verschaffeltii H. Wendl. 棍棒椰子
0000327 — — — 毛里求斯（罗德里格斯岛）

Johannesteijsmannia 菱叶棕属

Johannesteijsmannia altifrons (Rchb. f. & Zoll.) H. E. Moore 菱叶棕
F9001892 — — — 泰国南部、马来西亚西部

Jubaea 智利椰子属

Jubaea chilensis (Molina) Baill. 智利椰子

F0037978 — — — —

Laccospadix 白轴椰属

Laccospadix australasicus H. Wendl. & Drude 白轴椰
F9001893 — — — 澳大利亚（昆士兰州东北部）

Lanonia 帽棕属

Lanonia dasyantha (Burret) A. J. Hend. & C. D. Bacon 毛花轴榈
F9001894 — — — 中国、越南中北部

Latania 红脉葵属

Latania loddigesii Mart. 蓝脉葵
F9001895 — — — 毛里求斯

Latania lontaroides (Gaertn.) H. E. Moore 红脉棕
0004214 — — — 留尼汪岛

Latania verschaffeltii Lem. 黄棕榈
00000412 — — — 毛里求斯（罗德里格斯岛）

Licuala 轴榈属

Licuala fordiana Becc. 穗花轴榈
0003616 中国特有 — — 中国

Licuala grandis (T. Moore) H. Wendl. 圆叶刺轴榈
0003518 — — — 圣克鲁斯群岛、瓦努阿图

Licuala lauterbachii Dammer & K. Schum. 红果轴榈
F9001896 — — — 巴布亚新几内亚

Licuala robinsoniana Becc. 花叶轴榈
F9001897 — — — 越南东南部

Licuala spinosa Wurmb 刺轴榈
F9001898 — — — 孟加拉国、菲律宾

Livistona 蒲葵属

Livistona australis (R. Br.) Mart. 南方蒲葵
F9001899 — — — 澳大利亚东部及东南部

Livistona chinensis (Jacq.) R. Br. ex Mart. 蒲葵
0000910 — 易危（VU）— 日本南部、中国

Livistona decora (W. Bull) Dowe 裂叶蒲葵
0002797 — — — 澳大利亚（昆士兰州东部）

Livistona muelleri F. M. Bailey 穆氏蒲葵
F9001900 — — — 巴布亚新几内亚南部、澳大利亚（昆士兰州北部）

Livistona saribus (Lour.) Merr. ex A. Chev. 大叶蒲葵
F9001901 — — — 中南半岛、马来西亚

Livistona speciosa Kurz 美丽蒲葵
F9001902 — — — 中国南部、马来半岛

Livistona tahanensis Becc. 塔汉蒲葵
F9001903 — — — 马来半岛

Nannorrhops 寒棕属

Nannorrhops ritchiana (Griff.) Aitch. 寒棕

F9001904 — — — —

Nephrosperma 肾子刺椰属

Nephrosperma van-houtteanum (H. Wendl. ex Van Houtte) Balf. f.

F9001905 — — — —

Normanbya 黑狐尾椰属

Normanbya normanbyi (W. Hill) L. H. Bailey 黑狐尾椰

00012019 — — — 澳大利亚（昆士兰州东北部）

Phoenicophorium 麒麟刺椰属

Phoenicophorium borsigianum (K. Koch) Stuntz 凤凰刺椰

F9001906 — — — 塞舌尔

Phoenix 海枣属

Phoenix canariensis H. Wildpret 加那利海枣

0004187 — — — 加那利群岛

Phoenix dactylifera L. 海枣

0001464 — — — 阿拉伯半岛、巴基斯坦南部

Phoenix loureiroi Kunth 刺葵

0002041 — — — 菲律宾；南亚、东亚南部

Phoenix paludosa Roxb. 大刺葵

F9001907 — — — 印度东北部、中南半岛、印度尼西亚（苏门答腊岛）

Phoenix pusilla Gaertn. 槟榔竹

F9001908 — — — 印度南部、斯里兰卡

Phoenix reclinata Jacq. 折叶刺葵

0003166 — — — 科摩罗、马达加斯加、阿拉伯半岛西南部；世界热带

Phoenix roebelenii O. Brien 江边刺葵

00012005 — 易危（VU） — 中国、中南半岛北部

Phoenix rupicola T. Anderson 岩海枣

F9001909 — — — 中国、尼泊尔、不丹、孟加拉国

Phoenix sylvestris (L.) Roxb. 银海枣

0000051 — — — 缅甸西部；南亚

Pigafetta 金刺椰属

Pigafetta filaris (Giseke) Becc. 马来亚椰子

F9001910 — — — 印度尼西亚（马鲁古群岛）、巴布亚新几内亚

Pinanga 山槟榔属

Pinanga baviensis Becc. 变色山槟榔

00043592 — — — 中国南部、越南北部

Pinanga caesia Blume 红冠山槟榔

F9001911 — — — 印度尼西亚（苏拉威西岛）

Pinanga coronata (Blume ex Mart.) Blume 亚山槟榔

F9001912 — — — 印度尼西亚（苏门答腊岛、小巽他群岛）

Pinanga maculata Porte ex Lem.

F9001913 — — — 菲律宾

Pritchardia 金棕属

Pritchardia pacifica Seem. & H. Wendl. 金棕

F9001914 — — — 汤加

Pritchardia thurstonii F. Muell. & Drude 烟火金棕

F9001915 — — — 斐济东部、汤加

Pseudophoenix 樱桃椰属

Pseudophoenix vinifera (Mart.) Becc. 葫芦椰子

F9001916 — — — 海地、多米尼加西南部

Ptychosperma 皱子椰属

Ptychosperma ambiguum (Becc.) Becc. ex Martelli 独棕

F9001917 — — — 巴布亚新几内亚西部

Ptychosperma burretianum Essig 巴提青棕

F9001918 — — — 巴布亚新几内亚

Ptychosperma elegans (R. Br.) Blume 秀丽射叶椰

F9001919 — — — 澳大利亚（昆士兰州北部及东部）

Ptychosperma lauterbachii Becc.

F9001920 — — — 巴布亚新几内亚东北部

Ptychosperma macarthurii (H. Wendl. ex H. J. Veitch) H. Wendl. ex Hook. f. 青棕

00000332 — — — 巴布亚新几内亚南部、澳大利亚北部

Raphia 酒椰属

Raphia vinifera P. Beauv. 酒椰

F9001921 — — — 尼日利亚、中非、南苏丹

Ravenea 国王椰属

Ravenea rivularis Jum. & H. Perrier 国王椰子

0003034 — — — 马达加斯加西南部

Reinhardtia 窗孔椰属

Reinhardtia gracilis (H. Wendl.) Burret 窗孔椰子

0000574 — — — 墨西哥、哥伦比亚西北部

Rhapis 棕竹属

Rhapis excelsa (Thunb.) A. Henry 棕竹

0000942 — — — 中国、越南中北部

Rhapis gracilis Burret 细棕竹

0001798 中国特有 — — 中国

Rhapis humilis Blume 矮棕竹

F9001922 中国特有 — — 中国

Rhapis subtilis Becc. 薄叶棕竹

F9001923 — — — 中南半岛、印度尼西亚（苏门答腊岛）

Rhopaloblaste 龙轴椰属

Rhopaloblaste augusta (Kurz) H. E. Moore

F9001924 — — — 尼科巴群岛

Roystonea 大王椰属

Roystonea oleracea (Jacq.) O. F. Cook 菜王棕
0003992 — — — 小安的列斯群岛、哥伦比亚东北部
Roystonea regia (Kunth) O. F. Cook 大王椰
0003668 — — — 美国（佛罗里达州南部）、加勒比地区；中美洲

Sabal 菜棕属

Sabal maritima (Kunth) Burret 牙买加箬棕
F9001925 — — — 古巴、牙买加
Sabal mexicana Mart. 墨西哥箬棕
F9001926 — — — 美国（得克萨斯州南部）；中美洲
Sabal minor (Jacq.) Pers. 矮菜棕
0001963 — — — 美国东南部、墨西哥
Sabal palmetto (Walter) Lodd. ex Schult. & Schult. f. 菜棕
0000235 — — — 美国东南部；拉丁美洲
Sabal uresana Trel.
F9001927 — — — 墨西哥

Saribus 叉序蒲葵属

Saribus rotundifolius (Lam.) Blume 圆叶蒲葵
F9001928 — — — 加里曼丹岛、巴布亚新几内亚

Syagrus 女王椰子属

Syagrus romanzoffiana (Cham.) Glassman 金山葵
0004216 — — — 南美洲东北部

Trachycarpus 棕榈属

Trachycarpus fortunei (Hook.) H. Wendl. 棕榈
0000126 — — — 中国、缅甸北部
Trachycarpus nana Becc. 龙棕
F9001929 中国特有 — 二级 中国

Trithrinax 长刺棕属

Trithrinax brasiliensis Mart. 巴西扇棕
F9001930 — — — 巴拉圭东南部、巴西南部
Trithrinax campestris (Burmeist.) Drude & Griseb. 阿根廷长刺棕
F9001931 — — — 阿根廷中北部及东北部、乌拉圭西部

Wallichia 瓦理棕属

Wallichia disticha T. Anderson 二列瓦理棕
F9001932 — — — 中国、尼泊尔、不丹、孟加拉国
Wallichia gracilis Becc. 瓦理棕
F9001933 — — — 中国、越南中部

Washingtonia 丝葵属

Washingtonia filifera (Rafarin) H. Wendl. ex de Bary 丝葵

0004151 — — — 美国、墨西哥
Washingtonia robusta H. Wendl. 大丝葵
00045936 — — — 墨西哥

Wodyetia 狐尾椰属

Wodyetia bifurcata A. K. Irvine 狐尾椰
00044147 — — — 澳大利亚（昆士兰州北部）

Commelinaceae 鸭跖草科

Amischotolype 穿鞘花属

Amischotolype hispida (A. Rich.) D. Y. Hong 穿鞘花
F9001934 — — — 加里曼丹岛、巴布亚新几内亚

Callisia 锦竹草属

Callisia fragrans 'Melnikoff' 香锦竹草
F9001935 — — — —
Callisia navicularis (Ortgies) D. R. Hunt 重扇
F9001936 — — — 墨西哥
Callisia repens (Jacq.) L. 铺地锦竹草
0003504 — — — 美洲热带

Commelina 鸭跖草属

Commelina communis L. 鸭跖草
0004812 — — — 中南半岛；欧洲东部、亚洲
Commelina diffusa Burm. f. 竹节菜
0002992 — — — 世界热带及亚热带
Commelina paludosa Blume 大苞鸭跖草
00048144 — — — 亚洲热带及亚热带

Floscopa 聚花草属

Floscopa scandens Lour. 聚花草
00018323 — — — 澳大利亚（昆士兰州北部）；亚洲热带及亚热带

Murdannia 水竹叶属

Murdannia bracteata (C. B. Clarke) J. K. Morton ex D. Y. Hong 大苞水竹叶
F9001937 — — — 中国南部、中南半岛
Murdannia loriformis (Hassk.) R. S. Rao & Kammathy 牛轭草
F9001938 — — — 亚洲热带及亚热带
Murdannia macrocarpa D. Y. Hong 大果水竹叶
F9001939 — — — 中国、中南半岛
Murdannia nudiflora (L.) Brenan 裸花水竹叶
0003451 — — — 西太平洋岛屿；亚洲热带及亚热带
Murdannia triquetra (Wall. ex C. B. Clarke) G. Brückn. 水竹叶
F9001940 — — — 印度（阿萨姆邦）、中国、中南半岛

Palisota 彩杜若属

Palisota bracteosa C. B. Clarke 多苞浆果鸭跖草
F9001941 — — — 非洲西部及中西部热带

Pollia 杜若属

Pollia japonica Thunb. 杜若
F9001942 — — — 中国、日本中南部、越南

Pollia subumbellata C. B. Clarke 伞花杜若
F9001943 — — — 中国、尼泊尔、马来半岛

Siderasis 绒毡草属

Siderasis fuscata (Lodd.) H. E. Moore 绒毡草
F0035706 — — — 巴西

Spatholirion 竹叶吉祥草属

Spatholirion ornatum Ridl.
F0035704 — — — 马来半岛

Tradescantia 紫露草属

Tradescantia fluminensis Vell. 白花紫露草
F9001945 — — — 巴西东南部及南部、阿根廷北部

Tradescantia fluminensis 'Albovittata' 银线紫露草
F9001944 — — — —

Tradescantia hirsutiflora 'Compacta' 小蚌花
F9001946 — — — —

Tradescantia pallida (Rose) D. R. Hunt 紫竹梅
0001722 — — — 墨西哥

Tradescantia sillamontana Matuda 白绢草
0000544 — — — 墨西哥

Tradescantia spathacea Sw. 紫背万年青
0001174 — — — 墨西哥南部、危地马拉

Tradescantia spathacea 'Variegata' 银线水竹草
F9001947 — — — —

Tradescantia virginiana L. 毛萼紫露草
F9001948 — — — 加拿大、美国中部及东部、古巴

Tradescantia virginiana 'Variegata' 斑叶紫露草
F9001949 — — — —

Tradescantia zebrina Bosse 吊竹梅
00018326 — — — 墨西哥、哥伦比亚

Tradescantia zebrina 'Quadricolor' 四色吊竹梅
F9001950 — — — —

Philydraceae 田葱科

Philydrum 田葱属

Philydrum lanuginosum Banks & Sol. ex Gaertn. 田葱
0000132 — — — 中国南部、马来半岛、巴布亚新几内亚、澳大利亚北部及东部

Pontederiaceae 雨久花科

Pontederia 梭鱼草属

Pontederia cordata L. 梭鱼草
Q201611055748 — — — 加拿大、美国、委内瑞拉北部、古巴；南美洲北部

Pontederia cordata 'Alba' 'Alba'梭鱼草
F9006874 — — — —

Pontederia cordata 'Lanhua' 兰花梭鱼草
0002250 — — — —

Pontederia cordata 'White Flower' 白花梭鱼草
0000554 — — — —

Pontederia crassipes Mart. 凤眼蓝
F9001951 — — — 美洲南部热带

Pontederia korsakowii (Regel & Maack) M. Pell. & C. N. Horn 雨久花
0002986 — — — 中国、朝鲜、日本、俄罗斯（西伯利亚）、马来西亚西部

Pontederia vaginalis Burm. f. 鸭舌草
0002551 — — — 澳大利亚北部；亚洲热带及亚热带

Strelitziaceae 鹤望兰科

Ravenala 旅人蕉属

Ravenala madagascariensis Sonn. 旅人蕉
00000009 — — — 马达加斯加北部及东部

Strelitzia 鹤望兰属

Strelitzia juncea Andrews 棒叶鹤望兰
F9001952 — — — 南非

Strelitzia nicolai Regel & Körn. 大鹤望兰
0002873 — — — 津巴布韦东部、博茨瓦纳东部、南非（夸祖鲁-纳塔尔省）

Strelitzia reginae Banks 鹤望兰
0002377 — — — —

Lowiaceae 兰花蕉科

Orchidantha 兰花蕉属

Orchidantha chinensis T. L. Wu 兰花蕉
0000857 中国特有 易危（VU） — 中国

Orchidantha insularis T. L. Wu 海南兰花蕉
F9001953 中国特有 濒危（EN） 二级 中国南部

Heliconiaceae 蝎尾蕉科

Heliconia 蝎尾蕉属

Heliconia bourgaeana Petersen 布尔若蝎尾蕉
0000062 — — — 墨西哥中部、危地马拉、洪都拉斯

Heliconia metallica Planch. & Linden ex Hook. 蝎尾蕉
00046991 — — — 美洲中部及南部

Heliconia platystachys Baker 粉鸟赫蕉
F9001954 — — — 哥斯达黎加、巴拿马、哥伦比亚、委内瑞拉

Heliconia psittacorum L. f. 鹦鹉蝎尾蕉
0000252 — — — 巴拿马；美洲南部热带

Heliconia psittacorum 'Rhizomatosa' 彩虹赫蕉
0003872 — — — —

Heliconia psittacorum 'Vincent Red' 圣温红
0003832 — — — —

Heliconia rostrata Ruiz & Pav. 金嘴蝎尾蕉
0001579 — — — 南美洲西部

Heliconia 'Sexy Pink'
F9001955 — — — —

Heliconia stricta 'Dwarf Jamaican' 矮牙买加赫蕉
F9001956 — — — —

Heliconia subulata Ruiz & Pav. 黄蝎尾蕉
F9001957 — — — 厄瓜多尔、秘鲁、智利、阿根廷

Musaceae 芭蕉科

Ensete 象腿蕉属

Ensete glaucum (Roxb.) Cheesman 象腿蕉
F9001958 — — — 尼泊尔中东部、巴布亚新几内亚、中南半岛、新加坡、马来西亚

Musa 芭蕉属

Musa acuminata Colla 小果野蕉
F9001959 — — — 中国；亚洲南部

Musa balbisiana Colla 野蕉
F9001960 — — — 中国；亚洲南部

Musa basjoo Siebold & Zucc. ex Iinuma 芭蕉
Q201607111722 中国特有 — — 中国南部

Musa coccinea Andrews 红蕉
Q201611030280 — — — 中国、越南

Musa itinerans Cheesman 阿宽蕉
F9001961 — — — 中国、印度、缅甸、泰国

Musa ornata Roxb. 紫苞芭蕉
0003741 — — — 中国、尼泊尔、不丹、孟加拉国、缅甸

Musa paradisiaca L. 大蕉
F9001962 — — — —

Musa rubra Wall. ex Kurz 阿希蕉
0004466 — — — 印度（阿萨姆邦）、泰国北部

Musa troglodytarum L. 穴芭蕉
F9001963 — — — 巴布亚新几内亚；起源于西南太平洋岛屿

Musa velutina H. Wendl. & Drude 朝天蕉

0000015 — — — 尼泊尔、不丹、印度（阿萨姆邦）

Musa yunnanensis Häkkinen & H. Wang 云南芭蕉
F9001964 中国特有 — — 中国

Musella 地涌金莲属

Musella lasiocarpa (Franch.) C. Y. Wu ex H. W. Li 地涌金莲
F9001965 中国特有 — — 中国

Cannaceae 美人蕉科

Canna 美人蕉属

Canna flaccida Salisb. 柔瓣美人蕉
F9001969 — — — 美国

Canna × *generalis* L. H. Bailey 大花美人蕉
F9001966 — — — —

Canna × *generalis* 'Striatum' 金脉美人蕉
F9001967 — — — —

Canna glauca L. 粉美人蕉
0003058 — — — 美洲热带

Canna indica L. 美人蕉
00051765 — — — 美洲热带及亚热带

Canna indica 'Assaut' 'Assaut'美人蕉
Q201712262826 — — — —

Canna indica 'Flava' 黄花美人蕉
0003337 — — — —

Canna indica 'Princess' 公主美人蕉
F9001970 — — — —

Canna indica 'Variegata' 斑叶美人蕉
F9001971 — — — —

Canna indica 'Yellow Princess' 黄公主美人蕉
F9001972 — — — —

Canna × *orchioides* L. H. Bailey 兰花美人蕉
F9001968 — — — —

Marantaceae 竹芋科

Calathea 叠苞竹芋属

Calathea crotalifera S. Watson 响尾蛇肖竹芋
F9001973 — — — 墨西哥中部；美洲南部热带

Calathea lubbersiana 'Happy Dream' 黄斑矩叶肖竹芋
F9001974 — — — —

Calathea 'Silver Compacta' 细绿羽肖竹芋
0002052 — — — —

Calathea striata H. Kenn. 方角肖竹芋
0003607 — — — 哥伦比亚南部及东南部、厄瓜多尔

Ctenanthe 栉花竹芋属

Ctenanthe oppenheimiana (É. Morren) K. Schum. 紫背栉

花竹芋
F9001975 — — — 巴西
Ctenanthe oppenheimiana 'Quadricolor' 四色栉花竹芋
0000729 — — — —
Ctenanthe oppenheimiana 'Tricolor' 三色栉花竹芋
F9001976 — — — —

Goeppertia 肖竹芋属

Goeppertia crocata (É. Morren & Joriss.) Borchs. & S. Suárez 黄苞肖竹芋
F9001977 — — — 巴西
Goeppertia lietzei (É. Morren) Saka 吊竹芋
0002921 — — — 巴西东部
Goeppertia louisae (Gagnep.) Borchs. & S. Suárez 清秀竹芋
F9001978 — — — 巴西
Goeppertia majestica (Linden) Borchs. & S. Suárez 绿芋竹芋
F9001979 — — — 南美洲北部
Goeppertia makoyana (É. Morren) Borchs. & S. Suárez 孔雀竹芋
F9001980 — — — 巴西
Goeppertia ornata (Linden) Borchs. & S. Suárez 肖竹芋
0002730 — — — 哥伦比亚东南部、委内瑞拉西南部
Goeppertia ornata 'Rosea-Lineata' 红脉肖竹芋
F9001981 — — — —
Goeppertia picturata 'Argentea' 丽白肖竹芋
F9001982 — — — —
Goeppertia roseopicta (Linden ex Lem.) Borchs. & S. Suárez 彩虹竹芋
F9001983 — — — 南美洲西部
Goeppertia veitchiana (Veitch ex Hook. f.) Borchs. & S. Suárez 美丽肖竹芋
F9001984 — — — 厄瓜多尔
Goeppertia warszewiczii (Lem.) Borchs. & S. Suárez 紫背天鹅绒竹芋
F9001985 — — — 美洲中部
Goeppertia zebrina (Sims) Nees 绒叶肖竹芋
0004531 — — — 巴西
Goeppertia zebrina 'Humilis' 绿背绒叶肖竹芋
F9001986 — — — —

Maranta 竹芋属

Maranta arundinacea L. 竹芋
F0036845 — — — 美洲热带
Maranta arundinacea 'Hort' 绒叶竹芋
00046775 — — — —
Maranta cristata Nees & Mart. 花叶竹芋

F9001987 — — — 巴西东部
Maranta leuconeura 'Kerchoviana' 豹纹竹芋
0002327 — — — —
Maranta leuconeura 'Massangeana' 红脉竹芋
F9006937 — — — —

Stromanthe 短筒竹芋属

Stromanthe thalia (Vell.) J. M. A. Braga 茂盛紫背竹芋
F9001988 — — — 巴西

Thalia 水竹芋属

Thalia dealbata Fraser 水竹芋
0000583 — — — 美国中部及东南部

Costaceae 闭鞘姜科

Cheilocostus 闭鞘姜属

Cheilocostus speciosus (J. Koenig) C. D. Specht 闭鞘姜
F0036966 — — — 澳大利亚（昆士兰州）；亚洲热带及亚热带
Cheilocostus speciosus 'Varietatus' 花叶闭鞘姜
F9001989 — — — —

Costus 宝塔姜属

Costus comosus var. *bakeri* (K. Schum.) Maas 橙红闭鞘姜
F9001990 — — — 拉丁美洲
Costus dubius (Afzel.) K. Schum. 大苞宝塔姜
0001484 — — — 非洲热带
Costus malortieanus H. Wendl. 绒叶宝塔姜
F9001991 — — — 美洲中部
Costus pictus D. Don 纹瓣宝塔姜
0000356 — — — 中美洲
Costus scaber Ruiz & Pav. 洋宝塔姜
F9001992 — — — 美洲热带

Zingiberaceae 姜科

Alpinia 山姜属

Alpinia aquatica (Retz.) Roscoe 水山姜
F9001993 — — — 印度南部、马来西亚西部
Alpinia austrosinense (D. Fang) P. Zou & Y. S. Ye 三叶豆蔻
0001354 中国特有 — — 中国
Alpinia calcarata (Andrews) Roscoe 距花山姜
0000540 — — — 中国、中南半岛
Alpinia chinensis (Retz.) Roscoe 华山姜
0004081 — — — 中国、越南
Alpinia emaculata S. Q. Tong 无斑山姜
F9001994 中国特有 近危（NT） — 中国
Alpinia galanga (L.) Willd. 红豆蔻

0000655 — — — 中国南部、中南半岛、马来西亚

Alpinia globosa (Lour.) Horan. 脆果山姜

F9001995 — — — 中国、越南

Alpinia guinanensis D. Fang & X. X. Chen 桂南山姜

0001159 中国特有 近危（NT） — 中国南部

Alpinia hainanensis K. Schum. 海南山姜

0003731 — — — 中国、越南

Alpinia japonica (Thunb.) Miq. 山姜

F9001996 — — — 中国、日本中南部及南部

Alpinia jianganfeng T. L. Wu 箭杆风

F9001997 中国特有 — — 中国南部

Alpinia kwangsiensis T. L. Wu & S. J. Chen 长柄山姜

F9001998 中国特有 — — 中国南部

Alpinia maclurei Merr. 假益智

F9001999 — — — 中国南部、越南

Alpinia malaccensis (Burm. f.) Roscoe 毛瓣山姜

0000092 — — — 印度（阿萨姆邦）、中国

Alpinia mesanthera Hayata 疏花山姜

0003246 中国特有 — — 中国

Alpinia mutica Roxb. 钝山姜

0003056 — — — 印度南部、中南半岛、马来西亚

Alpinia nigra (Gaertn.) Burtt 黑果山姜

0000400 — — — 南亚、东亚

Alpinia officinarum Hance 高良姜

0002007 — — — 中国、中南半岛

Alpinia oxyphylla Miq. 益智

0000721 — — — 中国南部、越南

Alpinia platychilus K. Schum. 宽唇山姜

0001236 中国特有 — — 中国

Alpinia polyantha D. Fang 多花山姜

0001697 中国特有 — — 中国

Alpinia psilogyna D. Fang 矮山姜

F0036892 中国特有 — — 中国南部

Alpinia pumila Hook. f. 花叶山姜

F9002000 中国特有 — — 中国南部

Alpinia roxburghii Sweet 云南草蔻

0001316 — — — 尼泊尔东部、中国南部、马来半岛

Alpinia stachyodes Hance 密苞山姜

F0036899 中国特有 — — 中国南部

Alpinia vittata W. Bull 花叶良姜

F9002001 — — — 俾斯麦群岛、所罗门群岛

Alpinia zerumbet (Pers.) B. L. Burtt & R. M. Sm. 艳山姜

0001129 — — — 日本南部、中国、马来半岛北部

Alpinia zerumbet 'Shell Ginger' 'Shell Ginger'艳山姜

F9002002 — — — —

Alpinia zerumbet 'Sprinkle' 雨花山姜

F9002003 — — — —

Alpinia zerumbet 'Variegata' 花叶艳山姜

0002770 — — — —

Amomum 豆蔻属

Amomum glabrum S. Q. Tong 无毛砂仁

0000562 — 近危（NT） — 中国、老挝

Amomum maximum Roxb. 九翅豆蔻

0003938 — — — 亚洲热带及亚热带

Amomum menglaense S. Q. Tong 勐腊砂仁

0002754 中国特有 近危（NT） — 中国

Amomum petaloideum (S. Q. Tong) T. L. Wu 宽丝豆蔻

F9002004 — — 二级 中国、老挝西北部

Amomum purpureorubrum S. Q. Tong & Y. M. Xia 紫红砂仁

0004358 中国特有 近危（NT） — 中国

Amomum sericeum Roxb. 银叶砂仁

F9002005 — — — 印度（锡金）、中国、中南半岛

Amomum tibeticum (T. L. Wu & S. J. Chen) X. E. Ye, L. Bai & N. H. Xia 西藏大豆蔻

F0036940 中国特有 易危（VU） — 中国

Boesenbergia 凹唇姜属

Boesenbergia albomaculata S. Q. Tong 白斑凹唇姜

0000886 — 易危（VU） — 中国、缅甸北部

Boesenbergia longiflora (Wall.) Kuntze 心叶凹唇姜

F0038326 — 近危（NT） — 中国、缅甸西部及西南部

Boesenbergia rotunda (L.) Mansf. 凹唇姜

0001504 — 近危（NT） — 中国；亚洲南部

Cautleya 距药姜属

Cautleya gracilis (Sm.) Dandy 距药姜

F9002006 — — — 中国、印度、尼泊尔、孟加拉国、不丹、中南半岛

Curcuma 姜黄属

Curcuma alismatifolia Gagnep. 姜荷花

F9002007 — — — 中南半岛

Curcuma aromatica Salisb. 郁金

0000842 — — — 南亚、东亚中南部

Curcuma aromatica 'Wenyujin' 'Wenyujin'郁金

F9002008 — — — —

Curcuma involucrata (King ex Baker) Kornick. 土田七

0000541 — — — 印度、中国南部

Curcuma kwangsiensis S. G. Lee & C. F. Liang 广西莪术

F9002009 中国特有 — — 中国南部

Curcuma longa L. 姜黄

0001673 中国特有 — — 中国

Curcuma phaeocaulis Valeton 莪术

00047634 — — — 中国、印度尼西亚（爪哇岛）

Curcuma sichuanensis X. X. Chen 川郁金

F9002010 中国特有 — — 中国

Curcuma yunnanensis N. Liu & S. J. Chen 顶花莪术

0004502 中国特有 — — 中国

Curcuma zanthorrhiza Roxb. 印尼莪术

0000680 — — — 印度西南部

Etlingera 茴香砂仁属

Etlingera elatior (Jack) R. M. Sm. 火炬姜

0002019 — — — 泰国、马来西亚西部

Etlingera megalocheilos (Griff.) A. D. Poulsen 大唇茴香砂仁

F9002011 — — — 马来西亚西部

Globba 舞花姜属

Globba atrosanguinea Teijsm. & Binn. 暗红舞花姜

0003920 — — — 印度尼西亚（苏门答腊岛）、加里曼丹岛

Globba marantina L. 毛舞花姜

0003543 — — — 中国、澳大利亚（昆士兰州）；亚洲热带

Globba racemosa Sm. 舞花姜

F9002012 — — — 中国、印度、尼泊尔、孟加拉国、不丹

Globba schomburgkii Hook. f. 双翅舞花姜

0002254 — — — 印度东部、中国、中南半岛

Globba winitii C. H. Wright 美苞舞花姜

F9002013 — — — 缅甸、泰国

Hedychium 姜花属

Hedychium bijiangense T. L. Wu & S. J. Chen 碧江姜花

0001779 中国特有 — — 中国

Hedychium coccineum Buch.-Ham. ex Sm. 红姜花

0001248 — — — 南亚、东亚

Hedychium coronarium J. Koenig 姜花

0000570 — — — 南亚、东亚东南部

Hedychium densiflorum Wall. 密花姜花

F9002014 — — — 中国、尼泊尔

Hedychium flavescens Carey ex Roscoe 峨眉姜花

F9002015 — — — 尼泊尔东部、中国

Hedychium flavum Roxb. 黄姜花

0001153 — — — 印度（阿萨姆邦）、中国南部

Hedychium forrestii Diels 圆瓣姜花

F9002016 — — — 印度、尼泊尔、不丹、中国南部、中南半岛

Hedychium gardnerianum Sheppard ex Ker Gawl. 红丝姜花

F9002017 — — — 尼泊尔、不丹、孟加拉国、中南半岛

Hedychium puerense Y. Y. Qian 普洱姜花

0000151 中国特有 — — 中国

Hedychium spicatum Sm. 草果药

F9002018 — — — 中国、印度、尼泊尔、孟加拉国、不丹、中南半岛

Hedychium villosum Wall. 毛姜花

0001856 — 易危（VU） — 尼泊尔东部、中国南部、马来半岛

Hedychium ximengense Y. Y. Qian 西盟姜花

0000313 中国特有 近危（NT） — 中国

Hedychium yunnanense Gagnep. 滇姜花

F9002019 — — — 中国、越南

Kaempferia 山奈属

Kaempferia elegans Wall. 紫花山奈

F0027641 — — — 中国、中南半岛、加里曼丹岛

Kaempferia galanga L. 山奈

0001956 — — — 印度、中国、中南半岛

Kaempferia rotunda L. 海南三七

0000268 — — — 南亚、东亚南部

Lanxangia 草果属

Lanxangia tsaoko (Crevost & Lemarié) M. F. Newman & Škorničk. 草果

00047665 — — — —

Meistera 野草果属

Meistera koenigii (J. F. Gmel.) Skornick. & M. F. Newman 野草果

F9002020 — — — 印度（阿萨姆邦）、中国、中南半岛

Monolophus 大苞姜属

Monolophus coenobialis Hance 黄花大苞姜

Q201611223763 中国特有 — — 中国

Pommereschea 直唇姜属

Pommereschea spectabilis (King & Prain) K. Schum. 短柄直唇姜

F9002021 — 近危（NT） — 中国、缅甸北部

Pyrgophyllum 苞叶姜属

Pyrgophyllum yunnanense (Gagnep.) T. L. Wu & Z. Y. Chen 苞叶姜

00047896 中国特有 易危（VU） — 中国

Wurfbainia 砂仁属

Wurfbainia longiligularis (T. L. Wu) Skornick. & A. D. Poulsen 海南砂仁

F9002022 — — — 中国、中南半岛

Wurfbainia neoaurantiaca (T. L. Wu, K. Larsen & Turland)

Skornick. & A. D. Poulsen　红壳砂仁
F9002023　中国特有　近危（NT）— 中国
Wurfbainia testacea (Ridl.) Skornick. & A. D. Poulsen　白豆蔻
00046263 — — — 中国南部、马来半岛、加里曼丹岛
Wurfbainia villosa (Lour.) Skornick. & A. D. Poulsen　砂仁
00018823 — — — 孟加拉国、中国南部、中南半岛
Wurfbainia villosa var. *xanthioides* (Wall. ex Baker) Skornick. & A. D. Poulsen　缩砂密
F9002024 — — — 中国、缅甸

Zingiber　姜属

Zingiber corallinum Hance　珊瑚姜
0001318 — — — 中国、中南半岛
Zingiber densissimum S. Q. Tong & Y. M. Xia　多毛姜
F9002025 — 近危（NT）— 中国、中南半岛北部
Zingiber flavomaculosum S. Q. Tong　黄斑姜
0003045 — 近危（NT）— 中国、缅甸、老挝、越南、泰国
Zingiber fragile S. Q. Tong　脆舌姜
0002732 — 近危（NT）— 中国、缅甸、老挝、越南、泰国北部
Zingiber kerrii Craib　勐海姜
F9002026 — — — 印度（阿萨姆邦）、中国
Zingiber leptorrhizum D. Fang　细根姜
0002504 中国特有 易危（VU）— 中国
Zingiber mioga (Thunb.) Roscoe　蘘荷
F9002027 — — — 中国南部、日本中南部及南部
Zingiber officinale Roscoe　姜
0000391 — — — 中国、印度
Zingiber orbiculatum S. Q. Tong　圆瓣姜
0000929 — 近危（NT）— 中国、中南半岛
Zingiber recurvatum S. Q. Tong & Y. M. Xia　弯管姜
F9002028 — 近危（NT）— 中国、老挝
Zingiber smilesianum Craib　柱根姜
F9002029 — — — 中国、中南半岛北部
Zingiber striolatum Diels　阳荷
F0036912 中国特有 — — 中国南部
Zingiber thorelii Gagnep.　版纳姜
F9002030 — — — 缅甸南部、老挝南部、越南南部
Zingiber zerumbet (L.) Roscoe ex Sm.　红球姜
0000427 — — — 亚洲热带及亚热带

Typhaceae　香蒲科

Sparganium　黑三棱属

Sparganium stoloniferum (Buch.-Ham. ex Graebn.) Buch.-Ham. ex Juz.　黑三棱

F9002031 — — — 喜马拉雅山脉；亚洲温带

Typha　香蒲属

Typha angustifolia L.　水烛
F9002032 — — — 北半球温带
Typha orientalis C. Presl　东方香蒲
Q201805047310 — — — 中国、蒙古、菲律宾；大洋洲

Bromeliaceae　凤梨科

Aechmea　尖萼凤梨属

Aechmea aculeatosepala (Rauh & Barthlott) Leme
F9002033 — — — 厄瓜多尔
Aechmea alopecurus Mez
0004513 — — — 巴西
Aechmea 'Alvarez'　'Alvarez'尖萼凤梨
F9002034 — — — —
Aechmea ampla L. B. Sm.
F0028828 — — — 巴西
Aechmea andersonii H. Luther & Leme　安德森光萼荷
0004365 — — — 巴西
Aechmea angustifolia Poepp. & Endl.　白果菠萝
0000538 — — — 美洲中南部热带
Aechmea azurea 'White Flower'　'白花'天蓝光萼荷
0000766 — — — —
Aechmea 'Bergundy'　'Bergundy'尖萼凤梨
F0028840 — — — —
Aechmea 'Bert'　黑斑光萼荷
0000581 — — — —
Aechmea 'Bert Variecate'　'Bert Variecate'尖萼凤梨
F9002035 — — — —
Aechmea biflora (L. B. Sm.) L. B. Sm. & M. A. Spencer
F9002036 — — — 厄瓜多尔
Aechmea 'Black On Black'　'Black On Black'尖萼凤梨
0004315 — — — —
Aechmea bracteata 'Rubra'　'紫红'苞叶光萼荷
0004268 — — — —
Aechmea brevicollis L. B. Sm.
F0092990 — — — 哥伦比亚东南部、巴西北部
Aechmea bromeliifolia (Rudge) Baker ex Benth. & Hook. f.
F0028807 — — — 拉丁美洲
Aechmea 'Burgundy'　'勃艮第'尖萼凤梨
0002690 — — — —
Aechmea caesia É. Morren ex Baker
0001165 — — — 巴西
Aechmea calyculata (É. Morren) Baker　小萼光萼荷
0001357 — — — 巴西南部、阿根廷东北部
Aechmea 'Candy Cane'　'Candy Cane'尖萼凤梨
0001738 — — — —

Aechmea caudata Lindm.　尾花光萼荷
0000848 — — — 巴西

Aechmea caudata 'Melanocrater'　'米拉诺'尾花光萼荷
0000891 — — — —

Aechmea caudata 'Short Form'　'短型'尾花光萼荷
0000626 — — — —

Aechmea caudata 'Sta. Catarina'　'圣·卡塔琳娜'尾花光萼荷
0004374 — — — —

Aechmea chantinii (Carrière) Baker　斑纹光萼荷
F0028812 — — — 美洲南部热带

Aechmea chantinii 'Samurai'　'Samurai'斑纹光萼荷
F9002037 — — — —

Aechmea contracta (Mart. ex Schult. & Schult. f.) Baker
F0028966 — — — 美洲南部热带

Aechmea correia-araujoi E. Pereira & Moutinho
F9002038 — — — 巴西

Aechmea cylindrata Lindm.　柱花光萼荷
0002178 — — — 巴西

Aechmea distichantha Lem.　列花光萼荷
0003283 — — — 玻利维亚、巴西、阿根廷东北部

Aechmea distichantha × *Aechmea caudata* 'Melanocrater'
0000637 — — — —

Aechmea distichantha 'Albiflora'　白花齿叶凤梨
0003910 — — — —

Aechmea distichantha 'Melanocrater'　'Melanocrater'列花光萼荷
0002680 — — — —

Aechmea distichantha var. *schlumbergeri* É. Morren ex Mez　斯氏列花光萼荷
F9006921 — — — 玻利维亚、阿根廷东北部

Aechmea 'Earycory-Rmb Us'　'Earycory-Rmb Us'尖萼凤梨
F9002039 — — — —

Aechmea 'Ecidna'　'Ecidna'尖萼凤梨
F0028872 — — — —

Aechmea 'Eileen'　'Eileen'尖萼凤梨
0001110 — — — —

Aechmea emmerichiae Leme　艾默光萼荷
0000646 — — — 巴西东北部

Aechmea farinosa (Regel) L. B. Sm.　被粉光萼荷
F9006886 — — — 巴西

Aechmea farinosa 'Conglomerata'　聚花被粉光萼荷
0001256 — — — —

Aechmea fasciata (Lindl.) Baker　美叶光萼荷
0003660 — — — 巴西

Aechmea fasciata 'Purpurea'　紫穗光萼荷
0001224 — — — —

Aechmea 'Fascini'　'Fascini'尖萼凤梨
0001601 — — — —

Aechmea 'Fascini Albomarginata'　'Fascini Albomarginata'尖萼凤梨
0001661 — — — —

Aechmea 'Fia Discolor'　'菲亚'尖萼凤梨
0000337 — — — —

Aechmea flavorosea E. Pereira
F0028819 — — — 巴西

Aechmea fosteriana L. B. Sm.
F0028822 — — — 巴西

Aechmea 'Fosters Favorite'　红姬凤梨
F9002040 — — — —

Aechmea 'Friederike Variegata'　花叶费氏光萼荷
0002923 — — — —

Aechmea 'Frosty The Snow Man'　'Frosty The Snow Man'尖萼凤梨
F0028887 — — — —

Aechmea fulgens Brongn.　珊瑚凤梨
0001448 — — — 巴西东北部

Aechmea fulgens 'Albomarginata'　白边光萼荷
0000444 — — — —

Aechmea gamosepala 'Lucky Stripes'　'幸运斑纹'瓶刷光萼荷
0002421 — — — —

Aechmea goeldianus 'Sel97-254'　'Sel97-254'尖萼凤梨
0002813 — — — —

Aechmea 'Gold Tone'　'Gold Tone'尖萼凤梨
F0028829 — — — —

Aechmea 'Good Band'　'Good Band'尖萼凤梨
F0028815 — — — —

Aechmea 'Gympic Gold'　'Gympic Gold'尖萼凤梨
F0028895 — — — —

Aechmea hoppii (Harms) L. B. Sm.
0004037 — — — 哥伦比亚、秘鲁

Aechmea 'J. C. Superstar'　'J. C. Superstar'尖萼凤梨
F9002041 — — — —

Aechmea 'Jack'　'Jack'尖萼凤梨
F0028864 — — — —

Aechmea kentii (H. Luther) L. B. Sm. & M. A. Spencer　肯特光萼荷
0000677 — — — 厄瓜多尔

Aechmea 'La Tigra'　'La Tigra'尖萼凤梨
F0028841 — — — —

Aechmea lamarchei Mez
F9002042 — — — 巴西

Aechmea 'Leopard'　'Leopard'尖萼凤梨

F0028861 — — — —

Aechmea 'Loie's Pride' 'Loie's Pride'尖萼凤梨

F0028884 — — — —

Aechmea lueddemanniana (K. Koch) Mez 莱德曼光萼荷

0002302 — — — 中美洲

Aechmea macrochlamys L. B. Sm.

F0028813 — — — 巴西

Aechmea marauensis Leme

0004918 — — — 巴西东北部

Aechmea 'Maya' 美雅粉凤梨

F9002043 — — — —

Aechmea melinonii Hook. 梅利宁光萼荷

F0028898 — — — 南美洲北部

Aechmea mexicana Baker 墨西哥光萼荷

0002542 — — — 拉丁美洲

Aechmea miniata (Beer) Baker 红花光萼荷

0003312 — — — 巴西

Aechmea nidularioides L. B. Sm. 雀巢凤梨

F9002044 — — — 哥伦比亚南部、秘鲁北部

Aechmea nudicaulis (L.) Griseb. 裸茎光萼荷

F0028808 — — — 美洲热带

Aechmea nudicaulis 'Big John' 'Big John'光萼荷

0003811 — — — —

Aechmea nudicaulis 'Burle Marx' '布鲁·马克思'裸茎光萼荷

F9006989 — — — —

Aechmea nudicaulis 'Parati' '帕拉蒂'裸茎光萼荷

0001412 — — — —

Aechmea nudicaulis 'Variegata' 花叶少叶光萼荷

0003664 — — — —

Aechmea nudicaulis var. *aequalis* L. B. Sm. & Reitz

F0028832 — — — 巴西

Aechmea organensis Wawra 琴山光萼荷

0000282 — — — 巴西东南部

Aechmea orlandiana L. B. Sm. 大蜻蜓凤梨

F0028851 — — — 巴西

Aechmea orlandiana 'Variegata' 'Variegata'大蜻蜓凤梨

0002588 — — — —

Aechmea ornata (Gaudich.) Baker 华丽光萼荷

F0028843 — — — 巴西

Aechmea phanerophlebia Baker 显脉蜻蜓凤梨

F0092983 — — — 巴西东南部

Aechmea phanerophlebia 'Rubra' 'Rubra'显脉蜻蜓凤梨

F0028846 — — — —

Aechmea 'Pilferred' 'Pilferred'尖萼凤梨

F0028837 — — — —

Aechmea pimenti-velosoi Reitz

F0028885 — — — 巴西

Aechmea pittieri Mez

F0028839 — — — 哥斯达黎加、巴拿马

Aechmea purpureorosea (Hook.) Wawra 玫瑰紫光萼荷

0004091 — — — 巴西东南部

Aechmea ramosa Mart. ex Schult. & Schult. f. 多序光萼荷

0004264 — — — 巴西东部

Aechmea recurvata × *Aechmea calyculata* 小萼光萼荷×弯曲光萼荷

0000454 — — — —

Aechmea recurvata 'Ortgiesii' 奥氏弯曲光萼荷

0000044 — — — —

Aechmea recurvata var. *benrathii* (Mez) Reitz 本氏弯曲光萼荷

0000935 — — — 巴西

Aechmea 'Reginaldo' 'Reginaldo'尖萼凤梨

F0028823 — — — —

Aechmea roberto-seidelii E. Pereira 罗赛光萼荷

0001443 — — — 巴西

Aechmea 'Romero' 'Romero'尖萼凤梨

0004084 — — — —

Aechmea rubrolilacina Leme 紫红光萼荷

F9006934 — — — 巴西

Aechmea seidelii (Leme) L. B. Sm. & M. A. Spencer

F0028811 — — — 巴西

Aechmea serrata (L.) Mez

0003514 — — — 马提尼克岛

Aechmea serrata 'Hybrid 1' 'Hybrid 1'萼凤梨

0003403 — — — —

Aechmea servitensis André

0000082 — — — 哥伦比亚、厄瓜多尔

Aechmea 'Shogun' 'Shogun'尖萼凤梨

F0028838 — — — —

Aechmea 'Silver Streak' 'Silver Streak'尖萼凤梨

F0028877 — — — —

Aechmea strobilina (Beurl.) L. B. Sm. & Read 圆锥光萼荷

0001762 — — — 巴拿马

Aechmea strobilina × *Aechmea chantinii* 斑马凤梨×圆锥光萼荷

0001770 — — — —

Aechmea tessmannii 'Mini' 迷你特斯曼光萼荷

0004777 — — — —

Aechmea tillandsioides (Mart. ex Schult. & Schult. f.) Baker 长穗凤梨

F9002045 — — — 美洲南部热带

Aechmea tillandsioides 'Marginata' 金边尖萼凤梨

F9002046 — — — —

Aechmea triangularis L. B. Sm. 三角光萼荷
F0028949 — — — 巴西

Aechmea tuitensis Magaña & E. J. Lott
F9002047 — — — 墨西哥

Aechmea vallerandii (Carrière) Erhardt, Götz & Seybold 瓦勒朗光萼荷
F9002048 — — — 巴拿马；美洲南部热带

Aechmea victoriana L. B. Sm. 维多利亚光萼荷
0004618 — — — 巴西

Aechmea victoriana 'Discolor' 变色维多利亚光萼荷
0003111 — — — —

Aechmea weilbachii Didr. 韦伯克光萼荷
0003521 — — — 巴西

Alcantarea 丝瓣凤梨属

Alcantarea extensa (L. B. Sm.) J. R. Grant 展叶丽穗凤梨
F9002049 — — — 巴西东南部

Alcantarea geniculata (Wawra) J. R. Grant 曲花丽穗凤梨
F9002050 — — — 巴西

Alcantarea imperialis (Carrière) Harms 帝王凤梨
F0028845 — — — 巴西

Alcantarea regina (Vell.) Harms
0001805 — — — 巴西

Araeococcus 豆凤梨属

Araeococcus goeldianus L. B. Sm.
0001553 — — — 拉丁美洲

Araeococcus parviflorus (Mart. ex Schult. & Schult. f.) Lindm.
0003858 — — — 巴西

Barfussia 莲舌凤梨属

Barfussia wagneriana (L. B. Sm.) Manzan. & W. Till 粉苞铁兰
F9002051 — — — 秘鲁北部

Billbergia 水塔花属

Billbergia amoena (G. Lodd.) Lindl. 愉悦水塔花
0004807 — — — 巴西

Billbergia amoena 'Albo' 'Albo'愉悦水塔花
F0092888 — — — —

Billbergia amoena 'Stolonifera' 'Stolonifera'愉悦水塔花
0001230 — — — —

Billbergia 'Arribella' 'Arribella'水塔花
F0028868 — — — —

Billbergia 'Bellesima' 'Bellesima'水塔花
0001278 — — — —

Billbergia brasiliensis L. B. Sm. 马休水塔花
F9002053 — — — 玻利维亚东部、巴西

Billbergia buchholtzii Mez
0003462 — — — 巴西

Billbergia 'Caramba' 'Caramba'水塔花
0003522 — — — —

Billbergia 'Cariosa' 'Cariosa'水塔花
0002801 — — — —

Billbergia 'Chabby Chick' 'Chabby Chick'水塔花
F0028852 — — — —

Billbergia 'Cobre' 'Cobre'水塔花
0004673 — — — —

Billbergia 'Cobre #591' 'Cobre #591'水塔花
0002403 — — — —

Billbergia 'de Nada Rojo' 'de Nada Rojo'水塔花
0000875 — — — —

Billbergia 'de Nada Rojo #250' 'de Nada Rojo #250'水塔花
0000620 — — — —

Billbergia distachia var. *maculata* Reitz 黄点凤梨
F9002054 — — — —

Billbergia 'Dreams' 'Dreams'水塔花
F0028821 — — — —

Billbergia euphemiae É. Morren
0002190 — — — 巴西东南部

Billbergia 'Fantasy' 'Fantasy'水塔花
F0092994 — — — —

Billbergia 'Georgia' 'Georgia'水塔花
F0028816 — — — —

Billbergia 'Gerda' 'Gerda'水塔花
F0092922 — — — —

Billbergia 'Hallelujah' 'Hallelujah'水塔花
F0092903 — — — —

Billbergia horrida Regel
F9002055 — — — 巴西东南部

Billbergia 'Hularavana' 'Hularavana'水塔花
F9002056 — — — —

Billbergia 'Hybrids' 'Hybrids'水塔花
F9002057 — — — —

Billbergia kautskyana E. Pereira 考茨基水塔花
0003108 — — — 巴西

Billbergia leptopoda L. B. Sm.
F0028133 — — — 巴西

Billbergia leptopoda 'Variegata' 'Variegata'水塔花
0002661 — — — —

Billbergia 'Louise' 'Louise'水塔花
F0028842 — — — —

Billbergia magnifica Mez
F0028973 — — 巴西、巴拉圭

Billbergia manarae Steyerm. 马纳瑞水塔花

Angiosperms 被子植物

0004310 — — — 委内瑞拉北部

Billbergia 'Muriel Waterman' 'Muriel Waterman'水塔花

F0092907 — — — —

Billbergia 'Nutans' 'Nutans'水塔花

F0092940 — — — —

Billbergia nutans H. Wendl. ex Regel 垂花水塔花

F9002059 — — — 巴西东南部及南部、阿根廷北部

Billbergia nutans × *Billbergia sanderana*

F9002058 — — — —

Billbergia nutans 'Mini' 'Mini'垂花水塔花

0003238 — — — —

Billbergia 'Party Pink' 'Party Pink'水塔花

0001007 — — — —

Billbergia 'Poquito Blanco' 'Poquito Blanco'水塔花

0003354 — — — —

Billbergia 'Poquito Mas' 'Poquito Mas'水塔花

F9002060 — — — —

Billbergia pyramidalis (Sims) Lindl. 水塔花

Q201607120131 — — — 向风群岛、巴西北部及东部

Billbergia pyramidalis 'Concolor' 'Concolor'水塔花

0001207 — — — —

Billbergia pyramidalis 'Kyoto' 'Kyoto'水塔花

0000384 — — — —

Billbergia pyramidalis 'Striata' 条纹水塔花

0004169 — — — —

Billbergia pyramidalis 'Variegata' 斑叶水塔花

F9002061 — — — —

Billbergia 'Red Storm' 'Red Storm'水塔花

F0092831 — — — —

Billbergia rosea Beer 玫瑰红水塔花

F0028873 — — — 委内瑞拉北部

Billbergia sanderiana × *Billbergia* 'Nutans'

F9006995 — — — —

Billbergia sanderiana É. Morren 桑德水塔花

0001908 — — — 巴西东南部

Billbergia 'Sangre' 'Sangre'水塔花

F0092893 — — — —

Billbergia 'Simpatico' 'Simpatico'水塔花

F9002062 — — — —

Billbergia stenopetala Harms

F0028825 — — — 厄瓜多尔东部、秘鲁东北部

Billbergia 'Stralectic' 'Stralectic'水塔花

F9002063 — — — —

Billbergia 'Strawberry' 'Strawberry'水塔花

F9002064 — — — —

Billbergia 'Tequila Sunset' 'Tequila Sunset'水塔花

F9002065 — — — —

Billbergia 'Titanic' × *Billbergia* 'Alaka Ⅰ'

F9002066 — — — —

Billbergia viridiflora H. Wendl. 绿水塔花

F9002067 — — — 墨西哥东南部、伯利兹

Billbergia vittata 'Domingos Martins' × *Billbergia* 'Windii'

F9002068 — — — —

Billbergia windii × *Billbergia vittata* 'Domingo'

F9002069 — — — —

Billbergia × *windii* 'Domingos Martins' 'Domingos Martins'水塔花

F9002052 — — — —

Billbergia 'Yayee' 'Yayee'水塔花

F0092986 — — — —

Canistropsis 郁金凤梨属

Canistropsis elata (E. Pereira & Leme) Leme

0004628 — — — —

Catopsis 粉叶凤梨属

Catopsis berteroniana (Schult. & Schult. f.) Mez

F0028975 — — — 美国（佛罗里达州南部）、墨西哥东南部；美洲热带

Catopsis floribunda L. B. Sm.

0001438 — — — 美国（佛罗里达州南部）、墨西哥、危地马拉、洪都拉斯、加勒比地区、委内瑞拉

Catopsis juncifolia Mez & Wercklé

F9002070 — — — 中美洲

Catopsis morreniana Mez

0003050 — — — 中美洲

Cryptanthus 姬凤梨属

Cryptanthus acaulis (Lindl.) Beer 姬凤梨

0002370 — — — 巴西

Cryptanthus acaulis 'Cascade' 'Cascade'姬凤梨

0000262 — — — —

Cryptanthus 'Arlety' 'Arlety'姬凤梨

0001534 — — — —

Cryptanthus bivittatus (Hook.) Regel 双带姬凤梨

00019346 — — — 巴西

Cryptanthus bivittatus 'Luddemanii' 大绒叶凤梨

0001642 — — — —

Cryptanthus bivittatus 'Pink Starlite' 粉缟隐花凤梨

F9002071 — — — —

Cryptanthus 'Black Mystic' 'Black Mystic'姬凤梨

0000451 — — — —

Cryptanthus 'Blake Babcock' 'Blake Babcock'姬凤梨

0002354 — — — —

Cryptanthus bromelioides Otto & A. Dietr. 长叶姬凤梨

0001981 — — — 巴西

Cryptanthus bromelioides 'Tricolor'　三色姬凤梨

F9002072 — — — —

Cryptanthus bromelioides 'Zonatus 86-820'　'Zonatus 86-820'长叶姬凤梨

0001076 — — — —

Cryptanthus 'Chocolate Soldier'　'Chocolate Soldier'姬凤梨

0004758 — — — —

Cryptanthus colnagoi Rauh & Leme

0000775 — — — 巴西

Cryptanthus colnagoi 'Red Form'　'Red Form'姬凤梨

0003222 — — — —

Cryptanthus colnagoi 'Red Form #155'　'Red Form #155'姬凤梨

F9006897 — — — —

Cryptanthus 'Cutting Edge'　'Cutting Edge'姬凤梨

0004289 — — — —

Cryptanthus delicatus Leme

0004225 — — — 巴西

Cryptanthus 'Durrell'　'Durrell'姬凤梨

0001619 — — — —

Cryptanthus 'Frostbite'　'Frostbite'姬凤梨

0003707 — — — —

Cryptanthus 'Lropoldo-Horstii'　'Lropoldo-Horstii'姬凤梨

F0028848 — — — —

Cryptanthus lutherianus I. Ramírez

0001143 — — — 巴西

Cryptanthus 'Marian Oppenheimer'　'Marian Oppenheimer'姬凤梨

0000456 — — — —

Cryptanthus 'Miss Priss'　'Miss Priss'姬凤梨

0000673 — — — —

Cryptanthus 'Ocean Mist'　'Ocean Mist'姬凤梨

0002091 — — — —

Cryptanthus 'Osyanus'　'Osyanus'姬凤梨

0001150 — — — —

Cryptanthus 'Pixie'　'Pixie'姬凤梨

0000771 — — — —

Cryptanthus 'Sangria'　'Sangria'姬凤梨

0002399 — — — —

Cryptanthus 'Scott Irvin'　'Scott Irvin'姬凤梨

0001526 — — — —

Cryptanthus 'Strawberries Flambe'　'Strawberries Flambe'姬凤梨

0000023 — — — —

Cryptanthus warren-loosei Leme

0000758 — — — 巴西

Cryptanthus zonatus 'Fuscus'　红褐环带姬凤梨

0000144 — — — —

Cryptanthus zonatus 'Nivea'　'Nivea'虎纹小凤梨

F9002073 — — — —

Deuterocohnia　单鳞凤梨属

Deuterocohnia lorentziana (Mez) M. A. Spencer & L. B. Sm.　洛仑兹刺垫凤梨

0003915 — — — 玻利维亚南部、阿根廷西北部

Dyckia　雀舌兰属

Dyckia brevifolia Baker　剑山之缟

00018293 — — — 巴西

Dyckia brevifolia 'Moon Glow'　'Moon Glow'剑山之缟

0004522 — — — —

Dyckia 'Brittle Star'　'Brittle Star'雀舌兰

0003425 — — — —

Dyckia 'Brittle Star F2'　'Brittle Star F2'雀舌兰

F9006882 — — — —

Dyckia cinerea Mez

0002581 — — — 巴西

Dyckia dawsonii × *Dyckia choristaminea*

F9002074 — — — —

Dyckia encholirioides (Gaudich.) Mez

0004392 — — — 巴西东南部及南部

Dyckia 'Espiritu'　'Espiritu'雀舌兰

F9002075 — — — —

Dyckia fosteriana 'Bronze'　福德雀舌兰

0000645 — — — —

Dyckia frigida Hook. f.　大叶小雀舌兰

F9002076 — — — 巴西

Dyckia 'Keith H'　'Keith H'雀舌兰

0000329 — — — —

Dyckia 'Keither'　'Keither'雀舌兰

F9006935 — — — —

Dyckia 'La Rioja'　'La Rioja'雀舌兰

0004737 — — — —

Dyckia leptostachya Baker

0000172 — — — 玻利维亚东南部、巴西、阿根廷东北部

Dyckia marnier-lapostollei L. B. Sm.

0003183 — — — 巴西

Dyckia marnier-lapostollei var. *estevesii* × *Dyckia fosteriana* × *Dyckia platyphylla*

0000042 — — — —

Dyckia minarum Mez　灰叶小雀舌

F9002077 — — — 巴西

Dyckia niederleinii Mez

0000114 — — — 阿根廷

Dyckia 'Nude Lady'　'Nude Lady'雀舌兰

0002782 — — — —

Dyckia platyphylla L. B. Sm.
0000145 — — — 巴西

Dyckia rariflora Schult. & Schult. f. 疏花小雀舌兰
F9002078 — — — 巴西

Dyckia 'Red Devil' 'Red Devil'雀舌兰
0001430 — — — —

Dyckia remotiflora A. Dietr. 细叶剑山
0001892 — — — 巴西东南部及南部、阿根廷东北部

Dyckia remotiflora var. *montevidensis* (K. Koch) L. B. Sm.
F9006905 — — — 巴西南部、阿根廷

Dyckia 'Ruby Ryde' 'Ruby Ryde'雀舌兰
F9002079 — — — —

Dyckia 'Ruby Ryde Green Form (Rr)' 'Ruby Ryde Green Form (Rr)'雀舌兰
F9006929 — — — —

Dyckia 'Toothy' 'Toothy'雀舌兰
0000881 — — — —

Dyckia 'Toothy F2' 'Toothy F2'雀舌兰
0001098 — — — —

Dyckia velascana Mez 沙漠凤梨
0001631 — — — 阿根廷西北部

Fosterella 卷药凤梨属

Fosterella albicans (Griseb.) L. B. Sm.
0001011 — — — 玻利维亚中部、阿根廷西北部

Fosterella spectabilis H. Luther
0000067 — — — 玻利维亚

Fosterella villosula (Harms) L. B. Sm.
0000944 — — — 玻利维亚

Goudaea 金穗凤梨属

Goudaea ospinae (H. Luther) W. Till & Barfuss 奥刺花凤梨
F9002080 — — — 哥伦比亚

Guzmania 星花凤梨属

Guzmania 'Amethyst' 'Amethyst'星花凤梨
F9002081 — — — —

Guzmania 'Amethyst Variegata' 'Amethyst Variegata'星花凤梨
F9002082 — — — —

Guzmania conifera (André) André ex Mez 火炬凤梨
0004014 — — — 哥伦比亚、秘鲁北部

Guzmania 'Diecor' 狄可擎天凤梨
F9002083 — — — —

Guzmania dissitiflora (André) L. B. Sm. 金顶凤梨
F9002084 — — — 哥斯达黎加、巴拿马、哥伦比亚、厄瓜多尔北部

Guzmania 'Fleur De Anjou' 'Fleur De Anjou'星花凤梨
0004455 — — — —

Guzmania 'Fleur H2' 'Fleur H2'星花凤梨
F9002085 — — — —

Guzmania 'Hilda' 希达擎天凤梨
F9002086 — — — —

Guzmania 'Irene' 'Irene'星花凤梨
0001625 — — — —

Guzmania 'Jwendolyn' 宝石擎天凤梨
F9002087 — — — —

Guzmania lingulata (L.) Mez 星花凤梨
F9002088 — — — 美洲热带

Guzmania lingulata 'Amaranth' 紫擎天凤梨
F9002089 — — — —

Guzmania lingulata 'Major' 火轮擎天凤梨
F9002090 — — — —

Guzmania lingulata 'Minor' 橙红擎天凤梨
F9002091 — — — —

Guzmania lingulata var. *minor* (Mez) L. B. Sm. & Pittendr. 鲜红凤梨
F9002092 — — — 美洲热带

Guzmania 'Luna' 露娜擎天凤梨
F9002093 — — — —

Guzmania magnifica 'Fire Crown' 大红擎天凤梨
F9002094 — — — —

Guzmania 'Marjan' 玛雅果子蔓
0000487 — — — —

Guzmania melinonis Regel 圆柱果子蔓
0000883 — — — 美洲南部热带

Guzmania musaica (Linden & André) Mez 黄苞球凤梨
F9002095 — — — 哥斯达黎加、巴拿马、哥伦比亚、委内瑞拉西北部、厄瓜多尔西北部

Guzmania 'Neon' 'Neon'星花凤梨
0000709 — — — —

Guzmania 'Orangeade' 橙黄擎天凤梨
F9002096 — — — —

Guzmania 'Sunstar' 太阳星擎天凤梨
F9002097 — — — —

Guzmania 'Symphonie' 孔雀擎天凤梨
F9002098 — — — —

Guzmania 'Torch' 'Torch'星花凤梨
0002634 — — — —

Guzmania wittmackii (André) André ex Mez 大擎天凤梨
F9002099 — — — 哥伦比亚南部、厄瓜多尔

Hechtia 猬凤梨属

Hechtia caerulea (Matuda) L. B. Sm.
0002318 — — — 墨西哥

Hechtia epigyna Harms
0002461 — — — 墨西哥

Hechtia guatemalensis Mez

0003821 — — — 中美洲

Hechtia marnier-lapostollei L. B. Sm. 哈蒂凤梨

F9002100 — — — 墨西哥

Hechtia 'Marnier-Lapostollei Km 144 Oaxaca' 'Marnier-Lapostollei Km 144 Oaxaca'猬凤梨

0003099 — — — —

Hechtia texensis S. Watson

F0028871 — — — 美国（得克萨斯州西南部）、墨西哥东北部

Hohenbergia 球花凤梨属

Hohenbergia correia-arauji E. Pereira & Moutinho 石纹赫氏凤梨

0002014 — — — 巴西

Hohenbergia littoralis L. B. Sm.

0003774 — — — 巴西

Hohenbergia littoralis 'Green Clone' 'Green Clone'球花凤梨

0003104 — — — —

Hohenbergia pennae E. Pereira

F0028834 — — — 巴西

Hohenbergia 'Purple Majesty' 'Purple Majesty'球花凤梨

F0028850 — — — —

Lutheria 丽穗凤梨属

Lutheria glutinosa (Lindl.) Barfuss & W. Till

F9002101 — — — 特立尼达和多巴哥、委内瑞拉

Lutheria splendens (Brongn.) Barfuss & W. Till 虎纹凤梨

0000870 — — — 哥伦比亚东部、委内瑞拉、特立尼达和多巴哥

Lutheria splendens 'Major Hort' 大虎纹莺哥凤梨

F9002102 — — — —

Lutheria splendens 'Yellow Spike' 黄剑莺哥凤梨

F9002103 — — — —

Neoglaziovia 棒叶凤梨属

Neoglaziovia 'Alley Cat' 'Alley Cat'棒叶凤梨

F0093005 — — — —

Neoglaziovia 'Angel Face' 'Angel Face'棒叶凤梨

F9002104 — — — —

Neoglaziovia 'Barbarian Hybrids' 'Barbarian Hybrids'棒叶凤梨

F9002105 — — — —

Neoglaziovia carolinae 'Hybrid 1' 'Hybrid 1'棒叶凤梨

00019316 — — — —

Neoglaziovia 'Caviar' 'Caviar'棒叶凤梨

F9002106 — — — —

Neoglaziovia 'Cheers' 'Cheers'棒叶凤梨

F0092962 — — — —

Neoglaziovia 'Cherubbush' 'Cherubbush'棒叶凤梨

F9002107 — — — —

Neoglaziovia 'Compacta' 'Compacta'棒叶凤梨

F9002108 — — — —

Neoglaziovia 'Fireball' × *Neoglaziovia* 'Purple Star'

F9002109 — — — —

Neoglaziovia 'Green Fireball' 'Green Fireball'棒叶凤梨

F9002110 — — — —

Neoglaziovia 'Heat Wave' 'Heat Wave'棒叶凤梨

F9002111 — — — —

Neoglaziovia 'Hybrids' 'Hybrids'棒叶凤梨

F9002112 — — — —

Neoglaziovia 'Laevis Red' 'Laevis Red'棒叶凤梨

F0092966 — — — —

Neoglaziovia 'Linda' 'Linda'棒叶凤梨

F0092853 — — — —

Neoglaziovia 'Multicolor' 'Multicolor'棒叶凤梨

F9002113 — — — —

Neoglaziovia 'Orange Glow' 'Orange Glow'棒叶凤梨

F0092821 — — — —

Neoglaziovia 'Paucifolia Giant' 'Paucifolia Giant'棒叶凤梨

F9002114 — — — —

Neoglaziovia 'Pendula' 'Pendula'棒叶凤梨

F9002115 — — — —

Neoglaziovia 'Pepper' 'Pepper'棒叶凤梨

F9002116 — — — —

Neoglaziovia 'Ritzy Red' 'Ritzy Red'棒叶凤梨

F0093008 — — — —

Neoglaziovia 'Spicy Variegat' 'Spicy Variegat'棒叶凤梨

F9002117 — — — —

Neoglaziovia 'Sungold Hybrid' 'Sungold Hybrid'棒叶凤梨

F9002118 — — — —

Neoglaziovia 'Superball' 'Superball'棒叶凤梨

F9002119 — — — —

Neoglaziovia 'Tar Baby' 'Tar Baby'棒叶凤梨

F0092963 — — — —

Neoglaziovia 'Tiger Cub' 'Tiger Cub'棒叶凤梨

F0092852 — — — —

Neoglaziovia 'Tiger Head' 'Tiger Head'棒叶凤梨

F9002120 — — — —

Neoglaziovia variegata (Arruda) Mez

0001124 — — — 巴西东部

Neoglaziovia 'Violet Lights' 'Violet Lights'棒叶凤梨

F9002121 — — — —

Neoglaziovia 'Wandermles'　'Wandermles'棒叶凤梨
F9002122 — — — —

Neoglaziovia 'Zoe'　'Zoe'棒叶凤梨
F0092951 — — — —

Neomea　彩尖凤梨属

Neomea 'Red Cloud'　'Red Cloud'彩尖凤梨
0001457 — — — —

Neophytum　叶彩凤梨属

Neophytum 'Firecracker'　'Firecracker'叶彩凤梨
F0092939 — — — —

Neoregelia　彩叶凤梨属

Neoregelia 'Hybrid 1'　'Hybrid 1'彩叶凤梨
F9002123 — — — —

Neoregelia abendrothae L. B. Sm.
F0028962 — — — 巴西

Neoregelia abendrothae × *Neoregelia pauciflora*
F0028968 — — — —

Neoregelia 'Albiflora'　'Albiflora'彩叶凤梨
F0092914 — — — —

Neoregelia 'America'　'America'彩叶凤梨
F0092938 — — — —

Neoregelia 'American Beauty'　'American Beauty'彩叶凤梨
F0093017 — — — —

Neoregelia ampullacea 'Midget' × *Neoregelia* 'Angel Face'
F9002124 — — — —

Neoregelia ampullacea × *Neoregelia* 'Royal Flush' × *Neoregelia pauciflora*　瓶状凤梨
0001667 — — — —

Neoregelia ampullacea × *Neoregelia* 'Tigrina' × *Neoregelia* 'Plutonis'
0003281 — — — —

Neoregelia ampullacea 'Rubra'　'Rubra'瓶状凤梨
0001389 — — — —

Neoregelia ampullacea 'Tigrina'　'Tigrina'瓶状凤梨
0001324 — — — —

Neoregelia ampullacea 'Variegata'　'Variegata'瓶状凤梨
0001721 — — — —

Neoregelia 'Angel Face'　'Angel Face'彩叶凤梨
F9002125 — — — —

Neoregelia 'Bars N'　'Bars N'彩叶凤梨
F9002126 — — — —

Neoregelia 'Bars N Stripes'　'Bars N Stripes'彩叶凤梨
0002987 — — — —

Neoregelia 'Big Mac'　'Big Mac'彩叶凤梨
0000585 — — — —

Neoregelia 'Blood Spot'　'Blood Spot'彩叶凤梨
F9002127 — — — —

Neoregelia 'Bobby Dazzler'　'Bobby Dazzler'彩叶凤梨
0001545 — — — —

Neoregelia burlemarxii Read　布勒凤梨
F9002128 — — — 巴西

Neoregelia 'Calypso'　'Calypso'彩叶凤梨
0002147 — — — —

Neoregelia capixaba E. Pereira & Leme
0000545 — — — 巴西

Neoregelia carcharodon (Makoy ex Wittm.) L. B. Sm.
F0028950 — — — 巴西

Neoregelia carolinae 'Fireball Straited'　'Fireball Straited'彩叶凤梨
F9002130 — — — —

Neoregelia carolinae 'Flandria'　白缘唇凤梨
F9002131 — — — —

Neoregelia carolinae 'Marechalii'　红彩唇凤梨
F9002132 — — — —

Neoregelia carolinae × *Neoregelia* 'Fireball'
F0092924 — — — —

Neoregelia carolinae × *Neoregelia* 'Mini Fireball'
F9002129 — — — —

Neoregelia carolinae 'Tricolor Perfecta'　艳彩唇凤梨
F9002133 — — — —

Neoregelia 'Catherine Wilson'　'Catherine Wilson'彩叶凤梨
0002865 — — — —

Neoregelia compacta × *Neoregelia carolinae* × *Neoregelia* 'Fireball'
F9002134 — — — —

Neoregelia compacta × *Neoregelia* 'Fireball'
F9002135 — — — —

Neoregelia compacta × *Neoregelia olens* × *Neoregelia olens* 'Vulcan'
F9002136 — — — —

Neoregelia compacta × *Neoregelia olens* 'Vulcan'
0002458 — — — —

Neoregelia concentrica (Vell.) L. B. Sm.　同心彩叶凤梨
F0092926 — — — 巴西

Neoregelia concentrica × *Neoregelia* 'Hyb B Rlf'
0002070 — — — —

Neoregelia concentrica × *Neoregelia spectabilis* 'Pink Chiffon'
F9002137 — — — —

Neoregelia 'Copper Glow'　'Copper Glow'彩叶凤梨
0002861 — — — —

Neoregelia 'Cranberry'　'Cranberry'彩叶凤梨
0003021 — — — —

Neoregelia crispata 'Yellow'　'Yellow'彩叶凤梨

F9002138 — — — —

Neoregelia cruenta 'White Variegated'　血红凤梨

F0028814 — — — —

Neoregelia doeringiana L. B. Sm.

0002179 — — — 巴西

Neoregelia dungsiana E. Pereira

F0092947 — — — 巴西

Neoregelia eleutheropetala (Ule) L. B. Sm.　五彩菠萝

F9002139 — — — 美洲南部热带

Neoregelia eltoniana W. Weber　埃尔顿彩叶凤梨

0004128 — — — 巴西

Neoregelia eltoniana 'Grace'　'Grace'埃尔顿彩叶凤梨

0000922 — — — —

Neoregelia 'Emerald City'　'Emerald City'彩叶凤梨

0002319 — — — —

Neoregelia 'Fairy Nice'　'Fairy Nice'彩叶凤梨

F9002140 — — — —

Neoregelia 'Fireball'　'Fireball'彩叶凤梨

F9002141 — — — —

Neoregelia fluminensis L. B. Sm.

F0092899 — — — 巴西

Neoregelia 'Fool's Gold'　'Fool's Gold'彩叶凤梨

0004039 — — — —

Neoregelia 'Goldilock'　'Goldilock'彩叶凤梨

F0028882 — — — —

Neoregelia grande 'Fantastic Gardens'　'Fantastic Gardens'彩叶凤梨

0002256 — — — —

Neoregelia 'Green Fireball'　'Green Fireball'彩叶凤梨

F9002142 — — — —

Neoregelia 'Inca'　'Inca'彩叶凤梨

0002670 — — — —

Neoregelia leviana L. B. Sm.

F9002143 — — — 委内瑞拉、巴西北部

Neoregelia margaretae L. B. Sm.

F0028749 — — — 巴西

Neoregelia 'Martin'　'Martin'彩叶凤梨

0001267 — — — —

Neoregelia 'Medium Rare'　'Medium Rare'彩叶凤梨

F9002144 — — — —

Neoregelia 'Mooreana'　'Mooreana'彩叶凤梨

F0092911 — — — —

Neoregelia 'Morona'　'Morona'彩叶凤梨

0004613 — — — —

Neoregelia myrmecophila (Ule) L. B. Sm.

F0028880 — — — 委内瑞拉南部、哥伦比亚、厄瓜多尔

Neoregelia 'Oeser 100'　'Oeser 100'彩叶凤梨

0002212 — — — —

Neoregelia 'Orange Center'　'Orange Center'彩叶凤梨

0003500 — — — —

Neoregelia 'Passion'　'Passion'彩叶凤梨

0004558 — — — —

Neoregelia pauciflora L. B. Sm.　少花凤梨

F0028854 — — — 巴西

Neoregelia 'Peregrine'　'Peregrine'彩叶凤梨

0004664 — — — —

Neoregelia 'Pink Chiffon'　'Pink Chiffon'彩叶凤梨

F9002145 — — — —

Neoregelia 'Pofensis'　'Pofensis'彩叶凤梨

F9002146 — — — —

Neoregelia 'Prince Kuhio'　'Prince Kuhio'彩叶凤梨

0001715 — — — —

Neoregelia princeps 'David Barry'　帝王彩叶凤梨

0000869 — — — —

Neoregelia 'Rain Cloud'　'Rain Cloud'彩叶凤梨

0002979 — — — —

Neoregelia 'Red Bird'　'Red Bird'彩叶凤梨

0002696 — — — —

Neoregelia 'Red Nugget'　'Red Nugget'彩叶凤梨

0001906 — — — —

Neoregelia 'Red Planet'　'Red Planet'彩叶凤梨

0002622 — — — —

Neoregelia 'Red Planet #46'　'Red Planet #46'彩叶凤梨

0003734 — — — —

Neoregelia 'Red Waif'　'Red Waif'彩叶凤梨

0003654 — — — —

Neoregelia 'Robin'　'Robin'彩叶凤梨

0003831 — — — —

Neoregelia rosea L. B. Sm.

0002115 — — — 秘鲁北部

Neoregelia 'Royal Burgundy'　'Royal Burgundy'彩叶凤梨

F9002147 — — — —

Neoregelia 'Royal Burgundy' × *Neoregelia* 'Fireball'

F9002148 — — — —

Neoregelia 'Royal Burgundy' × *Neoregelia* 'Royal Flush' × *Neoregelia ampullacea* × *Neoregelia pauciflora*

F9002149 — — — —

Neoregelia rubrovittata Leme　红紫凤梨

0002496 — — — 巴西

Neoregelia 'Sharlock'　'Sharlock'彩叶凤梨

0001087 — — — —

Neoregelia simulans L. B. Sm.　相似凤梨

0000702 — — — 巴西

Neoregelia 'Sodata'　'Sodata'彩叶凤梨

F0092887 — — — —

Neoregelia spectabilis (T. Moore) L. B. Sm.　端红凤梨

0003007 — — — 巴西

Neoregelia 'Stars N Bars'　'Stars N Bars'彩叶凤梨

0001214 — — — —

Neoregelia 'Takemura Grande'　'Takemura Grande'彩叶凤梨

0003753 — — — —

Neoregelia 'Tiger Cub'　'Tiger Cub'彩叶凤梨

0002691 — — — —

Neoregelia 'Tomato Soup'　'Tomato Soup'彩叶凤梨

0003595 — — — —

Neoregelia 'Tossed Salad'　'Tossed Salad'彩叶凤梨

0001385 — — — —

Neoregelia 'Trigina'　'Trigina'彩叶凤梨

F0092901 — — — —

Neoregelia tristis 'Marie'　'Marie'彩叶凤梨

0000966 — — — —

Neoregelia tristis × *Neoregelia* 'Marie'

F9002150 — — — —

Neoregelia uleana L. B. Sm.

0001806 — — — 巴西

Neoregelia 'Wally Berg'　'Wally Berg'彩叶凤梨

0002376 — — — —

Nidularium　鸟巢凤梨属

Nidularium burchellii (Baker) Mez　伯切尔巢凤梨

F9002151 — — — 巴西

Nidularium campos-portoi (L. B. Sm.) Leme

F9002152 — — — 巴西

Nidularium innocentii Lem.　深紫巢凤梨

0001707 — — — 巴西

Nidularium seidelii L. B. Sm. & Reitz　赛德尔鸟巢凤梨

F9002153 — — — 巴西

Orthophytum　叶苞凤梨属

Orthophytum 'Alvimii #1'　'Alvimii #1'叶苞凤梨

0004756 — — — —

Orthophytum alvimii W. Weber

0002573 — — — 巴西

Orthophytum alvimii × *Orthophytum gurkenii*

F9002154 — — — —

Orthophytum benzingii Leme & H. Luther　本辛莪萝凤梨

0001656 — — — 巴西

Orthophytum 'Blaze'　'Blaze'叶苞凤梨

0001054 — — — —

Orthophytum 'Copper Penny'　'Copper Penny'叶苞凤梨

0004860 — — — —

Orthophytum 'Disjunctum'　'Disjunctum'叶苞凤梨

0001424 — — — —

Orthophytum disjunctum L. B. Sm.

0004435 — — — 巴西东北部

Orthophytum foliosum L. B. Sm.　多叶叶苞凤梨

0002900 — — — 巴西

Orthophytum fosterianum L. B. Sm.

F9002156 — — — 巴西

Orthophytum fosterianum × *Orthophytum gurkenii*

F9002155 — — — —

Orthophytum glabrum (Mez) Mez　无毛莪萝凤梨

0000300 — — — 巴西

Orthophytum gurkenii Hutchison　虎斑莪萝凤梨

0004557 — — — 巴西

Orthophytum gurkenii × *Orthophytum saxicola*

F9002157 — — — —

Orthophytum gurkenii × *Orthophytum sucrei*

0000085 — — — —

Orthophytum gurkenii 'Warren Loose'　'Warren Loose'虎斑莪萝凤梨

0002172 — — — —

Orthophytum lemei E. Pereira & I. A. Penna

0000924 — — — 巴西

Orthophytum leprosum (Mez) Mez

0003749 — — — 巴西

Orthophytum magalhaesii L. B. Sm.

0000089 — — — 巴西

Orthophytum maracasense L. B. Sm.

0001639 — — — 巴西

Orthophytum maracasense 'Variegata'　'Variegata'叶苞凤梨

F9006895 — — — —

Orthophytum rubrum L. B. Sm.　红花莪萝凤梨

0000236 — — — 巴西

Orthophytum sanctum L. B. Sm.　神圣叶苞凤梨

0001809 — — — 巴西

Orthophytum saxicola (Ule) L. B. Sm.　岩石莪萝凤梨

0002961 — — — 巴西

Orthophytum saxicola 'Copper Swirls'　'Copper Swirls'岩石莪萝凤梨

0002949 — — — —

Orthophytum saxicola 'Viridis'　'Viridis'岩石莪萝凤梨

F9002158 — — — —

Orthophytum 'Stardust'　'Stardust'叶苞凤梨

0001866 — — — —

Orthophytum 'Starlights'　'Starlights'叶苞凤梨

0000093 — — — —

Orthophytum sucrei 'Estevesii'　苏黎世莪萝凤梨

0003227 — — — —

Orthophytum vagans M. B. Foster

F9002159 — — — 巴西

Pitcairnia 艳红凤梨属

Pitcairnia altensteinii (Link, Klotzsch & Otto) Lem.
F9002160 —— —— —— 委内瑞拉北部

Pitcairnia 'Bud Curtis' 'Bud Curtis'艳红凤梨
F0028948 —— —— —— ——

Pitcairnia flammea var. *floccosa* L. B. Sm. 白被穗花凤梨
0003836 —— —— —— 巴西东部及南部

Pitcairnia integrifolia Ker Gawl. 全缘艳红凤梨
0000807 —— —— —— 特立尼达和多巴哥、委内瑞拉北部、巴西东南部

Pitcairnia moritziana 'Yellow' 'Yellow'艳红凤梨
0000008 —— —— —— ——

Pitcairnia orchidifolia Mez
F9002161 —— —— —— 委内瑞拉西北部

Pitcairnia sanguinea (H. Luther) D. C. Taylor & H. Rob.
F0028960 —— —— —— 哥伦比亚

Pitcairnia spicata (Lam.) Mez
F9002162 —— —— —— 马提尼克岛

Pitinia 艳爵凤梨属

Pitinia 'Y2K' 'Y2K'艳爵凤梨
0001027 —— —— —— ——

Portea 塔序凤梨属

Portea alatisepala Philcox
0000095 —— —— —— 巴西

Puya 龙舌凤梨属

Puya alpestris (Poepp.) Gay 高山龙舌凤梨
0002101 —— —— —— 智利中南部

Puya laxa L. B. Sm. 稀疏龙舌凤梨
0004105 —— —— —— 玻利维亚

Quesnelia 丽苞凤梨属

Quesnelia indecora Mez
0004722 —— —— —— 巴西

Quesnelia liboniana (De Jonghe) Mez 大丽冠凤梨
0003674 —— —— —— 巴西东南部

Quesnelia 'Tim Plawman' 'Tim Plawman'丽苞凤梨
F0028859 —— —— —— ——

Ronnbergia 薄苞凤梨属

Ronnbergia columbiana É. Morren
F0028965 —— —— —— 哥伦比亚西部、秘鲁北部

Tillandsia 铁兰属

Tillandsia bergeri Mez 伯杰铁兰
0000825 —— —— —— 南美洲

Tillandsia bulbosa Hook. 珠芽铁兰
0001723 —— —— —— 美洲热带

Tillandsia bulbosa × *Tillandsia pseudobaileyi*
F9002163 —— —— —— ——

Tillandsia butzii Mez 虎斑铁兰
0002907 —— —— —— 中美洲

Tillandsia capitata Griseb. 具头空气凤梨
F0028742 —— —— —— 墨西哥、危地马拉、洪都拉斯、古巴、伊斯帕尼奥拉岛

Tillandsia capitata 'Yellow' 'Yellow'具头空气凤梨
F0028867 —— —— —— ——

Tillandsia fasciculata Sw. 束花铁兰
0003498 —— —— —— 拉丁美洲

Tillandsia fuchsii W. Till 富氏铁兰
F9002164 —— —— —— 墨西哥、危地马拉

Tillandsia funebris A. Cast. 空气凤梨
0003601 —— —— —— 玻利维亚、阿根廷北部

Tillandsia guatemalensis L. B. Sm. 铁兰
F9002165 —— —— —— 中美洲

Tillandsia guatemalensis 'Variegata' 斑叶紫花铁兰
F9002166 —— —— —— ——

Tillandsia hildae Rauh
F0028741 —— —— —— 秘鲁北部

Tillandsia intermedia Mez
F0028744 —— —— —— 墨西哥西部

Tillandsia intermedia 'Giant' 'Giant'铁兰
0002544 —— —— —— ——

Tillandsia ionantha 'Apretado' 'Apretado'小精灵空气凤梨
0003087 —— —— —— ——

Tillandsia ionantha 'Druid' 黄精灵
0001986 —— —— —— ——

Tillandsia ionantha 'Fuego' 'Fuego'小精灵空气凤梨
0003906 —— —— —— ——

Tillandsia ionantha 'Hand Grenade' 手榴弹
0000518 —— —— —— ——

Tillandsia ionantha 'Huamelula' 'Huamelula'小精灵空气凤梨
0003864 —— —— —— ——

Tillandsia ionantha 'Stricta' 'Stricta'小精灵空气凤梨
0003775 —— —— —— ——

Tillandsia ixioides Griseb.
F0028853 —— —— —— 玻利维亚、阿根廷北部

Tillandsia 'Love Knot' 'Love Knot'铁兰
F0028833 —— —— —— ——

Tillandsia neglecta E. Pereira
F9002167 —— —— —— 巴西

Tillandsia paucifolia Baker
F0028892 —— —— —— 美国、加勒比地区；中美洲北部

Tillandsia sucrei E. Pereira 苏斯莱狄氏凤梨

0003234 — — — 巴西

Tillandsia usneoides (L.) L.　松萝凤梨

0002095 — — — —

Tillandsia xerographica Rohweder　霸王空气凤梨

0002047 — — — 中美洲

Vriesea　鹦哥凤梨属

Vriesea 'Annie'　安妮丽穗兰

0004177 — — — —

Vriesea 'Apache'　'Apache'鹦哥凤梨

F9002168 — — — —

Vriesea carinata Wawra　鹦哥丽穗凤梨

0000928 — — — 巴西东部及南部

Vriesea carinata 'Dsable'　多穗莺哥凤梨

F9002169 — — — —

Vriesea 'Charlotte'　'Charlotte'鹦哥凤梨

0003140 — — — —

Vriesea 'Christiane'　红扇丽穗兰

0001478 — — — —

Vriesea 'Condor'　紫苞丽穗兰

0002138 — — — —

Vriesea correia-araujoi E. Pereira & L. A. Penna

F0092944 — — — —

Vriesea correia-araujoi 'Big'　'Big'鹦哥凤梨

F9002170 — — — —

Vriesea ensiformis (Vell.) Beer　剑形丽穗凤梨

0002973 — — — 巴西

Vriesea erythrodactylon 'Variegata'　斑叶红莺哥凤梨

F9002171 — — — —

Vriesea fenestralis Linden & André　网纹凤梨

F0092826 — — — 巴西

Vriesea 'Gwydonia'　'Gwydonia'鹦哥凤梨

0000048 — — — —

Vriesea hieroglyphica (Carrière) É. Morren　波纹凤梨

F9002172 — — — 巴西

Vriesea 'Highlights'　'Highlights'鹦哥凤梨

0001844 — — — —

Vriesea 'Hybrid Yellow/Red Feather'　'Hybrid Yellow/Red Feather'鹦哥凤梨

0004064 — — — —

Vriesea 'Isabel'　'Isabel'鹦哥凤梨

0001677 — — — —

Vriesea 'Kinpou'　金宝莺哥凤梨

F9002173 — — — —

Vriesea 'Mon Petit'　'Mon Petit'鹦哥凤梨

0000267 — — — —

Vriesea 'Nova'　'Nova'鹦哥凤梨

F9002174 — — — —

Vriesea philippocoburgii Wawra　菲库丽穗凤梨

F9002175 — — — —

Vriesea 'Pink Cockatoo'　'Pink Cockatoo'鹦哥凤梨

0002695 — — — —

Vriesea 'Pinkert'　'Pinkert'鹦哥凤梨

F9006938 — — — —

Vriesea 'Platystachys'　'Platystachys'鹦哥凤梨

F9002176 — — — —

Vriesea 'Poelmanii'　'Poelmanii'鹦哥凤梨

F9002177 — — — —

Vriesea racinae L. B. Sm.

F0092995 — — — 巴西

Vriesea 'Red Chestnut'　'Red Chestnut'鹦哥凤梨

F0092832 — — — —

Vriesea 'Rex'　'Rex'鹦哥凤梨

F9002178 — — — —

Vriesea 'Rocket'　'Rocket'鹦哥凤梨

0004727 — — — —

Vriesea 'Rubin'　红玉莺哥凤梨

F9002179 — — — —

Vriesea saundersii (Carrière) É. Morren

F0092827 — — — 巴西

Vriesea scalaris É. Morren

F9002180 — — — 委内瑞拉北部、巴西东部及南部

Vriesea schwackeana 'Select Red'　'Select Red'鹦哥凤梨

0001463 — — — —

Vriesea 'Splenriet'　'Splenriet'鹦哥凤梨

0003953 — — — —

Vriesea 'Sweet One'　'Sweet One'鹦哥凤梨

0003528 — — — —

Vriesea 'Sweet Yellow'　'Sweet Yellow'鹦哥凤梨

F9002181 — — — —

Vriesea 'Telstar'　'Telstar'鹦哥凤梨

F9002182 — — — —

Vriesea 'Tiffany'　'Tiffany'鹦哥凤梨

F9002183 — — — —

Vriesea 'Valcana'　棒穗莺哥凤梨

F9002184 — — — —

Vriesea weberi E. Pereira & I. A. Penna

F0028956 — — — 巴西

Vriesea 'Zapita'　'Zapita'鹦哥凤梨

0003898 — — — —

Wallisia　缟纹凤梨属

Wallisia lindeniana (Regel) É. Morren　林登氏铁兰

F9002185 — — — 厄瓜多尔西南部

Werauhia 夜花凤梨属

Werauhia gladioliflora (H. Wendl.) J. R. Grant
F9002186 — — — 墨西哥南部；美洲南部热带
Werauhia sanguinolenta (Cogn. & Marchal) J. R. Grant
F0092822 — — — 尼加拉瓜、哥斯达黎加、巴拿马、哥伦比亚、厄瓜多尔、玻利维亚、加勒比地区

Wittmackia 素花凤梨属

Wittmackia turbinocalyx (Mez) Aguirre-Santoro
F9002187 — — — 巴西

Xyridaceae 黄眼草科

Xyris 黄眼草属

Xyris indica L. 黄眼草
F9002188 — — — 澳大利亚北部；亚洲热带及亚热带
Xyris pauciflora Willd. 葱草
F9002189 — — — 澳大利亚（昆士兰州西部）；亚洲热带及亚热带

Eriocaulaceae 谷精草科

Eriocaulon 谷精草属

Eriocaulon buergerianum Körn. 谷精草
F9002190 — — — 越南；亚洲东部温带
Eriocaulon fluviatile Trimen 溪生谷精草
F9002191 — — — 印度（西南部及阿萨姆邦）、斯里兰卡、中国、中南半岛
Eriocaulon nepalense var. *luzulifolium* (Mart.) Praj. & J. Parn. 小谷精草
F9002192 — — — 中国、印度、尼泊尔、孟加拉国、不丹、巴布亚新几内亚
Eriocaulon robustius (Maxim.) Makino 宽叶谷精草
F9002193 — — — 中国、日本、韩国、俄罗斯
Eriocaulon sexangulare L. 华南谷精草
F9002194 — — — 马达加斯加、加罗林群岛；亚洲热带及亚热带
Eriocaulon truncatum Buch.-Ham. ex Mart. 流星谷精草
0001387 — 近危（NT） — 澳大利亚北部；亚洲热带及亚热带

Paepalanthus 蓬谷精属

Paepalanthus maculatus Silveira
F9002195 — — — 巴西

Juncaceae 灯芯草科

Juncus 灯芯草属

Juncus effusus L. 灯芯草

0003339 — — — 西印度洋岛屿；南美洲西部、非洲南部；北半球温带
Juncus effusus 'Afro' '非洲式'灯芯草
F9002196 — — — —
Juncus effusus 'Carmen's Grey' '卡门的灰'灯芯草
F9002197 — — — —
Juncus effusus 'Hedghog Grass' '刺猬草'灯芯草
F9002198 — — — —
Juncus effusus 'Spiralis' '旋转'灯芯草
F9002199 — — — —
Juncus prismatocarpus subsp. *leschenaultii* (Gay ex Laharpe) Kirschner 江南灯芯草
F9002200 — — — 堪察加半岛；亚洲热带
Juncus setchuensis Buchenau 野灯芯草
F9002201 — — — 印度、中国、韩国、日本中南部

Luzula 地杨梅属

Luzula 'Lucius' '露丝'地杨梅
F9002202 — — — —
Luzula 'Starmaker' '帝王星'地杨梅
F9002203 — — — —

Cyperaceae 莎草科

Bulbostylis 球柱草属

Bulbostylis barbata (Rottb.) C. B. Clarke 球柱草
0002606 — — — 世界热带及亚热带

Carex 薹草属

Carex 'Amazon Mist' '亚马孙'薹草
F9002204 — — — —
Carex 'Auburn' '青铜时代'薹草
F9002205 — — — —
Carex 'Bronco' '野马'薹草
F9002206 — — — —
Carex 'Bronze Curla' '铜卷毛'薹草
F9002207 — — — —
Carex 'Bronzita' '古铜'薹草
F9002208 — — — —
Carex capillacea Boott 发秆薹草
F9002209 — 濒危（EN） — 中国、印度（阿萨姆邦）、俄罗斯（远东地区）、巴布亚新几内亚、澳大利亚东南部、新西兰
Carex chinensis Retz. 中华薹草
F9002210 中国特有 — — 中国
Carex cryptostachys Brongn. 隐穗薹草
F9002211 — — — 泰国、中国、澳大利亚（昆士兰州）
Carex densifimbriata Tang & F. T. Wang 流苏薹草
F9002212 中国特有 — — 中国

Carex doniana Spreng. 签草
F9002213 — — — 尼泊尔、中国、韩国、朝鲜、日本、菲律宾

Carex gibba Wahlenb. 穿隆薹草
F9002214 — — — 韩国、越南、日本

Carex glossostigma Hand.-Mazz. 长梗薹草
F9002215 中国特有 — — 中国

Carex henryi (C. B. Clarke) T. Koyama 亨氏薹草
F9002216 — — — 尼泊尔、中国中部及南部

Carex morrowii 'Ice Dance' 冰舞薹草
F9002217 — — — —

Carex nemostachys Steud. 条穗薹草
F9002218 — — — 孟加拉国、印度、中国、日本中南部

Carex oshimensis 'Evergold' 大岛薹草
F9002219 — — — —

Carex perakensis C. B. Clarke 霹雳薹草
F9002220 — — — 印度（阿萨姆邦）、中国、马尔代夫

Carex phyllocephala T. Koyama 密苞叶薹草
F0035956 中国特有 — — 中国

Carex 'Prairie Fire' '高贵'薹草
F9002221 — — — —

Carex 'Red Rooster' '红鸡'薹草
F9002222 — — — —

Carex scaposa C. B. Clarke 花莛薹草
F9002223 — — — 中国南部、越南

Carex scaposa var. *hirsuta* P. C. Li 糙叶花莛薹草
F9002224 中国特有 — — 中国南部

Carex teinogyna Boott 长柱头薹草
F9002225 — — — 印度（阿萨姆邦）、印度尼西亚（苏门答腊岛）、日本

Carex thibetica Franch. 藏薹草
F9002226 — — — 中国、越南

Carex zhenkangensis Tang & F. T. Wang ex S. Yun Liang 镇康薹草
F9002227 中国特有 — — 中国

Cyperus 莎草属

Cyperus alternifolius L. 野生风车草
0001575 — — — 马达加斯加、阿拉伯半岛；世界热带

Cyperus alternifolius 'Striatus' 'Striatus'野生风车草
F9002228 — — — —

Cyperus alternifolius subsp. *flabelliformis* Kük. 风车草
00019435 — — — 马达加斯加、阿拉伯半岛；非洲热带

Cyperus diffusus Vahl 多脉莎草
F9002229 — — — 澳大利亚（昆士兰州）；亚洲热带及亚热带

Cyperus haspan L. 畦畔莎草
F9002230 — — — 世界热带及亚热带

Cyperus microiria Steud. 具芒碎米莎草
F9002231 — — — 日本、中国

Cyperus mindorensis (Steud.) Huygh
F9006977 — — — 世界热带及亚热带

Cyperus nipponicus Franch. & Sav. 白鳞莎草
F9002232 — — — 中国、俄罗斯（远东地区）、日本

Cyperus papyrus L. 纸莎草
0003382 — — — 以色列北部；非洲

Cyperus prolifer Lam. 矮纸莎草
F9002233 — — — 西印度洋岛屿；非洲南部

Cyperus rotundus L. 香附子
00019439 — — — 世界热带及亚热带

Eleocharis 荸荠属

Eleocharis dulcis (Burm. f.) Trin. ex Hensch. 荸荠
F9002234 — — — 世界热带及亚热带

Eleocharis geniculata (L.) Roem. & Schult. 黑籽荸荠
F9002235 — — — 美洲北部；世界热带及亚热带

Fimbristylis 飘拂草属

Fimbristylis dichotoma (L.) Vahl 两歧飘拂草
F9002236 — — — 世界热带及亚热带

Fimbristylis quinquangularis (Vahl) Kunth 五棱秆飘拂草
F9002237 — — — 伊拉克、澳大利亚北部；亚洲热带及亚热带、非洲热带

Fuirena 芙兰草属

Fuirena umbellata Rottb. 芙兰草
F9002238 — — — 世界热带及亚热带

Gahnia 黑莎草属

Gahnia tristis Nees 黑莎草
0003705 — — — 中国南部、马来西亚西部

Hypolytrum 割鸡芒属

Hypolytrum hainanense (Merr.) Tang & F. T. Wang 海南割鸡芒
F9002239 — 易危（VU）— 中国、越南

Hypolytrum nemorum (Vahl) Spreng. 割鸡芒
00018521 — — — 西太平洋岛屿；亚洲热带及亚热带

Lepidosperma 鳞籽莎属

Lepidosperma chinense Nees & Meyen ex Kunth 鳞籽莎
F9002240 — — — 中国、中南半岛、巴布亚新几内亚

Rhynchospora 刺子莞属

Rhynchospora alba 'Star' 白鹭莞
0003803 — — — —

Rhynchospora rubra (Lour.) Makino　刺子莞
F9002241 — — — 世界热带及亚热带

Schoenoplectiella　泽田蔍属

Schoenoplectiella fohaiensis (Tang & F. T. Wang) Hayas.　佛海水葱
0000796 — — — 中国、越南

Schoenoplectiella mucronata (L.) J. Jung & H. K. Choi　水毛花
F9002242 — — — 澳大利亚；旧世界

Schoenoplectus　水葱属

Schoenoplectus californicus 'Variegata'　'Variegata'水葱
F9002243 — — —

Schoenoplectus tabernaemontani (C. C. Gmel.) Palla　水葱
00052796 — — — 世界广布

Schoenoplectus triqueter (L.) Palla　三棱水葱
F9002244 — — — 印度；欧亚大陆温带

Poaceae　禾本科

Acidosasa　酸竹属

Acidosasa chinensis C. D. Chu & C. S. Chao　酸竹
F9002245 中国特有 — — 中国

Acidosasa edulis (T. H. Wen) T. H. Wen　黄甜竹
00018652 中国特有 — — 中国

Acidosasa notata (Z. P. Wang & G. H. Ye) S. S. You　斑箨酸竹
00018901 中国特有 — — 中国

Acidosasa venusta (McClure) Z. P. Wang & G. H. Ye ex Ohrnb. & Goerrings　黎竹
0004910 中国特有 — — 中国

Ampelocalamus　悬竹属

Ampelocalamus naibunensis (Hayata) T. H. Wen　内门竹
F9002246 中国特有 — — 中国

Ampelocalamus stoloniformis (S. H. Chen & Zhen Z. Wang) C. H. Zheng, N. H. Xia & Y. F. Deng　匍匐镰序竹
F9002247 中国特有 — — 中国

Arundo　芦竹属

Arundo donax L.　芦竹
0003859 — — — 亚洲

Arundo donax 'Versicolor'　花叶芦竹
F9002248 — — —

Axonopus　地毯草属

Axonopus compressus (Sw.) P. Beauv.　地毯草
0002159 — — — 美洲热带及亚热带

Bambusa　簕竹属

Bambusa albolineata L. C. Chia　花竹
0001820 中国特有 — — 中国

Bambusa beecheyana Munro　吊丝球竹
0001242 — — — 中国、中南半岛

Bambusa bicicatricata (W. T. Lin) L. C. Chia & H. L. Fung　孟竹
F9002249 中国特有 — — 中国南部

Bambusa burmanica Gamble　缅甸竹
00043849 — — — 孟加拉国、中国、马来半岛

Bambusa cerosissima McClure　单竹
F9002250 — — — 中国、越南

Bambusa chungii McClure　粉单竹
00018693 — — — 中国南部、越南

Bambusa contracta L. C. Chia & H. L. Fung　破篾黄竹
0001550 中国特有 — — 中国

Bambusa corniculata L. C. Chia & H. L. Fung　东兴黄竹
0003923 中国特有 — — 中国

Bambusa cornigera McClure　牛角竹
F9002251 中国特有 — — 中国

Bambusa diaoluoshanensis L. C. Chia & H. L. Fung　吊罗泥竹
0000208 中国特有 — — 中国南部

Bambusa distegia (Keng & Keng f.) L. C. Chia & H. L. Fung　料慈竹
0001411 中国特有 — — 中国

Bambusa emeiensis L. C. Chia & H. L. Fung　慈竹
0004600 中国特有 — — 中国南部

Bambusa eutuldoides McClure　大眼竹
00018616 中国特有 — — 中国

Bambusa flexuosa Munro　小簕竹
0000465 — — — 中国、中南半岛

Bambusa gibba McClure　泥竹
0002993 — — — 中国、越南

Bambusa gibboides W. T. Lin　鱼肚腩竹
0002615 中国特有 — — 中国

Bambusa grandis (Q. H. Dai & X. L. Tao) Ohrnb.　大绿竹
00043793 中国特有 — — 中国

Bambusa indigena L. C. Chia & H. L. Fung　乡土竹
0003631 中国特有 — — 中国

Bambusa insularis L. C. Chia & H. L. Fung　黎庵高竹
0001065 中国特有 — — 中国南部

Bambusa intermedia Hsueh & T. P. Yi　绵竹
00043964 中国特有 — — 中国

Bambusa lapidea McClure　油簕竹
0001680 中国特有 — — 中国南部

Bambusa longispiculata Gamble　花眉竹

0004896 — — — 孟加拉国东南部、缅甸

Bambusa malingensis McClure　马岭竹

F9002252 中国特有 — — 中国南部

Bambusa multiplex (Lour.) Raeusch. ex Schult. f.　孝顺竹

00018926 — — — 中国、尼泊尔东南部

Bambusa multiplex 'Alphonse-Karri'　小琴丝竹

0000233 — — — — —

Bambusa multiplex 'Colorclum'　彩秆凤尾竹

0003716 — — — — —

Bambusa multiplex 'Fernleaf'　'Fernleaf'孝顺竹

00018952 — — — — —

Bambusa multiplex 'Nana'　凤尾竹

0001849 — — — — —

Bambusa multiplex 'Riviereorum'　观音竹

F9002253 — — — —

Bambusa multiplex 'Silverstripe'　银丝竹

0000284 — — — — —

Bambusa multiplex 'Stripestem'　小叶琴丝竹

F9002254 — — — —

Bambusa mutabilis McClure　黄竹仔

0001436 中国特有 — — 中国南部

Bambusa oldhamii Munro　绿竹

00018956 中国特有 — — 中国

Bambusa pachinensis Hayata　米筛竹

00043690 中国特有 — — 中国

Bambusa pallida Munro　大薄竹

0000687 — — — 印度（锡金）、中国、马来半岛

Bambusa papillata (Q. H. Dai) K. M. Lan　水单竹

F9002255 中国特有 — — 中国

Bambusa pervariabilis McClure　撑篙竹

00019553 中国特有 — — 中国

Bambusa pervariabilis × *Dendrocamus latiflorus*　撑麻杂交7 号

F9002257 — — — —

Bambusa pervariabilis × (*Dendrocalamus latiflorus* × *Bambusa textilis*)

F9002256 — — — —

Bambusa piscatorum McClure　石竹仔

00018955 中国特有 — — 中国南部

Bambusa polymorpha Munro　灰竿竹

0004288 — — — 孟加拉国、中国、中南半岛

Bambusa prominens H. L. Fung & C. Y. Sia　牛儿竹

00018959 中国特有 — — 中国

Bambusa remotiflora (Kuntze) L. C. Chia & H. L. Fung　甲竹

0000980 — — — 中国、越南

Bambusa sinospinosa McClure　车筒竹

00019149 中国特有 — — 中国南部

Bambusa stenoaurita (W. T. Lin) T. H. Wen　黄麻竹

00018945 中国特有 — — 中国

Bambusa subaequalis H. L. Fung & C. Y. Sia　锦竹

00019165 中国特有 — — 中国

Bambusa subtruncata L. C. Chia & H. L. Fung　信宜石竹

0001396 中国特有 — — 中国

Bambusa teres Buch.-Ham. ex Munro　马甲竹

00043860 — — — 中国、尼泊尔

Bambusa textilis McClure　青皮竹

0000024 — — — 中国、越南

Bambusa textilis 'Albostriata'　绿篱竹

F9002260 — — — —

Bambusa textilis × *Dendrocalamus latiflorus*　青麻杂交 11 号

F9002259 — — — —

Bambusa textilis × (*Dendrocalamus latiflorus* × *Bambusa pervariabis*)　青麻撑杂交 4 号

F9002258 — — — —

Bambusa tuldoides Munro　青竿竹

00018692 — — — 中国、马来半岛

Bambusa variostriata (W. T. Lin) L. C. Chia & H. L. Fung　吊丝箪竹

00018942 中国特有 — — 中国

Bambusa vulgaris Schrad. ex J. C. Wendl.　龙头竹

0000698 — — — 中国、中南半岛

Bambusa vulgaris 'Vittata Mcclure'　黄金间碧玉

0000697 — — — —

Bambusa vulgaris 'Wamin'　大佛肚竹

00019555 — — — —

Bambusa xiashanensis L. C. Chia & H. L. Fung　霞山泥竹

0000700 中国特有 — — 中国

Bashania　巴山木竹属

Bashania fargesii (E. G. Camus) Keng f. & T. P. Yi　巴山木竹

0003985 中国特有 — — 中国中部

Bothriochloa　孔颖草属

Bothriochloa ischaemum (L.) Keng　白羊草

0001345 — — — 欧亚大陆温带、非洲西北部

Cenchrus　蒺藜草属

Cenchrus purpureus (Schumach.) Morrone　象草

0004945 — — — 阿拉伯半岛；非洲热带

Cenchrus setosus Sw.　牧地狼尾草

0003177 — — — 阿拉伯半岛、印度、中南半岛；非洲

Cenchrus setosus 'Little Bunny'　小兔子狼尾草

0000254 — — — —

Cephalostachyum 空竹属

Cephalostachyum scandens Bor 真麻竹
00043805 — — — 中国、缅甸

Chimonobambusa 寒竹属

Chimonobambusa angustifolia C. D. Chu & C. S. Chao 狭叶方竹
F9002261 中国特有 — — 中国
Chimonobambusa communis (Hsueh & T. P. Yi) T. H. Wen & Ohrnb. 平竹
0001425 中国特有 — — 中国
Chimonobambusa grandifolia Hsueh & W. P. Zhang 大叶方竹
00043753 中国特有 — — 中国
Chimonobambusa lactistriata W. D. Li & Q. X. Wu 乳纹方竹
00043752 中国特有 — — 中国
Chimonobambusa marmorea (Mitford) Makino 寒竹
0002463 — 易危（VU） — 中国、日本南部
Chimonobambusa purpurea Hsueh & T. P. Yi 刺黑竹
F9002262 中国特有 近危（NT） — 中国
Chimonobambusa quadrangularis (Franceschi) Makino 方竹
0001557 — — — 中国、越南
Chimonobambusa sichuanensis (T. P. Yi) T. H. Wen 月月竹
F9002263 中国特有 — — 中国
Chimonobambusa utilis (Keng) Keng f. 金佛山方竹
00043982 中国特有 — — 中国

Chrysopogon 金须茅属

Chrysopogon aciculatus (Retz.) Trin. 竹节草
F9002264 — — — 印度洋岛屿、太平洋岛屿；亚洲热带及亚热带
Chrysopogon zizanioides (L.) Roberty 香根草
F9002265 — — — 中南半岛、马来西亚

Coelachne 小丽草属

Coelachne simpliciuscula (Wight & Arn. ex Steud.) Munro ex Benth. 小丽草
F9002266 — — — 马达加斯加、中国南部；亚洲热带

Coix 薏苡属

Coix lacryma-jobi L. 薏苡
00019429 — — — 马来半岛；南亚、东亚东南部

Cortaderia 蒲苇属

Cortaderia selloana (Schult. & Schult. f.) Asch. & Graebn. 蒲苇
F9002267 — — — 玻利维亚、巴西南部；南美洲南部
Cortaderia selloana 'Pumila' 矮蒲苇
0003268 — — — — —

Corynephorus 棒芒草属

Corynephorus 'Spiky Bliu' '蓝发'棒芒草
F9002268 — — — —

Cymbopogon 香茅属

Cymbopogon caesius (Hook. & Arn.) Stapf 青香茅
F9002269 — — — 阿拉伯半岛；西印度洋岛屿；世界热带
Cymbopogon citratus (DC.) Stapf 柠檬草
0000845 — — — 中国、印度、斯里兰卡
Cymbopogon giganteus Chiov. 巨香茅
F9002270 — — — 马达加斯加；非洲热带

Cynodon 狗牙根属

Cynodon dactylon (L.) Pers. 狗牙根
0003398 — — — 澳大利亚；世界亚热带及温带

Cyrtococcum 弓果黍属

Cyrtococcum patens (L.) A. Camus 弓果黍
F9002271 — — — 西太平洋岛屿；亚洲热带及亚热带

Dactyloctenium 龙爪茅属

Dactyloctenium aegyptium (L.) Willd. 龙爪茅
F9002272 — — — 世界热带及亚热带

Dendrocalamus 牡竹属

Dendrocalamus asper (Schult. f.) Backer 马来甜龙竹
0000273 — — — 孟加拉国、中国、马来西亚
Dendrocalamus barbatus Hsueh & D. Z. Li 小叶龙竹
0000373 中国特有 — — 中国
Dendrocalamus brandisii (Munro) Kurz 勃氏甜龙竹
00018646 — 近危（NT） — 中国、中南半岛
Dendrocalamus giganteus Munro 龙竹
0002833 — — — 印度、中国
Dendrocalamus hamiltonii Nees & Arn. ex Munro 版纳甜龙竹
0001949 — — — 中国、尼泊尔、中南半岛
Dendrocalamus latiflorus Munro 麻竹
0003303 — — — 缅甸北部、中国
Dendrocalamus membranaceus Munro 黄竹
0003458 — — — 孟加拉国、中国、中南半岛
Dendrocalamus minor (McClure) L. C. Chia & H. L. Fung 吊丝竹
0000912 中国特有 — — 中国南部
Dendrocalamus peculiaris Hsueh & D. Z. Li 金平龙竹

0003587 中国特有 —— 中国

Dendrocalamus pulverulentus L. C. Chia & But　粉麻竹

00044015 中国特有 —— 中国

Dendrocalamus sinicus L. C. Chia & J. L. Sun　歪脚龙竹

0002855 —— 中国、老挝

Dendrocalamus yunnanicus Hsueh & D. Z. Li　云南龙竹

F9002273 —— 中国、越南

Deschampsia　发草属

Deschampsia cespitosa (L.) P. Beauv.　发草

0000433 —— 中国；亚洲

Digitaria　马唐属

Digitaria ischaemum (Schreb.) Muhl.　止血马唐

F0037013 —— 欧洲中部及南部、亚洲

Digitaria longiflora (Retz.) Pers.　长花马唐

F9002274 —— 世界热带及亚热带

Digitaria radicosa (J. Presl) Miq.　红尾翎

0000479 —— 太平洋岛屿；亚洲热带及亚热带

Digitaria sanguinalis (L.) Scop.　马唐

0003903 —— 地中海地区、马来西亚；亚洲中部

Digitaria violascens Link　紫马唐

F9002275 —— 澳大利亚北部及东部；亚洲热带及亚热带

Echinochloa　稗属

Echinochloa colonum (L.) Link　光头稗子

F9002276 —— 世界热带及亚热带

Echinochloa crus-galli (L.) P. Beauv.　稗草

0002583 —— 马达加斯加；欧洲南部及东部、亚洲、非洲东部热带

Eleusine　穇属

Eleusine indica (L.) Gaertn.　牛筋草

F9002277 —— 世界热带及亚热带

Eragrostis　画眉草属

Eragrostis cilianensis (All.) Vignolo ex Janch.　大画眉草

0003081 —— 旧世界

Eragrostis cylindrica (Roxb.) Arn.　短穗画眉草

F9002278 —— 尼泊尔、中国、越南

Eragrostis perennans Keng　宿根画眉草

F9002279 中国特有 —— 中国南部

Eragrostis peruviana (Jacq.) Trin.

F9002280 —— 秘鲁、智利北部

Eragrostis pilosa (L.) P. Beauv.　画眉草

0001167 —— 旧世界

Eragrostis pilosiuscula Ohwi　有毛画眉草

F9002281 中国特有 —— 中国

Eremochloa　蜈蚣草属

Eremochloa ciliaris (L.) Merr.　蜈蚣草

0003533 —— 中国南部、中南半岛、澳大利亚（昆士兰州北部）

Eremochloa ophiuroides (Munro) Hack.　假俭草

0000118 —— 中国、越南北部、韩国

Eriachne　鹧鸪草属

Eriachne pallescens R. Br.　鹧鸪草

F9002282 —— 西北太平洋岛屿；亚洲热带及亚热带

Fargesia　箭竹属

Fargesia dracocephala T. P. Yi　龙头箭竹

F9006878 中国特有 —— 中国中部

Fargesia robusta T. P. Yi　拐棍竹

F9002283 中国特有 —— 中国

Fargesia semicoriacea T. P. Yi　白竹

0000838 中国特有 —— 中国

Fargesia spathacea Franch.　箭竹

0004146 中国特有 —— 中国

Festuca　羊茅属

Festuca 'Festina'　'费斯塔'羊茅

F9002284 ————

Festuca glauca 'Azurit'　'铜之蓝'蓝羊茅

F9002285 ————

Festuca glauca 'Caesia'　'蓝灰'蓝羊茅

F9002286 ————

Festuca glauca 'Elijah Blue'　'埃丽'蓝羊茅

F9002287 ————

Festuca glauca 'Meerblau'　'米尔布'蓝羊茅

F9002288 ————

Gigantochloa　巨竹属

Gigantochloa felix (Keng) Keng f.　滇竹

0001964 中国特有 —— 中国

Gigantochloa levis (Blanco) Merr.　毛笋竹

0001581 —— 中国、越南、马来西亚

Gigantochloa parviflora (Keng f.) Keng f.　南峤滇竹

0001203 中国特有 —— 中国

Gigantochloa verticillata (Willd.) Munro　花巨竹

0001297 —— 中南半岛、马来西亚西部

Hsuehochloa　纪如竹属

Hsuehochloa calcarea (C. D. Chu & C. S. Chao) D. Z. Li & Y. X. Zhang　纪如竹

F9002289 中国特有 极危（CR）二级 中国

Ichnanthus　距花黍属

Ichnanthus pallens var. *major* (Nees) Stieber　大距花黍

F9002290 — — — 澳大利亚东北部；非洲西部及中西部热带、亚洲热带及亚热带、美洲热带及亚热带

Imperata 白茅属

Imperata cylindrica (L.) P. Beauv. 白茅

0002614 — — — 中国；欧亚大陆

Imperata cylindrica 'Red Baron' 血草

F9002291 — — — —

Indocalamus 箬竹属

Indocalamus decorus Q. H. Dai 美丽箬竹

0003650 中国特有 易危（VU） — 中国

Indocalamus guangdongensis H. R. Zhao & Y. L. Yang 广东箬竹

0004913 中国特有 — — 中国南部

Indocalamus hunanensis B. M. Yang 湖南箬竹

F0037453 中国特有 — — 中国

Indocalamus latifolius (Keng) McClure 阔叶箬竹

0004867 中国特有 — — 中国

Indocalamus longiauritus Hand.-Mazz. 箬叶竹

0002131 中国特有 — — 中国南部

Indocalamus pedalis (Keng) Keng f. 矮箬竹

0000001 中国特有 濒危（EN） — 中国

Indocalamus tessellatus (Munro) Keng f. 箬竹

00048010 中国特有 — — 中国

Indocalamus victorialis Keng f. 胜利箬竹

0001689 中国特有 — — 中国

Indocalamus wilsonii (Rendle) C. S. Chao & C. D. Chu 鄂西箬竹

F9002292 中国特有 — — 中国

Indosasa 大节竹属

Indosasa angustata McClure 甜大节竹

00044031 — — — 中国、越南

Indosasa hispida McClure 浦竹仔

0004498 中国特有 — — 中国

Indosasa ingens Hsueh & T. P. Yi 粗穗大节竹

00018621 中国特有 — — 中国

Indosasa sinica C. D. Chu & C. S. Chao 中华大节竹

0004140 — — — 中国、老挝

Isachne 柳叶箬属

Isachne globosa (Thunb.) Kuntze 柳叶箬

F9002293 — — — 阿曼；西太平洋岛屿；亚洲热带及亚热带

Ischaemum 鸭嘴草属

Ischaemum barbatum Retz. 粗毛鸭嘴草

F9002294 — — — 西太平洋岛屿；亚洲热带及亚热带

Koeleria 落草属

Koeleria 'Coolio' 'Coolio'落草

F9002295 — — — —

Leptochloa 千金子属

Leptochloa panicea (Retz.) Ohwi 虮子草

0000459 — — — 美国；亚洲热带及亚热带

Lophatherum 淡竹叶属

Lophatherum gracile Brongn. 淡竹叶

0004469 — — — 中国、韩国、朝鲜、日本、澳大利亚（昆士兰州北部）；亚洲热带

Megathyrsus 大黍属

Megathyrsus maximus (Jacq.) B. K. Simon & S. W. L. Jacobs 大黍

0001459 — — — 阿拉伯半岛；西印度洋岛屿；世界热带

Melinis 糖蜜草属

Melinis nerviglumis 'Savannah' '大草原'毛叶蜜糖草

F9002296 — — — —

Melocanna 梨竹属

Melocanna arundina C. E. Parkinson 梨竹

F9002297 — — — 孟加拉国、缅甸、泰国南部

Melocanna baccifera (Roxb.) Kurz 大梨竹

F9002298 — — — 缅甸；南亚

Microstegium 莠竹属

Microstegium fasciculatum (L.) Henrard 蔓生莠竹

0004552 — — — 非洲南部、亚洲热带及亚热带

Miscanthus 芒属

Miscanthus floridulus (Labill.) Warb. ex K. Schum. & Lauterb. 五节芒

0000977 — — — 中南半岛、中国、日本；太平洋岛屿

Miscanthus sinensis Andersson 芒

0000315 — — — 马来西亚、俄罗斯（远东地区）；亚洲东部温带

Miscanthus sinensis 'Variegatus' 斑叶芒

0003146 — — — —

Nassella 侧针茅属

Nassella tenuissima 'Angel Hair' '天使秀发'细茎针茅

F9002299 — — — —

Nassella tenuissima 'Pony Tails' '马尾'细茎针茅

F9002300 — — — —

Neyraudia 类芦属

Neyraudia reynaudiana (Kunth) Keng ex Hitchc. 类芦

0001307 — — — 中国、印度、尼泊尔、孟加拉国、不丹、马来西亚

Oligostachyum 少穗竹属

Oligostachyum lubricum (T. H. Wen) Keng f. 四季竹
0004437 中国特有 — — 中国

Oligostachyum oedogonatum (Z. P. Wang & G. H. Ye) Q. F. Zhang & K. F. Huang 肿节少穗竹
0000648 中国特有 — — 中国

Oligostachyum spongiosum (C. D. Chu & C. S. Chao) Q. F. Zheng & Y. M. Lin 斗竹
0003445 中国特有 — — 中国

Oligostachyum sulcatum Z. P. Wang & G. H. Ye 少穗竹
0002468 中国特有 — — 中国

Ophiuros 蛇尾草属

Ophiuros exaltatus (L.) Kuntze 蛇尾草
0001896 — — — 澳大利亚北部；亚洲热带及亚热带

Oryza 稻属

Oryza meyeriana (Zoll. & Moritzi) Baill. 疣粒野生稻
F9002301 — — 二级 亚洲热带及亚热带

Oryza officinalis Wall. ex Watt 药用稻
F9002302 — 濒危（EN） 二级 中国南部、澳大利亚北部；亚洲热带

Oryza rufipogon Griff. 野生稻
F9002303 — 极危（CR） 二级 澳大利亚北部；亚洲热带及亚热带

Panicum 黍属

Panicum brevifolium L. 短叶黍
0000091 — — — 西印度洋岛屿；非洲热带、亚洲热带及亚热带

Paspalum 雀稗属

Paspalum conjugatum P. J. Bergius 两耳草
Q201607193584 — — — 美洲热带及亚热带

Paspalum urvillei Steud. 丝毛雀稗
0002506 — — — 玻利维亚、巴西；南美洲南部

Phaenosperma 显子草属

Phaenosperma globosa Munro ex Benth. 显子草
F9002304 — — — 中国、印度东北部、日本、韩国南部

Phalaris 虉草属

Phalaris arundinacea 'Variegata' 花叶虉草
F9002305 — — —

Phragmites 芦苇属

Phragmites australis (Cav.) Trin. ex Steud. 芦苇

0001047 — — — 世界温带与亚热带及热带

Phragmites australis 'Variegata' 花叶芦苇
F9002306 — — —

Phyllostachys 刚竹属

Phyllostachys arcana 'Luteosulcata' 黄槽石绿竹
0003524 — — —

Phyllostachys aurea (André) Rivière & C. Rivière 人面竹
00005836 — — — 中国、越南

Phyllostachys aureosulcata McClure 黄槽竹
0002656 中国特有 — — 中国东部

Phyllostachys bambusoides var. *castillonii* (Marliac ex Carrière) Makino
0004061 — — —

Phyllostachys bissetii McClure 蓉城竹
0001406 中国特有 — — 中国

Phyllostachys dulcis McClure 白哺鸡竹
0000182 中国特有 — — 中国

Phyllostachys edulis (Carrière) J. Houz. 毛竹
F9002307 中国特有 — — 中国

Phyllostachys edulis 'Gracilis' 金丝毛竹
0003699 — — —

Phyllostachys edulis 'Huamaozhu' 'Huamaozhu'毛竹
0000618 — — —

Phyllostachys edulis 'Tao Kiang' 'Tao Kiang'毛竹
F9002308 — — —

Phyllostachys glauca McClure 淡竹
0004266 中国特有 — — 中国

Phyllostachys heteroclada Oliv. 水竹
00043798 中国特有 — — 中国

Phyllostachys incarnata T. H. Wen 红壳雷竹
0001489 中国特有 — — 中国

Phyllostachys lofushanensis C. P. Wang, C. H. Hu & G. H. Ye 大节刚竹
00043928 中国特有 近危（NT） — 中国

Phyllostachys makinoi Hayata 台湾桂竹
0004092 中国特有 — — 中国

Phyllostachys mannii Gamble 美竹
0001691 — — — 印度、尼泊尔、不丹、孟加拉国、缅甸

Phyllostachys nidularia Munro 篌竹
0000097 中国特有 — — 中国

Phyllostachys nigella T. H. Wen 富阳乌哺鸡竹
0004240 中国特有 — — 中国

Phyllostachys nigra (Lodd. ex Lindl.) Munro 紫竹
0000154 中国特有 — — 中国

Phyllostachys nigra var. *henonis* (Mitford) Rendle 毛金竹
0001593 中国特有 — — 中国

Phyllostachys nuda 'Localis' 紫蒲头灰竹

0002918 — — —

Phyllostachys parvifolia C. D. Chu & H. Y. Chou　安吉金竹

0000594　中国特有　易危（VU）　—　中国

Phyllostachys platyglossa C. P. Wang & Z. H. Yu　灰水竹

0002817　中国特有　—　—　中国

Phyllostachys prominens W. Y. Hsiung　高节竹

0000906　中国特有　—　—　中国

Phyllostachys reticulata (Rupr.) K. Koch　桂竹

0002269　中国特有　—　—　中国

Phyllostachys rivalis H. R. Zhao & A. T. Liu　河竹

0004467　中国特有　—　—　中国

Phyllostachys rubromarginata McClure　红边竹

0001528　中国特有　—　—　中国

Phyllostachys rutila T. H. Wen　衢县红壳竹

0000603　中国特有　—　—　中国

Phyllostachys sulphurea (Carrière) Rivière & C. Rivière　金竹

0004280　中国特有　—　—　中国东部

Phyllostachys varioauriculata S. C. Li & S. H. Wu　乌竹

0002862　中国特有　—　—　中国

Phyllostachys violascens 'Prevernalis'　雷竹

0000086 — — —

Phyllostachys viridiglaucescens (Carrière) Rivière & C. Rivière　粉绿竹

0004549　中国特有　—　—　中国

Phyllostachys vivax 'Aureocaulis'　黄杆乌哺鸡竹

F9002309 — — —

Pleioblastus　苦竹属

Pleioblastus amarus (Keng) Keng f.　苦竹

F9002310　中国特有　—　—　中国南部

Pleioblastus argenteostriatus (Regel) Nakai　长叶苦竹

0001875 — — — 日本中南部及南部

Pleioblastus fortunei (Van Houtte) Nakai　菲白竹

0001096 — — — 日本中南部

Pleioblastus gramineus (Bean) Nakai　大明竹

0001442 — — — 琉球群岛

Pleioblastus linearis (Hack.) Nakai　琉球矢竹

00043979 — — — 琉球群岛

Pleioblastus maculatus (McClure) C. D. Chu & C. S. Chao　斑苦竹

0000992　中国特有　—　—　中国

Pleioblastus simonii (Carrière) Nakai　川竹

0003101 — — — 日本中南部

Pleioblastus solidus S. Y. Chen　实心苦竹

0001872　中国特有　—　—　中国

Pleioblastus viridistriatus (Regel) Makino　菲黄竹

0001176 — — — 日本中南部

Pleioblastus yixingensis S. L. Chen & S. Y. Chen　宜兴苦竹

0002386　中国特有　近危（NT）　—　中国

Pogonatherum　金发草属

Pogonatherum crinitum (Thunb.) Kunth　金丝草

0002476 — — — 马达加斯加；亚洲热带及亚热带

Psathyrostachys　新麦草属

Psathyrostachys huashanica Keng f. ex P. C. Kuo　华山新麦草

F9002311　中国特有　极危（CR）　一级　中国

Pseudosasa　矢竹属

Pseudosasa amabilis (McClure) Keng f.　茶竿竹

00018905 — — — 中国、越南

Pseudosasa hindsii (Munro) S. L. Chen & G. Y. Sheng ex T. G. Liang　篲竹

0002427　中国特有　—　—　中国

Pseudosasa japonica (Siebold & Zucc. ex Steud.) Makino ex Nakai　矢竹

0001789 — — — 韩国南部、日本中部及南部

Pseudosasa japonica 'Tsutsumiana Yanagita'　辣韭矢竹

0001796 — — —

Pseudostachyum　泡竹属

Pseudostachyum polymorphum Munro　泡竹

F9002312 — — — 中国、尼泊尔、不丹、孟加拉国

Saccharum　甘蔗属

Saccharum sinense Roxb.　竹蔗

0001592　中国特有　—　—　中国

Sasa　赤竹属

Sasa oblongula C. H. Hu　矩叶赤竹

0001086　中国特有　—　—　中国

Sasaella　东笆竹属

Sasaella masamuneana (Makino) Hatus. & Muroi　光赤竹

F9002313 — — — 日本中南部

Schizostachyum　篲箬竹属

Schizostachyum funghomii McClure　沙罗单竹

0002074 — — — 印度、中国

Schizostachyum pergracile (Munro) R. B. Majumdar　糯竹

F9002314 — — — 印度、中国

Schizostachyum pseudolima McClure　篲箬竹

0004138 — — — 越南、中国南部

Schizostachyum virgatum (Munro) H. B. Naithani & Bennet　金毛空竹

0001699 — — — 孟加拉国、中国、中南半岛

Semiarundinaria 业平竹属

Semiarundinaria fastuosa (Lat.-Marl. ex Mitford) Makino 业平竹

0001758 — — — 日本中南部

Setaria 狗尾草属

Setaria palmifolia (J. Koenig) Stapf 棕叶狗尾草

0001113 — — — 澳大利亚；亚洲热带及亚热带

Setaria parviflora (Poir.) Kerguélen 幽狗尾草

F9006920 — — — 新世界

Setaria viridis (L.) P. Beauv. 狗尾草

0002777 — — — 澳大利亚中部及东南部；欧洲

Shibataea 鹅毛竹属

Shibataea chiangshanensis T. H. Wen 江山倭竹

0000493 中国特有 近危（NT） — 中国

Shibataea chinensis Nakai 鹅毛竹

0000512 中国特有 — — 中国

Shibataea kumasaca (Zoll. ex Steud.) Makino 倭竹

F9002315 中国特有 — — 中国

Shibataea lancifolia C. H. Hu 狭叶鹅毛竹

F9002316 中国特有 — — 中国

Sinobambusa 唐竹属

Sinobambusa tootsik (Makino) Makino ex Nakai 唐竹

0000692 — — — 中国、越南

Sorghum 高粱属

Sorghum bicolor (L.) Moench 高粱

F9002317 — — — 非洲

Sphaerocaryum 稗荩属

Sphaerocaryum malaccense (Trin.) Pilg. 稗荩

F9002318 — — — 斯里兰卡、中国南部、菲律宾

Sporobolus 鼠尾粟属

Sporobolus elongatus R. Br. 牛尜草

F9002319 — — — 澳大利亚中东部

Stenotaphrum 钝叶草属

Stenotaphrum secundatum (Walter) Kuntze 侧钝叶草

F9002320 — — — 美国东南部；拉丁美洲、非洲西部热带

Stenotaphrum secundatum ‘Variegatum’ 条纹钝叶草

F9002321 — — — —

Stipa 针茅属

Stipa ‘Pony Tails’ ‘马尾’针茅

F9002322 — — — —

Thyrsostachys 泰竹属

Thyrsostachys siamensis Gamble 泰竹

00018957 — — — 中国、中南半岛

Thysanolaena 棕叶芦属

Thysanolaena latifolia (Roxb. ex Hornem.) Honda 棕叶芦

0001432 — — — 亚洲热带及亚热带

Tripidium 蔗茅属

Tripidium arundinaceum (Retz.) Welker, Voronts. & E. A. Kellogg 斑茅

0004715 — — — —

Urochloa 尾稃草属

Urochloa mutica (Forssk.) T. Q. Nguyen 巴拉草

0002936 — — — 阿拉伯半岛；非洲北部

Zizania 菰属

Zizania latifolia (Griseb.) Hance ex F. Muell. 菰

F9002323 — — — 印度（阿萨姆邦）、俄罗斯（西伯利亚东南部）；亚洲东部温带

Zoysia 结缕草属

Zoysia sinica Hance 中华结缕草

F9002324 — — 二级 世界温带

Ceratophyllaceae 金鱼藻科

Ceratophyllum 金鱼藻属

Ceratophyllum demersum L. 金鱼藻

F9002325 — — — 世界广布

Eupteleaceae 领春木科

Euptelea 领春木属

Euptelea pleiosperma Hook. f. & Thomson 领春木

F9002326 — — — 不丹、中国

Papaveraceae 罂粟科

Chelidonium 白屈菜属

Chelidonium majus L. 白屈菜

0003715 — — — 俄罗斯（西伯利亚西部）、地中海地区、伊拉克、伊朗北部、马卡罗尼西亚；欧洲

Dactylicapnos 紫金龙属

Dactylicapnos scandens (D. Don) Hutch. 紫金龙

00019267 — — — 中国、尼泊尔、中南半岛北部

Eomecon　血水草属

Eomecon chionantha Hance　血水草
F9002327　中国特有 — — 中国南部

Hylomecon　荷青花属

Hylomecon japonica (Thunb.) Prantl　荷青花
F9002328 — — — 中国、日本

Hylomecon japonica var. *subincisa* Fedde　锐裂荷青花
F9002329　中国特有 — — 中国

Ichtyoselmis　黄药属

Ichtyoselmis macrantha (Oliv.) Lidén & Fukuhara　黄药
F9002330 — — — 中国、缅甸北部

Macleaya　博落回属

Macleaya cordata (Willd.) R. Br.　博落回
F9002331 — — — 中国、日本

Macleaya microcarpa (Maxim.) Fedde　小果博落回
F9002332　中国特有 — — 中国

Stylophorum　金罂粟属

Stylophorum lasiocarpum (Oliv.) Fedde　金罂粟
F9002333　中国特有　近危（NT） — 中国

Circaeasteraceae　星叶草科

Circaeaster　星叶草属

Circaeaster agrestis Maxim.　星叶草
F0036880 — — — 中国

Kingdonia　独叶草属

Kingdonia uniflora Balf. f. & W. W. Sm.　独叶草
F9002334　中国特有　易危（VU）　二级　中国

Lardizabalaceae　木通科

Akebia　木通属

Akebia quinata (Thunb. ex Houtt.) Decne.　木通
00018277 — — — 中国、日本

Akebia trifoliata (Thunb.) Koidz.　三叶木通
F0036846 — — — 中国、日本

Akebia trifoliata subsp. *australis* (Diels) T. Shimizu　白木通
F9002335　中国特有 — — 中国

Sargentodoxa　大血藤属

Sargentodoxa cuneata (Oliv.) Rehder & E. H. Wilson　大血藤
F9002336 — — — 中国、中南半岛北部

Sinofranchetia　串果藤属

Sinofranchetia chinensis (Franch.) Hemsl.　串果藤
00047817　中国特有 — — 中国

Stauntonia　野木瓜属

Stauntonia angustifolia (Wall.) R. Br. ex Wall.　八月瓜
F9002337 — — — 中国、印度、尼泊尔、孟加拉国、不丹

Stauntonia brunoniana (Decne.) Wall. ex Hemsl.　三叶野木瓜
F9002338 — — — 中国、尼泊尔、中南半岛北部

Stauntonia cavalerieana Gagnep.　西南野木瓜
F9002339 — — — 中国南部、老挝

Stauntonia chinensis DC.　野木瓜
F9002340　中国特有 — — 中国南部

Stauntonia coriacea (Diels) Christenh.　鹰爪枫
F9002341　中国特有 — — 中国

Stauntonia duclouxii Gagnep.　羊瓜藤
F9002342　中国特有 — — 中国中部

Stauntonia maculata Merr.　斑叶野木瓜
F9002343　中国特有 — — 中国

Menispermaceae　防己科

Arcangelisia　古山龙属

Arcangelisia gusanlung H. S. Lo　古山龙
F9002344　中国特有　近危（NT）　二级　中国南部

Cocculus　木防己属

Cocculus orbiculatus (L.) DC.　木防己
00018768 — — — 中国、印度、尼泊尔、韩国、朝鲜、日本；中太平洋岛屿

Cyclea　轮环藤属

Cyclea barbata Miers　毛叶轮环藤
0002350 — — — 印度（阿萨姆邦）、中国、印度尼西亚（小巽他群岛）

Cyclea hypoglauca (Schauer) Diels　粉叶轮环藤
0003630 — — — 中国南部、越南北部

Cyclea racemosa Oliv.　轮环藤
F9002345　中国特有 — — 中国南部

Cyclea sutchuenensis Gagnep.　四川轮环藤
F9002346 — — — 中国南部、越南

Sinomenium　风龙属

Sinomenium acutum (Thunb.) Rehder & E. H. Wilson　风龙
F9002347 — — — 尼泊尔、中国、韩国、朝鲜、日本、泰国北部

Stephania　千金藤属

Stephania cephalantha Hayata　金线吊乌龟

F0038181 — — — 中国、越南

Stephania epigaea H. S. Lo 地不容

F9002348 中国特有 — — 中国

Stephania japonica (Thunb.) Miers 千金藤

F9002349 — — — 亚洲热带及亚热带

Stephania kwangsiensis H. S. Lo 广西地不容

0002974 中国特有 濒危（EN） — 中国

Stephania longa Lour. 粪箕笃

00046446 — — — 中国、中南半岛

Stephania succifera H. S. Lo & Y. Tsoong 小叶地不容

F9002350 中国特有 极危（CR） — 中国南部

Stephania tetrandra S. Moore 粉防己

F9002351 — — — 中国、越南

Tinospora 宽筋藤属

Tinospora sagittata (Oliv.) Gagnep. 青牛胆

F9002352 — 濒危（EN） — 中国、越南北部

Berberidaceae 小檗科

Berberis 小檗属

Berberis bealei Fortune 阔叶十大功劳

00046478 — — — 中国

Berberis brachypoda Maxim. 短柄小檗

F9002353 中国特有 — — 中国

Berberis bracteolata (Takeda) Laferr. 鹤庆十大功劳

F9002354 中国特有 易危（VU） — 中国

Berberis candidula (C. K. Schneid.) C. K. Schneid. 单花小檗

F9002355 中国特有 — — 中国

Berberis decipiens (C. K. Schneid.) Laferr. 鄂西十大功劳

F9002356 中国特有 易危（VU） — 中国

Berberis elegans H. Lév. 秀雅小檗

F9002357 中国特有 — — 中国南部

Berberis eurybracteata (Fedde) Laferr. 宽苞十大功劳

0002628 中国特有 — — 中国南部

Berberis fordii (C. K. Schneid.) Laferr. 北江十大功劳

F9002358 中国特有 近危（NT） — 中国

Berberis fortunei Lindl. 十大功劳

F9002359 中国特有 — — 中国

Berberis ganpinensis H. Lév. 安坪十大功劳

0003113 中国特有 — — 中国

Berberis gracilipes Oliv. 细柄十大功劳

F9002360 中国特有 — — 中国

Berberis julianae C. K. Schneid. 豪猪刺

F9002361 中国特有 — — 中国

Berberis napaulensis (DC.) Spreng. 台湾十大功劳

F9002362 — — — 中国、中南半岛

Berberis oiwakensis (Hayata) Laferr. 阿里山十大功劳

00046947 — — — 中国、缅甸北部

Berberis poiretii C. K. Schneid. 细叶小檗

F9002363 — — — 蒙古东部、中国北部、朝鲜

Berberis polyodonta (Fedde) Laferr. 峨眉十大功劳

F9002364 — — — 印度（阿萨姆邦）、中国、缅甸北部

Berberis reticulinervia (C. Y. Wu ex S. Y. Bao) Laferr. 网脉十大功劳

F9002365 中国特有 易危（VU） — 中国

Berberis shenii (Chun) Laferr. 沈氏十大功劳

F0036492 中国特有 — — 中国

Berberis sheridaniana (C. K. Schneid.) Laferr. 长阳十大功劳

F9002366 中国特有 — — 中国

Berberis silvicola C. K. Schneid. 兴山小檗

F9002367 中国特有 — — 中国

Berberis soulieana C. K. Schneid. 假豪猪刺

F9002368 中国特有 — — 中国中部

Berberis subimbricata (Chun & F. Chun) Laferr. 靖西十大功劳

F9002369 中国特有 易危（VU） 二级 中国

Berberis thunbergii 'Admiration' 小檗

F9002370 — — — —

Berberis thunbergii 'Rose Glow' 红叶小檗

F9002371 — — — —

Berberis thunbergii 'Tiny Gold' 'Tiny Gold'日本小檗

F9002372 — — — —

Berberis triacanthophora Fedde 芒齿小檗

F9002373 中国特有 — — 中国中部

Berberis zanlanscianensis Pamp. 鄂西小檗

0000952 中国特有 — — 中国

Caulophyllum 红毛七属

Caulophyllum robustum Maxim. 红毛七

F9002374 — — — 俄罗斯（远东地区）、中国、韩国、日本

Epimedium 淫羊藿属

Epimedium acuminatum Franch. 粗毛淫羊藿

F0036923 中国特有 — — 中国

Epimedium baojingensis Q. L. Chen & B. M. Yang 保靖淫羊藿

F9002375 — — — —

Epimedium brevicornu Maxim. 淫羊藿

F9002376 中国特有 近危（NT） — 中国

Epimedium dolichostemon Stearn 长蕊淫羊藿

0001653 中国特有 易危（VU） — 中国

Epimedium epsteinii Stearn 紫距淫羊藿

F9002377 中国特有 近危（NT）—— 中国

Epimedium fangii Stearn 方氏淫羊藿

F9002378 中国特有 濒危（EN）—— 中国

Epimedium fargesii Franch. 川鄂淫羊藿

F9002379 中国特有 濒危（EN）—— 中国

Epimedium franchetii Stearn 木鱼坪淫羊藿

0004877 中国特有 —— —— 中国

Epimedium hunanense (Hand.-Mazz.) Hand.-Mazz. 湖南淫羊藿

F9002380 中国特有 易危（VU）—— 中国

Epimedium ilicifolium Stearn 镇坪淫羊藿

F9002381 中国特有 濒危（EN）—— 中国

Epimedium leptorrhizum Stearn 黔岭淫羊藿

0004317 中国特有 近危（NT）—— 中国

Epimedium lishihchenii Stearn 时珍淫羊藿

0002011 中国特有 —— —— 中国

Epimedium myrianthum Stearn 天平山淫羊藿

F9002382 中国特有 —— —— 中国

Epimedium parvifolium S. Z. He & T. L. Zhang 小叶淫羊藿

F0036809 中国特有 濒危（EN）—— 中国

Epimedium pubescens Maxim. 柔毛淫羊藿

0000745 中国特有 —— —— 中国

Epimedium reticulatum C. Y. Wu ex S. Y. Bao 革叶淫羊藿

F9002383 中国特有 濒危（EN）—— 中国

Epimedium sagittatum (Siebold & Zucc.) Maxim. 三枝九叶草

F9002384 中国特有 近危（NT）—— 中国

Epimedium stellulatum Stearn 星花淫羊藿

F9002385 中国特有 —— —— 中国

Epimedium sutchuenense Franch. 四川淫羊藿

F9002386 中国特有 —— —— 中国

Epimedium wushanense T. S. Ying 巫山淫羊藿

F9002387 中国特有 —— —— 中国

Mahonia 十大功劳属

Mahonia microphylla T. S. Ying & G. R. Long 小叶十大功劳

F0036849 中国特有 濒危（EN）二级 中国

Nandina 南天竹属

Nandina domestica Thunb. 南天竹

0000861 —— —— —— 中国、日本

Nandina domestica 'Porphyrocarpa' 五彩南天竹

F9002388 —— —— ——

Podophyllum 北美桃儿七属

Podophyllum aurantiocaule Hand.-Mazz. 云南八角莲

F9002389 中国特有 濒危（EN）—— 中国

Podophyllum difforme Hemsl. & E. H. Wilson 小八角莲

F9002390 —— 易危（VU）—— 中国南部、越南北部

Podophyllum pleianthum Hance 六角莲

F9002391 中国特有 近危（NT）—— 中国

Podophyllum versipelle Hance 八角莲

F9002392 —— 易危（VU）—— 中国、越南

Ranunculaceae 毛茛科

Aconitum 乌头属

Aconitum carmichaelii Debeaux 乌头

F9002393 —— —— —— 中国、越南北部

Aconitum episcopale H. Lév. 紫乌头

F9002394 中国特有 —— —— 中国

Aconitum hemsleyanum E. Pritz. 瓜叶乌头

F9002395 中国特有 —— —— 中国

Aconitum henryi E. Pritz. ex Diels 川鄂乌头

F9002396 中国特有 —— —— 中国西部及中部

Aconitum refractum (Finet & Gagnep.) Hand.-Mazz. 狭裂乌头

F9002397 中国特有 —— —— 中国

Aconitum scaposum Franch. 花葶乌头

F9002398 —— —— —— 不丹、中国中部

Aconitum sinomontanum Nakai 高乌头

F9002399 中国特有 —— —— 中国西部及中部

Aconitum taipeicum Hand.-Mazz. 太白乌头

F9002400 中国特有 濒危（EN）—— 中国

Aconitum tongolense Ulbr. 新都桥乌头

F9002401 中国特有 易危（VU）—— 中国

Actaea 类叶升麻属

Actaea asiatica H. Hara 类叶升麻

F9002402 —— —— —— 中国、俄罗斯（远东地区）、日本

Actaea japonica Thunb. 小升麻

F9002403 —— —— —— 中国、韩国、朝鲜、日本

Anemonastrum 银莲花属

Anemonastrum geum (H. Lév.) Mosyakin 路边青银莲花

F9002404 —— —— —— 中国

Anemone 欧银莲属

Anemone begoniifolia H. Lév. & Vaniot 卵叶银莲花

F9002405 中国特有 —— —— 中国

Anemone flaccida var. *hofengensis* Wuzhi 裂苞鹅掌草

0004834 中国特有 —— —— 中国

Anemone rivularis var. *flore-minore* Maxim. 小花草玉梅

F9002406 中国特有 —— —— 中国

Anemonoides 西南银莲花属

Anemonoides davidii (Franch.) Starod. 西南银莲花

F9002407 —— —— —— 中国

Anemonoides raddeana (Regel) Holub 多被银莲花

F9002408 — — — 俄罗斯（远东地区）、中国东部、日本

Aquilegia 楼斗菜属

Aquilegia oxysepala var. *kansuensis* (Brühl) Brühl ex Hand.-Mazz. 甘肃楼斗菜

F9002409 中国特有 — — 中国

Aquilegia 'Spring Magic Blue & White' '蓝白双色'楼斗菜

F9002410 — — — —

Aquilegia 'Spring Magic Mix' '混色'楼斗菜

F9002411 — — — —

Aquilegia 'Spring Magic Navy & White' '海蓝白双色'楼斗菜

F9002412 — — — —

Aquilegia 'Spring Magic Pink & White' '粉红白双色'楼斗菜

F9002413 — — — —

Aquilegia 'Spring Magic Rose & Lvory' '玫红象牙白双色'楼斗菜

F9002414 — — — —

Aquilegia 'Spring Magic Rose & White' '玫红色双色'楼斗菜

F9002415 — — — —

Aquilegia 'Spring Magic White' '白色'楼斗菜

F9002416 — — — —

Asteropyrum 星果草属

Asteropyrum cavaleriei (H. Lév. & Vaniot) J. R. Drumm. & Hutch. 裂叶星果草

F9002417 中国特有 近危（NT） — 中国

Beesia 铁破锣属

Beesia calthifolia (Maxim. ex Oliv.) Ulbr. 铁破锣

0002584 — — — 印度、中国中部

Clematis 铁线莲属

Clematis 'Aasao' '艾莎'铁线莲

F9002418 — — — —

Clematis 'Amethyst Beauty' '紫水晶美人'铁线莲

F9002419 — — — —

Clematis 'Andromeda' '仙女座'铁线莲

F9002420 — — — —

Clematis 'Ashva' '爱炫'铁线莲

F9002421 — — — —

Clematis 'Avantgarde' '前卫'铁线莲

F9002422 — — — —

Clematis 'Beautiful Bride' '美丽新娘'铁线莲

F9002423 — — — —

Clematis 'Best Wishes' '美好祝福'铁线莲

F9002424 — — — —

Clematis 'Bijou' '啤酒'铁线莲

F9002425 — — — —

Clematis 'Blue Explosion' '蓝色风暴'铁线莲

F9002426 — — — —

Clematis 'Blue Light' '蓝光'铁线莲

F9002427 — — — —

Clematis cadmia Buch.-Ham. ex Hook. f. & Thomson 短柱铁线莲

F9002428 — — — 印度（阿萨姆邦）、中国南部

Clematis 'Change of Heart' '变心'铁线莲

F9002429 — — — —

Clematis 'Chevalier' '骑士'铁线莲

F9002430 — — — —

Clematis chinensis Osbeck 威灵仙

F9002431 — — — 琉球群岛、越南北部

Clematis 'Copernicus' '哥白尼'铁线莲

F9002432 — — — —

Clematis courtoisii Hand.-Mazz. 大花威灵仙

F9002433 中国特有 — — 中国

Clematis 'Crystal Fountain' '水晶喷泉'铁线莲

F9002434 — — — —

Clematis 'Diamantina' '钻石'铁线莲

F9002435 — — — —

Clematis 'Diamond Ball' '钻石球'铁线莲

F9002436 — — — —

Clematis 'Doctor Ruppel' '经典'铁线莲

F9002437 — — — —

Clematis 'Eif' '精灵'铁线莲

F9002438 — — — —

Clematis 'Emperor of Lllusions' '王梦'铁线莲

F9002439 — — — —

Clematis 'Ernest Markham' '东方晨曲'铁线莲

F9002440 — — — —

Clematis 'Fay' '小仙女'铁线莲

F9007000 — — — —

Clematis finetiana H. Lév. & Vaniot 山木通

F9002441 中国特有 — — 中国

Clematis 'First Love' '初恋'铁线莲

F9002442 — — — —

Clematis 'Fond Memories' '美好回忆'铁线莲

F9002443 — — — —

Clematis gratopsis W. T. Wang 金佛铁线莲

F9002444 中国特有 — — 中国中部

Clematis 'Hagley Hybrid' '如梦'铁线莲

F9002445 — — — —

Clematis 'Hakuree' '哈库里'铁线莲

F9002446 — — — —
Clematis 'Ice Blue' '冰蓝'铁线莲
F9002447 — — — —
Clematis 'Isago' '伊萨哥'铁线莲
F9002448 — — — —
Clematis 'Jackmanii' '杰克曼二世'铁线莲
F9002449 — — — —
Clematis 'Jade' '玉'铁线莲
F9002450 — — — —
Clematis 'Josephine' '约瑟芬'铁线莲
F9002451 — — — —
Clematis 'Juliane' '朱丽安'铁线莲
F9002452 — — — —
Clematis 'Kaen' '火焰'铁线莲
F9002453 — — — —
Clematis 'Kaiser' '皇帝'铁线莲
F9002454 — — — —
Clematis 'Little Mermaid' '小美人鱼'铁线莲
F9002455 — — — —
Clematis loureiroana DC. 丝铁线莲
F9002456 — — — 中国、越南
Clematis 'Maria Sklodowska Curie' '居里夫人'铁线莲
F9002457 — — — —
Clematis montana Buch.-Ham. ex DC. 绣球藤
F9002458 — — — 阿富汗、巴基斯坦、中国
Clematis 'Moonlight' '月光'铁线莲
F9002459 — — — —
Clematis 'Morning Sky' '黎明的天空'铁线莲
F9002460 — — — —
Clematis 'Multi Blue' '多蓝'铁线莲
F9002461 — — — —
Clematis 'My Darling' '亲爱的'铁线莲
F9002462 — — — —
Clematis 'Nelly Moser' '繁星'铁线莲
F9002463 — — — —
Clematis 'Night Veil' '神秘面纱'铁线莲
F9002464 — — — —
Clematis 'Nubia' '努比亚'铁线莲
F9002465 — — — —
Clematis 'Olympia' '奥林匹克'铁线莲
F9002466 — — — —
Clematis 'Parisienne' '巴黎风情'铁线莲
F9002467 — — — —
Clematis peterae Hand.-Mazz. 钝萼铁线莲
F9002468 中国特有 — — 中国
Clematis 'Piilu' '小鸭'铁线莲
F9002469 — — — —

Clematis 'Pink Champagne' '粉香槟'铁线莲
F9002470 — — — —
Clematis 'Princess Red' '红色公主'铁线莲
F9002471 — — — —
Clematis 'Rebecca' '瑞贝卡'铁线莲
F9002472 — — — —
Clematis 'Red Star' '红星'铁线莲
F9002473 — — — —
Clematis 'Reflections' '倒影'铁线莲
F9002474 — — — —
Clematis 'Romantika' '罗曼蒂克'铁线莲
F9002475 — — — —
Clematis 'Rooguchi' '紫铃铛'铁线莲
F9002476 — — — —
Clematis 'Rosamunde' '罗莎蒙德'铁线莲
F9002477 — — — —
Clematis 'Rouge' '胭脂扣'铁线莲
F9002478 — — — —
Clematis 'Sacha' '萨夏'铁线莲
F9002479 — — — —
Clematis 'Samaritan Jo' '撒玛利亚'铁线莲
F9002480 — — — —
Clematis 'Shimmer' '微光'铁线莲
F9002481 — — — —
Clematis 'Shi-Shigyoku' '新紫玉'铁线莲
F9002482 — — — —
Clematis 'Sieboldii' '幻紫'铁线莲
F9007001 — — — —
Clematis 'Sophie' '索菲亚'铁线莲
F9002483 — — — —
Clematis 'Stasik' '斯塔西'铁线莲
F9002484 — — — —
Clematis 'Super Nova' '超级新星'铁线莲
F9002485 — — — —
Clematis 'Taiga' '大河'铁线莲
F9002486 — — — —
Clematis terniflora DC. 圆锥铁线莲
0001315 — — — 中国、日本
Clematis 'The President' '总统'铁线莲
F9002487 — — — —
Clematis 'Thyrislund' '斯丽'铁线莲
F9002488 — — — —
Clematis uncinata Champ. ex Benth. 柱果铁线莲
F9002489 — — — 中国、越南、日本中南部
Clematis 'Utopia' '乌托邦'铁线莲
F9002490 — — — —
Clematis 'Violet Elizabeth' '伊丽莎白'铁线莲

F9002491 — — — —

Clematis 'Vyvyan Pennell'　'薇安'铁线莲

F9002492 — — — —

Clematis 'Westerplatte'　'中国红'铁线莲

F9002493 — — — —

Clematis 'Yuan'　'元'铁线莲

F9002494 — — — —

Clematis 'Yukiokoshi'　'雪妆'铁线莲

F9002495 — — — —

Clematis 'Zara'　'飒拉'铁线莲

F9002496 — — — —

Coptis　黄连属

Coptis chinensis Franch.　黄连

F9002497 中国特有 易危（VU）— 中国

Coptis teeta Wall.　云南黄连

F9002498 — 极危（CR）— 中国、印度

Delphinium　翠雀属

Delphinium elatum L.　高翠雀花

F9002499 — — — 欧洲、亚洲

Eriocapitella　秋牡丹属

Eriocapitella rivularis (Buch.-Ham. ex DC.) Christenh. & Byng　草玉梅

F9002500 — — — 印度尼西亚（苏门答腊岛）；南亚、东亚中部

Eriocapitella tomentosa (Maxim.) Christenh. & Byng　大火草

F9002501 — — — 中国、缅甸北部

Halerpestes　碱毛茛属

Halerpestes cymbalaria (Pursh) Greene　水葫芦苗

F9002502 — — — 格陵兰；美洲、欧洲北部

Helleborus　铁筷子属

Helleborus thibetanus Franch.　铁筷子

F9002503 中国特有 易危（VU）— 中国

Ranunculus　毛茛属

Ranunculus cantoniensis DC.　禺毛茛

F9002504 — — — 俄罗斯（西伯利亚）、马来半岛；亚洲东部温带

Ranunculus japonicus Thunb.　毛茛

0001149 — — — 俄罗斯；亚洲东部温带

Ranunculus microphyllus Hand.-Mazz.　西南毛茛

F9002505 — — — 中国、印度、尼泊尔、孟加拉国、不丹

Ranunculus sceleratus L.　石龙芮

F9002506 — — — 欧亚大陆温带、非洲、北美洲

Thalictrum　唐松草属

Thalictrum finetii B. Boivin　滇川唐松草

F9002507 中国特有 — — 中国

Thalictrum microgynum Lecoy. ex Oliv.　小果唐松草

F9002508 — — — 中国、缅甸北部

Thalictrum minus var. *hypoleucum* (Siebold & Zucc.) Miq.　东亚唐松草

F9002509 — — — 中国、日本、韩国

Thalictrum przewalskii Maxim.　长柄唐松草

F9002510 中国特有 — — 中国

Thalictrum robustum Maxim.　粗壮唐松草

F9002511 中国特有 — — 中国中部

Sabiaceae　清风藤科

Meliosma　泡花树属

Meliosma rigida Siebold & Zucc.　笔罗子

F9002512 — — — 中国南部、中南半岛、日本中南部及南部、菲律宾

Meliosma veitchiorum Hemsl.　暖木

F9002513 中国特有 — — 中国

Sabia　清风藤属

Sabia fasciculata Lecomte ex L. Chen　簇花清风藤

00047803 — — — 中国南部、中南半岛

Sabia japonica Maxim.　清风藤

F0036933 — — — 中国南部、日本南部

Nelumbonaceae　莲科

Nelumbo　莲属

Nelumbo nucifera Gaertn.　莲

0000053 — — 二级 中国；亚洲东部及南部

Nelumbo nucifera 'Aihong'　'矮红'莲

F9002514 — — — —

Nelumbo nucifera 'Baibihe'　'白碧荷'莲

F9002517 — — — —

Nelumbo nucifera 'Baihailian'　'白海莲'莲

F9002518 — — — —

Nelumbo nucifera 'Baijunzixiaolian'　'白君子小莲'莲

F9002519 — — — —

Nelumbo nucifera 'Baiqianceng'　'白千层'莲

F9007002 — — — —

Nelumbo nucifera 'Baishaoyaolian'　'白芍药莲'莲

F9002520 — — — —

Nelumbo nucifera 'Baiwanwan'　'百万万'莲

F9002515 — — — —

Nelumbo nucifera 'Baiyangdianhonglian' '白洋淀红莲'莲
F9002516 — — — —

Nelumbo nucifera 'Baiyitianshi' '白衣天使'莲
F9002521 — — — —

Nelumbo nucifera 'Baiyulan' '白玉兰'莲
F9002522 — — — —

Nelumbo nucifera 'Baoshihua' '宝石花'莲
F9002523 — — — —

Nelumbo nucifera 'Bixuedanxin' '碧血丹心'莲
F9002524 — — — —

Nelumbo nucifera 'Biyulian' '碧玉莲'莲
0001682 — — — —

Nelumbo nucifera 'Caidie' '彩蝶'莲
F9002525 — — — —

Nelumbo nucifera 'Caihong' '彩虹'莲
F9002526 — — — —

Nelumbo nucifera 'Chatoufeng' '叉头凤'莲
F9002527 — — — —

Nelumbo nucifera 'Chenguang' '晨光'莲
F9002528 — — — —

Nelumbo nucifera 'Chongbanbayi' '重瓣八一'莲
F9002529 — — — —

Nelumbo nucifera 'Chongbanfenlou' '重瓣粉楼'莲
F9002530 — — — —

Nelumbo nucifera 'Chongchuantai' '重川台'莲
F9002531 — — — —

Nelumbo nucifera 'Chongshuihua' '重水华'莲
F9002532 — — — —

Nelumbo nucifera 'Chunbai' '春白'莲
F9002533 — — — —

Nelumbo nucifera 'Chunbulao' '春不老'莲
0002432 — — — —

Nelumbo nucifera 'Chunguang' '春光'莲
F9002534 — — — —

Nelumbo nucifera 'Chunshuibilü' '春水碧绿'莲
F9002535 — — — —

Nelumbo nucifera 'Chushuihuangli' '出水黄鹂'莲
F9002536 — — — —

Nelumbo nucifera 'Cuiweiwenxiao' '翠微文晓'莲
F9002537 — — — —

Nelumbo nucifera 'Dahelian' '大贺莲'莲
F9002538 — — — —

Nelumbo nucifera 'Dahongpao' '大红袍'莲
F9002539 — — — —

Nelumbo nucifera 'Damanjianghong' '大满江红'莲
F9002540 — — — —

Nelumbo nucifera 'Danbanhongwanwan' '单瓣红万万'莲

Nelumbo nucifera 'Dansajin' '单洒锦'莲
F9002541 — — — —

Nelumbo nucifera 'Danyue' '淡月'莲
F9002542 — — — —

Nelumbo nucifera 'Dasajin' '大洒锦'莲
0003738 — — — —

Nelumbo nucifera 'Dayebaihe' '大叶白荷'莲
F9002544 — — — —

Nelumbo nucifera 'Dazilian' '大紫莲'莲
F9002545 — — — —

Nelumbo nucifera 'Dianezhuang' '点额妆'莲
F9002546 — — — —

Nelumbo nucifera 'Dianjiangchun' '点绛唇'莲
F9002547 — — — —

Nelumbo nucifera 'Dongfang' '东方'莲
F9002548 — — — —

Nelumbo nucifera 'Dongfanghong' '东方红'莲
F9002549 — — — —

Nelumbo nucifera 'Dongfangmingzhu' '东方明珠'莲
F9002550 — — — —

Nelumbo nucifera 'Donggualian' '冬瓜莲'莲
F9002551 — — — —

Nelumbo nucifera 'Donghong' '冬红'莲
0000534 — — — —

Nelumbo nucifera 'Donghuchunya' '东湖春雅'莲
F9002553 — — — —

Nelumbo nucifera 'Donghuhonglian' '东湖红莲'莲
F9002552 — — — —

Nelumbo nucifera 'Donghuqinggan' '东湖情感'莲
F9002554 — — — —

Nelumbo nucifera 'Donghuxizhao' '东湖夕照'莲
F9002555 — — — —

Nelumbo nucifera 'Dongshanhonglian' '东山红莲'莲
F9002556 — — — —

Nelumbo nucifera 'Dongshanhongkelian' '东山红壳莲'莲
F9002557 — — — —

Nelumbo nucifera 'Doukounianhua' '豆蔻年华'莲
F9002558 — — — —

Nelumbo nucifera 'Echenghonglian' '鄂城红莲'莲
F9002559 — — — —

Nelumbo nucifera 'Erse' '二色'莲
F9002560 — — — —

Nelumbo nucifera 'Feihong' '飞虹'莲
F9006896 — — — —

Nelumbo nucifera 'Feihong R' '绯红'莲
0001727 — — — —

Nelumbo nucifera 'Feihuang' '飞黄'莲
F9002561 — — — —

Nelumbo nucifera 'Feilaihong' '飞来红'莲
0002768 — — — —

Nelumbo nucifera 'Fenchuantai' '粉川台'莲
F9002562 — — — —

Nelumbo nucifera 'Fenhonglian' '粉红莲'莲
F9002563 — — — —

Nelumbo nucifera 'Fenhuan' '粉欢'莲
F9002566 — — — —

Nelumbo nucifera 'Fenlinglong' '粉玲珑'莲
F9002567 — — — —

Nelumbo nucifera 'Fenlouchun' '粉楼春'莲
F9002564 — — — —

Nelumbo nucifera 'Fenloutai' '粉楼台'莲
F9002565 — — — —

Nelumbo nucifera 'Fenqianye' '粉千叶'莲
0002294 — — — —

Nelumbo nucifera 'Fenqinglian' '粉青莲'莲
F9002568 — — — —

Nelumbo nucifera 'Fenwalian' '粉娃莲'莲
F9002569 — — — —

Nelumbo nucifera 'Fenwanlian' '粉碗莲'莲
0001746 — — — —

Nelumbo nucifera 'Fenyi' '粉怡'莲
F9002570 — — — —

Nelumbo nucifera 'Fenzhongguan' '粉中冠'莲
F9002571 — — — —

Nelumbo nucifera 'Fozuolian' '佛座莲'莲
0001598 — — — —

Nelumbo nucifera 'Furongqiuse' '芙蓉秋色'莲
F9002572 — — — —

Nelumbo nucifera 'Fuxiao' '拂晓'莲
F9002573 — — — —

Nelumbo nucifera 'Gongxunlian' '功勋莲'莲
F9002574 — — — —

Nelumbo nucifera 'Guangchangbaiye' '广昌百叶'莲
F9002576 — — — —

Nelumbo nucifera 'Guangchanglian' '广昌莲'莲
F9002575 — — — —

Nelumbo nucifera 'Guangdonghonglian' '广东红莲'莲
F9002577 — — — —

Nelumbo nucifera 'Gudailian' '古代莲'莲
F9002578 — — — —

Nelumbo nucifera 'Guifeichuyu' '贵妃出浴'莲
F9002579 — — — —

Nelumbo nucifera 'Guozhenghuang' '国政黄'莲

F9002580 — — — —

Nelumbo nucifera 'Hedinghong' '鹤顶红'莲
F9002581 — — — —

Nelumbo nucifera 'Hongbianyudie' '红边玉蝶'莲
F9002593 — — — —

Nelumbo nucifera 'Hongchun' '红唇'莲
F9002582 — — — —

Nelumbo nucifera 'Hongdan' '红旦'莲
F9002583 — — — —

Nelumbo nucifera 'Hongdenglong' '红灯笼'莲
F9002594 — — — —

Nelumbo nucifera 'Honghuhonglian' '洪湖红莲'莲
F9002595 — — — —

Nelumbo nucifera 'Honglingjin' '红领巾'莲
F9002596 — — — —

Nelumbo nucifera 'Honglinglong' '红玲珑'莲
F9002584 — — — —

Nelumbo nucifera 'Honglou' '红楼'莲
F9002585 — — — —

Nelumbo nucifera 'Hongmudan' '红牡丹'莲
0002640 — — — —

Nelumbo nucifera 'Hongqianye' '红千叶'莲
F9002597 — — — —

Nelumbo nucifera 'Hongqingting' '红蜻蜓'莲
F9002586 — — — —

Nelumbo nucifera 'Hongshaoyaolian' '红芍药莲'莲
F9002598 — — — —

Nelumbo nucifera 'Hongshuangxi' '红双喜'莲
0001005 — — — —

Nelumbo nucifera 'Hongshulian' '红蜀莲'莲
F9002587 — — — —

Nelumbo nucifera 'Hongsijin' '红丝巾'莲
F9002588 — — — —

Nelumbo nucifera 'Hongtai' '红台'莲
F9002599 — — — —

Nelumbo nucifera 'Hongtailian' '红台莲'莲
F9002589 — — — —

Nelumbo nucifera 'Hongwalian' '红娃莲'莲
F9002600 — — — —

Nelumbo nucifera 'Hongwanlian' '红碗莲'莲
F9002590 — — — —

Nelumbo nucifera 'Hongxia' '红霞'莲
F9002591 — — — —

Nelumbo nucifera 'Hongxianglian' '红湘莲'莲
F9002601 — — — —

Nelumbo nucifera 'Hongyandicui' '红颜滴翠'莲
F9002602 — — — —

Nelumbo nucifera 'Hongyansanchongbai'　'红艳三重白'莲
F9002603 — — — —

Nelumbo nucifera 'Hongyinglian'　'红樱莲'莲
F9002604 — — — —

Nelumbo nucifera 'Hongyingtao'　'红樱桃'莲
F9002592 — — — —

Nelumbo nucifera 'Hongyingzhulian'　'红映朱帘'莲
F9002605 — — — —

Nelumbo nucifera 'Hongzhangtuozhu'　'红掌托珠'莲
F9002606 — — — —

Nelumbo nucifera 'Hongzhantuozhu'　'红盏托珠'莲
F9002607 — — — —

Nelumbo nucifera 'Huangmudan'　'黄牡丹'莲
F9002608 — — — —

Nelumbo nucifera 'Huangwufei'　'黄舞妃'莲
0002567 — — — —

Nelumbo nucifera 'Huohua'　'火花'莲
F9002609 — — — —

Nelumbo nucifera 'Jianwu'　'剑舞'莲
F9002611 — — — —

Nelumbo nucifera 'Jianxiang Warrior'　'建乡壮士'莲
F9002612 — — — —

Nelumbo nucifera 'Jianxiangyunü'　'建乡玉女'莲
F9002613 — — — —

Nelumbo nucifera 'Jianxuan 17'　'建选 17 号'莲
F9002614 — — — —

Nelumbo nucifera 'Jiaoniang'　'娇娘'莲
0003394 — — — —

Nelumbo nucifera 'Jiaorongsanbian'　'娇容三变'莲
0001169 — — — —

Nelumbo nucifera 'Jiefanghonglian'　'解放红莲'莲
F9002615 — — — —

Nelumbo nucifera 'Jifeilian'　'姬妃莲'莲
F9002610 — — — —

Nelumbo nucifera 'Jinbianyudie'　'金边玉蝶'莲
0004563 — — — —

Nelumbo nucifera 'Jinbihuihuang'　'金碧辉煌'莲
F9002617 — — — —

Nelumbo nucifera 'Jinfengzhanchi'　'金凤展翅'莲
F9002618 — — — —

Nelumbo nucifera 'Jingnü'　'荆女'莲
F9002619 — — — —

Nelumbo nucifera 'Jingzhoulian'　'荆州莲'莲
F9002620 — — — —

Nelumbo nucifera 'Jinhongpao'　'锦红袍'莲
0001473 — — — —

Nelumbo nucifera 'Jinqi'　'锦旗'莲

F9002621 — — — —

Nelumbo nucifera 'Jinqiu'　'金秋'莲
F9002622 — — — —

Nelumbo nucifera 'Jinshangtianhua'　'锦上添花'莲
F9002623 — — — —

Nelumbo nucifera 'Jintaiyang'　'金太阳'莲
F9002616 — — — —

Nelumbo nucifera 'Jubo'　'菊钵'莲
F9002624 — — — —

Nelumbo nucifera 'Julian'　'菊莲'莲
F9002625 — — — —

Nelumbo nucifera 'Juwuba'　'巨无霸'莲
F9002626 — — — —

Nelumbo nucifera 'Lihuabai'　'梨花白'莲
F9002627 — — — —

Nelumbo nucifera 'Liuyun'　'流云'莲
F9002628 — — — —

Nelumbo nucifera 'Liya'　'丽雅'莲
F9002629 — — — —

Nelumbo nucifera 'Luhuanong'　'露华浓'莲
F9002630 — — — —

Nelumbo nucifera 'Luoxiayingxue'　'落霞映雪'莲
F9002631 — — — —

Nelumbo nucifera 'Lushanbailian'　'庐山白莲'莲
F9002632 — — — —

Nelumbo nucifera 'Lümudan'　'绿牡丹'莲
F9002633 — — — —

Nelumbo nucifera 'Lüruihonglian'　'绿蕊红莲'莲
F9002634 — — — —

Nelumbo nucifera 'Lüzhixing'　'绿之星'莲
0002055 — — — —

Nelumbo nucifera 'Manao'　'玛瑙'莲
F9002636 — — — —

Nelumbo nucifera 'Manaohong'　'玛瑙红'莲
F9002635 — — — —

Nelumbo nucifera 'Manjianghong'　'满江红'莲
F9002637 — — — —

Nelumbo nucifera 'Meiguichongtai'　'玫瑰重台'莲
F9002638 — — — —

Nelumbo nucifera 'Meiwanshouhong'　'美万寿红'莲
F9002639 — — — —

Nelumbo nucifera 'Meiyuanxiuse'　'梅园秀色'莲
F9002640 — — — —

Nelumbo nucifera 'Meizhonghong'　'美中红'莲
F9002641 — — — —

Nelumbo nucifera 'Mohe'　'墨荷'莲
F9002642 — — — —

Nelumbo nucifera 'Moshanhong'　'磨山红'莲
F9006885 — — — —

Nelumbo nucifera 'Moshanhonglian'　'磨山红莲'莲
0001250 — — — —

Nelumbo nucifera 'Pingshanfurong'　'平山芙蓉'莲
F9002643 — — — —

Nelumbo nucifera 'Pingtouzi'　'平头紫'莲
F9002644 — — — —

Nelumbo nucifera 'Pizhenhong'　'披针红'莲
F9002645 — — — —

Nelumbo nucifera 'Puzheheibailian'　'普者黑白莲'莲
F9002646 — — — —

Nelumbo nucifera 'Puzheheihonglian'　'普者黑红莲'莲
F9002647 — — — —

Nelumbo nucifera 'Qianbanlian'　'千瓣莲'莲
F9002648 — — — —

Nelumbo nucifera 'Qianduijin'　'千堆锦'莲
F9002649 — — — —

Nelumbo nucifera 'Qianlingbaihe'　'黔灵百荷'莲
F9002650 — — — —

Nelumbo nucifera 'Qianlingbailian'　'黔灵白莲'莲
F9002651 — — — —

Nelumbo nucifera 'Qinglinghonglian'　'青菱红莲'莲
F9002652 — — — —

Nelumbo nucifera 'Qiushui'　'秋水'莲
F9002653 — — — —

Nelumbo nucifera 'Qiushuichangtian'　'秋水长天'莲
F9002654 — — — —

Nelumbo nucifera 'Rongjiao'　'容娇'莲
F9002655 — — — —

Nelumbo nucifera 'Saifuzuo'　'赛佛座'莲
F9002657 — — — —

Nelumbo nucifera 'Saiju'　'赛菊'莲
F9002658 — — — —

Nelumbo nucifera 'Saimeigui'　'赛玫瑰'莲
F9002656 — — — —

Nelumbo nucifera 'Shaoxinghonglian'　'绍兴红莲'莲
0000706 — — — —

Nelumbo nucifera 'Shenghuo'　'圣火'莲
F9002659 — — — —

Nelumbo nucifera 'Shoumudan'　'寿牡丹'莲
F9002660 — — — —

Nelumbo nucifera 'Shuguang'　'曙光'莲
F9002661 — — — —

Nelumbo nucifera 'Shuifen'　'水粉'莲
F9002662 — — — —

Nelumbo nucifera 'Shuimeiren'　'睡美人'莲

F9002663 — — — —

Nelumbo nucifera 'Sinian'　'思念'莲
F9002664 — — — —

Nelumbo nucifera 'Suhonglian'　'素红莲'莲
F9002665 — — — —

Nelumbo nucifera 'Sunwenlian'　'孙文莲'莲
F9002666 — — — —

Nelumbo nucifera 'Suzhibingzhi'　'素质冰质'莲
F9002667 — — — —

Nelumbo nucifera 'Taigeshouxing'　'台阁寿星'莲
0001911 — — — —

Nelumbo nucifera 'Taohongsuyu'　'桃红宿雨'莲
F9002668 — — — —

Nelumbo nucifera 'Tiangaoyundan'　'天高云淡'莲
F9002669 — — — —

Nelumbo nucifera 'Wanshouhong'　'万寿红'莲
F9002670 — — — —

Nelumbo nucifera 'Wawalian'　'娃娃莲'莲
F9002671 — — — —

Nelumbo nucifera 'Weishanhonglian'　'微山红莲'莲
F9002672 — — — —

Nelumbo nucifera 'Wenjunfuhong'　'文君拂红'莲
F9002673 — — — —

Nelumbo nucifera 'Wufeilian'　'舞妃莲'莲
F9002674 — — — —

Nelumbo nucifera 'Xiangsidou'　'相思豆'莲
F9002677 — — — —

Nelumbo nucifera 'Xiaofo'　'小佛'莲
F9002678 — — — —

Nelumbo nucifera 'Xiaofoshou'　'小佛手'莲
F9002679 — — — —

Nelumbo nucifera 'Xiaomei'　'小梅'莲
F9002680 — — — —

Nelumbo nucifera 'Xiaosajin'　'小洒锦'莲
F9002681 — — — —

Nelumbo nucifera 'Xiaotianshi'　'小天使'莲
F9002682 — — — —

Nelumbo nucifera 'Xiaozhizi'　'小栀子'莲
F9002683 — — — —

Nelumbo nucifera 'Xiaozhuguang'　'小烛光'莲
F9002684 — — — —

Nelumbo nucifera 'Xiaobilian'　'小碧莲'莲
F9002685 — — — —

Nelumbo nucifera 'Xiaojinfeng'　'小金凤'莲
F9002686 — — — —

Nelumbo nucifera 'Xiaoqu'　'小曲'莲
F9002687 — — — —

Nelumbo nucifera 'Xiaoxia' '晓霞'莲
F9002688 — — — —

Nelumbo nucifera 'Xidanhong' '喜丹红'莲
F9002689 — — — —

Nelumbo nucifera 'Xiezhuahong' '蟹爪红'莲
F9002690 — — — —

Nelumbo nucifera 'Xihuhonglian' '西湖红莲'莲
0002258 — — — —

Nelumbo nucifera 'Xinhong' '新红'莲
F9002691 — — — —

Nelumbo nucifera 'Xinjie' '心结'莲
0003693 — — — —

Nelumbo nucifera 'Xinghuachunyu' '杏花春雨'莲
F9002692 — — — —

Nelumbo nucifera 'Xinjie' '心洁'莲
F9006928 — — — —

Nelumbo nucifera 'Xinjinbian' '新锦边'莲
F9002693 — — — —

Nelumbo nucifera 'Xishi' '西施'莲
F9002694 — — — —

Nelumbo nucifera 'Xiwang' '希望'莲
0000109 — — — —

Nelumbo nucifera 'Xixiangfeng' '喜相逢'莲
F9002675 — — — —

Nelumbo nucifera 'Xiyanghong' '夕阳红'莲
F9002695 — — — —

Nelumbo nucifera 'Xiyangyang' '喜洋洋'莲
F9002676 — — — —

Nelumbo nucifera 'Xuanwuhonglian' '玄武红莲'莲
F9002696 — — — —

Nelumbo nucifera 'Yabai' '雅白'莲
F9002697 — — — —

Nelumbo nucifera 'Ya No. 2' '雅2号'莲
F9002698 — — — —

Nelumbo nucifera 'Ya No. 4' '雅4号'莲
F9002699 — — — —

Nelumbo nucifera 'Ya No. 5' '雅5号'莲
F9002700 — — — —

Nelumbo nucifera 'Ya No. 6' '雅6号'莲
F9002701 — — — —

Nelumbo nucifera 'Yanyangtian' '艳阳天'莲
F9002702 — — — —

Nelumbo nucifera 'Yanyangtian 9911' '艳阳天9911'莲
0003391 — — — —

Nelumbo nucifera 'Yanzhihong' '胭脂红'莲
0000058 — — — —

Nelumbo nucifera 'Yaochichunnuan' '瑶池春暖'莲

F9002703 — — — —

Nelumbo nucifera 'Yemingzhu' '夜明珠'莲
F9002704 — — — —

Nelumbo nucifera 'Yidianhong' '一点红'莲
0001470 — — — —

Nelumbo nucifera 'Yiliangqianban' '宜良千瓣'莲
F9002706 — — — —

Nelumbo nucifera 'Yimengchunse' '沂蒙春色'莲
F9002707 — — — —

Nelumbo nucifera 'Yimengfen' '沂蒙粉'莲
0000223 — — — —

Nelumbo nucifera 'Yimenghong' '沂蒙红'莲
F9002705 — — — —

Nelumbo nucifera 'Yingerhong' '婴儿红'莲
F9002708 — — — —

Nelumbo nucifera 'Yingguang' '荧光'莲
F9002709 — — — —

Nelumbo nucifera 'Yinghua' '英华'莲
F9002710 — — — —

Nelumbo nucifera 'Yingbinfurong' '迎宾芙蓉'莲
F9002711 — — — —

Nelumbo nucifera 'Yingfenlian' '婴粉莲'莲
F9002712 — — — —

Nelumbo nucifera 'Yingtaowanlian' '樱桃碗莲'莲
F9002713 — — — —

Nelumbo nucifera 'Yingying' '莺莺'莲
F9002714 — — — —

Nelumbo nucifera 'Yinhongqianye' '银红千叶'莲
F9002715 — — — —

Nelumbo nucifera 'Yinxiangbiyu' '银镶碧玉'莲
F9002716 — — — —

Nelumbo nucifera 'Yizhangqing' '一丈青'莲
0004143 — — — —

Nelumbo nucifera 'Youyimudan' '友谊牡丹'莲
F9002717 — — — —

Nelumbo nucifera 'Youyihong No. 2' '友谊红2号'莲
F9002718 — — — —

Nelumbo nucifera 'Yubanbai' '玉斑白'莲
F9002719 — — — —

Nelumbo nucifera 'Yuehua' '月华'莲
F9002720 — — — —

Nelumbo nucifera 'Yulian' '玉莲'莲
F9002721 — — — —

Nelumbo nucifera 'Yunjin' '云锦'莲
F9002722 — — — —

Nelumbo nucifera 'Yuxiulian' '玉绣莲'莲
F9002723 — — — —

Nelumbo nucifera 'Zhaoxia' '朝霞'莲
F9002724 — — — —

Nelumbo nucifera 'Zhongmeizajiao' '中美杂交'莲
F9002725 — — — —

Nelumbo nucifera 'Zhongnanhaibailian' '中南海白莲'莲
F9002726 — — — —

Nelumbo nucifera 'Zhongriyouyilian' '中日友谊莲'莲
F9002727 — — — —

Nelumbo nucifera 'Zhongshanlian' '中山莲'莲
0003276 — — — —

Nelumbo nucifera 'Zhongtailian' '重台莲'莲
0003161 — — — —

Nelumbo nucifera 'Zhufu' '祝福'莲
F9002728 — — — —

Nelumbo nucifera 'Zhuoshanglian' '桌上莲'莲
F9002729 — — — —

Nelumbo nucifera 'Zhuoyue' '卓越'莲
F9002730 — — — —

Nelumbo nucifera 'Zhuyishizhe' '朱衣使者'莲
F9002731 — — — —

Nelumbo nucifera 'Zhuzhouhonglian' '株洲红莲'莲
F9002732 — — — —

Nelumbo nucifera 'Zichongyang' '紫重阳'莲
F9002733 — — — —

Nelumbo nucifera 'Zijinhe' '紫金荷'莲
F9002734 — — — —

Nelumbo nucifera 'Zirui' '紫瑞'莲
F9002735 — — — —

Nelumbo nucifera 'Zixiuqiu' '紫绣球'莲
F9002736 — — — —

Nelumbo nucifera 'Ziyihongshang' '紫衣红裳'莲
F9002737 — — — —

Nelumbo nucifera 'Ziyulan' '紫玉兰'莲
F9002738 — — — —

Nelumbo nucifera 'Zuilihua' '醉梨花'莲
F9002739 — — — —

Platanaceae 悬铃木科

Platanus 悬铃木属

Platanus acerifolia (Aiton) Willd. 二球悬铃木
F9002740 — — — —

Platanus occidentalis L. 一球悬铃木
F9002741 — — — 加拿大、美国

Platanus orientalis L. 三球悬铃木
F9002742 — — — 亚洲西南部、欧洲东南部

Proteaceae 山龙眼科

Banksia 佛塔树属

Banksia integrifolia L. f. 变叶佛塔树
0000503 — — — —

Grevillea 银桦属

Grevillea baileyana McGill. 阔叶银桦
0003106 — — — 澳大利亚（昆士兰州北部）

Grevillea banksii R. Br. 红花银桦
F9002743 — — — 澳大利亚（昆士兰州东部）

Helicia 山龙眼属

Helicia falcata C. Y. Wu 镰叶山龙眼
F0037973 — — — 中国、越南北部

Helicia formosana Hemsl. 山龙眼
F9002744 — — — 中国、中南半岛

Helicia kwangtungensis W. T. Wang 广东山龙眼
F9002745 中国特有 — — 中国

Helicia reticulata W. T. Wang 网脉山龙眼
00046821 中国特有 — — 中国南部

Heliciopsis 假山龙眼属

Heliciopsis terminalis (Kurz) Sleumer 疝腮树
F9002746 — 近危（NT） — 中国、印度、尼泊尔、不丹、孟加拉国、中南半岛

Macadamia 澳洲坚果属

Macadamia integrifolia Maiden & Betche 澳洲坚果
00011101 — — — 澳大利亚东部

Protea 帝王花属

Protea caffra Meisn.
F9002747 — — — 非洲南部

Protea cynaroides L. 帝王花
F0035701 — — — 南非

Stenocarpus 火轮树属

Stenocarpus sinuatus (Otto & A. Dietr.) Endl. 火轮树
F9002748 — — — 澳大利亚东部

Trochodendraceae 昆栏树科

Tetracentron 水青树属

Tetracentron sinense Oliv. 水青树
F9002749 — — 二级 尼泊尔东部、中国

Buxaceae 黄杨科

Buxus 黄杨属

Buxus bodinieri H. Lév. 雀舌黄杨

00005525 中国特有 —— 中国
Buxus harlandii Hance 匙叶黄杨
Q201703180432 ——— 中国、越南
Buxus henryi Mayr 大花黄杨
F9002750 中国特有 —— 中国
Buxus ichangensis Hatus. 宜昌黄杨
00047549 中国特有 极危（CR） — 中国
Buxus megistophylla H. Lév. 大叶黄杨
F9002751 ——— 中国、越南
Buxus myrica H. Lév. 杨梅黄杨
F9002752 ——— 中国南部、越南
Buxus rugulosa Hatus. 皱叶黄杨
0004607 中国特有 —— 中国
Buxus sinica (Rehder & E. H. Wilson) M. Cheng 黄杨
0001713 中国特有 —— 中国
Buxus sinica var. *aemulans* (Rehder & E. H. Wilson) P. Brückn. & T. L. Ming 尖叶黄杨
F9002753 中国特有 —— 中国南部
Buxus sinica var. *parvifolia* M. Cheng 小叶黄杨
0001694 中国特有 —— 中国南部
Buxus stenophylla Hance 狭叶黄杨
00043454 中国特有 —— 中国

Pachysandra 板凳果属
Pachysandra axillaris Franch. 板凳果
F9002754 中国特有 —— 中国
Pachysandra terminalis Siebold & Zucc. 顶花板凳果
00047510 ——— 中国、日本

Sarcococca 野扇花属
Sarcococca hookeriana Baill. 羽脉野扇花
F9002755 ——— 喜马拉雅山脉中东部
Sarcococca longipetiolata M. Cheng 长叶柄野扇花
F9002756 中国特有 濒危（EN） — 中国
Sarcococca orientalis C. Y. Wu 东方野扇花
F9002757 中国特有 —— 中国
Sarcococca ruscifolia Stapf 野扇花
F0025099 中国特有 —— 中国

Dilleniaceae 五桠果科

Dillenia 五桠果属
Dillenia indica L. 五桠果
0000835 — 濒危（EN） — 印度、中国、马来西亚
Dillenia turbinata Finet & Gagnep. 大花五桠果
00011295 ——— 中国、越南

Tetracera 锡叶藤属
Tetracera sarmentosa (L.) Vahl 锡叶藤

0002130 ——— 亚洲热带及温带

Paeoniaceae 芍药科

Paeonia 芍药属
Paeonia lactiflora Pall. 芍药
F9002758 ——— 俄罗斯（西伯利亚东南部）、中国北部及东部
Paeonia obovata Maxim. 草芍药
F9002759 —— 二级 中国、俄罗斯（远东地区）、日本
Paeonia obovata subsp. *willmottiae* (Stapf) D. Y. Hong & K. Y. Pan 毛叶草芍药
F9002760 中国特有 — 二级 中国
Paeonia rockii (S. G. Haw & Lauener) T. Hong & J. J. Li ex D. Y. Hong 紫斑牡丹
F9002761 中国特有 易危（VU） 一级 中国

Altingiaceae 蕈树科

Liquidambar 枫香树属
Liquidambar acalycina H. T. Chang 缺萼枫香树
F9002762 中国特有 —— 中国南部
Liquidambar chingii (F. P. Metcalf) Ickert-Bond & J. Wen 半枫荷
00011625 — 易危（VU） — 中国南部、越南
Liquidambar formosana Hance 枫香树
00013045 ——— 韩国南部、中国中部及南部、越南北部

Hamamelidaceae 金缕梅科

Corylopsis 蜡瓣花属
Corylopsis henryi Hemsl. 鄂西蜡瓣花
F9002763 中国特有 —— 中国
Corylopsis multiflora Hance 瑞木
00047171 中国特有 —— 中国
Corylopsis platypetala Rehder & E. H. Wilson 阔蜡瓣花
F9002764 中国特有 —— 中国
Corylopsis sinensis Hemsl. 蜡瓣花
F9002765 中国特有 —— 中国南部
Corylopsis sinensis var. *calvescens* Rehder & E. H. Wilson 秃蜡瓣花
F9002766 中国特有 —— 中国

Disanthus 双花木属
Disanthus cercidifolius subsp. *longipes* (H. T. Chang) K. Y. Pan 长柄双花木
F9002767 中国特有 濒危（EN） 二级 中国

Distylium 蚊母树属
Distylium buxifolium (Hance) Merr. 小叶蚊母树

00045705 中国特有 —— 中国南部
Distylium chinense (Franch. ex Hemsl.) Diels　中华蚊母树
00005503 中国特有 濒危（EN）— 中国
Distylium elaeagnoides H. T. Chang　鳞毛蚊母树
00005670 中国特有 易危（VU）— 中国
Distylium macrophyllum H. T. Chang　大叶蚊母树
00011299 中国特有 极危（CR）— 中国
Distylium racemosum Siebold & Zucc.　蚊母树
0003894 ——— 日本中南部、中国（海南）

Eustigma　秀柱花属
Eustigma oblongifolium Gardner & Champ.　秀柱花
F9002768 中国特有 —— 中国

Exbucklandia　马蹄荷属
Exbucklandia populnea (R. Br. ex Griff.) R. W. Br.　马蹄荷
F9002769 ——— 印度、尼泊尔、不丹、中国南部、马来西亚西部
Exbucklandia tonkinensis (Lecomte) H. T. Chang　大果马蹄荷
0004433 ——— 中国南部、越南

Fortunearia　牛鼻栓属
Fortunearia sinensis Rehder & E. H. Wilson　牛鼻栓
F9002770 中国特有 易危（VU）— 中国

Hamamelis　金缕梅属
Hamamelis mollis Oliv.　金缕梅
0000156 中国特有 —— 中国中部

Loropetalum　檵木属
Loropetalum chinense (R. Br.) Oliv.　檵木
00045696 ——— 中国、缅甸、老挝、越南、泰国东北部、日本
Loropetalum chinense var. *rubrum* Yieh　红花檵木
00046598 中国特有 —— 中国

Mytilaria　壳菜果属
Mytilaria laosensis Lecomte　壳菜果
0000441 — 易危（VU）— 中国、中南半岛北部

Rhodoleia　红花荷属
Rhodoleia championii Hook.　红花荷
00012939 ——— 中国；亚洲热带

Sinowilsonia　山白树属
Sinowilsonia henryi Hemsl.　山白树
F9002771 中国特有 易危（VU）— 中国中部

Sycopsis　水丝梨属
Sycopsis sinensis Oliv.　水丝梨

0002096 中国特有 —— 中国

Trichocladus　毛缕梅属
Trichocladus ellipticus Eckl. & Zeyh.
F9002772 ——— 非洲

Cercidiphyllaceae　连香树科
Cercidiphyllum　连香树属
Cercidiphyllum japonicum Siebold & Zucc.　连香树
F9002773 —— 二级 中国、日本

Daphniphyllaceae　虎皮楠科
Daphniphyllum　虎皮楠属
Daphniphyllum angustifolium Hutch.　狭叶虎皮楠
F9002774 中国特有 —— 中国
Daphniphyllum calycinum Benth.　牛耳枫
00011399 ——— 中国、越南北部
Daphniphyllum longeracemosum K. Rosenthal　长序虎皮楠
F9002775 ——— 中国、越南北部
Daphniphyllum macropodum Miq.　交让木
F9002776 ——— 中国南部、千岛群岛南部；亚洲东部温带
Daphniphyllum pentandrum Hayata　虎皮楠
F9002777 ——— 中国、中南半岛

Iteaceae　鼠刺科
Itea　鼠刺属
Itea chinensis Hook. & Arn.　鼠刺
0003464 ——— 中国、印度、尼泊尔、孟加拉国、不丹、中南半岛
Itea ilicifolia Oliv.　冬青叶鼠刺
F9002778 中国特有 —— 中国
Itea omeiensis C. K. Schneid.　峨眉鼠刺
F9002779 中国特有 —— 中国南部

Grossulariaceae　茶藨子科
Ribes　茶藨子属
Ribes fargesii Franch.　花茶藨子
F9002780 中国特有 —— 中国
Ribes fasciculatum Siebold & Zucc.　簇花茶藨子
F9002781 ——— 中国、韩国、日本中南部
Ribes tenue Jancz.　细枝茶藨子
F9002782 中国特有 —— 中国

Saxifragaceae　虎耳草科

Astilbe　落新妇属

Astilbe grandis Stapf ex E. H. Wilson　大落新妇
F9002783　中国特有 — — 中国

Astilbe rubra Hook. f. & Thomson　腺萼落新妇
F9002784　— — — 不丹、中国、日本南部

Bergenia　岩白菜属

Bergenia crassifolia (L.) Fritsch　厚叶岩白菜
F9002785　— — — 俄罗斯（西伯利亚）、朝鲜

Bergenia emeiensis C. Y. Wu ex J. T. Pan　峨眉岩白菜
F9002786　中国特有 近危（NT） — 中国

Bergenia purpurascens (Hook. f. & Thomson) Engl.　岩白菜
F9002787　— — — 中国

Bergenia scopulosa T. P. Wang　秦岭岩白菜
F9002788　中国特有 易危（VU） — 中国

Chrysosplenium　金腰属

Chrysosplenium lanuginosum Hook. f. & Thomson　绵毛金腰
F9002789　— — — 中国、尼泊尔中南部

Chrysosplenium macrophyllum Oliv.　大叶金腰
0001756　中国特有 — — 中国

Chrysosplenium pilosum Maxim.　毛金腰
F9002790　— — — 俄罗斯（远东地区）、中国、韩国

Heuchera　矾根属

Heuchera ‘Neptune’　珊瑚钟
F9002791　— — —

Micranthes　亭阁草属

Micranthes lumpuensis (Engl.) Losinsk.　道孚虎耳草
F9002792　中国特有 — — 中国

Rodgersia　鬼灯檠属

Rodgersia aesculifolia var. *henrici* (Franchet) C. Y. Wu ex J. T. Pan　滇西鬼灯檠
F9002793　— — —

Rodgersia podophylla A. Gray　鬼灯檠
0000040　— — — 中国、朝鲜半岛、日本

Saxifraga　虎耳草属

Saxifraga rufescens Balf. f.　红毛虎耳草
F9002794　— — — 中国、缅甸

Saxifraga stolonifera Curtis　虎耳草
F0035778　— — — 中国、韩国、日本中南部

Tiarella　黄水枝属

Tiarella polyphylla D. Don　黄水枝

F9002795　— — — 中国、韩国、日本

Crassulaceae　景天科

Adromischus　天锦木属

Adromischus cooperi (Baker) A. Berger　库珀天锦章
0001393　— — — 南非

Adromischus cristatus var. *clavifolius* (Haw.) Toelken　鼓槌天锦章
0001994　— — — 南非

Aeonium　莲花掌属

Aeonium arboreum (L.) Webb & Berthel.　莲花掌
0001227　— — — 加那利群岛

Aeonium arboreum ‘Atropurpureum’　黑法师
F9002796　— — —

Aeonium canariense subsp. *latifolium* (Burchard) Bañares　花月夜
0001918　— — — 加那利群岛

Aeonium decorum Webb ex Bolle　清盛
0002969　— — — 加那利群岛

Aeonium ‘Lily Pad’　百合莉莉
00018726　— — —

Aeonium simsii (Sweet) Stearn　毛叶莲花掌
0002163　— — — 加那利群岛

Aeonium tabuliforme (Haw.) Webb & Berthel.　平叶莲花掌
F9002797　— — — 加那利群岛

Cotyledon　银波木属

Cotyledon cuneata Thunb.　银波锦
0004535　— — — 南非

Cotyledon tomentosa Harv.　熊童子
0001191　— — — 南非

Crassula　青锁龙属

Crassula arborescens (Mill.) Willd.　玉树
0002330　— — — 南非

Crassula capitella ‘Campfire’　火祭
0004267　— — —

Crassula deceptor Schönland & Baker f.　稚儿姿
F9002798　— — — 纳米比亚

Crassula multicava Lem.　鸣户
F9002799　— — — 非洲南部

Crassula muscosa L.　青锁龙
F9002800　— — — 非洲南部

Crassula obliqua ‘Gollum’　筒叶花月
0001210　— — —

Crassula ovata (Mill.) Druce　燕子掌

F9002801 — — — 莫桑比克东南部、南非
Crassula ovata 'Gollum'　神想曲
0001627 — — — —
Crassula perfoliata var. *falcata* (J. C. Wendl.) Toelken　神刀
F9002802 — — — 南非
Crassula perforata Thunb.　星乙女
0001725 — — — 南非
Crassula perforata 'Variegata'　十字星
F9002803 — — — —
Crassula pubescens subsp. *radicans* (Haw.) Toelken　红稚儿
0002214 — — — 南非
Crassula sarmentosa Harv.　长茎景天
0004279 — — — 南非
Crassula sarmentosa 'Variegata'　南十字星锦
F9002804 — — — —
Crassula socialis Schönland　群生青锁龙
0001568 — — 南非

Dudleya　仙女杯属

Dudleya cymosa (Lem.) Britton & Rose　聚花仙女杯
0001928 — — — 美国（加利福尼亚州北部及中部）
Dudleya farinosa (Lindl.) Britton & Rose　初霜
0003143 — — — 美国（俄勒冈州、加利福尼亚州中西部）
Dudleya pulverulenta (Nutt.) Britton & Rose　雪山仙女杯
00018533 — — — 美国（加利福尼亚州南部）、墨西哥
Dudleya pulverulenta 'Cristata'　千羽鹤
F9002805 — — — —

Echeveria　拟石莲属

Echeveria 'Ben Badis'　苯巴蒂斯
0000711 — — — —
Echeveria 'Black Prince'　黑王子
0004050 — — — —
Echeveria 'Blue Apple'　'Blue Apple'拟石莲
0003732 — — — —
Echeveria 'Blue Bird'　'Blue Bird'拟石莲
00018586 — — — —
Echeveria 'Blue Minima'　蓝姬莲
0002324 — — — —
Echeveria colorata E. Walther　卡罗拉
0001136 — — — 墨西哥
Echeveria cuspidata Rose　黑爪石莲花
0002944 — — — 墨西哥
Echeveria elegans 'Alba'　阿尔巴月影
0001417 — — — —
Echeveria elegans 'Rasberry Ice'　冰莓月影
0003205 — — — —
Echeveria 'Huthspinke'　'Huthspinke'拟石莲

0001825 — — — —
Echeveria laui Moran & J. Meyrán　雪莲
0002246 — — 二级 墨西哥、中国
Echeveria 'Monroe'　橙梦露
0001154 — — — —
Echeveria 'Perle Von Nurnberg'　纽伦堡珠莲
00018597 — — — —
Echeveria 'Poli-Sky'　保利安娜
0004881 — — — —
Echeveria pulvinata Rose　锦晃星
0001791 — — — 墨西哥
Echeveria purpusorum (Rose) A. Berger　大和锦
0000464 — — — —
Echeveria runyonii 'Topsy Turny'　鲁氏石莲
F9006867 — — — —
Echeveria secunda Booth ex Lindl.　七福神
0001760 — — — 墨西哥
Echeveria subcorymbosa 'Lau'　凌波仙子
0000099 — — — —
Echeveria 'Violet Queen'　紫罗兰女王
0000839 — — — —
Echeveria waradil 'Eriatata'　秋云霸缀化
0003516 — — — —

Graptopetalum　风车莲属

Graptopetalum amethystinum (Rose) E. Walther　桃之卵
0003880 — — — 墨西哥
Graptopetalum paraguayense (N. E. Br.) E. Walther　胧月
0004831 — — — 墨西哥

Graptoveria　风车石莲属

Graptoveria 'A Grim One'　格林
0001860 — — — —
Graptoveria 'Titubans'　'Titubans'风车石莲
0002652 — — — —

Hylotelephium　八宝属

Hylotelephium erythrostictum (Miq.) H. Ohba　八宝
0000586 — — — 中国、韩国、日本

Kalanchoe　伽蓝菜属

Kalanchoe beauverdii Raym.-Hamet　极乐鸟伽蓝菜
F9002806 — — — 马达加斯加
Kalanchoe beharensis Drake　仙女之舞
0000592 — — — 马达加斯加南部
Kalanchoe beharensis 'Oakleal'　'Oakleal'仙女之舞
F9006876 — — — —
Kalanchoe blossfeldiana Poelln.　长寿花

0001506 — — — 马达加斯加东北部

Kalanchoe blossfeldiana 'Tom Thunb' 红辨庆

0001845 — — — —

Kalanchoe brachyloba Welw. ex Britten 披针叶落地生根

F9002807 — — — 非洲南部

Kalanchoe crenata 'Variegata' 蝴蝶云舞锦

0003452 — — — —

Kalanchoe daigremontiana Raym.-Hamet & H. Perrier 大叶落地生根

0000774 — — — 马达加斯加东南部

Kalanchoe delagoensis Eckl. & Zeyh. 棒叶落地生根

F9002808 — — — 马达加斯加

Kalanchoe fedtschenkoi Raym.-Hamet & H. Perrier 蝴蝶之舞

00018596 — — — 马达加斯加中南部

Kalanchoe fedtschenkoi 'Marginata' 花叶落地生根

F9002809 — — — —

Kalanchoe fedtschenkoi 'Rosy Dawn' 斑叶落地生根

F9002810 — — — —

Kalanchoe grandidieri Baill.

F9002811 — — — 马达加斯加

Kalanchoe integra (Medik.) Kuntze 匙叶伽蓝菜

F9002812 — — — 亚洲热带及亚热带

Kalanchoe laciniata (L.) DC. 条裂伽蓝菜

0003812 — — — 非洲南部

Kalanchoe longiflora Schltr. 长花伽蓝菜

0000457 — — — 南非（夸祖鲁-纳塔尔省）

Kalanchoe marmorata Baker 江户紫

0001114 — — — 非洲南部

Kalanchoe millotii Raym.-Hamet & H. Perrier 千兔耳

0002221 — — — 马达加斯加中南部及东南部

Kalanchoe orgyalis Baker 仙人之舞

00019245 — — — 马达加斯加

Kalanchoe 'Pulv-Oliver' 枕卵莲座

F9002813 — — — —

Kalanchoe rhombopilosa Mannoni & Boiteau 扇雀

0001132 — — — 马达加斯加

Kalanchoe scapigera Welw. ex Britten 花亭落地生根

F9002814 — — — 安哥拉西南部

Kalanchoe synsepala Baker 趣蝶莲

0000155 — — — 马达加斯加

Kalanchoe tetraphylla H. Perrier 唐印

00018721 — — — 马达加斯加

Kalanchoe tomentosa Baker 月兔耳

0000296 — — — 马达加斯加中东部

Kungia 孔岩草属

Kungia aliciae (Raym.-Hamet) K. T. Fu 孔岩草

F9002815 中国特有 — — 中国

Kungia schoenlandii var. *stenostachya* (Fröd.) K. T. Fu 狭穗孔岩草

F9002816 中国特有 — — 中国

Orostachys 钝叶瓦松属

Orostachys chanetii (H. Lév.) A. Berger 塔花瓦松

F9002817 中国特有 — — 中国中部

Orostachys fimbriata (Turcz.) A. Berger 瓦松

F9002818 — — — 俄罗斯（西伯利亚东南部）、中国、韩国

Orostachys japonica (Maxim.) A. Berger 晚红瓦松

F9002819 — — — 中国东部、韩国、日本南部

Orostachys malacophylla var. *iwarenge* 'Luteomedium' 凤凰

0002441 — — — —

Orostachys spinosa (L.) Sweet 黄花瓦松

0004021 — — — 俄罗斯（远东地区）、韩国；欧洲东部、亚洲中部

Pachyphytum 厚叶莲属

Pachyphytum bracteosum Link, Klotzsch & Otto 东美人

F9002820 — — — 墨西哥

Pachyphytum compactum Rose 千代田松

0001658 — — — 墨西哥

Pachyphytum 'Dr Cornelius' 'Dr Cornelius'厚叶莲

0003959 — — — —

Pachyphytum glutinicaule Moran 稻田姬

0000344 — — — 墨西哥

Pachyphytum oviferum J. A. Purpus 星美人

F9002821 — — — 墨西哥

Pachyveria 厚石莲属

Pachyveria 'Pachyphytoides' 冬美人

00018578 — — — —

Phedimus 费菜属

Phedimus aizoon (L.) 't Hart 费菜

F9002822 — — — 俄罗斯（西伯利亚）、中国、日本北部及中部

Phedimus odontophyllus (Fröd.) 't Hart 齿叶费菜

F9002823 — 易危（VU） — 尼泊尔、中国

Rhodiola 红景天属

Rhodiola chrysanthemifolia (H. Lév.) S. H. Fu 菊叶红景天

F9002824 中国特有 — — 中国

Sedum 景天属

Sedum emarginatum Migo 凹叶景天

F0036811 中国特有 — — 中国

Sedum lineare Thunb. 佛甲草
0000396 —— —— 中国、日本中南部
Sedum lungtsuanense S. H. Fu 龙泉景天
F9002825 中国特有 —— 中国
Sedum mexicanum Britton 松叶景天
0000754 —— —— 墨西哥、危地马拉

Sempervivum 长生草属

Sempervivum tectorum L. 长生草
0000038 —— —— 比利牛斯山脉、巴尔干半岛西部

Sinocrassula 石莲属

Sinocrassula densirosulata (Praeger) A. Berger 密叶石莲
F9002826 中国特有 —— 中国
Sinocrassula indica (Decne.) A. Berger 石莲
F0037826 —— —— 中国
Sinocrassula yunnanensis (Franch.) A. Berger 云南石莲
F9002827 中国特有 极危（CR） —— 中国

Penthoraceae 扯根菜科

Penthorum 扯根菜属

Penthorum chinense Pursh 扯根菜
F9002828 —— —— 俄罗斯（远东地区南部）、中国、韩国、日本中部及南部、中南半岛

Haloragaceae 小二仙草科

Myriophyllum 狐尾藻属

Myriophyllum aquaticum (Vell.) Verdc. 粉绿狐尾藻
0001976 —— —— 美洲中南部热带
Myriophyllum verticillatum L. 狐尾藻
F9002829 —— —— 北半球温带

Vitaceae 葡萄科

Ampelopsis 蛇葡萄属

Ampelopsis delavayana var. *setulosa* (Diels & Gilg) C. L. Li 毛三裂蛇葡萄
F9002830 中国特有 —— 中国
Ampelopsis glandulosa (Wall.) Momiy. 蛇葡萄
F9002831 —— —— 中国、尼泊尔
Ampelopsis glandulosa var. *hancei* (Planch.) Momiy. 光叶蛇葡萄
F9002832 —— —— 中国、越南、日本、菲律宾
Ampelopsis glandulosa var. *heterophylla* (Thunb.) Momiy. 异叶蛇葡萄
F9002833 —— —— 俄罗斯（远东地区南部）、中国、日本
Ampelopsis glandulosa var. *kulingensis* (Rehder) Momiy. 牯岭蛇葡萄
F9002834 中国特有 —— 中国南部
Ampelopsis humulifolia Bunge 葎叶蛇葡萄
F9002835 中国特有 —— 中国

Causonis 乌蔹莓属

Causonis japonica (Thunb.) Raf. 乌蔹莓
00047789 —— —— 亚洲热带及亚热带

Cayratia 大麻藤属

Cayratia corniculata (Benth.) Gagnep. 角花乌蔹莓
F9002836 —— —— 中国、越南、菲律宾

Cissus 白粉藤属

Cissus cactiformis Gilg 翡翠阁
00019349 —— —— 埃塞俄比亚、南非
Cissus hexangularis Thorel ex Planch. 翅茎白粉藤
0001327 —— —— 中国、中南半岛
Cissus pteroclada Hayata 翼茎白粉藤
F9002837 —— —— 中国南部、中南半岛、马来西亚西部
Cissus quadrangularis L. 方茎翡翠阁
00052793 —— —— 马达加斯加、阿拉伯半岛、印度、斯里兰卡、马来西亚；世界热带
Cissus repens Lam. 白粉藤
F9002838 —— —— 亚洲热带及亚热带
Cissus rotundifolia Vahl 圆叶白粉藤
00052820 —— —— 阿拉伯半岛西南部；非洲南部
Cissus verticillata (L.) Nicolson & C. E. Jarvis 锦屏藤
0001134 —— —— 美洲热带及亚热带

Cyphostemma 葡萄瓮属

Cyphostemma juttae (Dinter & Gilg) Desc. 葡萄瓮
0003355 —— —— 纳米比亚西北部及中北部
Cyphostemma kilimandscharicum (Gilg) Desc. ex Wild & R. B. Drumm. 乞峰隆花藤
F9002839 —— —— 埃塞俄比亚西南部、津巴布韦

Leea 火筒树属

Leea guineensis G. Don 台湾火筒树
0001370 —— —— 世界热带及亚热带
Leea indica (Burm. f.) Merr. 火筒树
00044530 —— —— 西南太平洋岛屿；亚洲热带及亚热带
Leea longifolia Merr. 窄叶火筒树
F9002840 中国特有 —— 中国
Leea macrophylla Roxb. ex Hornem. 大叶火筒树
0003956 —— —— 印度西北部、中国、尼泊尔、中南半岛

Nekemias 牛果藤属

Nekemias cantoniensis (Hook. & Arn.) J. Wen & Z. L. Nie

广东蛇葡萄

00047170 — — — 中国、韩国、朝鲜、日本中南部及南部、马来西亚、印度尼西亚（爪哇岛）

Nekemias grossedentata (Hand.-Mazz.) J. Wen & Z. L. Nie 显齿蛇葡萄

00047908 — — — 中国南部、越南

Nekemias rubifolia (Wall.) J. Wen & Z. L. Nie 毛枝蛇葡萄

F9002841 — — — 印度（阿萨姆邦）、中国南部

Parthenocissus 地锦属

Parthenocissus dalzielii Gagnep. 异叶地锦

0001017 中国特有 — — 中国

Parthenocissus quinquefolia (L.) Planch. 五叶地锦

0002346 — — — 美洲

Parthenocissus semicordata (Wall.) Planch. 三叶地锦

F9002842 — — — 印度西北部、中国、尼泊尔中部、马来西亚西部

Parthenocissus tricuspidata (Siebold & Zucc.) Planch. 地锦

F9002843 — — — 俄罗斯（远东地区南部）、中国东部；亚洲东部温带

Tetrastigma 崖爬藤属

Tetrastigma cruciatum Craib & Gagnep. 十字崖爬藤

F9002844 — — — 中国、马来半岛

Tetrastigma funingense C. L. Li 富宁崖爬藤

F9002845 中国特有 — — 中国

Tetrastigma hemsleyanum Diels & Gilg 三叶崖爬藤

00046351 中国特有 — — 中国

Tetrastigma obtectum (Wall. ex M. A. Lawson) Planch. ex Franch. 崖爬藤

F9002846 — — — 中国、印度、尼泊尔、孟加拉国、不丹

Tetrastigma planicaule (Hook. f.) Gagnep. 扁担藤

0000169 — — — 南亚、东亚南部

Tetrastigma rumicispermum (M. A. Lawson) Planch. 喜马拉雅崖爬藤

F9002847 — — — 中国、尼泊尔、马来半岛

Tetrastigma serrulatum (Roxb.) Planch. 狭叶崖爬藤

F9002848 — — — 中国、印度、尼泊尔、孟加拉国、不丹、菲律宾、印度尼西亚（爪哇岛）

Vitis 葡萄属

Vitis bryoniifolia Bunge 蘡薁

00047779 中国特有 — — 中国

Vitis heyneana subsp. *ficifolia* (Bunge) C. L. Li 桑叶葡萄

F9002849 — — — 中国、韩国、日本

Vitis vinifera L. 葡萄

F9002850 — — — 伊朗北部；欧洲中南部及东南部、亚洲中部

Fabaceae 豆科

Abrus 相思子属

Abrus precatorius L. 相思子

00047663 — — — 马来半岛、澳大利亚北部及东部；南亚、东亚东南部

Abrus precatorius subsp. *africanus* Verdc. 非洲相思子

F9002851 — — — 阿拉伯半岛西南部；非洲

Abrus pulchellus subsp. *mollis* (Hance) Verdc. 毛相思子

F9002852 — — — 中国、中南半岛

Acacia 相思树属

Acacia auriculiformis A. Cunn. ex Benth. 大叶相思

00011432 — — — 印度尼西亚（马鲁古群岛东南部）、巴布亚新几内亚、澳大利亚北部

Acacia confusa Merr. 台湾相思

00000006 — — — 中国、马来西亚西部、菲律宾

Acacia mangium Willd. 马占相思

00000023 — — — —

Acacia mearnsii De Wild. 黑荆

F9002853 — — — 澳大利亚东南部

Acacia podalyriifolia A. Cunn. ex G. Don 珍珠相思树

F9002854 — — — 澳大利亚（昆士兰州）

Acacia pycnantha Benth. 密花相思树

F9002855 — — — 澳大利亚东南部

Adenanthera 海红豆属

Adenanthera microsperma Teijsm. & Binn. 海红豆

00011430 — — — 中南半岛、马来西亚西部

Adenanthera pavonina L. 光海红豆

00047967 — — — 澳大利亚北部；亚洲热带

Afzelia 缅茄属

Afzelia xylocarpa (Kurz) Craib 缅茄

F0036590 — — — 中南半岛

Albizia 合欢属

Albizia chinensis (Osbeck) Merr. 楹树

00005736 — — — 中国南部；亚洲热带

Albizia corniculata (Lour.) Druce 天香藤

00011485 — — — 中国南部、中南半岛、菲律宾

Albizia julibrissin Durazz. 合欢

F9002856 — — — 高加索地区东部、日本

Albizia lucidior (Steud.) I. C. Nielson ex H. Hara 光叶合欢

F9002857 — — — 尼泊尔、不丹、孟加拉国、中南半岛

Albizia odoratissima (L. f.) Benth. 香合欢

F9002858 — — — 中南半岛；南亚

Alysicarpus 链荚豆属

Alysicarpus vaginalis (L.) DC. 链荚豆

F9002859 ——— 澳大利亚北部；非洲、亚洲热带

Arachis 落花生属

Arachis duranensis Krapov. & W. C. Greg. 蔓花生

00047530 ——— 玻利维亚、阿根廷西北部

Arachis hypogaea L. 落花生

0001386 ——— 巴西中部

Archidendron 猴耳环属

Archidendron bigeminum (L.) I. C. Nielsen 亮叶围涎树

00011354 ——— 尼科巴群岛；南亚

Archidendron clypearia (Jack) I. C. Nielsen 猴耳环

0004577 ——— 中国、尼泊尔、印度尼西亚（爪哇岛）

Archidendron lucidum (Benth.) I. C. Nielsen 亮叶猴耳环

00046832 ——— 中南半岛、琉球群岛

Astragalus 黄芪属

Astragalus mongholicus Bunge 蒙古黄芪

F9002860 — 易危（VU）— 俄罗斯、中国西部及北部

Bauhinia 羊蹄甲属

Bauhinia blakeana Dunn 红花羊蹄甲

00000066 ————

Bauhinia brachycarpa Wall. ex Benth. 鞍叶羊蹄甲

57258492 ——— 中国、中南半岛

Bauhinia divaricata L. 叉分羊蹄甲

F9002861 ——— 加勒比地区；中美洲

Bauhinia galpinii N. E. Br. 嘉氏羊蹄甲

F9007005 ——— 世界热带

Bauhinia mombassae Vatke

00052681 ——— 肯尼亚

Bauhinia monandra Kurz 单蕊羊蹄甲

F9002862 ——— 马达加斯加北部及西部

Bauhinia purpurea L. 羊蹄甲

0002459 ——— 缅甸；南亚

Bauhinia purpurea 'Alba' 白紫羊蹄甲

F9002863 ————

Bauhinia tomentosa L. 黄花羊蹄甲

00052953 ——— 阿拉伯半岛；非洲

Bauhinia touranensis Gagnep. 囊托羊蹄甲

F9002864 ——— 中国、老挝、缅甸、越南

Bauhinia variegata L. 洋紫荆

0001479 ——— 南亚、东亚南部

Biancaea 云实属

Biancaea decapetala (Roth) O. Deg. 云实

00052921 ——— 印度、中国、朝鲜、韩国、日本中部及南部

Biancaea sappan (L.) Tod. 苏木

0000075 ——— 中南半岛；南亚

Bowringia 藤槐属

Bowringia callicarpa Champ. ex Benth. 藤槐

00011383 ——— 中南半岛、中国、加里曼丹岛

Caesalpinia 小凤花属

Caesalpinia crista L. 华南云实

0000124 ——— 中国、中南半岛；亚洲东部

Caesalpinia pulcherrima (L.) Sw. 洋金凤

0000445 ——— 中美洲

Caesalpinia pulcherrima 'Flava' 黄花金凤花

F9006922 ————

Cajanus 木豆属

Cajanus cajan (L.) Huth 木豆

0004515 ——— 中国；亚洲热带

Callerya 鸡血藤属

Callerya cinerea (Benth.) Schot 灰毛鸡血藤

F9002865 ——— 中国、印度、尼泊尔、孟加拉国、不丹、马来半岛

Callerya dielsiana (Harms ex Diels) P. K. Lôc ex Z. Wei & Pedley 香花鸡血藤

F9002866 中国特有 —— 中国

Callerya nitida (Benth.) R. Geesink 亮叶鸡血藤

F9002867 中国特有 —— 中国

Calliandra 朱缨花属

Calliandra eriophylla Benth. 艳红合欢

0003626 ——— 美国、墨西哥

Calliandra haematocephala Hassk. 朱缨花

00011737 ——— 玻利维亚

Calliandra riparia Pittier 小朱缨花

00053434 ——— 巴拿马、哥伦比亚、委内瑞拉、圭亚那

Calliandra surinamensis Benth. 苏里南朱缨花

0003733 ——— 美洲南部热带

Calliandra tergemina var. *emarginata* (Humb. & Bonpl. ex Willd.) Barneby 红粉扑花

F9002868 ——— 中美洲

Campylotropis 筬子梢属

Campylotropis capillipes subsp. *prainii* (Collett & Hemsl.) Iokawa & H. Ohashi 草山筬子梢

F9002869 ——— 中国、中南半岛北部

Campylotropis macrocarpa (Bunge) Rehder 笼子梢
F9002870 — — — 蒙古南部、中国、韩国

Caragana 锦鸡儿属

Caragana franchetiana Kom. 云南锦鸡儿
F9002871 中国特有 — — 中国

Caragana sinica (Buc'hoz) Rehder 锦鸡儿
F9002872 中国特有 — — 中国

Cassia 腊肠树属

Cassia fistula L. 腊肠树
0000111 — — — 缅甸；南亚

Cassia javanica subsp. *agnes* (de Wit) K. Larsen 神黄豆
F9002873 — — — 印度（阿萨姆邦）、中国、马来半岛

Cassia × *nealiae* 'Rainbow Hower' 彩虹决明
0000920 — — — —

Castanospermum 栗豆树属

Castanospermum australe A. Cunn. ex Mudie 栗豆树
F9002874 — — — 澳大利亚、瓦努阿图

Cercis 紫荆属

Cercis chinensis Bunge 紫荆
F9002875 中国特有 — — 中国

Cercis chingii Chun 黄山紫荆
F9002876 中国特有 濒危（EN） — 中国

Cercis glabra Pamp. 湖北紫荆
F9002877 中国特有 — — 中国

Cercis racemosa Oliv. 垂丝紫荆
F9002878 中国特有 — — 中国

Cheniella 首冠藤属

Cheniella corymbosa (Roxb. ex DC.) R. Clark & Mackinder 首冠藤
00011524 — — — 中国、越南

Cheniella glauca (Benth.) R. Clark & Mackinder 粉叶羊蹄甲
F9002879 — — — 印度（阿萨姆邦）、中国、马来西亚西部

Cheniella tenuiflora (Watt ex C. B. Clarke) R. Clark & Mackinder 薄叶羊蹄甲
F9002880 — — — 中国、印度、尼泊尔、孟加拉国、不丹、中南半岛

Christia 蝙蝠草属

Christia obcordata (Poir.) Bakh. f. 铺地蝙蝠草
0001983 — — — 亚洲热带及亚热带

Christia vespertilionis (L. f.) Bakh. f. 蝙蝠草
0002928 — — — 中国南部；亚洲热带

Clitoria 蝶豆属

Clitoria ternatea L. 蝶豆
F9002881 — — — 阿拉伯半岛；非洲南部

Clitoria ternatea 'Pleniflor' 重瓣蝴蝶花豆
F9002882 — — — —

Codariocalyx 舞草属

Codariocalyx motorius (Houtt.) H. Ohashi 舞草
F9002883 — — — 亚洲热带及亚热带

Cojoba 鸡髯豆属

Cojoba arborea (L.) Britton & Rose 鸡髯豆
F9002884 — — — 加勒比地区、墨西哥、哥伦比亚

Crotalaria 猪屎豆属

Crotalaria agatiflora Schweinf. ex L. Höhn. 巨花猪屎豆
F9002885 — — — 肯尼亚、坦桑尼亚北部

Crotalaria albida B. Heyne ex Roth 响铃豆
F9002886 — — — 澳大利亚北部；亚洲热带及亚热带

Crotalaria axillaris Aiton 腋生猪屎豆
F9002887 — — — 非洲热带

Crotalaria brevidens Benth.
F9002888 — — — 非洲东北部及东部热带

Crotalaria breviflora DC. 假地蓝
F9002889 — — — 巴西、玻利维亚西部

Crotalaria pallida Aiton 猪屎豆
F9002890 — — — 世界热带

Crotalaria sessiliflora L. 农吉利
F9002891 — — — 澳大利亚北部；亚洲热带及亚热带

Crotalaria trichotoma Bojer 光萼猪屎豆
F9002892 — — — 非洲南部热带

Dalbergia 黄檀属

Dalbergia assamica Benth. 秧青
F9002893 — 濒危（EN） — 中国、印度、尼泊尔、孟加拉国、不丹、中南半岛

Dalbergia brasiliensis Vogel 巴西黄檀
F9002894 — — — 巴西中南部

Dalbergia cultrata T. S. Ralph 刀状黑黄檀
F9002895 — 易危（VU） 二级 中国、中南半岛

Dalbergia dyeriana Prain 大金刚藤
F9002896 中国特有 — — 中国

Dalbergia hancei Benth. 藤黄檀
F9002897 — — — 中国、中南半岛

Dalbergia hupeana Hance 黄檀
F9002898 — 近危（NT） — 中国、中南半岛

Dalbergia millettii Benth. 香港黄檀
F9002899 中国特有 — — 中国南部

Dalbergia millettii var. *mimosoides* (Franch.) Thoth. 象鼻藤
F9002900 — — — 不丹、中国

Dalbergia nigra (Vell.) Allemão ex Benth. 巴西黑黄檀
F9002901 — — — 巴西中西部及东部

Dalbergia odorifera T. C. Chen 降香
00011630 中国特有 极危（CR） 二级 中国

Dalbergia sissoo Roxb. ex DC. 印度黄檀
F0035678 — — — 阿拉伯半岛南部、缅甸

Dalbergia stenophylla Prain 狭叶黄檀
F9002902 中国特有 — — 中国

Delonix 凤凰木属

Delonix boiviniana (Baill.) Capuron 弯果凤凰木
F9002903 — — — 马达加斯加北部与西部及南部

Delonix brachycarpa (R. Vig.) Capuron 短果凤凰木
F9002904 — — — 马达加斯加西部及南部

Delonix floribunda (Baill.) Capuron 多花凤凰木
F9002905 — — — 马达加斯加西部及西南部

Delonix regia (Bojer ex Hook.) Raf. 凤凰木
00000407 — — — 马达加斯加

Dendrolobium 假木豆属

Dendrolobium triangulare (Retz.) Schindl. 假木豆
F9002906 — — — 中国、尼泊尔东南部、马来西亚

Derris 鱼藤属

Derris ferruginea (Wall. ex Voigt) Benth. 锈毛鱼藤
00012139 — — — 印度、中南半岛

Derris trifoliata Lour. 鱼藤
00018990 — — — 西太平洋岛屿；非洲南部

Dunbaria 野扁豆属

Dunbaria podocarpa Kurz 长柄野扁豆
F9002907 — — — 中国、印度、尼泊尔、孟加拉国、不丹、马来西亚西部

Ebenopsis 番乌木豆属

Ebenopsis ebano (Berland.) Barneby & J. W. Grimes 弯径猴耳环
F9002908 — — — 美国（得克萨斯州东南部）、墨西哥

Enterolobium 象耳豆属

Enterolobium contortisiliquum (Vell.) Morong 青皮象耳豆
0004066 — — — 玻利维亚、巴西、阿根廷北部

Erythrina 刺桐属

Erythrina abyssinica Lam. 东非刺桐
F9002909 — — — 非洲中部及南部

Erythrina corallodendron L. 龙牙花

F9002910 — — — 加勒比地区

Erythrina crista-galli L. 鸡冠刺桐
0002649 — — — 南美洲北部

Erythrina stricta Roxb. 劲直刺桐
F0037801 — — — 南亚、东亚南部

Erythrina variegata L. 刺桐
00011568 — — — 坦桑尼亚；太平洋岛屿

Erythrina variegata 'Aurea Marginata' 金脉刺桐
F9002911 — — —

Erythrina vespertilio Benth. 蝙蝠刺桐
F9002912 — — — 巴布亚新几内亚、澳大利亚

Erythrophleum 格木属

Erythrophleum fordii Oliv. 格木
00012943 — 易危（VU） 二级 中国南部、中南半岛

Erythrophleum suaveolens (Guill. & Perr.) Brenan 香格木
F9002913 — — — 非洲热带

Euchresta 山豆根属

Euchresta japonica Hook. f. ex Regel 山豆根
F9002914 — 易危（VU） 二级 日本中南部、韩国、中国

Falcataria 南洋楹属

Falcataria falcata (L.) Greuter & R. Rankin 南洋楹
F9002915 — — — 印度尼西亚（马鲁古群岛）、圣克鲁斯群岛

Flemingia 千斤拔属

Flemingia macrophylla (Willd.) Kuntze ex Merr. 大叶千斤拔
F9002916 — — — 澳大利亚（昆士兰州北部）；亚洲热带及亚热带

Flemingia prostrata Roxb. Junior ex Roxb. 千斤拔
00047022 — — — 印度东部、中国南部、中南半岛

Gleditsia 皂荚属

Gleditsia japonica var. *velutina* L. C. Li 绒毛皂荚
00044324 中国特有 极危（CR） 一级 中国

Gleditsia sinensis Lam. 皂荚
F9002917 中国特有 — — 中国

Grona 假地豆属

Grona heterocarpa (L.) H. Ohashi & K. Ohashi 假地豆
0002183 — — — 西南太平洋岛屿；亚洲热带

Grona styracifolia (Osbeck) H. Ohashi & K. Ohashi 广东金钱草
00046214 — — — 西北太平洋岛屿；亚洲热带及亚热带

Grona triflora (L.) H. Ohashi & K. Ohashi 三点金
F9002918 — — — 世界热带及亚热带

Guibourtia 鼓琴木属
Guibourtia hymenaefolia (Moric.) J. Leonard
0000006 — — — —

Guilandina 鹰叶刺属
Guilandina bonduc L. 刺果苏木
0003637 — — — 世界热带及亚热带

Gymnocladus 肥皂荚属
Gymnocladus chinensis Baill. 肥皂荚
F9002919 — — — 印度、中国南部

Hylodesmum 长柄山蚂蝗属
Hylodesmum leptopus (A. Gray ex Benth.) H. Ohashi & R. R. Mill 细长柄山蚂蝗
F9002920 — — — 中国、韩国、朝鲜、日本南部；亚洲热带
Hylodesmum podocarpum subsp. *fallax* (Schindl.) H. Ohashi & R. R. Mill 宽卵叶长柄山蚂蝗
F9002921 — — — 中国、日本中南部
Hylodesmum podocarpum subsp. *oxyphyllum* (DC.) H. Ohashi & R. R. Mill 尖叶长柄山蚂蝗
F9002922 — — — 中国、印度、尼泊尔、不丹、孟加拉国、俄罗斯（远东地区）；亚洲东部温带

Indigofera 木蓝属
Indigofera amblyantha Craib 多花木蓝
F9002923 中国特有 — — 中国
Indigofera bungeana Walp. 河北木蓝
F9002924 — — — 中国；亚洲东部温带
Indigofera incarnata (Willd.) Nakai 庭藤
F9002925 — — — 中国、韩国、朝鲜、日本
Indigofera spicata Forssk. 橙穗木蓝
00047467 — — — 阿拉伯半岛；非洲
Indigofera suffruticosa Mill. 野青树
F9002926 — — — 美洲热带及亚热带

Lablab 扁豆属
Lablab purpureus (L.) Sweet 扁豆
0001112 — — — 马达加斯加、印度；非洲南部

Lespedeza 胡枝子属
Lespedeza cambodianum V. D. Nguyen 尖叶铁扫帚
F9002927 — — — 柬埔寨
Lespedeza cuneata (Dum. Cours.) G. Don 截叶铁扫帚
F9002928 — — — 阿富汗、日本、澳大利亚东南部；亚洲热带
Lespedeza floribunda Bunge 多花胡枝子
F9002929 — — — 中国、蒙古

Lespedeza thunbergii subsp. *formosa* (Vogel) H. Ohashi 美丽胡枝子
F0037009 — — — 中国；亚洲东部温带

Leucaena 银合欢属
Leucaena leucocephala (Lam.) de Wit 银合欢
0004886 — — — 中美洲

Libidibia 豹苏木属
Libidibia ferrea (Mart. ex Tul.) L. P. Queiroz 铁架木
0001172 — — — 巴西

Lupinus 羽扇豆属
Lupinus polyphyllus Lindl. 多叶羽扇豆
F9002935 — — — —
Lupinus polyphyllus 'Gallery Blue & White' '蓝白'多叶羽扇豆
F9002930 — — — —
Lupinus polyphyllus 'Gallery Pink' '粉红'多叶羽扇豆
F9002931 — — — —
Lupinus polyphyllus 'Gallery Red' '粉色'多叶羽扇豆
F9002932 — — — —
Lupinus polyphyllus 'Gallery White' 'Gallery White'多叶羽扇豆
F9002933 — — — —
Lupinus polyphyllus 'Gallery Yellow' 'Gallery Yellow'多叶羽扇豆
F9002934 — — — —
Lupinus polyphyllus 'Lupini Blue Shades' '蓝色渐变'多叶羽扇豆
F9002936 — — — —
Lupinus polyphyllus 'Lupini Pink Shades' '粉红色渐变'多叶羽扇豆
F9002937 — — — —
Lupinus polyphyllus 'Lupini Red Shades' '红色渐变'多叶羽扇豆
F9002938 — — — —
Lupinus polyphyllus 'Lupini White' '白色'多叶羽扇豆
F9002939 — — — —
Lupinus polyphyllus 'Lupini Yellow Shades' '黄色渐变'多叶羽扇豆
F9002940 — — — —
Lupinus pubescens Benth. 毛羽扇豆
F9002941 — — — 委内瑞拉西北部、玻利维亚西部
Lupinus russellianus C. P. Sm. 加州羽扇豆（羽扇豆）
F9002942 — — — 巴西东南部

Lysidice 仪花属
Lysidice brevicalyx C. F. Wei 短萼仪花

F9002943 中国特有 —— 中国南部
Lysidice rhodostegia Hance　仪花
F9002944 ——— 中国南部、越南

Lysiphyllum　蝶叶豆属

Lysiphyllum hookeri (F. Muell.) Pedley　虎克蝶叶豆
F9002945 ——— 澳大利亚（北领地、昆士兰州、新南威尔士州）

Machaerium　刀果檀属

Machaerium punctatum (Lam.) Pers.　毛军刀豆
F9002946 ——— 玻利维亚、巴西东部

Mezoneuron　见血飞属

Mezoneuron cucullatum (Roxb.) Wight & Arn.　见血飞
F9002947 ——— 印度南部及东部、中国、马来西亚
Mezoneuron sinense Hemsl.　鸡嘴簕
F9002948 ——— 中国南部、中南半岛

Millettia　崖豆藤属

Millettia ichthyochtona Drake　闹鱼崖豆
F9002949 ——— 中国、中南半岛
Millettia pachycarpa Benth.　厚果崖豆藤
F9002950 ——— 中国、尼泊尔东南部
Millettia pulchra (Voigt) Kurz　印度崖豆
F9002951 ——— 中国、印度、尼泊尔、孟加拉国、不丹

Mimosa　含羞草属

Mimosa bimucronata (DC.) Kuntze　光荚含羞草
0001273 ——— 玻利维亚、巴西、阿根廷东北部
Mimosa diplotricha C. Wright　巴西含羞草
F9002952 ——— 美洲热带及亚热带
Mimosa invisa Mart. ex Colla　疏忽含羞草
F9002953 ——— 哥伦比亚、委内瑞拉、巴拉圭
Mimosa pudica L.　含羞草
0003962 ——— 中国；美洲热带

Mucuna　油麻藤属

Mucuna birdwoodiana Tutcher　白花油麻藤
00011441 中国特有 —— 中国南部
Mucuna macrocarpa Wall.　大果油麻藤
F9002954 ——— 印度、尼泊尔、不丹、中国、日本
Mucuna pruriens (L.) DC.　刺毛黧豆
F9002955 ——— 世界热带及亚热带
Mucuna sempervirens Hemsl.　常春油麻藤
00012445 —— 印度（阿萨姆邦）、中国

Myroxylon　香脂豆属

Myroxylon balsamum (L.) Harms　吐鲁胶

0001462 ——— 美洲南部热带

Nanhaia　南海藤属

Nanhaia speciosa (Champ. ex Benth.) J. Compton & Schrire　美丽鸡血藤
00046632 — 易危（VU）— 中国

Neustanthus　草葛属

Neustanthus phaseoloides (Roxb.) Benth.　三裂叶野葛
0002162 ——— 亚洲热带及亚热带

Ormosia　红豆属

Ormosia emarginata (Hook. & Arn.) Benth.　凹叶红豆
F9002956 —— 二级 中国、越南
Ormosia fordiana Oliv.　肥荚红豆
0004013 —— 二级 印度（阿萨姆邦）、中国南部、菲律宾北部
Ormosia henryi Prain　花榈木
00011303 — 易危（VU）二级 中国南部、中南半岛
Ormosia hosiei Hemsl. & E. H. Wilson　红豆树
F0036581 中国特有 濒危（EN）二级 中国
Ormosia indurata H. Y. Chen　韧荚红豆
F9002957 中国特有 近危（NT）二级 中国
Ormosia pinnata (Lour.) Merr.　海南红豆
00000366 —— 二级 印度（阿萨姆邦）、中国、中南半岛
Ormosia semicastrata Hance　软荚红豆
F0025219 中国特有 — 二级 中国南部
Ormosia sumatrana (Miq.) Prain　苏门答腊红豆
F9002958 —— 二级 中国、中南半岛、马来西亚西部

Ototropis　饿蚂蝗属

Ototropis multiflora (DC.) H. Ohashi & K. Ohashi　饿蚂蝗
F9002959 ——— 南亚、东亚东南部
Ototropis sequax (Wall.) H. Ohashi & K. Ohashi　长波叶山蚂蝗
F9002960 ——— 亚洲热带及亚热带

Parkinsonia　扁轴木属

Parkinsonia aculeata L.　扁轴木
F9002961 ——— 美国南部；拉丁美洲

Peltophorum　盾柱木属

Peltophorum pterocarpum (DC.) Backer ex K. Heyne　盾柱木
F9002962 ——— 中南半岛、澳大利亚北部

Phanera　火索藤属

Phanera championii Benth.　龙须藤
F0026740 ——— 印度（锡金）、中国、越南

Phanera japonica (Maxim.) H. Ohashi　日本羊蹄甲

F9002963 — — — 日本中南部及南部、中国南部

Phanera yunnanensis (Franch.) Wunderlin　云南羊蹄甲

F9002964 — — — 中国、中南半岛西部

Phaseolus　菜豆属

Phaseolus coccineus L.　荷包豆

F9002965 — — — 中美洲

Phyllodium　排钱树属

Phyllodium elegans (Lour.) Desv.　毛排钱树

F9002966 — — — 中国南部、中南半岛、印度尼西亚（爪哇岛）

Phyllodium pulchellum (L.) Desv.　排钱树

00046529 — — — 澳大利亚北部；亚洲热带及亚热带

Pithecellobium　牛蹄豆属

Pithecellobium dulce (Roxb.) Benth.　牛蹄豆

0004195 — — — 拉丁美洲

Plathymenia　平膜豆属

Plathymenia reticulata Benth.　网状平膜豆

F9002967 — — — 美洲南部热带

Pleurolobus　大叶山蚂蝗属

Pleurolobus gangeticus (L.) J. St.-Hil. ex H. Ohashi & K. Ohashi　大叶山蚂蝗

F9002968 — — — 澳大利亚；世界热带及亚热带

Pongamia　水黄皮属

Pongamia pinnata (L.) Pierre　水黄皮

F9002969 — — — 西南太平洋岛屿；亚洲热带及亚热带

Pterodon　翼齿豆属

Pterodon emarginatus Vogel　无缘翅齿豆

F9002970 — — — 玻利维亚、巴西

Pterogyne　蝉翼豆属

Pterogyne nitens Tul.

F9002971 — — — 南美洲

Pterolobium　老虎刺属

Pterolobium punctatum Hemsl.　老虎刺

F9002972 — — — 中国南部

Pueraria　葛属

Pueraria montana var. *lobata* (Willd.) Maesen & S. M. Almeida ex Sanjappa & Predeep　野葛

0004303 — — — 中国、澳大利亚

Pycnospora　密子豆属

Pycnospora lutescens (Poir.) Schindl.　密子豆

F9002973 — — — 澳大利亚北部；非洲东部及中东部热带、亚洲热带及亚热带

Robinia　刺槐属

Robinia pseudoacacia L.　刺槐

F9002974 — — — 北美洲东部

Samanea　雨树属

Samanea saman (Jacq.) Merr.　雨树

F9002975 — — — 中美洲、南美洲北部

Saraca　无忧花属

Saraca declinata (Jack) Miq.　无忧花

F9002976 — — — 亚洲热带

Saraca dives Pierre　中国无忧花

0002879 — 易危（VU）— 中国、中南半岛

Saraca indica L.　中南无忧花

F9002977 — — — 中南半岛、马来西亚西部

Schizolobium　离荚豆属

Schizolobium parahyba (Vell.) S. F. Blake　粘叶豆

0002154 — — — 墨西哥南部；美洲南部热带

Schnella　医索藤属

Schnella macrostachya Raddi　白花羊蹄甲

0001286 — — — 巴西

Schnella microstachya Raddi

F9002978 — — — 墨西哥南部；美洲热带

Senegalia　儿茶属

Senegalia megaladena (Desv.) Maslin, Seigler & Ebinger　钝叶金合欢

F0036494 — — — 印度尼西亚（爪哇岛）；南亚、东亚

Senegalia rugata (Lam.) Britton & Rose　藤金合欢

F9002979 — — — 中国；亚洲热带

Senna　决明属

Senna alata (L.) Roxb.　翅荚决明

0000994 — — — 美洲热带

Senna bicapsularis (L.) Roxb.　双荚决明

F9002980 — — — 美洲热带

Senna didymobotrya (Fresen.) H. S. Irwin & Barneby　长穗决明

F9002981 — — — 非洲南部热带

Senna hirsuta (L.) H. S. Irwin & Barneby　毛荚决明

F9002982 — — — 美洲热带及亚热带

Senna occidentalis (L.) Link　望江南

0003503 — — — 美洲热带及亚热带

Senna racemosa (Mill.) H. S. Irwin & Barneby　多花决明

F9002983 — — — 委内瑞拉、古巴；中美洲

Senna siamea (Lam.) H. S. Irwin & Barneby 铁刀木
00011426 — — — 斯里兰卡、中南半岛

Senna spectabilis (DC.) H. S. Irwin & Barneby 美丽决明
F9002984 — — — 墨西哥西南部；美洲南部热带

Senna surattensis (Burm. f.) H. S. Irwin & Barneby 黄槐决明
00047180 — — — 缅甸、马来西亚南部；南亚

Senna tora (L.) Roxb. 决明
F9002985 — — — 美洲中部

Sesbania 田菁属

Sesbania aculeata (Schreb.) Pers. 多刺田菁
F9002986 — — — 中南半岛、阿拉伯半岛；非洲亚热带、南亚、东亚南部

Sesbania cannabina (Retz.) Poir. 田菁
F9002987 — — — 中南半岛、澳大利亚；南亚

Sesbania grandiflora (L.) Poir. 大花田菁
0000339 — — — 马来西亚、巴布亚新几内亚

Sesbania sesban (L.) Merr. 印度田菁
F9002988 — — — 阿拉伯半岛；世界热带

Sindora 油楠属

Sindora glabra Merr. ex de Wit 油楠
00011302 中国特有 易危（VU） 二级 中国南部

Sindora tonkinensis A. Chev. ex K. Larsen & S. S. Larsen 东京油楠
0003107 — 濒危（EN） — 中国、柬埔寨、越南

Sinodolichos 华扁豆属

Sinodolichos lagopus (Dunn) Verdc. 华扁豆
F9002989 — — — 中国、中南半岛、加里曼丹岛

Smithia 坡油甘属

Smithia conferta Sm. 密节坡油甘
F9002990 — — — 中国、澳大利亚北部；亚洲热带

Smithia sensitiva Aiton 坡油甘
F9002991 — — — 马达加斯加、澳大利亚；亚洲热带及亚热带

Sohmaea 拿身草属

Sohmaea zonata (Miq.) H. Ohashi & K. Ohashi 单叶拿身草
F9002992 — — — 亚洲热带及亚热带

Sophora 苦参属

Sophora flavescens Aiton 苦参
F0037018 — — — 俄罗斯（西伯利亚）；亚洲东部温带

Sophora tomentosa L. 绒毛槐
0001605 — — — 世界热带及亚热带

Sophora tonkinensis Gagnep. 越南槐
F9002993 — 易危（VU） 二级 中国、越南

Sophora xanthantha C. Y. Ma 黄花槐
F9002994 — — — —

Styphnolobium 槐属

Styphnolobium japonicum (L.) Schott 槐
00046744 — — — —

Styphnolobium japonicum 'Pendula' 龙爪槐
F9002995 — — — —

Tadehagi 葫芦茶属

Tadehagi triquetrum (L.) H. Ohashi 葫芦茶
00047462 — — — 亚洲热带及亚热带

Tamarindus 酸豆属

Tamarindus indica L. 酸豆
00011126 — — — 中国；非洲

Tephrosia 灰毛豆属

Tephrosia candida DC. 白灰毛豆
F9002996 — — — 南亚

Uraria 狸尾豆属

Uraria crinita (L.) Desv. ex DC. 猫尾草
00046890 — — — 印度、中国、不丹、孟加拉国、缅甸、韩国、朝鲜、日本、马来西亚西部

Uraria lagopodoides (L.) DC. 狸尾豆
F9002997 — — — —

Vachellia 金合欢属

Vachellia drepanolobium (Harms ex Y. Sjöstedt) P. J. H. Hurter 镰荚金合欢
00052660 — — — 苏丹、坦桑尼亚

Vachellia farnesiana (L.) Wight & Arn. 金合欢
0002317 — — — 美洲热带及亚热带

Vachellia gerrardii (Benth.) P. J. H. Hurter 元兰楤
F9002998 — — — 以色列南部、阿拉伯半岛；世界热带

Vigna 豇豆属

Vigna vexillata (L.) A. Rich. 野豇豆
F9002999 — — — 世界热带及亚热带

Wisteria 紫藤属

Wisteria floribunda (Willd.) DC. 多花紫藤
00048152 — — — 日本中南部及南部

Wisteria sinensis (Sims) DC. 紫藤
F0025488 中国特有 — — 中国

Wisteriopsis 夏藤属

Wisteriopsis reticulata (Benth.) J. Compton & Schrire 网络

夏藤

00011345 — — —

Zenia 任豆属

Zenia insignis Chun 任豆

F9003000 — 易危（VU） — 中国南部、越南

Zornia 丁癸草属

Zornia diphylla (L.) Pers. 印度丁癸草

F9003001 — — — 中南半岛；南亚

Zornia gibbosa Span. 丁癸草

F9003002 — — — 马斯克林群岛；亚洲热带及亚热带

Polygalaceae 远志科

Polygala 远志属

Polygala arillata Buch.-Ham. ex D. Don 荷包山桂花

F9003003 — — — 中国；亚洲热带

Polygala caudata Rehder & E. H. Wilson 尾叶远志

F9003004 中国特有 — — 中国南部

Polygala chinensis L. 华南远志

F9003005 — — — 加罗林群岛；亚洲热带及亚热带

Polygala fallax Hemsl. 黄花倒水莲

0002448 — — — 中国南部、越南

Polygala hongkongensis Hemsl. 香港远志

F9003006 中国特有 — — 中国

Polygala karensium Kurz 密花远志

F9003007 — — — 不丹、中国、中南半岛

Polygala tenuifolia Willd. 远志

F0037014 — — — 俄罗斯（西伯利亚）、中国、韩国

Xanthophyllum 黄叶树属

Xanthophyllum hainanense Hu 黄叶树

F9003008 — — — 中国、中南半岛

Rosaceae 蔷薇科

Agrimonia 龙牙草属

Agrimonia pilosa Ledeb. 龙牙草

00047276 — — — 日本、中南半岛北部；中欧北部及东部

Cerasus 樱属

Cerasus serrulata var. lannesiana (Carrière) T. T. Yu & C. L. Li 日本晚樱

F9003009 — — — 日本

Chaenomeles 木瓜海棠属

Chaenomeles cathayensis (Hemsl.) C. K. Schneid. 毛叶木瓜

00046644 中国特有 — — 中国

Chaenomeles lagenaria (Loisel.) Koidz. 皱皮木瓜

F9003010 中国特有 — — 中国

Cotoneaster 栒子属

Cotoneaster acutifolius Turcz. 灰栒子

F9003011 — — — 俄罗斯（西伯利亚南部）、中国

Cotoneaster ambiguus Rehder & E. H. Wilson 川康栒子

F9003012 中国特有 — — 中国

Cotoneaster bullatus Bois 泡叶栒子

F9003013 中国特有 — — 中国

Cotoneaster buxifolius Wall. ex Lindl. 黄杨叶栒子

F9003014 — — — 印度西南部

Cotoneaster coriaceus Franch. 厚叶栒子

F9003015 中国特有 — — 中国

Cotoneaster dammeri C. K. Schneid. 矮生栒子

F9003016 中国特有 — — 中国

Cotoneaster dielsianus E. Pritz. 木帚栒子

F9003017 中国特有 — — 中国（西藏）

Cotoneaster glabratus Rehder & E. H. Wilson 光叶栒子

F9003018 中国特有 — — 中国

Cotoneaster glaucophyllus Franch. 粉叶栒子

F9003019 中国特有 — — 中国

Cotoneaster gracilis Rehder & E. H. Wilson 细弱栒子

F9003020 中国特有 — — 中国

Cotoneaster horizontalis Decne. 平枝栒子

F9003021 中国特有 — — 中国

Cotoneaster moupinensis Franch. 宝兴栒子

F9003022 中国特有 — — 中国

Cotoneaster sylvestrii Pamp. 华中栒子

F9003023 中国特有 — — 中国

Cotoneaster tenuipes Rehder & E. H. Wilson 细枝栒子

F9003024 中国特有 — — 中国

Cotoneaster zabelii C. K. Schneid. 西北栒子

F9003025 中国特有 — — 中国

Crataegus 山楂属

Crataegus maximowiczii C. K. Schneid. 毛山楂

F9003026 — — — 俄罗斯（西伯利亚）、中国、韩国、日本北部

Crataegus pinnatifida Bunge 山楂

F9003027 — — — 俄罗斯（远东地区）、中国、日本

Crataegus wilsonii Sarg. 华中山楂

F9003028 中国特有 — — 中国

Dasiphora 金露梅属

Dasiphora parvifolia (Fisch. ex Lehm.) Juz. 小叶金露梅

F9003029 — — — 俄罗斯（西伯利亚）、中国；亚洲中部

Dichotomanthes　牛筋条属

Dichotomanthes tristaniicarpa Kurz　牛筋条
F9003030　中国特有 —— 中国

Docynia　多依属

Docynia doumeri (Bois) C. K. Schneid.　台湾林檎
F9003031 — — — 中国、中南半岛

Eriobotrya　枇杷属

Eriobotrya fragrans Champ. ex Benth.　香花枇杷
F9003032 — — — 中国、越南

Eriobotrya japonica (Thunb.) Lindl.　枇杷
0000931　中国特有 —— 中国

Exochorda　白鹃梅属

Exochorda racemosa (Lindl.) Rehder　白鹃梅
F9003033 — — — 亚洲温带

Filipendula　蚊子草属

Filipendula vulgaris Moench　长叶蚊子草
F9003034 — — — 新西兰北部；欧洲、非洲、亚洲温带

Fragaria　草莓属

Fragaria orientalis Losinsk.　东方草莓
F9003035 — — — 俄罗斯、中国

Geum　路边青属

Geum japonicum var. *chinense* F. Bolle　柔毛路边青
F9003036　中国特有 —— 中国

Kerria　棣棠属

Kerria japonica (L.) DC.　棣棠花
0003719 — — — 中国、韩国、日本

Malus　苹果属

Malus baccata (L.) Borkh.　山荆子
F9003037 — — — 喜马拉雅山脉；欧洲中东部、亚洲

Malus hupehensis (Pamp.) Rehder　湖北海棠
F9003038　中国特有 —— 中国

Malus melliana (Hand.-Mazz.) Rehder　光萼林檎
F9003039 — — —

Neillia　绣线梅属

Neillia gracilis Franch.　矮生绣线梅
F9003040　中国特有 —— 中国

Neillia hanceana (Kuntze) S. H. Oh　华空木
F9003041　中国特有 —— 中国南部

Photinia　石楠属

Photinia amphidoxa (C. K. Schneid.) Rehder & E. H. Wilson
毛萼红果树
F9003042　中国特有 —— 中国南部

Photinia bodinieri H. Lév.　贵州石楠
F9003043 — — — 中国、越南北部

Photinia davidiana (Decne.) Cardot　红果树
0004704 — — — 中国、越南北部、印度尼西亚（苏门答腊岛北部）、加里曼丹岛

Photinia glabra (Thunb.) Maxim.　光叶石楠
00047528 — — — 中国南部、中南半岛北部、日本中部及南部

Photinia parvifolia (E. Pritz.) C. K. Schneid.　小叶石楠
F9003044　中国特有 —— 中国

Photinia prunifolia (Hook. & Arn.) Lindl.　桃叶石楠
F9003045 — — — 中国南部、越南、印度尼西亚（苏门答腊岛）、加里曼丹岛

Photinia serratifolia (Desf.) Kalkman　石楠
F9003047 — — — 中国、菲律宾

Potentilla　委陵菜属

Potentilla fragarioides Vill.　莓叶委陵菜
F9003048 — — — 中国、日本、韩国、蒙古、俄罗斯

Potentilla freyniana Bornm.　三叶委陵菜
F9003049 — — — 亚洲温带

Potentilla indica (Andrews) Th. Wolf　蛇莓
00047509 — — — 俄罗斯（远东地区）、马来西亚；亚洲中部

Potentilla sundaica (Blume) W. Theob.　蛇含委陵菜
F9003050 — — — 亚洲热带

Pourthiaea　落叶石楠属

Pourthiaea arguta (Wall. ex Lindl.) Decne.　中华落叶石楠
F9003051 — — — 印度、中国、不丹、孟加拉国、韩国、朝鲜、日本、中南半岛

Prinsepia　扁核木属

Prinsepia utilis Royle　扁核木
0002953 — — — 印度北部、中国

Prunus　李属

Prunus amygdalus Batsch　洋杏
0001317 — — — 起源于高加索地区

Prunus brachypoda Batalin　短梗稠李
F9003052　中国特有 —— 中国

Prunus buergeriana Miq.　橉木
F9003053 — — — 中国、印度、尼泊尔、韩国、朝鲜、日本中南部、印度尼西亚（爪哇岛）

Prunus cerasifera Ehrh.　樱桃李
F9003054 — — — 喜马拉雅山脉；欧洲东南部、亚洲

Prunus cerasoides Buch.-Ham. ex D. Don　高盆樱桃

F9003055 — — — 中国、印度、尼泊尔、不丹、孟加拉国、缅甸、泰国

Prunus conradinae Koehne　华中樱桃

F9003056 中国特有 — — 中国

Prunus glandulosa Thunb.　麦李

F9003057 — — — 中国、韩国

Prunus grayana Maxim.　灰叶稠李

F9003058 — — — 中国、日本

Prunus hypoleuca (Koehne) J. Wen　臭樱

F9003059 — — — 亚洲温带

Prunus hypoxantha (Koehne) J. Wen　四川臭樱

F9003060 中国特有 — — 中国

Prunus persica (L.) Batsch　桃

0000196 — — — 起源于中国

Prunus persica 'Duplex'　碧桃

0001841 — — — —

Prunus persica 'Feihong-Plena'　绯红桃

0001004 — — — —

Prunus persica 'Gongfen-Plena'　宫粉桃

F9003061 — — — —

Prunus phaeosticta (Hance) Maxim.　腺叶桂樱

00011391 — — 越南、泰国；亚洲温带

Prunus salicina Lindl.　李

0001903 — — — 俄罗斯（远东地区南部）、中国、越南北部

Prunus serotina var. *alabamensis* (C. Mohr) Little　南方桂樱

F9003062 — — — 美国东南部

Prunus serrulata Lindl.　山樱花

F9003063 — — — 中国东部及南部、韩国

Prunus setulosa Batalin　刺毛樱桃

0000260 — 中国特有 — — 中国

Prunus spinulosa Siebold & Zucc.　刺叶桂樱

0000661 — — — 中国南部、日本中南部及南部

Prunus stipulacea Maxim.　托叶樱桃

F9003064 — — — 加里曼丹岛、马来西亚、印度尼西亚（苏门答腊岛）、中国

Prunus szechuanica Batalin　四川樱桃

F9003065 中国特有 — — 中国

Prunus tatsienensis Batalin　康定樱桃

F9003066 中国特有 — — 中国

Prunus tomentosa Thunb.　毛樱桃

F9003067 — — — 中国

Prunus undulata Buch.-Ham. ex D. Don　尖叶桂樱

F9003068 — — — 中国、尼泊尔

Prunus yunnanensis Franch.　云南樱桃

F9003069 中国特有 — — 中国

Prunus zippeliana Miq.　大叶桂樱

F9003070 — — — 中国、越南、日本中南部

Pseudocydonia　木瓜属

Pseudocydonia sinensis (Dum. Cours.) C. K. Schneid.　木瓜

0001435 中国特有 — — 中国

Pyracantha　火棘属

Pyracantha fortuneana (Maxim.) H. L. Li　火棘

F9003071 中国特有 — — 中国

Pyracantha fortuneana 'Orange Glow'　橙红火棘

F9006994 — — — — —

Pyrus　梨属

Pyrus calleryana Decne.　豆梨

0000641 — — — 中国、越南、日本中部

Pyrus pashia Buch.-Ham. ex D. Don　川梨

F9003072 — — — 伊朗、中国、中南半岛

Pyrus pyrifolia (Burm. f.) Nakai　沙梨

F9003073 — — — 中国南部、中南半岛、韩国

Rhaphiolepis　石斑木属

Rhaphiolepis indica (L.) Lindl.　石斑木

00012591 — — — 中国南部、中南半岛；亚洲东部温带

Rhaphiolepis salicifolia Lindl.　柳叶石斑木

0000749 — — — 中国、越南

Rhodotypos　鸡麻属

Rhodotypos scandens (Thunb.) Makino　鸡麻

F9003074 — — — 中国北部及东部、韩国、日本中南部

Rosa　蔷薇属

Rosa banksiae R. Br.　木香花

00046527 中国特有 — — 中国

Rosa chinensis Jacq.　月季花

00046544 中国特有 — — 中国

Rosa chinensis '100 Idees Jardin'　'百思花园'月季

F9003075 — — — —

Rosa chinensis 'Absolutely Fabulous'　'美妙绝伦'月季

F9003076 — — — —

Rosa chinensis 'Allegorie'　'寓言'月季

F9003077 — — — —

Rosa chinensis 'Alnwick Castle'　'安尼克城堡'月季

F9003078 — — — —

Rosa chinensis 'Amnesty International'　'艾莫奈斯'月季

F9003079 — — — —

Rosa chinensis 'Anthony'　'安东尼'月季

F9003080 — — — —

Rosa chinensis 'Baronesse'　'男爵夫人'月季

F9003081 — — — —

Rosa chinensis 'Bicentenaire De Guillot' '洛特二百年'月季

F9003082 — — — —

Rosa chinensis 'Bienvenue' '欢迎'月季

F9003083 — — — —

Rosa chinensis 'Bonica' '伯尼卡'月季

F9003084 — — — —

Rosa chinensis 'Boscobel' '博斯科贝尔'月季

F9003085 — — — —

Rosa chinensis 'Captain Christy' '克里斯汀船长'月季

F9003086 — — — —

Rosa chinensis 'Céline Forestier' '席铃弗莱斯蒂'月季

F9003087 — — — —

Rosa chinensis 'Chantal Mérieux' '尚塔尔·梅里厄'月季

F9003088 — — — —

Rosa chinensis 'Charles Darwin' '查尔斯达尔文'月季

F9003089 — — — —

Rosa chinensis 'Charles De Nervaux' '查尔斯奈茹'月季

F9003090 — — — —

Rosa chinensis 'Cherry Bonica' '樱桃伯尼卡'月季

F9003091 — — — —

Rosa chinensis 'Chippendale' '音乐厅'月季

F9003092 — — — —

Rosa chinensis 'Clarence House' '克拉伦斯宫'月季

F9003093 — — — —

Rosa chinensis 'Claude Monet' '克劳德·莫奈'月季

F9003094 — — — —

Rosa chinensis 'Climbing Snow Princess' '白雪公主'月季

F9006901 — — — —

Rosa chinensis 'Corail Gelee' '珊瑚果冻'月季

F9003095 — — — —

Rosa chinensis 'Crimson Glory' '朱墨双辉'月季

F9003096 — — — —

Rosa chinensis 'Crown Princess Margareta' '玛格丽特王妃'月季

F9003097 — — — —

Rosa chinensis 'Dunham Massey' '邓纳姆梅西'月季

F9003098 — — — —

Rosa chinensis 'Eclair' '小饼干'月季

F9003099 — — — —

Rosa chinensis 'Eden Rose' '龙沙宝石'月季

F9003100 — — — —

Rosa chinensis 'Eliane Gillet' '艾莲吉列'月季

F9003101 — — — —

Rosa chinensis 'Elizabeth Stuart' '伊丽莎白·斯图尔特'月季

F9003102 — — — —

Rosa chinensis 'Ely Cathedral' '伊利大教堂'月季

F9003103 — — — —

Rosa chinensis 'Emilien Guillot' '艾米里·吉洛'月季

F9003104 — — — —

Rosa chinensis 'Falstaff' '福斯塔夫'月季

F9003105 — — — —

Rosa chinensis 'Fée Clochette' '铃之妖精'月季

F9003106 — — — —

Rosa chinensis 'Ferdy' '摆渡'月季

F9003107 — — — —

Rosa chinensis 'Florentina' '弗洛伦蒂娜'月季

F9003108 — — — —

Rosa chinensis 'Fragonard' '花宫娜'月季

F9003109 — — — —

Rosa chinensis 'Frilly Cuff' '荷叶袖'月季

F9003110 — — — —

Rosa chinensis 'Gentle Hermione' '仁慈的赫敏'月季

F9003111 — — — —

Rosa chinensis 'Grosvenor House' '格罗夫纳屋酒店'月季

F9003112 — — — —

Rosa chinensis 'Highgrove' '海格瑞'月季

F9003113 — — — —

Rosa chinensis 'Ivor's Rose' '爱弗的玫瑰'月季

F9003114 — — — —

Rosa chinensis 'Joie De Vivre' '生活乐趣'月季

F9003115 — — — —

Rosa chinensis 'Knock Out' '红色单瓣绝代佳人'月季

F9003116 — — — —

Rosa chinensis 'La Dolce Vita' '甜蜜生活'月季

F9003117 — — — —

Rosa chinensis 'La Rose De Molinard' '莫利纳尔玫瑰'月季

F9003118 — — — —

Rosa chinensis 'Lady Emma Hamilton' '艾玛汉密尔顿夫人'月季

F9003119 — — — —

Rosa chinensis 'Lady of Shalott' '夏洛特女郎'月季

F9003120 — — — —

Rosa chinensis 'Lanterne Citrouille' '南瓜灯笼'月季

F9003121 — — — —

Rosa chinensis 'Le Miel' '蜂蜜'月季

F9003122 — — — —

Rosa chinensis 'Leonardo Da Vinci' '粉色达芬奇'月季

F9003123 — — — —

Rosa chinensis 'Lichfield Angel' '利奇菲尔德天使'月季

F9003124 — — — —

Rosa chinensis 'Louise Odier' '路易欧迪'月季

F9003125 — — — —

Rosa chinensis 'Marc Chagall' '马克·夏加尔'月季

F9003126 — — — —

Rosa chinensis 'Mary Ann' '玛丽安'月季

F9003127 — — — —

Rosa chinensis 'Mary Rose' '玛丽罗斯'月季

F9003128 — — — —

Rosa chinensis 'Mini Eden Rose' '迷你伊甸园'月季

F9003129 — — — —

Rosa chinensis 'Munstead Wood' '曼斯特德伍德'月季

F9003130 — — — —

Rosa chinensis 'Nahéma' '娜希玛'月季

F9003131 — — — —

Rosa chinensis 'Natasha Richardson' '娜塔莎理查德森'月季

F9003132 — — — —

Rosa chinensis 'Nelson Monfort' '尼尔森蒙·福特'月季

F9003133 — — — —

Rosa chinensis 'Novalis' '蓝花诗人'月季

F9003134 — — — —

Rosa chinensis 'Olivia Rose Austin' '奥利维亚·罗斯·奥斯汀'月季

F9003135 — — — —

Rosa chinensis 'Oranges and Lemons' '柑橘和柠檬'月季

F9003136 — — — —

Rosa chinensis 'Peche Bonbons' '桃子糖果'月季

F9003137 — — — —

Rosa chinensis 'Phyllis Bide' '等待的情人'月季

F9003138 — — — —

Rosa chinensis 'Pink Eden Rose' '深粉龙沙宝石'月季

F9003139 — — — —

Rosa chinensis 'Pink Swany' '粉天鹅'月季

F9003140 — — — —

Rosa chinensis 'Pippin Cl. ' '苹果点心'月季

F9003141 — — — —

Rosa chinensis 'Pompon Flower Circus' '绒球门廊'月季

F9003142 — — — —

Rosa chinensis 'Pomponella' '艾拉绒球'月季

F9003143 — — — —

Rosa chinensis 'Porte Bonheur' '幸福之门'月季

F9003144 — — — —

Rosa chinensis 'Princess Alexandra of Kent' '亚历山德拉公主'月季

F9003145 — — — —

Rosa chinensis 'Princesse Charlène De Monaco' '摩纳哥夏琳王妃'月季

F9003146 — — — —

Rosa chinensis 'Queen of Hearts' '红心皇后'月季

F9003147 — — — —

Rosa chinensis 'Rambling Rosie' '漫步的露西'月季

F9003148 — — — —

Rosa chinensis 'Red Eden Rose' '红色龙沙宝石'月季

F9003149 — — — —

Rosa chinensis 'Red Leonardo Da Vinci' '红色达芬奇'月季

F9003150 — — — —

Rosa chinensis 'Red Letter Day' '大喜之日'月季

F9003151 — — — —

Rosa chinensis 'Roald Dahl' '罗尔德达尔'月季

F9003152 — — — —

Rosa chinensis 'Rose Des 4 Vents' '风中玫瑰'月季

F9003153 — — — —

Rosa chinensis 'Rose Pompadour' '庞巴度玫瑰'月季

F9003154 — — — —

Rosa chinensis 'Rose Republique De Montmartre' '玫瑰国度的天使'月季

F9003155 — — — —

Rosa chinensis 'Rosomane Janon' '罗曼尼·詹森'月季

F9003156 — — — —

Rosa chinensis 'Rotkappchen' '小红帽'月季

F9003157 — — — —

Rosa chinensis 'Sandringham' '桑德灵汉姆'月季

F9003158 — — — —

Rosa chinensis 'Scentimental' '说愁'月季

F9003159 — — — —

Rosa chinensis 'Scepter'd Isle' '权杖之岛'月季

F9003160 — — — —

Rosa chinensis 'Schone Koblenzerin' '红宝石冰'月季

F9003161 — — — —

Rosa chinensis 'Shenzhenhong' '深圳红'月季

F9003162 — — — —

Rosa chinensis 'Soeur Emmanuelle' '纽曼姐妹'月季

F9003163 — — — —

Rosa chinensis 'Souvenir de La Malmaison' '马美逊的纪念'月季

F9003164 — — — —

Rosa chinensis 'St. Ethelburga' '圣埃泽布嘉'月季

F9003165 — — — —

Rosa chinensis 'St. Swithun' '圣斯威辛'月季

F9003166 — — — —

Rosa chinensis 'Super Excelsa' '超级埃克塞尔萨'月季

F9003167 — — — —

Rosa chinensis 'The Albrighton Rambler' '奥尔布莱顿'月季

F9003168 — — — —

Rosa chinensis 'The Perse Rose' '佩斯玫瑰'月季

F9003169 — — — —
Rosa chinensis 'The Pilgrim' '朝圣者'月季
F9003170 — — — —
Rosa chinensis 'The Poet's Wife' '诗人的妻子'月季
F9003171 — — — —
Rosa chinensis 'The Wedgwood Rose' '威基伍德玫瑰'月季
F9003172 — — — —
Rosa chinensis 'Uetersen' '玫瑰园尤特森'月季
F9003173 — — — —
Rosa chinensis 'Vichy' '维希'月季
F9003175 — — — —
Rosa chinensis 'White Eden Rose' '白色龙沙宝石'月季
F9003176 — — — —
Rosa chinensis var. *minima* (Sims) Voss 小月季
F9003174 — — — —
Rosa henryi Boulenger 软条七蔷薇
F9003177 中国特有 — — 中国
Rosa indica L. 小果蔷薇
F9003178 — — — 中国、中南半岛北部
Rosa laevigata Michx. 金樱子
00047271 — — — 中国、越南
Rosa longicuspis Bertol. 长尖叶蔷薇
F9003179 中国特有 — — 中国
Rosa luciae Franch. & Rochebr. 光叶蔷薇
F9003180 — — — 中国、日本、韩国、菲律宾
Rosa multiflora Thunb. 野蔷薇
F9003183 — — — 中国东部、韩国、日本
Rosa multiflora 'Carnea' 荷花蔷薇
F9003181 — — — —
Rosa multiflora 'Platyphylla' 七姊妹
F9003182 — — — —
Rosa multiflora var. *carnea* Thory 淡粉七姊妹
F9003184 — — — —
Rosa odorata (Andrews) Sweet 香水月季
F9003185 中国特有 — — 中国
Rosa omeiensis Rolfe 峨眉蔷薇
0000609 — — — 亚洲温带
Rosa pendulina L. 垂枝蔷薇
F9003186 — — — 欧洲、亚洲
Rosa prattii Hemsl. 铁杆蔷薇
F9003187 中国特有 — — 中国中部
Rosa roxburghii Tratt. 缫丝花
F9003188 — — — 中国、印度、尼泊尔、孟加拉国、不丹
Rosa rugosa Thunb. 玫瑰
F9003189 — 濒危（EN） 二级 俄罗斯（远东地区）、中国北部、日本北部及中部

Rubus 悬钩子属

Rubus alceifolius Poir. 粗叶悬钩子
F9003190 — — — 印度尼西亚（爪哇岛、小巽他群岛）
Rubus amphidasys Focke 周毛悬钩子
F9003191 中国特有 — — 中国南部
Rubus bambusarum Focke 竹叶鸡爪茶
F9003192 中国特有 — — 中国
Rubus buergeri Miq. 寒莓
F9003193 — — — 中国南部；亚洲东部温带
Rubus chroosepalus Focke 毛萼莓
00046795 — — — 越南、中国
Rubus cockburnianus Hemsl. 华中悬钩子
F9003194 — — — 亚洲温带
Rubus conduplicatus Duthie ex J. H. Veitch 苦悬钩子
F9003195 — — — 中国、越南、日本
Rubus corchorifolius L. f. 山莓
00046109 — — — 中国、中南半岛北部、韩国、日本
Rubus coreanus var. *tomentosus* Cardot 毛叶插田藨
F9003196 中国特有 — — 中国
Rubus flagelliflorus Focke 攀枝莓
F9003197 中国特有 — — 中国
Rubus friesiorum Gust.
F9003198 — — — 肯尼亚
Rubus gressittii F. P. Metcalf 江西悬钩子
F9003199 中国特有 — — 中国
Rubus henryi var. *sozostylus* (Focke) T. T. Yu & L. T. Lu 大叶鸡爪茶
F0037825 中国特有 — — 中国
Rubus hirsutus Thunb. 蓬藟
00048131 — — — 中国南部；亚洲东部温带
Rubus hunanensis Hand.-Mazz. 湖南悬钩子
F9003200 中国特有 — — 中国
Rubus ichangensis Hemsl. & Kuntze 宜昌悬钩子
00046825 中国特有 — — 中国
Rubus idaeus L. 覆盆子
00047783 — — — 欧亚大陆温带
Rubus innominatus S. Moore 白叶莓
F9003201 中国特有 — — 中国
Rubus inopertus (Focke) Focke 红花悬钩子
F9003202 — — — 中国、尼泊尔、不丹、孟加拉国、越南；亚洲温带
Rubus irenaeus Focke 灰毛藨
F9003203 中国特有 — — 中国
Rubus irenaeus var. *innoxius* (Focke) T. T. Yu & L. T. Lu 尖裂灰毛藨
F9003204 中国特有 — — 中国
Rubus jinfoshanensis T. T. Yu & L. T. Lu 金佛山悬钩子

F9003205 中国特有 — — 中国

Rubus kumaonensis N. P. Balakr. 库莽悬钩子

F9003206 — — — 中国

Rubus lambertianus var. glaber Hemsl. 光滑高粱藨

F9003207 — — — 中国、日本

Rubus leucanthus Hance 白花悬钩子

0004106 — — — 中国南部、中南半岛

Rubus malifolius Focke 棠叶悬钩子

F9003208 中国特有 — — 中国

Rubus pacificus Hance 太平莓

F9003209 中国特有 — — 中国

Rubus palmatus Thunb. 掌叶覆盆子

F9003210 — — — 韩国、日本

Rubus parvifolius L. 茅莓

F0025704 — — — 中国、越南、澳大利亚东部及东南部；
亚洲东部温带

Rubus pectinellus Maxim. 黄藨

F9003211 — — — 中国南部、日本中部及南部、菲律宾

Rubus pentagonus Wall. 掌叶悬钩子

F9003212 — — — 中国；亚洲

Rubus pileatus Focke 菰帽悬钩子

F9003213 — — — 亚洲温带

Rubus playfairianus Hemsl. ex Focke 五叶鸡爪茶

F9003214 中国特有 — — 中国中部

Rubus quinquefoliolatus T. T. Yu & L. T. Lu 五叶悬钩子

F9003215 中国特有 — — 中国

Rubus reflexus Ker Gawl. 锈毛莓

0002328 中国特有 — — 中国

Rubus reflexus var. hui (Diels ex H. H. Hu) F. P. Metcalf 浅
裂锈毛莓

F9003216 中国特有 — — 中国

Rubus rosifolius Sm. 空心藨

00046235 — — — 中国；亚洲热带

Rubus rufus Focke 棕红悬钩子

F9003217 — — — 泰国、越南、中国

Rubus setchuenensis Bureau & Franch. 川莓

00046506 — — — 越南、中国

Rubus simplex Focke 单茎悬钩子

F9003218 中国特有 — — 中国

Rubus stans Focke 直立悬钩子

F9003219 中国特有 — — 中国

Rubus swinhoei Hance 木莓

F9003220 — — — 亚洲温带

Rubus tephrodes Hance 灰白毛莓

F9003221 中国特有 — — 中国

Rubus tsangii Merr. 光滑悬钩子

F9003222 中国特有 — — 中国

Rubus wallichianus Wight & Arn. 红毛悬钩子

F9003223 — — — 越南；南亚、东亚南部

Rubus xanthocarpus Bureau & Franch. 黄果悬钩子

F9003224 中国特有 — — 中国

Sanguisorba 地榆属

Sanguisorba officinalis L. 地榆

F9003225 — — — 北半球温带

Sanguisorba officinalis var. longifolia (Bertol.) T. T. Yu & C. L.
Li 长叶地榆

F9003226 — — — 俄罗斯、中国、韩国

Sorbaria 珍珠梅属

Sorbaria kirilowii (Regel) Maxim. 华北珍珠梅

F9003227 — — — 中国、韩国

Sorbus 花楸属

Sorbus caloneura (Stapf) Rehder 美脉花楸

F9003228 — — — 中国南部、越南

Sorbus discolor (Maxim.) Maxim. 北京花楸

F9003229 中国特有 — — 中国

Sorbus folgneri (C. K. Schneid.) Rehder 石灰花楸

F9003230 中国特有 — — 中国中部

Sorbus wilsoniana C. K. Schneid. 华西花楸

F9003231 中国特有 — — 中国南部

Spiraea 绣线菊属

Spiraea blumei G. Don 绣球绣线菊

F9003232 — — — 中国、韩国、日本中南部

Spiraea cantoniensis Lour. 麻叶绣线菊

0000921 — — — 中国

Spiraea chinensis Maxim. 中华绣线菊

0002116 — — — 中国、韩国

Spiraea japonica L. f. 粉花绣线菊

F9003236 — — — 日本中南部

Spiraea japonica 'Fortunei' 光叶粉花绣线菊

F9003233 — — —

Spiraea japonica 'Glabra' 无毛粉花绣线菊

F9003234 — — —

Spiraea japonica 'Gold Flame' 金焰绣线菊

F9003235 — — —

Spiraea martini H. Léveillé 毛枝绣线菊

F9003237 — — —

Spiraea nervosa Franch. & Sav. 毛花绣线菊

F9003238 — — — 日本中南部

Spiraea ovalis Rehder 广椭绣线菊

F9003239 — — — 亚洲温带

Spiraea prunifolia Siebold & Zucc. 李叶绣线菊

F9003240 — — — 中国南部

もう

Spiraea prunifolia var. *simpliciflora* (Nakai) Nakai 单瓣李叶绣线菊
F9003241 中国特有 — — 中国
Spiraea trilobata L. 三裂绣线菊
F9003242 — — — 亚洲温带

Elaeagnaceae 胡颓子科

Elaeagnus 胡颓子属

Elaeagnus angustifolia L. 沙枣
F9003243 — — — 欧洲东部、亚洲温带
Elaeagnus bockii Diels 长叶胡颓子
00047727 中国特有 — — 中国中部
Elaeagnus glabra Thunb. 蔓胡颓子
00046602 — — — 中国、韩国、日本中部及南部
Elaeagnus henryi Warb. ex Diels 宜昌胡颓子
F9003244 中国特有 — — 中国南部
Elaeagnus lanceolata Warb. 披针叶胡颓子
F9003245 中国特有 — — 中国
Elaeagnus loureiroi Champ. 鸡柏紫藤
00044969 — — — 中国南部、越南
Elaeagnus magna (Servett.) Rehder 银果牛奶子
F9003246 中国特有 — — 中国南部
Elaeagnus multiflora Thunb. 木半夏
F9003247 — — — 中国南部、韩国、千岛群岛、日本中北部
Elaeagnus pungens Thunb. 胡颓子
0002960 — — — 中国、韩国、日本中南部及南部
Elaeagnus tutcheri Dunn 香港胡颓子
F9003248 中国特有 — — 中国
Elaeagnus umbellata Thunb. 牛奶子
F9003249 — — — 阿富汗；亚洲东部温带
Elaeagnus viridis Servett. 绿叶胡颓子
F9003250 中国特有 — — 中国

Rhamnaceae 鼠李科

Berchemia 勾儿茶属

Berchemia flavescens (Wall.) Wall. ex Brongn. 黄背勾儿茶
F9003251 — — — 中国（中部及喜马拉雅山脉中东部）
Berchemia floribunda (Wall.) Brongn. 多花勾儿茶
0002882 — — — 印度西北部、中国（中南部及喜马拉雅山脉）、韩国、日本
Berchemia kulingensis C. K. Schneid. 牯岭勾儿茶
F9003252 中国特有 — — 中国南部
Berchemia lineata (L.) DC. 铁包金
00005714 — — — 中国、印度、尼泊尔、韩国、朝鲜、日本

Berchemia sinica C. K. Schneid. 勾儿茶
00047544 中国特有 — — 中国

Berchemiella 小勾儿茶属

Berchemiella wilsonii (C. K. Schneid.) Nakai 小勾儿茶
F9003253 中国特有 — 二级 中国

Frangula 裸芽鼠李属

Frangula crenata (Siebold & Zucc.) Miq. 长叶冻绿
00046743 — — — 中国、中南半岛、韩国、日本中南部

Hovenia 枳椇属

Hovenia acerba Lindl. 枳椇
F0037031 — — — 中国、尼泊尔
Hovenia dulcis Thunb. 北枳椇
F9003254 — — — 南亚、东亚

Paliurus 马甲子属

Paliurus ramosissimus (Lour.) Poir. 马甲子
00046133 — — — 中国南部；亚洲东部温带

Rhamnus 鼠李属

Rhamnus brachypoda C. Y. Wu 山绿柴
00011382 中国特有 — — 中国
Rhamnus esquirolii H. Lév. 贵州鼠李
F9003255 中国特有 — — 中国
Rhamnus globosa Bunge 圆叶鼠李
F9003256 中国特有 — — 中国
Rhamnus hemsleyana C. K. Schneid. 亮叶鼠李
F9003257 中国特有 — — 中国
Rhamnus heterophylla Oliv. 异叶鼠李
F9003258 中国特有 — — 中国中部
Rhamnus lamprophylla C. K. Schneid. 钩齿鼠李
F9003259 中国特有 — — 中国南部
Rhamnus leptophylla C. K. Schneid. 薄叶鼠李
F9003260 中国特有 — — 中国
Rhamnus napalensis (Wall.) M. A. Lawson 尼泊尔鼠李
F9003261 — — — 科摩罗、马达加斯加、中国、尼泊尔、巴布亚新几内亚、社会群岛
Rhamnus sargentiana C. K. Schneid. 多脉鼠李
F9003262 中国特有 — — 中国
Rhamnus utilis Decne. 冻绿
F9003263 — — — 越南；亚洲温带

Sageretia 雀梅藤属

Sageretia pycnophylla C. K. Schneid. 对刺雀梅藤
00046944 中国特有 — — 中国
Sageretia rugosa Hance 皱叶雀梅藤
00046627 中国特有 — — 中国南部

Sageretia thea (Osbeck) M. C. Johnst. 雀梅藤

0000166 — — — 阿拉伯半岛、中国中部及南部、马来半岛；亚洲东部温带、非洲中部

Ziziphus 枣属

Ziziphus jujuba Mill. 枣

F9003264 — — — 中国北部及东部、韩国

Ziziphus jujuba var. *spinosa* (Bunge) H. H. Hu ex H. F. Chow 酸枣

F9003265 中国特有 — — 中国

Ulmaceae 榆科

Ulmus 榆属

Ulmus elongata L. K. Fu & C. S. Ding 长序榆

F9003266 中国特有 濒危（EN） 二级 中国

Ulmus parvifolia Jacq. 榔榆

00005500 — — — 中国、越南、韩国、日本

Ulmus pumila L. 榆树

00005530 — — — 俄罗斯（西伯利亚南部）、韩国；亚洲中部

Cannabaceae 大麻科

Aphananthe 糙叶树属

Aphananthe cuspidata (Blume) Planch. 滇糙叶树

F9003267 — — — 中国；亚洲热带

Cannabis 大麻属

Cannabis sativa L. 大麻

F9003268 — — — 中国、巴基斯坦；欧洲中部

Celtis 朴属

Celtis sinensis Pers. 朴树

00005636 — — — 中国、中南半岛；亚洲东部温带

Gironniera 白颜树属

Gironniera subaequalis Planch. 白颜树

F9003269 — — — 中国南部、中南半岛、巴布亚新几内亚

Humulus 葎草属

Humulus scandens (Lour.) Merr. 葎草

F9003270 — — — 俄罗斯（远东地区）、越南北部；亚洲东部温带

Pteroceltis 青檀属

Pteroceltis tatarinowii Maxim. 青檀

00005567 中国特有 — — 中国

Trema 山黄麻属

Trema cannabina Lour. 光叶山黄麻

F9003271 — — — 中国、中南半岛；亚洲东部

Trema orientalis (L.) Blume 异色山黄麻

F9003272 — — — 中国；亚洲中南部及南部

Trema tomentosa (Roxb.) H. Hara 山黄麻

0000968 — — — 中国、中南半岛；亚洲东部

Moraceae 桑科

Antiaris 见血封喉属

Antiaris toxicaria (J. F. Gmel.) Lesch. 见血封喉

00011908 — 近危（NT） — 中国南部；亚洲热带

Artocarpus 波罗蜜属

Artocarpus altilis (Parkinson) Fosberg 面包树

00045054 — — —

Artocarpus heterophyllus Lam. 波罗蜜

0004109 — — — 印度西南部

Artocarpus hypargyreus Hance ex Benth. 白桂木

0000026 中国特有 濒危（EN） — 中国南部

Artocarpus nitidus subsp. *lingnanensis* (Merr.) F. M. Jarrett 桂木

F9003273 中国特有 — — 中国

Artocarpus styracifolius Pierre 二色波罗蜜

00048009 — — — 中国南部、中南半岛

Artocarpus tonkinensis A. Chev. ex Gagnep. 胭脂

F9003274 — — — 中国南部、中南半岛

Dorstenia 琉桑属

Dorstenia elata Gardner 琉桑

0003574 — — — 巴西东部

Dorstenia foetida Schweinf. 臭琉桑

F9003275 — — — 阿拉伯半岛；非洲热带东北部

Ficus 榕属

Ficus altissima Blume 高山榕

00000406 — — — 中国南部；亚洲热带

Ficus altissima 'Golden Edged' 花叶高山榕

0004231 — — —

Ficus auriculata Lour. 大果榕

F9003276 — — — 巴基斯坦、中国南部、马来半岛

Ficus benghalensis L. 孟加拉榕

F9003277 — — —

Ficus benguetensis Merr. 黄果榕

0003582 — — — 琉球群岛、菲律宾

Ficus benjamina L. 垂叶榕

0000110 — — — 澳大利亚北部；亚洲热带及亚热带

Ficus benjamina 'Variegata' 斑叶垂榕

F9003278 — — —

Ficus binnendijkii 'Alii' 亚里垂榕

0004056 — — — —

Ficus binnendijkii 'Alii Gold'　金叶亚里垂榕

F9003279 — — — —

Ficus carica L.　无花果

0001600 — — — 地中海地区东部、阿富汗；亚洲中部

Ficus concinna (Miq.) Miq.　雅榕

00048098 — — — 印度、中国南部、加里曼丹岛

Ficus cyathistipula Warb.　革叶榕

0002600 — — — 喀麦隆、肯尼亚；非洲南部热带

Ficus drupacea Thunb.　枕果榕

F9003280 — — — 中国、澳大利亚（昆士兰州北部）；亚洲热带

Ficus elastica Roxb. ex Hornem.　印度榕

00005917 — — — 中国、尼泊尔、马来西亚西部

Ficus elastica 'Decora Burgundy'　黑叶橡胶榕

0002197 — — — —

Ficus elastica 'Decora Tricolor'　美叶橡胶榕

0002877 — — — —

Ficus elastica 'Doescheri'　花叶橡胶榕

0002034 — — — —

Ficus elastica 'Robusta'　大叶橡胶榕

0002806 — — — —

Ficus elastica 'Variegata'　斑叶橡胶榕

F9006910 — — — —

Ficus erecta Thunb.　矮小天仙果

F9003281 — — — 中国、印度、尼泊尔、孟加拉国、不丹、越南；亚洲东部温带

Ficus fistulosa Reinw. ex Blume　水同木

00011364 — — — 印度（阿萨姆邦）、中国、马来西亚、巴布亚新几内亚东部

Ficus formosana Maxim.　台湾榕

F0036487 — — — 中国、越南北部

Ficus 'Golden Princess'　花叶垂榕

F9003282 — — — —

Ficus henryi Warb. ex Diels　尖叶榕

F9003283 — — — 中国、越南北部

Ficus heteromorpha Hemsl.　异叶榕

0004643 — — — 中国、缅甸

Ficus heterophylla L. f.　山榕

F9003284 — — — 印度、中国、马来西亚西部

Ficus hispida L. f.　对叶榕

0003416 — — — 中国南部、澳大利亚北部；亚洲热带

Ficus laevis Blume　光叶榕

F9003285 — 易危（VU） — 马来西亚西部；南亚、东亚

Ficus lyrata Warb.　大琴叶榕

0001599 — — — 非洲西部及中西部热带

Ficus macrophylla Pers.　澳洲大叶榕

F9003286 — — — 印度南部、澳大利亚东部

Ficus macropodocarpa H. Lév. & Vaniot　竹叶榕

00018272 — — — 中国南部、中南半岛

Ficus microcarpa L. f.　榕树

00005511 — — — 加罗林群岛；亚洲热带及亚热带

Ficus microcarpa 'Crassifolia'　厚叶榕

00005578 — — — —

Ficus microcarpa 'Golden Leaves'　黄金榕

00005623 — — — —

Ficus microcarpa 'Yellow Stripe'　黄斑榕

F9006924 — — — —

Ficus microphylla 'Golden Leaves'　金叶榕

F9003287 — — — —

Ficus microphylla 'Milky'　乳斑榕

F9003288 — — — —

Ficus natalensis subsp. *leprieurii* (Miq.) C. C. Berg　三角叶榕

0000932 — — — 赞比亚西部；非洲西部热带

Ficus pandurata Hance　琴叶榕

F9003289 — — — 中国南部、中南半岛

Ficus pertusa L. f.　孔榕

0004178 — — — 美洲热带

Ficus petiolaris Kunth　大头榕

0000360 — — — 墨西哥

Ficus pumila L.　薜荔

0000764 — — — 中国、中南半岛；亚洲东部

Ficus pumila 'Awkeotsang'　爱玉子

F9003290 — — — —

Ficus pumila 'Variegata'　花叶薜荔

F9003291 — — — —

Ficus pyriformis Hook. & Arn.　舶梨榕

00047169 — — — 孟加拉国、中国、中南半岛

Ficus religiosa L.　菩提树

0001498 — — — 巴基斯坦、缅甸

Ficus rubiginosa Desf. ex Vent.　绣毛榕

0001763 — — — 澳大利亚东部

Ficus ruyuanensis X. S. Zhang　乳源榕

F0035700 中国特有 易危（VU） — 中国

Ficus sagittata Vahl　羊乳榕

F9003292 — — — 加罗林群岛；亚洲热带及亚热带

Ficus sarmentosa Buch.-Ham. ex Sm.　匍茎榕

F9003293 — — — 喜马拉雅山脉中部、缅甸

Ficus sarmentosa var. *henryi* (King ex Oliv.) Corner　珍珠莲

F0036975 中国特有 — — 中国

Ficus sarmentosa var. *impressa* (Champ. ex Benth.) Corner　爬藤榕

00046095 中国特有 — — 中国

Ficus simplicissima Lour.　极简榕

0004799 — 易危（VU）— 中国、尼泊尔、中南半岛、印度尼西亚（苏门答腊岛、爪哇岛）

Ficus subpisocarpa Gagnep.　笔管榕

F9003294 — — — 中南半岛、日本、印度尼西亚（马鲁古群岛）

Ficus subulata Blume　假斜叶榕

F9003295 — — — 中国、尼泊尔、巴布亚新几内亚

Ficus tikoua Bureau　地果

0004045 — — — 中国、中南半岛

Ficus tinctoria subsp. *gibbosa* (Blume) Corner　斜叶榕

F9003296 — — — 中国；亚洲南部

Ficus triloba Buch.-Ham. ex Voigt　黄毛榕

0000558 — — — 印度（锡金）、中国南部、印度尼西亚（苏门答腊岛北部及东部）

Ficus vaccinioides Hemsl. & King　越橘叶蔓榕

00047793 中国特有 濒危（EN）— 中国

Ficus variegata Blume　杂色榕

00000014 — — — 印度东部、中国南部、澳大利亚（昆士兰州北部）

Ficus variolosa Lindl. ex Benth.　变叶榕

0001194 — — — 中国南部、中南半岛

Ficus virens Aiton　黄葛树

F9003297 — — — 加罗林群岛；亚洲热带及亚热带

Maclura　橙桑属

Maclura cochinchinensis (Lour.) Corner　构棘

00011617 — — — 亚洲热带及亚热带

Morus　桑属

Morus alba L.　桑

0000184 中国特有 — — 中国中部

Morus alba 'Pendula'　垂枝桑

F9003298 — — —

Morus alba 'Tortuosa'　龙爪桑

F9003299 — — —

Morus cathayana Hemsl.　华桑

F9003300 — — — 中国、日本

Morus indica L.　鸡桑

F9003301 — — — 亚洲热带及温带

Streblus　鹊肾树属

Streblus asper Lour.　鹊肾树

0001957 — — — 亚洲热带及温带

Treculia　非洲面包树属

Treculia africana Decne. ex Trécul　非洲面包树

F9003302 — — — 马达加斯加；非洲热带

Urticaceae　荨麻科

Boehmeria　苎麻属

Boehmeria japonica (L. f.) Miq.　野线麻

F9003303 — — — 中国、千岛群岛；亚洲东部温带

Boehmeria japonica var. *tenera* (Blume) Friis & Wilmot-Dear　小赤麻

F9003304 — — — 中国、日本

Boehmeria nivea (L.) Gaudich.　苎麻

00046115 — — — 中国、中南半岛；亚洲东部温带

Cecropia　号角树属

Cecropia pachystachya Trécul　深裂蚁栖树

F9003305 — — — 南美洲东北部

Cecropia peltata L.　号角树

F9003306 — — — 牙买加、巴巴多斯；拉丁美洲

Chamabainia　微柱麻属

Chamabainia cuspidata Wight　微柱麻

F9003307 — — — 中国、印度、尼泊尔、孟加拉国、不丹、印度尼西亚（爪哇岛）

Elatostema　楼梯草属

Elatostema acuminatum (Poir.) Brongn.　渐尖楼梯草

F9003308 — — — 印度、中国南部、加里曼丹岛北部

Elatostema boehmerioides W. T. Wang　苎麻楼梯草

F9003309 中国特有 — — 中国（西藏东南部）

Elatostema hookerianum Wedd.　疏晶楼梯草

F9003310 — — — 尼泊尔东部、中国南部

Elatostema ichangense H. Schroet.　宜昌楼梯草

F9003311 中国特有 — — 中国南部

Elatostema incisoserratum H. Schroet.　羽脉赤车

F9003312 中国特有 — — 中国

Elatostema latifolium (Blume) Blume ex H. Schroet.　长柄赤车

F9003313 — — — 中国、马来半岛西部

Elatostema radicans (Siebold & Zucc.) Wedd.　赤车

F9003314 — — — 中国南部、越南北部；亚洲东部温带

Elatostema sessile J. R. Forst. & G. Forst.　无柄楼梯草

F9003315 — — — 社会群岛

Elatostema stewardii Merr.　庐山楼梯草

F9003316 中国特有 — — 中国

Elatostema tenuicaudatum W. T. Wang　细尾楼梯草

F9003317 — — — 中国南部、越南北部

Elatostema trichocarpum Hand.-Mazz.　疣果楼梯草

F9003318 中国特有 — — 中国

Gonostegia　糯米团属

Gonostegia hirta (Hassk.) Miq.　糯米团

00048157 — — — 澳大利亚北部；亚洲热带及亚热带

Oreocnide 紫麻属

Oreocnide frutescens (Thunb.) Miq. 紫麻
F9003319 — — — 亚洲热带及温带

Pellionia 赤车属

Pellionia grijsii Hance 华南赤车
F9003320 — — — 中国南部、越南北部
Pellionia pellucida (Raf.) Merr. 蔓赤车
00047533 — — — 中国、越南北部、日本、韩国

Pilea 冷水花属

Pilea angulata subsp. *latiuscula* C. J. Chen 华中冷水花
F9003321 中国特有 — — 中国南部
Pilea basicordata W. T. Wang 基心叶冷水花
F0024237 — — — 中国、越南北部
Pilea boniana Gagnep. 五萼冷水花
F9003322 — — — 中国、越南北部
Pilea cadierei Gagnep. & Guillaumin 花叶冷水花
0001019 — — — 中国、越南
Pilea cavaleriei H. Lév. 波缘冷水花
F9003323 — — — 不丹、中国南部
Pilea cordistipulata C. J. Chen 心托冷水花
F9003324 中国特有 — — 中国
Pilea elegantissima C. J. Chen 石林冷水花
F9003325 — — — 中国、缅甸、老挝、越南、泰国北部
Pilea glaberrima (Blume) Blume 点乳冷水花
F9003326 — — — 中国南部；亚洲热带
Pilea hexagona C. J. Chen 六棱茎冷水花
F9003327 — 易危（VU） — 中国、越南北部
Pilea inaequalis (Juss. ex Poir.) Wedd. 毛虾蟆草
F9003328 — — — 加勒比地区、委内瑞拉
Pilea lomatogramma Hand.-Mazz. 隆脉冷水花
F9003329 中国特有 — — 中国
Pilea melastomoides (Poir.) Wedd. 长序冷水花
F9003330 — — — 亚洲热带及温带
Pilea microphylla (L.) Liebm. 小叶冷水花
0003192 — — — 美国；拉丁美洲
Pilea microphylla 'Rubrum' 古铜叶冷水花
F9003331 — — — —
Pilea monilifera Hand.-Mazz. 念珠冷水花
F9003332 中国特有 — — 中国南部
Pilea notata C. H. Wright 冷水花
F9003333 — — — 中国、越南、日本
Pilea nummulariifolia (Sw.) Wedd. 泡叶冷水花
0003421 — — — 拉丁美洲
Pilea peltata Hance 盾叶冷水花

00048177 — — — 中国、越南
Pilea peperomioides Diels 镜面草
0004614 中国特有 濒危（EN） — 中国
Pilea plataniflora C. H. Wright 石筋草
F9003334 — — — 中国、中南半岛
Pilea spinulosa C. J. Chen 刺果冷水花
F9003335 — — — 中国、越南北部
Pilea spruceana 'Norfolk' 银脉虾蟆草
F9003336 — — — —
Pilea subcoriacea (Hand.-Mazz.) C. J. Chen 翅茎冷水花
00047498 中国特有 — — 中国南部

Pourouma 雨葡萄属

Pourouma cecropiifolia Mart. 亚马孙葡萄
F9003337 — — — 洪都拉斯；美洲南部热带

Pouzolzia 雾水葛属

Pouzolzia sanguinea (Blume) Merr. 红雾水葛
F9003338 — — — 中国、印度、尼泊尔、孟加拉国、不丹、马来西亚西部

Procris 藤麻属

Procris crenata C. B. Rob. 藤麻
F9003339 — — — 马达加斯加；非洲热带、亚洲热带及亚热带
Procris repens (Lour.) B. J. Conn & Hadiah 吐烟花
F0026876 — — — 中国、中南半岛、马来西亚
Procris repens 'Pulchra' 花叶吐烟花
0003914 — — — —

Urtica 荨麻属

Urtica fissa E. Pritz. 荨麻
F9003340 — — — 中国、越南东北部、菲律宾

Fagaceae 壳斗科

Castanea 栗属

Castanea mollissima Blume 栗
00047023 — — — 中国、朝鲜

Castanopsis 锥属

Castanopsis calathiformis (Skan) Rehder & E. H. Wilson 枹丝锥
F9003341 — — — 印度（阿萨姆邦）、中南半岛、中国
Castanopsis carlesii (Hemsl.) Hayata 米槠
F9003342 — — — 中国、越南
Castanopsis fargesii Franch. 栲
F9003343 中国特有 — — 中国
Castanopsis fissa (Champ. ex Benth.) Rehder & E. H. Wilson

鳞苞锥

00046608 — — — 中国、中南半岛

Castanopsis kawakamii Hayata　吊皮锥

F9003344 — 易危（VU） — 中国、越南

Castanopsis purpurella (Miq.) N. P. Balakr.　红锥

00046611 — — — 中国、尼泊尔东南部

Castanopsis tibetana Hance　钩锥

F9003345 中国特有 — — 中国

Cyclobalanopsis　青冈属

Cyclobalanopsis augustinii (Skan) Schottky　窄叶青冈

F9003346 — — — 中国、越南

Fagus　水青冈属

Fagus engleriana Seemen ex Diels　米心水青冈

F9003347 中国特有 — — 中国

Fagus hayatae Palib. ex Hayata　台湾水青冈

F9003348 中国特有 — 二级 中国

Fagus lucida Rehder & E. H. Wilson　光叶水青冈

F9003349 中国特有 — — 中国中部

Fagus sinensis Oliv.　水青冈

F9003350 — — — 中国南部及中部、越南北部

Lithocarpus　柯属

Lithocarpus cleistocarpus (Seemen) Rehder & E. H. Wilson 包果柯

F9003351 中国特有 — — 中国南部

Lithocarpus corneus (Lour.) Rehder　烟斗柯

F9003352 — — — 中国、中南半岛

Lithocarpus glaber (Thunb.) Nakai　柯

0004464 — — — 日本中南部、中国南部

Lithocarpus hancei (Benth.) Rehder　硬壳柯

F9003353 中国特有 — — 中国

Lithocarpus henryi (Seemen) Rehder & E. H. Wilson　灰柯

F9003354 中国特有 — — 中国

Lithocarpus ithyphyllus Chun ex H. T. Chang　挺叶柯

F9003355 中国特有 — — 中国

Lithocarpus litseifolius (Hance) Chun　木姜叶柯

F9003356 — — — 印度（阿萨姆邦）、中南半岛、中国南部

Lithocarpus paihengii Chun & Tsiang　大叶苦柯

F9003357 中国特有 近危（NT） — 中国

Lithocarpus uvariifolius (Hance) Rehder　紫玉盘柯

00046635 中国特有 — — 中国

Quercus　栎属

Quercus acrodonta Seemen　岩栎

F9003358 中国特有 — — 中国

Quercus aliena 'Acutiserrata'　'Acutiserrata'槲栎

F9003359 — — — —

Quercus cambodiensis Hickel & A. Camus　雷公青冈

F9003360 — — — 柬埔寨

Quercus championii Benth.　岭南青冈

F9003361 中国特有 — — 中国

Quercus edithiae Skan　华南青冈

F9003362 中国特有 — — 中国

Quercus engleriana Seemen　巴东栎

F9003363 中国特有 — — 中国

Quercus glauca Thunb.　青冈

F9003364 — — — 中国、印度、尼泊尔、韩国、朝鲜、日本

Quercus litseoides Dunn　木姜叶青冈

F9003365 中国特有 — — 中国

Quercus macrocalyx Hickel & A. Camus　饭甑树

F9003366 — — — 中国南部、中南半岛

Quercus myrsinifolia Blume　小叶青冈

00047890 — — — 日本中南部、韩国、中国、中南半岛

Quercus phillyraeoides A. Gray　乌冈栎

F9003367 — — — —

Quercus saravanensis A. Camus　薄叶青冈

F9003368 — — — 中国、中南半岛

Quercus schottkyana Rehder & E. H. Wilson　滇青冈

F9003369 中国特有 — — 中国

Quercus serrata Murray　枹栎

F9003370 — — — 中国、印度、尼泊尔、孟加拉国、不丹、韩国、日本

Quercus spinosa David　刺叶高山栎

F9003371 — — — 中国、缅甸

Quercus stewardiana A. Camus　褐叶青冈

F9003372 中国特有 — — 中国南部

Myricaceae　杨梅科

Myrica　香杨梅属

Myrica rubra (Lour.) Siebold & Zucc.　杨梅

0004003 — — — 中国南部、菲律宾；亚洲东部温带

Juglandaceae　胡桃科

Cyclocarya　青钱柳属

Cyclocarya paliurus (Batalin) Iljinsk.　青钱柳

00046648 中国特有 — — 中国

Juglans　胡桃属

Juglans mandshurica Maxim.　胡桃楸

F9003373 — — — 俄罗斯（远东地区）、中国、朝鲜

Juglans regia L.　胡桃

F9003374 — 易危（VU）— 喜马拉雅山脉西部；亚洲

Platycarya　化香树属

Platycarya strobilacea Siebold & Zucc.　化香树

F9003375 — — — 中国、越南、韩国、日本

Pterocarya　枫杨属

Pterocarya stenoptera C. DC.　枫杨

00048115 — — — 中国、日本

Casuarinaceae　木麻黄科

Allocasuarina　异木麻黄属

Allocasuarina nana (Sieber ex Spreng.) L. A. S. Johnson　千头木麻黄

0004445 — — — 澳大利亚

Casuarina　木麻黄属

Casuarina cunninghamiana Miq.　细枝木麻黄

F9003376 — — — 澳大利亚北部及东部

Casuarina equisetifolia L.　木麻黄

F9003377 — — — 印度；西太平洋岛屿

Casuarina glauca Sieber ex Spreng.　粗枝木麻黄

F9003378 — — — 澳大利亚东部

Betulaceae　桦木科

Alnus　桤木属

Alnus lanata Duthie ex Bean　毛桤木

F9003379 中国特有 — — 中国

Alnus nepalensis D. Don　尼泊尔桤木

F9003380 — — — 中国、印度、尼泊尔、孟加拉国、不丹、中南半岛北部

Betula　桦木属

Betula luminifera H. J. P. Winkl.　亮叶桦

0000918 中国特有 — — 中国

Betula utilis subsp. *albosinensis* (Burkill) Ashburner & McAll.　红桦

F9003381 中国特有 — — 中国北部及中部

Carpinus　鹅耳枥属

Carpinus viminea Lindl. ex Wall.　雷公鹅耳枥

F9003382 — — — 中国、韩国、中南半岛北部

Corylus　榛属

Corylus chinensis Franch.　华榛

F9003383 中国特有 — — 中国

Corylus heterophylla var. *sutchuenensis* Franch.　川榛

F9003384 中国特有 — — 中国

Coriariaceae　马桑科

Coriaria　马桑属

Coriaria nepalensis Wall.　马桑

F9003385 — — — 中国；亚洲中部及南部

Cucurbitaceae　葫芦科

Benincasa　冬瓜属

Benincasa hispida (Thunb.) Cogn.　冬瓜

F9003386 — — — 马来西亚中南部；西南太平洋岛屿

Citrullus　西瓜属

Citrullus lanatus (Thunb.) Matsum. & Nakai　西瓜

F9003387 — — — 非洲南部

Cucumis　黄瓜属

Cucumis melo L.　甜瓜

F9003389 — — — 叙利亚、阿拉伯半岛、澳大利亚；非洲南部、南亚

Cucumis melo 'Horsetail Suakwa'　马尾丝瓜

F9003388 — — —

Cucumis sativus L.　黄瓜

F9003390 — — — 中国、印度、尼泊尔、不丹、孟加拉国、缅甸、泰国北部

Cucurbita　南瓜属

Cucurbita melopepo L.　西葫芦

F9003391 — — — 起源于美国中部及东部

Cucurbita moschata Duchesne　南瓜

F9003392 — — — 起源于墨西哥、危地马拉

Echinopepon　香脂瓜属

Echinopepon racemosus (Steud.) C. Jeffrey

F9003393 — — — 拉丁美洲

Gerrardanthus　睡莲壶属

Gerrardanthus lobatus (Cogn.) C. Jeffrey　浅裂睡布袋

F9003394 — — — 非洲中部

Gerrardanthus macrorhizus Harv. ex Benth. & Hook. f.　睡布袋

00019235 — — — 莫桑比克南部、南非

Gynostemma　绞股蓝属

Gynostemma pentaphyllum (Thunb.) Makino　绞股蓝

F9003395 — — — 中国、印度、尼泊尔、韩国、朝鲜、日本、马来西亚

Hemsleya　雪胆属

Hemsleya chinensis Cogn. ex F. B. Forbes & Hemsl.　雪胆

F9003396 — — — 中国、越南

Lagenaria 葫芦属

Lagenaria guineensis (G. Don) C. Jeffrey

F0031504 — — — 非洲西部及中西部热带

Lagenaria siceraria (Molina) Standl. 葫芦

F9003397 — — — 埃塞俄比亚、坦桑尼亚；非洲西部热带

Lagenaria siceraria 'Alba' 白蒲瓜

F9003398 — — — —

Luffa 丝瓜属

Luffa acutangula (L.) Roxb. 广东丝瓜

F9003399 — — — 南亚

Momordica 苦瓜属

Momordica charantia L. 苦瓜

F9003400 — — — 世界热带及亚热带

Momordica cochinchinensis (Lour.) Spreng. 木鳖子

F9003401 — — — 亚洲热带及亚热带

Trichosanthes 栝楼属

Trichosanthes cucumerina L. 瓜叶栝楼

F9003402 — — — 澳大利亚北部；亚洲热带及亚热带

Trichosanthes kirilowii Maxim. 栝楼

F9003403 — — — 中国北部及东部、日本

Trichosanthes pedata Merr. & Chun 趾叶栝楼

F9003404 — — — 中国南部、中南半岛

Trichosanthes pilosa Lour. 全缘栝楼

F9003405 — — — 澳大利亚北部；亚洲热带及亚热带

Trichosanthes rosthornii Harms 中华栝楼

F9003406 中国特有 — — 中国南部

Xerosicyos 碧雷鼓属

Xerosicyos danguyi Humbert 碧雷鼓

00019412 — — — 马达加斯加

Begoniaceae 秋海棠科

Begonia 秋海棠属

Begonia '2002-65' '2002-65'秋海棠

F9003413 — — — —

Begonia abdullahpieei Kiew

F0031239 — — — 马来半岛

Begonia acetosella Craib 无翅秋海棠

0002465 — 近危（NT） — 中国、印度、尼泊尔、不丹、孟加拉国、中南半岛

Begonia aconitifolia A. DC. 乌头叶秋海棠

0000251 — — — 巴西

Begonia 'Aguamarine' '海蓝宝石'秋海棠

0003950 — — — —

Begonia × *albopicta* W. Bull 银星秋海棠

F9003407 — — — 巴西东南部

Begonia algaia L. B. Sm. & Wassh. 美丽秋海棠

F0031442 中国特有 近危（NT） — 中国

Begonia alveolata T. T. Yu 点叶秋海棠

F9003414 — — — 中国、越南

Begonia amphioxus Sands 秋刀鱼秋海棠

F0031240 — — — 加里曼丹岛

Begonia × *anamea* 'Scorpio' 'Scorpio'秋海棠

F0028957 — — — —

Begonia angularis Raddi

F9003415 — — — 巴西东南部及南部

Begonia angulata Vell.

F9003416 — — — 巴西

Begonia 'Aquamarine 05' 'Aquamarine 05'秋海棠

F0031212 — — — —

Begonia arachnoidea C. I Peng, Yan Liu & S. M. Ku 蛛网脉秋海棠

F0031503 中国特有 — 二级 中国

Begonia 'Aries' 'Aries'秋海棠

F9003417 — — — —

Begonia 'Ashizawa' 'Ashizawa'秋海棠

0004054 — — — —

Begonia 'Ashizawa No. 1' '芦泽'秋海棠

F9003418 — — — —

Begonia asteropyrifolia Y. M. Shui & W. H. Chen 星果草叶秋海棠

F0031523 中国特有 濒危（EN） — 中国

Begonia augustinei Hemsl. 歪叶秋海棠

F9003419 中国特有 — — 中国

Begonia aurantiflora C. I Peng, Yan Liu & S. M. Ku 橙花侧膜秋海棠

F0031508 中国特有 濒危（EN） — 中国

Begonia austroguangxiensis Y. M. Shui & W. H. Chen 桂南秋海棠

F0031525 中国特有 — — 中国

Begonia austrotaiwanensis Y. K. Chen & C. I Peng 南台湾秋海棠

F0031241 中国特有 — — 中国

Begonia bamaensis Yan Liu & C. I Peng 巴马秋海棠

F0031324 中国特有 — — 中国

Begonia 'Benitochiba' '班尼'秋海棠

F9003420 — — — —

Begonia 'Benitosubomi' 'Benitosubomi'秋海棠

F9003421 — — — —

Begonia 'Bethlehem Star' '伯利恒之星'秋海棠
F9003422 — — — —

Begonia biflora T. C. Ku 双花秋海棠
F0031513 中国特有 易危（VU） — 中国

Begonia bogneri Ziesenh. 勃艮秋海棠
F0031242 — — — 马达加斯加东部

Begonia boisiana Gagnep. 波西亚秋海棠
F0030612 — — — 越南

Begonia 'Bokit' 'Bokit'秋海棠
F9003423 — — — —

Begonia bonii Gagnep. 越南秋海棠
F0031350 — — — 越南

Begonia bowerae Ziesenh. 豹耳秋海棠
0001569 — — — 墨西哥

Begonia bowerae 'Tiger' 'Tiger'豹耳秋海棠
0003239 — — — —

Begonia 'Bowtique' 'Bowtique'秋海棠
F9003424 — — — —

Begonia 'Boy Friend' 'Boy Friend'秋海棠
F0031268 — — — —

Begonia brevirimosa Irmsch. 希腊秋海棠
F0031243 — — — 巴布亚新几内亚

Begonia 'Bronze King' 'Bronze King'秋海棠
Q201701206860 — — — —

Begonia buimontana Yamam. 武威秋海棠
0000428 中国特有 — — 中国

Begonia bullatifolia L. Kollmann
F9003425 — — — 巴西

Begonia burkillii Dunn
F0030976 — — — 印度、缅甸北部

Begonia 'Caravan' '卡文'秋海棠
0002926 — — — —

Begonia 'Caribbean Jamaica' 'Caribbean Jamaica'秋海棠
0002924 — — — —

Begonia 'Carousel' '多汁'秋海棠
0002941 — — — —

Begonia 'Casey Carsten' '凯斯'秋海棠
0000792 — — — —

Begonia cathayana Hemsl. 花叶秋海棠
F0031284 — — — 中国、越南

Begonia cavaleriei H. Lév. 昌感秋海棠
F0031038 — — — 中国、越南

Begonia ceratocarpa S. H. Huang & Y. M. Shui 角果秋海棠
0002262 — — — 中国、越南

Begonia 'Chestnut Capers' '云纹'秋海棠
F9003426 — — — —

Begonia 'Chestnut H' '切斯纳特'秋海棠

0003627 — — — —

Begonia 'Chiba' 'Chiba'秋海棠
F9003427 — — — —

Begonia chingii Irmsch. 凤山秋海棠
F9003428 中国特有 — — 中国

Begonia chingipengii Rubite 镜毅秋海棠
F9003429 — — — 菲律宾

Begonia chishuiensis T. C. Ku 赤水秋海棠
F0031443 中国特有 — — 中国

Begonia chitoensis Tang S. Liu & M. J. Lai 溪头秋海棠
F9003430 中国特有 — — 中国北部及中部

Begonia chloroneura P. Wilkie & Sands 绿脉秋海棠
F9003431 — — — 菲律宾

Begonia chongzuoensis Yan Liu, S. M. Ku & C. I Peng 崇左秋海棠
F0031528 中国特有 — — 中国

Begonia × chungii C. I Peng & S. M. Ku 仲氏秋海棠
F9003408 中国特有 — — 中国

Begonia chuyunshanensis C. I Peng & Y. K. Chen 出云山秋海棠
F0031244 中国特有 — — 中国

Begonia circumlobata Hance 周裂秋海棠
F0031269 中国特有 — — 中国南部

Begonia cirrosa L. B. Sm. & Wassh. 卷毛秋海棠
F0031354 中国特有 — — 中国

Begonia clavicaulis Irmsch. 腾冲秋海棠
F9003432 中国特有 — — 中国

Begonia coccinea Hook. 珊瑚秋海棠
0002207 — — — 巴西

Begonia coelocentroides Y. M. Shui & Z. D. Wei 假侧膜秋海棠
F9003433 中国特有 — — 中国

Begonia conipila Irmsch. ex Kiew
F0031245 — — — 加里曼丹岛

Begonia convolvulacea (Klotzsch) A. DC. 藤状秋海棠
F0030144 — — — 巴西东南部

Begonia coptidifolia H. G. Ye, F. G. Wang, Y. S. Ye & C. I Peng 阳春秋海棠
F0031444 中国特有 极危（CR） 二级 中国

Begonia coptidimontana C. Y. Wu 黄连山秋海棠
F9003434 中国特有 — — 中国

Begonia corrugata Kiew & S. Julia
F9003435 — — — 加里曼丹岛

Begonia 'Cosmatka' '科斯迈克'秋海棠
0001604 — — — —

Begonia 'Crispa' '皱叶'秋海棠
F0030016 — — — —

Begonia crocea C. I Peng　橙花秋海棠
F0031447　中国特有 — — 中国

Begonia crystallina Y. M. Shui & W. H. Chen　水晶秋海棠
F9003436　中国特有 — — 中国

Begonia cubensis Hassk.　古巴秋海棠
F0031590 — — — 古巴

Begonia cucullata var. *hookeri* (A. DC.) L. B. Sm. & B. G. Schub.　四季秋海棠
0000080 — — — 巴西南部、阿根廷东北部

Begonia cucullata var. *hookeri* 'Florepleno'　四季重瓣秋海棠
F9003437 — — — —

Begonia cucullata var. *hookeri* 'Red Pearl'　大叶四季秋海棠
F9003438 — — — —

Begonia cucullata var. *hookeri* 'Scandinavian Pink'　淡红四季秋海棠
F9003439 — — — —

Begonia cucullata var. *hookeri* 'Scandinavian Red'　红花四季秋海棠
F9003440 — — — —

Begonia cucullata var. *hookeri* 'Scandinavian White'　白花四季秋海棠
F9003441 — — — —

Begonia 'Curly Sue'　'苏'秋海棠
F0030057 — — — —

Begonia curvicarpa S. M. Ku, C. I Peng & Yan Liu　弯果秋海棠
F0031338　中国特有　近危（NT） — 中国

Begonia cylindrica D. R. Liang & X. X. Chen　柱果秋海棠
F9003442　中国特有 — — 中国

Begonia 'Daisy'　'黛西'秋海棠
0003565 — — — —

Begonia daweishanensis S. H. Huang & Y. M. Shui　大围山秋海棠
F0031540　中国特有 — — 中国

Begonia daxinensis T. C. Ku　大新秋海棠
F9003443　中国特有　近危（NT） — 中国

Begonia debaoensis C. I Peng, Yan Liu & S. M. Ku　德保秋海棠
F0031510　中国特有　易危（VU） — 中国

Begonia decora Stapf　荧脉秋海棠
F0031247 — — — 马来半岛

Begonia deliciosa Begonia 'Deliciosa'　银点秋海棠
F0030374 — — — —

Begonia detianensis S. M. Ku　德天秋海棠
F0031458 — — — —

Begonia dielsiana E. Pritz.　南川秋海棠
F9003444　中国特有　近危（NT） — 中国

Begonia dietrichiana Irmsch.
0000500 — — — 巴西

Begonia digyna Irmsch.　槭叶秋海棠
F0031451　中国特有 — — 中国

Begonia discrepans Irmsch.　细茎秋海棠
F9003445 — — — 中国、缅甸北部

Begonia discreta Craib　景洪秋海棠
F9003446 — 近危（NT） — 中国、缅甸、泰国北部

Begonia 'Doritrica'　'红毛'秋海棠
0001395 — — — —

Begonia 'Dragon Wing'　'龙翅'秋海棠
0004567 — — — —

Begonia dregei Otto & A. Dietr.　开普敦秋海棠
F0031420 — — — 南非（东开普省、夸祖鲁-纳塔尔省）

Begonia dryadis Irmsch.　厚叶秋海棠
F0031454　中国特有 — — 中国

Begonia duclouxii Gagnep.　川边秋海棠
F0031446　中国特有 — — 中国

Begonia echinosepala Regel　刺萼秋海棠
F0031465 — — — 巴西东南部

Begonia edulis H. Lév.　食用秋海棠
F0031300 — — — 中国、越南

Begonia 'Elizabeth Lahn'　'Elizabeth Lahn'秋海棠
F9003447 — — — —

Begonia emeiensis C. M. Hu　峨眉秋海棠
F9003448　中国特有 — — 中国

Begonia 'Encinitas'　'恩师达'秋海棠
0002662 — — — —

Begonia epipsila Brade　无毛秋海棠
0001152 — — — 巴西东南部

Begonia × *erythrophylla* Neumann　红叶秋海棠
0004298 — — — —

Begonia × *erythrophylla* 'Helix'　'螺旋'红叶秋海棠
F9006916 — — — —

Begonia 'Eureka Bonanza'　'富脉'秋海棠
0001264 — — — —

Begonia fangii Y. M. Shui & C. I Peng　方氏秋海棠
0003399　中国特有 — — 中国

Begonia fenicis Merr.　兰屿秋海棠
F0030977 — — — 琉球群岛、菲律宾

Begonia fernandoi-costae Irmsch.　凹脉秋海棠
F9003449 — — — 巴西东南部

Begonia ferox C. I Peng & Yan Liu　黑峰秋海棠
F0031479　中国特有 — 二级 中国

Begonia filiformis Irmsch.　丝形秋海棠
F0031344　中国特有　近危（NT） — 中国

Begonia fimbristipula Hance 紫背天葵
F9003450 中国特有 — — 中国

Begonia 'First Snow' '初雪'秋海棠
F9003451 — — — —

Begonia fischeri Schrank 绯氏秋海棠
0000915 — — — 美洲热带

Begonia 'Flamingo Queen' 'Flamingo Queen'秋海棠
0001540 — — — —

Begonia foliosa Kunth 多叶秋海棠
F9003452 — — — 委内瑞拉西北部、厄瓜多尔

Begonia fordii Irmsch. 西江秋海棠
F9003453 中国特有 — — 中国

Begonia formosana (Hayata) Masam. 水鸭脚
F0031250 — — — 中国

Begonia forrestii Irmsch. 陇川秋海棠
F9003454 — 近危（NT） — 中国、缅甸

Begonia 'Francen Fiokewirh' '多变法郎'秋海棠
0000685 — — — —

Begonia 'George Morneau' 'George Morneau'秋海棠
F9003455 — — — —

Begonia gigabracteata Hong Z. Li & H. Ma 巨苞秋海棠
F0031487 中国特有 — — 中国

Begonia 'Ginny' 'Ginny'秋海棠
F9003456 — — — —

Begonia glandulosa A. DC. ex Hook. 褐脉秋海棠
0004260 — — — 墨西哥

Begonia glechomifolia C. M. Hu 金秀秋海棠
F9003457 中国特有 — — 中国

Begonia goegoensis N. E. Br. 乔治秋海棠
F0030183 — — — 印度尼西亚（苏门答腊岛）

Begonia gracilis 'Roseus' 红艳秋海棠
F9003458 — — — —

Begonia grandis Dryand. 秋海棠
0001018 中国特有 — — 中国

Begonia grandis subsp. *sinensis* (A. DC.) Irmsch. 中华秋海棠
0002013 中国特有 — — 中国

Begonia 'Green Leaver' '翠叶'秋海棠
F0031564 — — — —

Begonia 'Green Queen' 'Green Queen'秋海棠
F9003459 — — — —

Begonia guangxiensis C. Y. Wu 广西秋海棠
F0031518 中国特有 濒危（EN） — 中国

Begonia 'Guian' 'Guian'秋海棠
F9003460 — — — —

Begonia guishanensis S. H. Huang & Y. M. Shui 圭山秋海棠

F0031516 中国特有 — — 中国

Begonia gulinqingensis S. H. Huang & Y. M. Shui 古林箐秋海棠
F9003461 中国特有 — 二级 中国

Begonia hainanensis Chun & F. Chun 海南秋海棠
0000890 中国特有 — 二级 中国南部

Begonia handelii Irmsch. 大香秋海棠
F0031500 — — — 中国南部、中南半岛

Begonia handelii × *Begonia rex*
F0031585 — — — —

Begonia handelii var. *prostrata* (Irmsch.) Tebbitt 铺地秋海棠
F0030309 — — — 中国、中南半岛

Begonia handelii var. *rubropilosa* (S. H. Huang & Y. M. Shui) C. I Peng 红毛香花秋海棠
0001320 中国特有 — — 中国

Begonia hatacoa Buch.-Ham. ex D. Don 墨脱秋海棠
F0031252 — — — 中国、尼泊尔、中南半岛

Begonia hatacoa 'Silver' 'Silver'墨脱秋海棠
F9003462 — — — —

Begonia 'Heatherann' 'Heatherann'秋海棠
F9003463 — — — —

Begonia hekouensis S. H. Huang 河口秋海棠
F9003464 中国特有 — — 中国

Begonia 'Helen Blais' 'Helen Blais'秋海棠
F0030168 — — — —

Begonia 'Helen Lewis' 'Helen Lewis'秋海棠
F0030862 — — — —

Begonia hemsleyana Hook. f. 掌叶秋海棠
0000388 中国特有 — — 中国

Begonia henryi Hemsl. 独牛
F0031527 中国特有 — — 中国

Begonia × *heracleicotyle* H. J. Veitch 皿状秋海棠
F9003409 — — — —

Begonia heracleifolia Schltdl. & Cham. 白芷叶秋海棠
F9003465 — — — 墨西哥、危地马拉、洪都拉斯

Begonia herbacea Vell. 苁叶秋海棠
F9003466 — — — 巴西东南部

Begonia × *herimperia* Vill.
F9003410 — — — —

Begonia herveyana King
F9003467 — — — 马来半岛

Begonia hirtella Link 粗硬毛秋海棠
F0031457 — — — 美洲南部热带

Begonia hispida Schott ex A. DC. 肩背秋海棠
F9003468 — — — 巴西东南部及南部

Begonia 'Honeysuckle' 'Honeysuckle'秋海棠

F9003469 — — — —

Begonia hongkongensis F. W. Xing　香港秋海棠

F0031456　中国特有　—　二级　中国

Begonia hydrocotylifolia Otto ex Hook.　天胡荽叶秋海棠

F9003470 — — — 墨西哥

Begonia hymenocarpa C. Y. Wu　膜果秋海棠

F0031485　中国特有　— —　中国

Begonia imperialis Lem.　帝王秋海棠

0004173 — — — 墨西哥、危地马拉

Begonia incarnata Link & Otto

F9003471 — — — 墨西哥

Begonia involucrata Liebm.

F9003472 — — — 美洲中部

Begonia iridescens Dunn

F0030953 — — — 印度、缅甸

Begonia jingxiensis D. Fang & Y. G. Wei　靖西秋海棠

F0031366　中国特有　— —　中国

Begonia jinyunensis C. I Peng, Bo Ding & Qian Wang　缙云秋海棠

0002265　中国特有　— —　中国

Begonia 'Joe Hayden'　'舟海丹'秋海棠

0001566 — — — —

Begonia 'Julian'　'Julian'秋海棠

F9003473 — — — —

Begonia juninensis Irmsch.

F9006912 — — — 秘鲁

Begonia 'Kifujin'　'贵妇人'秋海棠

0000238 — — — —

Begonia 'King Edward'　'爱德华'秋海棠

F0031137 — — — —

Begonia klossii Ridl.

F0031254 — — — 马来半岛

Begonia 'Kosmatka'　'迈斯迈克'秋海棠

F9006894 — — — —

Begonia 'Kristy'　'Kristy'秋海棠

F9003474 — — — —

Begonia kui C. I Peng　丽纹秋海棠

F0031216 — — — 越南北部

Begonia 'Kurozuru'　'Kurozuru'秋海棠

F9003475 — — — —

Begonia labordei H. Lév.　心叶秋海棠

F9003476　—　近危（NT）　—　中国南部、中南半岛北部

Begonia lacerata Irmsch.　撕裂秋海棠

F0031440　中国特有　— —　中国

Begonia laminariae Irmsch.　圆翅秋海棠

F9003477 — — — 中国、越南

Begonia 'Lana'　'Lana'秋海棠

F9003478 — — — —

Begonia lanternaria Irmsch.　灯果秋海棠

F0031036 — — — 中国、越南北部

Begonia leprosa Hance　癞叶秋海棠

F0030954　中国特有　— —　中国

Begonia 'Lightning'　'Lightning'秋海棠

F9003479 — — — —

Begonia 'Lillan Steinhaus'　'利莲安'秋海棠

0003709 — — — —

Begonia limprichtii Irmsch.　蕺叶秋海棠

F0031453　中国特有　— —　中国

Begonia lipingensis Irmsch.　黎平秋海棠

0002549　中国特有　— —　中国

Begonia listada L. B. Sm. & Wassh.　铲叶秋海棠

F0031256 — — — 巴拉圭

Begonia 'Little Brother'　'小兄弟'秋海棠

0002671 — — — —

Begonia liuyanii C. I Peng, S. M. Ku & W. C. Leong　刘演秋海棠

F0030141　中国特有　易危（VU）　—　中国

Begonia 'Lois Burks'　'洛伊斯'秋海棠

0000414 — — — —

Begonia longanensis C. Y. Wu　隆安秋海棠

F0031481　中国特有　— —　中国

Begonia longgangensis C. I Peng & Yan Liu　弄岗秋海棠

F0031323　中国特有　— —　中国

Begonia longialata K. Y. Guan & D. K. Tian　长翅秋海棠

F0031062　中国特有　— —　中国

Begonia longifolia Blume　粗喙秋海棠

F0031257 — — — 不丹、中国南部、马来西亚

Begonia 'Lospe-Tu'　'乐士途'秋海棠

F0031194 — — — —

Begonia ludwigii Irmsch.

F9003480 — — — 厄瓜多尔

Begonia lukuana Y. C. Liu & C. H. Ou　鹿谷秋海棠

F0030974　中国特有　— —　中国

Begonia luochengensis S. M. Ku, C. I Peng & Yan Liu　罗城秋海棠

F0031362　中国特有　近危（NT）　—　中国

Begonia luzhaiensis T. C. Ku　鹿寨秋海棠

F0031232　中国特有　— —　中国

Begonia macrocarpa Warb.

F9003481 — — — 非洲西部及中西部热带

Begonia macrotoma Irmsch.　大裂秋海棠

F9003482 — — — 中国、中南半岛

Begonia maculata Raddi　竹节秋海棠

0001449 — — — 巴西东南部

Begonia 'Mad Hatter' 'Mad Hatter' 秋海棠

F0031267 — — — —

Begonia malachosticta Sands

F0030552 — — — 加里曼丹岛

Begonia manhaoensis S. H. Huang & Y. M. Shui 蛮耗秋海棠

F0031448 — 近危（NT） — 印度（阿萨姆邦）、中国

Begonia 'Manicata' '长萼' 秋海棠

F9003483 — — — —

Begonia × *margaritae* André

F9003411 — — — —

Begonia 'Martin Mystery' '玛丁' 秋海棠

F0031569 — — — —

Begonia masoniana Irmsch. ex Ziesenh. 铁十字秋海棠

F0031012 — 易危（VU） — 中国、越南

Begonia megalophyllaria C. Y. Wu 大叶秋海棠

F9003484 中国特有 易危（VU） — 中国

Begonia mengtzeana Irmsch. 肾托秋海棠

0004430 中国特有 易危（VU） — 中国

Begonia 'Merry Christmas' '圣诞' 秋海棠

0000386 — — — —

Begonia 'Midnight Twister' '午夜旋风' 秋海棠

F9003485 — — — —

Begonia 'Mirage' 'Mirage' 秋海棠

0004163 — — — —

Begonia miranda Irmsch. 截裂秋海棠

F9003486 中国特有 — — 中国

Begonia 'Moon Marra' 'Moon Marra' 秋海棠

F9003487 — — — —

Begonia morsei Irmsch. 龙州秋海棠

F0031470 中国特有 — — 中国

Begonia morsei var. *myriotricha* Y. M. Shui & W. H. Chen 密毛龙州秋海棠

F0031491 中国特有 — — 中国

Begonia 'Muddy Waters' 'Muddy Waters' 秋海棠

F0031266 — — — —

Begonia muliensis T. T. Yu 木里秋海棠

F9003488 中国特有 — — 中国

Begonia nantoensis M. J. Lai & N. J. Chung 南投秋海棠

F0031556 中国特有 — — 中国

Begonia negrosensis Elmer

F0030952 — — — 菲律宾

Begonia nelumbiifolia Schltdl. & Cham. 莲叶秋海棠

0001240 — — — 墨西哥、哥伦比亚

Begonia 'New Skeezar' '新滑雪座' 秋海棠

F9003489 — — — —

Begonia ningmingensis D. Fang, Y. G. Wei & C. I Peng 宁明秋海棠

F0031328 中国特有 — — 中国

Begonia ningmingensis var. *bella* D. Fang, Y. G. Wei & C. I Peng 丽叶秋海棠

F0031382 中国特有 — — 中国

Begonia 'Norah Bedson' '诺拉' 秋海棠

F9006872 — — — —

Begonia 'Noryrove Curl' 'Noryrove Curl' 秋海棠

0001933 — — — —

Begonia 'Oeympical' 'Oeympical' 秋海棠

F0031168 — — — —

Begonia 'Orange Rubrua' '橙红' 秋海棠

0002267 — — — —

Begonia oreodoxa Chun & F. Chun 山地秋海棠

F0031445 — — — 中国、越南

Begonia ornithophylla Irmsch. 乌叶秋海棠

0002105 中国特有 — — 中国

Begonia 'Orococo' 'Orococo' 秋海棠

0002914 — — — —

Begonia 'Osota' 'Osota' 秋海棠

F9003490 — — — —

Begonia oxyphylla A. DC. 尖叶亚灌木秋海棠

0004871 — — — 巴西

Begonia oxysperma A. DC.

F0031476 — — — 菲律宾

Begonia 'Page 13' '小侍' 秋海棠

0004141 — — — —

Begonia paleata A. DC.

F9003491 — — — 巴西

Begonia palmata D. Don 裂叶秋海棠

F0031551 — — — 中国、尼泊尔、中南半岛

Begonia palmata 'Crassisetulosa' 刺毛红孩儿

F9003492 — — — —

Begonia palmata 'Henryi' 滇缅红孩儿

F9003493 — — — —

Begonia palmata 'Laevifolia' 光叶红孩儿

F9003494 — — — —

Begonia 'Parenga' 'Parenga' 秋海棠

F9003495 — — — —

Begonia 'Parfita' '帕菲特' 秋海棠

F9003496 — — — —

Begonia 'Partita' '帕特' 秋海棠

0002275 — — — —

Begonia parvula H. Lév. & Vaniot 小叶秋海棠

F0031495 中国特有 — — 中国

Begonia parvula × *Begonia ricinifolia*

0002251 — — — —

Begonia parvula 'Norah Bedson' 诺拉背德森秋海棠
0003806 — — — —

Begonia 'Passing Storm' 'Passing Storm'秋海棠
F9003497 — — — —

Begonia paucilobata C. Y. Wu 少裂秋海棠
F0031455 中国特有 — — 中国

Begonia 'Paul Herandez' '保罗埃尔南德斯'秋海棠
F9003498 — — — —

Begonia pavonina Ridl.
F0031259 — — — 马来半岛

Begonia pedatifida H. Lév. 掌裂叶秋海棠
F0031439 — — — 中国南部、越南

Begonia peltatifolia Li 盾叶秋海棠
F0005189 中国特有 — — 中国南部

Begonia pengii S. M. Ku & Yan Liu 彭氏秋海棠
F0031498 中国特有 濒危（EN） — 中国

Begonia 'Phil Ormes' 'Phil Ormes'秋海棠
F9003499 — — — —

Begonia picturata Yan Liu, S. M. Ku & C. I Peng 一口血秋海棠
F0031433 中国特有 — — 中国

Begonia pinglinensis C. I Peng 坪林秋海棠
F0031260 中国特有 近危（NT） — 中国

Begonia 'Pink Wave' 'Pink Wave'秋海棠
Q201701203931 — — — —

Begonia 'Plant Bird' '植物鸟'秋海棠
0002361 — — — —

Begonia platanifolia Schott 悬铃叶秋海棠
F9003500 — — — 巴西

Begonia plumieri Kunth ex A. DC.
F9003501 — — — 伊斯帕尼奥拉岛

Begonia polilloensis Tebbitt 波令秋海棠
F0030971 — — — 菲律宾

Begonia polytricha C. Y. Wu 多毛秋海棠
F0031514 中国特有 近危（NT） — 中国

Begonia porteri H. Lév. & Vaniot 罗甸秋海棠
F0031375 中国特有 — — 中国

Begonia promethea Ridl.
F9003502 — — — 加里曼丹岛西部

Begonia pseudodaxinensis S. M. Ku, Yan Liu & C. I Peng 假大新秋海棠
F0031352 中国特有 — — 中国

Begonia pseudodryadis C. Y. Wu 假厚叶秋海棠
F9003503 — — — 中国、越南西北部

Begonia pseudoleprosa C. I Peng, Yan Liu & S. M. Ku 假癞叶秋海棠
F0031472 中国特有 — — 中国

Begonia psilophylla Irmsch. 光滑秋海棠
0002795 中国特有 — — 中国

Begonia pulvinifera C. I Peng & Yan Liu 肿柄秋海棠
F0031025 中国特有 — — 中国

Begonia × *quesmea* 'Jigsaw Puzzle' 'Jigsaw Puzzle'秋海棠
F0028810 — — — —

Begonia radicans Vell. 气根秋海棠
0004175 — — — 巴西

Begonia 'Raspberry Torte' 'Raspberry Torte'秋海棠
F0031142 — — — —

Begonia ravenii C. I Peng & Y. K. Chen 岩生秋海棠
F0031261 中国特有 — — 中国

Begonia reflexisquamosa C. Y. Wu 倒鳞秋海棠
F9003504 中国特有 近危（NT） — 中国

Begonia reniformis Dryand. 肾叶秋海棠
0002764 — — — 巴西东部及南部

Begonia retinervia D. Fang, D. H. Qin & C. I Peng 突脉秋海棠
F0031361 中国特有 近危（NT） — 中国

Begonia rex Putz. 蟆叶秋海棠
F0030431 — — — 印度、中国

Begonia rex 'Blush' 羞涩蟆叶秋海棠
F0031179 — — — —

Begonia rex 'Bronze King' 'Bronze King'蟆叶秋海棠
F0031177 — — — —

Begonia rex 'Chief' 首长蟆叶秋海棠
F9003505 — — — —

Begonia rex 'Crimson Satin' 'Crimson Satin'蟆叶秋海棠
F0031173 — — — —

Begonia rex 'Cultorum Bailey' 斑叶秋海棠
F9003506 — — — —

Begonia rex 'Deympica' 'Deympica'蟆叶秋海棠
F9003507 — — — —

Begonia rex 'Her Majesty' 'Her Majesty'蟆叶秋海棠
F0030260 — — — —

Begonia rex 'Kotobuki' 三色蟆叶秋海棠
F9003508 — — — —

Begonia rex 'Lilian' 银色蟆叶秋海棠
F9003509 — — — —

Begonia rex 'Merry Christmas' 'Merry Christmas'蟆叶秋海棠
F9003510 — — — —

Begonia rex 'Oey' 'Oey'蟆叶秋海棠
F9006983 — — — —

Begonia rex 'Olympica' 皮卡秋海棠
F9003511 — — — —

Begonia rex 'Sunburst' 光灿秋海棠

F0030435 — — — —

Begonia rex 'Yuletide'　红斑蟆叶秋海棠

F9003512 — — — —

Begonia rheifolia Irmsch.

F0031262 — — — 马来半岛

Begonia rhynchocarpa Y. M. Shui & W. H. Chen　喙果秋海棠

F9003513 中国特有 近危（NT）— 中国

Begonia 'Ricinifolia'　'蓖麻叶'秋海棠

F9003514 — — — —

Begonia 'Robin's Red'　'Robin's Red'秋海棠

F9006932 — — — —

Begonia rockii Irmsch.　滇缅秋海棠

F9003515 — — — 中国、缅甸北部

Begonia rotundilimba S. H. Huang & Y. M. Shui　圆叶秋海棠

F9003516 中国特有 近危（NT）— 中国

Begonia rubiteae M. Hughes

F9003517 — — — 菲律宾

Begonia ruboides C. M. Hu　匍地秋海棠

F9003518 中国特有 — — 中国

Begonia rubropunctata S. H. Huang & Y. M. Shui　红斑秋海棠

F9003519 中国特有 — — 中国

Begonia sanguinea Raddi　牛耳海棠

0003891 — — — 巴西南部

Begonia santos-limae Brade

F9003520 — — — 巴西

Begonia 'Sarabande'　'萨拉班德'秋海棠

0002712 — — — —

Begonia scharffiana Regel　红筋秋海棠

F0030026 — — — 巴西

Begonia 'Selover'　'Selover'秋海棠

F9003521 — — — —

Begonia semiparietalis Yan Liu, S. M. Ku & C. I Peng　半侧膜秋海棠

F0031502 中国特有 易危（VU）— 中国

Begonia serratipetala Irmsch.

F9003522 — — — 巴布亚新几内亚

Begonia setifolia Irmsch.　刚毛秋海棠

F9003523 中国特有 — — 中国

Begonia sikkimensis A. DC.　锡金秋海棠

F9003524 — — — 喜马拉雅山脉中东部、缅甸

Begonia silletensis (A. DC.) C. B. Clarke　小叶厚壁秋海棠

0000550 — — — 印度、中国、泰国

Begonia 'Silver Dollar'　'银币'秋海棠

F0031574 — — — —

Begonia 'Silver'　银秋海棠

F9003525 — — — —

Begonia 'Silver Jewel'　'银宝石'秋海棠

Q201701203499 — — — —

Begonia 'Silver Misono'　'Silver Misono'秋海棠

F9003526 — — — —

Begonia sinofloribunda Dorr　多花秋海棠

F0030538 中国特有 — — 中国

Begonia sinovietnamica C. Y. Wu　中越秋海棠

F0031473 中国特有 — — 中国

Begonia 'Sir Percy'　'佩西'秋海棠

0000979 — — — —

Begonia sizemoreae Kiew　摩尔秋海棠

F0031295 — — — 越南北部

Begonia 'Skeezar'　'滑雪座'秋海棠

0000060 — — — —

Begonia smithiana T. T. Yu　长柄秋海棠

F0031536 中国特有 — — 中国

Begonia solimutata L. B. Sm. & Wassh.　索莉慕特秋海棠

F0031119 — — — 巴西

Begonia 'Sootie'　'苏泰尔'秋海棠

0003506 — — — —

Begonia speluncae Ridl.

F0030944 — — — 加里曼丹岛

Begonia staudtii Gilg

F9003527 — — — 尼日利亚东南部、喀麦隆西部

Begonia subcoriacea C. I Peng, Yan Liu & S. M. Ku　近革叶秋海棠

F0031314 中国特有 易危（VU）— 中国

Begonia subhowii S. H. Huang　粉叶秋海棠

F9003528 — 近危（NT）— 中国、越南

Begonia sublongipes Y. M. Shui　保亭秋海棠

F9003529 中国特有 野外绝灭（EW）— 中国南部

Begonia subvillosa Klotzsch　微毛四季秋海棠

F9003531 — — — 巴西南部、阿根廷

Begonia subvillosa 'Atropurpurea'　紫叶秋海棠

F9003530 — — — —

Begonia subvillosa 'Lepotorepica'　白柔毛秋海棠

F9003532 — — — —

Begonia subvillosa 'Lototrepiea'　'Lototrepiea'微毛四季秋海棠

F9003533 — — — —

Begonia 'Sulcu'　'Sulcu'秋海棠

F9003534 — — — —

Begonia 'Sweet Shirley'　'Sweet Shirley'秋海棠

F9003535 — — — —

Begonia taiwaniana Hayata　台湾秋海棠

0003829　中国特有　— —　中国

Begonia 'Tangier'　'Tangier'秋海棠

F9003536　— — —

Begonia tayabensis Merr.　田矢部

0003896　— — —　菲律宾

Begonia tengchiana C. I Peng & Y. K. Chen　藤枝秋海棠

F0031558　中国特有　— —　中国

Begonia tetralobata Y. M. Shui　四裂秋海棠

F0031450　中国特有　— —　中国

Begonia thelmae L. B. Sm. & Wassh.　红芒秋海棠

0004939　— — —　巴西

Begonia thiemei C. DC.

0002922　— — —　墨西哥南部、危地马拉、洪都拉斯

Begonia 'Thurstonii'　'象耳'秋海棠

0004212　— — —

Begonia tigrina Kiew

F0030618　— — —　马来半岛

Begonia 'Trilby Gem'　'软宝石'秋海棠

F0030873　— — —

Begonia truncatiloba Irmsch.　截叶秋海棠

F0031073　中国特有　— —　中国

Begonia tuberhybrida Voss.　球根秋海棠

F9003537　— — —

Begonia 'Two Face'　'Two Face'秋海棠

0004705　— — —

Begonia 'U002'　'U002'秋海棠

0003805　— — —

Begonia 'U168'　'U168'秋海棠

F9003538　— — —

Begonia 'U323'　'U323'秋海棠

F9003539　— — —

Begonia 'U400'　'U400'秋海棠

F0031202　— — —

Begonia 'U501'　'U501'秋海棠

F9003540　— — —

Begonia ulmifolia Willd.　榆叶秋海棠

F9003541　— — —　特立尼达和多巴哥、委内瑞拉、巴西

Begonia umbraculifolia Y. Wan & B. N. Chang　龙虎山秋海棠

F0031358　中国特有　易危（VU）　— 中国

Begonia variegata Y. M. Shui & W. H. Chen　彩纹秋海棠

F9003542　— — —　越南

Begonia variifolia Y. M. Shui & W. H. Chen　变异秋海棠

F0031489　中国特有　易危（VU）　— 中国

Begonia × *verschaffeltii* Regel

F9003412　— — —

Begonia versicolor Irmsch.　变色秋海棠

F0031452　— — —　中国、越南

Begonia 'Viaude'　'Viaude'秋海棠

F9003543　— — —

Begonia villifolia Irmsch.　长毛秋海棠

0001914　— — —　中国、中南半岛北部

Begonia wangii T. T. Yu　少瓣秋海棠

F0030536　中国特有　— —　中国

Begonia wilsonii Gagnep.　一点血

F9003544　中国特有　— —　中国

Begonia wutaiana C. I Peng & Y. K. Chen　雾台秋海棠

F9003545　中国特有　— —　中国

Begonia wyepingiana Kiew

F0031264　— — —　马来半岛

Begonia xanthina Hook.　黄瓣秋海棠

F9003546　— — —　中国、尼泊尔、不丹、孟加拉国

Begonia zhengyiana Y. M. Shui　吴氏秋海棠

F9003547　中国特有　近危（NT）　— 中国

Celastraceae　卫矛科

Celastrus　南蛇藤属

Celastrus aculeatus Merr.　过山枫

F9003548　中国特有　— —　中国

Celastrus angulatus Maxim.　苦皮藤

F9003549　中国特有　— —　中国

Celastrus cuneatus (Rehder & E. H. Wilson) C. Y. Cheng & T. C. Kao　小南蛇藤

F9003550　中国特有　— —　中国

Celastrus gemmatus Loes.　大芽南蛇藤

F9003551　— — —　中国、越南

Celastrus hindsii Benth.　青江藤

F9003552　— — —　亚洲热带及亚热带

Celastrus monospermus Roxb.　独子藤

00046285　— — —　巴基斯坦、中国南部、中南半岛

Celastrus orbiculatus Thunb.　南蛇藤

F9003553　— — —　俄罗斯（远东地区）、中国、日本中部及南部

Celastrus stylosus var. *puberulus* (P. S. Hsu) C. Y. Cheng & T. C. Kao　毛脉显柱南蛇藤

F9003554　中国特有　— —　中国

Celastrus stylosus Wall.　显柱南蛇藤

F9003555　— — —　印度东北部、中国南部、中南半岛、印度尼西亚（爪哇岛、小巽他群岛）

Celastrus vaniotii (H. Lév.) Rehder　长序南蛇藤

F9003556　— — —　中国南部、缅甸

Euonymus　卫矛属

Euonymus acanthocarpus Franch.　刺果卫矛

F9003557 — — — 中国、缅甸

Euonymus actinocarpus Loes. 星刺卫矛

F9003558 中国特有 — — 中国南部

Euonymus alatus (Thunb.) Siebold 卫矛

0001035 — — — 俄罗斯（西伯利亚南部）、韩国、朝鲜、日本、中国

Euonymus carnosus Hemsl. 肉花卫矛

F9003559 — — — 中国；亚洲东部温带

Euonymus centidens H. Lév. 百齿卫矛

F9003560 中国特有 — — 中国南部

Euonymus cornutus Hemsl. 角翅卫矛

F9003561 — — — 中国、缅甸

Euonymus dielsianus Loes. 裂果卫矛

F9003562 中国特有 — — 中国南部

Euonymus echinatus Wall. 棘刺卫矛

F9003563 — — — 印度西北部、中国

Euonymus euscaphis Hand.-Mazz. 鸦椿卫矛

F9003564 中国特有 — — 中国

Euonymus fortunei (Turcz.) Hand.-Mazz. 扶芳藤

F9003565 — — — 印度（阿萨姆邦）、马来西亚中西部；亚洲东部温带

Euonymus fortunei 'Sunspot' 'Sunspot'扶芳藤

F9003566 — — — —

Euonymus hamiltonianus Wall. 西南卫矛

F9003567 — — — 阿富汗、日本中南部

Euonymus japonicus Thunb. 冬青卫矛

F9003573 — — — 韩国、日本

Euonymus japonicus 'Albo-Marginatus' 银边冬青卫矛

F9003568 — — — —

Euonymus japonicus 'Argenteo-Variegatus' 银叶冬青卫矛

F9003569 — — — —

Euonymus japonicus 'Aurea-Marginatus' 金边冬青卫矛

F9003570 — — — —

Euonymus japonicus 'Aurea-Variegata' 金心冬青卫矛

F9003571 — — — —

Euonymus japonicus 'Marieke' 'Marieke'冬青卫矛

F9003572 — — — —

Euonymus japonicus Thunb. 冬青卫矛

F9003573 — — — 韩国、日本

Euonymus maackii Rupr. 白杜

0004032 — — — 俄罗斯（西伯利亚东南部）、中国、韩国、朝鲜、日本

Euonymus microcarpus (Oliv. ex Loes.) Sprague 小果卫矛

F9003574 中国特有 — — 中国

Euonymus microphyllus 'Albovariegatus' 'Albovariegatus'卫矛

F9003575 — — — —

Euonymus microphyllus 'Aureovariegatus' 'Aureovariegatus'

卫矛

F9003576 — — — —

Euonymus myrianthus Hemsl. 大果卫矛

00046706 中国特有 — — 中国

Euonymus nitidus Benth. 中华卫矛

F9003577 — — — 孟加拉国、印度、中国、日本南部

Euonymus oxyphyllus Miq. 垂丝卫矛

F9003578 — — — 中国、千岛群岛；亚洲东部温带

Euonymus schensianus Maxim. 陕西卫矛

F9003579 中国特有 — — 中国

Euonymus verrucosoides Loes. 疣点卫矛

F9003580 中国特有 — — 中国

Gymnosporia 美登木属

Gymnosporia acuminata Hook. f. ex M. A. Lawson 美登木

00046852 — 近危（NT） — 中国、尼泊尔、不丹、孟加拉国、缅甸

Gymnosporia diversifolia Maxim. 变叶裸实

00005607 — — — 中国、中南半岛、菲律宾

Gymnosporia variabilis (Hemsl.) Loes. 刺茶裸实

F9003581 中国特有 — — 中国

Loeseneriella 翅子藤属

Loeseneriella africana var. *obtusifolia* (Roxb.) N. Hallé 希藤

F9003582 — — — 印度、斯里兰卡、中南半岛

Microtropis 假卫矛属

Microtropis obliquinervia Merr. & F. L. Freeman 斜脉假卫矛

F9003583 中国特有 — — 中国南部

Microtropis pyramidalis C. Y. Cheng & T. C. Kao 塔蕾假卫矛

F9003584 — — — 中国、缅甸

Microtropis triflora Merr. & F. L. Freeman 三花假卫矛

F9003585 — — — 中国、越南

Parnassia 梅花草属

Parnassia crassifolia Franch. 鸡心梅花草

F9003586 中国特有 — — 中国

Parnassia wightiana Wall. ex Wight & Arn. 鸡肫梅花草

F9003587 — — — 阿富汗、中国、泰国北部；亚洲中部

Tripterygium 雷公藤属

Tripterygium wilfordii Hook. f. 雷公藤

F9003588 — — — 中国、缅甸东北部

Connaraceae 牛栓藤科

Connarus 牛栓藤属

Connarus yunnanensis G. Schellenb. 云南牛栓藤

F9003589 — — — 中国、缅甸

Rourea 红叶藤属

Rourea caudata Planch. 长尾红叶藤

F9003590 — — — 中国

Rourea microphylla (Hook. & Arn.) Planch. 小叶红叶藤

00011361 — — — 中国、老挝、越南

Rourea minor (Gaertn.) Alston 红叶藤

00046702 — — — 世界热带

Oxalidaceae 酢浆草科

Averrhoa 阳桃属

Averrhoa carambola L. 阳桃

00011454 — — — 印度尼西亚（爪哇岛、马鲁古群岛）

Biophytum 感应草属

Biophytum sensitivum (L.) DC. 感应草

0002780 — — — 亚洲热带及亚热带

Oxalis 酢浆草属

Oxalis bowiei W. T. Aiton ex G. Don 大花酢浆草

F9003591 — — — 南非（东开普省、夸祖鲁-纳塔尔省）

Oxalis corniculata L. 酢浆草

0002927 — — — 秘鲁、加勒比地区；中美洲

Oxalis debilis Kunth 红花酢浆草

0000859 — — — 拉丁美洲

Oxalis griffithii Edgew. & Hook. f. 山酢浆草

F9003592 — — — 巴基斯坦、中国、缅甸

Oxalis hedysaroides 'Fire Fern' 火蕨酢浆草

0003974 — — — —

Oxalis hedysaroides 'Rubra' 红叶酢浆草

0001835 — — — —

Oxalis sanmiguelii subsp. *urubambensis* (R. Knuth) Lourteig 棒叶酢浆草

0002716 — — — —

Oxalis triangularis 'Atropurpurea' 'Atropurpurea'红叶酢浆草

F9006900 — — — —

Oxalis violacea 'Purpule Leaves' 堇色酢浆草

0002373 — — — —

Elaeocarpaceae 杜英科

Elaeocarpus 杜英属

Elaeocarpus chinensis (Gardner & Champ.) Hook. f. ex Benth. 中华杜英

0000728 — — — 中国南部、越南

Elaeocarpus dubius DC. 显脉杜英

F9003593 — — — 中国南部、柬埔寨

Elaeocarpus duclouxii Gagnep. 褐毛杜英

F9003594 中国特有 — — 中国南部

Elaeocarpus glabripetalus Merr. 秃瓣杜英

F9003595 中国特有 — — 中国南部

Elaeocarpus gymnogynus Hung T. Chang 秃蕊杜英

F9003596 中国特有 近危（NT） — 中国

Elaeocarpus hainanensis Oliv. 水石榕

0002380 — — — 中国、中南半岛

Elaeocarpus hainanensis var. *brachyphyllus* Merr. 短叶水石榕

F9003597 中国特有 — — 中国

Elaeocarpus japonicus Siebold & Zucc. 日本杜英

0003436 — — — 中国、越南、日本中南部及南部

Elaeocarpus nitentifolius Merr. & Chun 绢毛杜英

F9003598 — 易危（VU） — 中国南部、越南

Elaeocarpus obtusus subsp. *apiculatus* (Mast.) Coode 长芒杜英

0002875 — — — 中南半岛南部、马来西亚西部、菲律宾

Elaeocarpus rugosus Roxb. ex G. Don 毛果杜英

00005550 — 易危（VU） — 中国、印度、尼泊尔、孟加拉国、不丹、中南半岛

Elaeocarpus serratus L. 锡兰杜英

F9003599 — — — 印度西南部及南部、斯里兰卡

Elaeocarpus sylvestris (Lour.) Poir. 山杜英

00011330 — — — 中国南部、越南

Elaeocarpus varunua Buch.-Ham. ex Mast. 美脉杜英

F9003600 — — — 中国、印度、尼泊尔、孟加拉国、不丹、马来半岛

Sloanea 猴欢喜属

Sloanea hainanensis Merr. & Chun 海南猴欢喜

00044655 中国特有 近危（NT） — 中国

Sloanea hemsleyana (Ito) Rehder & E. H. Wilson 仿栗

F9003601 中国特有 — — 中国南部

Sloanea sinensis (Hance) Hemsl. 猴欢喜

F9003602 — — — 中国南部、中南半岛

Cephalotaceae 土瓶草科

Cephalotus 土瓶草属

Cephalotus follicularis Labill. 土瓶草

F0092935 — — — 澳大利亚西南部

Rhizophoraceae 红树科

Bruguiera 木榄属

Bruguiera sexangula (Lour.) Poir. 海莲

F9003603 — — — 印度、中国（海南）、俾斯麦群岛

Carallia 竹节树属

Carallia brachiata (Lour.) Merr. 竹节树

00011336 — — — 马达加斯加、印度、中国中部、所罗门群岛

Carallia pectinifolia W. C. Ko 旁杞树

00046345 中国特有 — — 中国

Kandelia 秋茄树属

Kandelia candel (L.) Druce 南亚秋茄树

F9003604 — — — 亚洲热带

Erythroxylaceae 古柯科

Erythroxylum 古柯属

Erythroxylum novogranatense (D. Morris) Hieron. 古柯

F9003605 — — — 哥伦比亚、委内瑞拉西北部、秘鲁

Ochnaceae 金莲木科

Ochna 金莲木属

Ochna integerrima (Lour.) Merr. 金莲木

F9003606 — — — 中国、马来半岛

Ochna thomasiana Engl. & Gilg 桂叶黄梅

00005890 — — — 索马里南部、坦桑尼亚东部

Clusiaceae 藤黄科

Garcinia 藤黄属

Garcinia anomala Planch. & Triana 少籽藤黄

F9003607 — — — 印度（阿萨姆邦）、中国、中南半岛北部

Garcinia brasiliensis Mart. 巴西山竹

F9003608 — — — 巴西

Garcinia cowa Roxb. ex Choisy 云树

F9003609 — — — 印度、尼泊尔、不丹、中国、马来西亚

Garcinia mangostana L. 莽吉柿

F9003610 — — — 马来半岛

Garcinia multiflora Champ. ex Benth. 木竹子

F9003611 — — — 中国、中南半岛北部

Garcinia oblongifolia Champ. ex Benth. 岭南山竹子

00000094 — — — 中国、越南

Garcinia paucinervis Chun & F. C. How 金丝李

F9003612 中国特有 易危（VU）二级 中国

Garcinia spicata (Wight & Arn.) Hook. f. 福木

F9003613 — — — 印度南部、斯里兰卡

Garcinia subelliptica Merr. 菲岛福木

0001229 — — — 中国、菲律宾、印度尼西亚（爪哇岛）

Garcinia tonkinensis Vesque 油山竹

0000560 — — — 越南南部

Garcinia xanthochymus Hook. f. ex T. Anderson 大叶藤黄

00013162 — — — 中南半岛；南亚、东亚

Garcinia xishuanbannaensis Y. H. Li 版纳藤黄

0000916 中国特有 易危（VU） — 中国

Garcinia yunnanensis Hu 云南藤黄

F9003614 中国特有 近危（NT） — 中国

Pentadesma 猪油果属

Pentadesma butyracea Sabine 猪油果

F9003615 — — — 非洲西部及中西部热带

Calophyllaceae 红厚壳科

Calophyllum 红厚壳属

Calophyllum inophyllum L. 红厚壳

F9003616 — 近危（NT） — 肯尼亚、莫桑比克；太平洋岛屿、西印度洋岛屿；亚洲热带及亚热带

Calophyllum membranaceum Gardner & Champ. 薄叶红厚壳

F9003617 — 易危（VU） — 中国、越南北部

Mesua 铁力木属

Mesua ferrea L. 铁力木

0000157 — — — 中南半岛、新加坡、马来西亚；南亚

Hypericaceae 金丝桃科

Cratoxylum 黄牛木属

Cratoxylum cochinchinense (Lour.) Blume 黄牛木

F0026770 — — — 中国、中南半岛、马来西亚中西部

Harungana 合掌树属

Harungana madagascariensis Lam. ex Poir. 马岛合掌树

F9003618 — — — 西印度洋岛屿；世界热带

Hypericum 金丝桃属

Hypericum ascyron L. 黄海棠

0002279 — — — 加拿大东部、美国中北部及东部；亚洲温带

Hypericum japonicum Thunb. 地耳草

F9003619 — — — 千岛群岛、澳大利亚、新西兰；南亚

Hypericum longistylum Oliv. 长柱金丝桃

F9003620 中国特有 — — 中国

Hypericum monogynum L. 金丝桃

F9003621 中国特有 — — 中国

Hypericum patulum Thunb. 金丝梅

00018782 中国特有 — — 中国
Hypericum perforatum L. 贯叶连翘
F9003622 — — — 中国、苏丹西南部、马卡罗尼西亚；欧洲、非洲西北部
Hypericum przewalskii Maxim. 突脉金丝桃
F9003623 中国特有 — — 中国北部及中部
Hypericum sampsonii Hance 元宝草
F9003624 — — — 日本南部、中国、中南半岛北部

Putranjivaceae 核果木科

Drypetes 核果木属

Drypetes hoaensis Gagnep. 勐腊核果木
F9003625 — — — 中国、中南半岛
Drypetes indica (Müll. Arg.) Pax & K. Hoffm. 核果木
F9003626 — — — 印度（锡金）、中国、中南半岛
Drypetes salicifolia Gagnep. 柳叶核果木
F9003627 — — — 中国、中南半岛

Elatinaceae 沟繁缕科

Bergia 田繁缕属

Bergia ammannioides Roxb. 田繁缕
F9003628 — — — 世界热带及亚热带
Bergia capensis L. 大叶田繁缕
F9003629 — — — 伊朗、印度、中国、马来西亚西部；非洲

Elatine 沟繁缕属

Elatine triandra Schkuhr 三蕊沟繁缕
F9003630 — — — 马来西亚西部；世界温带及亚热带

Malpighiaceae 金虎尾科

Aspidopterys 盾翅藤属

Aspidopterys glabriuscula A. Juss. 盾翅藤
F9003631 — — — 中国、尼泊尔、不丹、孟加拉国、越南

Galphimia 金英属

Galphimia gracilis Bartl. 金英
0000856 — — — 墨西哥、秘鲁、巴西东北部

Heteropterys 异翅藤属

Heteropterys orinocensis (Kunth) A. Juss. 尖叶异翅藤
0000210 — — — 南美洲

Hiptage 风筝果属

Hiptage benghalensis (L.) Kurz 风筝果
F9003632 — — — 亚洲热带及亚热带

Malpighia 金虎尾属

Malpighia coccigera L. 金虎尾
F9003633 — — — 越南、老挝；美洲南部
Malpighia glabra 'Florida' 黄褥花
F9003634 — — — —

Tristellateia 三星果属

Tristellateia australasiae A. Rich. 三星果
F9003635 — — — 中南半岛；西太平洋岛屿

Achariaceae 青钟麻科

Hydnocarpus 大风子属

Hydnocarpus castaneus Hook. f. & Thomson 泰国大风子
0001042 — — — 中南半岛、马来西亚西部
Hydnocarpus hainanensis (Merr.) Sleumer 海南大风子
00011536 — 易危（VU） 二级 中国、越南
Hydnocarpus kurzii (King) Warb. 印度大风子
F9003636 — 易危（VU） — 中国、孟加拉国、马来半岛

Violaceae 堇菜科

Viola 堇菜属

Viola collina Besser 球果堇菜
F9003638 — — — 欧亚大陆温带
Viola davidii Franch. 深圆齿堇菜
F9003639 中国特有 — — 中国
Viola diffusa Ging. 七星莲
00053782 — — — 尼泊尔、中国、韩国、朝鲜、日本、中南半岛北部
Viola hamiltoniana D. Don 如意草
0002135 — — — 亚洲热带及温带
Viola inconspicua Blume 长萼堇菜
00047507 — — — 马斯克林群岛、中国、印度、尼泊尔、韩国、朝鲜、日本、马来西亚
Viola thomsonii Oudem. 毛堇菜
F9003640 — — — 中国、印度、尼泊尔、不丹、孟加拉国、缅甸
Viola triangulifolia W. Becker 三角叶堇菜
0003024 中国特有 — — 中国南部
Viola tricolor L. 三色堇
F9003641 — — — 俄罗斯（西伯利亚西部）、伊朗西北部；欧洲、亚洲中部
Viola variegata Fisch. ex Link 斑叶堇菜
F9003642 — — — 俄罗斯（西伯利亚东南部）、中国北部、日本
Viola × *wittrockiana* Gams 大花三色堇
F9003637 — — — —

Viola yunnanfuensis W. Becker　心叶堇菜

F9003643　中国特有 —— 中国

Passifloraceae　西番莲科

Passiflora　西番莲属

Passiflora alata Curtis　翅茎西番莲

F9003644 — — — 南美洲

Passiflora 'Amethyst'　掌叶西番莲

F9003645 — — —

Passiflora amethystina J. C. Mikan　紫花西番莲

F9003646 — — — 玻利维亚、巴西、阿根廷东北部

Passiflora caerulea L.　西番莲

F9003647 — — — 玻利维亚、巴西、阿根廷北部

Passiflora capsularis L.　蝙蝠西番莲

F9003648 — — — 美洲热带

Passiflora cincinnata Mast.　蝎尾西番莲

F9003649 — — — 美洲南部热带

Passiflora coccinea Aubl.　红苞西番莲

0001095 — — — 美洲南部热带

Passiflora cochinchinensis Spreng.　蛇王藤

F9003650 — — — 中国、中南半岛、马来西亚西部

Passiflora edmundoi Sacco

F9003651 — — — 巴西

Passiflora edulis Sims　鸡蛋果

F0037659 — — — 南美洲东北部

Passiflora edulis 'Flavicarpa'　黄鸡蛋果

F9003652 — — —

Passiflora foetida L.　龙珠果

F9003653 — — — 美洲热带及亚热带

Passiflora henryi Hemsl.　圆叶西番莲

F9003654　中国特有 —— 中国

Passiflora suberosa L.　细柱西番莲

F0024210 — — — 加勒比地区

Passiflora subpeltata Ortega

F9003655 — — — 中美洲

Passiflora tarminiana Coppens & V. E. Barney　香蕉百香果

F0036359 — — — 拉丁美洲

Passiflora triloba Ruiz & Pav. ex DC.　三裂西番莲

F9003656 — — — 秘鲁、玻利维亚

Passiflora vesicaria L.　毛西番莲

F9003657 — — — 美洲热带

Salicaceae　杨柳科

Bennettiodendron　山桂花属

Bennettiodendron leprosipes (Clos) Merr.　山桂花

F9003658 — — — 印度（阿萨姆邦）、中国南部、泰国、

印度尼西亚（苏门答腊岛、爪哇岛）

Carrierea　山羊角树属

Carrierea calycina Franch.　山羊角树

F9003659　中国特有 —— 中国南部

Casearia　脚骨脆属

Casearia glomerata Roxb.　球花脚骨脆

F9003660 — — — 印度、尼泊尔、不丹、中国南部

Dovyalis　锡兰莓属

Dovyalis caffra (Hook. f. & Harv.) Warb.　南非锡兰莓

F9003661 — — — 世界热带

Dovyalis macrocalyx (Oliv.) Warb.　大萼锡兰莓

F9003662 — — — 南苏丹；非洲南部热带

Homalium　天料木属

Homalium cochinchinense (Lour.) Druce　天料木

00046691 — — — 中国、中南半岛

Idesia　山桐子属

Idesia polycarpa Maxim.　山桐子

F9003663 — — — 中国南部；亚洲东部温带

Idesia polycarpa var. *vestita* Diels　毛叶山桐子

F9003664 — — — 中国、日本

Poliothyrsis　山拐枣属

Poliothyrsis sinensis Hook. f.　山拐枣

F9003665　中国特有 —— 中国

Populus　杨属

Populus adenopoda Maxim.　响叶杨

F9003666 — — — 中国、缅甸

Populus glauca Haines　灰背杨

F9003667 — — — 中国、尼泊尔、不丹、孟加拉国

Salix　柳属

Salix argyracea E. L. Wolf　银柳

F9003668 — — — 中国；亚洲中部

Salix babylonica L.　垂柳

0002537 — — — 中国北部及东部、韩国

Salix chaenomeloides Kimura　腺柳

F9003669 — — — 中国北部及东部、韩国、日本中部及南部

Salix disperma Roxb. ex D. Don　四子柳

F9003670 — — — 阿富汗、巴基斯坦、中国

Salix fargesii Burkill　川鄂柳

F9003671　中国特有 —— 中国

Salix integra 'Hakuro Nishiki'　花叶杞柳

F9003672 — — —

Salix mictotricha C. K. Schneid. 兴山柳
F9003673 中国特有 —— 中国

Salix paraplesia C. K. Schneid. 康定柳
F9003674 中国特有 —— 中国

Salix variegata Franch. 秋华柳
F9003675 中国特有 —— 中国

Scolopia 箣柊属

Scolopia chinensis (Lour.) Clos 箣柊
0002244 ——— 中国、马来半岛

Xylosma 柞木属

Xylosma longifolia Clos 长叶柞木
00011537 ——— 印度、中国南部、中南半岛

Euphorbiaceae 大戟科

Acalypha 铁苋菜属

Acalypha australis L. 铁苋菜
Q201606243844 ——— 俄罗斯（远东地区南部）、菲律宾北部

Acalypha hamiltoniana 'Marginata' 金边铁苋
F9006889 ———

Acalypha hamiltoniana 'Mustrata Mariegata' 镶边旋叶铁苋
0001429 ———

Acalypha hamiltoniana 'Mustrata Variegata' 乳斑旋叶铁苋
F9003676 ———

Acalypha hamiltoniana 'Variegata' 花叶狗尾红
F9003677 ———

Acalypha hispida Burm. f. 红穗铁苋菜
0004344 中国特有 —— 中国

Acalypha pendula C. Wright ex Griseb. 红尾铁苋
00047493 ——— 古巴西部及中部、伊斯帕尼奥拉岛

Acalypha wilkesiana Müll. Arg. 红桑
0002274 ——— 西南太平洋岛屿

Acalypha wilkesiana 'Heterophylla' 变叶铁苋
F9003678 ———

Acalypha wilkesiana 'Java White' 乳叶红桑
0001811 ———

Acalypha wilkesiana 'Marginata' 金边红桑
00046768 ———

Acalypha wilkesiana 'Musaica' 彩叶红桑
F9003679 ———

Alchornea 山麻秆属

Alchornea tiliifolia (Benth.) Müll. Arg. 椴叶山麻秆
F9003680 ——— 印度（锡金）、中国、马来西亚西部

Alchornea trewioides (Benth.) Müll. Arg. 红背山麻秆

00046136 ——— 中国南部、越南北部

Aleurites 石栗属

Aleurites moluccanus (L.) Willd. 石栗
F9003681 ——— 澳大利亚（昆士兰州北部）；亚洲热带及亚热带

Baliospermum 斑籽木属

Baliospermum calycinum Müll. Arg. 云南斑籽木
F9003682 ——— 中国、尼泊尔、中南半岛

Blachia 留萼木属

Blachia siamensis Gagnep. 海南留萼木
00005547 ——— 泰国南部、中国（海南南部）

Cephalomappa 肥牛树属

Cephalomappa sinensis (Chun & F. C. How) Kosterm. 肥牛树
0000226 — 易危（VU） — 中国、越南北部

Claoxylon 白桐树属

Claoxylon indicum (Reinw. ex Blume) Hassk. 白桐树
F9003683 ——— 中国南部、中南半岛、巴布亚新几内亚

Cleidiocarpon 蝴蝶果属

Cleidiocarpon cavaleriei (H. Lév.) Airy Shaw 蝴蝶果
00012980 — 易危（VU） — 中国、越南北部

Codiaeum 变叶木属

Codiaeum variegatum (L.) Rumph. ex A. Juss. 变叶木
00005771 ——— 马来西亚；西南太平洋岛屿

Codiaeum variegatum 'Appendiculatum' 'Appendiculatum' 变叶木
0002533 ———

Codiaeum variegatum 'Aucubifolium' 洒金变叶木
0000162 ———

Codiaeum variegatum 'Chrysophyllum' 金光变叶木
0003135 ———

Codiaeum variegatum 'Craigii' 戟叶变叶木
00005762 ———

Codiaeum variegatum 'Crispida' 扭叶洒金榕
F9003684 ———

Codiaeum variegatum 'Delicatissimum' 雉鸡尾变叶木
0003633 ———

Codiaeum variegatum 'Excellent' 美丽变叶木
00005793 ———

Codiaeum variegatum f. *appendiculatum* 'Interruptum' 洒金蜂腰变叶木

0004882 — — — —

Codiaeum variegatum 'Gold Queen'　喷金变叶木

0002524 — — — —

Codiaeum variegatum 'Graciosum'　柳叶变叶木

0004399 — — — —

Codiaeum variegatum 'Harvest Moon'　星辰变叶木

F9003685 — — — —

Codiaeum variegatum 'Indian Blanket'　彩霞变叶木

F9003686 — — — —

Codiaeum variegatum 'Interruptum Variegata'　洒金蜂腰洒
金榕

F9003687 — — — —

Codiaeum variegatum 'Lobatum'　戟叶洒金榕

F9003688 — — — —

Codiaeum variegatum 'Maculatum Katonii'　砂子剑变叶木

0000014 — — — —

Codiaeum variegatum 'Mons-Florin'　彩色变叶木

0001927 — — — —

Codiaeum variegatum 'Mrs. Iceton'　'爱惜夫人'变叶木

0001170 — — — —

Codiaeum variegatum 'Pictum'　'Pictum'变叶木

F9006875 — — — —

Codiaeum variegatum 'Platyphylla'　宽叶洒金榕

0000830 — — — —

Codiaeum variegatum 'Qyalifolium'　鹰羽变叶木

0001969 — — — —

Codiaeum variegatum 'Reidii'　金脉洒金榕

F9003689 — — — —

Codiaeum variegatum 'Ruther Ford'　撒金戟变叶木

0003225 — — — —

Codiaeum variegatum 'Taeniosum'　细叶洒金榕

F9003690 — — — —

Codiaeum variegatum 'The Red King'　红王变叶木

0000440 — — — —

Codiaeum variegatum 'Warrenii'　织女绫变叶木

0002072 — — — —

Croton　巴豆属

Croton cascarilloides Raeusch.　银叶巴豆

F9003691 — — — 亚洲热带及亚热带

Croton congestus Lour.　柞木

00005668 — — — —

Croton lachnocarpus Benth.　毛果巴豆

0004597 — — — 孟加拉国东南部、中国南部、中南半岛

Croton laevigatus Vahl　光叶巴豆

F9003692 中国特有 — — 中国南部

Croton megalocarpus Hutch.　大果巴豆

F9003693 — — — 索马里南部；非洲南部热带

Croton tiglium L.　巴豆

00047252 — — — 亚洲热带及亚热带

Deutzianthus　东京桐属

Deutzianthus tonkinensis Gagnep.　东京桐

0000639 — 濒危（EN）二级 中国、越南北部

Discocleidion　丹麻秆属

Discocleidion rufescens (Franch.) Pax & K. Hoffm.　假奓
包叶

F9003694 中国特有 — — 中国

Euphorbia　大戟属

Euphorbia abyssinica J. F. Gmel.　峦岳

0004747 — — — 苏丹东北部、埃塞俄比亚、索马里

Euphorbia aeruginosa Schweick.　铜绿麒麟

0000352 — — — 非洲南部

Euphorbia alluaudii subsp. *oncoclada* (Drake) F. Friedmann
& Cremers　膨珊瑚

00018386 — — — 马达加斯加中南部及南部

Euphorbia ammak Schweinf.　大戟阁

00018381 — — — 沙特阿拉伯西部、也门北部

Euphorbia antiquorum L.　火殃勒

00019437 — — — 巴基斯坦、中南半岛、印度尼西亚（爪
哇岛）

Euphorbia aphylla Brouss. ex Willd.　无叶大戟

0003213 — — — 加那利群岛

Euphorbia arida N. E. Br.　瑞达麒麟

0000412 — — — 南非

Euphorbia avasmontana Dinter　角麒麟

0002117 — — — 纳米比亚、南非

Euphorbia bergeri N. E. Br.　伪孔雀丸

00019068 — — — 南非

Euphorbia bupleurifolia Jacq.　铁甲丸

F9003695 — — — 南非

Euphorbia bussei var. *kibwezensis* (N. E. Br.) S. Carter　奇伟
麒麟

0001824 — — — 肯尼亚、坦桑尼亚北部

Euphorbia canariensis L.　墨麒麟

0000324 — — — 加那利群岛

Euphorbia clandestina Jacq.　逆鳞龙

0000529 — — — 南非

Euphorbia conspicua N. E. Br.　华烛麒麟

F9003696 — — — —

Euphorbia cooperi N. E. Br. ex A. Berger　琉璃塔

00018403 — — — 非洲南部

Euphorbia cotinifolia L.　紫锦木

0000022 — — — 美洲热带

Euphorbia decaryi Guillaumin　皱叶麒麟

00019052 — — — 马达加斯加南部

Euphorbia esula L.　乳浆大戟

0002247 — — — 亚速尔群岛；欧亚大陆温带

Euphorbia famatamboay F. Friedmann & Cremers

F9003697 — — — 马达加斯加西南部

Euphorbia flanaganii N. E. Br.　孔雀丸

F9003698 — — — 南非

Euphorbia franckiana A. Berger　厚目麒麟

0001185 — — — 南非（夸祖鲁-纳塔尔省）

Euphorbia grantii Oliv.　阔叶大戟

F9003699 — — — 非洲南部

Euphorbia greenwayi P. R. O. Bally & S. Carter　绿威大戟

0003790 — — — 坦桑尼亚

Euphorbia guentheri (Pax) Bruyns　紫纹龙

F9003700 — — — 肯尼亚

Euphorbia guiengola W. R. Buck & Huft

00018528 — — — 墨西哥

Euphorbia hedyotoides N. E. Br.　柳叶麒麟

0001564 — — — 马达加斯加南部

Euphorbia heterochroma Pax　异色大戟

F9003701 — — — 肯尼亚、坦桑尼亚东北部

Euphorbia heterophylla L.　白苞猩猩草

F9003702 — — — 美国中南部；美洲热带及亚热带

Euphorbia hirta L.　飞扬草

0002503 — — — 美洲热带及亚热带

Euphorbia hylonoma Hand.-Mazz.　湖北大戟

F9003703 — — — 俄罗斯（西伯利亚东南部）、中国

Euphorbia ingens E. Mey. ex Boiss.　冲天阁

0004555 — — — 非洲南部

Euphorbia 'Keysii'　大麒麟

F9003704 — — — —

Euphorbia knuthii Pax　狗奴子

0004359 — — — 非洲南部

Euphorbia lactea Haw.　春峰

0000671 — — — 斯里兰卡

Euphorbia lactea 'Albavariegata'　彩春峰缀化

00018488 — — — —

Euphorbia lactea 'Crista'　彩春峰

0001870 — — — —

Euphorbia lathyris L.　续随子

F9003705 — — — 亚洲中部

Euphorbia leucocephala Lotsy　白雪木

0000229 — — — 墨西哥、哥伦比亚

Euphorbia marginata Pursh　银边翠

F9003706 — — — 美国中西部及中部、墨西哥东部及

南部

Euphorbia meloformis Aiton　贵青玉

F9003707 — — — 南非

Euphorbia milii Des Moul.　铁海棠

0001391 — — — 马达加斯加

Euphorbia milii '50 Years Sri-Karnjana'　'50 Years Sri-Karnjana'铁海棠

F9003708 — — — —

Euphorbia milii '700 Years Chiengmai'　'700 Years Chiengmai'铁海棠

F9003709 — — — —

Euphorbia milii 'Amnuay-Choke'　'Amnuay-Choke'铁海棠

F9003710 — — — —

Euphorbia milii 'Blinky Moon'　'Blinky Moon'铁海棠

F9003711 — — — —

Euphorbia milii 'Buppa-Thanaporn'　'Buppa-Thanaporn'铁海棠

F9003712 — — — —

Euphorbia milii 'Buppha'　'Buppha'铁海棠

F9003713 — — — —

Euphorbia milii 'Chan-Song-Lar'　'Chan-Song-Lar'铁海棠

F9003714 — — — —

Euphorbia milii 'Chao-Sua'　'Chao-Sua'铁海棠

F9003715 — — — —

Euphorbia milii 'Choke-Numpa'　'Choke-Numpa'铁海棠

F9003716 — — — —

Euphorbia milii 'Choompoo-Thip'　'Choompoo-Thip'铁海棠

F9003717 — — — —

Euphorbia milii 'Daeng-Audom'　'Daeng-Audom'铁海棠

F9003718 — — — —

Euphorbia milii 'Den-Tawan'　'Den-Tawan'铁海棠

F9003719 — — — —

Euphorbia milii 'Dokrak-White'　'Dokrak-White'铁海棠

F9003720 — — — —

Euphorbia milii 'Duang-Dokrak'　'Duang-Dokrak'铁海棠

F9003721 — — — —

Euphorbia milii 'Duang-Isaree'　'Duang-Isaree'铁海棠

F9003722 — — — —

Euphorbia milii 'Duang-Mee-Larb'　'Duang-Mee-Larb'铁海棠

F9003723 — — — —

Euphorbia milii 'Duang-Narumol'　'Duang-Narumol'铁海棠

F9003724 — — — —

Euphorbia milii 'Duangrat'　'Duangrat'铁海棠

F9003725 — — — —

Euphorbia milii 'Duang-Sunisa'　'Duang-Sunisa'铁海棠

F9003726 — — — —
Euphorbia milii 'Duangtawan' 'Duangtawan'铁海棠
F9003727 — — — —
Euphorbia milii 'Fragrance Flower' 'Fragrance Flower'铁海棠
F9003728 — — — —
Euphorbia milii 'Full of Gold' 'Full of Gold'铁海棠
F9003729 — — — —
Euphorbia milii 'Gold Flake' 'Gold Flake'铁海棠
F9003730 — — — —
Euphorbia milii 'Grain Crist Thorn' 大花虎刺梅
00018259 — — — —
Euphorbia milii 'Hong-Yok' 'Hong-Yok'铁海棠
F9003731 — — — —
Euphorbia milii 'Jongrak' 'Jongrak'铁海棠
F9003732 — — — —
Euphorbia milii 'Kangkoi Pink' 'Kangkoi Pink'铁海棠
F9003733 — — — —
Euphorbia milii 'Kehlang Rose' 'Kehlang Rose'铁海棠
F9003734 — — — —
Euphorbia milii 'Khun-Samlee' 'Khun-Samlee'铁海棠
F9003735 — — — —
Euphorbia milii 'Korn-Kanok' 'Korn-Kanok'铁海棠
F9003736 — — — —
Euphorbia milii 'Kred-Manee' 'Kred-Manee'铁海棠
F9003737 — — — —
Euphorbia milii 'Lucky Red' 'Lucky Red'铁海棠
F9003738 — — — —
Euphorbia milii 'Maha-Heng' 'Maha-Heng'铁海棠
F9003739 — — — —
Euphorbia milii 'Malai-Sab' 'Malai-Sab'铁海棠
F9003740 — — — —
Euphorbia milii 'Manee Siam' 'Manee Siam'铁海棠
F9003741 — — — —
Euphorbia milii 'Manee-Jintana' 'Manee-Jintana'铁海棠
F9003742 — — — —
Euphorbia milii 'Mangkong' 'Mangkong'铁海棠
F9003743 — — — —
Euphorbia milii 'Mangmee-Sab' 'Mangmee-Sab'铁海棠
F9003744 — — — —
Euphorbia milii 'Munja' 'Munja'铁海棠
0002582 — — — —
Euphorbia milii 'Namchai' 'Namchai'铁海棠
F9003745 — — — —
Euphorbia milii 'Namchoke' 'Namchoke'铁海棠
F9003746 — — — —
Euphorbia milii 'One in The Universe' 'One in The Universe'铁海棠
F9003747 — — — —
Euphorbia milii 'Pet-Patum' 'Pet-Patum'铁海棠
F9003748 — — — —
Euphorbia milii 'Phupink Lady' 'Phupink Lady'铁海棠
F9003749 — — — —
Euphorbia milii 'Pile of Money' 'Pile of Money'铁海棠
F9003750 — — — —
Euphorbia milii 'Pin Siam' 'Pin Siam'铁海棠
F9003751 — — — —
Euphorbia milii 'Pink Violet' 'Pink Violet'铁海棠
F9003752 — — — —
Euphorbia milii 'Poo-Banna' 'Poo-Banna'铁海棠
F9003753 — — — —
Euphorbia milii 'Porn-Jaroen-Suk' 'Porn-Jaroen-Suk'铁海棠
F9003754 — — — —
Euphorbia milii 'Porn-Yingyai' 'Porn-Yingyai'铁海棠
F9003755 — — — —
Euphorbia milii 'Por-Sermsab' 'Por-Sermsab'铁海棠
F9003756 — — — —
Euphorbia milii 'Rainbow' 'Rainbow'铁海棠
F9003757 — — — —
Euphorbia milii 'Rung-Napar' 'Rung-Napar'铁海棠
F9003758 — — — —
Euphorbia milii 'Sab-Maharaj' 'Sab-Maharaj'铁海棠
F9003759 — — — —
Euphorbia milii 'Sab-Par-Jaroen' 'Sab-Par-Jaroen'铁海棠
F9003760 — — — —
Euphorbia milii 'Sab-Patum' 'Sab-Patum'铁海棠
F9003761 — — — —
Euphorbia milii 'Sab-Prasert' 'Sab-Prasert'铁海棠
F9003762 — — — —
Euphorbia milii 'Sab-Roongroj' 'Sab-Roongroj'铁海棠
F9003763 — — — —
Euphorbia milii 'Sab-Sai-Thong' 'Sab-Sai-Thong'铁海棠
F9003764 — — — —
Euphorbia milii 'Sab-Sompoach' 'Sab-Sompoach'铁海棠
F9003765 — — — —
Euphorbia milii 'Sab-Somwang' 'Sab-Somwang'铁海棠
F9003766 — — — —
Euphorbia milii 'Siam Diamond' 'Siam Diamond'铁海棠
F9003767 — — — —
Euphorbia milii 'Siam Ruby' 'Siam Ruby'铁海棠
F9003768 — — — —
Euphorbia milii 'Sien-Pratarn-Sab' 'Sien-Pratarn-Sab'铁海棠

F9003769 — — — —

Euphorbia milii 'Sien-Rose' 'Sien-Rose'铁海棠

F9003770 — — — —

Euphorbia milii 'Silver Clown' 'Silver Clown'铁海棠

F9003771 — — — —

Euphorbia milii 'Silver Mine' 'Silver Mine'铁海棠

F9003772 — — — —

Euphorbia milii 'Silvery Violet' 'Silvery Violet'铁海棠

F9003773 — — — —

Euphorbia milii 'Siri-Mongkol' 'Siri-Mongkol'铁海棠

F9003774 — — — —

Euphorbia milii 'Soam-Siriporn' 'Soam-Siriporn'铁海棠

F9003775 — — — —

Euphorbia milii 'Sorn-Manee' 'Sorn-Manee'铁海棠

F9003776 — — — —

Euphorbia milii 'Splendeus' 大叶虎刺梅

0001538 — — — —

Euphorbia milii 'Sri-Patum' 'Sri-Patum'铁海棠

F9003777 — — — —

Euphorbia milii 'Streaky Pink' 'Streaky Pink'铁海棠

F9003778 — — — —

Euphorbia milii 'Takmor' 'Takmor'铁海棠

F9003779 — — — —

Euphorbia milii 'Talab-Pet' 'Talab-Pet'铁海棠

F9003780 — — — —

Euphorbia milii 'Thep-Pratarn-Porn' 'Thep-Pratarn-Porn'铁海棠

F9003781 — — — —

Euphorbia milii 'Tipawan' 'Tipawan'铁海棠

F9003782 — — — —

Euphorbia milii 'Yard-Pet' 'Yard-Pet'铁海棠

F9003783 — — — —

Euphorbia milii 'Ying-Yai' 'Ying-Yai'铁海棠

F9003784 — — — —

Euphorbia milii 'Yok-Manee' 'Yok-Manee'铁海棠

F9003785 — — — —

Euphorbia milii var. *tananarive* Leandri 黄苞麒麟花

00018747 — — — —

Euphorbia neorubella Bruyns 人参大戟

0001657 — — — 肯尼亚

Euphorbia neriifolia L. 金刚纂

0000071 — — — 伊朗、缅甸

Euphorbia neriifolia 'Cristata' 麒麟掌

F9006869 — — — —

Euphorbia neriifolia 'Cristata Variegata' 花叶玉麒麟

00018524 — — — —

Euphorbia obesa Hook. f. 布纹球

F9003786 — — — 南非

Euphorbia officinarum subsp. *echinus* (Hook. f. & Coss.) Vindt 大正麒麟

0001561 — — — 摩洛哥南部、毛里塔尼亚北部

Euphorbia pekinensis Rupr. 大戟

0002512 — — — 俄罗斯（远东地区）、朝鲜、韩国、日本、中国

Euphorbia poissonii Pax 贝信麒麟

00019331 — — — 加蓬；非洲西部热带

Euphorbia polygona var. *horrida* (Boiss.) D. H. Schnabel 魁伟玉

0001157 — — — 南非

Euphorbia prostrata Aiton 匍匐大戟

0004058 — — — 美国中南部；美洲热带及亚热带

Euphorbia pseudocactus 'Lyttoniana' 'Lyttoniana'春驹

F9003787 — — — —

Euphorbia pteroneura A. Berger 破魔之弓

0001089 — — — 墨西哥南部、危地马拉

Euphorbia pulcherrima Willd. ex Klotzsch 一品红

0002935 — — — 中美洲

Euphorbia pulcherrima 'Alba' 一品白

F9003788 — — — —

Euphorbia pulcherrima 'Ecke' 绣球一品红

F9003789 — — — —

Euphorbia pulcherrima 'Lutea' 一品黄

F9003790 — — — —

Euphorbia pulcherrima 'Rosea' 一品粉

F9003791 — — — —

Euphorbia pulvinata Marloth 红麒麟

0004055 — — — 非洲南部

Euphorbia ramipressa Croizat 鹿角麒麟

00018366 — — — 马达加斯加

Euphorbia resinifera O. Berg 白角麒麟

0004179 — — — 摩洛哥

Euphorbia ritchiei (P. R. O. Bally) Bruyns 将军阁

00018270 — — — 肯尼亚

Euphorbia royleana Boiss. 霸王鞭

F9003792 — — — 巴基斯坦、中国

Euphorbia sepulta P. R. O. Bally & S. Carter 飒见大戟

0002339 — — — 索马里

Euphorbia smirnovii Geltman 象鼻大戟

F9003793 — — — 土耳其东部

Euphorbia stenoclada Baill. 银角珊瑚

0000257 — — — 马达加斯加、莫桑比克

Euphorbia 'Sunrise' 日出

00018267 — — — —

Euphorbia suzannae-marnierae Rauh & Petignat

F9003794 — — — 马达加斯加西南部

Euphorbia thymifolia L.　千根草

0000756 — — — 美洲热带及亚热带

Euphorbia tirucalli L.　绿玉树

0000122 — — — 埃塞俄比亚、印度；非洲南部

Euphorbia tithymaloides L.　红雀珊瑚

0000322 — — — 美国（佛罗里达州）；美洲热带

Euphorbia trigona Mill.　彩云阁

00018369 — — — 加蓬、马拉维

Euphorbia trigona 'Rubra'　红彩云阁

F9006909 — — — —

Euphorbia umbellata (Pax) Bruyns　花曙大戟

0001458 — — — 南苏丹、肯尼亚、布隆迪、坦桑尼亚

Euphorbia xylophylloides Brongn. ex Lem.　硬叶麒麟

00018364 — — — 马达加斯加

Excoecaria　海漆属

Excoecaria acerifolia Didr.　云南土沉香

0004814 — — — 印度（北阿坎德邦）、中国

Excoecaria cochinchinensis Lour.　红背桂

00011671 — — — 中国、马来半岛

Hevea　橡胶树属

Hevea brasiliensis (Willd. ex A. Juss.) Müll. Arg.　橡胶树

F9003795 — — — 巴西

Hura　响盒子属

Hura crepitans L.　响盒子

0002143 — — — 美洲热带

Jatropha　麻风树属

Jatropha curcas L.　麻风树

0000415 — — — 美洲热带

Jatropha gossypiifolia L.　棉叶珊瑚花

0000047 — — — 美洲热带

Jatropha integerrima Jacq.　变叶珊瑚花

00047229 — — — 古巴西部

Jatropha integerrima 'Rosea'　粉花琴叶珊瑚

F9003796 — — — —

Jatropha multifida L.　红珊瑚

0003561 — — — 墨西哥、加勒比地区

Jatropha podagrica Hook.　佛肚树

00018368 — — — 中美洲

Lasiococca　轮叶戟属

Lasiococca comberi Haines　印度轮叶戟

F9003797 — — — 印度东部、中国、中南半岛北部

Macaranga　血桐属

Macaranga henryi (Pax & K. Hoffm.) Rehder　草鞋木

F9003798 — — — 中国、越南北部

Macaranga tanarius (L.) Müll. Arg.　光血桐

0000369 — — — 西南太平洋岛屿；亚洲热带及亚热带

Mallotus　野桐属

Mallotus apelta (Lour.) Müll. Arg.　白背叶

0002724 — — — 中国南部、越南

Mallotus barbatus Müll. Arg.　毛桐

F9003799 — — — 印度、中国南部、印度尼西亚（爪哇岛西部）

Mallotus decipiens Müll. Arg.　短柄野桐

F9003800 — — — 孟加拉国、中国、马来半岛

Mallotus japonicus (L. f.) Müll. Arg.　野梧桐

Q201607079334 — — — 中国；亚洲东部温带

Mallotus paniculatus (Lam.) Müll. Arg.　白楸

0002278 — — — 澳大利亚（昆士兰州北部及东北部）；亚洲热带及亚热带

Mallotus philippensis (Lam.) Müll. Arg.　粗糠柴

00046813 — — — 澳大利亚北部及东部；亚洲热带及亚热带

Mallotus repandus (Rottler) Müll. Arg.　石岩枫

F9003801 — — — 亚洲热带及亚热带

Manihot　木薯属

Manihot esculenta Crantz　木薯

00046764 — — — 南美洲

Manihot esculenta 'Variegata'　花叶木薯

0000926 — — — —

Mercurialis　山靛属

Mercurialis leiocarpa Siebold & Zucc.　山靛

F9003802 — — — 尼泊尔；亚洲东部温带

Ostodes　叶轮木属

Ostodes paniculata Blume　叶轮木

F9003803 — — — 尼泊尔东部、中南半岛、马来西亚西部

Ostodes paniculata var. *katharinae* (Pax) Chakrab. & N. P. Balakr.　云南叶轮木

F9003804 — — — 中国、中南半岛

Plukenetia　星油藤属

Plukenetia volubilis L.　星油藤

F0038278 — — — 向风群岛；美洲南部热带

Ricinus　蓖麻属

Ricinus communis L.　蓖麻

00052549 — — — 非洲热带

Speranskia　地构叶属

Speranskia cantonensis (Hance) Pax & K. Hoffm.　广东地构叶

F9003805　中国特有 — — 中国

Triadica　乌桕属

Triadica cochinchinensis Lour.　山乌桕

00011370 — — — 印度北部、中国南部、马来西亚

Triadica rotundifolia (Hemsl.) Esser　圆叶乌桕

F9003806 — — — 中国南部、越南北部

Triadica sebifera (L.) Small　乌桕

00000385 — — — 中国、越南；亚洲东部温带

Vernicia　油桐属

Vernicia fordii (Hemsl.) Airy Shaw　油桐

0001840 — — — 中国、中南半岛北部

Vernicia montana Lour.　木油桐

00046141 — — — 中国、中南半岛

Linaceae　亚麻科

Reinwardtia　石海椒属

Reinwardtia indica Dumort.　石海椒

0000105 — — — 中南半岛；南亚、东亚南部

Tirpitzia　青篱柴属

Tirpitzia sinensis (Hemsl.) Hallier f.　青篱柴

F9003807 — — — 中国、越南

Ixonanthaceae　黏木科

Ixonanthes　黏木属

Ixonanthes reticulata Jack　黏木

F9003808 — 易危（VU）— 中国南部；亚洲热带

Phyllanthaceae　叶下珠科

Actephila　喜光花属

Actephila merrilliana Chun　喜光花

0003853　中国特有 — — 中国

Antidesma　五月茶属

Antidesma bunius (L.) Spreng.　五月茶

0001262 — — — 亚洲热带及亚热带

Antidesma fordii Hemsl.　黄毛五月茶

0003781 — — — 中国南部、中南半岛

Antidesma ghaesembilla Gaertn.　方叶五月茶

F9003809 — — — 澳大利亚北部；亚洲热带及亚热带

Antidesma maclurei Merr.　多花五月茶

0000418 — — — 越南、中国南部

Antidesma montanum Blume　山地五月茶

0003783 — — — 澳大利亚（昆士兰州北部）；亚洲热带及亚热带

Antidesma montanum var. *microphyllum* (Hemsl.) Petra Hoffm.　小叶五月茶

F9003810 — — — 印度（阿萨姆邦）、中国南部、中南半岛

Aporosa　银柴属

Aporosa octandra (Buch.-Ham. ex D. Don) Vickery　大沙木

00012962 — — — 中国南部、澳大利亚（昆士兰州）；亚洲热带

Bischofia　秋枫属

Bischofia javanica Blume　秋枫

00052538 — — — 南太平洋岛屿；亚洲热带及亚热带

Bischofia polycarpa (H. Lév.) Airy Shaw　重阳木

F9003811　中国特有 — — 中国

Breynia　黑面神属

Breynia disticha J. R. Forst. & G. Forst.　二列黑面神

0003837 — — — 瓦努阿图、新喀里多尼亚

Breynia disticha 'Roseo-Picta'　彩叶山漆茎

F9003812 — — — —

Breynia fruticosa (L.) Müll. Arg.　黑面神

0002155 — — — 中国南部、中南半岛

Breynia spatulifolia (Beille) Welzen & Pruesapan　龙胭叶

00046724 — — — 越南北部

Breynia vitis-idaea (Burm. f.) C. E. C. Fisch.　小叶黑面神（鬼画符）

F9003813 — — — 印度尼西亚（苏门答腊岛）；南亚、东亚南部

Bridelia　土蜜树属

Bridelia stipularis (L.) Blume　土蜜藤

F9003814 — — — 亚洲热带及亚热带

Bridelia tomentosa Blume　土蜜树

0002393 — — — 澳大利亚北部；亚洲热带及亚热带

Cleistanthus　闭花木属

Cleistanthus sumatranus (Miq.) Müll. Arg.　闭花木

F9003815 — — — 中国、中南半岛、马来西亚、巴布亚新几内亚

Glochidion　算盘子属

Glochidion wilsonii Hutch.　湖北算盘子

F9003816　中国特有 — — 中国南部

Glochidion zeylanicum (Gaertn.) A. Juss. 香港算盘子
0002335 — — — 所罗门群岛；南亚、东亚
Glochidion zeylanicum var. *tomentosum* (Dalzell) Trimen 赤血仔
F9003817 — — — 琉球群岛、中南半岛；南亚

Leptopus 雀舌木属

Leptopus chinensis (Bunge) Pojark. 雀儿舌头
F9003818 — — — 高加索地区、伊朗北部、巴基斯坦北部、中国、缅甸北部

Phyllanthus 叶下珠属

Phyllanthus cochinchinensis Spreng. 越南叶下珠
F9003819 — — — 中国南部、中南半岛
Phyllanthus emblica L. 余甘子
00005587 — — — 亚洲热带及亚热带
Phyllanthus eriocarpus (Champ. ex Benth.) Müll. Arg. 毛果算盘子
00048055 — — — 中国、中南半岛、马来西亚
Phyllanthus flexuosus (Siebold & Zucc.) Müll. Arg. 落萼叶下珠
F9003820 — — — 中国南部、日本中南部及南部
Phyllanthus hainanensis Merr. 海南叶下珠
0001546 中国特有 — — 中国南部
Phyllanthus lanceolarius (Roxb.) Müll. Arg. 艾胶算盘子
00011395 — — — 中南半岛；南亚、东亚南部
Phyllanthus niruri L. 珠子草
Q201606221380 — — — 美洲热带及亚热带
Phyllanthus puber (L.) Müll. Arg. 算盘子
00048123 — — — 中国、日本
Phyllanthus reticulatus Poir. 小果叶下珠
00011369 — — — 澳大利亚北部；亚洲热带及亚热带
Phyllanthus urinaria L. 叶下珠
00047531 — — — 澳大利亚北部；亚洲热带及亚热带
Phyllanthus wrightii (Benth.) Müll. Arg. 蜜柑草
F9003821 中国特有 — — 中国南部

Geraniaceae 牻牛儿苗科

Erodium 牻牛儿苗属

Erodium stephanianum Willd. 牻牛儿苗
F0037008 — — — —

Geranium 老鹳草属

Geranium rosthornii R. Knuth 湖北老鹳草
F9003822 中国特有 — — 中国
Geranium sibiricum L. 鼠掌老鹳草
F9003823 — — — 罗马尼亚；亚洲温带
Geranium yunnanense Franch. 云南老鹳草

F9003824 — — — 中国、缅甸北部

Pelargonium 天竺葵属

Pelargonium citronellum J. J. A. van der Walt 驱蚊草
F9003825 — — — 南非
Pelargonium graveolens L'Hér. 香叶天竺葵
F9003826 — — — 津巴布韦东部、澳大利亚
Pelargonium hortorum Bailey 天竺葵
F9003827 — — — —
Pelargonium hortorum 'Robert Fish' 金边天竺葵
F9003828 — — — —
Pelargonium peltatum (L.) L'Hér. 盾叶天竺葵
F9003829 — — — 南非

Combretaceae 使君子科

Combretum 风车子属

Combretum alfredii Hance 风车子
00012429 中国特有 — — 中国
Combretum indicum (L.) DeFilipps 使君子
0000297 — — — 坦桑尼亚、澳大利亚北部；亚洲热带及亚热带

Terminalia 榄仁属

Terminalia arjuna (Roxb. ex DC.) Wight & Arn. 阿江榄仁
F0037844 — — — 南亚
Terminalia calamansanai (Blanco) Rolfe 马尼拉榄仁
F9003830 — — — 亚洲热带
Terminalia catappa L. 榄仁树
F9003831 — — — 马达加斯加；太平洋岛屿；亚洲热带及亚热带
Terminalia franchetii Gagnep. 滇榄仁
F9003832 — 近危（NT）— 中国、缅甸、老挝、越南、泰国北部
Terminalia mantaly 'Tricolor' 三色小叶榄仁
F9003833 — — — —
Terminalia melanocarpa F. Muell. 黑果榄仁
0004191 — — — —
Terminalia muelleri Benth. 卵果榄仁
F0025760 — — — —
Terminalia neotaliala Capuron 小叶榄仁
0000997 — — — 马达加斯加
Terminalia neotaliala 'Tricolor' 'Tricolor'小叶榄仁
0001010 — — — —

Lythraceae 千屈菜科

Cuphea 萼距花属

Cuphea carthagenensis (Jacq.) J. F. Macbr. 哥伦比亚萼

距花

F9003834 — — — 美洲热带

Cuphea hookeriana Walp. 萼距花

00018544 — — — 中美洲

Cuphea hyssopifolia Kunth 细叶萼距花

F9003835 — — — 中美洲

Cuphea ignea A. DC. 火红萼距花

F9003836 — — — 墨西哥

Heimia 黄薇属

Heimia myrtifolia Cham. & Schltdl. 黄薇

0002630 — — — 南美洲东北部

Lagerstroemia 紫薇属

Lagerstroemia cochinchinensis Laness. 毛萼紫薇

0004689 — 濒危（EN）— 中国南部、中南半岛

Lagerstroemia floribunda Wall. 棱萼紫薇

F9003837 — — —

Lagerstroemia fordii Koehne 广东紫薇

0001282 中国特有 近危（NT）— 中国

Lagerstroemia indica L. 紫薇

00005491 — — — 印度、尼泊尔、不丹、中国南部、菲律宾、中南半岛

Lagerstroemia indica 'Alba' 白紫薇

F9003838 — — —

Lagerstroemia indica 'Amabilis' 翠紫薇

F9003839 — — —

Lagerstroemia indica 'Rubra' 红紫薇

F9003840 — — —

Lagerstroemia limii Merr. 福建紫薇

F9003841 中国特有 近危（NT）— 中国

Lagerstroemia micrantha Merr. 小花紫薇

F9003842 — — — 越南南部

Lagerstroemia speciosa (L.) Pers. 大花紫薇

0003647 — — — 中国；亚洲热带

Lagerstroemia speciosa subsp. *intermedia* (Koehne) Deepu & Pandur. 云南紫薇

F9003843 — 易危（VU）— 中国、缅甸

Lagerstroemia subcostata Koehne 南紫薇

F9003844 — — — 中国、韩国、朝鲜、日本、菲律宾

Lawsonia 散沫花属

Lawsonia inermis L. 散沫花

F9003845 — — — 阿拉伯半岛、巴基斯坦、印度；非洲热带

Lythrum 千屈菜属

Lythrum salicaria L. 千屈菜

0003960 — — — 埃塞俄比亚；欧亚大陆温带、非洲西北部

Punica 石榴属

Punica granatum L. 石榴

0000515 — — — 土耳其东北部、巴基斯坦西部

Rotala 节节菜属

Rotala indica (Willd.) Koehne 节节菜

F9003846 — — — 亚洲

Rotala rotundifolia (Buch.-Ham. ex Roxb.) Koehne 圆叶节节菜

F0036706 — — — 印度；亚洲东部温带

Trapa 菱属

Trapa natans L. 欧菱

F9003847 — — — 欧亚大陆、非洲东北部

Woodfordia 虾子花属

Woodfordia fruticosa (L.) Kurz 虾子花

0000767 — — — 坦桑尼亚东部、科摩罗、马达加斯加；亚洲热带及亚热带

Onagraceae 柳叶菜科

Epilobium 柳叶菜属

Epilobium hirsutum L. 柳叶菜

F9003849 — — — 欧亚大陆温带、非洲

Fuchsia 倒挂金钟属

Fuchsia 'Albo-Coccinea' 白萼倒挂金钟

F9003850 — — —

Fuchsia hybrida Hort. ex Siebert & Voss 倒挂金钟

F9003851 — — —

Fuchsia magellanica Lam. 短筒倒挂金钟

F9003852 — — — 智利中南部、阿根廷南部

Ludwigia 丁香蓼属

Ludwigia hyssopifolia (G. Don) Exell 草龙

0002967 — — — 墨西哥南部；美洲热带

Ludwigia octovalvis (Jacq.) P. H. Raven 毛草龙

0002514 — — — 美洲热带及亚热带

Ludwigia perennis L. 细花丁香蓼

F9003853 — — — 世界热带及亚热带

Ludwigia prostrata Roxb. 丁香蓼

F9003854 — — — 亚洲热带及亚热带

Oenothera 月见草属

Oenothera drummondii Hook. 海边月见草

F9003855 — — — 美国东南部、墨西哥

Myrtaceae 桃金娘科

Baeckea 岗松属

Baeckea frutescens L. 岗松
0001299 — — — 中国、澳大利亚东部

Callistemon 红千层属

Callistemon × *hybridus* 'Golden Ball' 金叶串钱柳
F9003856 — — — —

Corymbia 伞房桉属

Corymbia citriodora (Hook.) K. D. Hill & L. A. S. Johnson 柠檬桉
F9003857 — — — 澳大利亚
Corymbia ptychocarpa (F. Muell.) K. D. Hill & L. A. S. Johnson 皱果桉
F9003858 — — — 澳大利亚北部

Eucalyptus 桉属

Eucalyptus camaldulensis Dehnh. 赤桉
F9003859 — — — 澳大利亚
Eucalyptus exserta F. Muell. 窿缘桉
F9003860 — — — 澳大利亚
Eucalyptus robusta Sm. 桉
F9003861 — — — 澳大利亚
Eucalyptus tereticornis Sm. 细叶桉
F9003862 — — — 巴布亚新几内亚、澳大利亚东部及东南部

Eugenia 番樱桃属

Eugenia dysenterica DC.
F9003863 — — — 巴西、玻利维亚
Eugenia involucrata DC. 糖果番石榴
F9003864 — — — 玻利维亚、乌拉圭、巴西
Eugenia pyriformis Cambess.
F9003865 — — — 玻利维亚、巴西、阿根廷东北部
Eugenia uniflora L. 红果仔
0000288 — — — 南美洲
Eugenia victoriana Cuatrec.
F9003866 — — — 哥伦比亚

Leptospermum 松红梅属

Leptospermum brachyandrum (F. Muell.) Druce 美丽薄子木
F9003867 — — — 澳大利亚

Lophostemon 红胶木属

Lophostemon confertus (R. Br.) Peter G. Wilson & J. T. Waterh. 红胶木
0004744 — — — 澳大利亚东部

Melaleuca 白千层属

Melaleuca bracteata 'Gold' 千层金
0000619 — — — —
Melaleuca bracteata 'Revolution Gold' 金叶白千层
00044111 — — — —
Melaleuca cajuputi subsp. *cumingiana* (Turcz.) Barlow 白千层
F9006933 — — — 中南半岛、马来西亚西部
Melaleuca leucadendra (L.) L. 长叶白千层
F9003868 — — — 印度尼西亚（马鲁古群岛）、澳大利亚北部
Melaleuca linearis Schrad. & J. C. Wendl. 红千层
0002345 — — — 澳大利亚
Melaleuca pearsonii 'Rocky Rambler' 长蕊红千层
0000256 — — — —
Melaleuca viminalis (Sol. ex Gaertn.) Byrnes 垂枝红千层
F9003869 — — — 澳大利亚

Myrtus 香桃木属

Myrtus communis L. 香桃木
F9003870 — — — 巴基斯坦、马卡罗尼西亚

Pimenta 多香果属

Pimenta racemosa (Mill.) J. W. Moore 总序多香果
F9003871 — — — 加勒比地区、委内瑞拉

Plinia 树番樱属

Plinia cauliflora (Mart.) Kausel 嘉宝果
0002281 — — — 玻利维亚东部、巴西
Plinia phitrantha (Kiaersk.) Sobral
F9003872 — — — 巴西东南部

Psidium 番石榴属

Psidium cattleyanum Sabine 草莓番石榴
F9003873 — — — 巴西东部及南部、乌拉圭东北部
Psidium guajava L. 番石榴
00005738 — — — 美洲热带及亚热带
Psidium guajava 'Odorata' 香番石榴
0003377 — — — —

Rhodomyrtus 桃金娘属

Rhodomyrtus tomentosa (Aiton) Hassk. 桃金娘
0003687 — — — 亚洲热带及亚热带

Syzygium 蒲桃属

Syzygium austrosinense (Merr. & L. M. Perry) H. T. Chang & R. H. Miao 华南蒲桃
F9003874 中国特有 — — 中国南部
Syzygium buxifolium Hook. & Arn. 赤楠

0000350 — — — 中国、越南北部、日本

Syzygium coarctatum (Blume) Byng, N. Snow & Peter G. Wilson 锡兰蒲桃

F9003875 — — — 印度（阿萨姆邦）、中国、中南半岛

Syzygium cumini (L.) Skeels 乌墨

0004857 — — — 澳大利亚（昆士兰州北部）；亚洲热带及亚热带

Syzygium euonymifolium (F. P. Metcalf) Merr. & L. M. Perry 卫矛叶蒲桃

F9003876 中国特有 — — 中国

Syzygium fluviatile (Hemsl.) Merr. & L. M. Perry 水竹蒲桃

F9003877 中国特有 — — 中国

Syzygium grijsii (Hance) Merr. & L. M. Perry 轮叶蒲桃

F9003878 中国特有 — — 中国南部

Syzygium hainanense H. T. Chang & R. H. Miao 海南蒲桃

00011558 中国特有 — — 中国南部

Syzygium hancei Merr. & L. M. Perry 红鳞蒲桃

00011389 — — — 中国、中南半岛

Syzygium jambos (L.) Alston 蒲桃

0000783 — — — 中国、印度、中南半岛、马来西亚西部

Syzygium levinei (Merr.) Merr. 山蒲桃

F9003879 — — — 中国、柬埔寨

Syzygium myrtifolium Walp. 钟花蒲桃

0001482 — — — 孟加拉国、中南半岛、马来西亚中西部

Syzygium nervosum A. Cunn. ex DC. 水翁

00000279 — — — 澳大利亚北部；亚洲热带及亚热带

Syzygium odoratum (Lour.) DC. 香蒲桃

00012426 — — — 中国、越南中北部

Syzygium rehderianum Merr. & L. M. Perry 红枝蒲桃

F9003880 中国特有 — — 中国

Syzygium samarangense (Blume) Merr. & L. M. Perry 洋蒲桃

00011335 — — — 孟加拉国、瓦努阿图北部

Syzygium tephrodes (Hance) Merr. & L. M. Perry 方枝蒲桃

F9003881 中国特有 — — 中国南部

Syzygium tsoongii (Merr.) Merr. & L. M. Perry 狭叶蒲桃

F9003882 — — — 中国、越南中北部

Xanthostemon 金缨木属

Xanthostemon chrysanthus (F. Muell.) Benth. 金蒲桃

0003413 — — — 澳大利亚（昆士兰州北部及东北部）

Xanthostemon youngii C. T. White & W. D. Francis 红蕊金缨木

0001048 — — — 澳大利亚（昆士兰州北部）

Melastomataceae 野牡丹科

Antherotoma 芭牛木属

Antherotoma senegambiensis (Guill. & Perr.) Jacq.-Fél.

F9003883 — — — 非洲热带

Barthea 棱果花属

Barthea barthei (Hance ex Benth.) Krasser 棱果花

F0091125 — — — 中国、越南北部

Blastus 柏拉木属

Blastus pauciflorus Guillaumin 少花柏拉木

F9003884 中国特有 — — 中国南部

Bredia 野海棠属

Bredia longiloba (Hand.-Mazz.) Diels 长萼野海棠

F9003885 中国特有 — — 中国

Heterocentron 四瓣果属

Heterocentron elegans Kuntze 蔓茎四瓣果

F9003886 — — — 墨西哥、危地马拉、洪都拉斯

Heterotis 蔓牡丹属

Heterotis buettneriana (Cogn. ex Buett.) Jacq.-Fél. 蔓性野牡丹

0001509 — — — 非洲中西部热带

Medinilla 美丁花属

Medinilla astronioides Triana 野牡丹藤

00005851 — — — 菲律宾

Medinilla cummingii Naudin 吊灯酸脚杆

00010100 — — — 菲律宾

Medinilla dolichophylla Merr. 长叶酸脚杆

0004539 — — — 菲律宾

Medinilla magnifica Lindl. 粉苞酸脚杆

00005855 — — — 菲律宾

Medinilla multiflora Merr. 多花酸脚杆

F9003887 — — — 菲律宾

Medinilla sedifolia Jum. & H. Perrier 景天酸脚杆

0003060 — — — 马达加斯加

Melastoma 野牡丹属

Melastoma dodecandrum Lour. 地菍

F0091124 — — — 中国南部、越南

Melastoma intermedium Dunn 细叶野牡丹

F0070993 中国特有 — — 中国

Melastoma malabathricum L. 野牡丹

F0091500 — — — 塞舌尔、澳大利亚北部及东部；亚洲热带及亚热带

Melastoma sanguineum Sims 毛菍

00011413 — — — 中国、中南半岛、马来西亚

Memecylon 谷木属

Memecylon scutellatum (Lour.) Hook. & Arn. 细叶谷木

F0035696 — — — 中国、越南

Osbeckia 金锦香属

Osbeckia chinensis L. 金锦香
0003190 — — — 中国、印度、尼泊尔、韩国、朝鲜、日本、马来半岛、澳大利亚北部
Osbeckia crinita Benth. ex Triana 假朝天罐
F0091513 — — — 中国南部、中南半岛
Osbeckia stellata Buch.-Ham. ex D. Don 星毛金锦香
F9003888 — — — 中国、中南半岛

Oxyspora 尖子木属

Oxyspora balansae (Cogn.) J. F. Maxwell 异形木
F9003889 — — — 中国、中南半岛

Phyllagathis 锦香草属

Phyllagathis cavaleriei Guillaumin 锦香草
F0091417 — — — 中国南部、越南

Pleroma 凋萼绮木属

Pleroma semidecandrum (Schrank & Mart. ex DC.) Triana 巴西蒂牡花
F9003890 — — — 巴西
Pleroma urvilleanum (DC.) P. J. F. Guim. & Michelang. 艳紫蒂牡花
F9003891 — — — —

Scorpiothyrsus 卷花丹属

Scorpiothyrsus shangszeensis C. Chen 上思卷花丹
F9003892 中国特有 — — 中国

Tibouchina 蒂牡花属

Tibouchina aspera var. *asperrima* Cogn. 银毛蒂牡花
0003287 — — — 南美洲北部

Tigridiopalma 虎颜花属

Tigridiopalma magnifica C. Chen 虎颜花
0000136 中国特有 濒危（EN） 二级 中国

Staphyleaceae 省沽油科

Dalrympelea 大果山香圆属

Dalrympelea pomifera Roxb. 大果山香圆
F9003893 — — — 中国；亚洲热带

Staphylea 省沽油属

Staphylea affinis (Merr. & L. M. Perry) Byng & Christenh. 硬毛山香圆
F9003894 — — — 中国、越南
Staphylea arguta (Seem.) Byng & Christenh. 锐尖山香圆
00046628 中国特有 — — 中国南部

Staphylea bumalda DC. 省沽油
0003271 — — — 中国、韩国、日本
Staphylea cochinchinensis (Lour.) Byng & Christenh. 越南山香圆
F9003895 — — — 中国、尼泊尔、中南半岛
Staphylea japonica (Thunb.) Mabb. 野鸦椿
F9003896 — — — 中国、越南北部；亚洲东部温带

Turpinia 番香圆属

Turpinia montana (Blume) Kurz 山香圆
F0036505 — — — 中国南部、中南半岛、马来西亚西部

Stachyuraceae 旌节花科

Stachyurus 旌节花属

Stachyurus chinensis Franch. 中国旌节花
F9003897 — — — 中国、越南
Stachyurus himalaicus Hook. f. & Thomson ex Benth. 西域旌节花
F9003898 — — — 中国、印度、尼泊尔、不丹、孟加拉国、缅甸北部
Stachyurus yunnanensis Franch. 云南旌节花
F9003899 — 易危（VU） — 中国南部、越南北部

Burseraceae 橄榄科

Bursera 裂榄属

Bursera 'Oaxaca' 'Oaxaca'裂榄
F9003900 — — — —

Canarium 橄榄属

Canarium album (Lour.) DC. 橄榄
0002673 — — — 中国南部、越南
Canarium bengalense Roxb. 方榄
F9003901 — — — 印度（阿萨姆邦）、中国、中南半岛
Canarium pimela K. D. Koenig 乌榄
0000787 — — — 中国、中南半岛
Canarium strictum Roxb. 滇榄
0001747 — 近危（NT） — 印度（南部、锡金）、中国、泰国北部

Garuga 白头树属

Garuga floribunda var. *gamblei* (King ex W. W. Sm.) Kalkman 多花白头树
0004636 — — — 中国、孟加拉国、不丹、印度

Anacardiaceae 漆树科

Allospondias 岭南酸枣属

Allospondias lakonensis (Pierre) Stapf 岭南酸枣

00046619 — — — 中国南部、马来半岛

Anacardium 腰果属

Anacardium occidentale L. 腰果
F9003902 — — — 特立尼达和多巴哥；美洲南部热带

Choerospondias 南酸枣属

Choerospondias axillaris (Roxb.) B. L. Burtt & A. W. Hill
南酸枣
F0036902 — — — 中国、尼泊尔、中南半岛

Cotinus 黄栌属

Cotinus coggygria Scop. 黄栌
F9003903 — — — 中国中部及南部；欧洲中南部

Dracontomelon 人面子属

Dracontomelon duperreanum Pierre 人面子
0002395 — — — 中国、中南半岛

Mangifera 杧果属

Mangifera indica L. 杧果
0004769 — — — 印度（阿萨姆邦）、中国
Mangifera persiciforma C. Y. Wu & T. L. Ming 扁桃杧
F9003904 中国特有 易危（VU）— 中国

Operculicarya 盖果漆属

Operculicarya decaryi H. Perrier 盖果漆
F9003905 — — — 马达加斯加

Pachycormus 白榄漆属

Pachycormus discolor (Benth.) Coville ex Standl. 块根漆树
0003706 — — — 墨西哥

Pistacia 黄连木属

Pistacia chinensis Bunge 黄连木
F9003906 — — — 中国、菲律宾
Pistacia weinmanniifolia J. Poiss. ex Franch. 清香木
F9003907 — — — 中国南部、马来半岛

Rhus 盐麸木属

Rhus chinensis Mill. 盐麸木
0000435 — — — 中国、印度、尼泊尔、韩国、朝鲜、
日本
Rhus chinensis var. *roxburghii* (DC.) Rehder 滨盐麸木
F9003908 中国特有 — — 中国
Rhus potaninii Maxim. 青麸杨
F9003909 中国特有 — — 中国中部

Semecarpus 肉托果属

Semecarpus longifolius Blume 大叶肉托果
0001037 — 近危（NT）— 中国、中南半岛、马来西亚

Spondias 槟榔青属

Spondias pinnata (L. f.) Kurz 槟榔青
0004246 — — — 菲律宾；南亚、东亚

Toxicodendron 漆树属

Toxicodendron succedaneum (L.) Kuntze 野漆
0000575 — — — 中国、尼泊尔、不丹、孟加拉国、中南
半岛；亚洲东部温带
Toxicodendron vernicifluum (Stokes) F. A. Barkley 漆
F9003910 — — — 中国、韩国

Sapindaceae 无患子科

Acer 槭属

Acer amplum Rehder 阔叶槭
0000553 — 近危（NT）— 中国南部
Acer amplum subsp. *catalpifolium* (Rehder) Y. S. Chen 梓
叶枫
F9003911 中国特有 — 二级 中国
Acer buergerianum Miq. 三角槭
00005549 中国特有 — — 中国南部及东部
Acer caudatum Wall. 长尾槭
F9003912 — — — 中国、印度、尼泊尔、孟加拉国、不
丹中东部、缅甸北部
Acer cordatum Pax 紫果槭
F9003913 中国特有 — — 中国南部
Acer coriaceifolium H. Lév. 樟叶槭
F9003914 中国特有 — — 中国南部
Acer davidii Franch. 青榨槭
0002023 — — — 中国、缅甸
Acer erianthum Schwer. 毛花槭
0001342 中国特有 — — 中国中部
Acer fabri Hance 罗浮槭
0003235 — — — 中国南部、越南
Acer fabri 'Rubrocarpum' 红果罗浮槭
0003553 — — —
Acer griseum (Franch.) Pax 血皮槭
0000135 中国特有 易危（VU）— 中国
Acer henryi Pax 建始槭
F9003915 中国特有 — — 中国
Acer laevigatum Wall. 光叶槭
F9003916 — — — 中国（中部、南部及喜马拉雅山脉中
西部）、中南半岛北部
Acer macrophyllum Pursh 大叶枫
F9003917 — — — 美国
Acer maximowiczii Pax 五尖槭
0002959 中国特有 — — 中国中部及南部
Acer metcalfii Rehder 南岭槭

F9003918　中国特有 — — 中国

Acer oblongum Wall. ex DC.　飞蛾槭

0000083 — — — 中国、印度、尼泊尔、孟加拉国、不丹、中南半岛

Acer oliverianum Pax　五裂槭

0001300 — — — 中国、越南北部

Acer palmatum Thunb.　鸡爪槭

00043909 — 易危（VU）— 中国、韩国西南部、日本中部及南部

Acer palmatum 'Atropurpureum'　红枫

F9003919 — — — —

Acer paxii Franch.　金沙槭

F9003920　中国特有　近危（NT）— 中国

Acer pectinatum Wall. ex Brandis　篦齿槭

F9003921 — 易危（VU）— 中国、印度、尼泊尔、不丹、孟加拉国、缅甸东北部

Acer pictum Thunb.　色木槭

F9003922 — — — 日本

Acer robustum Pax　权叶槭

0003250　中国特有 — — 中国

Acer sinense Pax　中华槭

0002878　中国特有 — — 中国南部

Acer sino-oblongum F. P. Metcalf　滨海槭

0001984　中国特有　濒危（EN）— 中国

Acer sterculiaceum subsp. *franchetii* (Pax) A. E. Murray　房县枫

F9003923　中国特有 — — 中国中部

Acer tenellum Pax　薄叶槭

F9003924　中国特有　濒危（EN）— 中国

Acer truncatum Bunge　元宝槭

F9003925 — — — 俄罗斯（远东地区）、中国北部及东部、韩国、日本

Acer tutcheri Duthie　岭南槭

F9003926　中国特有 — — 中国南部

Acer wardii W. W. Sm.　滇藏槭

F9003927 — 濒危（EN）— 印度（阿萨姆邦）、中国、缅甸东北部

Aesculus　七叶树属

Aesculus assamica Griff.　长柄七叶树

F9003928 — — — 中国

Aesculus chinensis Bunge　七叶树

F9003929　中国特有 — — 中国

Aesculus chinensis var. *wilsonii* (Rehder) Turland & N. H. Xia　天师栗

F9003930 — — — 中国、老挝

Allophylus　异木患属

Allophylus cobbe (L.) Forsyth f.　广布异木患

F9003931 — — — 印度、菲律宾

Cardiospermum　倒地铃属

Cardiospermum corindum L.　虎灯笼

00051750 — — — 印度（北阿坎德邦）、中国、斯里兰卡；美洲、非洲南部

Cardiospermum halicacabum L.　倒地铃

0003326 — — — 世界热带及亚热带

Dimocarpus　龙眼属

Dimocarpus longan Lour.　龙眼

0000218 — — 二级 中国、印度、尼泊尔、孟加拉国、不丹、马来半岛

Dipteronia　金钱槭属

Dipteronia dyerana A. Henry　云南金钱槭

F9003932　中国特有 — 二级 中国

Dipteronia sinensis Oliv.　金钱槭

F9003933　中国特有 — — 中国

Eurycorymbus　伞花木属

Eurycorymbus cavaleriei (H. Lév.) Rehder & Hand.-Mazz.　伞花木

F9003934　中国特有 — 二级 中国

Filicium　蕨木患属

Filicium decipiens (Wight & Arn.) Thwaites　蕨木患

F9003935 — — — 科摩罗、马达加斯加、印度、斯里兰卡；非洲东南部

Handeliodendron　掌叶木属

Handeliodendron bodinieri (H. Lév.) Rehder　掌叶木

F9003936　中国特有　濒危（EN）二级 中国

Harpullia　假山椤属

Harpullia cupanioides Roxb.　假山萝

0004265 — — — 中国；亚洲热带

Koelreuteria　栾属

Koelreuteria bipinnata Franch.　复羽叶栾

00011453　中国特有 — — 中国南部

Koelreuteria elegans subsp. *formosana* (Hayata) F. G. Mey.　台湾栾

F9003937　中国特有 — — 中国

Koelreuteria paniculata Laxm.　栾

F9003938 — — — 中国、韩国

Lepisanthes　鳞花木属

Lepisanthes fruticosa (Roxb.) Leenh.　灌状鳞花木

0003055 — — — 中南半岛、马来西亚

Litchi 荔枝属

Litchi chinensis Sonn. 荔枝
0004322 — — — 中国、马来半岛、加里曼丹岛、菲律宾

Litchi chinensis 'Baitangying' '白糖罌'荔枝
F9003939 — — — —

Litchi chinensis 'Chenzi' '陈紫'荔枝
F9003940 — — — —

Litchi chinensis 'Dazao' '大造'荔枝
F9003941 — — — —

Litchi chinensis 'Feizixiao' '妃子笑'荔枝
F9003942 — — — —

Litchi chinensis 'Fengchunliao' '风吹寮'荔枝
F9003943 — — — —

Litchi chinensis 'Guiwei' '桂味'荔枝
F9003944 — — — —

Litchi chinensis 'Haak Yip' '黑叶'荔枝
F9003945 — — — —

Litchi chinensis 'Huaizhi' '淮枝'荔枝
F9003946 — — — —

Litchi chinensis 'Jinfeng' '进奉'荔枝
F9003947 — — — —

Litchi chinensis 'Jinke' '锦壳'荔枝
F9003948 — — — —

Litchi chinensis 'Jinzhong' '金钟'荔枝
F9003949 — — — —

Litchi chinensis 'Lingshanxiangli' '灵山香荔'荔枝
F9003950 — — — —

Litchi chinensis 'Nuomizi' '糯米糍'荔枝
F9003951 — — — —

Litchi chinensis 'Qingpitian' '青皮甜'荔枝
F9003952 — — — —

Litchi chinensis 'Sanyuehong' '三月红'荔枝
F9003953 — — — —

Litchi chinensis 'Seedless' '无核荔'荔枝
F9003954 — — — —

Litchi chinensis 'Shangshuhuai' '尚书怀'荔枝
F9003955 — — — —

Litchi chinensis 'Shuijingqiu' '水晶球'荔枝
F9003956 — — — —

Litchi chinensis 'Tianyan' '甜岩'荔枝
F9003957 — — — —

Litchi chinensis 'Xijiaozi' '犀角子'荔枝
F9003958 — — — —

Litchi chinensis 'Xinxingxiangli' '新兴香荔'荔枝
F9003959 — — — —

Litchi chinensis 'Xuehuaizi' '雪怀子'荔枝
F9003960 — — — —

Litchi chinensis 'Yuanzhi' '圆枝'荔枝
F9003961 — — — —

Litchi chinensis 'Zengchenggualü' '增城挂绿'荔枝
F9003962 — — — —

Litchi chinensis 'Zhuheli' '蛀核荔'荔枝
F9003963 — — — —

Majidea 凤目栾属

Majidea zanguebarica Kirk ex Oliv. 凤目栾
F9003964 — — — 肯尼亚东南部、坦桑尼亚东部

Mischocarpus 柄果木属

Mischocarpus pentapetalus (Roxb.) Radlk. 褐叶柄果木
F9003965 — — — 亚洲热带及温带

Nephelium 韶子属

Nephelium chryseum Blume 韶子
F9003966 — — 二级 中国、越南、加里曼丹岛、菲律宾

Nephelium lappaceum L. 红毛丹
F9003967 — — — 泰国、马来西亚西部

Sapindus 无患子属

Sapindus mukorossi Gaertn. 无患子
00011469 — — — 亚洲热带及亚热带

Sapindus rarak DC. 毛瓣无患子
F0037006 — — — 马来半岛；南亚、东亚

Rutaceae 芸香科

Acronychia 山油柑属

Acronychia pedunculata (L.) Miq. 山油柑
00011283 — — — 亚洲热带及亚热带

Atalantia 酒饼簕属

Atalantia buxifolia (Poir.) Oliv. ex Benth. 酒饼簕
F0037836 — — — 中国、中南半岛、菲律宾

Atalantia kwangtungensis Merr. 广东酒饼簕
F9003968 中国特有 近危（NT） — 中国南部

Boenninghausenia 石椒草属

Boenninghausenia albiflora (Hook.) Rchb. ex Meisn. 臭节草
0003603 — — — 巴基斯坦、中国、马来西亚

Citrus 柑橘属

Citrus aurantium L. 酸橙
F9003971 — — — —

Citrus × aurantium (*Sweet Orange Group*) 甜橙
F9003978 — — — —

Citrus aurantium 'Hutougan' 虎头柑

F9003970 — — — —

Citrus cavaleriei H. Lév. ex Cavalerie　宜昌橙

F9003972 中国特有 — 二级 中国中部

Citrus japonica Thunb.　金柑

F9003973 中国特有 濒危（EN）二级 中国

Citrus × *limon* (L.) Osbeck　柠檬

F9003969 — — — —

Citrus maxima (Burm.) Merr.　柚

00011113 — — — 印度（阿萨姆邦）、中南半岛、马来西亚中西部

Citrus medica L.　香橼

F9003974 — — — 喜马拉雅山脉中西部、孟加拉国、尼泊尔、缅甸

Citrus mitis Blanco　四季橘

F9003975 — — — —

Citrus paradisi Macfad.　葡萄柚

F9003976 — — — —

Citrus reticulata Blanco　柑橘

00046816 — — 二级 中国、日本南部

Citrus reticulata 'Zhugan'　朱柑

F9003977 — — — —

Clausena　黄皮属

Clausena anisata (Willd.) Hook. f. ex Benth.　八角黄皮

F9003979 — — — 印度、中国；世界热带

Clausena excavata Burm. f.　假黄皮

00047721 — — — 亚洲热带及亚热带

Clausena lansium (Lour.) Skeels　黄皮

0000814 — — — 中国南部、中南半岛

Glycosmis　山小橘属

Glycosmis parviflora (Sims) Little　小花山小橘

0000588 — — — 中国南部、越南、日本、菲律宾

Glycosmis pentaphylla (Retz.) DC.　山小橘

F9003980 — — — 马来西亚；南亚、东亚

Melicope　蜜茱萸属

Melicope patulinervia (Merr. & Chun) C. C. Huang　蜜茱萸

F9003981 中国特有 濒危（EN）— 中国南部

Melicope pteleifolia (Champ. ex Benth.) T. G. Hartley　三桠苦

00011390 — — — 中国、中南半岛

Micromelum　小芸木属

Micromelum integerrimum (Roxb. ex DC.) Wight & Arn. ex M. Roem.　小芸木

F9003982 — — — 中国、印度、尼泊尔、孟加拉国、不丹、中南半岛、菲律宾

Micromelum minutum (G. Forst.) Wight & Arn.

F9003983 — — — 西南太平洋岛屿；亚洲热带及亚热带

Murraya　九里香属

Murraya euchrestifolia Hayata　豆叶九里香

F9003984 中国特有 — — 中国

Murraya koenigii (L.) Spreng.　调料九里香

F9003985 — — — 中南半岛；南亚、东亚

Murraya paniculata (L.) Jack　九里香

00005522 — — — 瓦努阿图；亚洲热带

Orixa　臭常山属

Orixa japonica Thunb.　臭常山

F9003986 — — — 中国、韩国、日本中南部

Phellodendron　黄檗属

Phellodendron amurense Rupr.　黄檗

F9003987 — 易危（VU）二级 俄罗斯（远东地区）、中国北部及东部；亚洲东部温带

Phellodendron chinense C. K. Schneid.　川黄檗

F9003988 中国特有 — 二级 中国南部

Phellodendron chinense var. *glabriusculum* C. K. Schneid.　秃叶黄檗

F9003989 中国特有 — — 中国

Psilopeganum　裸芸香属

Psilopeganum sinense Hemsl.　裸芸香

F9003990 中国特有 濒危（EN）— 中国

Ruta　芸香属

Ruta graveolens L.　芸香

F9003991 — — — 巴尔干半岛北部

Skimmia　茵芋属

Skimmia arborescens T. Anderson ex Gamble　乔木茵芋

F9003992 — — — 中国、尼泊尔、中南半岛北部

Skimmia multinervia C. C. Huang　多脉茵芋

F9003993 — — — 中国、尼泊尔、中南半岛北部

Tetradium　吴茱萸属

Tetradium glabrifolium (Champ. ex Benth.) T. G. Hartley　楝叶吴茱萸

00043286 — — — 中国、尼泊尔、不丹、孟加拉国、日本南部、菲律宾

Tetradium ruticarpum (A. Juss.) T. G. Hartley　吴茱萸

F9003994 — — — 中国、印度、尼泊尔、孟加拉国、不丹

Zanthoxylum　花椒属

Zanthoxylum ailanthoides Siebold & Zucc.　椿叶花椒

00012935 — — — 中国南部、菲律宾；亚洲东部温带

Zanthoxylum armatum DC. 竹叶花椒

00047014 — — — 马来西亚；南亚、东亚

Zanthoxylum armatum var. *ferrugineum* (Rehder & E. H. Wilson) C. C. Huang 毛竹叶花椒

F9003995 中国特有 — — 中国

Zanthoxylum asiaticum (L.) Appelhans, Groppo & J. Wen 飞龙掌血

F0025715 — — — —

Zanthoxylum avicennae (Lam.) DC. 簕欓花椒

00011285 — — — 中国南部、中南半岛、马来西亚

Zanthoxylum bungeanum Maxim. 花椒

F9003996 — — — 中国

Zanthoxylum dimorphophyllum var. *spinifolium* Rehder & E. H. Wilson 刺异叶花椒

F0036649 中国特有 — — 中国

Zanthoxylum dissitum Hemsl. 蚬壳花椒

00046675 中国特有 — — 中国

Zanthoxylum esquirolii H. Lév. 贵州花椒

F9003997 中国特有 — — 中国

Zanthoxylum gilletii (De Wild.) P. G. Waterman

F9003998 — — — 非洲热带

Zanthoxylum nitidum (Roxb.) DC. 两面针

0001542 — — — 亚洲热带及亚热带

Zanthoxylum ovalifolium Wight 卵叶花椒

F9006990— — — 安达曼群岛、孟加拉国、缅甸、澳大利亚（昆士兰州）

Zanthoxylum piperitum (L.) DC. 胡椒木

Q201607047267 — — — 中国、韩国、日本

Zanthoxylum scandens Blume 花椒簕

F9003999 — — — 中国南部、马来西亚西部

Zanthoxylum stenophyllum Hemsl. 狭叶花椒

F9004000 中国特有 — — 中国

Simaroubaceae 苦木科

Ailanthus 臭椿属

Ailanthus altissima (Mill.) Swingle 臭椿

00047802 中国特有 — — 中国

Ailanthus fordii Noot. 常绿臭椿

F9004001 中国特有 近危（NT） — 中国

Ailanthus triphysa (Dennst.) Alston 岭南臭椿

F9004002 — — — 澳大利亚（昆士兰州北部）；亚洲热带及亚热带

Brucea 鸦胆子属

Brucea javanica (L.) Merr. 鸦胆子

0003247 — — — 澳大利亚北部；亚洲热带及亚热带

Picrasma 苦木属

Picrasma quassioides (D. Don) Benn. 苦木

F9004003 — — — 喜马拉雅山脉；亚洲东部温带

Meliaceae 楝科

Aglaia 米仔兰属

Aglaia lawii (Wight) C. J. Saldanha 望谟崖摩

00011340 — 易危（VU） 二级 不丹、中国、马来半岛

Aglaia odorata Lour. 米仔兰

00005644 — — — 中国、马来半岛

Aglaia perviridis Hiern 碧绿米仔兰

F0025159 — 近危（NT） — 中国、尼泊尔、不丹、孟加拉国、马来半岛

Aglaia rimosa (Blanco) Merr. 椭圆叶米仔兰

F9004004 — — — 中国、马来西亚中部、巴布亚新几内亚

Aphanamixis 山楝属

Aphanamixis polystachya (Wall.) R. Parker 山楝

0000057 — — — 中国南部；亚洲热带

Chukrasia 麻楝属

Chukrasia tabularis A. Juss. 麻楝

00044109 — — — 加里曼丹岛；南亚、东亚南部

Cipadessa 浆果楝属

Cipadessa baccifera (Roth) Miq. 浆果楝

F9004005 — — — 中国、尼泊尔、马来西亚中部

Khaya 非洲楝属

Khaya senegalensis (Desv.) A. Juss. 非洲楝

0000201 — — — 非洲热带

Melia 楝属

Melia azedarach L. 楝

00011489 — — — 澳大利亚北部及东部；亚洲热带及亚热带

Munronia 地黄连属

Munronia pinnata (Wall.) W. Theob. 羽状地黄连

F9004006 — 易危（VU） — 中国南部；亚洲热带

Munronia unifoliolata Oliv. 单叶地黄连

00046267 — 近危（NT） — 中国南部、越南

Swietenia 桃花心木属

Swietenia macrophylla King 大叶桃花心木

F9004007 — — — 拉丁美洲

Swietenia mahagoni (L.) Jacq. 桃花心木

F9004008 — — — 美国（佛罗里达州南部）；中美洲

Toona 香椿属

Toona hexandra (Wall.) M. Roem. 红椿
F9004009 — 易危（VU） 二级 中国南部；亚洲热带
Toona sinensis (Juss.) M. Roem. 香椿
00011618 — — — 马来半岛；南亚、东亚中部及南部

Walsura 割舌树属

Walsura pinnata Hassk. 越南割舌树
F9004010 — — — 中国、中南半岛、马来西亚中西部

Tapisciaceae 瘿椒树科

Tapiscia 瘿椒树属

Tapiscia sinensis Oliv. 瘿椒树
00047019 — — — 中国南部、中南半岛

Muntingiaceae 文定果科

Muntingia 文定果属

Muntingia calabura L. 文定果
F9004011 — — — 美洲南部热带

Malvaceae 锦葵科

Abelmoschus 秋葵属

Abelmoschus manihot (L.) Medik. 黄蜀葵
F9004012 — — — 印度、中国中部、马来西亚
Abelmoschus moschatus Medik. 黄葵
00046560 — — — 亚洲热带及亚热带
Abelmoschus sagittifolius (Kurz) Merr. 箭叶秋葵
0001958 — — — 澳大利亚东北部；亚洲热带及亚热带

Abroma 昂天莲属

Abroma augustum (L.) L. f. 昂天莲
0002740 — — — 中国南部；亚洲热带

Abutilon 苘麻属

Abutilon × hybridum Voss 美丽金铃花
F9004013 — — — —
Abutilon indicum (L.) Sweet 磨盘草
00046844 — — — 西太平洋岛屿；非洲西北部、亚洲热带及亚热带
Abutilon sinense Oliv. 华苘麻
F9004014 — — — 中国南部、泰国北部
Abutilon theophrasti Medik. 苘麻
F9004015 — — — 中国；亚洲中部

Adansonia 猴面包树属

Adansonia digitata L. 猴面包树

00018507 — — — —
Adansonia grandidieri Baill. 大猴面包树
F9004016 — — — 马达加斯加西部
Adansonia madagascariensis Baill. 红花猴面包树
F9004017 — — — 马达加斯加北部及西北部
Adansonia perrieri Capuron 大果猴面包树
F9004018 — — — 马达加斯加北部
Adansonia rubrostipa Jum. & H. Perrier 红皮猴面包树
F9004019 — — — 马达加斯加北部
Adansonia suarezensis H. Perrier 灰岩猴面包树
F9004020 — — — 马达加斯加北部

Alcea 蜀葵属

Alcea rosea L. 蜀葵
F9004021 — — — 起源于土耳其

Ayenia 刺果麻属

Ayenia grandifolia (DC.) Christenh. & Byng 刺果藤
00011367 — — — 中国、印度、尼泊尔、孟加拉国、不丹、中南半岛

Azanza 白脚桐棉属

Azanza lampas (Cav.) Alef. 白脚桐棉
F9004022 — — — 亚洲热带及亚热带

Bombax 木棉属

Bombax ceiba L. 木棉
00011449 — — — 澳大利亚北部；亚洲热带及亚热带

Brachychiton 酒瓶树属

Brachychiton acerifolius (A. Cunn. ex G. Don) F. Muell. 槭叶酒瓶树
0002413 — — — 澳大利亚东部
Brachychiton rupestris (T. Mitch. ex Lindl.) K. Schum. 岩生酒瓶树
0000864 — — — 澳大利亚（昆士兰州东部）

Burretiodendron 柄翅果属

Burretiodendron esquirolii (H. Lév.) Rehder 柄翅果
0001239 — 易危（VU） 二级 中国、缅甸
Burretiodendron tonkinense (A. Chev.) Kosterm. 节花蚬木
F9004023 — — — 中国、越南北部

Callianthe 金铃花属

Callianthe picta (Gillies ex Hook. & Arn.) Donnell 金铃花
F9004024 — — — 巴西南部、阿根廷东北部

Cavanillesia 纺锤树属

Cavanillesia arborea (Willd.) K. Schum. 瓶子树
F9004025 — — — 巴西

Ceiba 吉贝属

Ceiba insignis (Kunth) P. E. Gibbs & Semir　白花异木棉
00000061 — — — 厄瓜多尔南部、秘鲁北部
Ceiba pentandra (L.) Gaertn.　吉贝
F9004026 — — — 美洲热带

Cenocentrum 大萼葵属

Cenocentrum tonkinense Gagnep.　大萼葵
00047886 — — — 中国、中南半岛

Cola 可乐果属

Cola acuminata (P. Beauv.) Schott & Endl.　可乐果
F9004027 — — — 多哥、安哥拉北部

Corchorus 黄麻属

Corchorus aestuans L.　甜麻
F9004028 — — — 世界热带及亚热带
Corchorus olitorius L.　长蒴黄麻
F9004029 — — — 世界热带及亚热带

Durio 榴梿属

Durio ceylanicus Gardner　锡兰榴梿
F9004030 — — — —
Durio zibethinus L.　榴梿
0000010 — — — 印度尼西亚（苏门答腊岛）、加里曼丹岛

Eriotheca 小瓜栗属

Eriotheca candolleana (K. Schum.) A. Robyns
F9004031 — — — 巴西

Firmiana 梧桐属

Firmiana major (W. W. Sm.) Hand.-Mazz.　云南梧桐
F9004032 中国特有 濒危（EN） 二级 中国
Firmiana simplex (L.) W. Wight　梧桐
F9004033 — — — 中国、越南、日本南部

Grewia 扁担杆属

Grewia occidentalis L.　紫花扁担杆
00052687 — — — 世界热带
Grewia similis K. Schum.　相似扁担杆
F9004034 — — — 埃塞俄比亚中东部；非洲东部热带

Helicteres 山芝麻属

Helicteres angustifolia L.　山芝麻
00046658 — — — 亚洲热带及温带
Helicteres hirsuta Lour.　雁婆麻
F0038320 — — — 中国；亚洲热带

Heritiera 银叶树属

Heritiera angustata Pierre　长柄银叶树
0004131 — 濒危（EN） — 中国、中南半岛

Heritiera littoralis Aiton　银叶树
00011315 — 易危（VU） — 中国、肯尼亚东南部、坦桑尼亚、莫桑比克；太平洋岛屿
Heritiera parvifolia Merr.　蝴蝶树
00012783 — 易危（VU） 二级 中国南部、缅甸、泰国

Hibiscus 木槿属

Hibiscus acetosella Welw. ex Hiern　红叶木槿
F9004037 — — — 布隆迪；非洲南部热带
Hibiscus calyphyllus Cav.
F9004038 — — — 西印度洋岛屿；非洲南部
Hibiscus cannabinus L.　大麻槿
F9004039 — — — 阿拉伯半岛西南部；世界热带
Hibiscus fuscus Garcke　褐花木槿
F9004040 — — — 吉布提；非洲南部
Hibiscus 'Garden Hybrid'　美芙蓉
F9004041 — — — —
Hibiscus hamabo Siebold & Zucc.　海滨木槿
F9004042 — — — 中国、韩国、日本中南部
Hibiscus × *hawaiiensis* 'Annelie'　'Annelie'朱槿
F9004035 — — — —
Hibiscus × *hawaiiensis* 'Kapiolani'　锦球朱槿
F9004036 — — — —
Hibiscus hybridus F. Dietr.　杂交朱槿
F9004043 — — — —
Hibiscus indicus (Burm. f.) Hochr.　美丽芙蓉
F9004044 中国特有 — — 中国
Hibiscus moscheutos L.　芙蓉葵
F9004045 — — — 加拿大、美国
Hibiscus mutabilis L.　木芙蓉
0001439 中国特有 — — 中国
Hibiscus rosa-sinensis L.　粉黄朱槿
00046596 — — — 印度
Hibiscus rosa-sinensis 'Albus'　白花朱槿
0003011 — — — —
Hibiscus rosa-sinensis 'Cardinal'　醉红朱槿
F9004046 — — — —
Hibiscus rosa-sinensis 'Carminatus'　洋红朱槿
F9004047 — — — —
Hibiscus rosa-sinensis 'Carmine Pagoda'　红塔朱槿
F9004048 — — — —
Hibiscus rosa-sinensis 'Carmine-Plenus'　艳红朱槿
F9004049 — — — —
Hibiscus rosa-sinensis 'Cooper'　花叶扶桑
0003724 — — — —
Hibiscus rosa-sinensis 'Crinkle Rainbow'　丹心黄朱槿
F9004050 — — — —

Hibiscus rosa-sinensis 'Flavo-Plenus'　金球朱槿
F9004051 — — — —

Hibiscus rosa-sinensis 'Flavus'　黄花朱槿
0001083 — — — —

Hibiscus rosa-sinensis 'Golden Pagoda'　金塔朱槿
0003965 — — — —

Hibiscus rosa-sinensis 'Kermesinus'　粉红朱槿
F9004052 — — — —

Hibiscus rosa-sinensis 'Kermosino-Plenus'　桃红重瓣朱槿
F9004053 — — — —

Hibiscus rosa-sinensis 'Pink-Plenus'　粉球朱槿
F9004054 — — — —

Hibiscus rosa-sinensis 'Rosalio-Plenus'　玫红朱槿
F9004055 — — — —

Hibiscus rosa-sinensis 'Rubro-Plenus'　红色重瓣朱槿
0000331 — — — —

Hibiscus rosa-sinensis 'Scarlet'　鲜红朱槿
F9004056 — — — —

Hibiscus rosa-sinensis 'Toreador'　黄色重瓣朱槿
0001513 — — — —

Hibiscus rosa-sinensis var. *rubro-plenus* Sweet　重瓣朱槿
F9006873 — — — —

Hibiscus sabdariffa L.　玫瑰茄
F9004057 — — — 非洲西部热带及中部

Hibiscus schizopetalus (Mast.) Hook. f.　吊灯扶桑
00012393 — — — 肯尼亚东南部、坦桑尼亚东部

Hibiscus sinosyriacus L. H. Bailey　华木槿
F9004058 中国特有 近危（NT）— 中国

Hibiscus syriacus L.　木槿
F9004061 中国特有 — — 中国

Hibiscus syriacus 'Amplissimus'　桃紫木槿
F9004059 — — — —

Hibiscus syriacus 'Grandiflorus'　大花木槿
F9004060 — — — —

Hibiscus syriacus var. *longibracteatus* S. Y. Hu　长苞木槿
F9004062 — — — —

Hibiscus tiliaceus L.　黄槿
00011327 — — — 世界热带及亚热带

Hibiscus yunnanensis S. Y. Hu　云南芙蓉
F9004063 中国特有 濒危（EN）— 中国

Malva　锦葵属

Malva cavanillesiana Raizada　锦葵
F9004064 — — — 印度

Malvastrum　赛葵属

Malvastrum coromandelianum (L.) Garcke　赛葵
F9004065 — — — 新世界

Malvaviscus　悬铃花属

Malvaviscus arboreus Dill. ex Cav.　小悬铃花
0003149 — — — 拉丁美洲

Malvaviscus arboreus 'Pink'　粉花悬铃花
0000769 — — — —

Malvaviscus penduliflorus Moc. & Sessé ex DC.　垂花悬铃花
0003043 — — — 美国（得克萨斯州）；南美洲

Microcos　破布叶属

Microcos paniculata L.　破布叶
00012971 — — — 印度、中国南部、马来西亚

Pachira　瓜栗属

Pachira aquatica Aubl.　瓜栗
00045049 — — — 美洲南部热带

Pachira glabra Pasq.　光瓜栗
F9004066 — — — 巴西东南部及南部

Pavonia　孔雀葵属

Pavonia intermedia A. St.-Hil.　帕蓬花
0000743 — — — 巴西

Pentapetes　午时花属

Pentapetes phoenicea L.　午时花
F9004067 — — — 亚洲热带及亚热带

Pseudobombax　番木棉属

Pseudobombax ellipticum (Kunth) Dugand　龟纹木棉
0000077 — — — 美洲

Pterospermum　翅子树属

Pterospermum heterophyllum Hance　翻白叶树
0000595 中国特有 近危（NT）— 中国

Pterospermum kingtungense C. Y. Wu ex H. H. Hsue　景东翅子树
F0036916 中国特有 极危（CR）二级 中国

Pterygota　翅苹婆属

Pterygota alata (Roxb.) R. Br.　翅苹婆
F9004068 — — — 印度、中国、印度尼西亚（苏门答腊岛）

Pterygota brasiliensis Allemão　巴西翅苹婆
F9004069 — — — 巴西东部

Reevesia　梭罗树属

Reevesia thyrsoidea Lindl.　两广梭罗
0004233 — — — 中国、中南半岛

Sida　黄花稔属

Sida acuta Burm. f.　黄花稔

00047794 — — — 世界热带及亚热带

Sida cordata (Burm. f.) Borss. Waalk. 长梗黄花棯

F9004070 — — — 索科特拉岛；亚洲热带及亚热带

Sida cordifolia L. 心叶黄花棯

F9004071 — — — 澳大利亚北部；亚洲热带及亚热带

Sida rhombifolia L. 白背黄花棯

Q201805221590 — — — 世界热带及亚热带

Sida rhombifolia subsp. *alnifolia* (L.) Ugbor. 桤叶黄花棯

F9006998 — — — 瓦努阿图；亚洲热带及温带

Sida subcordata Span. 榛叶黄花棯

0000902 — — — 亚洲热带及亚热带

Sterculia 苹婆属

Sterculia foetida L. 香苹婆

0000072 — — — 亚洲热带

Sterculia hainanensis Merr. & Chun 海南苹婆

0004049 中国特有 — — 中国

Sterculia lanceolata Cav. 假苹婆

00005433 — — — 中国南部、中南半岛

Sterculia monosperma Vent. 苹婆

F9004072 — — — 中国；亚洲热带

Triumfetta 刺蒴麻属

Triumfetta cana Blume 毛刺蒴麻

F9004073 — — — 亚洲热带及温带

Triumfetta rhomboidea Jacq. 刺蒴麻

0000559 — — — 世界热带及亚热带

Urena 梵天花属

Urena lobata L. 地桃花

00011365 — — — 世界热带及亚热带

Urena procumbens L. 梵天花

00046826 中国特有 — — 中国

Thymelaeaceae 瑞香科

Aquilaria 沉香属

Aquilaria sinensis (Lour.) Spreng. 土沉香

0000778 中国特有 易危（VU） 二级 中国

Daphne 瑞香属

Daphne kiusiana Miq. 日本毛瑞香

F9004074 — — — 韩国南部、日本中部及南部、琉球群岛

Daphne kiusiana var. *atrocaulis* (Rehder) F. Maek. 毛瑞香

F9004075 中国特有 — — 中国

Daphne longilobata (Lecomte) Turrill 长瓣瑞香

F9004076 中国特有 — — 中国

Daphne odora Thunb. 瑞香

F9004077 — — — 中国、越南

Daphne papyracea Wall. ex G. Don 白瑞香

F9004078 — — — 中国南部

Daphne tangutica Maxim. 唐古特瑞香

F9004079 中国特有 — — 中国西部及中部

Edgeworthia 结香属

Edgeworthia chrysantha Lindl. 结香

00046685 — — — 中国南部、缅甸北部

Phaleria 皇冠果属

Phaleria octandra (L.) Baill. 八蕊皇冠果

F9004080 — — — 马来西亚、澳大利亚北部及东北部

Wikstroemia 荛花属

Wikstroemia angustifolia Hemsl. 岩杉树

F9004081 中国特有 — — 中国

Wikstroemia canescens Meisn. 荛花

F0036985 — — — 阿富汗东部、缅甸、斯里兰卡

Wikstroemia indica (L.) C. A. Mey. 了哥王

00046148 — — — 西南太平洋岛屿；亚洲热带及亚热带

Wikstroemia micrantha Hemsl. 小黄构

F9004082 中国特有 — — 中国

Wikstroemia nutans Champ. ex Benth. 细轴荛花

00047263 — — — 中国、越南

Bixaceae 红木科

Bixa 红木属

Bixa orellana L. 红木

0002111 — — — 美洲南部热带

Cochlospermum 弯子木属

Cochlospermum religiosum (L.) Alston 弯子木

0003559 — — — 印度、缅甸

Dipterocarpaceae 龙脑香科

Hopea 坡垒属

Hopea chinensis (Merr.) Hand.-Mazz. 狭叶坡垒

F9004083 — 易危（VU） 二级 中国、中南半岛北部

Hopea hainanensis Merr. & Chun 坡垒

00012839 — 濒危（EN） 一级 越南北部、中国南部

Shorea 娑罗双属

Shorea wangtianshuea Y. K. Yang & J. K. Wu 望天树

F0038028 — 濒危（EN） 一级 中国、中南半岛北部

Vatica 青梅属

Vatica guangxiensis X. L. Mo 广西青梅

F0029978 — 极危（CR） 一级 中国、越南北部
Vatica mangachapoi Blanco　青梅
00011286 — 易危（VU） 二级 中国南部、越南、马来西亚中西部

Akaniaceae　叠珠树科

Bretschneidera　伯乐树属
Bretschneidera sinensis Hemsl.　伯乐树
0004339 — 近危（NT） 二级 中国、中南半岛北部

Tropaeolaceae　旱金莲科

Tropaeolum　旱金莲属
Tropaeolum majus L.　旱金莲
0000332 — — — 起源于秘鲁
Tropaeolum majus 'Nanum'　矮旱金莲
F9004084 — — — —
Tropaeolum majus 'Variegata'　花叶旱金莲
F9004085 — — — —

Moringaceae　辣木科

Moringa　辣木属
Moringa drouhardii Jum.　象腿树
00012194 — — — 马达加斯加
Moringa oleifera Lam.　辣木
0000956 — — — 巴基斯坦东北部、印度西北部

Caricaceae　番木瓜科

Carica　番木瓜属
Carica papaya L.　番木瓜
0003793 — — — 拉丁美洲

Resedaceae　木樨草科

Stixis　斑果藤属
Stixis suaveolens (Roxb.) Baill.　斑果藤
F9004086 — — — 中国、尼泊尔、中南半岛

Capparaceae　山柑科

Capparis　山柑属
Capparis formosana Hemsl.　台湾山柑
F9004087 — — — 中国、越南北部、日本

Crateva　鱼木属
Crateva adansonii subsp. *formosensis* Jacobs　台湾鱼木
F9004088 — — — —

Crateva falcata (Lour.) DC.　红果鱼木
F9004089 — — — 中国南部、中南半岛
Crateva unilocularis Buch.-Ham.　树头菜
F9004090 — 近危（NT） — 中国、印度、尼泊尔、孟加拉国、不丹、中南半岛

Cleomaceae　白花菜科

Cleome　鸟足菜属
Cleome gynandra L.　白花菜
F9004091 — — — 世界热带及亚热带
Cleome houtteana Schltdl.　醉蝶花
0000050 — — — 南美洲北部
Cleome usambarica Pax
F9004092 — — — 埃塞俄比亚、坦桑尼亚

Brassicaceae　十字花科

Brassica　芸薹属
Brassica cretica Lam.　甘蓝
F9004093 — — — 希腊南部、爱琴海岛屿、土耳其西南部、叙利亚西部、以色列
Brassica juncea (L.) Czern.　芥菜
F9004094 — — — 起源于中国
Brassica oleracea L.　野甘蓝
F9004096 — — — 中国；欧洲西部
Brassica oleracea 'Acephala-Partita'　'Acephala-Partita'甘蓝
F9004095 — — — —
Brassica oleracea 'Tricolor'　羽衣甘蓝
F9004097 — — — —
Brassica rapa L.　蔓菁
F9004098 — — — 地中海地区中东部、伊拉克、伊朗、阿拉伯半岛；非洲热带

Cardamine　碎米荠属
Cardamine hirsuta L.　碎米荠
F9004099 — — — 非洲热带；北半球温带及亚热带

Lobularia　香雪球属
Lobularia maritima (L.) Desv.　香雪球
F9004100 — — — 地中海地区西部及中部

Matthiola　紫罗兰属
Matthiola incana (L.) W. T. Aiton　紫罗兰
F9004101 — — — 西班牙、意大利、希腊

Orychophragmus　诸葛菜属
Orychophragmus ziguiensis Z. E. Chao & J. Q. Wu　秭归诸葛菜

F9004102 中国特有 —— 中国

Rorippa 蔊菜属

Rorippa indica (L.) Hiern 蔊菜
F9004103 ——— 埃及北部、日本、菲律宾；非洲中西部热带

Sinapis 白芥属

Sinapis alba L. 白芥
F9004104 ——— 中国；欧洲

Balanophoraceae 蛇菰科

Balanophora 蛇菰属

Balanophora harlandii Hook. f. 红冬蛇菰
F9004105 ——— 中国、印度（阿萨姆邦）

Opiliaceae 山柚子科

Opilia 山柚子属

Opilia amentacea Roxb. 山柚子
F9004106 — 近危（NT）— 马达加斯加、中国、澳大利亚北部；亚洲热带、非洲热带

Santalaceae 檀香科

Dendrotrophe 寄生藤属

Dendrotrophe varians (Blume) Miq. 寄生藤
F9004107 ——— 中国、中南半岛、澳大利亚（昆士兰州北部）

Korthalsella 栗寄生属

Korthalsella japonica (Thunb.) Engl. 栗寄生
F9004108 ——— 阿富汗、日本、澳大利亚；印度洋西部岛屿；非洲

Phoradendron 肉穗寄生属

Phoradendron rubrum (L.) Griseb. 红叶栗寄生
F9004109 ——— 美国（佛罗里达州）、加勒比地区、委内瑞拉

Pyrularia 檀梨属

Pyrularia edulis A. DC. 檀梨
F0037961 ——— 中国、尼泊尔

Santalum 檀香属

Santalum album L. 檀香
00047992 ——— 印度尼西亚（爪哇岛）、澳大利亚北部

Viscum 槲寄生属

Viscum articulatum Burm. f. 扁枝槲寄生
F9004110 ——— 南太平洋岛屿；亚洲热带及亚热带
Viscum ovalifolium Wall. ex DC. 瘤果槲寄生
F9004111 ——— 澳大利亚（昆士兰州北部）；亚洲热带及亚热带

Schoepfiaceae 青皮木科

Schoepfia 青皮木属

Schoepfia jasminodora Siebold & Zucc. 青皮木
0001431 ——— 泰国；亚洲温带

Loranthaceae 桑寄生科

Macrosolen 鞘花属

Macrosolen cochinchinensis (Lour.) Tiegh. 鞘花
0000724 ——— 亚洲热带及温带

Scurrula 梨果寄生属

Scurrula parasitica L. 红花寄生
F9004112 ——— 亚洲热带及亚热带

Taxillus 钝果寄生属

Taxillus chinensis (DC.) Danser 广寄生
F9004113 ——— 中国、中南半岛、巴布亚新几内亚

Tamaricaceae 柽柳科

Myricaria 水柏枝属

Myricaria laxiflora (Franch.) P. Y. Zhang & Y. J. Zhang 疏花水柏枝
F9004114 中国特有 濒危（EN）二级 中国

Tamarix 柽柳属

Tamarix chinensis Lour. 柽柳
F9004115 中国特有 —— 中国

Plumbaginaceae 白花丹科

Ceratostigma 蓝雪花属

Ceratostigma plumbaginoides Bunge 蓝雪花
0002235 中国特有 —— 中国

Limonium 补血草属

Limonium sinuatum (L.) Mill. 星辰花
F9004116 ——— 地中海地区、撒哈拉沙漠西部、高加索地区西部

Plumbago 白花丹属

Plumbago indica L. 紫花丹
0003602 — 易危（VU）— 马来西亚；南亚、东亚
Plumbago zeylanica L. 白花丹

00018554 — — — 世界热带及亚热带

Polygonaceae 蓼科

Antigonon 珊瑚藤属

Antigonon leptopus Hook. & Arn. 珊瑚藤

F9004117 — — — 中美洲

Bistorta 拳参属

Bistorta paleacea (Wall. ex Hook. f.) Yonek. & H. Ohashi 草血竭

00018285 — — — 印度（阿萨姆邦）、中国、中南半岛北部

Bistorta suffulta (Maxim.) Greene ex H. Gross 支柱蓼

F9004118 — — — 印度、中国、不丹、孟加拉国、缅甸、韩国、朝鲜、日本

Bistorta vacciniifolia (Wall. ex Meisn.) Greene 乌饭树叶蓼

F9004119 — — — 中国

Fagopyrum 荞麦属

Fagopyrum dibotrys (D. Don) Hara 金荞麦

0002182 — 二级 中国、中南半岛

Koenigia 冰岛蓼属

Koenigia mollis (D. Don) T. M. Schust. & Reveal 绢毛蓼

F9004120 — — — 中国南部、马来西亚西部；南亚

Muehlenbeckia 千叶兰属

Muehlenbeckia complexa (A. Cunn.) Meisn. 千叶兰

F9004121 — — — 澳大利亚、新西兰

Oxyria 山蓼属

Oxyria digyna (L.) Hill 山蓼

F0036919 — — — 亚北极区

Persicaria 蓼属

Persicaria barbata (L.) H. Hara 毛蓼

F9004122 — — — 阿拉伯半岛；亚洲热带及亚热带

Persicaria capitata (Buch.-Ham. ex D. Don) H. Gross 头花蓼

F9004123 — — — 中南半岛；南亚、东亚南部

Persicaria chinensis (L.) H. Gross 火炭母

F0036925 — — — 亚洲热带及温带

Persicaria filiformis (Thunb.) Nakai 金线草

0004137 — — — 中国、尼泊尔、不丹、孟加拉国、千岛群岛、菲律宾

Persicaria glabra (Willd.) M. Gómez 光蓼

F9004124 — — — 库克群岛；南美洲、北美洲、亚洲热带及温带、非洲

Persicaria hastatosagittata (Makino) Nakai 长箭叶蓼

F9004125 — — — 中国；亚洲东部温带

Persicaria hydropiper (L.) Delarbre 辣蓼

0002438 — — — 欧亚大陆、非洲西北部

Persicaria lapathifolia (L.) Delarbre 酸模叶蓼

F9004126 — — — 马来西亚；亚北极区；非洲北部；北半球温带

Persicaria longiseta var. *rotundata* (A. J. Li) Bo Li 圆基长鬃蓼

F9004131 — — — 中国、蒙古

Persicaria muricata (Meisn.) Nemoto 小蓼花

0002762 — — — 尼泊尔、中国、俄罗斯（远东地区）、菲律宾

Persicaria nepalensis (Meisn.) H. Gross 头状蓼

F9004127 — — — 厄立特里亚、南非（夸祖鲁-纳塔尔省）、马达加斯加；亚洲热带及亚热带

Persicaria orientalis (L.) Spach 红蓼

F9004128 — — — 印度、中国、蒙古、俄罗斯（远东地区）、澳大利亚北部及东部

Persicaria perfoliata (L.) H. Gross 杠板归

0000716 — — — 土耳其东北部、格鲁吉亚、俄罗斯（远东地区）、巴布亚新几内亚

Persicaria pubescens (Blume) H. Hara 伏毛蓼

F9006913 — — — 马来西亚西部；南亚、东亚

Persicaria runcinata var. *sinensis* (Hemsl.) Bo Li 赤胫散

F0024228 中国特有 — — 中国

Persicaria senegalensis (Meisn.) Soják

F9004129 — — — 阿拉伯半岛；非洲

Persicaria viscosa (Buch.-Ham. ex D. Don) H. Gross ex T. Mori 香蓼

F9004130 — — — 中国、印度、尼泊尔、不丹、孟加拉国、俄罗斯（远东地区）；亚洲东部温带

Polygonum 萹蓄属

Polygonum plebeium R. Br. 习见蓼

F9004132 — — — 世界热带及亚热带

Reynoutria 虎杖属

Reynoutria japonica Houtt. 虎杖

0003252 — — — 俄罗斯（远东地区）、中国；亚洲东部温带

Reynoutria multiflora (Thunb.) Moldenke 何首乌

00018534 — — — 中国、泰国、越南

Rheum 大黄属

Rheum delavayi Franch. 滇边大黄

F9004133 — — — 中国

Rumex　酸模属

Rumex acetosa L.　酸模

00048043 — — — 中国；亚洲中部及东部

Rumex maritimus L.　刺酸模

F9004134 — — — 亚北极区；欧亚大陆温带

Rumex nepalensis Spreng.　尼泊尔酸模

F9004135 — — — 马达加斯加、中国、印度尼西亚（爪哇岛）；非洲、欧洲东南部

Triplaris　蓼树属

Triplaris americana L.　蓼树

F9004136 — — — 美洲南部热带

Droseraceae　茅膏菜科

Dionaea　捕蝇草属

Dionaea muscipula J. Ellis　捕蝇草

F9004137 — — —

Drosera　茅膏菜属

Drosera binata Labill.　叉叶茅膏菜

F0091704 — — — 澳大利亚南部及东部、新西兰、查塔姆群岛

Drosera broomensis Lowrie　布鲁姆斯茅膏菜

F0091703 — — — 澳大利亚

Drosera burmannii Vahl　锦地罗

Q201801036194 — — —

Drosera filiformis Raf.　丝叶茅膏菜

F0091716 — — — 北美洲

Drosera hartmeyerorum Schlauer

F9004138 — — — 澳大利亚

Drosera paradoxa Lowrie　孔雀茅膏菜

F0091726 — — — 澳大利亚

Drosera peltata Thunb.　茅膏菜

F9004139 — — — 澳大利亚东南部、新西兰

Drosera petiolaris R. Br. ex DC.　黄孔雀茅膏菜

F9004140 — — — 巴布亚新几内亚南部、澳大利亚（昆士兰州）

Drosera spatulata Labill.　勺叶茅膏菜

F9004141 — — — 中国、日本、新西兰

Nepenthaceae　猪笼草科

Nepenthes　猪笼草属

Nepenthes 'Alata'　'阿拉塔'猪笼草

F9004144 — — —

Nepenthes albomarginata W. Lobb ex Lindl.　白环猪笼草

F0028932 — — — 马来西亚

Nepenthes albomarginata 'Greed'　'Greed'白环猪笼草

F0031942 — — —

Nepenthes albomarginata 'Rubra'　'Rubra'白环猪笼草

F0028933 — — —

Nepenthes 'Alocasia'　'阿鲁卡西'猪笼草

F9004145 — — —

Nepenthes ampullaria Jack　苹果猪笼草

F0031959 — — — 泰国、马来西亚西部、印度尼西亚（马鲁古群岛）、巴布亚新几内亚

Nepenthes ampullaria × Nepenthes mirabilis

F0028936 — — —

Nepenthes ampullaria × Nepenthes ventricosa

F0032150 — — —

Nepenthes ampullaria × Nepenthes 'Viking'

F9004146 — — —

Nepenthes ampullaria 'Black'　'Black'苹果猪笼草

F0032157 — — —

Nepenthes ampullaria 'Black Moon'　'Black Moon'苹果猪笼草

F0031955 — — —

Nepenthes ampullaria 'Greed'　'Greed'苹果猪笼草

F0032155 — — —

Nepenthes ampullaria 'Hot Lips'　'Hot Lips'苹果猪笼草

F0032153 — — —

Nepenthes ampullaria 'Red Moon'　'Red Moon'苹果猪笼草

F0032152 — — —

Nepenthes ampullaria 'Spotted'　'Spotted'苹果猪笼草

F0031953 — — —

Nepenthes ampullaria 'Tricolour Green Peristome'　'Tricolour Green Peristome'苹果猪笼草

F0032156 — — —

Nepenthes ampullaria 'Tricolour Red Peristome'　'Tricolour Red Peristome'苹果猪笼草

F0032154 — — —

Nepenthes ampullaria 'Williams Red'　'Williams Red'苹果猪笼草

F0032084 — — —

Nepenthes bicalcarata 'Redorange'　'Redorange'二齿猪笼草

F0032060 — — —

Nepenthes campanulata Sh. Kurata　风铃猪笼草

F0028940 — — — 加里曼丹岛

Nepenthes clipeata × Nepenthes truncata　圆盾猪笼草

F0028942 — — —

Nepenthes 'Dyeriana'　'Dyeriana'猪笼草

F9004147 — — —

Nepenthes 'Garden Hybrid'　'红颈'猪笼草

F9004148 — — —

Nepenthes gracilis Korth.　小猪笼草
F0028907 — — — 泰国、印度尼西亚（苏拉威西岛）
Nepenthes hookeriana H. Low　虎克猪笼草
F9004142 — — — 马来西亚西部
Nepenthes hookeriana × *Nepenthes gracilis* 'Squat'
F9006980 — — — —
Nepenthes hookeriana × *Nepenthes* 'Viking'
F9004149 — — — —
Nepenthes hookeriana 'Squat'　'Squat'猪笼草
F0028945 — — — —
Nepenthes izumeae × *Nepenthes truncata* × *Nepenthes trusmardiensis*
F0028926 — — — —
Nepenthes khasiana Hook. f.　印度猪笼草
F0031922 — — — 印度（阿萨姆邦）、孟加拉国
Nepenthes lowii × *Nepenthes campanulata*
F0028939 — — — —
Nepenthes lowii × *Nepenthes veitchii* × *Nepenthes boschiana*
F0028920 — — — —
Nepenthes lowii × *Nepenthes ventricosa*
F0031938 — — — —
Nepenthes maxima Reinw.　大口猪笼草
F9004151 — — — 印度尼西亚（苏拉威西岛）、巴布亚新几内亚
Nepenthes maxima × *Nepenthes mira*
F0028927 — — — —
Nepenthes maxima × *Nepenthes* 'Mira Wing' × *Nepenthes* 'Mixta'
F9004150 — — — —
Nepenthes maxima × *Nepenthes truncata*
F0031892 — — — —
Nepenthes merrilliana Macfarl.　美琳猪笼草
F0028946 — — — 菲律宾
Nepenthes mirabilis (Lour.) Druce　猪笼草
0003792 — 易危（VU） — 中南半岛、中国、马来西亚、澳大利亚（昆士兰州）、加洛林群岛
Nepenthes 'Miranda'　'Miranda'猪笼草
F9004152 — — — —
Nepenthes neoguineensis Macfarl.
F0031936 — — — 巴布亚新几内亚
Nepenthes rafflesiana Jack　莱佛士猪笼草
F0031896 — — — 马来西亚西部
Nepenthes rafflesiana 'Mirabilis'　'Mirabilis'莱佛士猪笼草
F9004153 — — — —
Nepenthes reinwardtiana 'Greed'　'Greed'二眼猪笼草
F0031948 — — — —
Nepenthes spectabilis × *Nepenthes northiana*
F0028917 — — — —
Nepenthes thorelii × *Nepenthes maxima*

F0031895 中国特有 — — 中国
Nepenthes thorelii 'Ikeda'　'Ikeda'猪笼草
F9004154 — — — —
Nepenthes × *trichocarpa* Miq.　毛果猪笼草
F9004143 — — — 印度尼西亚（苏门答腊岛）
Nepenthes ventricosa Blanco　葫芦猪笼草
F0032077 — — — 菲律宾
Nepenthes ventricosa × *Nepenthes petiolata*
F0031951 — — — —
Nepenthes ventricosa × *Nepenthes* 'Viking'
F9004155 — — — —
Nepenthes ventricosa 'Ping'　'Ping'葫芦猪笼草
F0031904 — — — —
Nepenthes 'Viking'　'Viking'猪笼草
F9004156 — — — —

Caryophyllaceae　石竹科

Cerastium　卷耳属
Cerastium wilsonii Takeda　鄂西卷耳
F9004157 中国特有 — — 中国中部

Dianthus　石竹属
Dianthus barbatus L.　须苞石竹
F9004158 — — — 欧洲
Dianthus caryophyllus L.　香石竹
F9004159 — — — 巴尔干半岛
Dianthus chinensis L.　石竹
0004575 — — — 欧洲东部、亚洲温带
Dianthus superbus L.　瞿麦
F9004160 — — — 欧亚大陆温带

Drymaria　荷莲豆草属
Drymaria cordata (L.) Willd. ex Schult.　荷莲豆草
F9004161 — — — 美洲南部热带、非洲南部

Gypsophila　石头花属
Gypsophila elegans M. Bieb.　缕丝花
F9004162 — — — 乌克兰南部、土耳其、叙利亚、伊拉克、伊朗西部及北部
Gypsophila paniculata L.　圆锥石头花
F9004163 — — — 欧洲中东部、亚洲

Polycarpaea　白鼓钉属
Polycarpaea corymbosa (L.) Lam.　白鼓钉
F9004164 — — — 世界热带及亚热带

Polycarpon　多荚草属
Polycarpon prostratum (Forssk.) Asch. & Schweinf.　多荚草

F9004165 — — — 亚洲热带及温带、非洲

Silene 蝇子草属

Silene subcretacea F. N. Williams 藏蝇子草

F9004166 中国特有 — — 中国

Silene tatarinowii Regel 石生蝇子草

F9004167 中国特有 — — 中国

Stellaria 繁缕属

Stellaria alsine Grimm 雀舌草

0004082 — — — 马来西亚西部；北半球温带

Stellaria aquatica (L.) Scop. 鹅肠菜

0004035 — — — 欧亚大陆温带

Stellaria media (L.) Vill. 繁缕

0002995 — — — 欧亚大陆温带、非洲热带

Amaranthaceae 苋科

Achyranthes 牛膝属

Achyranthes aspera L. 土牛膝

0003551 — — — 世界热带及亚热带

Achyranthes bidentata Blume 牛膝

F0037021 — — — 亚洲热带及亚热带

Alternanthera 莲子草属

Alternanthera bettzickiana (Regel) G. Nicholson 锦绣苋

00047632 — — — 南美洲

Alternanthera bettzickiana 'Variegata' 白苋草

F9004168 — — —

Alternanthera dentata 'Ruliginosa' 红龙苋

0002809 — — —

Alternanthera ficoidea (L.) P. Beauv. 绿苋草

0002828 — — — 美洲热带

Alternanthera ficoidea 'Bettzickiana' 红绿草

F9004169 — — —

Alternanthera paronychioides A. St.-Hil. 美洲虾钳菜

0001340 — — — 美洲热带及亚热带

Alternanthera philoxeroides (Mart.) Griseb. 空心莲子草

Q201805100320 — — — 南美洲

Alternanthera sessilis (L.) R. Br. ex DC. 莲子草

0001830 — — — 澳大利亚北部及东部、墨西哥南部；美洲热带、亚洲热带及亚热带

Amaranthus 苋属

Amaranthus caudatus L. 尾穗苋

F9004170 — — — 厄瓜多尔、秘鲁、智利、阿根廷西北部

Amaranthus spinosus L. 刺苋

00018798 — — — 美洲热带

Amaranthus tricolor L. 苋

0003114 — — — 亚洲热带

Amaranthus tricolor 'Splendens' 雁来红

F9004171 — — —

Amaranthus viridis L. 皱果苋

0002609 — — — 墨西哥东南部；美洲热带

Beta 甜菜属

Beta vulgaris L. 甜菜

F9004173 — — — 中国；非洲北部、亚洲西南部、欧洲

Beta vulgaris 'Dracaenifolia' 红甜菜

F9004172 — — —

Celosia 青葙属

Celosia argentea L. 青葙

00046831 — — — 非洲热带

Celosia argentea 'Plumosa' 凤尾鸡冠

F9004174 — — —

Celosia argentea 'Plumosa Hort' 穗冠花

0002119 — — —

Chenopodium 藜属

Chenopodium ficifolium Sm. 小藜

F9004175 — — — 韩国、中南半岛北部；欧洲

Dysphania 腺毛藜属

Dysphania ambrosioides (L.) Mosyakin & Clemants 土荆芥

F9004176 — — — 美国、新西兰

Gomphrena 千日红属

Gomphrena globosa L. 千日红

0001704 — — — 拉丁美洲

Gomphrena globosa 'Rosea' 千日粉

F9004177 — — —

Gomphrena globosa 'Rubra' 红花千日红

F9004178 — — —

Iresine 血苋属

Iresine diffusa f. *herbstii* (Hook.) Pedersen 血苋

00018537 — — — 秘鲁北部

Iresine diffusa f. *herbstii* 'Acuminata' 尖叶洋苋

F9004179 — — —

Iresine diffusa f. *herbstii* 'Aureo-Reticulata' 黄脉洋苋

F9004180 — — —

Ouret 白花苋属

Ouret sanguinolenta (L.) Kuntze 白花苋

F9004181 — — — 中国、印度、尼泊尔、孟加拉国、不丹、马来西亚

Spinacia 菠菜属

Spinacia oleracea L. 菠菜

F9004182 — — — 俄罗斯（西伯利亚西南部）；亚洲中部

Aizoaceae 番杏科

Astridia 鹿角海棠属

Astridia velutina Dinter 鹿角海棠

F9004183 — — — 纳米比亚

Carpobrotus 剑叶花属

Carpobrotus acinaciformis (L.) L. Bolus

F9004184 — — — 南非

Carpobrotus edulis (L.) N. E. Br. 海榕菜

F9004185 — — — 南非

Conophytum 肉锥花属

Conophytum bilobum (Marloth) N. E. Br. 少将

0003764 — — — 南非

Conophytum jucundum subsp. *marlothii* (N. E. Br.) S. A. Hammer 雨月

F9004186 — — — 南非

Conophytum truncatum var. *wiggettae* Rawé 小纹玉

F9004187 — — — —

Conophytum violaciflorum Schick & Tischer 明窗

F9004188 — — — 南非

Delosperma 露子花属

Delosperma nakurense (Engl.) Herre 纳库露子花

F9004189 — — — 埃塞俄比亚南部、坦桑尼亚北部

Faucaria 虎腭花属

Faucaria tigrina (Haw.) Schwantes 虎腭花

F9004190 — — — 南非

Faucaria tuberculosa (Rolfe) Schwantes 荒波

F9004191 — — — 南非

Glottiphyllum 舌叶花属

Glottiphyllum linguiforme (L.) N. E. Br. 舌叶花

F9004192 — — — 南非

Lampranthus 松叶菊属

Lampranthus spectabilis (Haw.) N. E. Br. 松叶菊

0001128 — — — 南非（东开普省）

Lapidaria 魔玉属

Lapidaria margaretae (Schwantes) Dinter & Schwantes 魔玉

F9004193 — — — 纳米比亚、南非

Lithops 生石花属

Lithops aucampiae L. Bolus 日轮玉

F9004194 — — — 南非

Lithops aucampiae 'Violacea' 紫露美玉

F9004195 — — — —

Lithops bella N. E. Br. 琥珀玉

F9004196 — — — 纳米比亚

Lithops bromfieldii L. Bolus 石榴玉

F9004197 — — — 南非

Lithops hookeri (A. Berger) Schwantes 富贵玉

0003324 — — — 南非

Lithops karasmontana (Dinter & Schwantes) N. E. Br. 花纹玉

F9004198 — — — 纳米比亚

Lithops lesliei (N. E. Br.) N. E. Br. 紫勋生石花

F9004199 — — — 博茨瓦纳

Lithops lesliei var. *venteri* de Boer & Boom 弃天玉

F9004200 — — — —

Lithops optica (Marloth) N. E. Br. 红大内玉

F9004201 — — — 纳米比亚

Lithops salicola L. Bolus 绿李夫人

F9004202 — — — 南非

Mesembryanthemum 日中花属

Mesembryanthemum cordifolium L. f. 露花

F9004203 — — — 南非（东开普省、夸祖鲁-纳塔尔省）

Sesuvium 海马齿属

Sesuvium portulacastrum (L.) L. 海马齿

F9004204 — — — 世界热带及亚热带

Phytolaccaceae 商陆科

Phytolacca 商陆属

Phytolacca acinosa Roxb. 商陆

F0036958 — — — 喜马拉雅山脉；亚洲东部温带

Phytolacca americana L. 垂序商陆

0000964 — — — 美洲

Phytolacca polyandra Batalin 多雄蕊商陆

F0036833 中国特有 — — 中国中部

Petiveriaceae 蒜香草科

Rivina 数珠珊瑚属

Rivina humilis L. 数珠珊瑚

00018314 — — — 美洲热带及亚热带

00005616 — — — 肯尼亚西北部、莫桑比克南部；非洲南部

Portulacaria afra 'Variegata' 斑叶马齿苋树
0004209 — — —

Basellaceae 落葵科

Anredera 落葵薯属

Anredera cordifolia (Ten.) Steenis 落葵薯
00018320 — — — 美洲南部热带

Basella 落葵属

Basella alba L. 落葵
0000253 — — — 亚洲热带

Talinaceae 土人参科

Talinum 土人参属

Talinum paniculatum (Jacq.) Gaertn. 土人参
0002206 — — — 美洲热带及亚热带

Talinum paniculatum 'Variegatum' 斑叶土人参
0004302 — — — — —

Portulacaceae 马齿苋科

Portulaca 马齿苋属

Portulaca grandiflora Hook. 大花马齿苋
0001140 — — — 玻利维亚、巴西、阿根廷

Portulaca grandiflora 'Double-Flowered' 重瓣大花马齿苋
F9004216 — — — —

Portulaca oleracea L. 马齿苋
Q201805160994 — — — 地中海地区、巴基斯坦、阿拉伯半岛、马卡罗尼西亚；非洲热带

Portulaca oleracea 'Granatus' 阔叶半枝莲
0004008 — — — — —

Portulaca pilosa L. 毛马齿苋
F9004217 — — — 美国中南部；美洲热带及亚热带

Cactaceae 仙人掌科

×*Pacherocactus* 摩彩柱属

×*Pacherocactus orcuttii* (K. Brandegee) G. D. Rowley 飞云阁
F9004218 — — — 墨西哥

Acanthocalycium 花冠球属

Acanthocalycium leucanthum (Gillies ex Salm-Dyck) Schlumpb.
F9004219 — — — 阿根廷西北部

Acanthocalycium rhodotrichum (K. Schum.) Schlumpb. 仁王球
F9004220 — — — 玻利维亚东部、巴西中西部、乌拉圭

Acanthocereus 刺萼柱属

Acanthocereus tetragonus 'Fairy Castle' 万重山
00019067 — — — —

Acharagma 金杯球属

Acharagma roseanum (Boed.) E. F. Anderson 金杯
F9004221 — — — 墨西哥

Anhaloniopsis 奇仙玉属

Anhaloniopsis madisoniorum (Hutchison) Mottram
F9004222 — — — 秘鲁北部

Aporocactus 鼠尾令箭属

Aporocactus flagelliformis (L.) Lem. 鼠尾掌
0003868 — — — 墨西哥

Ariocarpus 岩牡丹属

Ariocarpus fissuratus (Engelm.) K. Schum. 龟甲牡丹
F9004223 — — — 美国（得克萨斯州西南部及南部）、墨西哥东北部

Ariocarpus fissuratus 'Lloydii' 连山
0000399 — — — —

Ariocarpus retusus Scheidw. 岩牡丹
F9004224 — — — 墨西哥东北部

Ariocarpus retusus 'Ariegatus' 玉牡丹
0000611 — — — —

Ariocarpus trigonus (F. A. C. Weber) K. Schum. 三角牡丹
0001151 — — — 墨西哥

Astrophytum 星球属

Astrophytum asterias (Zucc.) Lem. 星球
F9004225 — — — 美国（得克萨斯州南部）、墨西哥

Astrophytum asterias 'Hanazonokabuto' 花园超兜
0004572 — — — —

Astrophytum asterias 'Super' 超兜
0001063 — — — —

Astrophytum capricorne (A. Dietr.) Britton & Rose 瑞凤玉
0000041 — — — 墨西哥东北部

Astrophytum myriostigma Lem. 鸾凤玉
0002540 — — — 墨西哥东北部

Astrophytum myriostigma 'Columnare' 鸾凤阁
F9004226 — — — —

Astrophytum myriostigma 'Wahuilens' 白鸾凤玉
0003578 — — — —

Astrophytum ornatum (DC.) Britton & Rose 般若
0001369 — — — 墨西哥东北部

Astrophytum ornatum 'Pubescent' 白云般若
0002771 — — — —

Austrocylindropuntia 圆筒掌属

Austrocylindropuntia cylindrica (Lam.) Backeb. 大蛇
F9004227 — — — 哥伦比亚中部、厄瓜多尔、秘鲁西北部

Austrocylindropuntia subulata (Muehlenpf.) Backeb. 将军柱
F9004228 — — — 哥伦比亚中部及西南部、秘鲁、玻利维亚

Austrocylindropuntia vestita (Salm-Dyck) Backeb. 翁团山
0000786 — — — 玻利维亚、阿根廷西北部

Aztekium 皱棱球属

Aztekium hintonii Glass & W. A. Fitz Maur. 欣顿花笼
0004688 — — — 墨西哥

Aztekium ritteri (Boed.) Boed. 花笼
0002874 — — — 墨西哥

Brasiliopuntia 戒尺掌属

Brasiliopuntia brasiliensis (Willd.) A. Berger 叶团扇
00018803 — — — 巴西、秘鲁东部、阿根廷北部

Cephalocereus 翁柱属

Cephalocereus polylophus (DC.) Britton & Rose 大凤龙
00011662 — — — 墨西哥

Cephalocereus senilis (Haw.) Pfeiff. 翁柱
00019311 — — — 墨西哥东北部

Cereus 仙人柱属

Cereus aethiops Haw. 蓝柱仙人柱
00011665 — — — 乌拉圭、阿根廷

Cereus fernambucensis Lem. 天轮柱
0003447 — — — 巴西北部及东部

Cereus hexagonus (L.) Mill. 六角天轮柱
F9004229 — — — 南美洲北部及东北部

Cereus hildmannianus K. Schum. 神代柱
F9004230 — — — 玻利维亚；南美洲北部

Cereus hildmannianus subsp. *uruguayanus* (F. Ritter ex R. Kiesling) N. P. Taylor 鬼面角
0000149 — — — 乌拉圭、阿根廷

Cereus jamacaru 'Monst' 牙买加仙人柱
F9004231 — — —

Cereus pernambucensis 'Monstruoso-Atrovariegatus' 姬墨狮子
F9004232 — — —

Cereus repandus (L.) Mill. 秘鲁天伦柱
F9004233 — — — 加勒比地区南部、委内瑞拉、哥伦比亚

Cereus spegazzinii F. A. C. Weber 墨残雪
F9004234 — — — 玻利维亚、巴西中西部、阿根廷东北部

Cereus spegazzinii 'Cristata' 残雪冠
0000621 — — — —

Cleistocactus 管花柱属

Cleistocactus baumannii (Lem.) Lem. 白闪
00019341 — — — 玻利维亚、智利、阿根廷、乌拉圭

Cleistocactus baumannii 'Cristata' 金钮冠
00018523 — — —

Cleistocactus straussii (Heese) Backeb. 吹雪柱
00011655 — — — 玻利维亚

Cleistocactus winteri D. R. Hunt 管花仙人柱
00013013 — — — 玻利维亚

Coleocephalocereus 银龙柱属

Coleocephalocereus aureus F. Ritter 金妆龙
F9004235 — — — 巴西

Coleocephalocereus goebelianus (Vaupel) Buining 浩白柱
00019400 — — — 巴西

Coleocephalocereus purpureus (Buining & Brederoo) F. Ritter 紫妆龙
F9004236 — — — 巴西

Consolea 旗号掌属

Consolea rubescens (Salm-Dyck ex DC.) Lem. 墨乌帽子
0001295 — — — 波多黎各、背风群岛

Consolea spinosissima (Mill.) Lem. 多刺团扇
F9004237 — — — 开曼群岛、牙买加南部、海地

Copiapoa 龙爪球属

Copiapoa calderana F. Ritter 帝龙冠
F9004238 — — —

Copiapoa cinerea (Phil.) Britton & Rose 黑王丸
F9004239 — — — 智利

Copiapoa echinoides (Lem. ex Salm-Dyck) Britton & Rose 龙魔玉
F9004240 — — — 智利

Copiapoa hypogaea F. Ritter 疣仙人
F9004241 — — — 智利

Coryphantha 凤梨球属

Coryphantha cornifera (DC.) Lem. 玉狮子
F9004242 — — — 墨西哥

Coryphantha elephantidens (Lem.) Lem. 象牙丸
F9004243 — — — 墨西哥

Coryphantha elephantidens 'Cristata' 象牙冠
F9004244 — — —

Coryphantha pallida Britton & Rose　金环蚀
0003209 — — — 墨西哥
Coryphantha robustispina (A. Schott ex Engelm.) Britton & Rose　春花丸
0001311 — — — 美国、墨西哥

Cylindropuntia　圆柱掌属

Cylindropuntia leptocaulis (DC.) F. M. Knuth　姬珊瑚
00019015 — — — 美国、墨西哥
Cylindropuntia tunicata (Lehm.) F. M. Knuth　着衣团扇
00005920 — — — 美国（得克萨斯州西南部）、墨西哥

Denmoza　栖凤球属

Denmoza rhodacantha (Salm-Dyck) Britton & Rose　绯筒球
F9004245 — — — 阿根廷西北部
Denmoza rhodacantha 'Variegata'　茜锦
F9004246 — — — —

Discocactus　圆盘玉属

Discocactus heptacanthus (Barb. Rodr.) Britton & Rose　天涯玉
F9004247 — — — 巴西中西部
Discocactus placentiformis (Lehm.) K. Schum.　扁圆盘玉
F9004248 — — — 巴西
Discocactus zehntneri subsp. *boomianus* (Buining & Brederoo) N. P. Taylor & Zappi
F9004249 — — — 巴西

Disocactus　红尾令箭属

Disocactus ackermannii (Haw.) Ralf Bauer　令箭荷花
F9004250 — — — 墨西哥南部
Disocactus anguliger (Lem.) M. Á. Cruz & S. Arias　锯齿昙花
00018737 — — — 墨西哥西南部及中部
Disocactus biformis (Lindl.) Lindl.
F9004251 — — — 美洲中部

Echinocactus　金琥属

Echinocactus decaryi 'Spirosticha'　'Spirosticha'金琥
F9004252 — — — —
Echinocactus grusonii (Hildm.) Lodé　金琥
0000474 — — — 墨西哥
Echinocactus grusonii 'Albispinus'　白刺金琥
00005925 — — — —
Echinocactus grusonii 'Intermedius'　短白刺金琥
F9004361 — — — —
Echinocactus grusonii 'Caeapitosus'　'Caeapitosus'群琥
F9006940 — — — —
Echinocactus grusonii 'Cluster'　'Cluster'群琥
00013005 — — — —

Echinocactus grusonii 'Intentextu'　狂刺金琥
0001219 — — — —
Echinocactus grusonii 'Subinermis'　短刺金琥
F9004362 — — — —
Echinocactus grusonii 'Variegata'　金琥锦
00011661 — — — —
Echinocactus horizonthalonius Lem.　太平丸
0002532 — — — 美国、墨西哥中部
Echinocactus 'L738'　'L738'金琥
F9004253 — — — —
Echinocactus longispinus Scheidweiler
F9004254 — — — —
Echinocactus tapecuana 'Tropica'　'Tropica'金琥
F9004255 — — — —

Echinocereus　鹿角柱属

Echinocereus berlandieri (Engelm.) Haage　金龙
0000599 — — — 美国（得克萨斯州南部）、墨西哥东北部
Echinocereus engelmannii 'Nicholii'　奈司虾
F9004257 — — — —
Echinocereus enneacanthus Engelm.　多刺鹿角柱
F9004258 — — — 美国（得克萨斯州西南部）、墨西哥东北部
Echinocereus knippelianus Liebner　宇宙殿
0000148 — — — 墨西哥
Echinocereus pacificus (Engelm.) Britton & Rose
F9004259 — — — 墨西哥
Echinocereus pectinatus (Scheidw.) Engelm.　三光球
F9004260 — — — 墨西哥北部
Echinocereus pectinatus 'Cristatus'　三光冠
F9004261 — — — —
Echinocereus pectinatus 'Rubispinus'　红刺三光丸
F9004262 — — — —
Echinocereus pectinatus 'Wenigeri'　'Wenigeri'三光球
F9004263 — — — —
Echinocereus pentalophus (DC.) Engelm. ex Haage　鹿角柱
F9004264 — — — 墨西哥东部
Echinocereus pulchellus subsp. *weinbergii* (Weing.) N. P. Taylor
F9004265 — — — 墨西哥
Echinocereus reichenbachii (Terscheck) Haage　丽光丸
F9004266 — — — 美国、墨西哥东北部
Echinocereus reichenbachii subsp. *fitchii* (Britton & Rose) N. P. Taylor　摺墨
F9004267 — — — 美国（得克萨斯州南部）、墨西哥东北部
Echinocereus reichenbachii subsp. *perbellus* (Britton & Rose)

N. P. Taylor　幸福虾

F9004268 — — — 美国

Echinocereus rigidissimus (Engelm.) Hirscht　紫太阳

F9004269 — — — 美国、墨西哥北部

Echinocereus × *roetteri* (Engelm.) Engelm. ex Rümpler

F9004256 — — — 美国、墨西哥

Echinocereus stramineus (Engelm.) Haage　褐刺柱

F9004270 — — — —

Echinocereus subinermis 'Aculeata'　'Aculeata'鹿角柱

F9004271 — — — —

Echinocereus subinermis 'Aculeatus'　微刺虾

F9004272 — — — —

Echinocereus subinermis subsp. *ochoterenae* (J. G. Ortega) N. P. Taylor

F9004273 — — — 墨西哥

Echinocereus subinermis subsp. *ochoterenae* 'L771'　'L771'鹿角柱

F9004274 — — — —

Echinocereus triglochidiatus Engelm.　红酒杯柱

F9004275 — — — 美国

Echinocereus viereckii var. *morricalii* (Ríha) N. P. Taylor

F9004276 — — — —

Echinocereus viridiflorus 'Cristatus'　青花虾冠

F9004277 — — — —

Echinopsis　仙人球属

Echinopsis ancistrophora Speg.　芳春丸

F9004278 — — — 玻利维亚、阿根廷西北部

Echinopsis calochlora K. Schum.　金盛丸

0002253 — — — 玻利维亚东部、巴西

Echinopsis candicans (Gillies ex Salm-Dyck) D. R. Hunt　光绿柱

F9004279 — — — 阿根廷北部

Echinopsis chamaecereus H. Friedrich & Glaetzle　白檀柱

00018288 — — — 阿根廷

Echinopsis formosa subsp. *bruchii* (Britton & Rose) M. Lowry　湘阳丸

0001084 — — — 阿根廷

Echinopsis formosa subsp. *korethroides* (Werderm.) M. Lowry　狂魔玉

F9004280 — — — 阿根廷西北部

Echinopsis huascha (F. A. C. Weber) H. Friedrich & G. D. Rowley　湘南丸

F9004281 — — — 阿根廷西北部

Echinopsis obrepanda (Salm-Dyck) K. Schum.　剑芒丸

F9004282 — — — 玻利维亚

Echinopsis oxygona (Link) Zucc. ex Pfeiff. & Otto　旺盛球

00019057 — — — 巴西南部、阿根廷东北部

Echinopsis oxygona 'Albomarginata'　白条丸

0002938 — — — —

Echinopsis oxygona 'Cristata'　扇蜂

F9004283 — — — —

Echinopsis oxygona 'Cristatus'　福俵

F9004284 — — — —

Echinopsis salpigophara Lem. ex Salm-Dyck　疾玉凤

F9004285 — — — —

Echinopsis schickendantzii F. A. C. Weber　金棱

F9004286 — — — 阿根廷西北部

Echinopsis spachiana (Lem.) H. Friedrich & G. D. Rowley　黄大文字

0001292 — — — 玻利维亚、阿根廷西北部

Echinopsis tarijensis subsp. *bertramiana* (Backeb.) M. Lowry　伟凤龙

F9004287 — — — 玻利维亚

Epiphyllum　昙花属

Epiphyllum hookeri Haw.　长带昙花

F9004288 — — — 拉丁美洲

Epiphyllum hookeri subsp. *pittieri* (F. A. C. Weber) Ralf Bauer　宵待孔雀

0003267 — — — 美洲中部

Epiphyllum oxypetalum (DC.) Haw.　昙花

00018287 — — — 中美洲

Epithelantha　清影球属

Epithelantha micromeris (Engelm.) F. A. C. Weber ex Britton & Rose　月世界

F9004289 — — — 美国、墨西哥东北部

Eriosyce　极光球属

Eriosyce aurata (Pfeiff.) Backeb.　五百津玉

00019280 — — — 智利

Eriosyce clavata (Söhrens ex K. Schum.) Helmut Walter

F9004290 — — — 智利中部

Eriosyce curvispina (Bertero ex Colla) Katt.　魁壮玉

F9004291 — — — 智利北部及中部

Eriosyce heinrichiana (Backeb.) Katt.

F9004292 — — — 智利

Eriosyce kunzei (C. F. Först.) Katt.　银翁球

F9004293 — — — 智利

Eriosyce kunzei 'Gerocephala'　'Gerocephala'银翁球

F9004294 — — — —

Eriosyce senilis (Backeb.) Katt.

F9004295 — — — 智利中部

Eriosyce strausiana (K. Schum.) Katt.　铁心丸

F9004296 — — — 阿根廷

Eriosyce taltalensis (Hutchison) Katt.

F9004297 — — — 智利

Escobaria 松笠球属

Escobaria hesteri (Y. Wright) Buxb.

F9004298 ———— 美国（得克萨斯州西南部）

Escobaria tuberculosa (Engelm.) Britton & Rose　岚山

F9004299 ——— 美国、墨西哥北部

Espostoa 老乐柱属

Espostoa lanata 'Gracilis'　白宫殿

F9004300 ————

Espostoa lanata 'Mocupensis'　哓裳

F9004301 ————

Espostoa melanostele (Vaupel) Borg　幻乐柱

F9004302 ——— 秘鲁

Ferocactus 强刺球属

Ferocactus alamosanus (Britton & Rose) Britton & Rose 荒鹫

F9004303 ——— 墨西哥

Ferocactus chrysacanthus (Orcutt) Britton & Rose　金冠龙

F9004304 ——— 墨西哥西北部

Ferocactus cylindraceus (Engelm.) Orcutt　琥头

F9004305 ——— 美国、墨西哥

Ferocactus cylindraceus subsp. *lecontei* (Engelm.) N. P. Taylor　吴魂玉

F9004306 ——— 美国、墨西哥

Ferocactus echidne (DC.) Britton & Rose　龙虎

F9004307 ——— 墨西哥东北部

Ferocactus emoryi Orcutt　江守玉

00019243 ——— 美国、墨西哥

Ferocactus fordii (Orcutt) Britton & Rose　红洋丸

F9004308 ——— 墨西哥

Ferocactus glaucescens (DC.) Britton & Rose　王冠龙

00019257 ——— 墨西哥东北部

Ferocactus glaucescens 'Nudus'　无刺王冠龙

F9004309 ————

Ferocactus gracilis subsp. *coloratus* (H. E. Gates) N. P. Taylor 神仙玉

00019279 ——— 墨西哥

Ferocactus gracilis subsp. *coloratus* 'Aureovariegatus'　神仙玉锦

F9004310 ————

Ferocactus hamatacanthus (Muehlenpf.) Britton & Rose　大虹球

F9004311 ——— 美国（新墨西哥州东南部、得克萨斯州西部）、墨西哥东部及中部

Ferocactus hamatacanthus 'Davisii'　红鹤丸

F9004312 ————

Ferocactus hamatacanthus subsp. *sinuatus* (A. Dietr.) N. P.

Taylor　夕虹

F9004313 ——— 美国、墨西哥东北部

Ferocactus herrerae J. G. Ortega　伟刺仙人球

0001410 ——— 墨西哥

Ferocactus herrerae 'Cristatus'　阳盛丸

F9004314 ————

Ferocactus histrix (DC.) G. E. Linds.　文鸟

0001864 ——— 墨西哥

Ferocactus histrix 'Rufispinus'　艳文鸟

F9004315 ————

Ferocactus latispinus (Haw.) Britton & Rose　日出

F9004316 ——— 墨西哥

Ferocactus macrodiscus (Mart.) Britton & Rose　赤城

F9004317 ——— 墨西哥

Ferocactus macrodiscus 'Decolor'　天城

F9004318 ————

Ferocactus peninsulae (F. A. C. Weber) Britton & Rose 半岛玉

00019312 ——— 墨西哥

Ferocactus pilosus (Galeotti ex Salm-Dyck) Werderm.　赤凤

0002198 ——— 墨西哥东北部

Ferocactus platyacantha 'Visnaga'　鬼头

0000349 ————

Ferocactus robustus (Karw. ex Pfeiff.) Britton & Rose　勇壮丸

F9004319 ——— 墨西哥

Ferocactus schwarzii G. E. Linds.　黄彩玉

00011664 ——— 墨西哥

Ferocactus uncinatus (Galeotti) Britton & Rose　罗纱锦

F9004320 ——— 美国、墨西哥

Ferocactus viridescens (Nutt.) Britton & Rose　巨鹫玉

00005928 ——— 美国（加利福尼亚州南部）、墨西哥

Gymnocalycium 裸萼球属

Gymnocalycium anisitsii (K. Schum.) Britton & Rose　翠峰球

0000027 ——— 玻利维亚、巴拉圭

Gymnocalycium anisitsii 'Rotundulum'　'Rotundulum'翠峰球

F9004321 ————

Gymnocalycium anisitsii 'Tucavocense'　'Tucavocense'翠峰球

F9004322 ————

Gymnocalycium baldianum (Speg.) Speg.　绯花玉

00019208 ——— 阿根廷西北部

Gymnocalycium bodenbenderianum (Hosseus ex A. Berger) A. Berger　黑蝶玉

F9004323 ——— 阿根廷西北部

Gymnocalycium calochlorum (Boed.) Y. Itô　火星丸
F9004324 — — — 阿根廷
Gymnocalycium castellanosii Backeb.　剑魔玉
F9004325 — — — 阿根廷
Gymnocalycium chiquitanum Cárdenas　良宽
F9004326 — — — 玻利维亚
Gymnocalycium denudatum (Link & Otto) Pfeiff. ex Mittler 蛇龙丸
0001541 — — — 巴西南部、阿根廷
Gymnocalycium denudatum 'Paraguagens'　'Paraguagens'海王丸
F9006892 — — — —
Gymnocalycium erinaceum J. G. Lamb.
F9004327 — — — 阿根廷
Gymnocalycium eurypleurum F. Ritter
F9004328 — — — 巴拉圭
Gymnocalycium 'Famatima P79'　'Famatima P79'裸萼球
F9004329 — — — —
Gymnocalycium gibbosum (Haw.) Pfeiff. ex Mittler　九纹龙
F9004330 — — — 阿根廷
Gymnocalycium horstii subsp. *buenekeri* (Swales) P. J. Braun & Hofacker　圣王丸
F9004331 — — — 巴西
Gymnocalycium marsoneri Fric ex Y. Itô
F9004332 — — — 阿根廷西北部
Gymnocalycium mesopotamicum R. Kiesling
F9004333 — — — 阿根廷
Gymnocalycium mihanovichii (Fric ex Gürke) Britton & Rose 瑞云裸萼球
00019269 — — — 巴拉圭、阿根廷
Gymnocalycium monvillei (Lem.) Pfeiff. ex Britton & Rose 云龙
F9004334 — — — 阿根廷西北部
Gymnocalycium monvillei 'Aureovariegatum'　多花锦
F9004335 — — — —
Gymnocalycium monvillei 'Venturianum'　金碧锦
F9004336 — — — —
Gymnocalycium mostii (Gürke) Britton & Rose　红蛇丸
0002107 — — — 阿根廷
Gymnocalycium mucidum Oehme
F9004337 — — — —
Gymnocalycium 'Nova Bo131'　'Nova Bo131'裸萼球
F9004338 — — — —
Gymnocalycium 'Nova L1159'　'Nova L1159'裸萼球
F9004339 — — — —
Gymnocalycium ochoterenae Backeb.
F9004340 — — — 阿根廷
Gymnocalycium paediophilum F. Ritter & Schütz

F9004341 — — — —
Gymnocalycium paraguayense (K. Schum.) Hosseus　海王丸
F9006893 — — — 巴拉圭中部
Gymnocalycium pflanzii 'Albipulpa'　'Albipulpa'莺鸣玉
F9004342 — — — —
Gymnocalycium pflanzii 'Comarapense'　'Comarapense'莺鸣玉
F9004343 — — — —
Gymnocalycium pflanzii 'Griseum'　'Griseum'莺鸣玉
F9004344 — — — —
Gymnocalycium pflanzii 'Riograndense'　'Riograndense'莺鸣玉
F9004345 — — — —
Gymnocalycium pflanzii 'Tomina'　'Tomina'莺鸣玉
F9004346 — — — —
Gymnocalycium pugionacanthum Backeb. ex H. Till
F9004347 — — — 阿根廷
Gymnocalycium quehlianum (F. Haage ex H. Quehl) Vaupel ex Hosseus　龙头
0002285 — — — 阿根廷
Gymnocalycium quehlianum 'Flavispinum'　'Flavispinum'龙头
F9004348 — — — —
Gymnocalycium saglionis (Cels) Britton & Rose　新天地
00019117 — — — 阿根廷西北部
Gymnocalycium schickendantzii (F. A. C. Weber) Britton & Rose　波光龙
F9004349 — — — 阿根廷北部
Gymnocalycium schickendantzii 'L473'　'L473'波光龙
F9004350 — — — —
Gymnocalycium spegazzinii Britton & Rose　天平丸
F9004351 — — — 阿根廷西北部
Gymnocalycium spegazzinii 'Cristatum'　天平冠
F9004352 — — — —
Gymnocalycium spegazzinii subsp. *cardenasianum* (F. Ritter) R. Kiesling & Metzing　光琳玉
F9004353 — — — 玻利维亚
Gymnocalycium stenopleurum 'Aureovariegatum'　'Aureovariegatum'绯牡丹
F9004354 — — — —
Gymnocalycium stenopleurum 'Cristatum'　牡丹冠
F9004355 — — — —
Gymnocalycium stenopleurum 'Hibotan'　'Hibotan'绯牡丹
F9004356 — — — —
Gymnocalycium stenopleurum 'Hibotan-Nishiki'　绯牡丹锦
0002079 — — — —
Gymnocalycium tilcarense (Backeb.) H. Till et W. Till

F9006906 — — — —

Gymnocalycium uruguayense (Arechav.) Britton & Rose 稚龙玉

F9004357 — — — 巴西南部、乌拉圭

Gymnocalycium uruguayense 'Tambores' 'Tambores'裸萼球

F9004358 — — — —

Haageocereus 金煌柱属

Haageocereus multangularis (Haw.) F. Ritter 金焰柱

00018257 — — — —

Harrisia 苹果柱属

Harrisia bonplandii (J. Parm. ex Pfeiff.) Britton & Rose 卧龙

00019058 — — — 玻利维亚东南部、阿根廷北部

Harrisia brookii Britton 卧龙柱

00005936 — — — 巴哈马

Harrisia martinii (Labour.) Britton 新桥

00019264 — — — 巴拉圭东部、阿根廷东北部

Harrisia tortuosa (J. Forbes) Britton & Rose 金时

0002449 — — — 玻利维亚、阿根廷、智利、乌拉圭西部

Hatiora 猿恋苇属

Hatiora salicornioides (Haw.) Britton & Rose 猿恋苇

F9004359 — — — 巴西东部及南部

Kadenicarpus 长城球属

Kadenicarpus pseudomacrochele (Backeb.) Doweld 长城丸

F9004360 — — — 墨西哥东北部

Leuchtenbergia 光山玉属

Leuchtenbergia principis Fisch. ex Hook. 光山玉

0002603 — — — 墨西哥东北部

Leucostele 黄鹰柱属

Leucostele chiloensis (Colla) Schlumpb. 锦鸡龙

F9004363 — — — 智利北部及中部

Leuenbergeria 海麒麟属

Leuenbergeria bleo (Kunth) Lodé 樱麒麟

F0038321 — — — 巴拿马、哥伦比亚西北部

Lophocereus 神阁柱属

Lophocereus marginatus (DC.) S. Arias & Terrazas 烟管仙人掌

00005923 — — — 墨西哥

Lophocereus schottii (Engelm.) Britton & Rose 上帝阁

0001686 — — — 美国、墨西哥西北部

Lophophora 乌羽玉属

Lophophora diffusa (Croizat) Bravo 翠冠玉

0001222 — — — 墨西哥

Lophophora williamsii (Lem.) J. M. Coult. 乌羽玉

0001536 — — — 美国、墨西哥东北部

Lophophora williamsii 'Deeipien' 银冠王

0002845 — — — —

Mammillaria 乳突球属

Mammillaria albicans subsp. *fraileana* (Britton & Rose) D. R. Hunt 秀明殿

F9004364 — — — 墨西哥

Mammillaria albicoma Boed.

F9004365 — — — 墨西哥东北部

Mammillaria albilanata Backeb. 希望丸

F9004366 — — — 墨西哥南部、危地马拉

Mammillaria aureilanata Backeb. 舞星

F9004367 — — — 墨西哥东北部

Mammillaria baumii Boed. 香花丸

F9004368 — — — 墨西哥

Mammillaria blossfeldiana Boed. 绫衣

F9004369 — — — 墨西哥

Mammillaria bocasana 'Multilanata' 多毛高砂

F9004370 — — — —

Mammillaria bocasana 'Roselflora' 'Roselflora'高砂球

F9004371 — — — —

Mammillaria bombycina Quehl 丰明丸

F9004372 — — — 墨西哥

Mammillaria bombycina subsp. *perezdelarosae* (Bravo & Scheinvar) D. R. Hunt

F9004373 — — — 墨西哥东北部

Mammillaria boolii G. E. Linds.

F9004374 — — — 墨西哥

Mammillaria carmenae Castañeda

F9004375 — — — 墨西哥

Mammillaria carretii Rebut ex K. Schum. 银星

F9004376 — — — 墨西哥

Mammillaria columbiana Salm-Dyck 昆仑丸

F9004377 — — — 哥伦比亚、委内瑞拉西北部

Mammillaria columbiana subsp. *yucatanensis* (Britton & Rose) D. R. Hunt 紫丸

F9004378 — — — 中美洲

Mammillaria compressa DC. 白龙球

F9004379 — — — 墨西哥东部及中部

Mammillaria crinita DC. 七七子丸

00019401 — — — 墨西哥

Mammillaria crinita 'Cristata' 七七子冠

F9004380 — — — —

Mammillaria decipiens Scheidw. 三保之松

F9004381 — — — 墨西哥东部

Mammillaria deherdtiana Farwig

F9004382 — — — 墨西哥

Mammillaria dixanthocentron Backeb. ex Mottram

F9004383 — — — 墨西哥

Mammillaria duwei Rogoz. & P. J. Braun 杜威丸

F9004384 — — — 墨西哥

Mammillaria elongata DC. 金手指

00011666 — — — 墨西哥

Mammillaria elongata 'Cristata' 黄金冠

F9004385 — — — —

Mammillaria elongata 'Intertexta' 黄金司

00019064 — — — —

Mammillaria elongata 'Subcrocea' 金手球

F9004386 — — — —

Mammillaria ferreophilus 'Longispinus' 'Longispinus'乳突球

F9004387 — — — —

Mammillaria fittkaui Glass & R. A. Foster

F9004388 — — — 墨西哥

Mammillaria formosa subsp. *chionocephala* (J. A. Purpus) D. R. Hunt 雪头丸

F9004389 — — — 墨西哥东北部

Mammillaria formosa subsp. *microthele* (Muehlenpf.) D. R. Hunt 雪绢丸

F9004390 — — — 墨西哥

Mammillaria geminispina Haw. 白珠丸

00019260 — — — 墨西哥东北部

Mammillaria geminispina 'Cristata' 白玉兔冠

00019408 — — — —

Mammillaria geminispina 'Nobilis' 白神丸

F9004391 — — — —

Mammillaria glassii R. A. Foster

F9004393 — — — 墨西哥东北部

Mammillaria glassii 'L1537' 'L1537'乳突球

F9004392 — — — —

Mammillaria grahamii 'Oliviae' 丰明殿

F9004394 — — — —

Mammillaria guelzowiana Werderm.

F9004395 — — — 墨西哥

Mammillaria haageana Pfeiff. 日月丸

0004550 — — — 墨西哥

Mammillaria haageana 'Cristata' 日月冠

F9004396 — — — —

Mammillaria hahniana Werderm. 玉翁

00005932 — — — 墨西哥东北部

Mammillaria hahniana 'Werdermanniana' 新平和

F9004397 — — — —

Mammillaria hernandezii Glass & R. A. Foster

F9004398 — — — 墨西哥

Mammillaria herrerae Werderm. 白鸟

00019005 — — — 墨西哥

Mammillaria huitzilopochtli Linzen, Rogoz. & Frank Wolf

F9004400 — — — 墨西哥

Mammillaria huitzilopochtli 'L1495' 'L1495'乳突球

F9004399 — — — —

Mammillaria johnstonii 'Sancanensis' 雷鸟丸

F9004401 — — — —

Mammillaria karwinskiana Mart. 荒凉丸

F9004402 — — — 墨西哥中部及中南部

Mammillaria klissingiana Boed. 翁玉

0003955 — — — 墨西哥东北部

Mammillaria laui D. R. Hunt

F9004403 — — — 墨西哥

Mammillaria lenta K. Brandegee 白绢丸

F9004404 — — — 墨西哥

Mammillaria longiflora (Britton & Rose) A. Berger

F9004405 — — — 墨西哥

Mammillaria longimamma DC. 金星丸

0003202 — — — 墨西哥东北部

Mammillaria magnimamma Haw. 梦幻城

F9004407 — — — 墨西哥

Mammillaria magnimamma 'Aureovariegata' 庆贺

F9004406 — — — —

Mammillaria mammillaris (L.) H. Karst. 单衣丸

F9004408 — — — 加勒比地区南部、哥伦比亚东北部、委内瑞拉北部

Mammillaria marksiana Krainz 金洋丸

0004825 — — — 墨西哥

Mammillaria matudae Bravo

F9004409 — — — 墨西哥

Mammillaria melaleuca Karw. ex Salm-Dyck

F9004410 — — — 墨西哥

Mammillaria melanocentra subsp. *rubrograndis* (Repp. & A. B. Lau) D. R. Hunt

F9004411 — — — 墨西哥

Mammillaria mercadensis Patoni

F9004412 — — — 墨西哥北部及西部

Mammillaria microhelia Werderm. 朝雾

F9004413 — — — 墨西哥

Mammillaria moelleriana 'L1334' 紫虹丸

F9004414 — — — —

Mammillaria muehlenpfordtii C. F. Först. 明耀丸
F9004415 — — — 墨西哥东北部

Mammillaria mystax Mart. 多子乳球
F9004416 — — — 墨西哥

Mammillaria nivosa Link ex Pfeiff. 金银司
F9004417 — — — 巴哈马南部、特克斯和凯科斯群岛、波多黎各、背风群岛

Mammillaria nunezii (Britton & Rose) Orcutt 龙女丸
F9004418 — — — 墨西哥中部及中南部

Mammillaria parkinsonii Ehrenb. 白玉球
00018296 — — — 墨西哥

Mammillaria pennispinosa Krainz 阳炎
0000345 — — — 墨西哥

Mammillaria perbella Hildm. ex K. Schum. 大福丸
F9004420 — — — 墨西哥

Mammillaria perbella 'Cristata' 大福冠
F9004419 — — — —

Mammillaria petterssonii Hildm.
F9004421 — — — 墨西哥东北部

Mammillaria petterssonii 'Tortulospina' 'Tortulospina'乳突球
F9004422 — — — —

Mammillaria plumosa F. A. C. Weber 白星
0002930 — — — 墨西哥

Mammillaria pondii Greene 潘海彦
F9004423 — — — 墨西哥

Mammillaria prolifera (Mill.) Haw. 多子球
F9004424 — — — 古巴、葡萄牙、西班牙

Mammillaria prolifera subsp. *haitiensis* (K. Schum.) D. R. Hunt 金松玉
F9004425 — — — 海地

Mammillaria prolifera subsp. *haitiensis* 'Cristata' 金松山
F9004426 — — — —

Mammillaria prolifera subsp. *texana* (Engelm.) D. R. Hunt 春霞
F9004427 — — — 美国（得克萨斯州西南部及南部）、墨西哥东北部

Mammillaria rekoi (Britton & Rose) Vaupel
F9004428 — — — 墨西哥

Mammillaria rekoi subsp. *leptacantha* (A. B. Lau) D. R. Hunt
F9004429 — — — 墨西哥

Mammillaria rhodantha Link & Otto 朝日丸
F9004431 — — — 墨西哥

Mammillaria rhodantha 'Alba' 白黄司
F9004430 — — — —

Mammillaria schiedeana C. Ehrenb. 明星
00019305 — — — 墨西哥

Mammillaria schiedeana 'Plumosa' 'Plumosa'明星
F9004432 — — — —

Mammillaria schumannii 'Globosa' 'Globosa'乳突球
F9004433 — — — —

Mammillaria schwarzii Shurly
F9004434 — — — 墨西哥

Mammillaria scrippsiana (Britton & Rose) Orcutt 夏月丸
F9004435 — — — 墨西哥北部

Mammillaria sempervivi DC. 怪神丸
F9004436 — — — 墨西哥东北部

Mammillaria senilis Lodd. ex Salm-Dyck 月宫殿
F9004437 — — — 墨西哥北部

Mammillaria sphacelata subsp. *viperina* (J. A. Purpus) D. R. Hunt 都鸟
F9004438 — — — 墨西哥

Mammillaria spinosissima Lem. 猩猩丸
00019203 — — — 墨西哥

Mammillaria spinosissima 'Auricoma' 源平丸
F9004439 — — — —

Mammillaria spinosissima 'Brunnea' 'Brunnea'猩猩丸
F9006907 — — — —

Mammillaria spinosissima 'Pretiosa' 白美人
00019061 — — — —

Mammillaria spinosissima var. *brunnea* 'Cristata' 猩猩冠
00019206 — — — —

Mammillaria standleyi (Britton & Rose) Orcutt 唐金丸
F9004440 — — — 墨西哥北部

Mammillaria surculosa Boed. 银琥
F9004441 — — — 墨西哥

Mammillaria theresae Cutak 黛丝疣
F9004442 — — — 墨西哥

Mammillaria vetula Mart. 银手球
F9004443 — — — 墨西哥

Mammillaria winterae Boed. 大疣丸
F9004444 — — — 墨西哥

Mammillaria winterae subsp. *aramberri* D. R. Hunt
F9004445 — — — 墨西哥

Mammillaria zephyranthoides Scheidw. 千秋丸
F9004446 — — — 墨西哥

Mammillaria zephyranthoides subsp. *heidiae* (Krainz) Lüthy
F9004447 — — — 墨西哥

Mammilloydia 雪白球属

Mammilloydia candida (Scheidw.) Buxb. 白毛球
F9004448 — — — 墨西哥东北部

Matucana 白仙玉属

Matucana aureiflora F. Ritter

F9004449 ———— 秘鲁
Matucana 'Cajamarca' 'Cajamarca'白仙玉
F9004450 ————
Matucana huagalensis (Donald & A. Lau) Bregman, Meerst., Melis & A. B. Pullen
F9004451 ———— 秘鲁
Matucana myriacantha f. *roseoalba* 'Rio Crisnejas L173' 'Rio Crisnejas L173'白仙玉
F9004452 ————
Matucana ritteri Buining 文鼎玉
F9004453 ———— 秘鲁

Melocactus 花座球属

Melocactus azureus Buining & Brederoo 蓝云
00019219 ———— 巴西
Melocactus curvispinus subsp. *caesius* (H. L. Wendl.) N. P. Taylor 飞云
00005933 ———— 南美洲
Melocactus macracanthos (Salm-Dyck) Link & Otto 郝云
F9004454 ———— 阿鲁巴、荷属安的列斯
Melocactus matanzanus León 朱云
00019278 ———— 古巴
Melocactus neryi K. Schum. 卷云
0000986 ———— 委内瑞拉、巴西北部
Melocactus peruvianus Vaupel 丽云
00019271 ———— 秘鲁
Melocactus violaceus Pfeiff. 裳云
0002620 ———— 巴西东北部

Myrtillocactus 龙神柱属

Myrtillocactus geometrizans (Mart. ex Pfeiff.) Console 龙神柱
0000506 ———— 墨西哥
Myrtillocactus geometrizans 'Cristatus' 龙神冠
F9004455 ————

Neoraimondia 大冠柱属

Neoraimondia herzogiana (Backeb.) Buxb. & Krainz 飞鸟阁
F9004456 ———— 玻利维亚

Obregonia 帝冠球属

Obregonia denegrii Fric 帝冠
0004774 ———— 墨西哥
Obregonia denegrii 'Cristata' 帝冠缀化
0002807 ————

Opuntia 仙人掌属

Opuntia cochenillifera (L.) Mill. 胭脂掌

00012187 ———— 墨西哥
Opuntia dillenii (Ker Gawl.) Haw. 仙人掌
F9004457 ———— 墨西哥、牙买加南部
Opuntia engelmannii var. *lindheimeri* 'Monstrosa' 熊野石化
F9004458 ————
Opuntia ficus-indica (L.) Mill. 大型宝剑
00018827 ———— 墨西哥
Opuntia humifusa 'Variegata' 龟纹掌
F9004459 ————
Opuntia leucotricha DC. 白毛掌
F9004460 ———— 墨西哥北部及西部
Opuntia maxima 'Cristata' 青海波
00019134 ————
Opuntia microdasys (Lehm.) Pfeiff. 黄毛掌
0001481 ———— 墨西哥
Opuntia microdasys 'Albispina' 白乌帽子
F9004461 ————
Opuntia monacantha Haw. 单刺仙人掌
00012184 ———— 巴西东部及南部、乌拉圭
Opuntia monacantha 'Variegata' 初日之出
0002655 ————
Opuntia orbiculata Salm-Dyck ex Pfeiff. 绵毛掌
F9004462 ———— 美国中西部及中部、墨西哥北部
Opuntia phaeacantha Engelm. 荒戎团扇
F9004463 ———— 美国中部及西南部、墨西哥北部
Opuntia pilifera F. A. C. Weber 交野
00018268 ———— 墨西哥中部
Opuntia polyacantha var. *erinacea* (Engelm. & J. M. Bigelow) B. D. Parfitt 银毛扇
F9004464 ———— 美国、墨西哥
Opuntia rufida Engelm. 绒点仙人掌
F9004465 ———— 美国（得克萨斯州西南部）、墨西哥东北部
Opuntia tuna (L.) Mill. 黄花仙人掌
00018242 ———— 牙买加

Oreocereus 山翁柱属

Oreocereus celsianus (Salm-Dyck) A. Berger ex Riccob. 山翁柱
0000596 ———— 秘鲁、智利、阿根廷
Oreocereus leucotrichus (Phil.) Wagenkn. 圣云锦
F9004466 ———— 秘鲁、智利北部
Oreocereus trollii (Kupper) Backeb. 白云锦
F9004467 ———— 玻利维亚、阿根廷

Oroya 彩髯玉属

Oroya peruviana (K. Schum.) Britton & Rose 彩髯玉
00011646 ———— 秘鲁

Ortegocactus 帝龙球属

Ortegocactus macdougallii Alexander 帝王丸
F9004468 — — — 墨西哥

Pachycereus 摩天柱属

Pachycereus pecten-aboriginum (Engelm. ex S. Watson) Britton & Rose 土人节柱
00011667 — — — 墨西哥

Pachycereus pringlei (S. Watson) Britton & Rose 武伦柱
0004894 — — — 墨西哥西北部

Parodia 锦绣玉属

Parodia buiningii (Buxb.) N. P. Taylor
F9004469 — — — 巴西、乌拉圭

Parodia carambeiensis (Buining & Brederoo) Hofacker
F9004470 — — — 巴西

Parodia chrysacanthion (K. Schum.) Backeb.
F9004471 — — — 阿根廷

Parodia claviceps (F. Ritter) F. H. Brandt
F9004472 — — — 南美洲

Parodia comarapana Cárdenas 康马锦锈玉
F9004473 — — — 玻利维亚

Parodia concinna (Monv.) N. P. Taylor 美装玉
F9004474 — — — 巴西、乌拉圭

Parodia concinna 'Agnetae' 'Agnetae'美装玉
F9004475 — — — —

Parodia concinna 'Blauuwiana' 'Blauuwiana'美装玉
F9004476 — — — —

Parodia concinna 'Multicostatus' 'Multicostatus'美装玉
F9004477 — — — —

Parodia crassigibba (F. Ritter) N. P. Taylor 眩美玉
F9004478 — — — 巴西

Parodia erubescens (Osten) D. R. Hunt
F9004479 — — — —

Parodia 'F. O. G.' 'F. O. G.'锦绣玉
F9004480 — — — —

Parodia haselbergii (Haage ex Rümpler) F. H. Brandt 雪晃
0000079 — — — 巴西

Parodia haselbergii 'Flaviflorus' 'Flaviflorus'雪晃
F9004481 — — — —

Parodia horrida F. H. Brandt
F9004482 — — — 阿根廷

Parodia 'Hs173' 'Hs173'锦绣玉
F9004483 — — — —

Parodia langsdorfii (Lehm.) D. R. Hunt
F9004484 — — — 巴西南部

Parodia leninghausii (K. Schum.) F. H. Brandt 金晃
0000488 — — — —

Parodia leninghausii 'Cristata' 金晃冠
00019376 — — — —

Parodia maasii (Heese) A. Berger 魔神球
F9004485 — — — —

Parodia maassii 'Carminati Flora' 黑刺魔神
0000802 — — — —

Parodia magnifica (F. Ritter) F. H. Brandt 英冠玉
00005935 — — — 巴西

Parodia mammulosa (Lem.) N. P. Taylor 狮子王丸
00019211 — — — 南美洲

Parodia mammulosa 'Aureovariegatus' 'Aureovariegatus'狮子王丸
F9004486 — — — —

Parodia mammulosa subsp. *erythracantha* (H. Schloss. & Brederoo) Hofacker
F9004487 — — — —

Parodia microsperma (F. A. C. Weber) Speg. 宝玉
F9004488 — — — 玻利维亚、阿根廷西北部

Parodia microsperma 'Cristata' 罗绣冠
F9004489 — — — —

Parodia mueller-melchersii (Fric ex Backeb.) N. P. Taylor 桃鬼丸
F9004490 — — — 巴西、乌拉圭

Parodia neobuenekeri (F. Ritter) Anceschi & Magli
F9004491 — — — 巴西南部

Parodia nivosa Backeb.
F9004492 — — — 阿根廷

Parodia ocampoi Cárdenas
F9004493 — — — 玻利维亚

Parodia ottonis (Lehm.) N. P. Taylor 青王丸
F9004494 — — — 巴西南部、阿根廷东北部

Parodia ottonis 'Laguna Garz' 'Laguna Garz'青王丸
F9004495 — — — —

Parodia ottonis 'Paraguayense' 'Paraguayense'青王丸
F9004496 — — — —

Parodia ottonis 'Schuldtii' 贵宝青
F9004497 — — — —

Parodia oxycostata (Buining & Brederoo) Hofacker 毛线球
F9004498 — — — 巴西

Parodia procera F. Ritter 高锦绣玉
F9004499 — — — 玻利维亚

Parodia scopa (Spreng.) N. P. Taylor 小町
0001058 — — — 巴西、乌拉圭

Parodia scopa 'Rubra' 'Rubra'小町
F9004500 — — — —

Parodia werdermanniana (Herter) N. P. Taylor
F9004501 — — — 巴西、乌拉圭

Pelecyphora 斧突球属

Pelecyphora aselliformis C. Ehrenb. 精巧丸

F9004502 — — — 墨西哥东北部

Pelecyphora aselliformis 'Cristata' 精巧冠

F9004503 — — — —

Pereskia 木麒麟属

Pereskia aculeata Mill. 木麒麟

00019333 — — — 巴拿马；美洲南部热带

Pereskia aculeata 'Godseffiana' 花叶木麒麟

F9004504 — — — —

Pereskiopsis 麒麟掌属

Pereskiopsis diguetii (F. A. C. Weber) Britton & Rose 琉璃团扇

F9004505 — — — 墨西哥、玻利维亚

Pfeiffera 棱玉蔓属

Pfeiffera ianthothele F. A. C. Weber 角纽

F9004506 — — — 玻利维亚、阿根廷西北部

Pilosocereus 毛刺柱属

Pilosocereus leucocephalus (Poselg.) Byles & G. D. Rowley 翁狮子

F9004507 — — — 墨西哥、危地马拉、洪都拉斯

Pilosocereus magnificus (Buining & Brederoo) F. Ritter ex D. R. Hunt 蓝衣柱

00005934 — — — 巴西

Pilosocereus pachycladus F. Ritter 蓝柱毛刺柱

F9006884 — — — 巴西

Pilosocereus royenii (L.) Byles & G. D. Rowley 红笔

00018783 — — — 波多黎各、维尔京群岛

Pilosocereus royenii 'Cristatus' 哓

F9004508 — — — —

Rapicactus 武辉球属

Rapicactus beguinii (N. P. Taylor) Lüthy 白琅玉

F9004509 — — — 墨西哥东北部

Rebutia 子孙球属

Rebutia arenacea Cárdenas 黄环丸

F9004510 — — — 玻利维亚中部

Rebutia canigueralii Cárdenas 砂地丸

F9004511 — — — 玻利维亚

Rebutia deminuta (F. A. C. Weber) Britton & Rose 丽盛丸

F9004512 — — — 玻利维亚、阿根廷西北部

Rebutia fidaiana subsp. *cintiensis* (Cárdenas) D. R. Hunt

F9004513 — — — 玻利维亚

Rebutia fiebrigii (Gürke) Britton & Rose 新玉

F9004514 — — — 玻利维亚、阿根廷西北部

Rebutia heliosa Rausch 橙宝山

F9004515 — — — 玻利维亚

Rebutia mentosa (F. Ritter) Donald

F9004516 — — — 玻利维亚

Rebutia minuscula K. Schum. 子孙球

F9004518 — — — 阿根廷西北部

Rebutia minuscula 'Cristata' 绿冠

F9004517 — — — —

Rebutia neocumingii 'Brevispina' 'Brevispina'子孙球

F9004519 — — — —

Rebutia neocumingii subsp. *lanata* (F. Ritter) D. R. Hunt

F9004520 — — — 玻利维亚

Rebutia pulvinosa subsp. *perplexa* (Donald) Hjertson

F9004521 — — — 玻利维亚

Rebutia pygmaea (R. E. Fr.) Britton & Rose 白宫丸

F9004522 — — — 玻利维亚、阿根廷西北部

Rebutia ritteri (Wessner) Buining & Donald 朱唇丸

F9004523 — — — 玻利维亚

Rhipsalis 丝苇属

Rhipsalis baccifera (J. S. Muell.) Stearn 丝苇

00018745 — — — 马达加斯加；美洲热带及亚热带、非洲热带

Rhipsalis clavata F. A. C. Weber 鞍马苇

F9004524 — — — 巴西东南部

Rhipsalis grandiflora Haw. 青珊瑚

F9004525 — — — 巴西

Rhipsalis neves-armondii K. Schum. 大苇

F9004526 — — — 巴西东部

Rhipsalis paradoxa (Salm-Dyck ex Pfeiff.) Salm-Dyck 玉柳

F9004527 — — — 巴西东南部及南部

Rhipsalis puniceodiscus G. Lindb. 五月雨

F9004528 — — — 巴西东南部及南部

Rhipsalis teres (Vell.) Steud. 初绿

F9004529 — — — 巴西东南部及南部

Rhodocactus 大叶木麒麟属

Rhodocactus nemorosus (Rojas Acosta) I. Asai & K. Miyata 多花木麒麟

00018401 — — — 巴西南部、阿根廷东北部

Rhodocactus sacharosa (Griseb.) Backeb. 蔷薇麒麟

F9004530 — — — 玻利维亚、巴西中西部、阿根廷北部

Selenicereus 蛇鞭柱属

Selenicereus anthonyanus (Alexander) D. R. Hunt 鱼骨令箭

F9004531 — — — 墨西哥南部

Selenicereus grandiflorus (L.) Britton & Rose 大花蛇鞭柱

00018298 — — — 墨西哥、危地马拉、加勒比地区北部

Selenicereus pteranthus (Link ex A. Dietr.) Britton & Rose 夜之女王

F9004532 — — — 墨西哥、伯利兹、加勒比地区北部

Selenicereus triangularis (L.) D. R. Hunt 壮刺量天尺

F9004533 — — — 加勒比地区

Selenicereus undatus (Haw.) D. R. Hunt 量天尺

00018266 — — — 墨西哥、危地马拉、洪都拉斯

Selenicereus undatus 'Fon-Lon' 火龙果

F9004534 — — — —

Selenicereus undatus 'Variegata' 斑茎量天尺

00018746 — — — —

Stenocereus 新绿柱属

Stenocereus dumortieri (Scheidw.) Buxb. 武临柱

00011642 — — — 墨西哥

Stenocereus pruinosus (Otto ex Pfeiff.) Buxb. 朝雾阁

00018399 — — — 墨西哥、危地马拉、洪都拉斯

Stenocereus stellatus (Pfeiff.) Riccob. 新绿柱

0001757 — — — 墨西哥中部及中南部

Stenocereus thurberi (Engelm.) Buxb. 大王阁

F9004535 — — — 美国（亚利桑那州南部）、墨西哥北部

Stetsonia 近卫柱属

Stetsonia coryne (C. F. Först.) Britton & Rose 近卫柱

00019326 — — — 玻利维亚、巴西中西部、阿根廷北部

Strombocactus 独乐玉属

Strombocactus disciformis (DC.) Britton & Rose 菊水

F9004536 — — — 墨西哥

Tephrocactus 武士掌属

Tephrocactus articulatus (Pfeiff.) Backeb. 长刺仙人掌

00019344 — — — 阿根廷西北部及中北部

Tephrocactus verschaffeltii (Cels ex F. A. C. Weber) D. R. Hunt & Ritz 登龙

F9004537 — — — 玻利维亚、阿根廷西北部

Thelocactus 天晃玉属

Thelocactus bicolor (Galeotti ex Pfeiff.) Britton & Rose 大统领

00019012 — — — 美国（得克萨斯州西南部）、墨西哥东北部

Thelocactus bicolor subsp. *heterochromus* (F. A. C. Weber) Mosco & Zanov. 多色玉

F9004538 — — — 墨西哥东北部

Thelocactus bicolor subsp. *schwarzii* (Backeb.) N. P. Taylor

F9004539 — — — 墨西哥

Thelocactus conothelos (Regel & E. Klein bis) F. M. Knuth 白宝玉

F9004540 — — — 墨西哥东北部

Thelocactus hexaedrophorus (Lem.) Britton & Rose 天晃

F9004541 — — — 墨西哥东北部

Thelocactus macdowellii (Rebut ex Quehl) W. T. Marshall 大白丸

F9004542 — — — 墨西哥

Thelocactus rinconensis (Poselg.) Britton & Rose 鹤巢丸

0004042 — — — 墨西哥东北部

Thelocactus rinconensis 'Longispinus' 长刺狮子头

F9004543 — — — —

Thelocactus setispinus (Engelm.) E. F. Anderson 龙王球

F9004544 — — — 美国（得克萨斯州南部）、墨西哥东北部

Thelocactus tulensis (Poselg.) Britton & Rose 长久丸

F9004545 — — — 墨西哥东北部

Thelocactus tulensis 'Longispinus' 剑鬼丸

F9004546 — — — —

Turbinicarpus 升龙球属

Turbinicarpus lophophoroides (Werderm.) Buxb. & Backeb. 姣丽玉

F9004547 — — — 墨西哥东北部

Turbinicarpus pseudopectinatus (Backeb.) Glass & R. A. Foster

F9004548 — — — 墨西哥东北部

Turbinicarpus saueri subsp. *knuthianus* (Boed.) Lüthy

F9004549 — — — 墨西哥

Turbinicarpus schmiedickeanus (Boed.) Buxb. & Backeb. 弈龙丸

F9004550 — — — 墨西哥东北部

Uebelmannia 乳胶球属

Uebelmannia pectinifera Buining 栉刺尤伯球

00019102 — — — 巴西

Weberbauerocereus 金髯柱属

Weberbauerocereus winterianus F. Ritter 约翰逊金髯柱

F9004551 — — — 秘鲁

Weingartia 花饰球属

Weingartia 'Hs158' 'Hs158'花饰球

F9004552 — — — —

Weingartia 'Hs38A' 'Hs38A'花饰球

F9004553 — — — —

Weingartia 'L958A' 'L958A'花饰球

F9004554 — — — —

Nyssaceae 蓝果树科

Camptotheca 喜树属

Camptotheca acuminata Decne. 喜树

0000938 中国特有 — — 中国南部

Davidia 珙桐属

Davidia involucrata Baill. 珙桐
F9004555 中国特有 — 一级 中国

Diplopanax 马蹄参属

Diplopanax stachyanthus Hand.-Mazz. 马蹄参
F9004556 — 近危（NT）— 中国南部、越南北部

Nyssa 蓝果树属

Nyssa javanica (Blume) Wangerin 华南蓝果树
F9004557 — 近危（NT）— 中国、印度、尼泊尔、孟加拉国、不丹、马来西亚西部
Nyssa sinensis Oliv. 蓝果树
F9004558 — — — 中国南部、中南半岛北部

Hydrangeaceae 绣球科

Deutzia 溲疏属

Deutzia scabra Thunb. 溲疏
F9004559 — — — 日本中东部及南部
Deutzia setchuenensis Franch. 四川溲疏
F9004560 中国特有 — — 中国南部

Hydrangea 光绣球属

Hydrangea 'Annabelle' '贝拉安娜'光绣球
F9004561 — — — —
Hydrangea anomala D. Don 冠盖绣球
F9004562 — — — 中国、印度、尼泊尔、孟加拉国、不丹
Hydrangea aspera Buch.-Ham. ex D. Don 马桑绣球
F9004563 — — — 中国、尼泊尔、中南半岛
Hydrangea caerulea (Stapf) Y. De Smet & Granados 叉叶蓝
F0037970 中国特有 易危（VU）— 中国
Hydrangea 'Camilla' '卡米拉'光绣球
F9006883 — — — —
Hydrangea chinensis Maxim. 中国绣球
F9004564 — — — 中国、缅甸
Hydrangea 'Crystal Pompon' '水晶绒球'光绣球
F9004565 — — — —
Hydrangea 'Darling' '亲爱的'光绣球
F9004566 — — — —
Hydrangea febrifuga (Lour.) Y. De Smet & Granados 常山
0003253 — — — 亚洲热带及亚热带
Hydrangea 'Fireworks' '花火'光绣球
F9004567 — — — —
Hydrangea 'Flora' '花神'光绣球
F9004568 — — — —

Hydrangea 'Forever Summer' '无尽夏'光绣球
F9004569 — — — —
Hydrangea 'Kaleidoscope' '万花筒'光绣球
F9004570 — — — —
Hydrangea 'Lady in Red' '红衣少女'光绣球
F9004571 — — — —
Hydrangea 'Limelight' '抹茶'光绣球
F9004572 — — — —
Hydrangea linkweiensis Chun 临桂绣球
F9004573 中国特有 — — 中国
Hydrangea longipes Franch. 莼兰绣球
F9004574 中国特有 — — 中国
Hydrangea macrophylla (Thunb.) Ser. 绣球
0002536 — — — 日本、中国
Hydrangea macrophylla 'Discolor' 五彩山绣球
F9006919 — — — —
Hydrangea macrophylla 'Otaksa' 洋绣球
F9004575 — — — —
Hydrangea macrophylla 'Variegata' 花叶绣球
F9004576 — — — —
Hydrangea 'Magical Amethyst' '魔幻紫水晶'光绣球
F9004577 — — — —
Hydrangea 'Maman Blue' '蓝色妈妈'光绣球
F9004578 — — — —
Hydrangea 'Medusa' '美杜莎'光绣球
F9004579 — — — —
Hydrangea paniculata Siebold 圆锥绣球
F9004580 — — — 中国、日本
Hydrangea 'Polar Bear' '北极熊'光绣球
F9004581 — — — —
Hydrangea 'Red Beauty' '红美人'光绣球
F9004582 — — — —
Hydrangea robusta Hook. f. & Thomson 粗枝绣球
F9004583 — — — 中国、印度、尼泊尔、孟加拉国、不丹、中南半岛
Hydrangea 'Salsa' '莎莎舞曲'光绣球
F9004584 — — — —
Hydrangea schizomollis Y. De Smet & Granados 柔毛钻地风
F9004585 — — — 中国南部、越南北部
Hydrangea 'Stars' '繁星'光绣球
F9004586 — — — —
Hydrangea 'Strawberry Smoothie' '草莓冰沙'光绣球
F9004587 — — — —
Hydrangea 'Taube' '塔贝'光绣球
F9004588 — — — —
Hydrangea viburnoides (Hook. f. & Thomson) Y. De Smet &

Granados　冠盖藤

00046255 — — — 中国、越南、日本

Hydrangea xanthoneura Diels　挂苦绣球

F9004589 — — — 中国、缅甸

Hydrangea yaoshanensis (Y. C. Wu) Y. De Smet & Granados　罗蒙常山

F9004590 中国特有 — — 中国

Hydrangea 'You and My Forever'　'你我的永恒'光绣球

F9004591 — — — —

Philadelphus　山梅花属

Philadelphus incanus Koehne　山梅花

F9004592 中国特有 — — 中国中部

Philadelphus pekinensis Rupr.　太平花

F9004593 — — — 中国北部、朝鲜

Cornaceae　山茱萸科

Alangium　八角枫属

Alangium chinense (Lour.) Harms　八角枫

Q201607046885 — — — 喀麦隆、埃塞俄比亚东南部；非洲南部热带、亚洲热带及亚热带

Alangium faberi Oliv.　小花八角枫

00018824 中国特有 — — 中国

Alangium kurzii Craib　毛八角枫

00011301 — — — 中国、中南半岛、马来西亚西部

Alangium platanifolium (Siebold & Zucc.) Harms　瓜木

F9004594 — — — 俄罗斯（远东地区南部）、中国；亚洲东部温带

Alangium yunnanense C. Y. Wu ex W. P. Fang　云南八角枫

00047024 中国特有 濒危（EN）— 中国

Cornus　山茱萸属

Cornus capitata subsp. *angustata* (Chun) Q. Y. Xiang　尖叶四照花

F0025617 中国特有 — — 中国南部

Cornus capitata Wall.　头状四照花

F9004595 — — — 巴基斯坦、中国南部

Cornus controversa Hemsl.　灯台树

F9004596 — — — 喜马拉雅山脉中部、千岛群岛南部

Cornus hongkongensis Hemsl.　香港四照花

F9004597 — — — 中国南部、中南半岛北部

Cornus kousa subsp. *chinensis* (Osborn) Q. Y. Xiang　四照花

F9004598 中国特有 — — 中国

Cornus macrophylla Wall.　梾木

F9004599 — — — 阿富汗、中国；亚洲中部

Cornus multinervosa (Pojark.) Q. Y. Xiang　多脉四照花

F9004600 中国特有 — — 中国

Cornus officinalis Siebold & Zucc.　山茱萸

F9004601 中国特有 近危（NT）— 中国

Cornus quinquinervis Franch.　小梾木

F9004602 — — — —

Cornus wilsoniana Wangerin　光皮梾木

F9004603 中国特有 — — 中国

Balsaminaceae　凤仙花科

Impatiens　凤仙花属

Impatiens balsamina L.　凤仙花

0001050 — — — 印度西部及南部、斯里兰卡

Impatiens chinensis L.　华凤仙

F9004604 — — — 马来半岛；南亚、东亚南部

Impatiens hawkeri W. Bull　新几内亚凤仙花

F9004605 — — — 所罗门群岛

Impatiens marianae Van Geert　玛丽安凤仙花

F9004606 — — — 印度

Impatiens pritzelii Hook. f.　湖北凤仙花

F9004607 中国特有 易危（VU）— 中国

Impatiens siculifer Hook. f.　黄金凤

F9004608 中国特有 — — 中国

Impatiens tienchuanensis Y. L. Chen　天全凤仙花

F9004609 中国特有 — — 中国

Impatiens wallerana 'Fiestia Mix'　重瓣非洲凤仙花

F9004610 — — — —

Impatiens walleriana Hook. f.　苏丹凤仙花

0003017 — — — 肯尼亚东南部；非洲南部热带

Lecythidaceae　玉蕊科

Barringtonia　玉蕊属

Barringtonia macrostachya (Jack) Kurz　大穗玉蕊

F9004611 — — — 中国、中南半岛、巴布亚新几内亚

Barringtonia pendula (Griff.) Kurz　云南玉蕊

0003363 — — — 缅甸南部、泰国、马来西亚西部

Barringtonia racemosa (L.) Spreng.　玉蕊

0001975 — 濒危（EN）— 中国；西太平洋岛屿；非洲

Pentaphylacaceae　五列木科

Adinandra　杨桐属

Adinandra milletii (Hook. & Arn.) Benth. & Hook. f. ex Hance　杨桐

F9004612 — — — —

Cleyera　红淡比属

Cleyera japonica Thunb.　红淡比

F9004613 — — — 中国、韩国、日本中部及南部

Cleyera obscurinervia (Merr. & Chun) H. T. Chang　隐脉红淡比

F9004614 中国特有 — — 中国

Eurya　柃属

Eurya acuminatissima Merr. & Chun　尖叶毛柃

F9004615 中国特有 — — 中国

Eurya acutisepala Hu & L. K. Ling　尖萼毛柃

F9004616 中国特有 — — 中国南部

Eurya alata Kobuski　翅柃

F9004617 中国特有 — — 中国

Eurya brevistyla Kobuski　短柱柃

F9004618 中国特有 — — 中国

Eurya chinensis R. Br.　米碎花

00047173 — — — 斯里兰卡、中国、中南半岛

Eurya distichophylla F. B. Forbes & Hemsl.　二列叶柃

00012688 — — — 中国、越南

Eurya groffii Merr.　岗柃

00046145 — — — 中国南部、中南半岛北部

Eurya hebeclados Ling　微毛柃

F9004619 中国特有 — — 中国南部

Eurya kueichouensis Hu & L. K. Ling　贵州毛柃

F9004620 中国特有 — — 中国

Eurya loquaiana Dunn　细枝柃

00046134 中国特有 — — 中国

Eurya macartneyi Champ.　黑柃

F9004621 中国特有 — — 中国

Eurya nitida Korth.　细齿叶柃

00011757 — — — 中国南部、中南半岛、马来西亚；西北太平洋岛屿

Eurya tetragonoclada Merr. & Chun　四角柃

F9004622 中国特有 — — 中国南部

Eurya trichocarpa Korth.　毛果柃

F9004623 — — — 中国、印度、尼泊尔、孟加拉国、不丹、马来西亚

Euryodendron　猪血木属

Euryodendron excelsum Hung T. Chang　猪血木

F9004624 中国特有 极危（CR）一级 中国

Pentaphylax　五列木属

Pentaphylax euryoides Gardner & Champ.　五列木

F9004625 — — — 中国南部、中南半岛、印度尼西亚（苏门答腊岛北部）

Ternstroemia　厚皮香属

Ternstroemia gymnanthera (Wight & Arn.) Bedd.　厚皮香

F0036939 — — — 中国、尼泊尔、中南半岛

Sapotaceae　山榄科

Chrysophyllum　星苹果属

Chrysophyllum cainito L.　星苹果

F9004626 — — — 起源于美洲中部

Madhuca　紫荆木属

Madhuca pasquieri (Dubard) H. J. Lam　紫荆木

00012944 — 易危（VU）二级 中国、越南

Manilkara　铁线子属

Manilkara zapota (L.) P. Royen　人心果

0002053 — — — 墨西哥、哥伦比亚

Mimusops　香榄属

Mimusops balata (Aubl.) C. F. Gaertn.　长柄香榄

F9004627 — — — 马斯克林群岛

Mimusops elengi L.　香榄

00011296 — — — 印度南部、瓦努阿图

Planchonella　山榄属

Planchonella grandifolia (Wall.) Pierre　龙果

F0025100 — — — 印度（阿萨姆邦）、中国、中南半岛

Pouteria　桃榄属

Pouteria campechiana (Kunth) Baehni　蛋黄果

0000896 — — — 中美洲

Sarcosperma　肉实树属

Sarcosperma laurinum (Benth.) Hook. f.　肉实树

F9004628 — — — 中国、越南北部

Synsepalum　神秘果属

Synsepalum dulcificum (Schumach. & Thonn.) Daniell　神秘果

0000746 — — — 非洲西部及中西部热带

Ebenaceae　柿科

Diospyros　柿属

Diospyros armata Hemsl.　瓶兰花

00005538 中国特有 — — 中国

Diospyros cathayensis Steward　乌柿

F0025555 中国特有 — — 中国南部

Diospyros discolor Willd.　异色柿

F9004629 — — — 中国东部及南部、加里曼丹岛东部

Diospyros ebenum J. Koenig ex Retz.　乌木

0000688 — — — 印度南部、斯里兰卡、安达曼和尼科巴

群岛

Diospyros eriantha Champ. ex Benth.　乌材

F9004630 — — — 中国、韩国、朝鲜、日本、马来西亚中西部

Diospyros japonica Siebold & Zucc.　山柿

F9004631 — — — 中国南部、日本中部及南部

Diospyros kaki L. f.　柿

0004581 — — — 印度（阿萨姆邦）、中国、越南

Diospyros lotus L.　君迁子

F9004632 — — — 土耳其东北部及中南部、韩国

Diospyros morrisiana Hance ex Walp.　罗浮柿

F9004633 — — — 日本中南部、中国

Diospyros oleifera W. C. Cheng　油柿

F9004634 中国特有 — — 中国

Diospyros rhombifolia Hemsl.　老鸦柿

F9004635 中国特有 — — 中国

Diospyros tutcheri Dunn　岭南柿

00046822 中国特有 — — 中国

Diospyros vaccinioides Lindl.　小果柿

00005675 中国特有 濒危（EN）— 中国

Primulaceae　报春花科

Androsace　点地梅属

Androsace henryi Oliv.　莲叶点地梅

F9004636 — — — 中国、尼泊尔中部、缅甸西北部

Androsace lehmanniana Spreng.　旱生点地梅

F9004637 — — — 中国、俄罗斯（远东地区）、日本、美国；亚洲中部

Ardisia　紫金牛属

Ardisia affinis Hemsl.　细罗伞

F9004638 中国特有 — — 中国

Ardisia botryosa E. Walker　束花紫金牛

F9004639 — — — 越南北部

Ardisia brevicaulis Diels　九管血

F9004640 — — — 中国、越南

Ardisia brunnescens E. Walker　凹脉紫金牛

00047700 — — — 中国、越南北部

Ardisia corymbifera Mez　伞形紫金牛

F9004641 — — — 印度（阿萨姆邦）、中国、中南半岛

Ardisia crenata Sims　朱砂根

0001301 — — — 印度东北部、日本、菲律宾

Ardisia crispa (Thunb.) A. DC.　百两金

00046682 — — — 中国南部、中南半岛北部；亚洲东部温带

Ardisia cymosa Blume　聚伞紫金牛

F9004642 — — — 中国南部、中南半岛、马来西亚

Ardisia elliptica Thunb.　东方紫金牛

00005405 — — — 亚洲热带

Ardisia ensifolia E. Walker　剑叶紫金牛

F0027495 中国特有 — — 中国

Ardisia faberi Hemsl.　月月红

F9004643 中国特有 — — 中国南部

Ardisia filiformis E. Walker　狭叶紫金牛

F9004644 — — — 中国、越南

Ardisia gigantifolia Stapf　走马胎

00018805 — — — 中国南部、中南半岛

Ardisia hanceana Mez　大罗伞树

0003249 — — — 中国、中南半岛

Ardisia humilis Vahl　矮紫金牛

00005968 — — — 印度、中国、中南半岛

Ardisia hypargyrea C. Y. Wu & C. Chen　柳叶紫金牛

F9004645 — — — 中国、越南北部

Ardisia japonica (Thunb.) Blume　紫金牛

0000141 — — — 中国；亚洲东部温带

Ardisia japonica 'Variegata'　花叶紫金牛

0004199 — — — —

Ardisia lindleyana D. Dietr.　山血丹

00047882 — — — 中国、越南北部

Ardisia mamillata Hance　虎舌红

F0036884 — — — 中国南部、中南半岛北部

Ardisia polysticta Miq.　纽子果

F9004646 — — — 印度（阿萨姆邦）、中国南部、马来西亚中西部

Ardisia primulifolia Gardner & Champ.　莲座紫金牛

F0036890 — — — 中国南部、越南北部

Ardisia pusilla A. DC.　九节龙

0003889 — — — 泰国东部、中国南部、菲律宾；亚洲东部温带

Ardisia quinquegona Blume　罗伞树

00005899 — — — 印度中部、越南

Ardisia replicata E. Walker　卷边紫金牛

F9004647 — 易危（VU）— 中国、越南北部

Ardisia solanacea Roxb.　酸薹菜

0001678 — — — 马来半岛；南亚、东亚

Ardisia symplocifolia (C. Chen) K. Larsen & C. M. Hu　珍珠伞

F9004648 — — — 中国、中南半岛北部

Ardisia thyrsiflora D. Don　南方紫金牛

F9004649 — — — 印度、中国南部、中南半岛北部

Ardisia velutina Pit.　紫脉紫金牛

F9004650 — — — 越南中南部

Ardisia villosa Roxb.　雪下红

00046216 — — — 中国、中南半岛、马来西亚中西部

Ardisia waitakii C. M. Hu　越南紫金牛
F9004651 — — — 中国、越南北部

Cyclamen　仙客来属

Cyclamen hederifolium var. *confusum* Grey-Wilson
0003919 — — — 西西里岛、希腊

Cyclamen persicum Mill.　仙客来
F9004652 — — — 阿尔及利亚、地中海地区东部

Cyclamen rohlfsianum Asch.　罗尔夫斯仙客来
0003874 — — — 利比亚北部

Embelia　酸藤子属

Embelia floribunda Wall.　多花酸藤子
F9004653 — — — 中国、印度、尼泊尔、不丹、孟加拉国、缅甸

Embelia henryi E. H. Walker　毛果酸藤子
F9004654 — — — 中国、越南北部

Embelia laeta (L.) Mez　酸藤子
0000289 — — — 中国、中南半岛

Embelia polypodioides Mez　龙骨酸藤子
F9004655 — — — 中国、越南北部

Embelia ribes Burm. f.　白花酸藤果
0000096 — — — 印度、中国南部、马来西亚

Lysimachia　珍珠菜属

Lysimachia alfredii Hance　广西过路黄
F9004656 中国特有 — — 中国

Lysimachia brittenii R. Knuth　展枝过路黄
F9004657 中国特有 近危（NT）— 中国

Lysimachia christiniae Hance　过路黄
0004584 中国特有 — — 中国

Lysimachia clethroides Duby　矮桃
F9004658 — — — 俄罗斯（远东地区南部）、中南半岛；亚洲东部温带

Lysimachia decurrens G. Forst.　延叶珍珠菜
F9004659 — — — 西南太平洋岛屿；亚洲热带及亚热带

Lysimachia fistulosa Hand.-Mazz.　管茎过路黄
F9004660 中国特有 — — 中国

Lysimachia foenum-graecum Hance　灵香草
F9004661 中国特有 — — 中国

Lysimachia fordiana Oliv.　大叶过路黄
F9004662 中国特有 近危（NT）— 中国

Lysimachia fortunei Maxim.　星宿菜
F9004663 — — — 中国南部、中南半岛；亚洲东部温带

Lysimachia glanduliflora Hanelt　縫瓣珍珠菜
F9004664 中国特有 — — 中国

Lysimachia insignis Hemsl.　三叶香草
F9004665 — — — 中国、越南北部

Lysimachia ophelioides Hemsl.　琴叶过路黄
F9004666 中国特有 近危（NT）— 中国

Lysimachia paridiformis Franch.　落地梅
F0036832 中国特有 — — 中国

Lysimachia paridiformis var. *stenophylla* Franch.　狭叶落地梅
F9004667 中国特有 — — 中国

Lysimachia patungensis Hand.-Mazz.　巴东过路黄
F9004668 中国特有 — — 中国

Lysimachia petelotii Merr.　阔叶假排草
F9004669 — — — 中国南部、越南北部

Lysimachia phyllocephala Hand.-Mazz.　叶头过路黄
F9004670 中国特有 近危（NT）— 中国南部

Lysimachia pseudohenryi Pamp.　疏头过路黄
F9004671 中国特有 — — 中国

Lysimachia pseudotrichopoda Hand.-Mazz.　鄂西香草
F9004672 中国特有 — — 中国

Lysimachia sciadantha C. Y. Wu　伞花落地梅
F0036920 中国特有 濒危（EN）— 中国

Lysimachia stenosepala Hemsl.　腺药珍珠菜
F9004673 中国特有 — — 中国

Maesa　杜茎山属

Maesa acuminatissima Merr.　米珍果
F9004674 — — — 中国、越南

Maesa argentea (Wall.) A. DC.　银叶杜茎山
00047500 — — — 中国、尼泊尔、缅甸

Maesa hupehensis Rehder　湖北杜茎山
F9004675 中国特有 — — 中国

Maesa insignis Chun　毛穗杜茎山
F9004676 中国特有 — — 中国

Maesa japonica (Thunb.) Moritzi ex Zoll.　杜茎山
F0036976 — — — 中国南部、越南北部；亚洲东部温带

Maesa parvifolia Aug. DC.　小叶杜茎山
F9004677 — — — 中国、越南北部

Maesa perlaria (Lour.) Merr.　冷饭果
00011398 — — —

Maesa permollis Kurz　毛杜茎山
F9004678 — — — 中国、中南半岛

Maesa tenera Mez　软弱杜茎山
F9004679 — — — 中国、越南、日本

Myrsine　铁仔属

Myrsine africana L.　铁仔
F9004680 — — — 亚速尔群岛、阿拉伯半岛、中国；非洲南部

Myrsine kwangsiensis (E. Walker) Pipoly & C. Chen　广西密花树

F9004681 — — — 中国、越南

Myrsine linearis (Lour.) Poir.　打铁树

F9004682 — — — 中国、越南

Myrsine seguinii H. Lév.　密花树

F9004683 — — — 中国、中南半岛

Myrsine semiserrata Wall.　针齿铁仔

00046814 — — — 中国、印度、尼泊尔、孟加拉国、不丹、中南半岛

Myrsine stolonifera (Koidz.) E. Walker　光叶铁仔

F9004684 — — — 中国、越南、日本

Primula　报春花属

Primula bomiensis F. H. Chen & C. M. Hu　波密脆蒴报春

F9004686 中国特有 — — 中国（西藏东部）

Primula bullata Franch.　皱叶报春

F9004687 中国特有 近危（NT）— 中国

Primula daonensis (Leyb.) Leyb.　都安报春

F9004688 — — — 阿尔卑斯山脉东部及中东部

Primula farinosa var. *denudata* W. D. J. Koch　裸报春

F9004689 — — — 中国、哈萨克斯坦、蒙古、俄罗斯

Primula macrophylla D. Don　大叶报春

F9004690 — — — 亚洲

Primula malacoides Franch.　报春花

0003926 — — — 中国、印度、尼泊尔、不丹、孟加拉国、缅甸北部

Primula obconica Hance　鄂报春

F9004691 中国特有 — — 中国南部

Primula ovalifolia Franch.　卵叶报春

F9004692 中国特有 近危（NT）— 中国

Primula × polyantha Mill.　多花报春

F9004685 — — — 欧洲

Primula polyneura Franch.　多脉报春

F9004693 中国特有 — — 中国

Primula soongii F. H. Chen & C. M. Hu　滋圃报春

F9004694 中国特有 极危（CR）— 中国

Theaceae　山茶科

Apterosperma　圆籽荷属

Apterosperma oblata Hung T. Chang　圆籽荷

F9004695 中国特有 易危（VU）二级 中国

Camellia　山茶属

Camellia amplexicaulis (Pit.) Cohen-Stuart　越南抱茎茶

00005466 — — — 越南北部

Camellia azalea C. F. Wei　杜鹃叶山茶

0000227 中国特有 极危（CR）一级 中国

Camellia brevistyla (Hayata) Cohen-Stuart　短柱茶

F9004696 中国特有 — — 中国

Camellia 'Changii'　张氏红山茶

0003651 — — — —

Camellia chekiangoleosa Hu　浙江红山茶

0000988 中国特有 — — 中国

Camellia cordifolia (F. P. Metcalf) Nakai　心叶毛蕊茶

F9004697 中国特有 — — 中国南部

Camellia crapnelliana Tutcher　红皮糙果茶

00012564 中国特有 易危（VU）— 中国

Camellia cuspidata (Kochs) Bean　尖连蕊茶

0003261 中国特有 — — 中国南部

Camellia 'Eighteen Scholars Red'　红十八学士

0002310 — — — —

Camellia euphlebia Merr. ex Sealy　显脉金花茶

0003855 — 易危（VU）二级 中国、越南北部

Camellia flavida Hung T. Chang　淡黄金花茶

0002209 中国特有 濒危（EN）二级 中国

Camellia 'Granada'　格兰娜达

0001535 — — — —

Camellia granthamiana Sealy　大苞山茶

F9004698 中国特有 易危（VU）二级 中国

Camellia grijsii Hance　长瓣短柱茶

F0029281 中国特有 近危（NT）— 中国

Camellia huana T. L. Ming & W. J. Zhang　贵州金花茶

F0037756 中国特有 濒危（EN）二级 中国

Camellia impressinervis Hung T. Chang & S. Ye Liang　凹脉金花茶

00011351 中国特有 极危（CR）二级 中国

Camellia indochinensis Merr.　中越山茶

F9004699 — 易危（VU）— 中国、越南北部

Camellia indochinensis var. *tunghinensis* (Hung T. Chang) T. L. Ming & W. J. Zhang　东兴金花茶

F9004700 中国特有 濒危（EN）二级 中国

Camellia japonica L.　山茶

F0025600 — — — 中国、韩国、日本中南部

Camellia japonica 'Huaheling'　花鹤翎山茶花

F9004701 — — — —

Camellia japonica 'Huahudie'　花蝴蝶山茶花

F9006939 — — — —

Camellia japonica 'Yumudan'　玉牡丹山茶花

F9004702 — — — —

Camellia kissii Wall.　落瓣油茶

F9004703 — — — 中国、尼泊尔、中南半岛、斯里兰卡

Camellia 'Loyaired'　赤丹

0001878 — — — —

Camellia luteoflora Y. K. Li ex Hung T. Chang & F. A. Zeng　小黄花茶

F9004704 中国特有 易危（VU）— 中国

Camellia micrantha S. Ye Liang & Y. C. Zhong 小花金花茶

0001744 中国特有 濒危（EN）二级 中国

Camellia oleifera C. Abel 油茶

00005460 — — — 中国南部、中南半岛北部

Camellia parvimuricata Hung T. Chang 小瘤果茶

0003727 中国特有 — — 中国

Camellia petelotii (Merr.) Sealy 金花茶

F0029315 — 易危（VU）二级 中国、越南北部

Camellia petelotii var. *microcarpa* (S. L. Mo) T. L. Ming & W. J. Zhang 小果金花茶

00011355 中国特有 濒危（EN）二级 中国

Camellia pingguoensis D. Fang 平果金花茶

F9004705 中国特有 濒危（EN）二级 中国

Camellia pitardii Cohen-Stuart 西南红山茶

F9004706 中国特有 — — 中国南部

Camellia polyodonta F. C. How ex Hu 多齿红山茶

F9004707 中国特有 近危（NT）— 中国

Camellia polyodonta var. *longicaudata* (Hung T. Chang & S. Ye Liang) Ming 长尾多齿山茶

F9004708 中国特有 — — 中国

Camellia pubipetala Y. Wan & S. Z. Huang 毛瓣金花茶

00011342 中国特有 濒危（EN）二级 中国

Camellia rhytidocarpa Hung T. Chang & S. Ye Liang 皱果茶

F9004709 中国特有 — — 中国

Camellia rosthorniana Hand.-Mazz. 川鄂连蕊茶

F9004710 中国特有 — — 中国

Camellia salicifolia Champ. 柳叶毛蕊茶

F9004711 中国特有 — — 中国

Camellia sasanqua Thunb. 茶梅

F0029263 — — — —

Camellia sasanqua 'Anemoniflora' 重瓣茶梅

0003684 — — — —

Camellia sasanqua 'Tricolor' 粉边茶梅

F9004712 — — — —

Camellia semiserrata C. W. Chi 南山茶

00011310 中国特有 — — 中国

Camellia sinensis (L.) Kuntze 茶

0001000 — — 二级 中国；亚洲东部及中南部

Camellia sinensis var. *assamica* (J. W. Mast.) Kitam. 普洱茶

F9004713 — 易危（VU）二级 中国、中南半岛北部

Camellia tachangensis var. *remotiserrata* (Hung T. Chang, F. L. Yu & P. S. Wang) T. L. Ming 疏齿大厂茶

F9004714 中国特有 — — 中国

Camellia transarisanensis (Hayata) Cohen-Stuart 阿里山连蕊茶

F9004715 中国特有 — — 中国

Polyspora 大头茶属

Polyspora axillaris (Roxb. ex Ker Gawl.) Sweet 大头茶

00044414 — — — 中国、中南半岛

Schima 木荷属

Schima khasiana Dyer 尖齿木荷

F9004716 — — — 不丹、中国

Schima parviflora Hung T. Chang & W. C. Cheng 小花木荷

F9004717 中国特有 — — 中国

Schima remotiserrata Hung T. Chang 疏齿木荷

F9004718 中国特有 — — 中国

Schima superba Gardner & Champ. 木荷

0000180 — — — 中国、越南

Schima wallichii (DC.) Korth. 西南木荷

F9004719 — — — 中国、印度、尼泊尔、孟加拉国、不丹、马来西亚西部及中部

Stewartia 紫茎属

Stewartia sinensis Rehder & E. H. Wilson 紫茎

F9004720 中国特有 — — 中国南部

Symplocaceae 山矾科

Symplocos 山矾属

Symplocos acuminata (Blume) Miq. 大里力灰木

0003789 — — — 亚洲热带及温带

Symplocos adenopus Hance 腺柄山矾

F9004721 — — — 中国南部、越南

Symplocos anomala Brand 薄叶山矾

F9004722 — — — 中国南部、马来西亚西部

Symplocos cochinchinensis (Lour.) S. Moore 越南山矾

F9004723 — — — 亚洲热带及亚热带

Symplocos dolichotricha Merr. 长毛山矾

F9004724 — — — 中国、越南

Symplocos fordii Hance 三裂山矾

F9004725 中国特有 — — 中国

Symplocos glauca (Thunb.) Koidz. 羊舌树

F9004726 — — — 中国南部、中南半岛；亚洲东部温带

Symplocos lancifolia Siebold & Zucc. 光叶山矾

F9004727 — — — 菲律宾、越南、孟加拉国；亚洲温带

Symplocos lucida Wall. ex G. Don 光亮山矾

F9004728 — — — 中国；亚洲热带

Symplocos paniculata Miq. 白檀

00019259 — — — 喜马拉雅山脉、中南半岛；亚洲东部温带

Symplocos pendula var. *hirtistylis* (C. B. Clarke) Noot. 南岭

山矾

Symplocos racemosa Roxb.　珠仔树

F9004730 — — — 中国、印度、尼泊尔、孟加拉国、不丹、中南半岛

Symplocos stellaris Brand　老鼠矢

F9004731 中国特有 — — 中国

Symplocos stellaris var. *aenea* (Hand.-Mazz.) Noot.　铜绿山矾

F9004732 中国特有 — — 中国

Symplocos sumuntia Buch.-Ham. ex D. Don　山矾

F9004733 — — — 尼泊尔、马来半岛；亚洲东部温带

Styracaceae　安息香科

Alniphyllum　赤杨叶属

Alniphyllum fortunei (Hemsl.) Makino　赤杨叶

0002842 — — — 印度（阿萨姆邦）、中国

Changiostyrax　长果安息香属

Changiostyrax dolichocarpus (C. J. Qi) Tao Chen　长果安息香

F9004734 中国特有 — — 中国

Huodendron　山茉莉属

Huodendron tibeticum (J. Anthony) Rehder　西藏山茉莉

F9004735 — 近危（NT）— 中国、越南

Pterostyrax　白辛树属

Pterostyrax corymbosus Siebold & Zucc.　小叶白辛树

F9004736 — — — 中国、日本

Pterostyrax psilophyllus Diels ex Perkins　白辛树

F9004737 中国特有 近危（NT）— 中国

Rehderodendron　木瓜红属

Rehderodendron macrocarpum Hu　木瓜红

F9004738 — 易危（VU）— 中国、越南

Sinojackia　秤锤树属

Sinojackia huangmeiensis J. W. Ge & X. H. Yao　黄梅秤锤树

F9004739 中国特有 易危（VU）二级 中国

Sinojackia rehderiana Hu　狭果秤锤树

F9004740 中国特有 濒危（EN）二级 中国

Sinojackia xylocarpa Hu　秤锤树

F9004741 中国特有 濒危（EN）二级 中国

Styrax　安息香属

Styrax agrestis (Lour.) G. Don　喙果安息香

00046810 — 近危（NT）— 中国、老挝、越南

Styrax chinensis H. H. Hu & S. Ye Liang　中华安息香

F9004742 — — — 中国、中南半岛

Styrax japonicus Siebold & Zucc.　野茉莉

F9004743 — — — 尼泊尔、中国、韩国、朝鲜、日本、菲律宾北部

Styrax macrocarpus W. C. Cheng　大果安息香

F9004744 中国特有 濒危（EN）— 中国

Styrax serrulatus Roxb.　齿叶安息香

F9004745 — — — 尼泊尔、印度东北部、中国

Styrax suberifolius Hook. & Arn.　栓叶安息香

0003124 — — — 中国、中南半岛

Styrax tonkinensis (Pierre) Craib ex Hartwich　越南安息香

00011174 — — — 中国南部、中南半岛

Sarraceniaceae　瓶子草科

Heliamphora　卷瓶子草属

Heliamphora nutans Benth.　卷瓶子草

F0091724 — — — —

Sarracenia　瓶子草属

Sarracenia × *ahlesii* C. R. Bell & Case　红颈瓶子草

F9004746 — — — 美国

Sarracenia alabamensis Case & R. B. Case　软瓶子草

F9004751 — — — 美国（亚拉巴马州）

Sarracenia alata (Alph. Wood) Alph. Wood　具翅瓶子草

F0031981 — — — 美国

Sarracenia alata × *Sarracenia rubra* 'Alabamensis'

F9004752 — — — —

Sarracenia alata 'Pubescens'　'Pubescens'具翅瓶子草

F9004753 — — — —

Sarracenia courtii × *Sarracenia minor*

F9004754 — — — —

Sarracenia 'Daina's Delight'　'Daina's Delight'瓶子草

F9004755 — — — —

Sarracenia × *excellens* Anon.

F9004747 — — — 美国东南部

Sarracenia flava L.　黄瓶子草

F0032107 — — — 美国东南部

Sarracenia flava × *Sarracenia* 'Willisii'

F0032090 — — — —

Sarracenia flava 'Giant Red Tube'　'Giant Red Tube'黄瓶子草

F0032086 — — — —

Sarracenia leucophylla Raf.　白瓶子草

F0031982 — — — 美国

Sarracenia leucophylla × *Sarracenia mitchelliana*

F0032088 — — — —

Sarracenia leucophylla × *Sarracenia rubra*

F9004756 — — — —

Sarracenia leucophylla 'Green Veins' 'Green Veins'白瓶子草

F0032104 — — — —

Sarracenia leucophylla 'Northern Red' 'Northern Red'白瓶子草

F9004757 — — — —

Sarracenia leucophylla 'Red Tube' 'Red Tube'白瓶子草

F0032114 — — — —

Sarracenia minor Walter 小瓶子草

F0031979 — — — 美国

Sarracenia × *mitchelliana* Anon.

F9004749 — — — 美国东南部

Sarracenia × *mitchelliana* × *Sarracenia leucophylla*

F9004748 — — — —

Sarracenia × *mitchelliana* 'White Top' 'White Top'瓶子草

F9004750 — — — —

Sarracenia oreophila (Kearney) Wherry 绿瓶子草

F0032111 — — — —

Sarracenia rubra 'Jonesii-Hetero' 'Jonesii-Hetero'红花瓶子草

F9004758 — — — —

Actinidiaceae 猕猴桃科

Actinidia 猕猴桃属

Actinidia callosa var. *henryi* Maxim. 京梨猕猴桃

0003681 中国特有 — — 中国

Actinidia chinensis Planch. 中华猕猴桃

00048052 中国特有 — 二级 中国

Actinidia chinensis var. *deliciosa* (A. Chev.) A. Chev. 美味猕猴桃

F9004759 中国特有 — — 中国

Actinidia latifolia (Gardner & Champ.) Merr. 阔叶猕猴桃

F9004760 — — — 中国南部、中南半岛、马来西亚西部

Actinidia rubricaulis Dunn 红茎猕猴桃

0004853 — 近危（NT） — 中国南部、泰国北部

Saurauia 水东哥属

Saurauia napaulensis DC. 尼泊尔水东哥

F9004761 — — — 中国、尼泊尔、马来半岛

Saurauia tristyla DC. 水东哥

00012973 — — — 中国、尼泊尔东南部、马来半岛

Clethraceae 桤叶树科

Clethra 桤叶树属

Clethra barbinervis Siebold & Zucc. 髭脉桤叶树

F9004762 — — — 中国南部及东部、日本

Clethra bodinieri H. Lév. 单毛桤叶树

F0036422 中国特有 — — 中国南部

Clethra faberi Hance 华南桤叶树

F9004763 — — — —

Ericaceae 杜鹃花科

Agapetes 树萝卜属

Agapetes aborensis Airy Shaw 阿波树萝卜

F9004764 — — — 印度

Agapetes discolor C. B. Clarke 异色树萝卜

F9004765 — — — 中国（西藏南部）、印度（阿萨姆邦）

Agapetes oblonga Craib 长圆叶树萝卜

F9004766 — — — 中国、缅甸

Agapetes pensilis Airy Shaw 倒挂树萝卜

F9004767 — — — 中国、缅甸

Agarista 绊足花属

Agarista populifolia 'Rainbow' 'Rainbow'绊足花

F9004768 — — — —

Ceratostema 囊冠莓属

Ceratostema silvicola A. C. Sm.

0004067 — — — 厄瓜多尔

Enkianthus 吊钟花属

Enkianthus quinqueflorus Lour. 吊钟花

F9004769 — — — 中国南部、越南

Enkianthus serrulatus (E. H. Wilson) C. K. Schneid. 齿缘吊钟花

F9004770 中国特有 — — 中国南部

Gaultheria 白珠属

Gaultheria cuneata (Rehder & E. H. Wilson) Bean 四川白珠

F9004771 中国特有 — — 中国

Gaultheria fragrantissima Wall. 芳香白珠

F9004772 — — — 马来半岛；南亚、东亚

Gaultheria leucocarpa var. *crenulata* (Kurz) T. Z. Hsu 毛滇白珠

F9004773 中国特有 — — 中国

Lyonia 珍珠花属

Lyonia ovalifolia var. *elliptica* (Siebold & Zucc.) Hand.-Mazz. 小果珍珠花

F9004774 — — — 中国、日本

Lyonia ovalifolia var. *lanceolata* (Wall.) Hand.-Mazz. 狭叶珍珠花

0000701 — — — 中国、印度、缅甸

Pieris　马醉木属

Pieris formosa (Wall.) D. Don　美丽马醉木

0000013 — — — 中国、尼泊尔、中南半岛北部

Rhododendron　杜鹃花属

Rhododendron amesiae Rehder & E. H. Wilson　紫花杜鹃

0000279 中国特有 极危（CR） — 中国

Rhododendron auriculatum Hemsl.　耳叶杜鹃

F9004775 中国特有 — — 中国

Rhododendron bachii H. Lév.　腺萼马银花

0000937 中国特有 — — 中国南部

Rhododendron brevipetiolatum M. Y. Fang　短柄杜鹃

F9004776 中国特有 — — 中国

Rhododendron camelliiflorum Hook. f.　茶花杜鹃

00005862 — — — 喜马拉雅山脉中东部

Rhododendron cavaleriei H. Lév.　多花杜鹃

F9004777 — — — 中国、越南

Rhododendron championiae Hook.　刺毛杜鹃

F9004778 中国特有 — — 中国

Rhododendron ciliicalyx Franch.　睫毛萼杜鹃

F9004779 — — — 印度（阿萨姆邦）、中国、中南半岛

Rhododendron coriaceum Franch.　革叶杜鹃

F9004780 中国特有 近危（NT） — 中国

Rhododendron dasycladoides Hand.-Mazz.　漏斗杜鹃

F9004781 中国特有 易危（VU） — 中国

Rhododendron davidii Franch.　腺果杜鹃

F9004782 中国特有 近危（NT） — 中国

Rhododendron decorum Franch.　大白杜鹃

F9004783 — — — 中国、中南半岛北部

Rhododendron decorum subsp. *cordatum* W. K. Hu　心基大白杜鹃

F9004784 中国特有 — — 中国

Rhododendron delavayi Franch.　马缨杜鹃

F9004785 — — — 中国、尼泊尔、不丹、孟加拉国、中南半岛

Rhododendron farrerae Sweet　丁香杜鹃

F9004786 中国特有 — — 中国南部

Rhododendron fastigiatum Franch.　密枝杜鹃

F9004787 中国特有 — — 中国

Rhododendron fortunei Lindl.　云锦杜鹃

0004121 — — — 中国、中南半岛北部

Rhododendron hongkongense Hutch.　白马银花

F9004788 中国特有 — — 中国

Rhododendron hypoglaucum Hemsl.　粉白杜鹃

0001245 中国特有 — — 中国

Rhododendron indicum (L.) Sweet　皋月杜鹃

F9004789 — — — 日本

Rhododendron irroratum Franch.　露珠杜鹃

F9004790 — — — 中国、缅甸、越南

Rhododendron kwangtungense Merr. & Chun　广东杜鹃

F9004791 中国特有 — — 中国

Rhododendron latoucheae Franch.　鹿角杜鹃

F9004792 中国特有 — — 中国

Rhododendron liliiflorum H. Lév.　百合花杜鹃

F9004793 中国特有 — — 中国

Rhododendron lutescens Franch.　黄花杜鹃

F9004794 中国特有 — — 中国

Rhododendron mariesii Hemsl. & E. H. Wilson　满山红

F9004795 中国特有 — — 中国

Rhododendron meddianum Forrest　红萼杜鹃

F9004796 — 极危（CR） — 中国、缅甸东北部

Rhododendron microphyton Franch.　亮毛杜鹃

F9004797 — — — 中国、中南半岛北部

Rhododendron molle (Blume) G. Don　羊踯躅

F9004798 中国特有 — — 中国南部

Rhododendron moulmainense Hook.　毛棉杜鹃花

F9004799 — — — 中国、尼泊尔、不丹、孟加拉国、马来半岛

Rhododendron mucronatum (Blume) G. Don　白花杜鹃

0001162 — — — 日本

Rhododendron mucronatum 'Akemono'　'Akemono'白花杜鹃

F9004800 — — — —

Rhododendron neriiflorum Franch.　火红杜鹃

F9004801 — — — 中国、缅甸

Rhododendron primuliflorum Bureau & Franch.　樱草杜鹃

F9004802 中国特有 — — 中国

Rhododendron pulchrum Sweet　锦绣杜鹃

00046555 — — — —

Rhododendron pulchrum 'Phoeniceum'　'Phoeniceum'锦绣杜鹃

F9004803 — — — —

Rhododendron rubiginosum Franch.　红棕杜鹃

0000844 — — — 中国、缅甸

Rhododendron russatum Balf. f. & Forrest　紫蓝杜鹃

F9004804 — — — 中国、缅甸北部

Rhododendron scabrifolium Franch.　糙叶杜鹃

F9004805 中国特有 — — 中国

Rhododendron scabrum G. Don　粗糙杜鹃花

F9004806 — — — 琉球群岛

Rhododendron selense Franch.　多变杜鹃

F9004807 中国特有 近危（NT） — 中国

Rhododendron siderophyllum Franch.　锈叶杜鹃

F9004808 中国特有 — — 中国

Rhododendron simsii Planch. 杜鹃
0004286 — — — 中国、中南半岛
Rhododendron simsii 'Vittatu' 五彩杜鹃
0002021 — — — —
Rhododendron sinogrande Balf. f. & W. W. Sm. 凸尖杜鹃
F9004809 — — — 印度、中国、缅甸东北部
Rhododendron spinuliferum Franch. 爆杖花
F9004810 中国特有 — — 中国
Rhododendron stamineum Franch. 长蕊杜鹃
0000672 — — — 中国、缅甸北部
Rhododendron sutchuenense Franch. 四川杜鹃
0004674 中国特有 近危（NT） — 中国
Rhododendron taggianum Hutch. 白喇叭杜鹃
F9004811 — 近危（NT） — 印度、中国、缅甸东北部
Rhododendron tatsienense Franch. 硬叶杜鹃
0002911 中国特有 — — 中国
Rhododendron uvariifolium Diels 紫玉盘杜鹃
0000669 中国特有 — — 中国
Rhododendron vernicosum Franch. 亮叶杜鹃
F9004812 中国特有 — — 中国
Rhododendron westlandii Hemsl. 凯里杜鹃
F9004813 — — — 中国、越南北部
Rhododendron yunnanense Franch. 云南杜鹃
F9004814 — — — 中国、中南半岛北部

Vaccinium 越橘属

Vaccinium bracteatum Thunb. 南烛
F9004815 — — — 亚洲热带及温带
Vaccinium carlesii Dunn 短尾越橘
F9004816 中国特有 — — 中国
Vaccinium delavayi Franch. 苍山越橘
F9004817 — — — 中国、缅甸北部
Vaccinium fragile Franch. 乌鸦果
F9004818 中国特有 近危（NT） — 中国
Vaccinium iteophyllum Hance 黄背越橘
F9004819 — — — 中国、越南
Vaccinium japonicum var. *sinicum* (Nakai) Rehder 扁枝越橘
0002332 中国特有 — — 中国
Vaccinium mandarinorum Diels 江南越橘
F9004820 中国特有 — — 中国南部
Vaccinium vitis-idaea L. 越橘
F9004821 — — — 亚北极区；北半球温带

Icacinaceae 茶茱萸科

Hosiea 无须藤属

Hosiea sinensis (Oliv.) Hemsl. & E. H. Wilson 无须藤
F9004822 中国特有 — — 中国

Iodes 微花藤属

Iodes cirrhosa Turcz. 微花藤
F9004823 — — — 印度（阿萨姆邦）、中国、马来西亚中西部

Mappia 禾秆树属

Mappia pittosporoides Oliv. 马比木
F0036082 中国特有 — — 中国

Mappianthus 定心藤属

Mappianthus iodoides Hand.-Mazz. 定心藤
F9004824 — — — 中国南部、越南北部

Eucommiaceae 杜仲科

Eucommia 杜仲属

Eucommia ulmoides Oliv. 杜仲
00012152 中国特有 易危（VU） — 中国

Garryaceae 丝缨花科

Aucuba 桃叶珊瑚属

Aucuba chinensis Benth. 桃叶珊瑚
F9004825 中国特有 — — 中国
Aucuba chinensis var. *angusta* F. T. Wang 狭叶桃叶珊瑚
F9004826 中国特有 — — 中国
Aucuba himalaica Hook. f. & Thomson 喜马拉雅珊瑚
F9004827 — — — 中国、印度、尼泊尔、孟加拉国、不丹
Aucuba himalaica var. *pilosissima* W. P. Fang & Soong 密毛桃叶珊瑚
F9004828 中国特有 — — 中国中部
Aucuba japonica 'Variegata' 青木
F9004829 — — — —

Rubiaceae 茜草科

Adina 水团花属

Adina pilulifera (Lam.) Franch. ex Drake 水团花
00046126 — — — 日本南部、中国南部、越南
Adina trichotoma (Zoll. & Moritzi) Benth. & Hook. f. ex B. D. Jacks. 黄棉木
F9004830 — — — 印度（阿萨姆邦）、中国南部、巴布亚新几内亚

Aidia 茜树属

Aidia auriculata (Wall.) Ridsdale 紫雪茄花
F9004831 — — — 泰国、马来西亚西部、菲律宾
Aidia henryi (E. Pritz.) T. Yamaz. 亨氏香楠

F9004832 — — — 中国南部、中南半岛、日本

Aidia pycnantha (Drake) Tirveng.　多毛茜草树

F9004833 — — — 中国南部、越南

Alibertia　鼠石榴属

Alibertia edulis (Rich.) A. Rich.

F9004834 — — — 墨西哥南部；美洲热带

Antirhea　毛茶属

Antirhea chinensis (Champ. ex Benth.) Benth. & Hook. f. ex F. B. Forbes & Hemsl.　毛茶

F9004835 中国特有 — — 中国

Arachnothryx　绒香玫属

Arachnothryx leucophylla (Kunth) Planch.　白背郎德木

0003496 — — — 墨西哥

Coffea　咖啡属

Coffea arabica L.　小粒咖啡

0002236 — — — 中国；非洲东部

Coffea liberica W. Bull　大粒咖啡

0002081 — — — 安哥拉北部；非洲西部热带

Damnacanthus　虎刺属

Damnacanthus indicus C. F. Gaertn.　虎刺

F9004836 — — — 印度（阿萨姆邦）；亚洲东部温带

Damnacanthus macrophyllus Siebold ex Miq.　浙皖虎刺

F9004837 — — — 中国南部、日本

Damnacanthus officinarum C. C. Huang　四川虎刺

F9004838 中国特有 近危（NT）— 中国

Deppea　金轮木属

Deppea grandiflora Schltdl.

0002572 — — — 中美洲

Diplospora　狗骨柴属

Diplospora dubia (Lindl.) Masam.　狗骨柴

0001029 — — — 中国、越南

Diplospora fruticosa Hemsl.　毛狗骨柴

F9004839 — — — 中国、越南

Dunnia　绣球茜属

Dunnia sinensis Tutcher　绣球茜

F9004840 中国特有 — 二级 中国

Emmenopterys　香果树属

Emmenopterys henryi Oliv.　香果树

F9004841 — 近危（NT）二级 中国、越南

Eumachia　肉沛木属

Eumachia straminea (Hutch.) Barrabé, C. M. Taylor &

Razafim.　黄脉九节

F0035835 — — — 中国南部、越南

Exallage　耳草属

Exallage auricularia (L.) Bremek.　耳草

F9004842 — — — 亚洲热带及亚热带

Foonchewia　宽昭木属

Foonchewia coriacea (Dunn) Z. Q. Song　革叶腺萼木

F9004843 中国特有 — — 中国

Gardenia　栀子属

Gardenia jasminoides J. Ellis　栀子

F0036713 — — — 日本、中南半岛

Gardenia stenophylla Merr.　狭叶栀子

0003729 — — — 中国、越南

Gynochthodes　巴戟天属

Gynochthodes officinalis (F. C. How) Razafim. & B. Bremer　巴戟天

00047899 中国特有 易危（VU）二级 中国

Gynochthodes parvifolia (Bartl. ex DC.) Razafim. & B. Bremer　鸡眼藤

F9004844 — — — 中国、越南、菲律宾

Gynochthodes umbellata (L.) Razafim. & B. Bremer　印度羊角藤

F9004845 — — — 西太平洋岛屿；亚洲热带及亚热带

Hamelia　长隔木属

Hamelia patens Jacq.　长隔木

0000868 — — — 美洲热带及亚热带

Hedyotis　毛瓣耳草属

Hedyotis acutangula Champ. ex Benth.　金草

0000509 — — — 中国、中南半岛

Hedyotis caudatifolia Merr. & F. P. Metcalf　剑叶耳草

F9004846 中国特有 — — 中国

Hedyotis uncinella Hook. & Arn.　长节耳草

F9004847 — — — 印度（锡金）、中国

Hedyotis vachellii Hook. & Arn.　香港耳草

F9004848 中国特有 — — 中国

Hyptianthera　藏药木属

Hyptianthera stricta (Roxb. ex Schult.) Wight & Arn.　藏药木

F9004849 — 近危（NT）— 中国、尼泊尔、中南半岛

Ixora　龙船花属

Ixora casei Hance　洋红龙船花

0003786 — — — 马绍尔群岛、吉尔伯特群岛

Ixora casei 'Dwarf Pink'　矮粉龙船花
F9004851 — — —

Ixora chinensis Lam.　龙船花
0003704 — — — 中国、中南半岛、菲律宾

Ixora coccinea L.　红仙丹花
0000438 — — — 印度西部及南部、斯里兰卡、孟加拉国、不丹、中南半岛

Ixora coccinea 'Apricot Gold'　杏黄龙船花
0002867 — — —

Ixora coccinea 'Gillettes Yellow'　大黄龙船花
0003726 — — —

Ixora henryi H. Lév.　白花龙船花
0001855 — — — 中国南部、中南半岛

Ixora nienkui Merr. & Chun　泡叶龙船花
F9004852 中国特有 — — 中国

Ixora westii 'Sunkist'　矮龙船花
0004716 — — —

Ixora × *westii* H. J. Veitch ex T. Moore & Mast.
F9004850 — — —

Lasianthus　粗叶木属

Lasianthus formosensis Matsum.　台湾粗叶木
F9004853 — — — 中国、日本南部、中南半岛

Lasianthus japonicus Miq.　日本粗叶木
F9004854 — — — 印度（阿萨姆邦）、日本南部

Leptodermis　野丁香属

Leptodermis oblonga Bunge　薄皮木
F9004855 — — — 蒙古、越南北部

Luculia　滇丁香属

Luculia pinceana Hook.　滇丁香
F9004856 — — — 中国、尼泊尔

Morinda　木巴戟属

Morinda citrifolia L.　海滨木巴戟
F9004857 — — — 澳大利亚北部；亚洲热带及亚热带

Mussaenda　玉叶金花属

Mussaenda erosa Champ. ex Benth.　楠藤
0000705 — — — 中国南部、越南

Mussaenda hainanensis Merr.　海南玉叶金花
00046676 中国特有 — — 中国南部

Mussaenda hybrida 'Alicia'　粉萼金花
0002446 — — —

Mussaenda philippica 'Aurorae'　雪萼金花
F9004858 — — —

Mussaenda pubescens Dryand.　玉叶金花
Q201701203317 — — — 中国、越南

Mussaenda shikokiana Makino　大叶白纸扇
F9004859 — — — 日本中南部及南部、中国南部

Mycetia　腺萼木属

Mycetia effusa (Pit.) Razafim. & B. Bremer　大叶密脉木
F9004860 — — — 中国、越南北部

Mycetia faberi (Hemsl.) Razafim. & B. Bremer　密脉木
F9004861 — — — 中国南部、越南

Mycetia sinensis (Hemsl.) Craib　华腺萼木
F9004862 中国特有 — — 中国南部

Mycetia tonkinensis (Pit.) Razafim. & B. Bremer　越南密脉木
F9004863 — — — 中国南部、越南北部

Neolamarckia　团花属

Neolamarckia cadamba (Roxb.) Bosser　团花
F9004864 — — — 中国南部；亚洲热带

Neonauclea　新乌檀属

Neonauclea griffithii (Hook. f.) Merr.　新乌檀
F9004865 — — — 印度东部、中国

Oldenlandia　水线草属

Oldenlandia corymbosa L.　伞房花耳草
0004238 — — — 世界热带及亚热带

Oldenlandia hedyotidea (DC.) Hand.-Mazz.　牛白藤
00018563 — — — 中国、中南半岛

Oldenlandia platystipula (Merr.) Chun　阔托叶耳草
00047881 中国特有 — — 中国

Ophiorrhiza　蛇根草属

Ophiorrhiza cantoniensis Hance　广州蛇根草
F0036894 中国特有 — — 中国

Ophiorrhiza chinensis H. S. Lo　中华蛇根草
F9004866 中国特有 — — 中国南部

Ophiorrhiza guangdongensis (H. S. Lo) Razafim. & Rydin　广东螺序草
F9004867 中国特有 — — 中国

Ophiorrhiza hispida Hook. f.　尖叶蛇根草
F9004868 — — — 中国、尼泊尔、不丹、孟加拉国

Ophiorrhiza japonica Blume　日本蛇根草
0003571 — — — 中国中部、越南、日本

Ophiorrhiza pumila Champ. ex Benth.　短小蛇根草
F9004869 — — — 中国、越南北部、日本

Ophiorrhiza spathulata (X. X. Chen & C. C. Huang) Razafim. & Rydin　匙叶螺序草
F9004870 中国特有 — — 中国

Paederia　鸡屎藤属

Paederia farinosa (Baker) Puff

F9004871 — — — 马达加斯加

Paederia foetida L. 鸡矢藤

F9004872 — — — 尼泊尔、中国、韩国、朝鲜、日本中北部、马来西亚

Pavetta 大沙叶属

Pavetta hongkongensis Bremek. 香港大沙叶

F9004873 — — — 中国南部、越南

Pentas 五星花属

Pentas lanceolata (Forssk.) Deflers 五星花

F9006927— — — 埃塞俄比亚、肯尼亚、坦桑尼亚、莫桑比克、科摩罗、阿拉伯半岛

Pentas lanceolata var. *oncostipula* (K. Schum.) Verdc. 繁星花

0003620 — — — 坦桑尼亚、莫桑比克

Psychotria 九节属

Psychotria asiatica L. 九节

0000276 — — — 中南半岛、日本、新加坡、马来西亚

Psychotria calocarpa Kurz 美果九节

F9004874 — — — 印度、中国、马来西亚

Psychotria cephalophora Merr. 兰屿九节木

F9004875 — — — 越南、中国、菲律宾

Psychotria prainii H. Lév. 驳骨九节

F9004876 — — — 中国南部、中南半岛

Psychotria serpens L. 蔓九节

0002892 — — — 中南半岛、日本、新加坡、马来西亚

Psychotria tutcheri Dunn 假九节

00046849 — — — 中国南部、越南

Rhodopentas 朱星花属

Rhodopentas parvifolia (Hiern) Kårehed & B. Bremer

F9004877 — — — 埃塞俄比亚南部；非洲东部热带

Rondeletia 郎德木属

Rondeletia odorata Jacq. 郎德木

0000933 — — — 古巴

Rubia 茜草属

Rubia cordifolia L. 茜草

F9004878 — — — 希腊、苏丹；非洲南部、亚洲

Rubia schumanniana E. Pritz. 大叶茜草

0003592 中国特有 — — 中国

Rubovietnamia 越南茜属

Rubovietnamia sericantha (W. C. Chen) Y. F. Deng, Y. H. Tong, W. B. Xu & N. H. Xia 绢冠茜

F0036098 — — — 中国、越南北部

Saprosma 染木树属

Saprosma ternatum (Wall.) Hook. f. 染木树

F9004879 — — — —

Scleromitrion 蛇舌草属

Scleromitrion diffusum (Willd.) R. J. Wang 白花蛇舌草

F9004880 — — — 亚洲热带及亚热带

Serissa 白马骨属

Serissa japonica (Thunb.) Thunb. 六月雪

F0036928 中国特有 — — 中国

Serissa japonica 'Variegata' 金边六月雪

F9004881 — — — —

Spermacoce 纽扣草属

Spermacoce alata Aubl. 阔叶丰花草

0002123 — — — 巴西西部；南美洲北部

Spermacoce pusilla Wall. 丰花草

0001105 — — — 菲律宾；南亚、东亚南部

Tarenna 乌口树属

Tarenna attenuata (Hook. f.) Hutch. 假桂乌口树

0004093 — — — 中国南部、中南半岛

Tarenna austrosinensis Chun & F. C. How ex W. C. Chen 华南乌口树

F9004882 中国特有 — — 中国

Uncaria 钩藤属

Uncaria macrophylla Wall. 大叶钩藤

F9004883 — — — 中国、印度、尼泊尔、孟加拉国、不丹、中南半岛

Uncaria rhynchophylla (Miq.) Miq. 钩藤

F0036896 — — — 中国、越南、日本

Uncaria sinensis (Oliv.) Havil. 华钩藤

F9004884 — — — 中国中部、越南

Wendlandia 水锦树属

Wendlandia brevituba Chun & F. C. How ex W. C. Chen 短筒水锦树

F9004885 中国特有 — — 中国

Wendlandia formosana subsp. *breviflora* F. C. How 短花水金京

F9004886 — — — 中国、越南

Wendlandia guangdongensis W. C. Chen 广东水锦树

F9004887 中国特有 — — 中国

Wendlandia tinctoria subsp. *orientalis* Cowan 东方水锦树

F9004888 — — — 印度、中国

Wendlandia uvariifolia Hance 水锦树
00046803 ——— 中国、中南半岛

Xanthophytum 岩黄树属

Xanthophytum kwangtungense (Chun & F. C. How) H. S. Lo 岩黄树
F9004889 ——— 中国、越南北部

Gentianaceae 龙胆科

Fagraea 灰莉属

Fagraea ceilanica Thunb. 灰莉
0004340 ——— 亚洲热带及亚热带

Gentiana 龙胆属

Gentiana loureiroi (G. Don) Griseb. 华南龙胆
F9004890 ——— 不丹、中国

Phyllocyclus 穿心草属

Phyllocyclus lucidissimus (H. Lév. & Vaniot) Thiv 穿心草
0004735 ——— 中国、越南

Tripterospermum 双蝴蝶属

Tripterospermum nienkui (C. Marquand) C. J. Wu 香港双蝴蝶
0002945 ——— 中国、越南

Loganiaceae 马钱科

Mitrasacme 尖帽草属

Mitrasacme pygmaea R. Br. 水田白
F9004891 ——— 亚洲热带及亚热带

Strychnos 马钱属

Strychnos angustiflora Benth. 牛眼马钱
0001235 ——— 中国南部、中南半岛、菲律宾
Strychnos cathayensis Merr. 华马钱
F9004892 — 近危（NT）— 中国、越南北部、泰国东南部

Gelsemiaceae 钩吻科

Gelsemium 钩吻属

Gelsemium elegans (Gardner & Champ.) Benth. 钩吻
00048022 ——— 印度（阿萨姆邦）、中国南部、马来西亚西部

Apocynaceae 夹竹桃科

Acokanthera 长药花属

Acokanthera schimperi (A. DC.) Schweinf.

F9004893 ——— 刚果（金）东部、阿拉伯半岛；非洲热带

Adenium 沙漠玫瑰属

Adenium 'Angle' 'Angle'沙漠玫瑰
F9004894 ———
Adenium 'Back Jewel' 'Back Jewel'沙漠玫瑰
F9004895 ———
Adenium 'Bang Yai' 'Bang Yai'沙漠玫瑰
F9004896 ———
Adenium 'Brightly Giant' 'Brightly Giant'沙漠玫瑰
F9004897 ———
Adenium 'Bronze' 'Bronze'沙漠玫瑰
F9004898 ———
Adenium 'Chanpoo Pornthip' 'Chanpoo Pornthip'沙漠玫瑰
F9004899 ———
Adenium 'Chiang Mai Pink' 'Chiang Mai Pink'沙漠玫瑰
F9004900 ———
Adenium 'Chompoo Chiangmai' 'Chompoo Chiangmai'沙漠玫瑰
F9004901 ———
Adenium 'Chompoo Monghut' 'Chompoo Monghut'沙漠玫瑰
F9004902 ———
Adenium 'Chompoo Pornthip' 'Chompoo Pornthip'沙漠玫瑰
F9004903 ———
Adenium 'Cream Pink' 'Cream Pink'沙漠玫瑰
F9004904 ———
Adenium 'Crimson Pink' 'Crimson Pink'沙漠玫瑰
F9004905 ———
Adenium 'Crimson Star' 'Crimson Star'沙漠玫瑰
F9004906 ———
Adenium 'Dao Mongko' 'Dao Mongko'沙漠玫瑰
F9004907 ———
Adenium 'Dao Sawan' 'Dao Sawan'沙漠玫瑰
F9004908 ———
Adenium 'Double Layer Flower' 'Double Layer Flower'沙漠玫瑰
F9004909 ———
Adenium 'Double Luck' 'Double Luck'沙漠玫瑰
F9004910 ———
Adenium 'Duang Setthi' 'Duang Setthi'沙漠玫瑰
F9004911 ———
Adenium 'Emperor Red' 'Emperor Red'沙漠玫瑰
F9004912 ———
Adenium 'Euro' 'Euro'沙漠玫瑰

F9004913 — — — —

Adenium 'Euro Star' 'Euro Star'沙漠玫瑰

F9004914 — — — —

Adenium 'Euro White' 'Euro White'沙漠玫瑰

F9004915 — — — —

Adenium 'Flora Delight' 'Flora Delight'沙漠玫瑰

F9004916 — — — —

Adenium 'Fragrant Delight' 'Fragrant Delight'沙漠玫瑰

F9004917 — — — —

Adenium 'Gold Dust' 'Gold Dust'沙漠玫瑰

F9004918 — — — —

Adenium 'Harry Potter' 'Harry Potter'沙漠玫瑰

F9004919 — — — —

Adenium 'Hawaii Violet' 'Hawaii Violet'沙漠玫瑰

F9004920 — — — —

Adenium 'Heaven Pink' 'Heaven Pink'沙漠玫瑰

F9004921 — — — —

Adenium 'Heaven Star' 'Heaven Star'沙漠玫瑰

F9004922 — — — —

Adenium 'Hong Daeng' 'Hong Daeng'沙漠玫瑰

F9004923 — — — —

Adenium 'Japan' 'Japan'沙漠玫瑰

F9004924 — — — —

Adenium 'Laong Thip' 'Laong Thip'沙漠玫瑰

F9004925 — — — —

Adenium 'Lucky Lucky' 'Lucky Lucky'沙漠玫瑰

F9004926 — — — —

Adenium 'Lucky Star' 'Lucky Star'沙漠玫瑰

F9004927 — — — —

Adenium 'Maejo' 'Maejo'沙漠玫瑰

F9004928 — — — —

Adenium 'Manee Nid' 'Manee Nid'沙漠玫瑰

F9004929 — — — —

Adenium 'Miss Lily' 'Miss Lily'沙漠玫瑰

F9004930 — — — —

Adenium 'Miss Thailand' 'Miss Thailand'沙漠玫瑰

F9004931 — — — —

Adenium 'Mongkut Pink' 'Mongkut Pink'沙漠玫瑰

F9004932 — — — —

Adenium 'Muang Chaophya' 'Muang Chaophya'沙漠玫瑰

F9004933 — — — —

Adenium 'Muang Husadee' 'Muang Husadee'沙漠玫瑰

F9004934 — — — —

Adenium multiflorum Klotzsch 多花沙漠玫瑰

F9004935 — — — 世界热带

Adenium 'Napakao' 'Napakao'沙漠玫瑰

F9004936 — — — —

Adenium 'Nopako' 'Nopako'沙漠玫瑰

F9004937 — — — —

Adenium obesum (Forssk.) Roem. & Schult. 沙漠玫瑰

00052577 — — — 阿拉伯半岛、坦桑尼亚；非洲西部热带

Adenium obesum 'Black' 'Black'沙漠玫瑰

F9004938 — — — —

Adenium obesum 'Black Giant' 'Black Giant'沙漠玫瑰

F9004939 — — — —

Adenium 'Pink Diamond' 'Pink Diamond'沙漠玫瑰

F9004940 — — — —

Adenium 'Poseidon' 'Poseidon'沙漠玫瑰

F9004941 — — — —

Adenium 'Puang Chompoo' 'Puang Chompoo'沙漠玫瑰

F9004942 — — — —

Adenium 'Rainbow 1' 'Rainbow 1'沙漠玫瑰

F9004943 — — — —

Adenium 'Rainbow 2' 'Rainbow 2'沙漠玫瑰

F9004944 — — — —

Adenium 'Rarn Ruay Sab' 'Rarn Ruay Sab'沙漠玫瑰

F9004945 — — — —

Adenium 'Red Dragon' 'Red Dragon'沙漠玫瑰

F9004946 — — — —

Adenium 'Red Elephant' 'Red Elephant'沙漠玫瑰

F9004947 — — — —

Adenium 'Red Euro' 'Red Euro'沙漠玫瑰

F9004948 — — — —

Adenium 'Red Flower' 'Red Flower'沙漠玫瑰

F9004949 — — — —

Adenium 'Red Hairy' 'Red Hairy'沙漠玫瑰

F9004950 — — — —

Adenium 'Red Moon Light' 'Red Moon Light'沙漠玫瑰

F9004951 — — — —

Adenium 'Richy' 'Richy'沙漠玫瑰

F9004952 — — — —

Adenium 'Simon Pink' 'Simon Pink'沙漠玫瑰

F9004953 — — — —

Adenium 'Simon White' 'Simon White'沙漠玫瑰

F9004954 — — — —

Adenium 'Super Noble' 'Super Noble'沙漠玫瑰

F9004955 — — — —

Adenium 'Tang Mom' 'Tang Mom'沙漠玫瑰

F9004956 — — — —

Adenium 'Tarace' 'Tarace'沙漠玫瑰

F9004957 — — — —

Adenium 'Tawan Daeng' 'Tawan Daeng'沙漠玫瑰

F9004958 — — — —

Adenium 'Three Kings' 'Three Kings'沙漠玫瑰
F9004959 — — — —
Adenium 'White Siom' 'White Siom'沙漠玫瑰
F9004960 — — — —
Adenium 'Yellow River' 'Yellow River'沙漠玫瑰
F9004961 — — — —

Allamanda 黄蝉属

Allamanda blanchetii A. DC.　紫蝉花
F9004962 — — — 巴西东北部
Allamanda cathartica L.　软枝黄蝉
00046553 — — — 中国；南美洲
Allamanda schottii Pohl　黄蝉
0000693 — — — 法属圭亚那、巴西东南部及南部、阿根廷

Alyxia 链珠藤属

Alyxia hainanensis Merr. & Chun　海南链珠藤
F9004963 — — — 中国南部、越南中部
Alyxia schlechteri H. Lév.　狭叶链珠藤
F9004964 — — — 中国南部、泰国东北部
Alyxia sinensis Champ. ex Benth.　链珠藤
F9004965 — — — 中国、越南东北部

Anodendron 鳝藤属

Anodendron affine (Hook. & Arn.) Druce　鳝藤
F9004966 — — — 孟加拉国、印度、中国、日本中南部、菲律宾

Asclepias 马利筋属

Asclepias aurea (Schltr.) Schltr.　金色马利筋
F9004967 — — — 刚果（金）东南部；非洲南部
Asclepias curassavica L.　马利筋
0004063 — — — 美洲热带
Asclepias curassavica 'Flaviflora'　皇冠马利筋
0000770 — — — —

Beaumontia 清明花属

Beaumontia grandiflora Wall.　清明花
F9004968 — — — 中国、尼泊尔、中南半岛

Carissa 假虎刺属

Carissa carandas L.　刺黄果
F9004969 — — — 印度、孟加拉国东南部
Carissa macrocarpa (Eckl.) A. DC.　大花假虎刺
F9004970 — — — 肯尼亚
Carissa spinarum L.　假虎刺
F9004971 — — — 中南半岛、澳大利亚、新喀里多尼亚；非洲

Cascabela 黄花夹竹桃属

Cascabela thevetia (L.) Lippold　黄花夹竹桃
0001024 — — — 美洲南部热带
Cascabela thevetia 'Aurantiaca'　红酒杯光
F9004972 — — — —

Catharanthus 长春花属

Catharanthus roseus (L.) G. Don　长春花
0003826 — — — 中国、马达加斯加
Catharanthus roseus 'Albus'　白长春花
F9006918 — — — —

Cerbera 海杧果属

Cerbera manghas L.　海杧果
0001164 — — — 坦桑尼亚；西印度洋岛屿、太平洋岛屿

Ceropegia 吊灯花属

Ceropegia driophila C. K. Schneid.　巴东吊灯花
F9004973 中国特有 — — 中国
Ceropegia linearis subsp. *woodii* (Schltr.) H. Huber　爱之蔓
0003191 — — — 世界热带
Ceropegia pubescens Wall.　西藏吊灯花
F9004974 — — — 中国、尼泊尔中南部

Couma 牛奶木属

Couma utilis (Mart.) Müll. Arg.　牛乳树
F9004975 — — — 哥伦比亚、巴西北部

Cryptostegia 桉叶藤属

Cryptostegia grandiflora Roxb. ex R. Br.　桉叶藤
0000249 — — — 马达加斯加南部及西南部

Cynanchum 鹅绒藤属

Cynanchum chinense R. Br.　鹅绒藤
F0036913 — — — 中国、蒙古、韩国
Cynanchum corymbosum Wight　刺瓜
F9004976 — — — 中国、印度、尼泊尔、孟加拉国、不丹、马来半岛
Cynanchum stauntonii (Decne.) Schltr. ex H. Lév.　柳叶白前
F9004977 中国特有 — — 中国

Dischidia 眼树莲属

Dischidia imbricata (Blume) Steud.　覆瓦叶眼树莲
F9004978 — — — 中南半岛、马来西亚西部
Dischidia major (Vahl) Merr.　大王眼树莲
F9004979 — — — 澳大利亚；亚洲热带
Dischidia nummularia R. Br.　圆叶眼树莲
0001121 — — — 中国南部、澳大利亚（昆士兰州北部）；亚洲热带

Dischidia ovata Benth. 西瓜皮眼树莲
F9004980 — — — 巴布亚新几内亚、澳大利亚（昆士兰州北部）

Dischidia platyphylla Schltr. 宽叶眼树莲
F9004981 — — — 菲律宾

Dischidia ruscifolia Decne. ex Becc. 百万心
0001613 — — — 菲律宾

Dischidia vidalii Becc. 青蛙藤
F9004982 — — — 菲律宾

Dregea 南山藤属

Dregea sinensis Hemsl. 苦绳
F9004983 中国特有 — — 中国

Gomphocarpus 钉头果属

Gomphocarpus stenophyllus Oliv. 狭叶钉头果
F9004984 — — — 埃塞俄比亚南部、坦桑尼亚

Gymnema 匙羹藤属

Gymnema sylvestre (Retz.) R. Br. ex Sm. 匙羹藤
00046462 — — — 世界热带及亚热带

Heterostemma 醉魂藤属

Heterostemma grandiflorum Costantin 大花醉魂藤
F9004985 — — — 中国南部、中南半岛

Hoya 球兰属

Hoya acicularis T. Green & Kloppenb. 刺球兰
0002647 — — — 加里曼丹岛

Hoya affinis Hemsl.
0003594 — — — 所罗门群岛

Hoya anulata Schltr. 环冠球兰
0002338 — — — 巴布亚新几内亚、澳大利亚（昆士兰州北部）

Hoya australis R. Br. ex J. Traill 澳洲球兰
0000462 — — — 加里曼丹岛北部、巴布亚新几内亚；西南太平洋岛屿

Hoya australis 'Sana' 'Sana'澳洲球兰
0004544 — — —

Hoya australis subsp. *sana* (F. M. Bailey) K. D. Hill 萨纳球兰
0004838 — — — 澳大利亚（昆士兰州北部）

Hoya bella Hook. 尖叶球兰
0001217 — — — 印度（阿萨姆邦）、缅甸

Hoya bella 'Albomarginata' 'Albomarginata'尖叶球兰
F9006917 — — —

Hoya bella 'Variegata' 'Variegata'尖叶球兰
0003638 — — —

Hoya benguetensis Schltr. 本格尔顿球兰

0002415 — — — 菲律宾

Hoya blashernaezii Kloppenb. 布拉轩球兰
0003717 — — — 菲律宾

Hoya blashernaezii subsp. *siariae* (Kloppenb.) Kloppenb. 暹罗球兰
0000368 — — — 菲律宾

Hoya buotii Kloppenb. 波特球兰
0000760 — — — 菲律宾

Hoya burmanica Rolfe 缅甸球兰
0000911 — — — 印度（阿萨姆邦东南部）、中南半岛北部

Hoya buruensis Miq. 纤毛球兰
0004417 — — — 印度尼西亚（马鲁古群岛）

Hoya cagayanensis C. M. Burton 卡噶焰球兰
0002560 — — — 菲律宾

Hoya callistophylla T. Green 淡味球兰
0000198 — — — 加里曼丹岛

Hoya calycina Schltr. 大萼球兰
0000773 — — — 巴布亚新几内亚

Hoya campanulata Blume 风铃球兰
0000627 — — — 马来西亚西部

Hoya camphorifolia Warb. 樟叶球兰
0000683 — — — 菲律宾

Hoya cardiophylla Merr. 心状球兰
0000481 — — — 菲律宾

Hoya carnosa (L. f.) R. Br. 球兰
0001774 — — — 中国、老挝、日本

Hoya carnosa 'Variegata' 斑叶球兰
F9006898 — — —

Hoya caudata Hook. f. 尾状球兰
0004644 — — — 泰国南部、马来西亚西部

Hoya chinghungensis (Y. Tsiang & P. T. Li) M. G. Gilbert, P. T. Li & W. D. Stevens 景洪球兰
0003893 — — — 中国、中南半岛

Hoya chlorantha Rech. 绿花球兰
0002866 — — — 萨摩亚

Hoya chunii P. T. Li 椰香球兰
0003802 — — — 巴布亚新几内亚

Hoya clemensiorum T. Green 反瓣球兰
0001829 — — — 加里曼丹岛

Hoya collina Schltr. 小丘球兰
0001022 — — — 巴布亚新几内亚

Hoya coriacea Blume 革叶球兰
0000366 — — — 泰国、马来西亚

Hoya coronaria 'Pink' 冠球兰粉
0001178 — — —

Hoya curtisii King & Gamble 银斑球兰

0004047 — — — 马来半岛、加里曼丹岛、菲律宾

Hoya danumensis Rodda & Nyhuus　达奴姆球兰

0001675 — — — 印度尼西亚（苏门答腊岛）、加里曼丹岛

Hoya dasyantha Tsiang　厚花球兰

0001960 中国特有 — — 中国南部

Hoya davidcummingii Kloppenb.　大卫球兰

0003863 — — — 菲律宾

Hoya dennisii P. I. Forst. & Liddle　丹尼斯球兰

0000978 — — — 所罗门群岛

Hoya densifolia Turcz.　密叶球兰

0001166 — — — 印度尼西亚（爪哇岛）、菲律宾

Hoya deykei T. Green　德克球兰

0004429 — — — 印度尼西亚（苏门答腊岛）

Hoya diversifolia Blume　多变球兰

0000231 — — — 中国南部、中南半岛、马来西亚

Hoya dolichosparte Schltr.　多利球兰

0003390 — — — 印度尼西亚（苏拉威西岛）

Hoya endauensis Kiew　安达球兰

0003430 — — — 马来半岛

Hoya engleriana Hosseus　恩格勒球兰

0002040 — — — 中南半岛

Hoya erythrina Rintz　珊瑚红球兰

0002555 — — — 越南、马来半岛

Hoya excavata Teijsm. & Binn.　凹副球兰

0002541 — — — 印度尼西亚（苏拉威西岛、马鲁古群岛）

Hoya filiformis Rech.　丝状球兰

0004074 — — — 萨摩亚

Hoya fitchii Kloppenb.　费氏球兰

0001312 — — — 菲律宾

Hoya flavida P. I. Forst. & Liddle　淡黄球兰

0001356 — — — 所罗门群岛

Hoya forbesii King & Gamble　佛比西球兰

0002937 — — — 马来西亚西部

Hoya fraterna Blume　香水球兰

0003765 — — — 加里曼丹岛、印度尼西亚（爪哇岛）

Hoya fungii Merr.　护耳草

0004053 — — — 中国、中南半岛

Hoya glabra Schltr.　光叶球兰

0001663 — — — 印度尼西亚（苏门答腊岛）、加里曼丹岛北部及西北部

Hoya globulifera Blume　球芯球兰

0003809 — — — 巴布亚新几内亚

Hoya globulosa Hook. f.　小球球兰

0000757 — — — 中国、中南半岛

Hoya golamcoana Kloppenb.　格兰可球兰

0002791 — — — 菲律宾

Hoya greenii Kloppenb.　格林球兰

0003151 — — — 菲律宾

Hoya halconensis Kloppenb.　海尔孔球兰

0002300 — — — 菲律宾

Hoya halophila Schltr.　盐境球兰

0001115 — — — 巴布亚新几内亚东北部、所罗门群岛

Hoya hypolasia Schltr.　毛叶球兰

0003308 — — — 巴布亚新几内亚

Hoya imbricata Decne.　玳瑁球兰

F9004986 — — — 菲律宾、印度尼西亚（苏拉威西岛）

Hoya imbricata 'Basi-Subcordata'　龟壳覆叶球兰

0003407 — — — —

Hoya incurvula Schltr.　内弯球兰

0000616 — — — 印度尼西亚（苏拉威西岛）

Hoya ischnopus Schltr.　艾斯球兰

0002864 — — — 巴布亚新几内亚

Hoya kanyakumariana A. N. Henry & Swamin.　堪雅库玛球兰

0002707 — — — 印度

Hoya kentiana C. M. Burton　冰糖球兰

0001645 — — — 菲律宾

Hoya kerrii Craib　凹叶球兰

0001400 — — — 中南半岛、马来西亚西部

Hoya kloppenburgii T. Green　柯氏球兰

0002434 — — — 加里曼丹岛

Hoya lacunosa Blume　裂瓣球兰

0003785 — — — 泰国、马来西亚

Hoya lacunosa 'Eskimo'　'Eskimo'裂瓣球兰

F9006931 — — — —

Hoya lacunosa 'Pallidiflora'　长叶瓣球兰

0004698 — — — —

Hoya lacunosa 'Snow Caps'　'Snow Caps'裂瓣球兰

0003474 — — — —

Hoya lambii T. Green　兰氏球兰

0000504 — — — 加里曼丹岛

Hoya lanceolata Wall. ex D. Don　披针叶球兰

0003740 — — — 中国、中南半岛

Hoya lasiogynostegia P. T. Li　橙花球兰

0001126 中国特有 濒危（EN）— 中国南部

Hoya latifolia G. Don　宽叶球兰

0004239 — — — 缅甸、泰国、马来西亚西部

Hoya lauterbachii K. Schum.　劳氏球兰

0003615 — — — 巴布亚新几内亚

Hoya leucorhoda Schltr.　白玫瑰红球兰

0000108 — — — 巴布亚新几内亚

Hoya limoniaca S. Moore　黎檬球兰

0002508 — — — 新喀里多尼亚

Hoya lobbii Hook. f.　罗比球兰
0003952 — — — 印度（阿萨姆邦）、泰国、柬埔寨
Hoya loheri Kloppenb.　洛黑球兰
0002912 — — — 菲律宾
Hoya longifolia Wall. ex Wight　长叶球兰
0000946 — — — 中国、尼科巴群岛
Hoya lucardenasiana Kloppenb., Siar & Cajano　卢卡球兰
0000498 — — — 菲律宾
Hoya lyi H. Lév.　香花球兰
0004776 — — — 中国、中南半岛北部
Hoya megalaster Warb. ex K. Schum. & Lauterb.　红花球兰
0000569 — — — 巴布亚新几内亚
Hoya meliflua (Blanco) Merr.　美丽球兰
0001501 — — — 加里曼丹岛、菲律宾
Hoya meliflua 'Fraterna'　'Fraterna'美丽球兰
F9004987 — — —
Hoya merrillii Schltr.　玛丽球兰
0002983 — — — 菲律宾
Hoya micrantha Hook. f.　小花球兰
0004915 — — — 中南半岛
Hoya 'Minibelle'　迷你贝儿
0002869 — — —
Hoya mitrata Kerr　蚁球球兰
0003873 — — — 泰国、马来西亚
Hoya monetteae T. Green　莫氏球兰
0004373 — — — 加里曼丹岛、菲律宾、印度尼西亚（苏拉威西岛）
Hoya multiflora Blume　蜂出巢
0002325 — — — 中国；亚洲热带
Hoya naumannii Schltr.　瑙珉球兰
0000298 — — — 所罗门群岛
Hoya neoebudica Guillaumin　新波迪球兰
0004171 — — — 瓦努阿图
Hoya nummularioides Costantin　钱时球兰
0002080 — — — 中南半岛
Hoya oblongacutifolia Costantin　烈味球兰
0000642 — — — 泰国、越南南部
Hoya obovata Decne.　倒卵叶球兰
0000031 — — — 中南半岛、印度尼西亚（苏拉威西岛、马鲁古群岛）
Hoya odorata Schltr.　甜香球兰
0000164 — — — 菲律宾
Hoya ovalifolia Wight & Arn.　卵叶球兰
0004376 — — — 印度西南部及南部、斯里兰卡
Hoya pachyclada Kerr　粗蔓球兰
0000150 — — — 中南半岛
Hoya pandurata Tsiang　琴叶球兰

0003973 — 易危（VU）— 中国、中南半岛
Hoya parviflora Wight　小叶球兰
0000183 — — — 孟加拉国、中南半岛、印度尼西亚（苏门答腊岛）
Hoya pauciflora Wight　少花球兰
0001530 — — — 印度西南部、斯里兰卡
Hoya paziae Kloppenb.　巴兹球兰
0004160 — — — 菲律宾
Hoya pentaphlebia Merr.　五列球兰
0000243 — — — 菲律宾
Hoya polyneura Hook. f.　多脉球兰
0002500 — — — 中国、尼泊尔、不丹、孟加拉国
Hoya 'Pseudo-Littoralis'　卫滨海球兰
0001379
Hoya puber Blume　彩芯球兰
0004487 — — — 印度尼西亚（苏门答腊岛、爪哇岛西部）、加里曼丹岛
Hoya pubera Blume　浦北球兰
0002794 — — —
Hoya pubicalyx Merr.　舌苔球兰
0003634 — — — 菲律宾
Hoya pubicalyx 'Bright One'　'Bright One'舌苔球兰
0001477 — — —
Hoya pubifera Elmer　短绒毛球兰
0002539 — — —
Hoya purpureofusca Hook.　紫花球兰
0000531 — — — 马来西亚西部、印度尼西亚（小巽他群岛）
Hoya quinquenervia Warb.　五脉球兰
0004201 — — — 菲律宾
Hoya revolubilis Y. Tsiang & P. T. Li　卷边球兰
F9004988 — — — 中国、越南
Hoya rigida Kerr　硬叶球兰
0002240 — — — 泰国
Hoya rubida Schltr.　淡红球兰
0000670 — — — 俾斯麦群岛
Hoya ruscifolia Decne.　假叶球兰
0004813 — — —
Hoya serpens Hook. f.　匍匐球兰
0001161 — — — 喜马拉雅山脉中东部、安达曼群岛
Hoya sigillatis T. Green　斑印球兰
0002453 — — — 加里曼丹岛
Hoya subcalva Burkill　苏卡尔球兰
0003942 — — — 巴布亚新几内亚
Hoya sussuela (Roxb.) Merr.　爱雷尔球兰
0000334 — — — 马来西亚、澳大利亚（昆士兰州北部）
Hoya tomataensis T. Green & Kloppenb.　托马球兰

0001897 — — — 印度尼西亚（苏拉威西岛）

Hoya tsangii C. M. Burton　澈球兰

0002976 — — — 菲律宾

Hoya tsiangiana P. T. Li　断叶球兰

0000799 — — — 印度尼西亚（苏拉威西岛）

Hoya uncinata Teijsm. & Binn.　钩状球兰

0001679 — — — 印度尼西亚（苏门答腊岛、爪哇岛西部）

Hoya verticillata (Vahl) G. Don　桂叶球兰

0004923 — — — 亚洲热带及亚热带

Hoya vitellina Blume　蛋黄球兰

0002576 — — — 印度尼西亚（爪哇岛西部）、加里曼丹岛

Hoya vitellinoides Bakh. f.　黄结球兰

0004387 — — — 印度尼西亚（苏门答腊岛、爪哇岛）

Hoya walliniana Kloppenb. & Nyhuus　瓦林球兰

0002435 — — — 加里曼丹岛

Hoya wayetii Kloppenb.　维特球兰

0000939 — — — 菲律宾

Huernia　剑龙角属

Huernia keniensis R. E. Fr.　肯尼亚剑龙角

00052586 — — — 肯尼亚、坦桑尼亚

Huernia pillansii N. E. Br.　阿修罗

0003692 — — — 南非

Huernia zebrina N. E. Br.　缟马

0000867 — — — 非洲南部

Ichnocarpus　腰骨藤属

Ichnocarpus frutescens (L.) W. T. Aiton　腰骨藤

F9004989 — — — 澳大利亚北部；亚洲热带及亚热带

Kopsia　蕊木属

Kopsia arborea Blume　蕊木

F9004990 — — — 中国、中南半岛、马来西亚、澳大利亚（昆士兰州）

Mandevilla　飘香藤属

Mandevilla × *amabilis* ‘Alice Du Pont’　红绉藤

F9004991 — — —

Mandevilla sanderi ‘Blanc’　白双腺花

F9004992 — — —

Mandevilla sanderi ‘Cerise’　红双腺花

F9004993 — — —

Marsdenia　牛奶菜属

Marsdenia sinensis Hemsl.　牛奶菜

F9004994 — — — 中国南部、泰国北部

Marsdenia tinctoria R. Br.　蓝叶藤

F9004995 — — — 亚洲热带及亚热带

Marsdenia yunnanensis (H. Lév.) Woodson　云南牛奶菜

F9004996 中国特有 — — 中国

Melodinus　山橙属

Melodinus cochinchinensis (Lour.) Merr.　思茅山橙

F9004997 — — — 印度北部、中国南部、马来半岛西部

Melodinus fusiformis Champ. ex Benth.　尖山橙

F9004998 — — — 中国、中南半岛、菲律宾

Micholitzia　扇叶藤属

Micholitzia obcordata N. E. Br.　扇叶藤

F9004999 — — — 尼泊尔东部、中国

Nerium　夹竹桃属

Nerium oleander L.　夹竹桃

00046534 — — — 亚洲、欧洲、北美洲

Nerium oleander ‘Nanum’　粉花夹竹桃

F9005000 — — —

Nerium oleander ‘Paihua’　白花夹竹桃

0000312 — — —

Nerium oleander ‘Variegatum’　花叶夹竹桃

0000738 — — —

Ochrosia　玫瑰树属

Ochrosia borbonica J. F. Gmel.　玫瑰树

F9005001 — — — 马斯克林群岛

Ochrosia coccinea (Teijsm. & Binn.) Miq.　光萼玫瑰树

0004750 — — — 印度尼西亚（马鲁古群岛）、巴布亚新几内亚

Orbea　豹皮花属

Orbea dummeri (N. E. Br.) Bruyns　翠海盘车

F9005002 — — — 刚果（金）东部；非洲东部热带

Orbea pulchella (Masson) L. C. Leach　麻点豹皮花

F9005003 — — — 南非

Orbea variegata (L.) Haw.　豹皮花

0004682 — — — 南非

Orbea verrucosa (Masson) L. C. Leach　姬犀角

F9005004 — — — 南非

Pachypodium　棒锤树属

Pachypodium geayi Costantin & Bois　亚阿相界

0000043 — — — 马达加斯加西南部

Pachypodium lamerei Drake　非洲霸王树

0000206 — — — 马达加斯加中南部及南部

Pachypodium rosulatum Baker　玉锤树

00018516 — — — 马达加斯加

Pachypodium saundersii N. E. Br.　矮瓶棒锤树

0003876 — — — 世界热带

Pentasachme　石萝藦属

Pentasachme caudatum Wall. ex Wight　石萝
0000971 — — — 中国、印度、尼泊尔、孟加拉国、不丹、
马来半岛

Periploca　杠柳属

Periploca calophylla (Wight) Falc.　青蛇藤
F9005005 — — — 南亚、东亚南部
Periploca sepium Bunge　杠柳
F9005006 — — — 俄罗斯（远东地区）、中国

Plumeria　鸡蛋花属

Plumeria 'A-1'　'A-1'鸡蛋花
F9005007 — — — —
Plumeria 'A-13'　'A-13'鸡蛋花
F9005008 — — — —
Plumeria 'Alba'　'Alba'鸡蛋花
F9005009 — — — —
Plumeria 'Apple Pink'　'Apple Pink'鸡蛋花
F9005010 — — — —
Plumeria 'Apricot Piak. Pansy'　'Apricot Piak. Pansy'鸡蛋花
F9005011 — — — —
Plumeria 'Aussie Pink'　'Aussie Pink'鸡蛋花
F9005012 — — — —
Plumeria 'Aussie Yellow'　'Aussie Yellow'鸡蛋花
F9005013 — — — —
Plumeria 'Aztec Gold'　'Aztec Gold'鸡蛋花
F9005014 — — — —
Plumeria 'Bali Higold'　'Bali Higold'鸡蛋花
F9005015 — — — —
Plumeria 'Bali Whirl'　'Bali Whirl'鸡蛋花
F9005016 — — — —
Plumeria 'Barnnakarin'　'Barnnakarin'鸡蛋花
F9005017 — — — —
Plumeria 'Beauty Thailand'　'Beauty Thailand'鸡蛋花
F9005018 — — — —
Plumeria 'Belle Vista'　'Belle Vista'鸡蛋花
F9005019 — — — —
Plumeria 'Bench Ruby'　'Bench Ruby'鸡蛋花
F9005020 — — — —
Plumeria 'Benjarat White'　'Benjarat White'鸡蛋花
F9005021 — — — —
Plumeria 'Bermuda'　'Bermuda'鸡蛋花
F9005022 — — — —
Plumeria 'Black Purple'　'Black Purple'鸡蛋花
F9005023 — — — —
Plumeria 'Black Tiger'　'Black Tiger'鸡蛋花

F9005024 — — — —
Plumeria 'Boonbaramee'　'Boonbaramee'鸡蛋花
F9005025 — — — —
Plumeria 'Bunch Purple'　'Bunch Purple'鸡蛋花
F9005026 — — — —
Plumeria 'Butterfly Gold'　'Butterfly Gold'鸡蛋花
F9005027 — — — —
Plumeria 'Calcutta Star'　'Calcutta Star'鸡蛋花
F9005028 — — — —
Plumeria 'Candle Light'　'Candle Light'鸡蛋花
F9005029 — — — —
Plumeria 'Candy Stripe'　'Candy Stripe'鸡蛋花
F9005030 — — — —
Plumeria 'Catherine B'　'Catherine B'鸡蛋花
F9005031 — — — —
Plumeria 'Catheriwe'　'Catheriwe'鸡蛋花
F9005032 — — — —
Plumeria 'Catthaleeya'　'Catthaleeya'鸡蛋花
F9005033 — — — —
Plumeria 'Cerise'　'Cerise'鸡蛋花
F9005034 — — — —
Plumeria 'Chanika Orang'　'Chanika Orang'鸡蛋花
F9005035 — — — —
Plumeria 'Charlotte Ebert'　'Charlotte Ebert'鸡蛋花
F9005036 — — — —
Plumeria 'Chdmpoo Pen Chan'　'Chdmpoo Pen Chan'鸡蛋花
F9005037 — — — —
Plumeria 'Cherry Pink'　'Cherry Pink'鸡蛋花
F9005038 — — — —
Plumeria 'Chom-Poo-Lop-Bu-Ri'　'Chom-Poo-Lop-Bu-Ri'鸡蛋花
F9005039 — — — —
Plumeria 'Chom-Poo-Nual'　'Chom-Poo-Nual'鸡蛋花
F9005040 — — — —
Plumeria 'Chom-Poo-Phan-Na-Rai'　'Chom-Poo-Phan-Na-Rai'鸡蛋花
F9005041 — — — —
Plumeria 'Christina B'　'Christina B'鸡蛋花
F9005042 — — — —
Plumeria 'Chuppa Chup'　'Chuppa Chup'鸡蛋花
F9005043 — — — —
Plumeria 'Cindy Moragne'　'Cindy Moragne'鸡蛋花
F9005044 — — — —
Plumeria 'Coral Cream'　'Coral Cream'鸡蛋花
F9005045 — — — —
Plumeria 'Cotton Candy'　'Cotton Candy'鸡蛋花

F9005046 — — — —

Plumeria 'Daisy Wilcox' 'Daisy Wilcox'鸡蛋花

F9005047 — — — —

Plumeria 'Danai Delight' 'Danai Delight'鸡蛋花

F9005048 — — — —

Plumeria 'Diamond Crown' 'Diamond Crown'鸡蛋花

F9005049 — — — —

Plumeria 'Dink Lotus' 'Dink Lotus'鸡蛋花

F9005050 — — — —

Plumeria 'Domeno' 'Domeno'鸡蛋花

F9005051 — — — —

Plumeria 'Dompano' 'Dompano'鸡蛋花

F9005052 — — — —

Plumeria 'Donalaugus Red' 'Donalaugus Red'鸡蛋花

F9005053 — — — —

Plumeria 'Duke' 'Duke'鸡蛋花

F9005054 — — — —

Plumeria 'Dwarf Coconut' 'Dwarf Coconut'鸡蛋花

F9005055 — — — —

Plumeria 'Dwarf Deciduous' 'Dwarf Deciduous'鸡蛋花

F9005056 — — — —

Plumeria 'Dwarf Singapore Pink' 'Dwarf Singapore Pink'鸡蛋花

F9005057 — — — —

Plumeria 'Dwarf Singapore White' 'Dwarf Singapore White'鸡蛋花

F9005058 — — — —

Plumeria 'East West Center' 'East West Center'鸡蛋花

F9005059 — — — —

Plumeria 'Edi Moragne' 'Edi Moragne'鸡蛋花

F9005060 — — — —

Plumeria 'Ellen-15' 'Ellen-15'鸡蛋花

F9005061 — — — —

Plumeria 'Elsie' 'Elsie'鸡蛋花

F9005062 — — — —

Plumeria 'Eric Red' 'Eric Red'鸡蛋花

F9005063 — — — —

Plumeria 'Ewc 3' 'Ewc 3'鸡蛋花

F9005064 — — — —

Plumeria 'Feshion' 'Feshion'鸡蛋花

F9005065 — — — —

Plumeria 'Festination' 'Festination'鸡蛋花

F9005066 — — — —

Plumeria 'Flake Ruby' 'Flake Ruby'鸡蛋花

F9005067 — — — —

Plumeria 'Flower Sachet' 'Flower Sachet'鸡蛋花

F9005068 — — — —

Plumeria 'Georgetown Lightpink' 'Georgetown Lightpink'鸡蛋花

F9005069 — — — —

Plumeria 'Gled Kaew' 'Gled Kaew'鸡蛋花

F9005070 — — — —

Plumeria 'Gloria Schmidt' 'Gloria Schmidt'鸡蛋花

F9005071 — — — —

Plumeria 'Gold Coin' 'Gold Coin'鸡蛋花

F9005072 — — — —

Plumeria 'Grainy Rorong' 'Grainy Rorong'鸡蛋花

F9005073 — — — —

Plumeria 'Grove Farm' 'Grove Farm'鸡蛋花

F9005074 — — — —

Plumeria 'Gulf Stream' 'Gulf Stream'鸡蛋花

F9005075 — — — —

Plumeria 'Hana Dream' 'Hana Dream'鸡蛋花

F9005076 — — — —

Plumeria 'Happiness' 'Happiness'鸡蛋花

F9005077 — — — —

Plumeria 'Hawaiian White' 'Hawaiian White'鸡蛋花

F9005078 — — — —

Plumeria 'Heidi' 'Heidi'鸡蛋花

F9005079 — — — —

Plumeria 'Heidi Gold' 'Heidi Gold'鸡蛋花

F9005080 — — — —

Plumeria 'Hong Daeng' 'Hong Daeng'鸡蛋花

F9005081 — — — —

Plumeria 'Hot Pink' 'Hot Pink'鸡蛋花

F9005082 — — — —

Plumeria 'Hurricane' 'Hurricane'鸡蛋花

F9005083 — — — —

Plumeria 'India' 'India'鸡蛋花

F9005084 — — — —

Plumeria 'Indonesian Rainbow' 'Indonesian Rainbow'鸡蛋花

F9005085 — — — —

Plumeria 'Irma Hybrid' 'Irma Hybrid'鸡蛋花

F9005086 — — — —

Plumeria 'J-105' 'J-105'鸡蛋花

F9005087 — — — —

Plumeria 'J-23' 'J-23'鸡蛋花

F9005088 — — — —

Plumeria 'Japanese Lantern' 'Japanese Lantern'鸡蛋花

F9005089 — — — —

Plumeria 'Jean Moragne' 'Jean Moragne'鸡蛋花

F9005090 — — — —

Plumeria 'Jee Phech' 'Jee Phech'鸡蛋花

F9005091 — — — —

Plumeria 'Jewel Light' 'Jewel Light'鸡蛋花

F9005092 — — — —

Plumeria 'Jinny' 'Jinny'鸡蛋花

F9005093 — — — —

Plumeria 'Jl' 'Jl'鸡蛋花

F9005094 — — — —

Plumeria 'Kalakaua Star' 'Kalakaua Star'鸡蛋花

F9005095 — — — —

Plumeria 'Kaneohe Sunburst' 'Kaneohe Sunburst'鸡蛋花

F9005096 — — — —

Plumeria 'Kapalua' 'Kapalua'鸡蛋花

F9005097 — — — —

Plumeria 'Kaseam Delight' 'Kaseam Delight'鸡蛋花

F9005098 — — — —

Plumeria 'Kasetsilp' 'Kasetsilp'鸡蛋花

F9005099 — — — —

Plumeria 'Kauka Wilder' 'Kauka Wilder'鸡蛋花

F9005100 — — — —

Plumeria 'Khaophuang Irdia' 'Khaophuang Irdia'鸡蛋花

F9005101 — — — —

Plumeria 'Kimo' 'Kimo'鸡蛋花

F9005102 — — — —

Plumeria 'Korakod Yellow' 'Korakod Yellow'鸡蛋花

F9005103 — — — —

Plumeria 'Kradungnga Red' 'Kradungnga Red'鸡蛋花

F9005104 — — — —

Plumeria 'Lady Georgetown' 'Lady Georgetown'鸡蛋花

F9005105 — — — —

Plumeria 'Ladyfruit Flybird' 'Ladyfruit Flybird'鸡蛋花

F9005106 — — — —

Plumeria 'Lai Suae' 'Lai Suae'鸡蛋花

F9005107 — — — —

Plumeria 'Lavender' 'Lavender'鸡蛋花

F9005108 — — — —

Plumeria 'Leilani' 'Leilani'鸡蛋花

F9005109 — — — —

Plumeria 'Lemon Drop' 'Lemon Drop'鸡蛋花

F9005110 — — — —

Plumeria 'Lemon Twirl' 'Lemon Twirl'鸡蛋花

F9005111 — — — —

Plumeria 'Liao-59' 'Liao-59'鸡蛋花

F9005112 — — — —

Plumeria 'Lurline' 'Lurline'鸡蛋花

F9005113 — — — —

Plumeria 'Madam Poni' 'Madam Poni'鸡蛋花

F9005114 — — — —

Plumeria 'Madam Rainbow' 'Madam Rainbow'鸡蛋花

F9005115 — — — —

Plumeria 'Mahasedthee Yellow' 'Mahasedthee Yellow'鸡蛋花

F9005116 — — — —

Plumeria 'Malla's Rainbow' 'Malla's Rainbow'鸡蛋花

F9005117 — — — —

Plumeria 'Mango Brush' 'Mango Brush'鸡蛋花

F9005118 — — — —

Plumeria 'Manoa Wilder' 'Manoa Wilder'鸡蛋花

F9005119 — — — —

Plumeria 'Marino Rainbow' 'Marino Rainbow'鸡蛋花

F9005120 — — — —

Plumeria 'Maui Rainbow' 'Maui Rainbow'鸡蛋花

F9005121 — — — —

Plumeria 'Maul Rainbow 2' 'Maul Rainbow 2'鸡蛋花

F9005122 — — — —

Plumeria 'Meri. Matson' 'Meri. Matson'鸡蛋花

F9005123 — — — —

Plumeria 'Mermaid's Gem' 'Mermaid's Gem'鸡蛋花

F9005124 — — — —

Plumeria 'Million Flower' 'Million Flower'鸡蛋花

F9005125 — — — —

Plumeria 'Miracle' 'Miracle'鸡蛋花

F9005126 — — — —

Plumeria 'Miss Nonthaburi' 'Miss Nonthaburi'鸡蛋花

F9005127 — — — —

Plumeria 'Miss Uttaradit' 'Miss Uttaradit'鸡蛋花

F9005128 — — — —

Plumeria 'Moir Pink' 'Moir Pink'鸡蛋花

F9005129 — — — —

Plumeria 'Moon Light' 'Moon Light'鸡蛋花

F9005130 — — — —

Plumeria 'Morningstar Hybrid' 'Morningstar Hybrid'鸡蛋花

F9005131 — — — —

Plumeria 'My Valentine' 'My Valentine'鸡蛋花

F9005132 — — — —

Plumeria 'Nassau' 'Nassau'鸡蛋花

F9005133 — — — —

Plumeria 'Nat Tha Rat P-02' 'Nat Tha Rat P-02'鸡蛋花

F9005134 — — — —

Plumeria 'Natalie' 'Natalie'鸡蛋花

F9005135 — — — —

Plumeria 'Natthapol White' 'Natthapol White'鸡蛋花

F9005136 — — — —

Plumeria 'Natthapol Yellow' 'Natthapol Yellow'鸡蛋花

F9005137 — — — —
Plumeria 'Nattharat Orange'　'Nattharat Orange'鸡蛋花
F9005138 — — — —
Plumeria 'Nattharat P-04'　'Nattharat P-04'鸡蛋花
F9005139 — — — —
Plumeria 'Nattharat R-03'　'Nattharat R-03'鸡蛋花
F9005140 — — — —
Plumeria 'Nat-Tha-Rat-P-01'　'Nat-Tha-Rat-P-01'鸡蛋花
F9005141 — — — —
Plumeria 'Nat-Tha-Rat-P-03'　'Nat-Tha-Rat-P-03'鸡蛋花
F9005142 — — — —
Plumeria 'Nattharat-V-02'　'Nattharat-V-02'鸡蛋花
F9005143 — — — —
Plumeria 'Nattharat-Y-02'　'Nattharat-Y-02'鸡蛋花
F9005144 — — — —
Plumeria 'Negril Clove'　'Negril Clove'鸡蛋花
F9005145 — — — —
Plumeria 'Neon Lights'　'Neon Lights'鸡蛋花
F9005146 — — — —
Plumeria 'Ngam Prom'　'Ngam Prom'鸡蛋花
F9005147 — — — —
Plumeria obtusa L.　钝叶鸡蛋花
F9005148 — — — 佛罗里达群岛、加勒比地区、墨西哥东南部、危地马拉
Plumeria 'Orange Esixty'　'Orange Esixty'鸡蛋花
F9005149 — — — —
Plumeria 'Orange Peach'　'Orange Peach'鸡蛋花
F9005150 — — — —
Plumeria 'Orange Purple'　'Orange Purple'鸡蛋花
F9005151 — — — —
Plumeria 'Orathai Pink'　'Orathai Pink'鸡蛋花
F9005152 — — — —
Plumeria 'P6-15'　'P6-15'鸡蛋花
F9005153 — — — —
Plumeria 'Pa Run Ruey'　'Pa Run Ruey'鸡蛋花
F9005154 — — — —
Plumeria 'Panorama'　'Panorama'鸡蛋花
F9005155 — — — —
Plumeria 'Pauahi Ali' I'　'Pauahi Ali' I'鸡蛋花
F9005156 — — — —
Plumeria 'Peach'　'Peach'鸡蛋花
F9005157 — — — —
Plumeria 'Peach Glow Shell'　'Peach Glow Shell'鸡蛋花
F9005158 — — — —
Plumeria 'Pearl Andaman Sunset'　'Pearl Andaman Sunset'鸡蛋花
F9005159 — — — —

Plumeria 'Penang Peach'　'Penang Peach'鸡蛋花
F9005160 — — — —
Plumeria 'Pendulous White'　'Pendulous White'鸡蛋花
F9005161 — — — —
Plumeria 'Petersens Gold'　'Petersens Gold'鸡蛋花
F9005162 — — — —
Plumeria 'Phacharaporn Diamond'　'Phacharaporn Diamond'鸡蛋花
F9005163 — — — —
Plumeria 'Phichaya Pink'　'Phichaya Pink'鸡蛋花
F9005164 — — — —
Plumeria 'Phuang Yok'　'Phuang Yok'鸡蛋花
F9005165 — — — —
Plumeria 'Phyalae Diamond'　'Phyalae Diamond'鸡蛋花
F9005166 — — — —
Plumeria 'Pikul Silver'　'Pikul Silver'鸡蛋花
F9005167 — — — —
Plumeria 'Pink Clovd'　'Pink Clovd'鸡蛋花
F9005168 — — — —
Plumeria 'Pink Diamond'　'Pink Diamond'鸡蛋花
F9005169 — — — —
Plumeria 'Pink Gem'　'Pink Gem'鸡蛋花
F9005170 — — — —
Plumeria 'Pink Lotte'　'Pink Lotte'鸡蛋花
F9005171 — — — —
Plumeria 'Pink Lotus'　'Pink Lotus'鸡蛋花
F9005172 — — — —
Plumeria 'Pink Pansy'　'Pink Pansy'鸡蛋花
F9005173 — — — —
Plumeria 'Pink Ruffle'　'Pink Ruffle'鸡蛋花
F9005174 — — — —
Plumeria 'Pink Star'　'Pink Star'鸡蛋花
F9005175 — — — —
Plumeria 'Pink Sunset'　'Pink Sunset'鸡蛋花
F9005176 — — — —
Plumeria 'Pink Twiel'　'Pink Twiel'鸡蛋花
F9005177 — — — —
Plumeria 'Pinkpansy Hybrid'　'Pinkpansy Hybrid'鸡蛋花
F9005178 — — — —
Plumeria 'Pk-115'　'Pk-115'鸡蛋花
F9005179 — — — —
Plumeria 'Pk-120'　'Pk-120'鸡蛋花
F9005180 — — — —
Plumeria 'Pk-133'　'Pk-133'鸡蛋花
F9005181 — — — —
Plumeria 'Pk-135'　'Pk-135'鸡蛋花
F9005182 — — — —

Plumeria 'Pk-136' 'Pk-136'鸡蛋花
F9005183 — — — —

Plumeria 'Pk-147' 'Pk-147'鸡蛋花
F9005184 — — — —

Plumeria 'Pk-74' 'Pk-74'鸡蛋花
F9005185 — — — —

Plumeria 'Plastic Pink' 'Plastic Pink'鸡蛋花
F9005186 — — — —

Plumeria 'Plastic Yellow' 'Plastic Yellow'鸡蛋花
F9005187 — — — —

Plumeria 'Polynesian Sunset' 'Polynesian Sunset'鸡蛋花
F9005188 — — — —

Plumeria 'Praew Chompoo' 'Praew Chompoo'鸡蛋花
F9005189 — — — —

Plumeria 'Pretty Princess' 'Pretty Princess'鸡蛋花
F9005190 — — — —

Plumeria 'Preuksasawan' 'Preuksasawan'鸡蛋花
F9005191 — — — —

Plumeria 'Puang Chom Poo' 'Puang Chom Poo'鸡蛋花
F9005192 — — — —

Plumeria pudica Jacq. 缅雪花
F9005193 — — — 巴拿马、哥伦比亚、委内瑞拉北部

Plumeria 'Puu Kahea' 'Puu Kahea'鸡蛋花
F9005194 — — — —

Plumeria 'R-02' 'R-02'鸡蛋花
F9005195 — — — —

Plumeria 'Rainbow Cup' 'Rainbow Cup'鸡蛋花
F9005196 — — — —

Plumeria 'Rainbow Moragne' 'Rainbow Moragne'鸡蛋花
F9005197 — — — —

Plumeria 'Rainbow Starlight' 'Rainbow Starlight'鸡蛋花
F9005198 — — — —

Plumeria 'Rainworth Piak' 'Rainworth Piak'鸡蛋花
F9005199 — — — —

Plumeria 'Raya Kaew' 'Raya Kaew'鸡蛋花
F9005200 — — — —

Plumeria 'Raya Orange' 'Raya Orange'鸡蛋花
F9005201 — — — —

Plumeria 'Red Inter' 'Red Inter'鸡蛋花
F9005202 — — — —

Plumeria 'Red King' 'Red King'鸡蛋花
F9005203 — — — —

Plumeria 'Red Lucite' 'Red Lucite'鸡蛋花
F9005204 — — — —

Plumeria 'Red Magic' 'Red Magic'鸡蛋花
F9005205 — — — —

Plumeria 'Red-59' 'Red-59'鸡蛋花
F9005206 — — — —

Plumeria 'Rimfire' 'Rimfire'鸡蛋花
F9005207 — — — —

Plumeria 'Rodsukon' 'Rodsukon'鸡蛋花
F9005208 — — — —

Plumeria 'Ronda' 'Ronda'鸡蛋花
F9005209 — — — —

Plumeria rubra L. 红鸡蛋花
00005477 — — — 中美洲

Plumeria rubra 'Acutifolia' 'Acutifolia'红鸡蛋花
0002916 — — — —

Plumeria 'Ruengsukdee Yellow' 'Ruengsukdee Yellow'鸡蛋花
F9005210 — — — —

Plumeria 'Ryan Shelsea' 'Ryan Shelsea'鸡蛋花
F9005211 — — — —

Plumeria 'Sai Thong' 'Sai Thong'鸡蛋花
F9005212 — — — —

Plumeria 'Sal Sa' 'Sal Sa'鸡蛋花
F9005213 — — — —

Plumeria 'Salmon Brown' 'Salmon Brown'鸡蛋花
F9005214 — — — —

Plumeria 'Salmon Pink' 'Salmon Pink'鸡蛋花
F9005215 — — — —

Plumeria 'Samoan Fluff' 'Samoan Fluff'鸡蛋花
F9005216 — — — —

Plumeria 'Samoan Red' 'Samoan Red'鸡蛋花
F9005217 — — — —

Plumeria 'Scott Pratt' 'Scott Pratt'鸡蛋花
F9005218 — — — —

Plumeria 'Sexy Brown' 'Sexy Brown'鸡蛋花
F9005219 — — — —

Plumeria 'Sexy Pink' 'Sexy Pink'鸡蛋花
F9005220 — — — —

Plumeria 'Sherbet Pink' 'Sherbet Pink'鸡蛋花
F9005221 — — — —

Plumeria 'Sherman' 'Sherman'鸡蛋花
F9005222 — — — —

Plumeria 'Siam Clory' 'Siam Clory'鸡蛋花
F9005223 — — — —

Plumeria 'Siam Peach' 'Siam Peach'鸡蛋花
F9005224 — — — —

Plumeria 'Siam Red' 'Siam Red'鸡蛋花
F9005225 — — — —

Plumeria 'Siam White' 'Siam White'鸡蛋花
F9005226 — — — —

Plumeria 'Silk Gold'　'Silk Gold'鸡蛋花

F9005227 — — — —

Plumeria 'Singapore'　'Singapore'鸡蛋花

F9005228 — — — —

Plumeria 'Singapore Compack'　'Singapore Compack'鸡蛋花

F9005229 — — — —

Plumeria 'Sirimongkol Yellow'　'Sirimongkol Yellow'鸡蛋花

F9005230 — — — —

Plumeria 'Smoke'　'Smoke'鸡蛋花

F9005231 — — — —

Plumeria 'Sri Vijit'　'Sri Vijit'鸡蛋花

F9005232 — — — —

Plumeria 'Sri-Lang-Ka-Diamond'　'Sri-Lang-Ka-Diamond'鸡蛋花

F9005233 — — — —

Plumeria 'Srioros'　'Srioros'鸡蛋花

F9005234 — — — —

Plumeria 'Star Discus'　'Star Discus'鸡蛋花

F9005235 — — — —

Plumeria 'Star Flash'　'Star Flash'鸡蛋花

F9005236 — — — —

Plumeria 'Stenopetala'　'Stenopetala'鸡蛋花

F9005237 — — — —

Plumeria 'Sun Shine'　'Sun Shine'鸡蛋花

F9005238 — — — —

Plumeria 'Sun Sweet'　'Sun Sweet'鸡蛋花

F9005239 — — — —

Plumeria 'Super Black'　'Super Black'鸡蛋花

F9005240 — — — —

Plumeria 'Super Gold'　'Super Gold'鸡蛋花

F9005241 — — — —

Plumeria 'Super Star'　'Super Star'鸡蛋花

F9005242 — — — —

Plumeria 'Superstar Violet'　'Superstar Violet'鸡蛋花

F9005243 — — — —

Plumeria 'Susan'　'Susan'鸡蛋花

0003046 — — — —

Plumeria 'Suvarnabhumi Sunshine'　'Suvarnabhumi Sunshine'鸡蛋花

F9005244 — — — —

Plumeria 'Tab Tim Siam'　'Tab Tim Siam'鸡蛋花

F9005245 — — — —

Plumeria 'Tabernaemotana Ventricosa'　棱果山寨木

F9005246 — — — —

Plumeria 'Thaisilklucite Violet'　'Thaisilklucite Violet'鸡蛋花

F9005247 — — — —

Plumeria 'Thong Thaweecoon'　'Thong Thaweecoon'鸡蛋花

F9005248 — — — —

Plumeria 'Thornton Mauve'　'Thornton Mauve'鸡蛋花

F9005249 — — — —

Plumeria 'Toffy'　'Toffy'鸡蛋花

F9005250 — — — —

Plumeria 'Tomado'　'Tomado'鸡蛋花

F9005251 — — — —

Plumeria 'Tomlin Son'　'Tomlin Son'鸡蛋花

F9005252 — — — —

Plumeria 'Tornado'　'Tornado'鸡蛋花

F9005253 — — — —

Plumeria 'Tropical Twist'　'Tropical Twist'鸡蛋花

F9005254 — — — —

Plumeria 'Veracruz Rose H1'　'Veracruz Rose H1'鸡蛋花

F9005255 — — — —

Plumeria 'Veracruz Rose H2'　'Veracruz Rose H2'鸡蛋花

F9005256 — — — —

Plumeria 'Veracruz Rose H3'　'Veracruz Rose H3'鸡蛋花

F9005257 — — — —

Plumeria 'Violet'　'Violet'鸡蛋花

F9005258 — — — —

Plumeria 'Violet Blue'　'Violet Blue'鸡蛋花

F9005259 — — — —

Plumeria 'Violet Pink'　'Violet Pink'鸡蛋花

F9005260 — — — —

Plumeria 'Violet Princess'　'Violet Princess'鸡蛋花

F9005261 — — — —

Plumeria 'Violet Star'　'Violet Star'鸡蛋花

F9005262 — — — —

Plumeria 'Violet Sweet'　'Violet Sweet'鸡蛋花

F9005263 — — — —

Plumeria 'Vishanu Gold'　'Vishanu Gold'鸡蛋花

F9005264 — — — —

Plumeria 'Wa Sidthee'　'Wa Sidthee'鸡蛋花

F9005265 — — — —

Plumeria 'Wah Gor'　'Wah Gor'鸡蛋花

F9005266 — — — —

Plumeria 'Wailea'　'Wailea'鸡蛋花

F9005267 — — — —

Plumeria 'Yellow #5'　'Yellow #5'鸡蛋花

F9005268 — — — —

Plumeria 'Yellow Gold'　'Yellow Gold'鸡蛋花

F9005269 — — — —

Plumeria 'Yellow Queen'　'Yellow Queen'鸡蛋花

F9005270 — — — —

Plumeria 'Yoddoi Pink'　'Yoddoi Pink'鸡蛋花

F9005271 — — — —

Rauvolfia　萝芙木属

Rauvolfia serpentina (L.) Benth. ex Kurz　蛇根木

00018279 — 易危（VU）— 马来西亚西部；南亚、东亚中南部

Rauvolfia tetraphylla L.　四叶萝芙木

00005965 — — — 美洲热带

Rauvolfia verticillata (Lour.) Baill.　萝芙木

00047255 — — — 印度、中国、马来西亚西部及中部

Secamone　鲫鱼藤属

Secamone minutiflora Tsiang　催吐鲫鱼藤

F9005272 中国特有 — — 中国南部

Sindechites　毛药藤属

Sindechites henryi Oliv.　毛药藤

F9005273 中国特有 — — 中国南部

Stapelia　犀角属

Stapelia gettliffei R. Pott　高天角

F9005274 — — 博茨瓦纳东南部、莫桑比克西部、南非（姆普马兰加省）

Stapelia gigantea N. E. Br.　巨花犀角

F9005275 — — — 世界热带

Stapelia grandiflora Masson　大花犀角

0001223 — — — 非洲南部

Stapelianthus　海葵角属

Stapelianthus decaryi 'Choux'　海葵萝藦

0001099 — — — —

Stathmostelma　附线萝藦属

Stathmostelma rhacodes K. Schum.

F9005276 — — — 南苏丹、坦桑尼亚西北部

Strophanthus　羊角拗属

Strophanthus divaricatus (Lour.) Hook. & Arn.　羊角拗

00012566 — — — 中国南部、越南北部

Tabernaemontana　狗牙花属

Tabernaemontana crassa Benth.　圆果狗牙花

F9005277 — — — 安哥拉；非洲西部热带

Tabernaemontana divaricata (L.) R. Br. ex Roem. & Schult.　狗牙花

00053643 — 濒危（EN）— 中国、中南半岛

Tabernaemontana divaricata 'Flore Pleno'　重瓣狗牙花

0003979 — — — —

Tavaresia　丽钟角属

Tavaresia barklyi (Dyer) N. E. Br.　丽钟阁

F9005278 — — — 世界热带

Telosma　夜来香属

Telosma cordata (Burm. f.) Merr.　夜来香

00046636 — — — 巴基斯坦、中国

Toxocarpus　弓果藤属

Toxocarpus wightianus Hook. & Arn.　弓果藤

F9005279 — — — 中国南部、越南

Trachelospermum　络石属

Trachelospermum brevistylum Hand.-Mazz.　短柱络石

00018788 中国特有 — — 中国

Trachelospermum jasminoides (Lindl.) Lem.　络石

F0025752 — — — 中国、日本西南部及南部、越南

Vinca　蔓长春花属

Vinca major 'Atropurpurea'　'紫美人'蔓长春花

F9005280 — — — —

Vinca major 'Evelyn'　'伊芙琳'蔓长春花

F9005281 — — — —

Vinca major 'Maculata'　'蓝宝石'蔓长春花

F9006925 — — — —

Vinca major 'Ralph Shugert'　'蓝天使'蔓长春花

F9005282 — — — —

Vinca major 'Variegata'　花叶蔓长春花

F9005283 — — — —

Vincetoxicum　白前属

Vincetoxicum auriculatum (Royle ex Wight) Kuntze　牛皮消

F9005284 — — — 巴基斯坦东北部、中国

Voacanga　马铃果属

Voacanga africana Stapf　非洲马铃果

F9005285 — — — 非洲热带

Wrightia　倒吊笔属

Wrightia pubescens R. Br.　倒吊笔

0002566 — — — 中国南部、中南半岛、澳大利亚北部

Boraginaceae　紫草科

Bothriospermum　斑种草属

Bothriospermum chinense Bunge　斑种草

F9005286 中国特有 — — 中国

Bothriospermum zeylanicum (J. Jacq.) Druce　柔弱斑种草

F9005287 — — — 日本、菲律宾；亚洲中部

Cordia 破布木属

Cordia dichotoma G. Forst. 破布木
F9005288 — — — 西南太平洋岛屿；南亚

Cordia myxa L. 毛叶破布木
F9005289 — — — 伊朗南部、中南半岛

Cordia superba Cham. 大叶破布木
F9005290 — — — 巴西

Cynoglossum 琉璃草属

Cynoglossum amabile Stapf & J. R. Drumm. 倒提壶
0002554 — — — 尼泊尔中部、中国中部

Echium 蓝蓟属

Echium plantagineum L. 车前叶蓝蓟
0004446 — — — 英国、高加索地区、马卡罗尼西亚

Ehretia 厚壳树属

Ehretia acuminata R. Br. 厚壳树
F9005291 — — — 澳大利亚；亚洲热带及亚热带

Ehretia longiflora Champ. ex Benth. 长花厚壳树
F9005292 — — — 中国、越南、安达曼群岛南部

Ehretia macrophylla Wall. 粗糠树
F9005293 — — — 喜马拉雅山脉中部、缅甸

Microula 微孔草属

Microula sikkimensis (C. B. Clarke) Hemsl. 微孔草
F9005294 — — — 中国、印度、尼泊尔、孟加拉国、不丹

Convolvulaceae 旋花科

Argyreia 银背藤属

Argyreia capitiformis (Poir.) Ooststr. 头花银背藤
F9005295 — — — 中国南部、马来西亚西部；南亚

Argyreia mollis (Burm. f.) Choisy 银背藤
F9005296 — — — 孟加拉国、中国南部

Argyreia nervosa (Burm. f.) Bojer 美丽银背藤
F9005297 — — — 缅甸；南亚

Argyreia obtusifolia Lour. 台湾银背藤
F9005298 — — — 中国南部、中南半岛

Camonea 耳节藤属

Camonea umbellata (L.) A. R. Simões & Staples 伞花茉栾藤
F9005299 — — — 美洲热带及亚热带、非洲西部及中西部热带

Cuscuta 菟丝子属

Cuscuta chinensis Lam. 菟丝子
0002374 — — — 马达加斯加、澳大利亚北部及东部、美国西南部及中南部、墨西哥；亚洲、非洲西部及东北部热带

Dichondra 马蹄金属

Dichondra micrantha Urb. 马蹄金
F9005300 — — — 美国（得克萨斯州）、墨西哥、加勒比地区

Dichondra repens J. R. Forst. & G. Forst. 匍匐马蹄金
F9005301 — — — 马斯克林群岛、澳大利亚南部及东部、新西兰

Dinetus 飞蛾藤属

Dinetus duclouxii (Gagnep. & Courchet) Staples 三列飞蛾藤
F9005302 中国特有 近危（NT） — 中国

Distimake 萼龙藤属

Distimake tuberosus (L.) A. R. Simões & Staples 木玫瑰
F9005303 — — — 墨西哥南部；美洲热带

Erycibe 丁公藤属

Erycibe obtusifolia Benth. 丁公藤
F9005304 — 易危（VU） — 中国、越南

Ipomoea 虎掌藤属

Ipomoea aquatica Forssk. 蕹菜
F9005305 — — — 世界热带及亚热带

Ipomoea batatas (L.) Lam. 番薯
F9005306 — — — 亚洲东部及中南部

Ipomoea batatas 'Tainon No. 62' 金叶番薯
0004863 — — — —

Ipomoea batatas 'Tainon No. 63' 紫叶番薯
F9006944 — — — —

Ipomoea cairica (L.) Sweet 五爪金龙
Q201611059436 — — — 阿拉伯半岛；西印度洋岛屿；亚洲东部温带；世界热带

Ipomoea carnea subsp. *fistulosa* (Mart. ex Choisy) D. F. Austin 树牵牛
F9005307 — — — 美洲南部热带

Ipomoea kituiensis Vatke
F9005308 — — — 埃塞俄比亚；非洲南部热带

Ipomoea mauritiana Jacq. 七爪龙
00046106 — — — 美洲热带、非洲

Ipomoea nil (L.) Roth 牵牛
0001924 — — — 美洲热带及亚热带

Ipomoea pes-caprae (L.) R. Br. 厚藤
F9005309 — — — 世界热带及亚热带

Ipomoea purpurea (L.) Roth 圆叶牵牛

F9005310 — — — 美洲热带及亚热带

Ipomoea quamoclit L. 茑萝

F9005311 — — — 中美洲

Ipomoea triloba L. 三裂叶薯

0004835 — — — 拉丁美洲

Merremia 鱼黄草属

Merremia hederacea (Burm. f.) Hallier f. 篱栏网

F9005312 — — — 太平洋岛屿；世界热带及亚热带

Operculina 盒果藤属

Operculina turpethum (L.) Silva Manso 盒果藤

F9005313 — — — 肯尼亚；太平洋岛屿、西印度洋岛屿；非洲南部热带、亚洲热带及亚热带

Solanaceae 茄科

Alkekengi 酸浆属

Alkekengi officinarum Moench 酸浆

00047668 — — — 中国；欧洲

Anisodus 山莨菪属

Anisodus luridus Link ex Spreng. 铃铛子

F9005314 — — — 中国

Atropa 颠茄属

Atropa belladonna L. 颠茄

0003756 — — —

Brugmansia 木曼陀罗属

Brugmansia arborea (L.) Steud. 木曼陀罗

0001931 — — — 厄瓜多尔、秘鲁、智利北部

Brugmansia aurea 'Goldens Kornett' 黄花木本曼陀罗

0003023 — — — —

Brugmansia × candida Pers. 白花木曼陀罗

F9005320 — — — —

Brugmansia suaveolens (Humb. & Bonpl. ex Willd.) Bercht. & J. Presl 大花木曼陀罗

F9005315 — — — 巴西

Brunfelsia 鸳鸯茉莉属

Brunfelsia brasiliensis (Spreng.) L. B. Sm. & Downs 鸳鸯茉莉

0003628 — — — 巴西

Brunfelsia pauciflora (Cham. & Schltdl.) Benth. 少花鸳鸯茉莉

F9005316 — — — 巴西

Capsicum 辣椒属

Capsicum annuum L. 辣椒

00046204 — — — 墨西哥；南美洲

Capsicum baccatum L. 浆果状辣椒

F9005317 — — — 秘鲁、巴西、阿根廷北部

Cestrum 夜香树属

Cestrum aurantiacum Lindl. 黄花夜香树

F9005318 — — — 中美洲

Cestrum elegans (Brongn. ex Neumann) Schltdl. 毛茎夜香树

F9005319 — — — 墨西哥

Cestrum nocturnum L. 夜香树

0001936 — — — 中美洲

Datura 曼陀罗属

Datura metel 'Flore-Pleno' 紫花重瓣曼陀罗

F9005321 — — — —

Datura metel L. 洋金花

F9005322 — — — 美国；拉丁美洲

Datura stramonium L. 曼陀罗

Q201607075908 — — — 美国（得克萨斯州）、加勒比地区；中美洲

Lycianthes 红丝线属

Lycianthes biflora (Lour.) Bitter 红丝线

F9005323 — — — 亚洲热带及亚热带

Lycium 枸杞属

Lycium chinense Mill. 枸杞

00047892 — — — 中国；亚洲东部温带

Nicotiana 烟草属

Nicotiana alata Link & Otto 花烟草

F9005325 — — — 巴西东南部及南部、阿根廷东北部

Nicotiana × sanderi Mast. 红花烟草

F9005324 — — — —

Nicotiana tabacum L. 烟草

F9005326 — — — 玻利维亚

Petunia 矮牵牛属

Petunia hybrida E. Vilm. 碧冬茄

F9005327 — — — —

Physalis 洋酸浆属

Physalis angulata L. 苦蘵

F9005328 — — — 美洲热带及亚热带

Solandra 金杯藤属

Solandra grandiflora Sw. 大花金杯藤

0004789 — — — 拉丁美洲

Solandra longiflora Tussac 长花金杯藤

0003311 — — — 古巴、葡萄牙、西班牙、委内瑞拉、厄

瓜多尔、秘鲁

Solanum 茄属

Solanum aculeatissimum Jacq. 喀西茄
00018515 — — — 巴西东南部及南部、巴拉圭中南部

Solanum aethiopicum L. 红茄
F9005329 — — — 起源于非洲东北部热带

Solanum americanum Mill. 少花龙葵
0002904 — — — 新世界

Solanum coagulans Jacq. 非洲野茄
F9005330 — — — —

Solanum incanum L. 丁茄
F9005331 — — — 阿拉伯半岛、伊朗、印度；非洲

Solanum lycopersicum L. 番茄
0001353 — — — 秘鲁

Solanum mammosum L. 乳茄
F9005332 — — — 美洲热带

Solanum melongena L. 茄
F9005333 — — — 栽培起源

Solanum muricatum Aiton 香瓜茄
F9005334 — — — 哥伦比亚、秘鲁

Solanum pseudocapsicum L. 珊瑚樱
0002068 — — — 特立尼达和多巴哥；美洲南部热带

Solanum pseudocapsicum 'Jubilee' 变色珊瑚樱
F9005335 — — — —

Solanum pseudocapsicum var. *diflorum* (Vell.) Bitter 珊瑚豆
F9005336 — — — —

Solanum spirale Roxb. 旋花茄
F9005337 — — 中国、印度、尼泊尔、孟加拉国、不丹、中南半岛、印度尼西亚（苏门答腊岛、爪哇岛）

Solanum torvum Sw. 水茄
00053669 — — — 美洲

Solanum virginianum L. 黄果茄
F9005338 — — — 阿拉伯半岛、伊朗南部、中国、中南半岛；非洲热带东北部

Solanum wrightii Benth. 大花茄
Q201611037555 — — — 玻利维亚

Hydroleaceae 田基麻科

Hydrolea 田基麻属

Hydrolea zeylanica (L.) Vahl 田基麻
F9005339 — — — 澳大利亚东北部；亚洲热带及亚热带

Oleaceae 木樨科

Cartrema 美洲木樨属

Cartrema marginata (Champ. ex Benth.) de Juana 厚边木樨

F9005340 — — — 中国南部、越南北部

Cartrema matsumurana (Hayata) de Juana 牛矢果
F9005341 — — — 印度（阿萨姆邦）、中国

Chionanthus 北美流苏树属

Chionanthus ramiflorus Roxb. 枝花流苏树
F9005342 — — — 澳大利亚（昆士兰州北部）；亚洲热带及亚热带

Chrysojasminum 探春花属

Chrysojasminum floridum (Bunge) Banfi 探春花
F9005343 — — — 中国中部

Forsythia 连翘属

Forsythia suspensa (Thunb.) Vahl 连翘
00046855 中国特有 — — 中国

Fraxinus 梣属

Fraxinus chinensis Roxb. 白蜡树
F9005344 — — — 俄罗斯（远东地区）、朝鲜、韩国、日本、中南半岛

Fraxinus griffithii C. B. Clarke 光蜡树
F9005345 — — — 孟加拉国、尼泊尔、不丹、中国、印度尼西亚（爪哇岛、小巽他群岛）

Fraxinus hubeiensis S. Z. Qu, C. B. Shang & P. L. Su 湖北白蜡
F9005346 中国特有 — — 中国

Fraxinus insularis Hemsl. 苦枥木
F9005347 — — — 中国、日本

Fraxinus mandshurica Rupr. 水曲柳
F0037027 — 易危（VU） 二级 俄罗斯（远东地区）、中国中部、日本中部及北部

Fraxinus sieboldiana Blume 庐山梣
F9005348 — — — 中国、韩国、日本中部及南部

Jasminum 素馨属

Jasminum abyssinicum Hochst. ex DC. 埃塞素馨
F9005349 — — — 喀麦隆、厄立特里亚；非洲南部

Jasminum coarctatum Roxb. 密花素馨
F9005350 — — — 印度、中国、中南半岛

Jasminum elongatum (P. J. Bergius) Willd. 扭肚藤
00018779 — — — 中国、尼泊尔、澳大利亚北部

Jasminum grandiflorum L. 素馨花
F9005351 — — — 阿拉伯半岛、巴基斯坦、中国；非洲

Jasminum lanceolarium Roxb. 清香藤
F9005352 — — — —

Jasminum mesnyi Hance 野迎春
0002424 — — — 中国、越南

Jasminum multiflorum (Burm. f.) Andrews 毛茉莉

F9005353 — — — 中南半岛；南亚

Jasminum nervosum Lour. 青藤仔

F9005354 — — — 中国、印度、尼泊尔、孟加拉国、不丹、马来半岛

Jasminum nudiflorum Lindl. 迎春花

F9005355 中国特有 — — 中国

Jasminum officinale L. 素方花

F9005356 — — — 高加索地区、中国

Jasminum polyanthum Franch. 多花素馨

F9005357 — — — 中国、缅甸

Jasminum sambac (L.) Aiton 茉莉花

0002682 — — — 不丹、印度

Jasminum sinense Hemsl. 华素馨

F9005358 — — — 中国、越南北部

Jasminum urophyllum Hemsl. 川素馨

F9005359 中国特有 — — 中国

Ligustrum 女贞属

Ligustrum compactum (Wall. ex G. Don) Hook. f. & Thomson ex Brandis 长叶女贞

F0037469 — — — 中国、印度、尼泊尔、孟加拉国、不丹

Ligustrum henryi Hemsl. 丽叶女贞

F9005361 中国特有 — — 中国

Ligustrum japonicum Thunb. 日本女贞

F9005362 — — — 中国；亚洲东部温带

Ligustrum leucanthum (S. Moore) P. S. Green 蜡子树

F9005363 — — — 中国、韩国

Ligustrum lucidum W. T. Aiton 女贞

0004574 — — — 中国、韩国南部

Ligustrum ovalifolium 'Aureum' 花斑卵叶女贞

F9005364 — — — —

Ligustrum punctifolium M. C. Chang 斑叶女贞

0001344 — — — 中国、越南

Ligustrum quihoui Carrière 小叶女贞

0001655 — — — 中国、韩国

Ligustrum robustum (Roxb.) Blume 粗壮女贞

F0036914 — — — 印度、中南半岛

Ligustrum sinense Lour. 小蜡

00005631 — — — 中国、越南

Ligustrum sinense var. *myrianthum* (Diels) Hoefker 光萼小蜡

F9005365 中国特有 — — 中国

Ligustrum sinense 'Variegatum' 斑叶小蜡

F9005366 — — — —

Ligustrum strongylophyllum Hemsl. 宜昌女贞

F9005367 中国特有 — — 中国中部

Ligustrum × *vicaryi* Rehder 金叶女贞

F9005360 — — — —

Olea 木樨榄属

Olea brachiata (Lour.) Merr. 滨木樨榄

F9005368 — — — 中国、加里曼丹岛

Olea dioica Roxb. 异株木樨榄

F9005369 — — — 印度、缅甸

Olea europaea L. 木樨榄

0003646 中国特有 — — 中国

Olea europaea subsp. *cuspidata* (Wall. & G. Don) Cif. 锈鳞木樨榄

00005918 — — — 马斯克林群岛、阿拉伯半岛、中国；非洲南部

Olea rosea Craib 红花木樨榄

F9005370 — — — 中国、泰国北部

Osmanthus 木樨属

Osmanthus armatus Diels 红柄木樨

00047254 中国特有 — — 中国

Osmanthus fragrans Lour. 桂花

00005471 中国特有 — — 中国

Osmanthus fragrans 'Everafolrus' 'Everafolrus'四季桂

F9005371 — — — —

Osmanthus fragrans 'Semperflorens' 四季桂

00000011 — — — —

Osmanthus fragrans var. *aurantiacus* Makino 丹桂

F9005372 — — — 日本

Osmanthus gracilinervis L. C. Chia ex R. L. Lu 细脉木樨

F9005373 中国特有 — — 中国

Osmanthus henryi P. S. Green 蒙自桂花

F9005374 中国特有 — — 中国南部

Osmanthus heterophyllus 'Variegatus' '金边'柊树

F9005375 — — — —

Osmanthus reticulatus P. S. Green 网脉木樨

F9005376 中国特有 近危（NT） — 中国南部

Osmanthus serrulatus Rehder 短丝木樨

F0036486 中国特有 — — 中国

Osmanthus urceolatus P. S. Green 坛花木樨

F9005377 中国特有 — — 中国

Gesneriaceae 苦苣苔科

×*Achimenantha* 长绒岩桐属

×*Achimenantha* 'Polly Tan' 'Polly Tan' 长绒岩桐

F9005378 — — — —

Achimenes 长筒花属

Achimenes 'Abendrot' 'Abendrot'长筒花

F0002538 — — — —

Achimenes 'Abyss'　'Abyss'长筒花
F0002594 — — — —
Achimenes 'Admirabilis'　'Admirabilis'长筒花
F9005379 — — — —
Achimenes 'Aeh Blue Single'　'Aeh Blue Single'长筒花
F0004466 — — — —
Achimenes 'Ambroise Verschaffelt'　'Ambroise Verschaffelt'长筒花
F0002584 — — — —
Achimenes 'Ambroise Verschaffelt H2'　'Ambroise Verschaffelt H2'长筒花
F9005380 — — — —
Achimenes 'Amie Saliba'　'Amie Saliba'长筒花
F9005381 — — — —
Achimenes 'Amie Saliba-Improved'　'Amie Saliba-Improved'长筒花
F0002602 — — — —
Achimenes 'Amour'　'Amour'长筒花
F0002606 — — — —
Achimenes 'Antirrhina Red Cap'　'Antirrhina Red Cap'长筒花
F9005382 — — — —
Achimenes 'Apple Cider'　'Apple Cider'长筒花
F0002564 — — — —
Achimenes 'Apricot Glow'　'Apricot Glow'长筒花
F0002576 — — — —
Achimenes 'Aquamarine'　'Aquamarine'长筒花
F9006984 — — — —
Achimenes 'Aries'　'Aries'长筒花
F9005383 — — — —
Achimenes 'Azur'　'Azur'长筒花
F9005384 — — — —
Achimenes 'Belas Memorias'　'Belas Memorias'长筒花
F0002539 — — — —
Achimenes 'Bianco Natale'　'Bianco Natale'长筒花
F9005385 — — — —
Achimenes 'Big Weiss'　'Big Weiss'长筒花
F0002542 — — — —
Achimenes 'Blue Moon'　'Blue Moon'长筒花
F0002550 — — — —
Achimenes 'Blue Twice'　'Blue Twice'长筒花
F9005386 — — — —
Achimenes 'Blueberry Lemon'　'Blueberry Lemon'长筒花
F0002566 — — — —
Achimenes 'Blueberry Ripple'　'Blueberry Ripple'长筒花
F0002563 — — — —
Achimenes 'Bonus Caprice Bonns'　'Bonus Caprice Bonns'长筒花
F0002583 — — — —
Achimenes 'Bule Twice'　'Bule Twice'长筒花
F0002559 — — — —
Achimenes 'Caligula'　'Caligula'长筒花
F9005387 — — — —
Achimenes 'Camille Brozzoni'　'Camille Brozzoni'长筒花
F9005388 — — — —
Achimenes 'Candy Girl'　'Candy Girl'长筒花
F9005389 — — — —
Achimenes 'Candy Shop'　'Candy Shop'长筒花
F0002603 — — — —
Achimenes 'Cattleya'　'Cattleya'长筒花
F9005390 — — — —
Achimenes 'Cettoana'　'Cettoana'长筒花
F0002607 — — — —
Achimenes 'Charity'　'Charity'长筒花
F9005391 — — — —
Achimenes 'Cherry Blossoms'　'Cherry Blossoms'长筒花
F0002541 — — — —
Achimenes 'Coral Sunset'　'Coral Sunset'长筒花
F9005392 — — — —
Achimenes 'Coted Ivoire'　'Coted Ivoire'长筒花
F0002592 — — — —
Achimenes 'Coted Or'　'Coted Or'长筒花
F0002562 — — — —
Achimenes 'Daisy Boo'　'Daisy Boo'长筒花
F9005393 — — — —
Achimenes 'Dazzler'　'Dazzler'长筒花
F9005394 — — — —
Achimenes 'Delicatesse'　'Delicatesse'长筒花
F9005395 — — — —
Achimenes 'Diabolique'　'Diabolique'长筒花
F9005396 — — — —
Achimenes 'Dot'　'Dot'长筒花
F0002547 — — — —
Achimenes 'Double Blue Rose'　'Double Blue Rose'长筒花
F9005397 — — — —
Achimenes 'Double Picotee Rose'　'Double Picotee Rose'长筒花
F0002601 — — — —
Achimenes 'Double Pink Rose'　'Double Pink Rose'长筒花
F0002590 — — — —
Achimenes 'Double White Rose'　'Double White Rose'长筒花
F9005398 — — — —
Achimenes 'Eldorado'　'Eldorado'长筒花

F9005399 — — — —

Achimenes 'Electra' 'Electra'长筒花

F9005400 — — — —

Achimenes 'Erik Blue' 'Erik Blue'长筒花

F0002572 — — — —

Achimenes 'Ever' 'Ever'长筒花

F9005401 — — — —

Achimenes 'Femme Fatale' 'Femme Fatale'长筒花

F9005402 — — — —

Achimenes 'Firefly' 'Firefly'长筒花

F0002582 — — — —

Achimenes 'Fly High' 'Fly High'长筒花

F0002575 — — — —

Achimenes 'Fontaine Bleue' 'Fontaine Bleue'长筒花

F0002608 — — — —

Achimenes 'Forget Me Not' 'Forget Me Not'长筒花

F9005403 — — — —

Achimenes 'Fritz Michelssen' 'Fritz Michelssen'长筒花

F9005404 — — — —

Achimenes 'George Houche' 'George Houche'长筒花

F9005405 — — — —

Achimenes 'Glory' 'Glory'长筒花

F9005406 — — — —

Achimenes 'Golden Butterfly' 'Golden Butterfly'长筒花

F9005407 — — — —

Achimenes 'Golden Jubilee' 'Golden Jubilee'长筒花

F0002580 — — — —

Achimenes 'Grandiflora Robert Dressler' 'Grandiflora Robert Dressler'长筒花

F9005408 — — — —

Achimenes 'Grape Wine' 'Grape Wine'长筒花

F9005409 — — — —

Achimenes 'Hard To Get' 'Hard To Get'长筒花

F0002587 — — — —

Achimenes 'Harry Williams' 'Harry Williams'长筒花

F9005410 — — — —

Achimenes 'Heart Choice' 'Heart Choice'长筒花

F0002529 — — — —

Achimenes 'Himalayan Angel' 'Himalayan Angel'长筒花

F9005411 — — — —

Achimenes 'Himalayan Sunrise' 'Himalayan Sunrise'长筒花

F9005412 — — — —

Achimenes 'Honey Queen' 'Honey Queen'长筒花

F9005413 — — — —

Achimenes 'Hot Spot' 'Hot Spot'长筒花

F0002543 — — — —

Achimenes 'Hugues Anfray' 'Hugues Anfray'长筒花

F0002574 — — — —

Achimenes 'Hugues Aucfer' 'Hugues Aucfer'长筒花

F9005414 — — — —

Achimenes 'Ice Digger' 'Ice Digger'长筒花

F0002604 — — — —

Achimenes 'Ice Tea' 'Ice Tea'长筒花

F0002610 — — — —

Achimenes 'Icy Volga' 'Icy Volga'长筒花

F0002561 — — — —

Achimenes 'India' 'India'长筒花

F9005415 — — — —

Achimenes 'Ivory Blush' 'Ivory Blush'长筒花

F9005416 — — — —

Achimenes 'Ivory Queen' 'Ivory Queen'长筒花

F0002560 — — — —

Achimenes 'Ivresse' 'Ivresse'长筒花

F9005417 — — — —

Achimenes 'Jennifer Goode' 'Jennifer Goode'长筒花

F9005418 — — — —

Achimenes 'Joy' 'Joy'长筒花

F0002528 — — — —

Achimenes 'Kim Blue' 'Kim Blue'长筒花

F9005419 — — — —

Achimenes 'King of Windsor' 'King of Windsor'长筒花

F0002558 — — — —

Achimenes 'Konrad Michelssen' 'Konrad Michelssen'长筒花

F0002567 — — — —

Achimenes 'Korallen' 'Korallen'长筒花

F9005420 — — — —

Achimenes 'Lady in Black' 'Lady in Black'长筒花

F0002577 — — — —

Achimenes 'Last Dawn' 'Last Dawn'长筒花

F0002555 — — — —

Achimenes 'Lemon Orchard' 'Lemon Orchard'长筒花

F9005421 — — — —

Achimenes 'Limoncello' 'Limoncello'长筒花

F9005422 — — — —

Achimenes 'Little Lulu' 'Little Lulu'长筒花

F0002598 — — — —

Achimenes 'Marie Antoinette' 'Marie Antoinette'长筒花

F9005423 — — — —

Achimenes 'Mauve Delight' 'Mauve Delight'长筒花

F9005424 — — — —

Achimenes 'Melon Ice Cream' 'Melon Ice Cream'长筒花

F9005425 — — — —

Achimenes 'Mesange Blanche' 'Mesange Blanche'长筒花

F0002581 — — — —
Achimenes 'Misera' 'Misera'长筒花
F0004469 — — — —
Achimenes 'Moon Stone' 'Moon Stone'长筒花
F9005426 — — — —
Achimenes 'Najuu' 'Najuu'长筒花
F9005427 — — — —
Achimenes 'Nana Renee' 'Nana Renee'长筒花
F0002554 — — — —
Achimenes 'Nano' 'Nano'长筒花
F9005428 — — — —
Achimenes 'Nocturne' 'Nocturne'长筒花
F9005429 — — — —
Achimenes 'Old Rose Pink' 'Old Rose Pink'长筒花
F9005430 — — — —
Achimenes 'Orange Delight' 'Orange Delight'长筒花
F9005431 — — — —
Achimenes 'Orange Orchard' 'Orange Orchard'长筒花
F0002565 — — — —
Achimenes 'Orange Queen' 'Orange Queen'长筒花
F9005432 — — — —
Achimenes 'Paul Arnold' 'Paul Arnold'长筒花
F9005433 — — — —
Achimenes 'Peach Blossom' 'Peach Blossom'长筒花
F0002595 — — — —
Achimenes 'Peach Cascade' 'Peach Cascade'长筒花
F9005434 — — — —
Achimenes 'Peach Glow' 'Peach Glow'长筒花
F0002549 — — — —
Achimenes 'Peach Orchard' 'Peach Orchard'长筒花
F9005435 — — — —
Achimenes 'Petite Fadette' 'Petite Fadette'长筒花
F9005436 — — — —
Achimenes 'Petite Marquise' 'Petite Marquise'长筒花
F9005437 — — — —
Achimenes 'Petite Nicole' 'Petite Nicole'长筒花
F9005438 — — — —
Achimenes 'Pink Elfe' 'Pink Elfe'长筒花
F9005439 — — — —
Achimenes 'Purple Kimono' 'Purple Kimono'长筒花
F0002569 — — — —
Achimenes 'Purple King' 'Purple King'长筒花
F0004465 — — — —
Achimenes 'Rai' 'Rai'长筒花
F0002540 — — — —
Achimenes 'Rainbow Multicolor' 'Rainbow Multicolor'长筒花

F9005440 — — — —
Achimenes 'Rainbow Warrior' 'Rainbow Warrior'长筒花
F9005441 — — — —
Achimenes 'Red Ann' 'Red Ann'长筒花
F9005442 — — — —
Achimenes 'Red Diamond' 'Red Diamond'长筒花
F9005443 — — — —
Achimenes 'Red Spectacular' 'Red Spectacular'长筒花
F9005444 — — — —
Achimenes 'Robert Dressler' 'Robert Dressler'长筒花
F0002573 — — — —
Achimenes 'Rosa Charm' 'Rosa Charm'长筒花
F9005445 — — — —
Achimenes 'Rosenthal' 'Rosenthal'长筒花
F0002605 — — — —
Achimenes 'Rosy Forst' 'Rosy Forst'长筒花
F0002614 — — — —
Achimenes 'San Paul' 'San Paul'长筒花
F9005446 — — — —
Achimenes 'Santa Maria' 'Santa Maria'长筒花
F0002600 — — — —
Achimenes 'Sauline' 'Sauline'长筒花
F9005447 — — — —
Achimenes 'Schneewittchen' 'Schneewittchen'长筒花
F9005448 — — — —
Achimenes 'Scoopey' 'Scoopey'长筒花
F9005449 — — — —
Achimenes 'Scoopey H2' 'Scoopey H2'长筒花
F9005450 — — — —
Achimenes 'Scorpio' 'Scorpio'长筒花
F0002579 — — — —
Achimenes 'Serge Saliba' 'Serge Saliba'长筒花
F0002585 — — — —
Achimenes 'Serge's Fantasy' 'Serge's Fantasy'长筒花
F9005451 — — — —
Achimenes 'Serge's Joy' 'Serge's Joy'长筒花
F9005452 — — — —
Achimenes 'Serge's fantasy' 'Serge's fantasy'长筒花
F9005453 — — — —
Achimenes 'Serg's Fantasy Rhizomes Gesneriad' 'Serg's Fantasy Rhizomes Gesneriad'长筒花
F9005454 — — — —
Achimenes 'Show-off' 'Show-off'长筒花
F9005455 — — — —
Achimenes 'Siberian Wolf' 'Siberian Wolf'长筒花
F0002615 — — — —
Achimenes 'Silver Wedding' 'Silver Wedding'长筒花

F9005456 — — — —

Achimenes 'Silvia Cagnani' 'Silvia Cagnani'长筒花

F9005457 — — — —

Achimenes 'Simbirochka' 'Simbirochka'长筒花

F9005458 — — — —

Achimenes 'Skinneri' 'Skinneri'长筒花

F9005459 — — — —

Achimenes 'Snow Princess' 'Snow Princess'长筒花

F9005460 — — — —

Achimenes 'Snow Surprise' 'Snow Surprise'长筒花

F9005461 — — — —

Achimenes 'Snow White' 'Snow White'长筒花

F9005462 — — — —

Achimenes 'Sora Theresa' 'Sora Theresa'长筒花

F0002536 — — — —

Achimenes 'Stan's Delight' 'Stan's Delight'长筒花

F9005463 — — — —

Achimenes 'Strawberry Ice Cream' 'Strawberry Ice Cream' 长筒花

F0002616 — — — —

Achimenes 'Strawberry Lemon' 'Strawberry Lemon'长筒花

F0002568 — — — —

Achimenes 'Sugarland' 'Sugarland'长筒花

F9005464 — — — —

Achimenes 'Summer Festival' 'Summer Festival'长筒花

F9005465 — — — —

Achimenes 'Summer Sunset' 'Summer Sunset'长筒花

F9005466 — — — —

Achimenes 'Sun Dance' 'Sun Dance'长筒花

F0002611 — — — —

Achimenes 'Sun Wind' 'Sun Wind'长筒花

F9005467 — — — —

Achimenes 'Sunburst' 'Sunburst'长筒花

F9006982 — — — —

Achimenes 'Swan Lake' 'Swan Lake'长筒花

F0002613 — — — —

Achimenes 'Sweet and Sour' 'Sweet and Sour'长筒花

F9005468 — — — —

Achimenes 'Tamara Khorkina' 'Tamara Khorkina'长筒花

F9005469 — — — —

Achimenes 'Tamrosa' 'Tamrosa'长筒花

F9005470 — — — —

Achimenes 'Tarantella' 'Tarantella'长筒花

F9005471 — — — —

Achimenes 'Tatjana Savchuk' 'Tatjana Savchuk'长筒花

F0002544 — — — —

Achimenes 'Tetra Klaus Neubner' 'Tetra Klaus Neubner'长

筒花

F9005472 — — — —

Achimenes 'Tetra Lach's Charm' 'Tetra Lach's Charm'长筒花

F9005473 — — — —

Achimenes 'Tetra Orange Glow' 'Tetra Orange Glow'长筒花

F9005474 — — — —

Achimenes 'Tetra Rosamunde' 'Tetra Rosamunde'长筒花

F9005475 — — — —

Achimenes 'Tetra Verschaffelt' 'Tetra Verschaffelt'长筒花

F9005476 — — — —

Achimenes 'Texas Heat' 'Texas Heat'长筒花

F0002578 — — — —

Achimenes 'Timon Cello' 'Timon Cello'长筒花

F0002557 — — — —

Achimenes 'Vaisy Boo' 'Vaisy Boo'长筒花

F0002597 — — — —

Achimenes 'Van Gogh' 'Van Gogh'长筒花

F0002586 — — — —

Achimenes 'Vie en Rose' 'Vie en Rose'长筒花

F9005477 — — — —

Achimenes 'Vivid' 'Vivid'长筒花

F0002596 — — — —

Achimenes 'Weinrot Elfe' 'Weinrot Elfe'长筒花

F9005478 — — — —

Achimenes 'Wetterlow Triumph' 'Wetterlow Triumph'长筒花

F9005479 — — — —

Achimenes 'X-Taz' 'X-Taz'长筒花

F9005480 — — — —

Achimenes 'Yellow Beauty' 'Yellow Beauty'长筒花

F9005481 — — — —

Achimenes 'Yellow English Rose' 'Yellow English Rose'长筒花

F9005482 — — — —

Achimenes 'Yellow Joy' 'Yellow Joy'长筒花

F9005483 — — — —

Achimenes 'Yellow Queen' 'Yellow Queen'长筒花

F9005484 — — — —

Achimenes 'Ziggy' 'Ziggy'长筒花

F9005485 — — — —

Aeschynanthus 芒毛苣苔属

Aeschynanthus acuminatissimus W. T. Wang 长尖芒毛苣苔

F9005486 — — — 中国、越南

Aeschynanthus acuminatus Wall. ex A. DC. 芒毛苣苔

F0000420 — — — 中国、印度、尼泊尔、孟加拉国、不丹、中南半岛

Aeschynanthus andersonii C. B. Clarke 轮叶芒毛苣苔
F9005487 — — — 中国、马来半岛

Aeschynanthus angustioblongus W. T. Wang 狭矩芒毛苣苔
F9005488 — — — 印度、中国

Aeschynanthus angustissimus (W. T. Wang) W. T. Wang 狭叶芒毛苣苔
F9005489 中国特有 — — 中国（西藏东南部）

Aeschynanthus bracteatus Wall. ex A. DC. 显苞芒毛苣苔
F9005490 — — — 中国、印度、尼泊尔、孟加拉国、不丹、中南半岛北部

Aeschynanthus buxifolius Hemsl. 黄杨叶芒毛苣苔
F0005522 — — — 中国、越南北部

Aeschynanthus 'Caroline' 'Caroline'芒毛苣苔
F9005491 — — — —

Aeschynanthus chiritoides C. B. Clarke 小齿芒毛苣苔
F9005492 — — — 中国、尼泊尔、不丹、孟加拉国

Aeschynanthus 'Divamcutum' 'Divamcutum'芒毛苣苔
F9005493 — — —

Aeschynanthus flavidus Mendum & P. Woods
F0005477 — — — 加里曼丹岛

Aeschynanthus hookeri C. B. Clarke 束花芒毛苣苔
0001380 — — — 中国、尼泊尔、缅甸北部

Aeschynanthus humilis Hemsl. 矮芒毛苣苔
F0000649 — — — 中国、中南半岛北部

Aeschynanthus 'Japhrolepis' 'Japhrolepis'芒毛苣苔
F9005494 — — —

Aeschynanthus lancilimbus W. T. Wang 披针芒毛苣苔
F9005495 中国特有 近危（NT） — 中国

Aeschynanthus lasiocalyx W. T. Wang 毛萼芒毛苣苔
F0000608 中国特有 — — 中国（西藏东南部）

Aeschynanthus lineatus Craib 线条芒毛苣苔
F9005497 — — — 中国、缅甸、老挝、越南、泰国北部

Aeschynanthus longicaulis Wall. ex R. Br. 长茎芒毛苣苔
F0000628 — — — 安达曼和尼科巴群岛、中国、中南半岛、马来西亚西北部

Aeschynanthus 'Marmoratus' 'Marmoratus'芒毛苣苔
F9005498 — — — —

Aeschynanthus 'Martius' 'Martius'芒毛苣苔
F9005499 — — —

Aeschynanthus medogensis W. T. Wang 墨脱芒毛苣苔
F9005500 中国特有 — — 中国（西藏东南部）

Aeschynanthus mengxingensis W. T. Wang 勐醒芒毛苣苔
F9005501 中国特有 — — 中国

Aeschynanthus micranthus C. B. Clarke 滇南芒毛苣苔
F9005502 — — — 不丹、中国南部

Aeschynanthus 'Mona Lisa' 'Mona Lisa'芒毛苣苔
F9005503 — — —

Aeschynanthus moningerae (Merr.) Chun 红花芒毛苣苔
F0000592 中国特有 — — 中国

Aeschynanthus parasiticus (Roxb.) Wall. 大花芒毛苣苔
F0000623 — — — 中国

Aeschynanthus parviflorus (D. Don) Spreng. 具斑芒毛苣苔
F9005504 — — — 中国、中南半岛

Aeschynanthus pulcher (Blume) G. Don 口红花
0001803 — — — 中南半岛南部、马来西亚西部

Aeschynanthus radicans Jack 毛萼口红花
F9006899 — — — 泰国、马来西亚

Aeschynanthus 'Scooby Doo' 'Scooby Doo'芒毛苣苔
F9005505 — — —

Aeschynanthus sinolongicalyx W. T. Wang 长萼芒毛苣苔
F9005506 中国特有 — — 中国

Aeschynanthus speciosus Hook. 美丽口红花
F0005532 — — — 泰国、马来西亚西部

Aeschynanthus stenosepalus J. Anthony 尾叶芒毛苣苔
F0005448 — — — 印度、中国、缅甸北部

Aeschynanthus superbus C. B. Clarke 华丽芒毛苣苔
F0000658 — — — 不丹、中国、中南半岛

Aeschynanthus tengchungensis W. T. Wang 腾冲芒毛苣苔
F0000637 中国特有 — — 中国

Aeschynanthus 'Thai Pink' 'Thai Pink'芒毛苣苔
F9005507 — — —

Aeschynanthus 'Tiger Stripe' 'Tiger Stripe'芒毛苣苔
F9005508 — — —

Aeschynanthus tubulosus J. Anthony 筒花芒毛苣苔
F0005463 — — — 中国、缅甸北部

Aeschynanthus tubulosus var. *angustilobus* J. Anthony 狭萼片芒毛苣苔
F9006966 中国特有 — — 中国

Aeschynanthus 'Twister' 'Twister'芒毛苣苔
F9005509 — — —

Allocheilos 异唇苣苔属
Allocheilos cortusiflorum W. T. Wang 异唇苣苔
F9005510 中国特有 濒危（EN） — 中国

Allostigma 异片苣苔属
Allostigma guangxiense W. T. Wang 异片苣苔
F9005511 中国特有 易危（VU） — 中国

Alsobia 齿瓣岩桐属
Alsobia dianthiflora (H. E. Moore & R. G. Wilson) Wiehler 流苏岩桐
F9005512 — — — 墨西哥、哥伦比亚西北部

Alsobia punctata (Lindl.) Hanst. 额索花

F9005513 — — — 墨西哥南部、危地马拉

Amalophyllon 饰缨岩桐属

Amalophyllon clarkii Boggan, L. E. Skog & Roalson

F9006978 — — — 厄瓜多尔

Anna 大苞苣苔属

Anna mollifolia (W. T. Wang) W. T. Wang & K. Y. Pan 软叶大苞苣苔

F9005514 中国特有 — — 中国

Anna ophiorrhizoides (Hemsl.) B. L. Burtt & R. A. Davidson 白花大苞苣苔

0001515 中国特有 — — 中国

Anna submontana Pellegr. 大苞苣苔

0002492 — — — 中国、越南北部

Beccarinda 横蒴苣苔属

Beccarinda tonkinensis (Pellegr.) B. L. Burtt 横蒴苣苔

F0072011 — — — 中国、中南半岛北部

Boeica 短筒苣苔属

Boeica ferruginea Drake 锈毛短筒苣苔

F9005515 — 近危（NT） — 中国、中南半岛北部

Boeica fulva C. B. Clarke 短筒苣苔

0001782 — — — 中国、印度、尼泊尔、孟加拉国、不丹

Boeica guileana B. L. Burtt 紫花短筒苣苔

0000387 中国特有 近危（NT） — 中国

Boeica porosa C. B. Clarke 孔药短筒苣苔

F9005516 — — — 印度（阿萨姆邦）、中国、中南半岛

Boeica stolonifera K. Y. Pan 匍茎短筒苣苔

F9005517 — — — 中国、越南北部

Briggsiopsis 筒花苣苔属

Briggsiopsis delavayi (Franch.) K. Y. Pan 筒花苣苔

F9005518 中国特有 — — 中国

Centrosolenia 锦叶岩桐属

Centrosolenia porphyrotricha (Leeuwenb.) M. M. Mora & J. L. Clark

F9005519 — — — 委内瑞拉南部、圭亚那

Chrysothemis 金红岩桐属

Chrysothemis melittifolia (L.) M. M. Mora & J. L. Clark

F9005520 — — — 小安的列斯群岛、特立尼达和多巴哥

Chrysothemis pulchella (Donn ex Sims) Decne. 金红岩桐

0003052 — — — 美洲热带

Columnea 鲸鱼花属

Columnea magnifica Klotzsch ex Oerst. 短裂鲸鱼花

F9005521 — — — 哥斯达黎加、巴拿马

Columnea microcalyx Hanst. 鲸鱼花

F9005522 — — — 中美洲北部

Columnea microphylla Klotzsch & Hanst. ex Oerst. 小叶鲸鱼花

F9005523 — — — 哥斯达黎加

Columnea orientandina (Wiehler) L. P. Kvist & L. E. Skog

F0001001 — — — 厄瓜多尔东南部、秘鲁中部

Columnea raymondii C. V. Morton

F9005524 — — — 哥斯达黎加

Columnea sanguinea 'Nova Espera' 'Nova Espera'金鱼藤

F9005525 — — — —

Columnea sanguinea 'Serra Bonita' 'Serra Bonita'金鱼藤

F9005526 — — — —

Columnea schiedeana Schltdl. 紫斑鲸鱼花

F9005527 — — — 墨西哥

Columnea 'Stavanger' 细叶鲸鱼花

F9005528 — — — —

Columnea ulei 'Pico Alto' 'Pico Alto'鲸鱼花

F9005529 — — — —

Conandron 苦苣苔属

Conandron ramondioides Siebold & Zucc. 苦苣苔

F9005530 — — — 中国东部、日本中南部

Corallodiscus 珊瑚苣苔属

Corallodiscus conchifolius Batalin 小石花

F9005531 中国特有 — — 中国

Corallodiscus kingianus (Craib) B. L. Burtt 卷丝苣苔

F9005532 — — — 中国、尼泊尔、不丹、孟加拉国

Corallodiscus lanuginosus (Wall. ex R. Br.) B. L. Burtt 珊瑚苣苔

F0072000 — — — 中国、印度、尼泊尔、孟加拉国、不丹

Cyrtandra 浆果苣苔属

Cyrtandra umbellifera Merr. 浆果苣苔

F9005533 — — — 中国、菲律宾

Damrongia 套唇苣苔属

Damrongia clarkeana (Hemsl.) C. Puglisi 大花旋蒴苣苔

F0005315 中国特有 — — 中国

Damrongia orientalis (Craib) C. Puglisi

F9005534 — — — 泰国

Damrongia purpureolineata Kerr ex Craib

F0003426 — — — 泰国北部

Deinostigma 奇柱苣苔属

Deinostigma cicatricosa (W. T. Wang) D. J. Middleton &

Mich. Möller　多痕奇柱苣苔

F9005535　中国特有 — — 中国

Deinostigma cyrtocarpa (D. Fang & L. Zeng) Mich. Möller & H. J. Atkins　弯果奇柱苣苔

F9005536　中国特有 — — 中国

Didymocarpus　长蒴苣苔属

Didymocarpus brevipedunculatus Y. H. Tan & Bin Yang　短序长蒴苣苔

F9005537　— — — —

Didymocarpus cortusifolius (Hance) H. Lév.　温州长蒴苣苔

F9005538　中国特有 — — 中国

Didymocarpus glandulosus (W. W. Sm.) W. T. Wang　腺毛长蒴苣苔

0002697　中国特有 — — 中国

Didymocarpus glandulosus var. *minor* (W. T. Wang) W. T. Wang　短萼长蒴苣苔

F9005539　中国特有 — — 中国

Didymocarpus grandidentatus (W. T. Wang) W. T. Wang　大齿长蒴苣苔

F9005540　中国特有 — — 中国

Didymocarpus heucherifolius Hand.-Mazz.　闽赣长蒴苣苔

F9005541　中国特有 — — 中国

Didymocarpus leiboensis Z. P. Soong & W. T. Wang　雷波长蒴苣苔

F9005542　中国特有　易危（VU）— 中国

Didymocarpus medogensis W. T. Wang　墨脱长蒴苣苔

F9005543　中国特有 — — 中国（西藏东南部）

Didymocarpus mengtze W. W. Sm.　蒙自长蒴苣苔

F9005544　中国特有 — — 中国

Didymocarpus punduanus var. *pulcher* (C. B. Clarke) Su. Datta & B. K. Sinha　美丽长蒴苣苔

F9005545　— — — 喜马拉雅山脉中东部、越南

Didymocarpus purpureobracteatus W. W. Sm.　紫苞长蒴苣苔

F9005546　— — — 中国、中南半岛北部

Didymocarpus reniformis W. T. Wang　肾叶长蒴苣苔

F9005547　中国特有 — — 中国

Didymocarpus stenanthos C. B. Clarke　狭冠长蒴苣苔

0003216　中国特有 — — 中国

Didymocarpus stenanthos var. *pilosellus* W. T. Wang　疏毛长蒴苣苔

F9005548　中国特有 — — 中国

Didymocarpus villosus D. Don　长毛长蒴苣苔

F9005549　— — — 中国、尼泊尔、不丹

Didymocarpus yunnanensis (Franch.) W. W. Sm.　云南长蒴苣苔

0000207　— — — 印度（阿萨姆邦）、中国

Didymocarpus zhenkangensis W. T. Wang　镇康长蒴苣苔

F9005550　中国特有　易危（VU）— 中国

Didymostigma　双片苣苔属

Didymostigma leiophyllum D. Fang & Xiao H. Lu　光叶双片苣苔

F9005551　中国特有 — — 中国

Didymostigma obtusum (C. B. Clarke) W. T. Wang　双片苣苔

0000409　中国特有 — — 中国

Dorcoceras　旋蒴苣苔属

Dorcoceras hygrometrica Bunge　旋蒴苣苔

0003375　中国特有 — — 中国

Dorcoceras philippense (C. B. Clarke) Schltr.　地胆旋蒴苣苔

0001965　— — — 中国南部、菲律宾、印度尼西亚（苏拉威西岛、小巽他群岛）

Episcia　喜荫花属

Episcia cupreata (Hook.) Hanst.　喜荫花

F0001037　— — — 拉丁美洲

Episcia 'Gloxinia Lindeiana'　'Gloxinia Lindeiana'喜荫花

F0003207　— — — —

Episcia 'Jim's Hall'　'Jim's Hall'喜荫花

F9005552　— — — —

Episcia 'Kristina K'　'Kristina K'喜荫花

F9005553　— — — —

Episcia 'Pink Smoke'　'Pink Smoke'喜荫花

F9005554　— — — —

Episcia 'Silver Skies'　'Silver Skies'喜荫花

F9005555　— — — —

Episcia 'Thad's Pink Diamond'　'Thad's Pink Diamond'喜荫花

F9005556　— — — —

Episcia 'Tiger Stripe'　'Tiger Stripe'喜荫花

F9005557　— — — —

Epithema　盾座苣苔属

Epithema carnosum Benth.　盾座苣苔

F9005558　— — — 印度东部、中国南部

Epithema taiwanensis var. *fasciculata* (Clarke) Z. Y. Li & M. T. Kao　密花盾座苣苔

F9005559　— — —

Gesneria　岛岩桐属

Gesneria cuneifolia (DC.) Fritsch　楔叶岛岩桐

F0001027　— — — 波多黎各

Gesneria ventricosa Sw.　偏凸岛岩桐

F0001004 — — — 牙买加、小安的列斯群岛

Glabrella 光叶苣苔属

Glabrella leiophylla (F. Wen & Y. G. Wei) F. Wen, Y. G. Wei & Mich. Möller 无毛光叶苣苔
F9005560 中国特有 — — 中国

Glabrella longipes (Hemsl.) Mich. Möller & W. H. Chen 盾叶粗筒苣苔
0001107 中国特有 — — 中国

Glabrella mihieri (Franch.) Mich. Möller & W. H. Chen 革叶粗筒苣苔
0004624 中国特有 — — 中国

Gloxinia 小岩桐属

Gloxinia erinoides 'Red Satin' 'Red Satin'小岩桐
F9005561 — — — —

Gloxinia perennis (L.) Druce 苦乐花
0004599 — — — 拉丁美洲

Gyrocheilos 圆唇苣苔属

Gyrocheilos lasiocalyx W. T. Wang 毛萼圆唇苣苔
F9005562 中国特有 近危（NT） — 中国

Gyrocheilos microtrichus W. T. Wang 微毛圆唇苣苔
F9005563 中国特有 — — 中国

Gyrocheilos retrotrichus var. *oligolobus* W. T. Wang 稀裂圆唇苣苔
F9005564 中国特有 — — 中国

Gyrocheilos retrotrichus W. T. Wang 折毛圆唇苣苔
F9005565 中国特有 — — 中国

Gyrogyne 圆果苣苔属

Gyrogyne subaequifolia W. T. Wang 圆果苣苔
F9005566 中国特有 野外绝灭（EW） — 中国

Hemiboea 半蒴苣苔属

Hemiboea angustifolia F. Wen & Y. G. Wei 披针叶半蒴苣苔
F9005567 — — — —

Hemiboea cavaleriei H. Lév. 贵州半蒴苣苔
F0000318 中国特有 — — 中国

Hemiboea cavaleriei var. *paucinervis* W. T. Wang & Z. Yu Li 疏脉半蒴苣苔
0002241 — — — 中国、越南北部

Hemiboea fangii Chun ex Z. Y. Li 齿叶半蒴苣苔
F9005568 中国特有 近危（NT） — 中国

Hemiboea flaccida Chun ex Z. Y. Li 毛果半蒴苣苔
F9005569 中国特有 — — 中国

Hemiboea follicularis C. B. Clarke 华南半蒴苣苔
F0000345 中国特有 — — 中国

Hemiboea gamosepala Z. Y. Li 合萼半蒴苣苔

F0000343 中国特有 近危（NT） — 中国

Hemiboea glandulosa Z. Y. Li 腺萼半蒴苣苔
F9005570 中国特有 近危（NT） — 中国

Hemiboea gracilis Franch. 纤细半蒴苣苔
F0000361 — — — 中国南部、越南北部

Hemiboea gracilis var. *pilobracteata* Z. Y. Li 毛苞半蒴苣苔
F0000349 中国特有 — — 中国

Hemiboea guangdongensis (Z. Y. Li) X. Q. Li & X. G. Xiang 广东半蒴苣苔
F9005571 中国特有 — — 中国

Hemiboea integra C. Y. Wu ex H. W. Li 全叶半蒴苣苔
F0000408 中国特有 易危（VU） — 中国

Hemiboea latisepala H. W. Li 宽萼半蒴苣苔
F9005572 中国特有 — — 中国

Hemiboea longgangensis Z. Y. Li 弄岗半蒴苣苔
F9005573 中国特有 易危（VU） — 中国

Hemiboea longisepala Z. Y. Li 长萼半蒴苣苔
F9005574 中国特有 易危（VU） — 中国

Hemiboea longzhouensis W. T. Wang 龙州半蒴苣苔
F0000348 中国特有 近危（NT） — 中国

Hemiboea magnibracteata Y. G. Wei & H. Q. Wen 大苞半蒴苣苔
F0000332 中国特有 — — 中国

Hemiboea malipoensis Y. H. Tan 麻栗坡半蒴苣苔
F9005575 中国特有 — — 中国

Hemiboea mollifolia W. T. Wang 柔毛半蒴苣苔
F9005576 中国特有 — — 中国

Hemiboea ovalifolia (W. T. Wang) A. Weber & Mich. Möller 单座苣苔
F9005577 — 近危（NT） — 中国、越南北部

Hemiboea parvibracteata W. T. Wang & Z. Yu Li 小苞半蒴苣苔
F9005578 中国特有 — — 中国

Hemiboea parviflora Z. Y. Li 小花半蒴苣苔
F9005579 中国特有 近危（NT） — 中国

Hemiboea pseudomagnibracteata B. Pan & W. H. Wu 拟大苞半蒴苣苔
F9005580 — — — —

Hemiboea pterocaulis (Z. Yu Li) Jie Huang, X. G. Xiang & Q. Zhang 翅茎半蒴苣苔
F0004874 中国特有 极危（CR） — 中国

Hemiboea purpurea Yan Liu & W. B. Xu 紫花半蒴苣苔
F0000370 中国特有 — — 中国

Hemiboea purpureotincta (W. T. Wang) A. Weber & Mich. Möller 紫叶单座苣苔
F9005581 中国特有 — — 中国

Hemiboea roseoalba S. B. Zhou, Xin Hong & F. Wen 粉花半蒴苣苔

F9005582 中国特有 —— 中国
Hemiboea rubribracteata Z. Yu Li & Yan Liu　红苞半蒴苣苔
F0000344 — 近危（NT）— 中国、越南北部
Hemiboea sinovietnamica W. B. Xu & X. Y. Zhuang　中越半蒴苣苔
F0001653 中国特有 —— 中国
Hemiboea strigosa Chun ex W. T. Wang & K. Y. Pan　腺毛半蒴苣苔
F0000366 中国特有 —— 中国中部及南部
Hemiboea subacaulis Hand.-Mazz.　短茎半蒴苣苔
F0000333 中国特有 —— 中国
Hemiboea subcapitata C. B. Clarke　半蒴苣苔
F0000280 ——— 印度、中国、越南
Hemiboea wangiana Z. Yu Li　王氏半蒴苣苔
F9005583 中国特有 —— 中国

Henckelia　汉克苣苔属

Henckelia adenocalyx (Chatterjee) D. J. Middleton & Mich. Möller　腺萼汉克苣苔
F9005584 ——— 印度、中国
Henckelia anachoreta (Hance) D. J. Middleton & Mich. Möller　光萼汉克苣苔
F0000052 ——— 印度、中国南部
Henckelia auriculata (J. M. Li & S. X. Zhu) D. J. Middleton & Mich. Möller　耳叶汉克苣苔
F9005585 中国特有 —— 中国
Henckelia ceratoscyphus (B. L. Burtt) D. J. Middleton & Mich. Möller　角萼汉克苣苔
F9005586 —— 中国、越南北部
Henckelia dielsii (Borza) D. J. Middleton & Mich. Möller　圆叶汉克苣苔
F0001183 中国特有 —— 中国
Henckelia forrestii (J. Anthony) D. J. Middleton & Mich. Möller　滇川汉克苣苔
F9005587 中国特有 易危（VU）— 中国
Henckelia fruticola (H. W. Li) D. J. Middleton & Mich. Möller　灌丛汉克苣苔
F9005588 ——— 中国、越南
Henckelia grandifolia A. Dietr.　大叶唇柱苣苔
F9005589 ——— 中国、尼泊尔、中南半岛
Henckelia lachenensis (C. B. Clarke) D. J. Middleton & Mich. Möller　卧茎汉克苣苔
F9005590 ——— 印度（锡金）、中国
Henckelia longisepala (H. W. Li) D. J. Middleton & Mich. Möller　密序苣苔
F9005591 — 濒危（EN）— 中国、老挝
Henckelia monantha (W. T. Wang) D. J. Middleton & Mich. Möller　单花南洋苣苔

F9005592 中国特有 —— 中国
Henckelia oblongifolia (Roxb.) D. J. Middleton & Mich. Möller　长圆叶汉克苣苔
F9005593 ——— 中国、印度、尼泊尔、孟加拉国、不丹、缅甸北部
Henckelia pumila (D. Don) A. Dietr.　斑叶唇柱苣苔
0002893 ——— 中国、印度、尼泊尔、孟加拉国、不丹、中南半岛
Henckelia pycnantha (W. T. Wang) D. J. Middleton & Mich. Möller　密花汉克苣苔
F9005594 中国特有 易危（VU）— 中国
Henckelia speciosa (Kurz) D. J. Middleton & Mich. Möller　美丽汉克苣苔
F9005595 ——— 印度（阿萨姆邦）、中国、中南半岛
Henckelia tibetica (Franch.) D. J. Middleton & Mich. Möller　康定汉克苣苔
F9005596 中国特有 —— 中国
Henckelia urticifolia (Buch.-Ham. ex D. Don) A. Dietr.　麻叶唇柱苣苔
F9005597 ——— 中国、印度、尼泊尔、不丹、孟加拉国、缅甸北部

Kohleria　艳斑苣苔属

Kohleria 'Alec'　'Alec'艳斑苣苔
F9005598 ————
Kohleria 'Alex'　'Alex'艳斑苣苔
F9005599 ————
Kohleria amabilis var. *bogotensis* (G. Nicholson) L. P. Kvist & L. E. Skog　银纹桐
0003441 ——— 哥伦比亚
Kohleria 'Ampallang'　'Ampallang'艳斑苣苔
F9005600 ————
Kohleria 'An's Busy Bee'　'An's Busy Bee'艳斑苣苔
F9005601 ————
Kohleria 'An's Cheerleader'　'An's Cheerleader'艳斑苣苔
F9005602 ————
Kohleria 'An's Facial Tattoo'　'An's Facial Tattoo'艳斑苣苔
F9005603 ————
Kohleria 'An's Fairyland'　'An's Fairyland'艳斑苣苔
F0002236 ————
Kohleria 'An's Nagging Macaws'　'An's Nagging Macaws'艳斑苣苔
F0002254 ————
Kohleria 'An's Red Cheongsa'　'An's Red Cheongsa'艳斑苣苔
F9005604 ————
Kohleria 'An's Scoret Cocle Usa'　'An's Scoret Cocle Usa'艳斑苣苔

F0002409 — — — —

Kohleria 'An's Volcano'　'An's Volcano'艳斑苣苔

F0002351 — — — —

Kohleria 'Bach'　'Bach'艳斑苣苔

F9005605 — — — —

Kohleria 'Beltane'　'Beltane'艳斑苣苔

F9005606 — — — —

Kohleria 'Berry Valley'　'Berry Valley'艳斑苣苔

F9005607 — — — —

Kohleria 'Bibbi'　'Bibbi'艳斑苣苔

F9005608 — — — —

Kohleria 'Birgitta'　'Birgitta'艳斑苣苔

F9005609 — — — —

Kohleria 'Black Diamond'　'Black Diamond'艳斑苣苔

F9005610 — — — —

Kohleria 'Blizzard's Bing Cherrie'　'Blizzard's Bing Cherrie'艳斑苣苔

F9005611 — — — —

Kohleria 'Blizzard's Evil Storm'　'Blizzard's Evil Storm'艳斑苣苔

F9005612 — — — —

Kohleria 'Blizzard's First Born'　'Blizzard's First Born'艳斑苣苔

F9005613 — — — —

Kohleria 'Blizzard's Irish Summer'　'Blizzard's Irish Summer'艳斑苣苔

F9005614 — — — —

Kohleria 'Blizzard's Lady in Red'　'Blizzard's Lady in Red'艳斑苣苔

F9005615 — — — —

Kohleria 'Blizzard's Peachy Keen'　'Blizzard's Peachy Keen'艳斑苣苔

F9005616 — — — —

Kohleria 'Blizzard's Pech'　'Blizzard's Pech'艳斑苣苔

F9005617 — — — —

Kohleria 'Blizzard's Possibly Bronze'　'Blizzard's Possibly Bronze'艳斑苣苔

F9005618 — — — —

Kohleria 'Blue Agent'　'Blue Agent'艳斑苣苔

F9005619 — — — —

Kohleria 'Blue Duclouxii'　'Blue Duclouxii'艳斑苣苔

F9005620 — — — —

Kohleria 'Bogotensis'　'Bogotensis'艳斑苣苔

F0004488 — — — —

Kohleria 'Bristol's Evil Storm'　'Bristol's Evil Storm'艳斑苣苔

F9005621 — — — —

Kohleria 'Bristol's Frosty'　'Bristol's Frosty'艳斑苣苔

F9005622 — — — —

Kohleria 'Bristol's Irish Summer'　'Bristol's Irish Summer'艳斑苣苔

F9005623 — — — —

Kohleria 'Bristol's Possibly Bronze'　'Bristol's Possibly Bronze'艳斑苣苔

F9005624 — — — —

Kohleria 'Carnival'　'Carnival'艳斑苣苔

F9005625 — — — —

Kohleria 'Clan Snow'　'Clan Snow'艳斑苣苔

F0002761 — — — —

Kohleria 'Clytie'　'Clytie'艳斑苣苔

F9005626 — — — —

Kohleria 'Columbia'　'Columbia'艳斑苣苔

F9005627 — — — —

Kohleria 'Concina'　'Concina'艳斑苣苔

F9005628 — — — —

Kohleria 'Connecticut Belle'　'Connecticut Belle'艳斑苣苔

F9005629 — — — —

Kohleria 'Cybele'　'Cybele'艳斑苣苔

F9005630 — — — —

Kohleria 'Dark Shadows'　'Dark Shadows'艳斑苣苔

F9005631 — — — —

Kohleria 'Dark Show'　'Dark Show'艳斑苣苔

F9005632 — — — —

Kohleria 'Designer's Evening'　'Designer's Evening'艳斑苣苔

F9005633 — — — —

Kohleria 'Dice Dot'　'Dice Dot'艳斑苣苔

F9005634 — — — —

Kohleria 'Dona Amelia'　'Dona Amelia'艳斑苣苔

F9005635 — — — —

Kohleria 'Double Agent'　'Double Agent'艳斑苣苔

F9005636 — — — —

Kohleria 'Dragon Blood'　'Dragon Blood'艳斑苣苔

F9005637 — — — —

Kohleria 'Dx18'　'Dx18'艳斑苣苔

F9005638 — — — —

Kohleria 'Dx236'　'Dx236'艳斑苣苔

F9005639 — — — —

Kohleria 'Dx56'　'Dx56'艳斑苣苔

F9005640 — — — —

Kohleria 'Early Spring'　'Early Spring'艳斑苣苔

F0002248 — — — —

Kohleria 'Elan Uum Pudolung'　'Elan Uum Pudolung'艳斑苣苔

F0004431 — — — — —

Kohleria 'Elvira' 'Elvira'艳斑苣苔

F0002239 — — — — —

Kohleria 'Elvira Ukraine' 'Elvira Ukraine'艳斑苣苔

F0002372 — — — — —

Kohleria 'Emily Roberts' 'Emily Roberts'艳斑苣苔

F9005641 — — — — —

Kohleria 'Eriantha' 'Eriantha'艳斑苣苔

F9005642 — — — — —

Kohleria 'Euro' 'Euro'艳斑苣苔

F9005643 — — — — —

Kohleria 'Fahlena Encan Plum Paddung' 'Fahlena Encan Plum Paddung'艳斑苣苔

F0004414 — — — — —

Kohleria 'First Born' 'First Born'艳斑苣苔

F0003217 — — — — —

Kohleria 'Flashdance' 'Flashdance'艳斑苣苔

F9005644 — — — — —

Kohleria 'Florida Freckles' 'Florida Freckles'艳斑苣苔

F0004408 — — — — —

Kohleria 'Fresh Dance' 'Fresh Dance'艳斑苣苔

F9005645 — — — — —

Kohleria 'Ganymede' 'Ganymede'艳斑苣苔

F9005646 — — — — —

Kohleria 'Gloxinia Lindeniana' 'Gloxinia Lindeniana'艳斑苣苔

F9005647 — — — — —

Kohleria 'Golavy' 'Golavy'艳斑苣苔

F0002417 — — — — —

Kohleria 'Golaxi' 'Golaxi'艳斑苣苔

F9005648 — — — — —

Kohleria 'Gost' 'Gost'艳斑苣苔

F9005649 — — — — —

Kohleria 'Goyazia' 'Goyazia'艳斑苣苔

F9005650 — — — — —

Kohleria 'Gray Feather' 'Gray Feather'艳斑苣苔

F9005651 — — — — —

Kohleria 'Gunilla Ⅰ' 'Gunilla Ⅰ'艳斑苣苔

F9005652 — — — — —

Kohleria 'Gunilla Ⅱ' 'Gunilla Ⅱ'艳斑苣苔

F9005653 — — — — —

Kohleria 'Hcf Bl' 'Hcf Bl'艳斑苣苔

F9005654 — — — — —

Kohleria 'Hcf Ye' 'Hcf Ye'艳斑苣苔

F9006962 — — — — —

Kohleria 'Hcy's Berry' 'Hcy's Berry'艳斑苣苔

F0003211 — — — — —

Kohleria 'Hcy's Berry Vally' 'Hcy's Berry Vally'艳斑苣苔

F9005655 — — — — —

Kohleria 'Hcy's Big Smile' 'Hcy's Big Smile'艳斑苣苔

F0002325 — — — — —

Kohleria 'Hcy's Candy Shop' 'Hcy's Candy Shop'艳斑苣苔

F0002170 — — — — —

Kohleria 'Hcy's Double Aggent' 'Hcy's Double Aggent'艳斑苣苔

F9005656 — — — — —

Kohleria 'Hcy's Jardin De Monet' 'Hcy's Jardin De Monet'艳斑苣苔

F9005657 — — — — —

Kohleria 'Hcy's Mars' 'Hcy's Mars'艳斑苣苔

F0002209 — — — — —

Kohleria 'Hcy's Sevillana' 'Hcy's Sevillana'艳斑苣苔

F0003210 — — — — —

Kohleria 'Hcy's Silver Surprise' 'Hcy's Silver Surprise'艳斑苣苔

F0002149 — — — — —

Kohleria 'Hcy's Vanilla Pudding' 'Hcy's Vanilla Pudding'艳斑苣苔

F9006959 — — — — —

Kohleria 'Hcy's Venus' 'Hcy's Venus'艳斑苣苔

F0002338 — — — — —

Kohleria 'Hcy's Winter Glory' 'Hcy's Winter Glory'艳斑苣苔

F9005658 — — — — —

Kohleria 'Heartland's Blackberry Butterfly' 'Heartland's Blackberry Butterfly'艳斑苣苔

F9005659 — — — — —

Kohleria 'Hf's Elin' 'Hf's Elin'艳斑苣苔

F0002240 — — — — —

Kohleria 'Hf's Lean' 'Hf's Lean'艳斑苣苔

F0002243 — — — — —

Kohleria 'Hirsuta' 'Hirsuta'艳斑苣苔

F9005660 — — — — —

Kohleria 'Hll Raobeo' 'Hll Raobeo'艳斑苣苔

F0002648 — — — — —

Kohleria 'Ice' 'Ice'艳斑苣苔

F9006951 — — — — —

Kohleria 'Jaguar Paw' 'Jaguar Paw'艳斑苣苔

F0002233 — — — — —

Kohleria 'Jaguar Pod' 'Jaguar Pod'艳斑苣苔

F0002448 — — — — —

Kohleria 'Jenny' 'Jenny'艳斑苣苔

F9005661 — — — — —

Kohleria 'Jester'　'Jester'艳斑苣苔

F9005662 — — — —

Kohleria 'June'　'June'艳斑苣苔

F9005663 — — — —

Kohleria 'K Clytie'　'K Clytie'艳斑苣苔

F0004513 — — — —

Kohleria 'Kapo'　'Kapo'艳斑苣苔

F0002232 — — — —

Kohleria 'Karl Lindberg'　'Karl Lindberg'艳斑苣苔

F9005664 — — — —

Kohleria 'Kc'　'Kc'艳斑苣苔

F0002646 — — — —

Kohleria 'Leaf'　'Leaf'艳斑苣苔

F9005665 — — — —

Kohleria 'Le-Kupava'　'Le-Kupava'艳斑苣苔

F0002110 — — — —

Kohleria 'Lemon'　'Lemon'艳斑苣苔

F9005666 — — — —

Kohleria 'Lila Gubben'　'Lila Gubben'艳斑苣苔

F9005667 — — — —

Kohleria 'Long Loop'　'Long Loop'艳斑苣苔

F9005668 — — — —

Kohleria 'Lucky Lucifer'　'Lucky Lucifer'艳斑苣苔

F9005669 — — — —

Kohleria 'Lychee Temptation'　'Lychee Temptation'艳斑苣苔

F9005670 — — — —

Kohleria 'Macaws'　'Macaws'艳斑苣苔

F9005671 — — — —

Kohleria 'Maja Graddnos'　'Maja Graddnos'艳斑苣苔

F9005672 — — — —

Kohleria 'Manchu'　'Manchu'艳斑苣苔

F9005673 — — — —

Kohleria 'Marquis De Sade'　'Marquis De Sade'艳斑苣苔

F9005674 — — — —

Kohleria 'Marta Ukraine'　'Marta Ukraine'艳斑苣苔

F0002411 — — — —

Kohleria 'Mini'　'Mini'艳斑苣苔

F9005675 — — — —

Kohleria 'Modron'　'Modron'艳斑苣苔

F9005676 — — — —

Kohleria 'Monte's Friendship'　'Monte's Friendship'艳斑苣苔

F9005677 — — — —

Kohleria 'Mother's Lipstick'　'Mother's Lipstick'艳斑苣苔

F9005678 — — — —

Kohleria 'Natile'　'Natile'艳斑苣苔

F0002441 — — — —

Kohleria 'Never'　'Never'艳斑苣苔

F9005679 — — — —

Kohleria 'Ni's Marta'　'Ni's Marta'艳斑苣苔

F0002247 — — — —

Kohleria 'Northwood's Sunburst'　'Northwood's Sunburst'艳斑苣苔

F0002242 — — — —

Kohleria 'Nrtle'　'Nrtle'艳斑苣苔

F0002057 — — — —

Kohleria 'Onamnad'　'Onamnad'艳斑苣苔

F9005680 — — — —

Kohleria 'Palegue Pink'　'Palegue Pink'艳斑苣苔

F9005681 — — — —

Kohleria 'Peachy Blush'　'Peachy Blush'艳斑苣苔

F9005682 — — — —

Kohleria 'Pearcea Schimphii'　'Pearcea Schimphii'艳斑苣苔

F0004322 — — — —

Kohleria 'Pele'　'Pele'艳斑苣苔

F9005683 — — — —

Kohleria 'Pendulina'　'Pendulina'艳斑苣苔

F9005684 — — — —

Kohleria 'Peridot's Cowichan'　'Peridot's Cowichan'艳斑苣苔

F9005685 — — — —

Kohleria 'Peridot's Kitlope'　'Peridot's Kitlope'艳斑苣苔

F9005686 — — — —

Kohleria 'Peridot's Mango Martiny'　'Peridot's Mango Martiny'艳斑苣苔

F9005687 — — — —

Kohleria 'Peridot's Nellie Sleeth'　'Peridot's Nellie Sleeth'艳斑苣苔

F9005688 — — — —

Kohleria 'Peridot's Palenque'　'Peridot's Palenque'艳斑苣苔

F9005689 — — — —

Kohleria 'Peridot's Potlach'　'Peridot's Potlach'艳斑苣苔

F9005690 — — — —

Kohleria 'Petro'　'Petro'艳斑苣苔

F9005691 — — — —

Kohleria 'Pine Apple'　'Pine Apple'艳斑苣苔

F0002415 — — — —

Kohleria 'Pink Agent'　'Pink Agent'艳斑苣苔

F9005692 — — — —

Kohleria 'Pink Shadows'　'Pink Shadows'艳斑苣苔

F9005693 — — — —

Kohleria 'Queen Olympus'　'Queen Olympus'艳斑苣苔

F9005694 — — — —

Kohleria 'Queen Victoria' 'Queen Victoria'艳斑苣苔
F9005695 — — — —

Kohleria 'Red Color' 'Red Color'艳斑苣苔
F9005696 — — — —

Kohleria 'Red Ryder' 'Red Ryder'艳斑苣苔
F9005697 — — — —

Kohleria 'Res Head' 'Res Head'艳斑苣苔
F0002235 — — — —

Kohleria 'Ringbomskan' 'Ringbomskan'艳斑苣苔
F9005698 — — — —

Kohleria 'Rosea' 'Rosea'艳斑苣苔
F9005699 — — — —

Kohleria 'Roundelay' 'Roundelay'艳斑苣苔
F9005700 — — — —

Kohleria 'Ruby' 'Ruby'艳斑苣苔
F0004434 — — — —

Kohleria 'Ruby Red' 'Ruby Red'艳斑苣苔
F9005701 — — — —

Kohleria 'Sakura Candy' 'Sakura Candy'艳斑苣苔
F9005702 — — — —

Kohleria 'Satin Bown' 'Satin Bown'艳斑苣苔
F9005703 — — — —

Kohleria 'Sciadotydea' 'Sciadotydea'艳斑苣苔
F9005704 — — — —

Kohleria 'Silver Feather' 'Silver Feather'艳斑苣苔
F9006952 — — — —

Kohleria 'Silver Surprise' 'Silver Surprise'艳斑苣苔
F9005705 — — — —

Kohleria 'Sim Cleoptra' 'Sim Cleoptra'艳斑苣苔
F9005706 — — — —

Kohleria 'Sommerset Surprise Crème' 'Sommerset Surprise Crème'艳斑苣苔
F9005707 — — — —

Kohleria 'Srg's Sevrage' 'Srg's Sevrage'艳斑苣苔
F0002222 — — — —

Kohleria 'Star' 'Star'艳斑苣苔
F9005708 — — — —

Kohleria 'Strawberry Fields' 'Strawberry Fields'艳斑苣苔
F9005709 — — — —

Kohleria 'Sunny' 'Sunny'艳斑苣苔
F9005710 — — — —

Kohleria 'Sunshine' 'Sunshine'艳斑苣苔
F9005711 — — — —

Kohleria 'Susan's Cat' 'Susan's Cat'艳斑苣苔
F0002135 — — — —

Kohleria 'Tane' 'Tane'艳斑苣苔
F9005712 — — — —

Kohleria 'Texas Rainbow' 'Texas Rainbow'艳斑苣苔
F9005713 — — — —

Kohleria 'Thad's Uncle Ron' 'Thad's Uncle Ron'艳斑苣苔
F9005714 — — — —

Kohleria 'Trianae' 'Trianae'艳斑苣苔
F9005715 — — — —

Kohleria 'Tropical Night' 'Tropical Night'艳斑苣苔
F9005716 — — — —

Kohleria 'Tubiflora' 'Tubiflora'艳斑苣苔
F0004448 — — — —

Kohleria 'Vanilla Sky' 'Vanilla Sky'艳斑苣苔
F9006960 — — — —

Kohleria 'Venus' 'Venus'艳斑苣苔
F9005717 — — — —

Kohleria 'Versailles' 'Versailles'艳斑苣苔
F9005718 — — — —

Kohleria 'Warszewiczii' 'Warszewiczii'艳斑苣苔
F9005719 — — — —

Kohleria 'White Coro' 'White Coro'艳斑苣苔
F9005720 — — — —

Kohleria 'Yad' 'Yad'艳斑苣苔
F9005721 — — — —

Kohleria 'Yazia' 'Yazia'艳斑苣苔
F9005722 — — — —

Kohleria 'Yf's Elin' 'Yf's Elin'艳斑苣苔
F0002422 — — — —

Kohleria 'Yf's Emilia' 'Yf's Emilia'艳斑苣苔
F9005723 — — — —

Kohleria 'Yf's Emma' 'Yf's Emma'艳斑苣苔
F0002053 — — —

Kohleria 'Yf's Leah' 'Yf's Leah'艳斑苣苔
F0002451 — — — —

Kohleria 'Yf's Les' 'Yf's Les'艳斑苣苔
F9005724 — — — —

Kohleria 'Yf's Lotta' 'Yf's Lotta'艳斑苣苔
F9005725 — — — —

Kohleria 'Yf's Lucia' 'Yf's Lucia'艳斑苣苔
F9005726 — — — —

Kohleria 'Yf's Natalie Vkraine' 'Yf's Natalie Vkraine'艳斑苣苔
F0002412 — — — —

Kohleria 'Yf's Nature' 'Yf's Nature'艳斑苣苔
F0002410 — — — —

Kohleria 'Yf's Ossia' 'Yf's Ossia'艳斑苣苔
F9005727 — — — —

Kohleria 'Yf's Ratulie Vkraive' 'Yf's Ratulie Vkraive'艳斑

苣苔
F0002408 — — — —

Kohleria 'Yf's Tilda' 'Yf's Tilda'艳斑苣苔
F9005728 — — — —

Kohleria 'Yf's Torun' 'Yf's Torun'艳斑苣苔
F9005729 — — — —

Kohleria 'Yong' 'Yong'艳斑苣苔
F9005730 — — — —

Kohleria 'Yt's Elin' 'Yt's Elin'艳斑苣苔
F0002234 — — — —

Leptoboea 细蒴苣苔属

Leptoboea multiflora (C. B. Clarke) Benth. ex Gamble 细蒴苣苔
F9005731 — — — 中国

Loxostigma 斜柱苣苔属

Loxostigma brevipetiolatum W. T. Wang & K. Y. Pan 短柄紫花苣苔
F0001446 中国特有 近危（NT）— 中国

Loxostigma cavaleriei (H. Lév. & Vaniot) B. L. Burtt 滇黔紫花苣苔
F9005732 中国特有 — — 中国

Loxostigma fimbrisepalum K. Y. Pan 齿萼紫花苣苔
F9005733 — — — 中国、越南北部

Loxostigma griffithii (Wight) C. B. Clarke 紫花苣苔
F9005734 — — — 印度、尼泊尔、不丹、中国南部、中南半岛北部

Loxostigma hekouensis Lei Cai, Gui L. Zhang & Z. L. Dao 河口斜柱苣苔
F9005735 中国特有 — — 中国

Loxostigma kurzii (C. B. Clarke) B. L. Burtt 粗筒苣苔
F9005736 — — — 中国、尼泊尔

Lysionotus 吊石苣苔属

Lysionotus aeschynanthoides W. T. Wang 桂黔吊石苣苔
F0000486 — — — 中国、越南北部

Lysionotus atropurpureus H. Hara 深紫吊石苣苔
F9005737 — — — 喜马拉雅山脉中东部

Lysionotus chingii Chun ex W. T. Wang 攀援吊石苣苔
F9005738 — — — 中国、越南北部

Lysionotus denticulosus W. T. Wang 多齿吊石苣苔
F0000485 中国特有 — — 中国

Lysionotus fengshanensis Yan Liu & D. X. Nong 凤山吊石苣苔
F9005739 中国特有 — — 中国

Lysionotus forrestii W. W. Sm. 滇西吊石苣苔
F0000565 中国特有 — — 中国

Lysionotus gamosepalus W. T. Wang 合萼吊石苣苔
F0000487 — — — 印度、中国（西藏东南部）

Lysionotus gracilis W. W. Sm. 纤细吊石苣苔
F9005740 — — — 中国、缅甸北部

Lysionotus heterophyllus Franch. 异叶吊石苣苔
F0000490 中国特有 — — 中国

Lysionotus heterophyllus var. *lasianthus* W. T. Wang 龙胜吊石苣苔
F9005741 中国特有 — — 中国

Lysionotus heterophyllus var. *mollis* W. T. Wang 毛叶吊石苣苔
F0001515 中国特有 近危（NT）— 中国

Lysionotus involucratus Franch. 圆苞吊石苣苔
F0000552 中国特有 近危（NT）— 中国

Lysionotus kwangsiensis W. T. Wang 广西吊石苣苔
0000130 中国特有 — — 中国

Lysionotus levipes (C. B. Clarke) B. L. Burtt 狭萼吊石苣苔
F9005742 — 近危（NT）— 印度（阿萨姆邦）、中国、中南半岛北部

Lysionotus longipedunculatus (W. T. Wang) W. T. Wang 长梗吊石苣苔
F9005743 中国特有 — — 中国

Lysionotus microphyllus W. T. Wang 小叶吊石苣苔
F9005744 中国特有 近危（NT）— 中国

Lysionotus oblongifolius W. T. Wang 长圆吊石苣苔
F0000556 中国特有 — — 中国

Lysionotus pauciflorus Maxim. 吊石苣苔
F0000467 — — — 中国、越南北部、日本

Lysionotus petelotii Pellegr. 细萼吊石苣苔
F0000562 — — — 中国、越南北部

Lysionotus pubescens C. B. Clarke 毛枝吊石苣苔
F9005745 — — — 不丹、中国、缅甸北部

Lysionotus 'Pudding' 'Pudding'吊石苣苔
F0000533 — — — —

Lysionotus sangzhiensis W. T. Wang 桑植吊石苣苔
F0000488 中国特有 — — 中国

Lysionotus serratus D. Don 齿叶吊石苣苔
F9005746 — — — 中国、中南半岛北部

Lysionotus serratus var. *pterocaulis* C. Y. Wu ex W. T. Wang 翅茎吊石苣苔
F9005747 — — — 中国、越南北部

Lysionotus sessilifolius Hand.-Mazz. 短柄吊石苣苔
F0000553 中国特有 近危（NT）— 中国

Lysionotus sulphureoides H. W. Li & Yuan X. Lu 保山吊石苣苔
F9005748 中国特有 近危（NT）— 中国

Lysionotus wilsonii Rehder 川西吊石苣苔

F0000563 中国特有 —— 中国

Metapetrocosmea 盾叶苣苔属

Metapetrocosmea peltata (Merr. & Chun) W. T. Wang 盾叶苣苔

F0000433 中国特有 —— 中国南部

Microchirita 钩序苣苔属

Microchirita hamosa (R. Br.) Yin Z. Wang 钩序苣苔

F9005749 ——— 印度、中国、中南半岛

Microchirita prostrata J. M. Li & Z. Xia 匍匐钩序苣苔

F9005750 中国特有 —— 中国

Nautilocalyx 紫凤草属

Nautilocalyx forgetii (Sprague) Sprague

F9005751 ——— 巴西北部、秘鲁

Nautilocalyx lynchii (Hook. f.) Sprague 紫凤草

F0003919 ——— 哥伦比亚、厄瓜多尔、巴西北部

Nematanthus 袋鼠花属

Nematanthus crassifolius (Schott) Wiehler 厚叶袋鼠花

F9005752 ——— 巴西

Nematanthus nematanthus 'Alba (Santa Terese)' 'Alba (Santa Terese)'袋鼠花

F9005753 ———

Nematanthus 'Radicans' 'Radicans'袋鼠花

F9005754 ———

Nematanthus 'Tropicana' 'Tropicana'袋鼠花

F9005755 ———

Oreocharis 马铃苣苔属

Oreocharis amabilis Dunn 马铃苣苔

0000593 中国特有 —— 中国

Oreocharis argyreia Chun ex K. Y. Pan 紫花马铃苣苔

0001433 中国特有 —— 中国

Oreocharis argyreia var. *angustifolia* K. Y. Pan 窄叶马铃苣苔

0000606 中国特有 —— 中国

Oreocharis aurantiaca Baill. 橙黄马铃苣苔

F9005756 中国特有 —— 中国

Oreocharis aurea Dunn 黄马铃苣苔

0003921 ——— 中国、越南北部

Oreocharis aurea var. *cordato-ovata* (C. Y. Wu ex H. W. Li) K. Y. Pan, A. L. Weitzman & L. E. Skog 卵心叶马铃苣苔

F9005757 中国特有 易危（VU） — 中国

Oreocharis auricula (S. Moore) C. B. Clarke 长瓣马铃苣苔

F0005283 中国特有 —— 中国南部

Oreocharis benthamii C. B. Clarke 大叶石上莲

0001594 中国特有 —— 中国

Oreocharis benthamii var. *reticulata* Dunn 石上莲

F0072020 中国特有 —— 中国

Oreocharis bodinieri H. Lév. 毛药马铃苣苔

F9005758 中国特有 —— 中国

Oreocharis brachypodus J. M. Li & Zhi M. Li 短柄马铃苣苔

F9005759 中国特有 极危（CR） — 中国

Oreocharis cavaleriei H. Lév. 贵州马铃苣苔

F9005760 中国特有 易危（VU） — 中国

Oreocharis chienii (Chun) Mich. Möller & A. Weber 浙皖粗筒苣苔

F9005761 中国特有 —— 中国

Oreocharis concava (Craib) Mich. Möller & A. Weber 凹瓣苣苔

F9005762 中国特有 —— 中国

Oreocharis cordatula (Craib) Pellegr. 心叶马铃苣苔

F9005763 中国特有 —— 中国

Oreocharis cotinifolia (W. T. Wang) Mich. Möller & A. Weber 瑶山苣苔

F900576 中国特有 极危（CR） 二级 中国

Oreocharis craibii Mich. Möller & A. Weber 短檐苣苔

F00054794 中国特有 —— 中国

Oreocharis dalzielii (W. W. Sm.) Mich. Möller & A. Weber 汕头后蕊苣苔

F9005765 中国特有 —— 中国

Oreocharis dasyantha Chun 毛花马铃苣苔

F9005766 中国特有 近危（NT） — 中国南部

Oreocharis dasyantha var. *ferruginosa* K. Y. Pan 锈毛马铃苣苔

F9005767 中国特有 —— 中国南部

Oreocharis delavayi Baill. 洱源马铃苣苔

F9005768 中国特有 —— 中国

Oreocharis dentata A. L. Weitzman & L. E. Skog 川西马铃苣苔

F9005769 中国特有 —— 中国

Oreocharis dinghushanensis (W. T. Wang) Mich. Möller & A. Weber 鼎湖后蕊苣苔

0000468 中国特有 —— 中国

Oreocharis elegantissima (H. Lév. & Vaniot) Mich. Möller & W. H. Chen 紫花粗筒苣苔

F9005770 中国特有 近危（NT） — 中国

Oreocharis esquirolii H. Lév. 辐花苣苔

F9005771 中国特有 易危（VU） 一级 中国

Oreocharis fargesii (Franch.) Mich. Möller & A. Weber 城口金盏苣苔

F9005772 中国特有 —— 中国

Oreocharis farreri (Craib) Mich. Möller & A. Weber 金

盏苣苔

F9005773 中国特有 — — 中国

Oreocharis flavida Merr. 黄花马铃苣苔

F9005774 中国特有 近危（NT） — 中国南部

Oreocharis forrestii (Diels) Skan 丽江马铃苣苔

F9005775 中国特有 — — 中国

Oreocharis gamosepala (K. Y. Pan) Mich. Möller & A. Weber 黄花直瓣苣苔

F9005776 中国特有 易危（VU） — 中国

Oreocharis georgei J. Anthony 剑川马铃苣苔

F9005777 中国特有 — — 中国

Oreocharis glandulosa (Batalin) Mich. Möller & A. Weber 短檐金盏苣苔

F9005778 中国特有 — — 中国

Oreocharis hekouensis (Y. M. Shui & W. H. Chen) Mich. Möller & A. Weber 河口直瓣苣苔

F9005779 中国特有 近危（NT） — 中国

Oreocharis henryana Oliv. 川滇马铃苣苔

F9005780 中国特有 — — 中国

Oreocharis humilis (W. T. Wang) Mich. Möller & A. Weber 矮直瓣苣苔

F9005781 中国特有 近危（NT） — 中国

Oreocharis jinpingensis W. H. Chen & Y. M. Shui 金平马铃苣苔

F9005782 中国特有 — — 中国

Oreocharis lancifolia (Franch.) Mich. Möller & A. Weber 紫花金盏苣苔

F9005783 中国特有 — — 中国

Oreocharis longifolia (Craib) Mich. Möller & A. Weber 长叶粗筒苣苔

0002024 — — — 中国、缅甸北部

Oreocharis longifolia var. *multiflora* (S. Y. Chen ex K. Y. Pan) Mich. Möller & A. Weber 多花粗筒苣苔

F9005784 中国特有 近危（NT） — 中国

Oreocharis lungshengensis (W. T. Wang) Mich. Möller & A. Weber 龙胜金盏苣苔

F9005785 中国特有 — — 中国

Oreocharis magnidens Chun ex K. Y. Pan 大齿马铃苣苔

F9005786 中国特有 — — 中国

Oreocharis maximowiczii C. B. Clarke 大花石上莲

F9005787 中国特有 — — 中国

Oreocharis mileensis (W. T. Wang) Mich. Möller & A. Weber 弥勒苣苔

0003071 中国特有 濒危（EN） — 中国

Oreocharis minor (Craib) Pellegr. 小马铃苣苔

F9005788 中国特有 — — 中国

Oreocharis muscicola (Diels) Mich. Möller & A. Weber 藓丛粗筒苣苔

F9005789 — — — 不丹、中国

Oreocharis nanchuanica (K. Y. Pan & Z. Y. Liu) Mich. Möller & A. Weber 南川金盏苣苔

F9005790 中国特有 — — 中国

Oreocharis obliqua C. Y. Wu ex H. W. Li 斜叶马铃苣苔

F9005791 中国特有 易危（VU） — 中国

Oreocharis obtusidentata (W. T. Wang) Mich. Möller & A. Weber 钝齿后蕊苣苔

F0005320 中国特有 — — 中国

Oreocharis pankaiyuae Mich. Möller & A. Weber 橙黄短檐苣苔

F9005792 中国特有 近危（NT） — 中国

Oreocharis parva Mich. Möller & W. H. Chen 小粗筒苣苔

F9005793 中国特有 濒危（EN） — 中国

Oreocharis pinfaensis (H. Lév.) Mich. Möller & W. H. Chen 平伐粗筒苣苔

F9005794 中国特有 — — 中国

Oreocharis pinnatilobata (K. Y. Pan) Mich. Möller & A. Weber 裂叶金盏苣苔

F9005795 中国特有 — — 中国

Oreocharis primuliflora (Batalin) Mich. Möller & A. Weber 羽裂金盏苣苔

F9005796 中国特有 近危（NT） — 中国

Oreocharis pumila (W. T. Wang) Mich. Möller & A. Weber 裂檐苣苔

F9005797 中国特有 极危（CR） — 中国

Oreocharis ronganensis (K. Y. Pan) Mich. Möller & A. Weber 融安直瓣苣苔

F9005798 中国特有 — — 中国

Oreocharis rosthornii (Diels) Mich. Möller & A. Weber 川鄂粗筒苣苔

F0072040 中国特有 — — 中国

Oreocharis saxatilis (Hemsl.) Mich. Möller & A. Weber 直瓣苣苔

F9005799 中国特有 — — 中国

Oreocharis shweliensis Mich. Möller & W. H. Chen 云南粗筒苣苔

F9005800 中国特有 — — 中国

Oreocharis speciosa (Hemsl.) Mich. Möller & W. H. Chen 鄂西粗筒苣苔

F0005462 中国特有 — — 中国

Oreocharis stewardii (Chun) Mich. Möller & A. Weber 广西粗筒苣苔

F9005801 中国特有 — — 中国

Oreocharis urceolata (K. Y. Pan) Mich. Möller & A. Weber 木里短檐苣苔

F9005802 中国特有 易危（VU） — 中国

Oreocharis villosa (K. Y. Pan) Mich. Möller & A. Weber 柔

毛金盏苣苔
F9005803 中国特有 — — 中国

Oreocharis wangwentsaii Mich. Möller & A. Weber 滇北直瓣苣苔
F9005804 中国特有 — — 中国

Oreocharis wangwentsaii var. *emeiensis* (K. Y. Pan) Mich. Möller & A. Weber 峨眉直瓣苣苔
F9005805 中国特有 — — 中国

Oreocharis wanshanensis (S. Z. He) Mich. Möller & A. Weber 万山金盏苣苔
F9005806 中国特有 濒危（EN） — 中国

Oreocharis xiangguiensis W. T. Wang & K. Y. Pan 湘桂马铃苣苔
F9005807 中国特有 — — 中国

Ornithoboea 喜鹊苣苔属

Ornithoboea arachnoidea (Diels) Craib 蛛毛喜鹊苣苔
F9005808 — — — 中国、泰国西北部

Ornithoboea henryi Craib 喜鹊苣苔
F9005809 中国特有 — — 中国

Ornithoboea wildeana Craib 滇桂喜鹊苣苔
F0005517 — — — 中国、中南半岛北部

Paraboea 蛛毛苣苔属

Paraboea angustifolia Yan Liu & W. B. Xu 细叶蛛毛苣苔
F9005810 中国特有 — — 中国

Paraboea birmanica (Craib) C. Puglisi 唇萼苣苔
0001276 — — — 中国、中南半岛西部

Paraboea crassifolia (Hemsl.) B. L. Burtt 厚叶蛛毛苣苔
F9005811 中国特有 — — 中国

Paraboea dictyoneura (Hance) B. L. Burtt 网脉蛛毛苣苔
F9005812 — — — 中国、中南半岛

Paraboea filipes (Hance) B. L. Burtt 丝梗蛛毛苣苔
F9005813 中国特有 极危（CR） — 中国

Paraboea glutinosa (Hand.-Mazz.) K. Y. Pan 白花蛛毛苣苔
F00055141 — — — 中国、缅甸

Paraboea guilinensis L. Xu & Y. G. Wei 桂林蛛毛苣苔
000059 中国特有 — — 中国

Paraboea hainanensis (Chun) B. L. Burtt 海南蛛毛苣苔
F9005814 中国特有 近危（NT） — 中国南部

Paraboea neurophylla (Collett & Hemsl.) B. L. Burtt 云南蛛毛苣苔
0000919 — — — 中国、缅甸北部

Paraboea nutans D. Fang & D. H. Qin 垂花蛛毛苣苔
F9005815 中国特有 — — 中国

Paraboea peltifolia D. Fang & L. Zeng 钝叶蛛毛苣苔
F0005412 中国特有 — — 中国

Paraboea rufescens (Franch.) B. L. Burtt 锈色蛛毛苣苔
0001649 — — — 中国南部、中南半岛

Paraboea sinensis (Oliv.) B. L. Burtt 蛛毛苣苔
F0001413 — — — 中国、中南半岛

Paraboea swinhoei (Hance) B. L. Burtt 锥序蛛毛苣苔
0004542 — — — 中国、中南半岛、菲律宾

Petrocodon 石山苣苔属

Petrocodon coccineus (C. Y. Wu) Yin Z. Wang 朱红苣苔
F0004474 — — — 中国、越南北部

Petrocodon confertiflorus Hui Qin Li & Y. Q. Wang 密花石山苣苔
F9005816 中国特有 — — 中国

Petrocodon coriaceifolius (Y. G. Wei) Y. G. Wei & A. Weber 革叶细筒苣苔
F9005817 中国特有 近危（NT） — 中国

Petrocodon dealbatus Hance 石山苣苔
F0001203 中国特有 — — 中国

Petrocodon ferrugineus Y. G. Wei 锈色石山苣苔
F9005818 中国特有 近危（NT） — 中国

Petrocodon guangxiensis (Yan Liu & W. B. Xu) W. B. Xu & K. F. Chung 广西石山苣苔
F9005819 中国特有 极危（CR） — 中国

Petrocodon hancei (Hemsl.) Mich. Möller & A. Weber 东南石山苣苔
0004909 中国特有 — — 中国

Petrocodon hechiensis (Y. G. Wei, Yan Liu & F. Wen) Y. G. Wei & Mich. Möller 河池细筒苣苔
F9005820 中国特有 — — 中国

Petrocodon hispidus (W. T. Wang) A. Weber & Mich. Möller 细筒苣苔
F9005821 中国特有 易危（VU） — 中国

Petrocodon jingxiensis (Yan Liu, H. S. Gao & W. B. Xu) A. Weber & Mich. Möller 靖西细筒苣苔
F9005822 中国特有 — — 中国

Petrocodon lithophilus Y. M. Shui, W. H. Chen & Mich. Möller 喜岩石山苣苔
F9005823 中国特有 — — 中国

Petrocodon longgangensis W. H. Wu & W. B. Xu 弄岗石山苣苔
F9005824 中国特有 — — 中国

Petrocodon scopulorum (Chun) Yin Z. Wang 世纬苣苔
F9005825 中国特有 极危（CR） — 中国

Petrocodon tiandengensis (Yan Liu & B. Pan) A. Weber & Mich. Möller 天等石山苣苔
F9005826 中国特有 — — 中国

Petrocodon villosus Xin Hong, F. Wen & S. B. Zhou 长毛石山苣苔
F9005827 中国特有 — — 中国

Petrocodon viridescens W. H. Chen, Mich. Möller & Y. M. Shui 黄绿石山苣苔

F9005828 中国特有 极危（CR）—— 中国

Petrocosmea 石蝴蝶属

Petrocosmea barbata Craib 髯毛石蝴蝶

F0003513 中国特有 近危（NT）—— 中国

Petrocosmea begoniifolia C. Y. Wu ex H. W. Li 秋海棠叶石蝴蝶

F9005829 中国特有 —— 中国

Petrocosmea cavaleriei H. Lév. 贵州石蝴蝶

F0003456 中国特有 —— 中国

Petrocosmea coerulea C. Y. Wu ex W. T. Wang 蓝石蝴蝶

F0003609 中国特有 —— 中国

Petrocosmea confluens W. T. Wang 汇药石蝴蝶

F9005830 中国特有 —— 中国

Petrocosmea crinita (W. T. Wang) Zhi J. Qiu 绵毛石蝴蝶

F0005473 中国特有 —— 中国

Petrocosmea duclouxii Craib 石蝴蝶

F0003641 中国特有 —— 中国

Petrocosmea flaccida Craib 萎软石蝴蝶

F0003386 中国特有 —— 中国

Petrocosmea forrestii Craib 大理石蝴蝶

F0003533 中国特有 近危（NT）—— 中国

Petrocosmea funingensis Qiang Zhang & B. Pan 富宁石蝴蝶

F9006963 中国特有 —— 中国

Petrocosmea glabristoma Z. J. Qiu & Y. Z. Wang 光喉石蝴蝶

F0001289 中国特有 —— 中国

Petrocosmea grandiflora Hemsl. 大花石蝴蝶

F0003401 中国特有 濒危（EN）—— 中国

Petrocosmea grandifolia W. T. Wang 大叶石蝴蝶

F0003416 中国特有 —— 中国

Petrocosmea hexiensis S. Z. Zhang & Z. Y. Liu 合溪石蝴蝶

0004482 中国特有 极危（CR）—— 中国

Petrocosmea huanjiangensis Yan Liu & W. B. Xu 环江石蝴蝶

F0003498 中国特有 —— 中国

Petrocosmea intraglabra (W. T. Wang) Zhi J. Qiu 会东石蝴蝶

F0003667 中国特有 —— 中国

Petrocosmea iodioides Hemsl. 蒙自石蝴蝶

F0003578 中国特有 近危（NT）—— 中国

Petrocosmea kerrii Craib 滇泰石蝴蝶

F9005831 —— 中国、中南半岛北部

Petrocosmea leiandra (W. T. Wang) Z. J. Qiu 光蕊石蝴蝶

F0003381 中国特有 —— 中国

Petrocosmea × *longianthera* Z. J. Qiu & Y. Z. Wang 长蕊石蝴蝶

F0003508 —— —— ——

Petrocosmea longipedicellata W. T. Wang 长梗石蝴蝶

F0003528 中国特有 —— 中国

Petrocosmea magnifica M. Q. Han & Yan Liu 华丽石蝴蝶

F9005832 中国特有 —— 中国

Petrocosmea mairei H. Lév. 东川石蝴蝶

F9006964 中国特有 近危（NT）—— 中国

Petrocosmea martini (H. Lév.) H. Lév. 滇黔石蝴蝶

F9005833 中国特有 —— 中国

Petrocosmea melanophthalma Huan C. Wang, Z. R. He & Li Bing Zhang 黑眼石蝴蝶

F9005834 中国特有 易危（VU）—— 中国

Petrocosmea menglianensis H. W. Li 孟连石蝴蝶

F0001315 中国特有 近危（NT）—— 中国

Petrocosmea minor Hemsl. 小石蝴蝶

F0003483 中国特有 —— 中国

Petrocosmea nervosa Craib 显脉石蝴蝶

F0003371 中国特有 —— 中国

Petrocosmea oblata Craib 扁圆石蝴蝶

F0001309 中国特有 —— 中国

Petrocosmea oblata var. *latisepala* (W. T. Wang) W. T. Wang 宽萼石蝴蝶

F9005835 中国特有 —— 中国

Petrocosmea parryorum C. E. C. Fisch. 印缅石蝴蝶

F0003620 —— —— 中国、越南、印度（阿萨姆邦）

Petrocosmea qinlingensis W. T. Wang 秦岭石蝴蝶

F0003593 中国特有 极危（CR）二级 中国

Petrocosmea rosettifolia C. Y. Wu ex H. W. Li 莲座石蝴蝶

F0003478 中国特有 —— 中国

Petrocosmea sericea C. Y. Wu ex H. W. Li 丝毛石蝴蝶

F0003563 中国特有 近危（NT）—— 中国

Petrocosmea shilinensis Y. M. Shui & H. T. Zhao 石林石蝴蝶

F0003718 中国特有 —— 中国

Petrocosmea sichuanensis Chun ex W. T. Wang 四川石蝴蝶

F0003658 中国特有 濒危（EN）—— 中国

Petrocosmea sinensis Oliv. 中华石蝴蝶

F0000252 中国特有 —— 中国

Petrocosmea xanthomaculata G. Q. Gou & X. Yu Wang 黄斑石蝴蝶

F0003523 中国特有 —— 中国

Petrocosmea xingyiensis Y. G. Wei & F. Wen 兴义石蝴蝶

F0003376 中国特有 —— 中国

Petrocosmea yanshanensis Z. J. Qiu & Y. Z. Wang 砚山石蝴蝶

F9005836 中国特有 —— 中国

Platystemma 堇叶苣苔属

Platystemma violoides Wall. 堇叶苣苔
F9005837 ——— 马来半岛；南亚、东亚

Primulina 报春苣苔属

Primulina 'Aiko' 'Aiko'报春苣苔
F9005838 ————

Primulina alutacea F. Wen, B. Pan & B. M. Wang 淡黄报春苣苔
F0027015 中国特有 极危（CR） — 中国

Primulina anisocymosa F. Wen, Xin Hong & Z. J. Qiu 异序报春苣苔
F9005839 中国特有 —— 中国

Primulina atropurpurea (W. T. Wang) Mich. Möller & A. Weber 紫萼报春苣苔
F9005840 中国特有 —— 中国

Primulina baishouensis (Y. G. Wei, H. Q. Wen & S. H. Zhong) Yin Z. Wang 百寿报春苣苔
F0000001 中国特有 —— 中国

Primulina beiliuensis B. Pan & S. X. Huang 北流报春苣苔
F9005841 中国特有 —— 中国

Primulina beiliuensis var. *fimbribracteata* F. Wen & B. D. Lai 齿苞报春苣苔
F9005842 中国特有 濒危（EN） — 中国

Primulina bicolor (W. T. Wang) Mich. Möller & A. Weber 二色报春苣苔
F9005843 中国特有 —— 中国

Primulina bipinnatifida (W. T. Wang) Yin Z. Wang & J. M. Li 羽裂小花苣苔
F0000497 中国特有 —— 中国

Primulina brachytricha (W. T. Wang & D. Y. Chen) R. B. Mao & Yin Z. Wang 短毛报春苣苔
F0005513 中国特有 —— 中国

Primulina brassicoides (W. T. Wang) Mich. Möller & A. Weber 芥状报春苣苔
F0000178 中国特有 —— 中国

Primulina bullata S. N. Lu & F. Wen 泡叶报春苣苔
F0000074 中国特有 —— 中国

Primulina cardaminifolia Yan Liu & W. B. Xu 碎米荠叶报春苣苔
F9005844 中国特有 —— 中国

Primulina carinata Y. G. Wei, F. Wen & H. Z. Lü 囊筒报春苣苔
F0000135 中国特有 极危（CR） — 中国

Primulina carnosifolia (C. Y. Wu ex H. W. Li) Yin Z. Wang 肉叶报春苣苔

F9005845 中国特有 —— 中国

Primulina 'Chastity' 'Chastity'报春苣苔
F9005846 ————

Primulina chizhouensis Xin Hong, S. B. Zhou & F. Wen 池州报春苣苔
F9005847 中国特有 —— 中国

Primulina confertiflora (W. T. Wang) Mich. Möller & A. Weber 密小花苣苔
F9005848 中国特有 —— 中国

Primulina cordata Mich. Möller & A. Weber 心叶报春苣苔
F0000126 中国特有 —— 中国

Primulina cordifolia (D. Fang & W. T. Wang) Yin Z. Wang 心叶小花苣苔
0002849 中国特有 —— 中国

Primulina cordistigma F. Wen, B. D. Lai & B. M. Wang 心柱报春苣苔
F9005849 中国特有 濒危（EN） — 中国

Primulina crassirhizoma F. Wen, Bo Zhao & Xin Hong 粗根报春苣苔
F0005511 中国特有 —— 中国

Primulina curvituba B. Pan, L. H. Yang & M. Kang 弯花报春苣苔
F9005850 中国特有 极危（CR） — 中国

Primulina danxiaensis (W. B. Liao, S. S. Lin & R. J. Shen) W. B. Liao & K. F. Chung 丹霞小花苣苔
F0000895 中国特有 —— 中国

Primulina depressa (Hook. f.) Mich. Möller & A. Weber 短序报春苣苔
F0000049 中国特有 —— 中国

Primulina 'Destiny' 'Destiny'报春苣苔
F9005851 ————

Primulina 'Diane Marie' 'Diane Marie'报春苣苔
F9005852 ————

Primulina dichroantha F. Wen, Y. G. Wei & S. B. Zhou 歧色报春苣苔
F9005853 中国特有 —— 中国

Primulina diffusa Xin Hong, F. Wen & S. B. Zhou 匍茎报春苣苔
F9005854 中国特有 —— 中国

Primulina dongguanica F. Wen, Y. G. Wei & R. Q. Luo 东莞报春苣苔
F9005855 中国特有 极危（CR） — 中国

Primulina dryas (Dunn) Mich. Möller & A. Weber 中华报春苣苔
F0000008 中国特有 —— 中国

Primulina duanensis F. Wen & S. L. Huang 都安报春苣苔
F0000424 中国特有 濒危（EN） — 中国

Primulina eburnea (Hance) Yin Z. Wang　牛耳朵

0000565 中国特有 —— 中国南部

Primulina effusa F. Wen & B. Pan　散序小花苣苔

F9005856 中国特有 濒危（EN）— 中国

Primulina fangii (W. T. Wang) Mich. Möller & A. Weber　方氏报春苣苔

F9005857 中国特有 —— 中国

Primulina fengkaiensis Z. L. Ning & M. Kang　封开报春苣苔

F0001205 中国特有 —— 中国

Primulina fengshanensis F. Wen & Yue Wang　凤山报春苣苔

F9005858 中国特有 —— 中国

Primulina fimbrisepala (Hand.-Mazz.) Yin Z. Wang　蚂蝗七

F0000007 中国特有 易危（VU）— 中国

Primulina fimbrisepala var. *mollis* (W. T. Wang) Mich. Möller & A. Weber　密毛蚂蝗七

F0000069 中国特有 —— 中国

Primulina flavimaculata (W. T. Wang) Mich. Möller & A. Weber　黄斑报春苣苔

F0000032 中国特有 —— 中国

Primulina floribunda (W. T. Wang) Mich. Möller & A. Weber　多花报春苣苔

F9005859 中国特有 —— 中国

Primulina fordii (Hemsl.) Yin Z. Wang　桂粤报春苣苔

F9005860 中国特有 近危（NT）— 中国

Primulina fordii var. *dolichotricha* (W. T. Wang) Mich. Möller & A. Weber　鼎湖报春苣苔

F9005861 中国特有 —— 中国

Primulina glabrescens (W. T. Wang & D. Y. Chen) Mich. Möller & A. Weber　少毛报春苣苔

F0000015 中国特有 —— 中国

Primulina glandaceistriata X. X. Zhu, F. Wen & H. Sun　褐纹报春苣苔

F9005862 中国特有 极危（CR）— 中国

Primulina glandulosa (D. Fang, L. Zeng & D. H. Qin) Yin Z. Wang　紫腺小花苣苔

0001503 中国特有 近危（NT）— 中国

Primulina gongchengensis Y. S. Huang & Yan Liu　恭城报春苣苔

F0001108 中国特有 —— 中国

Primulina grandibracteata (J. M. Li & Mich. Möller) Mich. Möller & A. Weber　大苞报春苣苔

F9005863 中国特有 —— 中国

Primulina gueilinensis (W. T. Wang) Yin Z. Wang & Yan Liu　桂林报春苣苔

F0001131 中国特有 —— 中国

Primulina guigangensis L. Wu & Qiang Zhang　贵港报春苣苔

F0001167 中国特有 —— 中国

Primulina guihaiensis (Y. G. Wei, B. Pan & W. X. Tang) Mich. Möller & A. Weber　桂海报春苣苔

F0000146 中国特有 —— 中国

Primulina guizhongensis Bo Zhao, B. Pan & F. Wen　桂中报春苣苔

F0000123 中国特有 易危（VU）— 中国

Primulina hedyotidea (Chun) Yin Z. Wang　肥牛草

F0000065 中国特有 —— 中国

Primulina hengshanensis L. H. Liu & K. M. Liu　衡山报春苣苔

F9005864 中国特有 —— 中国

Primulina heterochroa F. Wen & B. D. Lai　异色报春苣苔

F0001950 中国特有 极危（CR）— 中国

Primulina heterotricha (Merr.) Y. Dong & Yin Z. Wang　烟叶报春苣苔

F0000035 中国特有 —— 中国南部

Primulina hezhouensis (W. H. Wu & W. B. Xu) W. B. Xu & K. F. Chung　贺州小花苣苔

F9005865 中国特有 —— 中国

Primulina hochiensis (C. C. Huang & X. X. Chen) Mich. Möller & A. Weber　河池报春苣苔

F0000016 中国特有 —— 中国

Primulina hochiensis 'Ovata'　卵圆叶河池报春苣苔

F9005866 中国特有 —— 中国

Primulina hunanensis K. M. Liu & X. Z. Cai　湖南报春苣苔

F9005867 中国特有 濒危（EN）— 中国

Primulina jianghuaensis K. M. Liu & X. Z. Cai　江华小花苣苔

F9005868 中国特有 濒危（EN）— 中国

Primulina jiangyongensis X. L. Yu & Ming Li　江永报春苣苔

F0001211 中国特有 极危（CR）— 中国

Primulina jingxiensis (Yan Liu, W. B. Xu & H. S. Gao) W. B. Xu & K. F. Chung　靖西小花苣苔

F9005869 中国特有 极危（CR）— 中国

Primulina jiuwanshanica (W. T. Wang) Yin Z. Wang　九万山报春苣苔

F9005870 中国特有 近危（NT）— 中国

Primulina juliae (Hance) Mich. Möller & A. Weber　大齿报春苣苔

F9005871 中国特有 —— 中国

Primulina 'Kazu'　双心皮草

F9005872 —— —

Primulina langshanica (W. T. Wang) Yin Z. Wang　莨山报春苣苔

F9005873 中国特有 —— 中国

Primulina latinervis (W. T. Wang) Mich. Möller & A. Weber 宽脉报春苣苔

F9005874 中国特有 —— 中国

Primulina laxiflora (W. T. Wang) Yin Z. Wang 疏花报春苣苔

F0000073 ——— 中国、越南北部

Primulina lechangensis Xin Hong, F. Wen & S. B. Zhou 乐昌报春苣苔

F9005875 中国特有 —— 中国

Primulina leeii (F. Wen, Yue Wang & Q. X. Zhang) Mich. Möller & A. Weber 李氏报春苣苔

F9005876 中国特有 —— 中国

Primulina leiophylla (W. T. Wang) Yin Z. Wang 光叶报春苣苔

F0000014 中国特有 —— 中国

Primulina lepingensis Z. L. Ning & Ming Kang 乐平报春苣苔

F9005877 中国特有 —— 中国

Primulina leprosa (Yan Liu & W. B. Xu) W. B. Xu & K. F. Chung 癞叶报春苣苔

F9005878 中国特有 极危（CR）— 中国

Primulina lianchengensis B. J. Ye & S. P. Chen 连城唇柱苣苔

F9005879 中国特有 极危（CR）— 中国

Primulina liboensis (W. T. Wang & D. Y. Chen) Mich. Möller & A. Weber 荔波报春苣苔

F0005461 中国特有 —— 中国

Primulina lienxienensis (W. T. Wang) Mich. Möller & A. Weber 连县报春苣苔

F9005880 中国特有 —— 中国

Primulina liguliformis (W. T. Wang) Mich. Möller & A. Weber 舌柱报春苣苔

F9005881 中国特有 —— 中国

Primulina lijiangensis (B. Pan & W. B. Xu) W. B. Xu & K. F. Chung 漓江报春苣苔

F9005882 中国特有 —— 中国

Primulina linearicalyx F. Wen, B. D. Lai & Y. G. Wei 线萼报春苣苔

0000469 中国特有 极危（CR）— 中国

Primulina linearifolia (W. T. Wang) Yin Z. Wang 线叶报春苣苔

F0005515 中国特有 —— 中国

Primulina 'Little Dragon' 'Little Dragon'报春苣苔

F9005883 ———

Primulina liujiangensis (D. Fang & D. H. Qin) Yan Liu 柳江报春苣苔

F0000902 中国特有 —— 中国

Primulina lobulata (W. T. Wang) Mich. Möller & A. Weber 浅裂小花苣苔

F9005884 中国特有 —— 中国

Primulina longgangensis (W. T. Wang) Yan Liu & Yin Z. Wang 弄岗报春苣苔

F0000064 中国特有 —— 中国

Primulina longicalyx (J. M. Li & Yin Z. Wang) Mich. Möller & A. Weber 长萼报春苣苔

F0004836 中国特有 —— 中国

Primulina longii (Z. Yu Li) Z. Yu Li 龙氏报春苣苔

F0000046 中国特有 —— 中国

Primulina longistyla (Hemsl.) Y. Z. Wang 长柱报春苣苔

F9005885 中国特有 —— 中国

Primulina longzhouensis (B. Pan & W. H. Wu) W. B. Xu & K. F. Chung 龙州小花苣苔

F0001233 中国特有 极危（CR）— 中国

Primulina lunglinensis (W. T. Wang) Mich. Möller & A. Weber 隆林报春苣苔

F9005886 中国特有 近危（NT）— 中国

Primulina lunglinensis var. *amblyosepala* (W. T. Wang) Mich. Möller & A. Weber 钝萼报春苣苔

F9005887 中国特有 近危（NT）— 中国

Primulina lungzhouensis (W. T. Wang) Mich. Möller & A. Weber 龙州报春苣苔

F9005888 中国特有 近危（NT）— 中国

Primulina lutea (Yan Liu & Y. G. Wei) Mich. Möller & A. Weber 黄花牛耳朵

0000608 中国特有 —— 中国

Primulina lutescens B. Pan & H. S. Ma 浅黄报春苣苔

F9005889 中国特有 濒危（EN）— 中国

Primulina lutvittata F. Wen & Y. G. Wei 黄纹报春苣苔

F9005890 ——— 中国

Primulina luzhaiensis (Yan Liu, Y. S. Huang & W. B. Xu) Mich. Möller & A. Weber 鹿寨报春苣苔

F0000419 中国特有 濒危（EN）— 中国

Primulina mabaensis K. F. Chung & W. B. Xu 马坝报春苣苔

F0001248 中国特有 —— 中国

Primulina maciejewskii F. Wen, R. L. Zhang & A. Q. Dong 马氏小花苣苔

F9005891 中国特有 —— 中国

Primulina macrodonta (D. Fang & D. H. Qin) Mich. Möller & A. Weber 粗齿报春苣苔

F0000127 中国特有 —— 中国

Primulina macrorhiza (D. Fang & D. H. Qin) Mich. Möller & A. Weber 大根报春苣苔

0003286 中国特有 极危（CR）— 中国

Primulina maguanensis (Z. Yu Li, H. Jiang & H. Xu) Mich. Möller & A. Weber 马关报春苣苔

F9005892 中国特有 —— 中国

Primulina malipoensis Li H. Yang & M. Kang　麻栗坡报春苣苔

F9005893 — 濒危（EN） — 中国、越南

Primulina medica (D. Fang) Yin Z. Wang　药用报春苣苔

F0000926 中国特有 —— 中国

Primulina minor F. Wen & Y. G. Wei　微小报春苣苔

F9005894 中国特有 极危（CR） — 中国

Primulina minutimaculata (D. Fang & W. T. Wang) Yin Z. Wang　微斑报春苣苔

F0000084 中国特有 —— 中国

Primulina moi F. Wen & Y. G. Wei　莫氏报春苣苔

F0003340 中国特有 —— 中国

Primulina mollifolia (D. Fang & W. T. Wang) J. M. Li & Yin Z. Wang　软叶报春苣苔

0003769 中国特有 近危（NT） — 中国

Primulina multifida B. Pan & K. F. Chung　多裂小花苣苔

F9005895 中国特有 —— 中国

Primulina 'Naine Argente'　'Naine Argente'报春苣苔

F9005896 — — — —

Primulina nandanensis (S. X. Huang, Y. G. Wei & W. H. Luo) Mich. Möller & A. Weber　南丹报春苣苔

F9005897 中国特有 —— 中国

Primulina napoensis (Z. Yu Li) Mich. Möller & A. Weber　那坡报春苣苔

F9005898 中国特有 —— 中国

Primulina 'Nimbus'　'Nimbus'报春苣苔

F9005899 — — — —

Primulina ningmingensis (Yan Liu & W. H. Wu) W. B. Xu & K. F. Chung　宁明报春苣苔

F0000144 中国特有 —— 中国

Primulina obtusidentata (W. T. Wang) Mich. Möller & A. Weber　钝齿报春苣苔

F9005900 中国特有 近危（NT） — 中国

Primulina obtusidentata var. *mollipes* (W. T. Wang) Mich. Möller & A. Weber　毛序报春苣苔

F9005901 中国特有 —— 中国

Primulina ophiopogoides (D. Fang & W. T. Wang) Yin Z. Wang　条叶报春苣苔

0003026 中国特有 近危（NT） — 中国

Primulina orthandra (W. T. Wang) Mich. Möller & A. Weber　直蕊报春苣苔

F9005902 中国特有 —— 中国

Primulina parvifolia (W. T. Wang) Yin Z. Wang & J. M. Li　小叶报春苣苔

F0001227 中国特有 —— 中国

Primulina 'Patina'　'Patina'报春苣苔

F9005903 — — — —

Primulina petrocosmeoides B. Pan & F. Wen　石蝴蝶状报春苣苔

F0001162 中国特有 濒危（EN） — 中国

Primulina pinnata (W. T. Wang) Yin Z. Wang　复叶报春苣苔

F9005904 中国特有 —— 中国

Primulina pinnatifida (Hand.-Mazz.) Yin Z. Wang　羽裂报春苣苔

F0000096 中国特有 近危（NT） — 中国

Primulina porphyrea X. L. Yu & Ming Li　紫背报春苣苔

F9005905 中国特有 极危（CR） — 中国

Primulina pseudoeburnea (D. Fang & W. T. Wang) Mich. Möller & A. Weber　紫纹报春苣苔

F0000912 中国特有 濒危（EN） — 中国

Primulina pseudoglandulosa W. B. Xu & K. F. Chung　阳朔小花苣苔

F0000437 — — — —

Primulina pseudoheterotricha (T. J. Zhou, B. Pan & W. B. Xu) Mich. Möller & A. Weber　假烟叶报春苣苔

F9005906 中国特有 —— 中国

Primulina pseudolinearifolia W. B. Xu & K. F. Chung　拟线叶报春苣苔

F9005907 中国特有 —— 中国

Primulina pseudomollifolia W. B. Xu & Yan Liu　假密毛小花苣苔

F9005908 中国特有 —— 中国

Primulina pseudoroseoalba Jian Li, F. Wen & L. J. Yan　拟粉花报春苣苔

F9005909 中国特有 —— 中国

Primulina pteropoda (W. T. Wang) Yan Liu　翅柄报春苣苔

F9005910 中国特有 —— 中国

Primulina pungentisepala (W. T. Wang) Mich. Möller & A. Weber　尖萼报春苣苔

F0000006 中国特有 近危（NT） — 中国

Primulina purpurea F. Wen, Bo Zhao & Y. G. Wei　紫花报春苣苔

F0000999 中国特有 极危（CR） — 中国

Primulina qingyuanensis Z. L. Ning & Ming Kang　清远报春苣苔

F9005911 中国特有 极危（CR） — 中国

Primulina 'Rachel'　'Rachel'报春苣苔

F9005912 — — — —

Primulina renifolia (D. Fang & D. H. Qin) J. M. Li & Yin Z. Wang　文采苣苔

F9005913 中国特有 极危（CR） — 中国

Primulina repanda (W. T. Wang) Yin Z. Wang　小花苣苔

0000367 中国特有 —— 中国

Primulina repanda var. *guilinensis* (W. T. Wang) Mich. Möller

& A. Weber 桂林小花苣苔

F0000435 中国特有 —— 中国

Primulina ronganensis (D. Fang & Y. G. Wei) Mich. Möller & A. Weber 融安报春苣苔

F0000836 中国特有 —— 中国

Primulina rongshuiensis (Yan Liu & Y. S. Huang) W. B. Xu & K. F. Chung 融水报春苣苔

F0000422 中国特有 —— 中国

Primulina roseoalba (W. T. Wang) Mich. Möller & A. Weber 粉花报春苣苔

F0000197 中国特有 易危（VU） — 中国

Primulina rotundifolia (Hemsl.) Mich. Möller & A. Weber 卵圆报春苣苔

F0000977 中国特有 近危（NT） — 中国

Primulina rubribracteata Z. L. Ning & M. Kang 红苞报春苣苔

F9005914 中国特有 —— 中国

Primulina sclerophylla (W. T. Wang) Yan Liu 硬叶报春苣苔

F0000132 中国特有 —— 中国

Primulina secundiflora (Chun) Mich. Möller & A. Weber 清镇报春苣苔

F0000756 中国特有 近危（NT） — 中国

Primulina shouchengensis (Z. Yu Li) Z. Yu Li 寿城报春苣苔

F0000004 中国特有 近危（NT） — 中国

Primulina sichuanensis (W. T. Wang) Mich. Möller & A. Weber 四川报春苣苔

F0001176 中国特有 近危（NT） — 中国

Primulina sinensis 'Angustifolia' 'Angustifolia'报春苣苔

F9005915 ————

Primulina sinensis 'Hisako' 'Hisako'报春苣苔

F9005916 ————

Primulina sinovietnamica W. H. Wu & Qiang Zhang 中越报春苣苔

F0000995 中国特有 —— 中国

Primulina 'Souvenir' 'Souvenir'报春苣苔

F9005917 ————

Primulina spadiciformis (W. T. Wang) Mich. Möller & A. Weber 焰苞报春苣苔

F0000183 中国特有 —— 中国

Primulina speluncae (Hand.-Mazz.) Mich. Möller & A. Weber 小报春苣苔

F9005918 中国特有 —— 中国

Primulina spinulosa (D. Fang & W. T. Wang) Yin Z. Wang 刺齿报春苣苔

0002491 中国特有 —— 中国

Primulina subrhomboidea (W. T. Wang) Yin Z. Wang 菱叶报春苣苔

F0000041 中国特有 —— 中国

Primulina subulata (W. T. Wang) Mich. Möller & A. Weber 钻丝小花苣苔

0000299 中国特有 濒危（EN） — 中国

Primulina subulata var. *yangchunensis* (W. T. Wang) Mich. Möller & A. Weber 阳春小花苣苔

F9005919 中国特有 —— 中国

Primulina swinglei (Merr.) Mich. Möller & A. Weber 钟冠报春苣苔

F0000021 ——— 中国、越南北部

Primulina tabacum Hance 报春苣苔

F9005920 中国特有 濒危（EN） 二级 中国

Primulina 'Tamiana' 'Tamiana'报春苣苔

F9005921 ————

Primulina tenuifolia (W. T. Wang) Yin Z. Wang 薄叶报春苣苔

F9005922 中国特有 易危（VU） — 中国

Primulina tenuituba (W. T. Wang) Yin Z. Wang 神农架报春苣苔

F9006945 中国特有 —— 中国

Primulina tiandengensis (F. Wen & H. Tang) F. Wen & K. F. Chung 天等报春苣苔

F0001142 中国特有 极危（CR） — 中国

Primulina tribracteata (W. T. Wang) Mich. Möller & A. Weber 三苞报春苣苔

F0001181 中国特有 —— 中国

Primulina tribracteata var. *zhuana* (Z. Yu Li, Q. Xing & Yuan B. Li) Mich. Möller & A. Weber 光华报春苣苔

F9005923 中国特有 —— 中国

Primulina tsoongii H. L. Liang, Bo Zhao & F. Wen 钟氏报春苣苔

F0000019 中国特有 易危（VU） — 中国

Primulina varicolor (D. Fang & D. H. Qin) Yin Z. Wang 变色报春苣苔

F9005924 中国特有 极危（CR） — 中国

Primulina verecunda (Chun) Mich. Möller & A. Weber 齿萼报春苣苔

F9005925 中国特有 —— 中国

Primulina versicolor F. Wen, B. Pan & B. M. Wang 多色报春苣苔

F9005926 中国特有 极危（CR） — 中国

Primulina 'Vertigo' 'Vertigo'报春苣苔

F0001691 ————

Primulina vestita (D. Wood) Mich. Möller & A. Weber 细筒报春苣苔

F9005927 中国特有 易危（VU） — 中国

Primulina villosissima (W. T. Wang) Mich. Möller & A. Weber 长毛报春苣苔

F0000044　中国特有 — — 中国

Primulina wangiana (Z. Yu Li) Mich. Möller & A. Weber　王氏报春苣苔

F0001174　中国特有 — — 中国

Primulina wentsaii (D. Fang & L. Zeng) Yin Z. Wang　文采报春苣苔

F0001272　中国特有 — — 中国

Primulina xinningensis (W. T. Wang) Mich. Möller & A. Weber　新宁报春苣苔

F0004256　中国特有 — — 中国

Primulina yangchunensis Y. L. Zheng & Y. F. Deng　阳春报春苣苔

F0000857　中国特有 极危（CR） — 中国

Primulina yangshanensis W. B. Xu & B. Pan　阳山报春苣苔

F9005928　中国特有 — — 中国

Primulina yangshuoensis Y. G. Wei & F. Wen　阳朔报春苣苔

F0000155　中国特有 极危（CR） — 中国

Primulina yingdeensis Z. L. Ning, M. Kang & X. Y. Zhuang　英德报春苣苔

F9006967　中国特有 — — 中国

Primulina yungfuensis (W. T. Wang) Mich. Möller & A. Weber　永福报春苣苔

F0000087　中国特有 — — 中国

Pseudochirita　异裂苣苔属

Pseudochirita guangxiensis (S. Z. Huang) W. T. Wang　异裂苣苔

F0005510　— — — 中国、越南

Pseudochirita guangxiensis var. *glauca* Y. G. Wei & Yan Liu　粉绿异裂苣苔

F9005929　中国特有 — — 中国

Raphiocarpus　漏斗苣苔属

Raphiocarpus begoniifolius (H. Lév.) B. L. Burtt　大苞漏斗苣苔

F9005930　中国特有 — — 中国

Raphiocarpus longipedunculatus (C. Y. Wu ex H. W. Li) B. L. Burtt　长梗漏斗苣苔

F9005931　中国特有 易危（VU） — 中国

Raphiocarpus macrosiphon (Hance) B. L. Burtt　长筒漏斗苣苔

F0001447　中国特有 — — 中国

Raphiocarpus petelotii (Pellegr.) B. L. Burtt　合萼漏斗苣苔

F9005932　— — — 越南

Raphiocarpus sesquifolius (C. B. Clarke) B. L. Burtt　大叶锣

F9005933　中国特有 — — 中国

Raphiocarpus sinicus Chun　无毛漏斗苣苔

F9005934　— 近危（NT） — 中国、越南

Rhabdothamnopsis　长冠苣苔属

Rhabdothamnopsis sinensis Hemsl.　长冠苣苔

0003658　中国特有 — — 中国

Rhynchoglossum　尖舌苣苔属

Rhynchoglossum obliquum Blume　尖舌苣苔

0003935　— — — 亚洲热带及亚热带

Rhynchotechum　线柱苣苔属

Rhynchotechum ellipticum (Wall. ex D. Dietr.) A. DC.　椭圆线柱苣苔

F9005935　— — — 中国、尼泊尔、中南半岛

Rhynchotechum longipes W. T. Wang　长梗线柱苣苔

F9005936　中国特有 易危（VU） — 中国

Rhynchotechum vestitum Wall. ex C. B. Clarke　毛线柱苣苔

F9005937　— — — 中国、尼泊尔、不丹、孟加拉国

Saintpaulia　非洲堇属

Saintpaulia 'Ajohn's Spinning Bells'　'Ajohn's Spinning Bells'非洲堇

F9005938　— — — —

Saintpaulia 'Amazing'　'Amazing'非洲堇

F9005939　— — — —

Saintpaulia 'Andrea'　'Andrea'非洲堇

F9005940　— — — —

Saintpaulia 'Angelica'　'Angelica'非洲堇

F9005941　— — — —

Saintpaulia 'Anika'　'Anika'非洲堇

F9005942　— — — —

Saintpaulia 'Annabelle'　'Annabelle'非洲堇

F9005943　— — — —

Saintpaulia 'Apache Blanket'　'Apache Blanket'非洲堇

F9005944　— — — —

Saintpaulia 'Apache Bow'　'Apache Bow'非洲堇

F9005945　— — — —

Saintpaulia 'Apache Dynamo'　'Apache Dynamo'非洲堇

F9005946　— — — —

Saintpaulia 'Apache Midnight'　'Apache Midnight'非洲堇

F9005947　— — — —

Saintpaulia 'Apache Warbonnet'　'Apache Warbonnet'非洲堇

F9005948　— — — —

Saintpaulia 'Arapahoe'　'Arapahoe'非洲堇

F9005949　— — — —

Saintpaulia 'Arctic Frost'　'Arctic Frost'非洲堇

F9005950　— — — —

Saintpaulia 'Arkansas'　'Arkansas'非洲堇

F9005951　— — — —

Saintpaulia 'Aroma of Coffee'　'Aroma of Coffee'非洲堇
F9005952 — — — —

Saintpaulia 'Av Thcueel Skog Salvan Ilind Skog'　'Av Thcueel Skog Salvan Ilind Skog'非洲堇
F0005044 — — — —

Saintpaulia 'Banana Split'　'Banana Split'非洲堇
F9005953 — — — —

Saintpaulia 'Barbados'　'Barbados'非洲堇
F9005954 — — — —

Saintpaulia 'Barbara II'　'Barbara II'非洲堇
F9005955 — — — —

Saintpaulia 'Beachcomber'　'Beachcomber'非洲堇
F9005956 — — — —

Saintpaulia 'Beloved Daughter'　'Beloved Daughter'非洲堇
F9005957 — — — —

Saintpaulia 'Benediction'　'Benediction'非洲堇
F9005958 — — — —

Saintpaulia 'Bishop'　'Bishop'非洲堇
F9005959 — — — —

Saintpaulia 'Blackberry Jam'　'Blackberry Jam'非洲堇
F9005960 — — — —

Saintpaulia 'Blackie Bryant'　'Blackie Bryant'非洲堇
F9005961 — — — —

Saintpaulia 'Blue Dragon'　'Blue Dragon'非洲堇
F9005962 — — — —

Saintpaulia 'B-Man's Irish Red'　'B-Man's Irish Red'非洲堇
F9005963 — — — —

Saintpaulia 'Bob's Omega'　'Bob's Omega'非洲堇
F9005964 — — — —

Saintpaulia 'Bride'　'Bride'非洲堇
F9005965 — — — —

Saintpaulia 'Bristol's Blackbird'　'Bristol's Blackbird'非洲堇
F9005966 — — — —

Saintpaulia 'Bristol's Hanky Panky'　'Bristol's Hanky Panky'非洲堇
F9005967 — — — —

Saintpaulia 'Bristol's Hot Rod'　'Bristol's Hot Rod'非洲堇
F9005968 — — — —

Saintpaulia 'Bristol's Luv It'　'Bristol's Luv It'非洲堇
F9005969 — — — —

Saintpaulia 'Bristol's Nightfall'　'Bristol's Nightfall'非洲堇
F9005970 — — — —

Saintpaulia 'Bristol's Party Girl'　'Bristol's Party Girl'非洲堇
F9005971 — — — —

Saintpaulia 'Bristol's Phaser Blast'　'Bristol's Phaser Blast'非洲堇
F9005972 — — — —

Saintpaulia 'Bristol's Stormy Skies'　'Bristol's Stormy Skies'非洲堇
F9005973 — — — —

Saintpaulia 'Bristol's Very Berry'　'Bristol's Very Berry'非洲堇
F9005974 — — — —

Saintpaulia 'Buckeye Ballerina'　'Buckeye Ballerina'非洲堇
F9005975 — — — —

Saintpaulia 'Buckeye Befuddled'　'Buckeye Befuddled'非洲堇
F9005976 — — — —

Saintpaulia 'Buckeye Bellringer'　'Buckeye Bellringer'非洲堇
F9005977 — — — —

Saintpaulia 'Buckeye Big Snowstorm'　'Buckeye Big Snowstorm'非洲堇
F9005978 — — — —

Saintpaulia 'Buckeye Blushing'　'Buckeye Blushing'非洲堇
F9005979 — — — —

Saintpaulia 'Buckeye Bouquet'　'Buckeye Bouquet'非洲堇
F9005980 — — — —

Saintpaulia 'Buckeye Brush Strokes'　'Buckeye Brush Strokes'非洲堇
F9005981 — — — —

Saintpaulia 'Buckeye Can Can'　'Buckeye Can Can'非洲堇
F9005982 — — — —

Saintpaulia 'Buckeye Candy Sprinkles'　'Buckeye Candy Sprinkles'非洲堇
F9005983 — — — —

Saintpaulia 'Buckeye Celebration'　'Buckeye Celebration'非洲堇
F9005984 — — — —

Saintpaulia 'Buckeye Celebrity Status'　'Buckeye Celebrity Status'非洲堇
F9005985 — — — —

Saintpaulia 'Buckeye Cherry Freckles'　'Buckeye Cherry Freckles'非洲堇
F9005986 — — — —

Saintpaulia 'Buckeye Cherry Topping'　'Buckeye Cherry Topping'非洲堇
F9005987 — — — —

Saintpaulia 'Buckeye Chit Chat'　'Buckeye Chit Chat'非洲堇
F9005988 — — — —

Saintpaulia 'Buckeye Cinema Star'　'Buckeye Cinema Star'非洲堇

F9005989 — — — —

Saintpaulia 'Buckeye Colossal' 'Buckeye Colossal'非洲堇

F9005990 — — — —

Saintpaulia 'Buckeye Concerto' 'Buckeye Concerto'非洲堇

F9005991 — — — —

Saintpaulia 'Buckeye Cranberry Sparkler' 'Buckeye Cranberry Sparkler'非洲堇

F9005992 — — — —

Saintpaulia 'Buckeye Dance Fever' 'Buckeye Dance Fever'非洲堇

F9005993 — — — —

Saintpaulia 'Buckeye Deletable Peach' 'Buckeye Deletable Peach'非洲堇

F9005994 — — — —

Saintpaulia 'Buckeye Elusive Stars' 'Buckeye Elusive Stars'非洲堇

F9005995 — — — —

Saintpaulia 'Buckeye Extravaganza' 'Buckeye Extravaganza'非洲堇

F9005996 — — — —

Saintpaulia 'Buckeye Eyestopper' 'Buckeye Eyestopper'非洲堇

F9005997 — — — —

Saintpaulia 'Buckeye Festive Floosie' 'Buckeye Festive Floosie'非洲堇

F9005998 — — — —

Saintpaulia 'Buckeye Icebreaker' 'Buckeye Icebreaker'非洲堇

F9005999 — — — —

Saintpaulia 'Buckeye Irish Lace' 'Buckeye Irish Lace'非洲堇

F9006000 — — — —

Saintpaulia 'Buckeye Lamplighter' 'Buckeye Lamplighter'非洲堇

F9006001 — — — —

Saintpaulia 'Buckeye Leprechaun Charm' 'Buckeye Leprechaun Charm'非洲堇

F9006002 — — — —

Saintpaulia 'Buckeye Lilac Spring' 'Buckeye Lilac Spring'非洲堇

F9006003 — — — —

Saintpaulia 'Buckeye Love's Caress' 'Buckeye Love's Caress'非洲堇

F9006004 — — — —

Saintpaulia 'Buckeye Saucy Irish' 'Buckeye Saucy Irish'非洲堇

F9006005 — — — —

Saintpaulia 'Buckeye Scrumptious' 'Buckeye Scrumptious'非洲堇

F9006006 — — — —

Saintpaulia 'Buckeye Seductress' 'Buckeye Seductress'非洲堇

F9006007 — — — —

Saintpaulia 'Buckeye Sorcerer' 'Buckeye Sorcerer'非洲堇

F9006008 — — — —

Saintpaulia 'Buckeye Spellbinder' 'Buckeye Spellbinder'非洲堇

F9006009 — — — —

Saintpaulia 'Buckeye Virtuoso' 'Buckeye Virtuoso'非洲堇

F9006010 — — — —

Saintpaulia 'California' 'California'非洲堇

F9006011 — — — —

Saintpaulia 'Caprichio' 'Caprichio'非洲堇

F9006012 — — — —

Saintpaulia 'Carnival' 'Carnival'非洲堇

F9006013 — — — —

Saintpaulia 'Cathy's Fireworks' 'Cathy's Fireworks'非洲堇

F0001848 — — — —

Saintpaulia 'Chico' 'Chico'非洲堇

F9006014 — — — —

Saintpaulia 'Chimpansy' 'Chimpansy'非洲堇

F9006015 — — — —

Saintpaulia 'Cindy' 'Cindy'非洲堇

F9006016 — — — —

Saintpaulia 'Cinnamon Candy' 'Cinnamon Candy'非洲堇

F9006017 — — — —

Saintpaulia 'Cinnamon Ruffles' 'Cinnamon Ruffles'非洲堇

F9006018 — — — —

Saintpaulia 'Colonial Werris Greek' 'Colonial Werris Greek'非洲堇

F9006019 — — — —

Saintpaulia 'Colorado II' 'Colorado II'非洲堇

F9006020 — — — —

Saintpaulia 'Connecticut' 'Connecticut'非洲堇

F9006021 — — — —

Saintpaulia 'Cora' 'Cora'非洲堇

F9006022 — — — —

Saintpaulia 'Coral Sea' 'Coral Sea'非洲堇

F9006023 — — — —

Saintpaulia 'Cosmic Art' 'Cosmic Art'非洲堇

F9006024 — — — —

Saintpaulia 'Crater Lake' 'Crater Lake'非洲堇

F9006025 — — — —

Saintpaulia 'Dale's Dream' 'Dale's Dream'非洲堇

F0001849 — — — —

Saintpaulia 'Dali' 'Dali'非洲堇

F9006026 — — — —

Saintpaulia 'Degas' 'Degas'非洲堇

F9006027 — — — —

Saintpaulia 'Delaware' 'Delaware'非洲堇

F9006028 — — — —

Saintpaulia 'Dixie Doris' 'Dixie Doris'非洲堇

F9006029 — — — —

Saintpaulia 'Edge of Dawn' 'Edge of Dawn'非洲堇

F9006030 — — — —

Saintpaulia 'Ed's Dreamy White' 'Ed's Dreamy White'非洲堇

F9006031 — — — —

Saintpaulia 'Ek Cupidon' 'Ek Cupidon'非洲堇

F9006032 — — — —

Saintpaulia 'Ek Enigma' 'Ek Enigma'非洲堇

F9006033 — — — —

Saintpaulia 'Ek Magic of Love' 'Ek Magic of Love'非洲堇

F9006034 — — — —

Saintpaulia 'Ek Magician Spring' 'Ek Magician Spring'非洲堇

F9006035 — — — —

Saintpaulia 'Ek May Thunder' 'Ek May Thunder'非洲堇

F9006036 — — — —

Saintpaulia 'Ek Mother's Love' 'Ek Mother's Love'非洲堇

F9006037 — — — —

Saintpaulia 'Ek Painter's Masterpiece' 'Ek Painter's Masterpiece'非洲堇

F9006038 — — — —

Saintpaulia 'Ek Rainbow of Love' 'Ek Rainbow of Love'非洲堇

F9006039 — — — —

Saintpaulia 'Ek Royal Ruby' 'Ek Royal Ruby'非洲堇

F9006040 — — — —

Saintpaulia 'Ek Wild Orchid' 'Ek Wild Orchid'非洲堇

F9006041 — — — —

Saintpaulia 'Emerald Lace' 'Emerald Lace'非洲堇

F9006042 — — — —

Saintpaulia 'Emerald Love' 'Emerald Love'非洲堇

F9006043 — — — —

Saintpaulia 'Emperor' 'Emperor'非洲堇

F9006044 — — — —

Saintpaulia 'Enchanted April' 'Enchanted April'非洲堇

F9006045 — — — —

Saintpaulia 'Equinox' 'Equinox'非洲堇

F9006046 — — — —

Saintpaulia 'Evelyn' 'Evelyn'非洲堇

F9006047 — — — —

Saintpaulia 'Ever Beautiful' 'Ever Beautiful'非洲堇

F9006048 — — — —

Saintpaulia 'Ever Glory' 'Ever Glory'非洲堇

F9006049 — — — —

Saintpaulia 'Ever Grace' 'Ever Grace'非洲堇

F9006050 — — — —

Saintpaulia 'Ever Harmony' 'Ever Harmony'非洲堇

F9006051 — — — —

Saintpaulia 'Ever Joy' 'Ever Joy'非洲堇

F9006052 — — — —

Saintpaulia 'Ever Love' 'Ever Love'非洲堇

F9006053 — — — —

Saintpaulia 'Ever Praise' 'Ever Praise'非洲堇

F9006054 — — — —

Saintpaulia 'Ever Precious' 'Ever Precious'非洲堇

F9006055 — — — —

Saintpaulia 'Ever Rejoice' 'Ever Rejoice'非洲堇

F9006056 — — — —

Saintpaulia 'Ever Special' 'Ever Special'非洲堇

F9006057 — — — —

Saintpaulia 'Ever Young' 'Ever Young'非洲堇

F9006058 — — — —

Saintpaulia 'Extra Terrestrial' 'Extra Terrestrial'非洲堇

F9006059 — — — —

Saintpaulia 'Farrah' 'Farrah'非洲堇

F9006947 — — — —

Saintpaulia 'Fay's Rackel' 'Fay's Rackel'非洲堇

F9006060 — — — —

Saintpaulia 'Fickle Flirt' 'Fickle Flirt'非洲堇

F9006061 — — — —

Saintpaulia 'Fickle Flirt Ample' 'Fickle Flirt Ample'非洲堇

F9006062 — — — —

Saintpaulia 'Fisher's Leon' 'Fisher's Leon'非洲堇

F9006063 — — — —

Saintpaulia 'Florida Belle' 'Florida Belle'非洲堇

F9006064 — — — —

Saintpaulia 'Fostirom Holiday' 'Fostirom Holiday'非洲堇

F0002635 — — — —

Saintpaulia 'Fredette's Risen Star' 'Fredette's Risen Star'非洲堇

F9006065 — — — —

Saintpaulia 'Fredette's Sweet Jenny' 'Fredette's Sweet Jenny'非洲堇

F9006066 — — — —

Saintpaulia 'Frosted Flame' 'Frosted Flame'非洲堇

F9006067 — — — —
Saintpaulia 'Frozen in Time' 'Frozen in Time'非洲菫
F9006068 — — — —
Saintpaulia 'Galactic Dancing' 'Galactic Dancing'非洲菫
F9006069 — — — —
Saintpaulia 'Gauguin' 'Gauguin'非洲菫
F9006070 — — — —
Saintpaulia 'Georgia II' 'Georgia II'非洲菫
F9006071 — — — —
Saintpaulia 'Gillian' 'Gillian'非洲菫
F0002102 — — — —
Saintpaulia 'Gisela' 'Gisela'非洲菫
F9006072 — — — —
Saintpaulia 'Gorgeous' 'Gorgeous'非洲菫
F9006073 — — — —
Saintpaulia 'Granger's Sugar Frost' 'Granger's Sugar Frost'非洲菫
F0001859 — — — —
Saintpaulia 'Grotei Silvert' 'Grotei Silvert'非洲菫
F9006074 — — — —
Saintpaulia 'Halo's Aglitter' 'Halo's Aglitter'非洲菫
F9006075 — — — —
Saintpaulia 'Harlequin' 'Harlequin'非洲菫
F9006076 — — — —
Saintpaulia 'Harmony Little Steinker' 'Harmony Little Steinker'非洲菫
F9006077 — — — —
Saintpaulia 'Hawaii II' 'Hawaii II'非洲菫
F9006078 — — — —
Saintpaulia 'Hawaiin Pearl' 'Hawaiin Pearl'非洲菫
F9006079 — — — —
Saintpaulia 'Hiroshige' 'Hiroshige'非洲菫
F9006080 — — — —
Saintpaulia 'Icy Sunset' 'Icy Sunset'非洲菫
F9006081 — — — —
Saintpaulia 'Imp's Aeratynia Fairy' 'Imp's Aeratynia Fairy'非洲菫
F0005050 — — — —
Saintpaulia 'Imp's Lil Deathcap' 'Imp's Lil Deathcap'非洲菫
F0005060 — — — —
Saintpaulia 'Imp's Pink Eye' 'Imp's Pink Eye'非洲菫
F0005048 — — — —
Saintpaulia 'Indiana' 'Indiana'非洲菫
F9006082 — — — —
Saintpaulia 'Ingrid' 'Ingrid'非洲菫
F9006083 — — — —

Saintpaulia 'Irish Cream' 'Irish Cream'非洲菫
F9006084 — — — —
Saintpaulia 'Irish Flirt' 'Irish Flirt'非洲菫
F9006085 — — — —
Saintpaulia 'Isabelle' 'Isabelle'非洲菫
F9006086 — — — —
Saintpaulia 'Island Hideaway' 'Island Hideaway'非洲菫
F9006087 — — — —
Saintpaulia 'Joan' 'Joan'非洲菫
F9006088 — — — —
Saintpaulia 'Juliana' 'Juliana'非洲菫
F9006089 — — — —
Saintpaulia 'Jupiter' 'Jupiter'非洲菫
F9006090 — — — —
Saintpaulia 'Kamennyi Tsvetok' 'Kamennyi Tsvetok'非洲菫
F9006091 — — — —
Saintpaulia 'Kentucky' 'Kentucky'非洲菫
F9006092 — — — —
Saintpaulia 'Kentucky Bride' 'Kentucky Bride'非洲菫
F9006093 — — — —
Saintpaulia 'King's Treasure' 'King's Treasure'非洲菫
F9006094 — — — —
Saintpaulia 'Kris' 'Kris'非洲菫
F9006095 — — — —
Saintpaulia 'Lady Love' 'Lady Love'非洲菫
F9006096 — — — —
Saintpaulia 'Lambert Closse' 'Lambert Closse'非洲菫
F9006097 — — — —
Saintpaulia 'Lavender Swirls' 'Lavender Swirls'非洲菫
F9006098 — — — —
Saintpaulia 'Le-Dandy' 'Le-Dandy'非洲菫
F9006099 — — — —
Saintpaulia 'Lemon Ice' 'Lemon Ice'非洲菫
F9006100 — — — —
Saintpaulia 'Leshi' 'Leshi'非洲菫
F9006101 — — — —
Saintpaulia 'Little Adagio' 'Little Adagio'非洲菫
F9006102 — — — —
Saintpaulia 'Little Apatite' 'Little Apatite'非洲菫
F9006103 — — — —
Saintpaulia 'Little Arapahoe' 'Little Arapahoe'非洲菫
F9006104 — — — —
Saintpaulia 'Little Aztec' 'Little Aztec'非洲菫
F9006105 — — — —
Saintpaulia 'Little Azurite' 'Little Azurite'非洲菫
F9006106 — — — —

Saintpaulia 'Little Blackfoot'　'Little Blackfoot'非洲堇
F9006107 — — — —

Saintpaulia 'Little Blue Topaz'　'Little Blue Topaz'非洲堇
F9006108 — — — —

Saintpaulia 'Little Cheyenne'　'Little Cheyenne'非洲堇
F9006109 — — — —

Saintpaulia 'Little Chickasaw'　'Little Chickasaw'非洲堇
F9006110 — — — —

Saintpaulia 'Little Comanche'　'Little Comanche'非洲堇
F9006111 — — — —

Saintpaulia 'Little Coral'　'Little Coral'非洲堇
F9006112 — — — —

Saintpaulia 'Little Creek'　'Little Creek'非洲堇
F9006113 — — — —

Saintpaulia 'Little Crystal'　'Little Crystal'非洲堇
F9006114 — — — —

Saintpaulia 'Little Hopi Ⅱ'　'Little Hopi Ⅱ'非洲堇
F9006115 — — — —

Saintpaulia 'Little Inca'　'Little Inca'非洲堇
F9006116 — — — —

Saintpaulia 'Little Maya'　'Little Maya'非洲堇
F9006117 — — — —

Saintpaulia 'Little Oneida'　'Little Oneida'非洲堇
F9006118 — — — —

Saintpaulia 'Little Ottawa'　'Little Ottawa'非洲堇
F9006119 — — — —

Saintpaulia 'Little Sapphire'　'Little Sapphire'非洲堇
F9006120 — — — —

Saintpaulia 'Little Sundrop'　'Little Sundrop'非洲堇
F9006121 — — — —

Saintpaulia 'Little Tourmaline'　'Little Tourmaline'非洲堇
F9006122 — — — —

Saintpaulia 'Little Trio'　'Little Trio'非洲堇
F9006123 — — — —

Saintpaulia 'Little Turquoise'　'Little Turquoise'非洲堇
F9006124 — — — —

Saintpaulia 'Little Wichita'　'Little Wichita'非洲堇
F9006125 — — — —

Saintpaulia 'Looking Glass'　'Looking Glass'非洲堇
F9006126 — — — —

Saintpaulia 'Louisiana Ⅱ'　'Louisiana Ⅱ'非洲堇
F9006127 — — — —

Saintpaulia 'Lucia'　'Lucia'非洲堇
F9006128 — — — —

Saintpaulia 'Lullaby'　'Lullaby'非洲堇
F9006129 — — — —

Saintpaulia 'Lyon's Lavender Magic'　'Lyon's Lavender Magic'非洲堇
F9006130 — — — —

Saintpaulia 'Lyon's Monique'　莫尼克
F0002023 — — — —

Saintpaulia 'Lyon's Party Dress'　'Lyon's Party Dress'非洲堇
F9006131 — — — —

Saintpaulia 'Lyon's Pirates Treasure'　'Lyon's Pirates Treasure'非洲堇
F9006132 — — — —

Saintpaulia 'Lyon's Plum Pudding'　'Lyon's Plum Pudding'非洲堇
F9006133 — — — —

Saintpaulia 'Maas'　'Maas'非洲堇
F9006965 — — — —

Saintpaulia 'Mac's Kismet Knight'　'Mac's Kismet Knight'非洲堇
F0005224 — — — —

Saintpaulia 'Mac's Smoldering Sapphire'　'Mac's Smoldering Sapphire'非洲堇
F9006134 — — — —

Saintpaulia 'Maine Ⅱ'　'Maine Ⅱ'非洲堇
F9006135 — — — —

Saintpaulia 'Manitoba'　'Manitoba'非洲堇
F9006136 — — — —

Saintpaulia 'Margit Ⅲ'　'Margit Ⅲ'非洲堇
F9006137 — — — —

Saintpaulia 'Ma's Melody Girl'　'Ma's Melody Girl'非洲堇
F9006138 — — — —

Saintpaulia 'Maui'　'Maui'非洲堇
F9006139 — — — —

Saintpaulia 'Megan'　'Megan'非洲堇
F9006140 — — — —

Saintpaulia 'Memories About Academician Vavilov'　'Memories About Academician Vavilov'非洲堇
F9006141 — — — —

Saintpaulia 'Michelangelo'　'Michelangelo'非洲堇
F9006142 — — — —

Saintpaulia 'Michele'　'Michele'非洲堇
F9006143 — — — —

Saintpaulia 'Michigan'　'Michigan'非洲堇
F9006144 — — — —

Saintpaulia 'Midnight Cloud'　'Midnight Cloud'非洲堇
F9006145 — — — —

Saintpaulia 'Midnight Frolic'　'Midnight Frolic'非洲堇
F9006146 — — — —

Saintpaulia 'Midnight Twist'　'Midnight Twist'非洲堇
F9006147 — — — —

Saintpaulia 'Millennia' 'Millennia'非洲堇
F9006148 — — — —

Saintpaulia 'Misty Cloud' 'Misty Cloud'非洲堇
F9006149 — — — —

Saintpaulia 'Modesty' 'Modesty'非洲堇
F9006150 — — — —

Saintpaulia 'Monet' 'Monet'非洲堇
F9006151 — — — —

Saintpaulia 'Monique' 'Monique'非洲堇
F9006152 — — — —

Saintpaulia 'Montana Ⅱ' 'Montana Ⅱ'非洲堇
F9006153 — — — —

Saintpaulia 'Moonlit Waters' 'Moonlit Waters'非洲堇
F9006154 — — — —

Saintpaulia 'Mountain Blush' 'Mountain Blush'非洲堇
F9006155 — — — —

Saintpaulia 'My Charm' 'My Charm'非洲堇
F9006156 — — — —

Saintpaulia 'My Darling' 'My Darling'非洲堇
F9006157 — — — —

Saintpaulia 'My Delight' 'My Delight'非洲堇
F9006158 — — — —

Saintpaulia 'My Desire' 'My Desire'非洲堇
F9006159 — — — —

Saintpaulia 'My Dream' 'My Dream'非洲堇
F9006160 — — — —

Saintpaulia 'My Joy' 'My Joy'非洲堇
F9006161 — — — —

Saintpaulia 'My Love' 'My Love'非洲堇
F9006162 — — — —

Saintpaulia 'My Passion' 'My Passion'非洲堇
F9006163 — — — —

Saintpaulia 'My Sensation' 'My Sensation'非洲堇
F9006164 — — — —

Saintpaulia 'My Temptation' 'My Temptation'非洲堇
F9006165 — — — —

Saintpaulia 'Nancy' 'Nancy'非洲堇
F9006166 — — — —

Saintpaulia 'Nancy Leigh' 'Nancy Leigh'非洲堇
F9006167 — — — —

Saintpaulia 'Natalie' 'Natalie'非洲堇
F9006168 — — — —

Saintpaulia 'Neptune's Jewels (Sport)' 'Neptune's Jewels (Sport)'非洲堇
F9006169 — — — —

Saintpaulia 'Ness' Blueberry Kiss' 'Ness' Blueberry Kiss'非洲堇

F0003220 — — — —

Saintpaulia 'Ness' Cherry Smoke' 'Ness' Cherry Smoke'非洲堇
F9006170 — — — —

Saintpaulia 'Ness' Crinkle Blue' 'Ness' Crinkle Blue'非洲堇
F9006171 — — — —

Saintpaulia 'Ness' Hot Expectation' 'Ness' Hot Expectation'非洲堇
F0004394 — — — —

Saintpaulia 'Ness' Jess' 'Ness' Jess'非洲堇
F9006172 — — — —

Saintpaulia 'Ness' Orange Pekoe' 'Ness' Orange Pekoe'非洲堇
F9006173 — — — —

Saintpaulia 'New Jersey' 'New Jersey'非洲堇
F9006174 — — — —

Saintpaulia 'New York' 'New York'非洲堇
F9006175 — — — —

Saintpaulia 'N-Farmel' 'N-Farmel'非洲堇
F0005226 — — — —

Saintpaulia 'North Carolina Ⅱ' 'North Carolina Ⅱ'非洲堇
F9006176 — — — —

Saintpaulia 'Nymph Fly' 'Nymph Fly'非洲堇
F0005053 — — — —

Saintpaulia 'Opera's Ⅱ Staniero' 'Opera's Ⅱ Staniero'非洲堇
F9006177 — — — —

Saintpaulia 'Opera's Romeo' 'Opera's Romeo'非洲堇
F9006178 — — — —

Saintpaulia 'Optical Illusion' 'Optical Illusion'非洲堇
F9006179 — — — —

Saintpaulia 'Otrazhenie' 'Otrazhenie'非洲堇
F9006180 — — — —

Saintpaulia 'Pat Tracey' 'Pat Tracey'非洲堇
F9006181 — — — —

Saintpaulia 'Patricia' 'Patricia'非洲堇
F9006182 — — — —

Saintpaulia 'Pennsylvania' 'Pennsylvania'非洲堇
F9006183 — — — —

Saintpaulia 'Pink Amiss' 'Pink Amiss'非洲堇
F9006184 — — — —

Saintpaulia 'Pink Party Dress' 'Pink Party Dress'非洲堇
F9006185 — — — —

Saintpaulia 'Pink Sensation' 'Pink Sensation'非洲堇
F9006186 — — — —

Saintpaulia 'Playful Spectrum' 'Playful Spectrum'非洲堇

F9006187 — — — —
Saintpaulia 'Plun Berry Alow'　'Plun Berry Alow'非洲堇
F0001998 — — — —
Saintpaulia 'Powder Keg'　'Powder Keg'非洲堇
F9006188 — — — —
Saintpaulia 'Pretty Poison'　'Pretty Poison'非洲堇
F9006189 — — — —
Saintpaulia 'Private Dancer'　'Private Dancer'非洲堇
F9006190 — — — —
Saintpaulia 'Puerto Rico'　'Puerto Rico'非洲堇
F9006191 — — — —
Saintpaulia 'Quilting Bee'　'Quilting Bee'非洲堇
F9006192 — — — —
Saintpaulia 'Rainbow's Quiet Riot'　'Rainbow's Quiet Riot'
非洲堇
F9006193 — — — —
Saintpaulia 'Rainman'　'Rainman'非洲堇
F9006194 — — — —
Saintpaulia 'Raspberry Crisp'　'Raspberry Crisp'非洲堇
F9006195 — — — —
Saintpaulia 'Rebecca'　'Rebecca'非洲堇
F9006196 — — — —
Saintpaulia 'Rebel's Splatter Cake'　'Rebel's Splatter Cake'
非洲堇
F9006197 — — — —
Saintpaulia 'Red Headed Kate'　'Red Headed Kate'非洲堇
F9006198 — — — —
Saintpaulia 'Rediant Glon'　'Rediant Glon'非洲堇
F0002087 — — — —
Saintpaulia 'Rhapsody in White'　'Rhapsody in White'非
洲堇
F9006199 — — — —
Saintpaulia 'Rita'　'Rita'非洲堇
F9006200 — — — —
Saintpaulia 'Robert Mayer'　'Robert Mayer'非洲堇
F9006201 — — — —
Saintpaulia 'Rob's Boolaroo'　'Rob's Boolaroo'非洲堇
F9006202 — — — —
Saintpaulia 'Rob's Combustible Pigeon'　'Rob's Combustible Pigeon'非洲堇
F0005217 — — — —
Saintpaulia 'Rob's Heart Wave'　'Rob's Heart Wave'非洲堇
F0005215 — — — —
Saintpaulia 'Rob's Miriuinnz'　'Rob's Miriuinnz'非洲堇
F0002090 — — — —
Saintpaulia 'Rob's Penny Ante'　'Rob's Penny Ante'非洲堇
F9006203 — — — —

Saintpaulia 'Rocky Mountain'　'Rocky Mountain'非洲堇
F9006204 — — — —
Saintpaulia 'Rodeo Roundup'　'Rodeo Roundup'非洲堇
F9006205 — — — —
Saintpaulia 'Romance'　'Romance'非洲堇
F0002189 — — — —
Saintpaulia 'Rosie Ruffles'　'Rosie Ruffles'非洲堇
F9006206 — — — —
Saintpaulia 'Royal Lady'　'Royal Lady'非洲堇
F9006207 — — — —
Saintpaulia 'Rs-Exotika'　'Rs-Exotika'非洲堇
F0001888 — — — —
Saintpaulia 'Ruffled Skies'　'Ruffled Skies'非洲堇
F9006208 — — — —
Saintpaulia 'Ruffled Skies Ⅱ'　'Ruffled Skies Ⅱ'非洲堇
F9006209 — — — —
Saintpaulia 'Sabrina'　'Sabrina'非洲堇
F9006210 — — — —
Saintpaulia 'Sapphire Ice'　'Sapphire Ice'非洲堇
F9006211 — — — —
Saintpaulia 'Scandal'　'Scandal'非洲堇
F9006212 — — — —
Saintpaulia 'Scarlet'　'Scarlet'非洲堇
F9006213 — — — —
Saintpaulia 'Senk'　'Senk'非洲堇
F0004397 — — — —
Saintpaulia 'Sensation'　'Sensation'非洲堇
F9006214 — — — —
Saintpaulia 'Sequins Ribbons'　'Sequins Ribbons'非洲堇
F9006215 — — — —
Saintpaulia 'Sequoia'　'Sequoia'非洲堇
F9006216 — — — —
Saintpaulia 'Seurat'　'Seurat'非洲堇
F9006217 — — — —
Saintpaulia 'Shy Blue'　'Shy Blue'非洲堇
F9006218 — — — —
Saintpaulia 'Silverglade Fanfares'　'Silverglade Fanfares'非
洲堇
F9006219 — — — —
Saintpaulia 'Skart Lifet Moln'　'Skart Lifet Moln'非洲堇
F0005225 — — — —
Saintpaulia 'Smart Lilac'　'Smart Lilac'非洲堇
F9006220 — — — —
Saintpaulia 'Smokey Moon'　'Smokey Moon'非洲堇
F9006221 — — — —
Saintpaulia 'Smoky Mountains'　'Smoky Mountains'非洲堇
F9006222 — — — —

Saintpaulia 'Southern Dalighn' 'Southern Dalighn'非洲堇
F0005011 — — — —

Saintpaulia 'Space Dust' 'Space Dust'非洲堇
F9006223 — — — —

Saintpaulia 'Sparkleberry' 'Sparkleberry'非洲堇
F9006224 — — — —

Saintpaulia 'Special Treat' 'Special Treat'非洲堇
F9006225 — — — —

Saintpaulia 'Stained Glass' 'Stained Glass'非洲堇
F9006226 — — — —

Saintpaulia 'Starry Night Blue' 'Starry Night Blue'非洲堇
F9006227 — — — —

Saintpaulia 'Stephanie' 'Stephanie'非洲堇
F9006228 — — — —

Saintpaulia 'Stormy Weather' 'Stormy Weather'非洲堇
F9006229 — — — —

Saintpaulia 'Strawberry Moon' 'Strawberry Moon'非洲堇
F9006230 — — — —

Saintpaulia 'Strawberry Wave' 'Strawberry Wave'非洲堇
F9006231 — — — —

Saintpaulia 'Streaker' 'Streaker'非洲堇
F9006232 — — — —

Saintpaulia 'Summer Carnival' 'Summer Carnival'非洲堇
F9006233 — — — —

Saintpaulia 'Summer Song' 'Summer Song'非洲堇
F0001996 — — — —

Saintpaulia 'Sun Sizzle' 'Sun Sizzle'非洲堇
F9006234 — — — —

Saintpaulia 'Suncoast Blue Cranberry' 'Suncoast Blue Cranberry'非洲堇
F9006235 — — — —

Saintpaulia 'Susi' 'Susi'非洲堇
F9006236 — — — —

Saintpaulia 'Taffeta Blue' 'Taffeta Blue'非洲堇
F9006237 — — — —

Saintpaulia 'Taffeta Petticoats' 'Taffeta Petticoats'非洲堇
F9006238 — — — —

Saintpaulia 'Tennessee II' 'Tennessee II'非洲堇
F9006239 — — — —

Saintpaulia 'Teressa' 'Teressa'非洲堇
F9006240 — — — —

Saintpaulia 'Texas II' 'Texas II'非洲堇
F9006241 — — — —

Saintpaulia 'The White Wings Mew' 'The White Wings Mew'非洲堇
F9006242 — — — —

Saintpaulia 'Trail Along' 'Trail Along'非洲堇

F9006243 — — — —

Saintpaulia 'Trinidad II' 'Trinidad II'非洲堇
F9006244 — — — —

Saintpaulia 'Tropic Heat Wave' 'Tropic Heat Wave'非洲堇
F9006245 — — — —

Saintpaulia 'Twilight Song' 'Twilight Song'非洲堇
F9006246 — — — —

Saintpaulia 'U Siana Lullaby' 'U Siana Lullaby'非洲堇
F9006946 — — — —

Saintpaulia 'Vertigo' 'Vertigo'非洲堇
F9006247 — — — —

Saintpaulia 'Virginia II' 'Virginia II'非洲堇
F9006248 — — — —

Saintpaulia 'White Tiger Blue' 'White Tiger Blue'非洲堇
F0004464 — — — —

Saintpaulia 'Winter's Smile' 'Winter's Smile'非洲堇
F9006249 — — — —

Saintpaulia 'Wisconsin II' 'Wisconsin II'非洲堇
F9006250 — — — —

Saintpaulia 'Yan Madam' 'Yan Madam'非洲堇
F9006251 — — — —

Saintpaulia 'Yan Mari' 'Yan Mari'非洲堇
F9006252 — — — —

Saintpaulia 'Yellowstone' 'Yellowstone'非洲堇
F9006253 — — — —

Seemannia 毛唇岩桐属

Seemannia nematanthoides (Kuntze) K. Schum.
F9006254 — — — 玻利维亚、阿根廷西北部

Seemannia sylvatica (Kunth) Hanst. 小岩桐
0002273 — — — 厄瓜多尔、哥伦比亚、巴西、巴拉圭

Sinningia 大岩桐属

Sinningia 'Ace Killer' 'Ace Killer'大岩桐
F0002145 — — — —

Sinningia 'Aina' 'Aina'大岩桐
F0004664 — — — —

Sinningia 'Aino' 'Aino'大岩桐
F9006256 — — — —

Sinningia 'Alice' 'Alice'大岩桐
F0002321 — — — —

Sinningia 'Alyssa' 'Alyssa'大岩桐
F9006257 — — — —

Sinningia 'Amakiir' 'Amakiir'大岩桐
F0002295 — — — —

Sinningia 'American Girl' 'American Girl'大岩桐
F0002177 — — — —

Sinningia 'Amizade' 'Amizade'大岩桐

F0002216 — — — —

Sinningia 'Angel Bello' 'Angel Bello'大岩桐

F9006258 — — — —

Sinningia 'Angel Face' 'Angel Face'大岩桐

F0002353 — — — —

Sinningia 'Angel Mask' '天使面具'大岩桐

F0002349 — — — —

Sinningia 'Angela-H1' 'Angela-H1'大岩桐

F9006259 — — — —

Sinningia 'Angela-H2' 'Angela-H2'大岩桐

F9006260 — — — —

Sinningia 'Angela-H3' 'Angela-H3'大岩桐

F9006261 — — — —

Sinningia 'Angela-H4' 'Angela-H4'大岩桐

F9006262 — — — —

Sinningia 'Angela-H5' 'Angela-H5'大岩桐

F9006263 — — — —

Sinningia 'Angela-H6' 'Angela-H6'大岩桐

F9006264 — — — —

Sinningia 'Angela-H7' 'Angela-H7'大岩桐

F9006265 — — — —

Sinningia 'Angela-H8' 'Angela-H8'大岩桐

F9006266 — — — —

Sinningia 'Anne Crowley' 'Anne Crowley'大岩桐

F9006267 — — — —

Sinningia 'An's Mini Skirt' 'An's Mini Skirt'大岩桐

F0002179 — — — —

Sinningia 'An's Nyx' '安的夜之女神'大岩桐

F0002159 — — — —

Sinningia 'Apricot Bouquet' 'Apricot Bouquet'大岩桐

F9006268 — — — —

Sinningia 'Ariana' 'Ariana'大岩桐

F9006269 — — — —

Sinningia 'Barbata' 'Barbata'大岩桐

F0004439 — — — —

Sinningia 'Blueberry Yogurt' 'Blueberry Yogurt'大岩桐

F0002331 — — — —

Sinningia brasiliensis 'Aguia Branca' 'Aguia Branca'大岩桐

F9006270 — — — —

Sinningia 'Bright Eyes' 'Bright Eyes'大岩桐

F9006271 — — — —

Sinningia 'Bristol's Blue Knight' 'Bristol's Blue Knight'大岩桐

F9006272 — — — —

Sinningia 'Bristol's Deadly Romance' 'Bristol's Deadly Romance'大岩桐

F9006273 — — — —

Sinningia 'Bristol's Love Potion' 'Bristol's Love Potion'大岩桐

F9006274 — — — —

Sinningia bullata Chautems & M. Peixoto

F0001010 — — — 巴西

Sinningia 'Caitlin' 'Caitlin'大岩桐

F0002618 — — — —

Sinningia 'California' 'California'大岩桐

F9006275 — — — —

Sinningia 'California Minis' 'California Minis'大岩桐

F0002204 — — — —

Sinningia cardinalis (Lehm.) H. E. Moore 艳桐草

F0005451 — — — 巴西

Sinningia 'Carnaval' 'Carnaval'大岩桐

F9006276 — — — —

Sinningia 'Carolyn' 'Carolyn'大岩桐

F9006277 — — — —

Sinningia 'Chic' 'Chic'大岩桐

F9006278 — — — —

Sinningia 'Chippean Grace' 'Chippean Grace'大岩桐

F9006279 — — — —

Sinningia 'Chunshen' 'Chunshen'大岩桐

F9006280 — — — —

Sinningia 'Cindy' 'Cindy'大岩桐

F9006281 — — — —

Sinningia 'Cleopera' 'Cleopera'大岩桐

F0002212 — — — —

Sinningia 'Connect The Dot' 'Connect The Dot'大岩桐

F0002301 — — — —

Sinningia 'Concinna' 'Concinna'大岩桐

F0001100 — — — —

Sinningia 'Cornflower' 'Cornflower'大岩桐

F9006282 — — — —

Sinningia 'Cos Angeles' 'Cos Angeles'大岩桐

F0002477 — — — —

Sinningia 'Country Crous' 'Country Crous'大岩桐

F9006283 — — — —

Sinningia 'Country Prayer' 'Country Prayer'大岩桐

F0002262 — — — —

Sinningia 'Country Shortcakes' 'Country Shortcakes'大岩桐

F9006284 — — — —

Sinningia 'Cupid's Doll' 'Cupid's Doll'大岩桐

F9006285 — — — —

Sinningia 'Deep Ocean' 'Deep Ocean'大岩桐

F0002114 — — — —

Sinningia 'Deep Purple Dreaming' 'Deep Purple Dreaming'

大岩桐

F9006286 — — — —

Sinningia defoliata (Malme) Chautems

F9006287 — — — 巴西中部

Sinningia 'Delightful Bride' 'Delightful Bride'大岩桐

F9006288 — — — —

Sinningia 'Demon' 'Demon'大岩桐

F9006289 — — — —

Sinningia 'Der Wabor' 'Der Wabor'大岩桐

F0001944 — — — —

Sinningia 'Diana' 'Diana'大岩桐

F9006290 — — — —

Sinningia 'Dinalle' 'Dinalle'大岩桐

F9006291 — — — —

Sinningia 'Dipper Starburst' 'Dipper Starburst'大岩桐

F0001862 — — — —

Sinningia 'Distant Lights' 'Distant Lights'大岩桐

F9006292 — — — —

Sinningia 'Diva' 'Diva'大岩桐

F0001909 — — — —

Sinningia 'Dollbaby' 'Dollbaby'大岩桐

F9006293 — — — —

Sinningia 'Double Raspberry Pearl' 'Double Raspberry Pearl'大岩桐

F9006294 — — — —

Sinningia 'Dreamland' 'Dreamland'大岩桐

F0002136 — — — —

Sinningia 'Eather's Sunrise Connie Rowley' 'Eather's Sunrise Connie Rowley'大岩桐

F0004462 — — — —

Sinningia 'Ek-Lik Angela' 'Ek-Lik Angela'大岩桐

F9006295 — — — —

Sinningia 'Elation' 'Elation'大岩桐

F0002220 — — — —

Sinningia 'Elin' 'Elin'大岩桐

F0002446 — — — —

Sinningia 'Emily Sister' 'Emily Sister'大岩桐

F0002284 — — — —

Sinningia 'Expression' 'Expression'大岩桐

F9006296 — — — —

Sinningia 'Faing Ball' 'Faing Ball'大岩桐

F0002747 — — — —

Sinningia 'Fairy Queen' 'Fairy Queen'大岩桐

F0002132 — — — —

Sinningia 'Fancy Ball' 'Fancy Ball'大岩桐

F9006996 — — — —

Sinningia 'Fantasy' 'Fantasy'大岩桐

F9006297 — — — —

Sinningia 'Fashion Time' 'Fashion Time'大岩桐

F0002169 — — — —

Sinningia 'Fenhongtao' 'Fenhongtao'大岩桐

F9006298 — — — —

Sinningia 'Fenjutao' 'Fenjutao'大岩桐

F9006299 — — — —

Sinningia 'Fire of Innocence' 'Fire of Innocence'大岩桐

F9006300 — — — —

Sinningia 'Flair' 'Flair'大岩桐

F9006301 — — — —

Sinningia 'Fluoride Floozy' 'Fluoride Floozy'大岩桐

F9006302 — — — —

Sinningia 'Forbidden Fantasy' 'Forbidden Fantasy'大岩桐

F0002201 — — — —

Sinningia 'Freckles' 'Freckles'大岩桐

F9006303 — — — —

Sinningia 'Fu's Fall Sunshine' 'Fu's Fall Sunshine'大岩桐

F0002269 — — — —

Sinningia 'Fu's Keelung Smile' 'Fu's Keelung Smile'大岩桐

F0002282 — — — —

Sinningia 'Fu's Neon City' 'Fu's Neon City'大岩桐

F0002337 — — — —

Sinningia 'Fu's Orange Word' 'Fu's Orange Word'大岩桐

F9006304 — — — —

Sinningia 'Fu's Pink Marry' 'Fu's Pink Marry'大岩桐

F0002245 — — — —

Sinningia 'Fu's Pink Mily' 'Fu's Pink Mily'大岩桐

F0002296 — — — —

Sinningia 'Fu's Pink Yali' 'Fu's Pink Yali'大岩桐

F9006305 — — — —

Sinningia 'Fu's Spark' 'Fu's Spark'大岩桐

F0002194 — — — —

Sinningia 'Fu's Strawberry Jam' 'Fu's Strawberry Jam'大岩桐

F0002289 — — — —

Sinningia 'Fu's Wedding Dress' 'Fu's Wedding Dress'大岩桐

F0002258 — — — —

Sinningia 'Gabriel's Horn' 'Gabriel's Horn'大岩桐

F0002221 — — — —

Sinningia 'Gautrer's Falzce' 'Gautrer's Falzce'大岩桐

F0002277 — — — —

Sinningia 'Giant Hybrids' 'Giant Hybrids'大岩桐

F9006949 — — — —

Sinningia 'Gillian' 'Gillian'大岩桐

F9006306 — — — —

Sinningia 'Gisele' 'Gisele'大岩桐

F9006307 — — — —

Sinningia 'Glory Bee' 'Glory Bee'大岩桐

F0002272 — — — —

Sinningia 'Gloxinxia Lindeniana' 'Gloxinxia Lindeniana'大岩桐

F9006308 — — — —

Sinningia 'Gordial' 'Gordial'大岩桐

F0002360 — — — —

Sinningia 'Grander's Sugar Frost' 'Grander's Sugar Frost'大岩桐

F0001860 — — — —

Sinningia 'Griable' 'Griable'大岩桐

F9006309 — — — —

Sinningia 'Grogia' 'Grogia'大岩桐

F9006950 — — — —

Sinningia 'Gutata' 'Gutata'大岩桐

F0004422 — — — —

Sinningia 'Hcy's Admirer' 'Hcy's Admirer'大岩桐

F0002335 — — — —

Sinningia 'Hcy's Aries' 'Hcy's Aries'大岩桐

F0002147 — — — —

Sinningia 'Hcy's Blue Dolphin' 'Hcy's Blue Dolphin'大岩桐

F0002285 — — — —

Sinningia 'Hcy's Blue Sea' 'Hcy's Blue Sea'大岩桐

F0002354 — — — —

Sinningia 'Hcy's Centre Heart' 'Hcy's Centre Heart'大岩桐

F0002336 — — — —

Sinningia 'Hcy's Cherry Bell' 'Hcy's Cherry Bell'大岩桐

F0002267 — — — —

Sinningia 'Hcy's Cherry Pie' 'Hcy's Cherry Pie'大岩桐

F0002251 — — — —

Sinningia 'Hcy's Eye Cather' 'Hcy's Eye Cather'大岩桐

F0002137 — — — —

Sinningia 'Hcy's Eyes Cather' 'Hcy's Eyes Cather'大岩桐

F9006310 — — — —

Sinningia 'Hcy's Flamingo' 'Hcy's Flamingo'大岩桐

F0002328 — — — —

Sinningia 'Hcy's 'Forbidden Fantasy' 'Hcy's'Forbidden Fantasy'大岩桐

F0001875 — — — —

Sinningia 'Hcy's Gemini' 'Hcy's Gemini'大岩桐

F0002280 — — — —

Sinningia 'Hcy's Kissing A Pigeon' '亲吻鸽子'大岩桐

F0002152 — — — —

Sinningia 'Hcy's Lady Lady' 'Hcy's Lady Lady'大岩桐

F0002271 — — — —

Sinningia 'Hcy's Little Lover' '小情人'大岩桐

F0002196 — — — —

Sinningia 'Hcy's Monodrama' 'Hcy's Monodrama'大岩桐

F0002244 — — — —

Sinningia 'Hcy's Ocean Sunfish' 'Hcy's Ocean Sunfish'大岩桐

F9006311 — — — —

Sinningia 'Hcy's Peach Fragrance' '蜜桃香氛'大岩桐

F0002452 — — — —

Sinningia 'Hcy's Peacock' 'Hcy's Peacock'大岩桐

F0002333 — — — —

Sinningia 'Hcy's Perfume' '香水达人'大岩桐

F0002155 — — — —

Sinningia 'Hcy's Persephone' 'Hcy's Persephone'大岩桐

F0001943 — — — —

Sinningia 'Hcy's Pink Embrace' 'Hcy's Pink Embrace'大岩桐

F0002241 — — — —

Sinningia 'Hcy's Playful Porpoise' 'Hcy's Playful Porpoise'大岩桐

F9006312 — — — —

Sinningia 'Hcy's Purple Dragon Fly' 'Hcy's Purple Dragon Fly'大岩桐

F0002362 — — — —

Sinningia 'Hcy's Taurus' 'Hcy's Taurus'大岩桐

F0001919 — — — —

Sinningia 'Heart Land's Flashlight' 'Heart Land's Flashlight'大岩桐

F0001087 — — — —

Sinningia 'Heartland's Dancing' 'Heartland's Dancing'大岩桐

F0002334 — — — —

Sinningia 'Heartland's Double Dily' 'Heartland's Double Dily'大岩桐

F0002266 — — — —

Sinningia 'Heartland's Flashlight' 'Heartland's Flashlight'大岩桐

F9006313 — — — —

Sinningia 'Helioana' 'Helioana'大岩桐

F0002425 — — — —

Sinningia 'Hermit' 'Hermit'大岩桐

F9006314 — — — —

Sinningia 'Hircon' 'Hircon'大岩桐

F0001088 — — — —

Sinningia 'Ice Ring' 'Ice Ring'大岩桐

F0002317 — — — —
Sinningia 'Indiana' '印第安纳'大岩桐
F9006948 — — — —
Sinningia 'Infinity' 'Infinity'大岩桐
F0002142 — — — —
Sinningia 'Irene' 'Irene'大岩桐
0001854 — — — —
Sinningia 'Isabali' 'Isabali'大岩桐
F0002223 — — — —
Sinningia 'Isa's Altair' 'Isa's Altair'大岩桐
F0001939 — — — —
Sinningia 'Isa's Aurora' 'Isa's Aurora'大岩桐
F0002279 — — — —
Sinningia 'Isa's Christmas Cracks' 'Isa's Christmas Cracks'大岩桐
F0001946 — — — —
Sinningia 'Isa's Flamboyant' 'Isa's Flamboyant'大岩桐
F9006315 — — — —
Sinningia 'Isa's Moonlight Dancer' 'Isa's Moonlight Dancer'大岩桐
F0002300 — — — —
Sinningia 'Isa's Murmur' 'Isa's Murmur'大岩桐
F0002292 — — — —
Sinningia 'Isa's Tropical Island' 'Isa's Tropical Island'大岩桐
F0002326 — — — —
Sinningia 'Isa's Vasle Brillante' 'Isa's Vasle Brillante'大岩桐
F0002293 — — — —
Sinningia 'Ivan' 'Ivan'大岩桐
F9006316 — — — —
Sinningia 'Jelly Roll' 'Jelly Roll'大岩桐
F9006961 — — — —
Sinningia 'Joanna' 'Joanna'大岩桐
F0002118 — — — —
Sinningia 'Jung's China Doll' 'Jung's China Doll'大岩桐
F0001095 — — — —
Sinningia 'Jung's Little Bambi' 'Jung's Little Bambi'大岩桐
F0003120 — — — —
Sinningia 'Jung's Mango Sundae' 'Jung's Mango Sundae'大岩桐
F9006317 — — — —
Sinningia 'Jung's Red Guava' 'Jung's Red Guava'大岩桐
F0002249 — — — —
Sinningia 'Jung's Snow' 'Jung's Snow'大岩桐
F9006318 — — — —
Sinningia 'Jung's Snow Nymph' 'Jung's Snow Nymph'大岩桐

F0003122 — — — —
Sinningia 'Jung's Violet Agate' 'Jung's Violet Agate'大岩桐
F0003119 — — — —
Sinningia 'Kaiser Wilhelm' 'Kaiser Wilhelm'大岩桐
F9006319 — — — —
Sinningia 'Kevin Garnett' 'Kevin Garnett'大岩桐
F9006320 — — — —
Sinningia 'Kj's Nieke' 'Kj's Nieke'大岩桐
F0002198 — — — —
Sinningia 'Krishna' 'Krishna'大岩桐
F9006321 — — — —
Sinningia 'Le-Kupava' 'Le-Kupava'大岩桐
F0002103 — — — —
Sinningia 'Leo B.' 'Leo B.'大岩桐
F0004508 — — — —
Sinningia leucotricha 'Itaquera' 'Itaquera'断崖女王
F9006322 — — — —
Sinningia 'Lia' 'Lia'大岩桐
F0002225 — — — —
Sinningia 'Lik Flamingos Dance' 'Lik Flamingos Dance'大岩桐
F0001861 — — — —
Sinningia 'Lil' 'Lil'大岩桐
F0002143 — — — —
Sinningia 'Lil Georgie' 'Lil Georgie'大岩桐
F9006323 — — — —
Sinningia 'Little Love' 'Little Love'大岩桐
F9006324 — — — —
Sinningia 'Little Wood Nymph' 'Little Wood Nymph'大岩桐
F0001096 — — — —
Sinningia 'Lolita' 'Lolita'大岩桐
F9006325 — — — —
Sinningia 'Lonely Heart' 'Lonely Heart'大岩桐
F0002139 — — — —
Sinningia 'Los Angeles' 'Los Angeles'大岩桐
F9006326 — — — —
Sinningia 'Lucent Heart' '星辰'大岩桐
F0002246 — — — —
Sinningia 'Lucky Angel' 'Lucky Angel'大岩桐
F0002210 — — — —
Sinningia macropoda (Sprague) H. E. Moore
F9006327 — — — 巴西东南部及南部、巴拉圭
Sinningia 'Mantianfen' 'Mantianfen'大岩桐
F9006328 — — — —
Sinningia 'Martha Lenka' 'Martha Lenka'大岩桐

F0002305 — — — —

Sinningia mauroana Chautems

F0001016 — — — 巴西

Sinningia 'Mertsanieh Zvyozdt' 'Mertsanieh Zvyozdt'大岩桐

F9006329 — — — —

Sinningia 'Miami Blues' 'Miami Blues'大岩桐

F0002150 — — — —

Sinningia 'Mila' 'Mila'大岩桐

F0002218 — — — —

Sinningia 'Miriam G' 'Miriam G'大岩桐

F0002131 — — — —

Sinningia 'Mitao' 'Mitao'大岩桐

F9006330 — — — —

Sinningia 'Muscicola' 'Muscicola'大岩桐

F0001085 — — — —

Sinningia muscicola 'Rio Das Pedras' 'Rio Das Pedras'大岩桐

F9006331 — — — —

Sinningia 'Nancy' 'Nancy'大岩桐

F9006332 — — — —

Sinningia 'Nate' 'Nate'大岩桐

F0002750 — — — —

Sinningia 'Nazanin' 'Nazanin'大岩桐

F9006333 — — — —

Sinningia 'New Cook Taiw' 'New Cook Taiw'大岩桐

F0002514 — — — —

Sinningia 'Nieke' 'Nieke'大岩桐

F9006334 — — — —

Sinningia 'Nivers' 'Nivers'大岩桐

F9006335 — — — —

Sinningia 'Nora's Berry Jelly' 'Nora's Berry Jelly'大岩桐

F0002186 — — — —

Sinningia 'Nora's Bohemian Rhapsody' 'Nora's Bohemian Rhapsody'大岩桐

F0002190 — — — —

Sinningia 'Nora's Classical Tutu' 'Nora's Classical Tutu'大岩桐

F0002184 — — — —

Sinningia 'Nora's Orange Blossom' 'Nora's Orange Blossom'大岩桐

F0002134 — — — —

Sinningia 'Nora's Snow White' 'Nora's Snow White'大岩桐

F0002193 — — — —

Sinningia 'Notile' 'Notile'大岩桐

F0002052 — — — —

Sinningia 'Nyx' 'Nyx'大岩桐

F9006336 — — — —

Sinningia 'Oengus' 'Oengus'大岩桐

F9006337 — — — —

Sinningia 'Orange Zinger' 'Orange Zinger'大岩桐

F0002129 — — — —

Sinningia × *ornata* (Van Houtte) H. E. Moore

F9006255 — — — —

Sinningia 'Ozark Coral Freckles' 'Ozark Coral Freckles'大岩桐

F0002310 — — — —

Sinningia 'Ozark Purple Zebra' 'Ozark Purple Zebra'大岩桐

F0002286 — — — —

Sinningia 'Ozark Rosy Tiger' 'Ozark Rosy Tiger'大岩桐

F9006338 — — — —

Sinningia 'Ozark Scentimental Journey' 'Ozark Scentimental Journey'大岩桐

F9006339 — — — —

Sinningia 'Paper Moon' 'Paper Moon'大岩桐

F9006340 — — — —

Sinningia 'Purple Propeller' 'Purple Propeller'大岩桐

F0002322 — — — —

Sinningia 'Party Dress' 'Party Dress'大岩桐

F9006341 — — — —

Sinningia 'Party Dude' 'Party Dude'大岩桐

F0002261 — — — —

Sinningia 'Pusilla Itaoca' 'Pusilla Itaoca'大岩桐

F0005071 — — — —

Sinningia 'Peachy Propeller' 'Peachy Propeller'大岩桐

F0002324 — — — —

Sinningia 'Peach Blush' 'Peach Blush'大岩桐

F0002355 — — — —

Sinningia 'Peninsula Belle' 'Peninsula Belle'大岩桐

F9006342 — — — —

Sinningia 'Penny' 'Penny'大岩桐

F0001903 — — — —

Sinningia 'Perfum' 'Perfum'大岩桐

F9006343 — — — —

Sinningia 'Peridot Sand Pebbles' 'Peridot Sand Pebbles'大岩桐

F0002330 — — — —

Sinningia 'Pigeon' 'Pigeon'大岩桐

F9006344 — — — —

Sinningia 'Pink Elf' 'Pink Elf'大岩桐

F9006345 — — — —

Sinningia 'Pink Empress' 'Pink Empress'大岩桐

F9006346 — — — —

Sinningia 'Pink Eumorpha' 'Pink Eumorpha'大岩桐

F9006347 — — — —
Sinningia 'Pink Panther' 'Pink Panther'大岩桐
F0002316 — — — —
Sinningia 'Pink Petite' 'Pink Petite'大岩桐
F9006348 — — — —
Sinningia 'Pink Tiger' 'Pink Tiger'大岩桐
F0002339 — — — —
Sinningia 'Pirate's Bartender' 'Pirate's Bartender'大岩桐
F0002287 — — — —
Sinningia 'Pirate's Black Dawn' 'Pirate's Black Dawn'大岩桐
F0002173 — — — —
Sinningia 'Pirate's Chippean Grace' 'Pirate's Chippean Grace'大岩桐
F0002115 — — — —
Sinningia 'Pirate's Cuite' 'Pirate's Cuite'大岩桐
F0002178 — — — —
Sinningia 'Pirate's Damask' 'Pirate's Damask'大岩桐
F0002259 — — — —
Sinningia 'Pirate's Delicious' 'Pirate's Delicious'大岩桐
F0002260 — — — —
Sinningia 'Pirate's Devil Sweet' 'Pirate's Devil Sweet'大岩桐
F0002308 — — — —
Sinningia 'Pirate's Double Happiness' 'Pirate's Double Happiness'大岩桐
F0002298 — — — —
Sinningia 'Pirate's Engaging Ring' 'Pirate's Engaging Ring'大岩桐
F9006349 — — — —
Sinningia 'Pirate's Frostwork' 'Pirate's Frostwork'大岩桐
F0002257 — — — —
Sinningia 'Pirate's Griffin' 'Pirate's Griffin'大岩桐
F0002185 — — — —
Sinningia 'Pirate's Junior Miss' 'Pirate's Junior Miss'大岩桐
F0002270 — — — —
Sinningia 'Pirate's Lavender Wave' 'Pirate's Lavender Wave'大岩桐
F9006350 — — — —
Sinningia 'Pirate's Little Boxer' 'Pirate's Little Boxer'大岩桐
F0002195 — — — —
Sinningia 'Pirate's Mirage' 'Pirate's Mirage'大岩桐
F0002144 — — — —
Sinningia 'Pirate's Owlet' 'Pirate's Owlet'大岩桐
F0002276 — — — —

Sinningia 'Pirate's Rain Storm' 'Pirate's Rain Storm'大岩桐
F0002312 — — — —
Sinningia 'Pirate's Sweet Talk' 'Pirate's Sweet Talk'大岩桐
F0002120 — — — —
Sinningia 'Pirn Blue' 'Pirn Blue'大岩桐
F9006351 — — — —
Sinningia 'Plum Elf' 'Plum Elf'大岩桐
F0002215 — — — —
Sinningia 'Pockmark' 'Pockmark'大岩桐
F9006353 — — — —
Sinningia 'Polka Punch' 'Polka Punch'大岩桐
F0002315 — — — —
Sinningia 'Princess Anne' 'Princess Anne'大岩桐
F0002128 — — — —
Sinningia 'Private's Black Dawn' 'Private's Black Dawn'大岩桐
F9006352 — — — —
Sinningia 'Private's Engaging Ring' 'Private's Engaging Ring'大岩桐
F0002357 — — — —
Sinningia 'Private's Lavender Wave' 'Private's Lavender Wave'大岩桐
F0002283 — — — —
Sinningia 'Prudence Risley' 'Prudence Risley'大岩桐
F0002340 — — — —
Sinningia 'Purple Campanula' 'Purple Campanula'大岩桐
F0002473 — — — —
Sinningia 'Purple Propeller' 'Purple Propeller'大岩桐
F9006354 — — — —
Sinningia 'Pusilla Itaoca' 'Pusilla Itaoca'大岩桐
F0001094 — — — —
Sinningia 'Quasar' 'Quasar'大岩桐
F9006355 — — — —
Sinningia 'Ramadeva' 'Ramadeva'大岩桐
F9006356 — — — —
Sinningia 'Ramona' 'Ramona'大岩桐
F9006357 — — — —
Sinningia 'Rao' 'Rao'大岩桐
F0002164 — — — —
Sinningia 'Rao3-1' 'Rao3-1'大岩桐
F9006358 — — — —
Sinningia 'Razzmatazz' 'Razzmatazz'大岩桐
F9006359 — — — —
Sinningia 'Red Empress' 'Red Empress'大岩桐
F9006360 — — — —
Sinningia 'Red Panther' 'Red Panther'大岩桐
F9006953 — — — —
Sinningia reitzii (Hoehne) L. E. Skog 南非大岩桐

F0002213 — — — 巴西东南部及南部

Sinningia 'Rob's Antne Rose' 'Rob's Antne Rose'大岩桐

F0001932 — — — —

Sinningia 'Romance' 'Romance'大岩桐

F9006361 — — — —

Sinningia 'Ron' 'Ron'大岩桐

F0004748 — — — —

Sinningia 'Rongo' 'Rongo'大岩桐

F0002127 — — — —

Sinningia 'Roxy' 'Roxy'大岩桐

F9006362 — — — —

Sinningia 'Royal Style' 'Royal Style'大岩桐

F0002253 — — — —

Sinningia 'Rozovaya Illuziya' 'Rozovaya Illuziya'大岩桐

F9006363 — — — —

Sinningia 'Rubin' 'Rubin'大岩桐

F9006364 — — — —

Sinningia 'Santan Buw' 'Santan Buw'大岩桐

F0002168 — — — —

Sinningia 'Satisfaction' 'Satisfaction'大岩桐

F9006365 — — — —

Sinningia 'Seet Talk' 'Seet Talk'大岩桐

F9006366 — — — —

Sinningia sellovii (Mart.) Wiehler 铃铛岩桐

F0005450 — — — 玻利维亚、巴西、阿根廷东北部

Sinningia 'Serenade' 'Serenade'大岩桐

F9006367 — — — —

Sinningia 'Silqua' 'Silqua'大岩桐

F9006368 — — — —

Sinningia 'Silver' 'Silver'大岩桐

F9006369 — — — —

Sinningia 'Sim Cherry Punch' 'Sim Cherry Punch'大岩桐

F0002187 — — — —

Sinningia 'Sim Deep Forest' 'Sim Deep Forest'大岩桐

F0002180 — — — —

Sinningia 'Sim Dreamland' 'Sim Dreamland'大岩桐

F9006370 — — — —

Sinningia 'Sim Fairy Queen' 'Sim Fairy Queen'大岩桐

F9006371 — — — —

Sinningia 'Sim Honey Peach' 'Sim Honey Peach'大岩桐

F9006372 — — — —

Sinningia 'Sim Infinity' 'Sim Infinity'大岩桐

F9006373 — — — —

Sinningia 'Sim Mowgli' 'Sim Mowgli'大岩桐

F0002188 — — — —

Sinningia 'Sim Plum Elf' 'Sim Plum Elf'大岩桐

F9006374 — — — —

Sinningia 'Sim Royal Style' 'Sim Royal Style'大岩桐

F9006375 — — — —

Sinningia 'Sirbce' 'Sirbce'大岩桐

F0002116 — — — —

Sinningia 'Slipper Am-Wow' 'Slipper Am-Wow'大岩桐

F9006376 — — — —

Sinningia 'Small Faivy Ponder' 'Small Faivy Ponder'大岩桐

F0002474 — — — —

Sinningia 'Snake Eye' 'Snake Eye'大岩桐

F0002214 — — — —

Sinningia 'Snow Angle Ukr' 'Snow Angle Ukr'大岩桐

F0002406 — — — —

Sinningia 'Snowflake' 'Snowflake'大岩桐

F0001089 — — — —

Sinningia 'Snowy' 'Snowy'大岩桐

F9006377 — — — —

Sinningia 'Sonia' 'Sonia'大岩桐

F9006378 — — — —

Sinningia speciosa (G. Lodd. ex Ker Gawl.) Hiern 大岩桐

0003004 — — — 巴西东南部

Sinningia speciosa 'Pedra Lisa' 'Pedra Lisa'大岩桐

F9006379 — — — —

Sinningia 'Speclose' 'Speclose'大岩桐

F9006380 — — — —

Sinningia 'Spellbound' 'Spellbound'大岩桐

F9006957 — — — —

Sinningia 'Srg's Albinozza' 'Srg's Albinozza'大岩桐

F0002294 — — — —

Sinningia 'Srg's Black Eru' 'Srg's Black Eru'大岩桐

F0002176 — — — —

Sinningia 'Srg's Black Eruption' 'Srg's Black Eruption'大岩桐

F9006956 — — — —

Sinningia 'Srg's Bule Chesse' 'Srg's Bule Chesse'大岩桐

F9006954 — — — —

Sinningia 'Srg's Cherry Lady' 'Srg's Cherry Lady'大岩桐

F0002273 — — — —

Sinningia 'Srg's Chesse' 'Srg's Chesse'大岩桐

F0002288 — — — —

Sinningia 'Srg's Dolce Mini' 'Srg's Dolce Mini'大岩桐

F0002290 — — — —

Sinningia 'Srg's Lime and Berry' 'Srg's Lime and Berry'大岩桐

F0002174 — — — —

Sinningia 'Srg's Sevrage' 'Srg's Sevrage'大岩桐

F9006381 — — — —

Sinningia 'Srg's Tounch of Lime' 'Srg's Tounch of Lime'大岩桐

F0002255 — — — —

Sinningia 'Srg's Wild Berry' 'Srg's Wild Berry'大岩桐

F0002350 — — — —

Sinningia 'Star Gazer' 'Star Gazer'大岩桐

F9006382 — — — —

Sinningia 'Star Trek' 'Star Trek'大岩桐

F0002364 — — — —

Sinningia 'Stargazer' 'Stargazer'大岩桐

F9006383 — — — —

Sinningia 'Stone's Alyssa' 'Stone's Alyssa'大岩桐

F0002124 — — — —

Sinningia 'Stone's Amanda' 'Stone's Amanda'大岩桐

F9006384 — — — —

Sinningia 'Stone's Angela' 'Stone's Angela'大岩桐

F0002181 — — — —

Sinningia 'Stone's Carolina' 'Stone's Carolina'大岩桐

F0002256 — — — —

Sinningia 'Stone's Ethel' 'Stone's Ethel'大岩桐

F0002751 — — — —

Sinningia 'Stone's Gisele' 'Stone's Gisele'大岩桐

F0002163 — — — —

Sinningia 'Stone's Gloria' 'Stone's Gloria'大岩桐

F0002307 — — — —

Sinningia 'Stone's Grogia' 'Stone's Grogia'大岩桐

F0002166 — — — —

Sinningia 'Stone's Helen' 'Stone's Helen'大岩桐

F0002264 — — — —

Sinningia 'Stone's Ivan' 'Stone's Ivan'大岩桐

F0002117 — — — —

Sinningia 'Stone's Karen' 'Stone's Karen'大岩桐

F0002299 — — — —

Sinningia 'Stone's Liya' 'Stone's Liya'大岩桐

F9006385 — — — —

Sinningia 'Stone's Marica' 'Stone's Marica'大岩桐

F0004755 — — — —

Sinningia 'Stone's Mario' 'Stone's Mario'大岩桐

F0002191 — — — —

Sinningia 'Stone's Miranda' 'Stone's Miranda'大岩桐

F0002192 — — — —

Sinningia 'Stone's Monica' 'Stone's Monica'大岩桐

F0002297 — — — —

Sinningia 'Stone's Nate' 'Stone's Nate'大岩桐

F0002275 — — — —

Sinningia 'Stone's Nivers' 'Stone's Nivers'大岩桐

F0002122 — — — —

Sinningia 'Stone's Renee' 'Stone's Renee'大岩桐

F0002302 — — — —

Sinningia 'Stone's Ron' 'Stone's Ron'大岩桐

F0002165 — — — —

Sinningia 'Stone's Silver' 'Stone's Silver'大岩桐

F0002121 — — — —

Sinningia 'Stone's Silvia' 'Stone's Silvia'大岩桐

F0002171 — — — —

Sinningia 'Stone's Sonia' 'Stone's Sonia'大岩桐

F0002125 — — — —

Sinningia 'Stone's Vanesa' 'Stone's Vanesa'大岩桐

F0002263 — — — —

Sinningia 'Stone's Yulia' 'Stone's Yulia'大岩桐

F0001873 — — — —

Sinningia 'Strawberry Jam' 'Strawberry Jam'大岩桐

F9006386 — — — —

Sinningia 'Sunset Orange' 'Sunset Orange'大岩桐

F9006387 — — — —

Sinningia 'Sweet Beauty' 'Sweet Beauty'大岩桐

F0002332 — — — —

Sinningia 'Sweet Heart' 'Sweet Heart'大岩桐

F0002206 — — — —

Sinningia 'Sweet Memories' 'Sweet Memories'大岩桐

F0002151 — — — —

Sinningia 'Tai Pink' 'Tai Pink'大岩桐

F0002278 — — — —

Sinningia 'Talisman Lyubvi' 'Talisman Lyubvi'大岩桐

F9006388 — — — —

Sinningia 'Tampa Bay Beauty' 'Tampa Bay Beauty'大岩桐

F9006389 — — — —

Sinningia 'Tannaz' 'Tannaz'大岩桐

F9006390 — — — —

Sinningia 'Tatis Man of Love' 'Tatis Man of Love'大岩桐

F0002746 — — — —

Sinningia 'Texas Gift' 'Texas Gift'大岩桐

F9006391 — — — —

Sinningia 'Texas Zebra' 'Texas Zebra'大岩桐

F9006392 — — — —

Sinningia 'Three Mile Island' 'Three Mile Island'大岩桐

F9006393 — — — —

Sinningia 'Tiger Chips' 'Tiger Chips'大岩桐

F0002309 — — — —

Sinningia 'Tigrina Dark Blue' 'Tigrina Dark Blue'大岩桐

F9006394 — — — —

Sinningia 'Tilsman of Love' 'Tilsman of Love'大岩桐

F0002311 — — — —

Sinningia 'Tinkerbells'　'Tinkerbells'大岩桐
F9006395 — — — —
Sinningia 'Toad Hall'　'Toad Hall'大岩桐
F9006396 — — — —
Sinningia 'Toronto Ten'　'Toronto Ten'大岩桐
F9006397 — — — —
Sinningia tubiflora (Hook.) Fritsch　白花香岩桐
F9006398 — — — 巴拉圭、阿根廷北部、乌拉圭
Sinningia tubiflora 'Caudex'　'Caudex'白花香岩桐
F9006399 — — — —
Sinningia tubiflora 'G952'　'G952'白花香岩桐
F9006400 — — — —
Sinningia tubiflora 'Red'　'Red'白花香岩桐
F9006401 — — — —
Sinningia tubiflora 'Semilla Semi'　'Semilla Semi'白花香岩桐
F9006402 — — — —
Sinningia 'Tv-Slyozy Dozhdya'　'Tv-Slyozy Dozhdya'大岩桐
F9006403 — — — —
Sinningia 'Una'　'Una'大岩桐
F0002319 — — — —
Sinningia 'Violaceea'　'Violaceea'大岩桐
F9006404 — — — —
Sinningia 'Vishnevaja Metel'　'Vishnevaja Metel'大岩桐
F9006405 — — — —
Sinningia warmingii (Hiern) Chautems
F0001018 — — — 厄瓜多尔、哥伦比亚、巴西、阿根廷北部
Sinningia 'Watermelon Whip'　'Watermelon Whip'大岩桐
F9006406 — — — —
Sinningia 'White Bird Tv'　'White Bird Tv'大岩桐
F9006407 — — — —
Sinningia 'White Sprite'　'White Sprite'大岩桐
F0001092 — — — —
Sinningia 'Willie'　'Willie'大岩桐
F0002268 — — — —
Sinningia 'Winter Cherry'　'Winter Cherry'大岩桐
F0002469 — — — —
Sinningia 'Wood Nymph'　'Wood Nymph'大岩桐
F9006408 — — — —
Sinningia 'Wsl's Magical'　'Wsl's Magical'大岩桐
F9006409 — — — —
Sinningia 'Yes'　'Yes'大岩桐
F0002182 — — — —
Sinningia 'Yeva'　'Yeva'大岩桐
F9006410 — — — —

Sinningia 'Yisha'　'Yisha'大岩桐
F9006411 — — — —
Sinningia 'Yma'　'Yma'大岩桐
F9006412 — — — —
Sinningia 'Yulia'　'Yulia'大岩桐
F0002162 — — — —
Sinningia 'Zaznoba'　'Zaznoba'大岩桐
F9006413 — — — —
Sinningia 'Zendegi'　'Zendegi'大岩桐
F9006414 — — — —

Sinvana
Sinvana 'Charity and Hope'
F9006415 — — — —
Sinvana 'Mount Magazine'
F9006416 — — — —

Smithiantha　绒桐草属
Smithiantha 'An's Secret Code'　'An's Secret Code'绒桐草
F9006417 — — — —
Smithiantha 'An's Sognare'　'An's Sognare'绒桐草
F9006955 — — — —
Smithiantha 'An's Sognare' × *Smithiantha* 'Tropical Sunset'
F9006418 — — — —
Smithiantha 'An's Sognare Firenze'　'An's Sognare Firenze'绒桐草
F9006419 — — — —
Smithiantha canarina Wiehler
F0004463 — — — 墨西哥
Smithiantha 'Moana'　'Moana'绒桐草
F9006420 — — — —
Smithiantha 'Tears of Joe'　'Tears of Joe'绒桐草
F9006421 — — — —
Smithiantha 'Tropical Sunset'　'Tropical Sunset'绒桐草
F9006422 — — — —
Smithiantha 'Zorro'　'Zorro'绒桐草
F9006423 — — — —

Stauranthera　十字苣苔属
Stauranthera umbrosa (Griff.) C. B. Clarke　十字苣苔
F9006424 — — — 中国、印度、中南半岛、马来西亚西部

Streptocarpus　海角苣苔属
Streptocarpus '2V2A Pink'　'2V2A Pink'海角苣苔
F0005083 — — — —
Streptocarpus 'Black Tie Affair'　海豚花
F9006425 — — — —
Streptocarpus 'Blue'　'Blue'海角苣苔

F9006426 — — — —

Streptocarpus 'Bristol's Sunset' 'Bristol's Sunset'海角苣苔

F9006427 — — — —

Streptocarpus 'Cape Cool' 'Cape Cool'海角苣苔

F9006428 — — — —

Streptocarpus 'Cynamon' 'Cynamon'海角苣苔

F9006429 — — — —

Streptocarpus 'Dibley's Alissa' 'Dibley's Alissa'海角苣苔

F9006430 — — — —

Streptocarpus 'Drehfrucht' 'Drehfrucht'海角苣苔

F9006431 — — — —

Streptocarpus 'Dridie' 'Dridie'海角苣苔

F0002632 — — — —

Streptocarpus 'Ds 1142' 'Ds 1142'海角苣苔

F9006432 — — — —

Streptocarpus 'Ds 1312' 'Ds 1312'海角苣苔

F9006433 — — — —

Streptocarpus 'Ds 1313' 'Ds 1313'海角苣苔

F9006434 — — — —

Streptocarpus 'Ds 1363' 'Ds 1363'海角苣苔

F9006435 — — — —

Streptocarpus 'Ds 7200 Jungpflanze' 'Ds 7200 Jungpflanze' 海角苣苔

F9006436 — — — —

Streptocarpus 'Ds 790' 'Ds 790'海角苣苔

F9006437 — — — —

Streptocarpus 'Ds Cat Biggymat (Sport)' 'Ds Cat Biggymat (Sport)'海角苣苔

F9006438 — — — —

Streptocarpus 'Ds Eternity' 'Ds Eternity'海角苣苔

F9006439 — — — —

Streptocarpus 'Ds Fringe Fry' 'Ds Fringe Fry'海角苣苔

F9006440 — — — —

Streptocarpus 'Ds Frippet Young Starter Plant' 'Ds Frippet Young Starter Plant'海角苣苔

F9006441 — — — —

Streptocarpus 'Ds Glamurzik-510' 'Ds Glamurzik-510'海角苣苔

F9006442 — — — —

Streptocarpus 'Ds Krasnoe I Cernoe' 'Ds Krasnoe I Cernoe' 海角苣苔

F9006443 — — — —

Streptocarpus 'Ds Ladies' 'Ds Ladies'海角苣苔

F9006444 — — — —

Streptocarpus 'Ds Legend Jungpflanze' 'Ds Legend Jungpflanze'海角苣苔

F9006445 — — — —

Streptocarpus 'Ds Lena' 'Ds Lena'海角苣苔

F9006446 — — — —

Streptocarpus 'Ds Mozart Jungpflanze' 'Ds Mozart Jungpflanze'海角苣苔

F9006447 — — — —

Streptocarpus 'Ds Mushketeer' 'Ds Mushketeer'海角苣苔

F9006453 — — — —

Streptocarpus 'Ds Pink Dream' 'Ds Pink Dream'海角苣苔

F9006448 — — — —

Streptocarpus 'Ds Sahara' 'Ds Sahara'海角苣苔

F9006449 — — — —

Streptocarpus 'Ds Shake Jungpflanze' 'Ds Shake Jungpflanze'海角苣苔

F9006450 — — — —

Streptocarpus 'Ds Stribozh' 'Ds Stribozh'海角苣苔

F9006451 — — — —

Streptocarpus 'Ds Young Lady' 'Ds Young Lady'海角苣苔

F9006452 — — — —

Streptocarpus 'Fendi' 'Fendi'海角苣苔

F0001955 — — — —

Streptocarpus 'Gina Blühende Pflanze' 'Gina Blühende Pflanze'海角苣苔

F9006454 — — — —

Streptocarpus 'Guidelines' 'Guidelines'海角苣苔

F9006455 — — — —

Streptocarpus 'Harlequin Cape' 'Harlequin Cape'海角苣苔

F0001696 — — — —

Streptocarpus 'Hera Jungpflanze' 'Hera Jungpflanze'海角苣苔

F9006456 — — — —

Streptocarpus 'Hy-1' 'Hy-1'海角苣苔

F9006457 — — — —

Streptocarpus 'Inka Jungplanze Bluhend' 'Inka Jungplanze Bluhend'海角苣苔

F9006458 — — — —

Streptocarpus ionanthus (H. Wendl.) Christenh. 非洲堇

F9006459 — — — 坦桑尼亚东部及西南部

Streptocarpus ionanthus subsp. *grotei* (Engl.) Christenh.

F9006460 — — — 坦桑尼亚

Streptocarpus ionanthus subsp. *rupicola* 'Cha Simba' 'Cha Simba'海角苣苔

F9006461 — — — —

Streptocarpus 'Marilin Monroe Bluhend' 'Marilin Monroe Bluhend'海角苣苔

F9006462 — — — —

Streptocarpus 'Neil's Big' 'Neil's Big'海角苣苔

F9006463 — — — —

Streptocarpus 'Neil's Camelot' 'Neil's Camelot'海角苣苔

F9006464 — — — —

Streptocarpus 'Noid'　'Noid'海角苣苔

F9006465 — — — —

Streptocarpus 'Plant Nightmare'　'Plant Nightmare'海角苣苔

F9006466 — — — —

Streptocarpus 'Roma'　'Roma'海角苣苔

F9006467 — — — —

Streptocarpus 'Roulette Azur'　'Roulette Azur'海角苣苔

F0001845 — — — —

Streptocarpus 'Rozovoi Kosmos'　'Rozovoi Kosmos'海角苣苔

F9006468 — — — —

Streptocarpus 'Ruth'　'Ruth'海角苣苔

F0001687 — — — —

Streptocarpus 'Sandra'　'Sandra'海角苣苔

F9006469 — — — —

Streptocarpus saxorum Engl.　岩海角苣苔

F0005529 — — — 肯尼亚东南部、坦桑尼亚

Streptocarpus 'Saxorum Young Plant'　'Saxorum Young Plant'海角苣苔

F9006470 — — — —

Streptocarpus 'Scarlett'　'Scarlett'海角苣苔

F0001692 — — — —

Streptocarpus 'Shelash'　'Shelash'海角苣苔

F0005086 — — — —

Streptocarpus 'Solar Eklipse Bluhende'　'Solar Eklipse Bluhende'海角苣苔

F9006471 — — — —

Streptocarpus 'Spin Art'　'Spin Art'海角苣苔

F0001967 — — — —

Streptocarpus 'Strep's Dales Rig of Fine'　'Strep's Dales Rig of Fine'海角苣苔

F0005082 — — — —

Streptocarpus 'Supernova Blühend'　'Supernova Blühend'海角苣苔

F9006472 — — — —

Streptocarpus 'Telam'　'Telam'海角苣苔

F0001962 — — — —

Streptocarpus 'Tsf-Zhizel in Bloom'　'Tsf-Zhizel in Bloom'海角苣苔

F9006473 — — — —

Streptocarpus 'Ua Laim'　'Ua Laim'海角苣苔

F9006474 — — — —

Streptocarpus 'Verso'　'Verso'海角苣苔

F0001894 — — — —

Streptocarpus 'V-Stepaschka'　'V-Stepaschka'海角苣苔

F9006475 — — — —

Streptocarpus 'Wawel Young Starter Plant'　'Wawel Young Starter Plant'海角苣苔

F9006476 — — — —

Streptocarpus 'White Butterfly'　'White Butterfly'海角苣苔

F9006477 — — — —

Titanotrichum　台闽苣苔属

Titanotrichum oldhamii (Hemsl.) Soler.　台闽苣苔

F9006478 — 近危（NT）— 中国、日本

Whytockia　异叶苣苔属

Whytockia chiritiflora (Oliv.) W. W. Sm.　异叶苣苔

0003695 中国特有 — — 中国

Whytockia sasakii (Hayata) B. L. Burtt　台湾异叶苣苔

F9006479 中国特有 — — 中国

Plantaginaceae　车前科

Achetaria　龙头香属

Achetaria azurea (Linden) V. C. Souza　蓝金花

F9006480 — — — 巴西

Adenosma　毛麝香属

Adenosma glutinosum (L.) Druce　毛麝香

0001685 — — — 中国、中南半岛；南亚

Angelonia　香彩雀属

Angelonia angustifolia Benth.　香彩雀

0004205 — — — 墨西哥、哥伦比亚、加勒比地区

Angelonia salicariifolia Bonpl.　柳叶香彩雀

0004587 — — 玻利维亚、巴西、阿根廷东北部

Antirrhinum　金鱼草属

Antirrhinum majus L.　金鱼草

0001512 — — — 比利牛斯山脉东部、西班牙东北部、法国中南部

Bacopa　假马齿苋属

Bacopa australis V. C. Souza

F0036707 — — — 巴西南部、阿根廷

Bacopa caroliniana (Walter) B. L. Rob.　巴戈草

0003544 — — — 美国、古巴

Bacopa lanigera (Cham. & Schltdl.) Wettst.　密毛过长沙

F0036709 — — — 玻利维亚东部、巴西

Bacopa monnieri (L.) Wettst.　假马齿苋

F9006481 — — — 世界热带及亚热带

Callitriche　水马齿属

Callitriche stagnalis Scop.　塘水马齿

F9006482 — — — 土耳其、马卡罗尼西亚；非洲西北部、欧洲

Digitalis 毛地黄属

Digitalis 'Pink Gin Pink' '粉色'毛地黄
F9006483 — — — —

Digitalis 'Polkadot Pippa' '皮帕'毛地黄
F9006484 — — — —

Digitalis 'Polkadot Polly' '波利'毛地黄
F9006485 — — — —

Digitalis 'Polkadot Princess' '公主'毛地黄
F9006486 — — — —

Digitalis 'Primrose Carousel' '欢宴'毛地黄
F9006487 — — — —

Digitalis purpurea L. 毛地黄
F9006488 — — — 中国；欧洲

Dopatrium 虻眼属

Dopatrium junceum (Roxb.) Buch.-Ham. ex Benth. 虻眼
0001259 — — — 中国中部、澳大利亚北部；世界热带

Hippuris 杉叶藻属

Hippuris vulgaris L. 杉叶藻
0003349 — — — 亚北极区；世界温带

Limnophila 石龙尾属

Limnophila aromatica (Lam.) Merr. 紫苏草
F9006489 — — — 澳大利亚北部及东北部；亚洲热带及亚热带

Limnophila indica (L.) Druce 有梗石龙尾
F9006490 — — — 世界热带及亚热带

Limnophila sessiliflora Griff. 石龙尾
F0036703 — — — 亚洲东部及南部

Mecardonia 伏胁花属

Mecardonia procumbens (Mill.) Small 伏胁花
0004448 — — — 美洲热带及亚热带

Plantago 车前属

Plantago asiatica L. 车前
00018321 — — — 亚洲

Plantago depressa Willd. 平车前
F9006491 — — — 俄罗斯（西伯利亚）、中国、韩国

Plantago lanceolata L. 长叶车前
F0036932 — — — 毛里塔尼亚、马卡罗尼西亚；非洲北部、欧亚大陆温带

Plantago major L. 大车前
0003150 — — — 阿拉伯半岛、马其顿；非洲北部及南部、欧亚大陆温带

Russelia 爆仗竹属

Russelia equisetiformis Schltdl. & Cham. 爆仗竹
0003981 — — — 墨西哥

Scoparia 野甘草属

Scoparia dulcis L. 野甘草
00048036 — — — 美洲热带及亚热带

Stemodia 离药草属

Stemodia verticillata (Mill.) Hassl. 轮叶孪生花
0000998 — — — 墨西哥南部；美洲热带

Trapella 茶菱属

Trapella sinensis Oliv. 茶菱
F9006492 — — — 俄罗斯（远东地区南部）、中国、韩国、日本

Veronica 婆婆纳属

Veronica serpyllifolia L. 小婆婆纳
F9006493 — — — 乌干达；欧亚大陆温带、非洲西北部

Veronica teucrium L. 卷毛婆婆纳
F9006494 — — — 俄罗斯（西伯利亚西部）；欧洲、亚洲

Veronicastrum 腹水草属

Veronicastrum axillare (Siebold & Zucc.) T. Yamaz. 爬岩红
00047625 — — — 中国、日本

Veronicastrum brunonianum (Benth.) D. Y. Hong 美穗草
F9006495 — — — 中国、尼泊尔中南部

Veronicastrum longispicatum (Merr.) T. Yamaz. 长穗腹水草
F9006496 中国特有 — — 中国

Veronicastrum stenostachyum (Hemsl.) T. Yamaz. 细穗腹水草
00018318 中国特有 — — 中国

Veronicastrum stenostachyum subsp. *plukenetii* (T. Yamaz.) D. Y. Hong 腹水草
F9006497 中国特有 — — 中国

Scrophulariaceae 玄参科

Buddleja 醉鱼草属

Buddleja albiflora Hemsl. 巴东醉鱼草
F9006498 中国特有 — — 中国

Buddleja asiatica Lour. 白背枫
0003851 — — — 中国；亚洲热带

Buddleja davidii Franch. 大叶醉鱼草
F9006499 — — — 中国、日本

Buddleja lindleyana Fortune 醉鱼草
00046269 中国特有 — — 中国南部

Buddleja officinalis Maxim. 密蒙花

F9006500 — — — 中国、中南半岛北部

Rhabdotosperma 御烛木属

Rhabdotosperma brevipedicellata (Engl.) Hartl 短柄毛蕊花
F9006501 — — — 埃塞俄比亚中东部；非洲东部热带

Verbascum 毛蕊花属

Verbascum chinense (L.) Santapau 琴叶毛蕊花
F9006502 — — — 阿富汗、巴基斯坦、中国南部、中南半岛

Linderniaceae 母草科

Bonnaya 泥花草属

Bonnaya antipoda (L.) Druce 泥花草
0001905 — — — 澳大利亚北部；亚洲热带及亚热带
Bonnaya ciliata (Colsm.) Spreng. 刺齿泥花草
F9006503 — — — 澳大利亚北部；亚洲热带及亚热带
Bonnaya ruellioides (Colsm.) Spreng. 旱田草
F9006504 — — — 亚洲热带及亚热带

Craterostigma 碗柱草属

Craterostigma plantagineum Hochst. 碗柱草
0003976 — — — 阿拉伯半岛西南部、印度；世界热带
Craterostigma pumilum Hochst. 矮生碗柱草
0000054 — — — 厄立特里亚、阿拉伯半岛、博茨瓦纳

Lindernia 陌上菜属

Lindernia procumbens (Krock.) Philcox 陌上菜
0003020 — — — 旧世界
Lindernia rotundifolia (L.) Alston 圆叶母草
0002180 — — — 西印度洋岛屿；南亚、美洲热带

Micranthemum 小泥花属

Micranthemum umbrosum (J. F. Gmel.) S. F. Blake 矮婴泪草
0002710 — — — 美国东南部；美洲热带

Picria 苦玄参属

Picria felterrae Lour. 苦玄参
00046475 — — — 中国；亚洲中南部及南部

Torenia 蝴蝶草属

Torenia asiatica L. 长叶蝴蝶草
Q201805119104 — — — 尼泊尔、中国、韩国、朝鲜、日本、中南半岛、马来西亚
Torenia crustacea (L.) Cham. & Schltdl. 母草
0004595 — — — 世界热带及亚热带
Torenia flava Buch.-Ham. ex Benth. 黄花蝴蝶草
F9006505 — — — 亚洲热带及亚热带

Torenia fournieri Linden ex E. Fourn. 蓝猪耳
0002744 — — — 印度、中国、中南半岛

Pedaliaceae 芝麻科

Sesamum 芝麻属

Sesamum indicum L. 芝麻
F9006506 — — — 南亚

Uncarina 钩刺麻属

Uncarina roeoesliana Rauh 黄花瓶干胡麻
F9006507 — — — 马达加斯加

Acanthaceae 爵床科

Acanthus 老鼠簕属

Acanthus ebracteatus Vahl 小花老鼠簕
F9006508 — 近危（NT） — 印度西南部、孟加拉国、中国
Acanthus eminens C. B. Clarke
F9006509 — — — 埃塞俄比亚、南苏丹、肯尼亚中部
Acanthus ilicifolius L. 老鼠簕
0004861 — — — 西南太平洋岛屿；亚洲热带及亚热带
Acanthus leucostachyus Wall. ex Nees 刺苞老鼠簕
0004749 — 近危（NT） — 中国、印度、尼泊尔、不丹、孟加拉国、中南半岛
Acanthus mollis L. 蛤蟆花
0000320 — — — 地中海地区
Acanthus montanus (Nees) T. Anderson 八角簕
0003537 — — — 塞拉利昂、贝宁、乍得南部、赞比亚
Acanthus polystachyus Delile 春毛老鼠簕
F9006510 — — — 埃塞俄比亚、坦桑尼亚西北部
Acanthus spinosus L. 刺老鼠簕
0000847 — — — 土耳其南部；欧洲东南部

Andrographis 穿心莲属

Andrographis paniculata (Burm. f.) Nees 穿心莲
0001064 — — — 南亚

Aphelandra 单药花属

Aphelandra sinclairiana Nees 珊瑚塔
0003924 — — — 美洲中部
Aphelandra squarrosa Nees 单药爵床
0002066 — — — 巴西东部

Asystasia 十万错属

Asystasia gangetica (L.) T. Anderson 宽叶十万错
0002200 — — — 澳大利亚北部及东部；南亚
Asystasia nemorum Nees 十万错

F9006511 — — — 中国、中南半岛、印度、印度尼西亚（爪哇岛、小巽他群岛）

Asystasia salicifolia Craib 囊管花
F9006512 中国特有 近危（NT） — 中国

Barleria 假杜鹃属
Barleria cristata L. 假杜鹃
F0037819 — — — 亚洲热带及亚热带
Barleria lupulina Lindl. 花叶假杜鹃
0002528 — — — 马达加斯加

Clinacanthus 鳄嘴花属
Clinacanthus nutans (Burm. f.) Lindau 鳄嘴花
0001769 — — — 中国、中南半岛、马来西亚西部

Codonacanthus 钟花草属
Codonacanthus pauciflorus (Nees) Nees 钟花草
0001857 — — — 印度（阿萨姆邦）、中国南部、中南半岛、日本

Cosmianthemum 秋英爵床属
Cosmianthemum viriduliflorum (C. Y. Wu & H. S. Lo) H. S. Lo 海南秋英爵床
0002366 中国特有 — — 中国南部

Crossandra 十字爵床属
Crossandra infundibuliformis (L.) Nees 鸟尾花
0000258 — — — 印度南部、斯里兰卡、孟加拉国

Dicliptera 狗肝菜属
Dicliptera chinensis (L.) Juss. 狗肝菜
0000098 — — — 阿富汗东部、巴基斯坦、中国、中南半岛
Dicliptera japonica (Thunb.) Makino 九头狮子草
0000224 — — — 中国、日本中部及南部
Dicliptera riparia Nees 河畔狗肝菜
0001812 — — — 中国、尼泊尔
Dicliptera undulata (Vahl) Karthik. & Moorthy 柳叶观音草
0002564 — — — 印度西南部

Eranthemum 喜花草属
Eranthemum austrosinense H. S. Lo 华南可爱花
0000990 中国特有 近危（NT） — 中国
Eranthemum pulchellum Andrews 喜花草
0001381 — — — 喜马拉雅山脉、中南半岛

Fittonia 网纹草属
Fittonia albivenis (Lindl. ex Veitch) Brummitt 白纹网纹草
F9006513 — — — 美洲南部热带
Fittonia albivenis 'Argyroneura' 白网纹草
F9006514 — — —

Fittonia albivenis 'Minima' 小叶白网纹草
F9006515 — — —
Fittonia albivenis 'Mininma' 姬白网纹草
F9006516 — — —
Fittonia albivenis 'Pearcei' 姬红网纹草
F9006517 — — —

Graptophyllum 彩叶木属
Graptophyllum pictum (L.) Griff. 彩叶木
0001710 — — — 巴布亚新几内亚

Gymnostachyum 裸柱草属
Gymnostachyum subrosulatum H. S. Lo 矮裸柱草
F0022292 中国特有 — — 中国

Haplanthus 柔刷草属
Haplanthus laxiflorus (Blume) Gnanasek., G. V. S. Murthy & Y. F. Deng 疏花穿心莲
F9006518 — — — 印度（阿萨姆邦）、中国南部、马来西亚西部

Hygrophila 水蓑衣属
Hygrophila pogonocalyx Hayata 大安水蓑衣
0003990 中国特有 — — 中国
Hygrophila polysperma (Roxb.) T. Anderson 小狮子草
F9006519 — — — 阿富汗、巴基斯坦、中国、马来半岛
Hygrophila ringens (L.) R. Br. ex Spreng. 水蓑衣
0003480 — — — 亚洲热带及亚热带

Hypoestes 枪刀药属
Hypoestes phyllostachya Baker 嫣红蔓
0002467 — — — 马达加斯加
Hypoestes phyllostachya 'Pink Cushion' 红点草
F9006520 — — —
Hypoestes phyllostachya 'Splash White Select' 嫣白蔓
F9006521 — — —
Hypoestes purpurea (L.) R. Br. 枪刀药
F9006522 — — — 中国、老挝、菲律宾
Hypoestes triflora (Forssk.) Roem. & Schult. 三花枪刀药
0002347 — — — 阿拉伯半岛西南部、中国、中南半岛；世界热带

Isoglossa 叉序草属
Isoglossa collina (T. Anderson) B. Hansen 叉序草
0001582 — — — 中国（南部至喜马拉雅山脉东部）、中南半岛

Justicia 黑爵床属
Justicia acutangula H. S. Lo & D. Fang 棱茎爵床
0001556 中国特有 — — 中国

Justicia adhatoda L. 鸭嘴花
0003961 — — — 阿富汗、中南半岛

Justicia austroguangxiensis H. S. Lo & D. Fang 桂南爵床
0002725 中国特有 — — 中国

Justicia austrosinensis H. S. Lo & D. Fang 华南爵床
F9006926 中国特有 — — 中国南部

Justicia brandegeeana Wassh. & L. B. Sm. 虾衣花
0003758 — — —

Justicia brasiliana Roth 红唇花
0003702 — — — 南美洲东北部

Justicia carnea Lindl. 珊瑚花
F9006523 — — — 巴西东南部及南部、阿根廷

Justicia gendarussa Burm. f. 小驳骨
0000717 — — — 亚洲热带

Justicia leptostachya Hemsl. 南岭爵床
0001823 中国特有 — — 中国

Justicia patentiflora Hemsl. 野靛棵
0002372 — — — 中国、中南半岛

Justicia procumbens Blume 爵床
0002445 — — — 中南半岛；东亚

Justicia vagabunda Benoist 针子草
0003465 — — — 中国、中南半岛

Justicia ventricosa Wall. ex Nees 黑叶小驳骨
0000736 — — — 中南半岛

Lepidagathis 鳞花草属

Lepidagathis fasciculata (Retz.) Nees 齿叶鳞花草
F9006524 — — — 中南半岛；南亚、东亚

Lepidagathis formosensis C. B. Clarke ex Hayata 台湾鳞花草
0000551 中国特有 — — 中国

Lepidagathis incurva Buch.-Ham. ex D. Don 鳞花草
0000486 — — — 亚洲热带及亚热带

Mackaya 号角花属

Mackaya neesiana (Wall.) Das 白接骨
F0036844 — — 中国、印度、尼泊尔、孟加拉国、不丹、马来半岛

Megaskepasma 赤苞花属

Megaskepasma erythrochlamys Lindau 赤苞花
0001942 — — — 委内瑞拉、苏里南

Nelsonia 瘤子草属

Nelsonia canescens (Lam.) Spreng. 瘤子草
F9006525 — — — 澳大利亚北部；世界热带及亚热带

Nicoteba 白苞爵床属

Nicoteba betonica (L.) Lindau 白苞爵床
F9006526 — — — 非洲南部、南亚；世界热带

Odontonema 红楼花属

Odontonema tubaeforme (Bertol.) Kuntze 鸡冠爵床
F9006527 — — — 中美洲

Pachystachys 金苞花属

Pachystachys coccinea (Aubl.) Nees 绯红珊瑚花
0002414 — — — 特立尼达和多巴哥、秘鲁

Pachystachys lutea Nees 金苞花
0002523 — — — 秘鲁、巴西北部

Pararuellia 地皮消属

Pararuellia delavayana (Baill.) E. Hossain 地皮消
0001093 中国特有 — — 中国

Pararuellia glomerata Y. M. Shui & W. H. Chen 云南地皮消
0004902 中国特有 — — 中国

Phaulopsis 肾苞草属

Phaulopsis dorsiflora (Retz.) Santapau 肾苞草
0003892 — — — 不丹、中国、中南半岛

Phlogacanthus 火焰花属

Phlogacanthus curviflorus (Nees) Nees 火焰花
0000073 — — — 中南半岛；南亚、东亚

Phlogacanthus pubinervius T. Anderson 毛脉火焰花
0003156 — — — 中国、尼泊尔、不丹、孟加拉国、缅甸

Phlogacanthus vitellinus (Roxb.) T. Anderson 糙叶火焰花
0000713 — — — 中国、尼泊尔、不丹、孟加拉国、泰国

Pseuderanthemum 山壳骨属

Pseuderanthemum carruthersii (Seem.) Guillaumin 拟美花
0001071 — — — 所罗门群岛、瓦努阿图

Pseuderanthemum carruthersii 'Tricolor' 三色拟美花
F9006528 — — —

Pseuderanthemum carruthersii 'Variegatum' 锦叶拟美花
F9006529 — — —

Pseuderanthemum coudercii Benoist 狭叶钩粉草
F9006530 — — — 柬埔寨、中国南部

Pseuderanthemum crenulatum (Wall. ex Lindl.) Radlk. 云南山壳骨
F9006531 — — — 孟加拉国、中国、马来西亚西部

Pseuderanthemum latifolium (Vahl) B. Hansen 山壳骨
0000181 — — — 马来西亚西部；南亚、东亚

Pseuderanthemum laxiflorum (A. Gray) F. T. Hubb. 疏花山壳骨
0001338 — — — 斐济

Pseuderanthemum polyanthum (C. B. Clarke ex Oliv.) Merr.
多花山壳骨
0001233 — — — 印度（阿萨姆邦）、中国、马来半岛

Rhinacanthus　灵枝草属

Rhinacanthus nasutus (L.) Kurz　灵枝草
0001068 — — — 马达加斯加、科摩罗；亚洲热带

Ruellia　芦莉草属

Ruellia devosiana Jacob-Makoy ex É. Morren　锦芦莉草
F9006532 — — — 巴西
Ruellia elegans Poir.　艳芦莉
0000727 — — — 巴西东部及南部
Ruellia makoyana Closon　马可芦莉草
0003134 — — — 巴西东南部
Ruellia simplex C. Wright　狭叶芦莉草
F9006533 — — — 美洲热带
Ruellia simplex 'Pink'　'粉色'狭叶芦莉草
F9006534 — — — —
Ruellia tuberosa L.　芦莉草
0000271 — — — 拉丁美洲
Ruellia venusta Hance　飞来蓝
0000507 中国特有 — — 中国

Rungia　孩儿草属

Rungia chinensis Benth.　中华孩儿草
0001305 — — — 中国、越南
Rungia pectinata (L.) Nees　孩儿草
0000087 — — — 阿拉伯半岛南部；亚洲热带及亚热带

Sanchezia　少君木属

Sanchezia oblonga Ruiz & Pav.　黄脉爵床
0001584 — — — 哥伦比亚东南部、巴西、玻利维亚西北部
Sanchezia oblonga 'Glaucophyla'　金脉爵床
0001565 — — —

Staurogyne　叉柱花属

Staurogyne concinnula (Hance) Kuntze　叉柱花
F9006535 中国特有 — — 中国
Staurogyne sesamoides (Hand.-Mazz.) B. L. Burtt　大花叉柱花
0002078 — — — 中国、中南半岛

Strobilanthes　马蓝属

Strobilanthes affinis (Griff.) Terao ex J. R. I. Wood & J. R. Benn.　肖笼鸡
F0036922 — — — 中国、印度、缅甸、越南
Strobilanthes alternata (Burm. f.) Moylan ex J. R. I. Wood　假紫苏
F9006536 — — — 起源于马来西亚东部
Strobilanthes anamiticus Kuntze　海南马蓝
0000895 — — — —
Strobilanthes auriculata var. *dyeriana* (Mast.) J. R. I. Wood　红背耳叶马蓝
F9006537 — — — 缅甸、泰国
Strobilanthes austrosinensis Y. F. Deng & J. R. I. Wood　华南马蓝
0001137 中国特有 — — 中国
Strobilanthes biocullata Y. F. Deng & J. R. I. Wood　湖南马蓝
0001179 中国特有 — — 中国
Strobilanthes chinensis (Nees) J. R. I. Wood & Y. F. Deng　黄球花
0000194 — — — 孟加拉国、中国、中南半岛
Strobilanthes cusia (Nees) Kuntze　板蓝
0000610 — — — 中国、印度、尼泊尔、孟加拉国、不丹、中南半岛
Strobilanthes dimorphotricha Hance　球花马蓝
0000532 — — — 中国、老挝、缅甸、越南
Strobilanthes flexicaulis Hayata　曲茎兰嵌马蓝
0000374 中国特有 — — 中国
Strobilanthes hamiltoniana (Steud.) Bosser & Heine　叉花草
Q201805106354 — — — 尼泊尔东部、中国（西藏）、泰国北部
Strobilanthes henryi Hemsl.　南一笼鸡
0003566 中国特有 — — 中国
Strobilanthes inflata T. Anderson　锡金马蓝
0000568 — — — 中国、印度（锡金）、缅甸
Strobilanthes japonica (Thunb.) Miq.　日本马蓝
0000342 — — — 中国、日本
Strobilanthes maculata (Wall.) Nees　斑点马蓝
0001768 — — — —
Strobilanthes penstemonoides (Nees) T. Anderson　圆苞马蓝
F9006538 — — — 中国、不丹、印度、尼泊尔
Strobilanthes pteroclada Benoist　延苞马蓝
0004107 — — — 中国、越南
Strobilanthes reptans (G. Forst.) Moylan ex Y. F. Deng & J. R. I. Wood　匍匐半插花
F9006539 — — — 西太平洋岛屿；亚洲热带及亚热带
Strobilanthes tonkinensis Lindau　糯米香
0001108 — — — 中国、中南半岛
Strobilanthes torrentium Benoist　急流紫云菜
F9006540 — — — 印度（阿萨姆邦）、中国、中南半岛
Strobilanthes wallichii Nees　翅柄马蓝
F9006541 — — — 阿富汗东部、中国南部、中南半岛

Thunbergia 山牵牛属

Thunbergia alata Bojer ex Sims 翼叶山牵牛
0000995 — — — 马达加斯加；世界热带

Thunbergia coccinea Wall. ex D. Don 红花山牵牛
F0037957 — — — 中南半岛；南亚、东亚

Thunbergia erecta (Benth.) T. Anderson 直立山牵牛
0000016 — — — 坦桑尼亚西北部；非洲西部热带

Thunbergia fragrans Roxb. 碗花草
0003625 — — — 中南半岛、菲律宾；南亚、东亚南部

Thunbergia grandiflora (Roxb. ex Rottler) Roxb. 山牵牛
0002022 — — — 尼泊尔中部、中国南部、马来半岛

Thunbergia mysorensis (Wight) T. Anderson 黄花老鸦嘴
0003939 — — — —

Whitfieldia 苣烛木属

Whitfieldia elongata (P. Beauv.) De Wild. & T. Durand
F9006542 — — — 贝宁、埃塞俄比亚西南部、赞比亚北部

Bignoniaceae 紫葳科

Bignonia 号角藤属

Bignonia magnifica W. Bull 紫光藤
F9006543 — — — 巴拿马、哥伦比亚、委内瑞拉北部、厄瓜多尔

Campsis 凌霄属

Campsis grandiflora (Thunb.) K. Schum. 凌霄
F9006544 — — — 中国东部、日本

Catalpa 梓属

Catalpa ovata G. Don 梓
F9006545 中国特有 — — 中国

Crescentia 葫芦树属

Crescentia alata Kunth 叉叶木
0002046 — — — 中美洲

Dolichandra 鹰爪藤属

Dolichandra unguis-cati (L.) L. G. Lohmann 猫爪藤
Q201704067049 — — — 美洲热带

Handroanthus 风铃木属

Handroanthus chrysanthus (Jacq.) S. O. Grose 黄花风铃木
F9006546 — — — 墨西哥、秘鲁、特立尼达和多巴哥

Handroanthus chrysotrichus (Mart. ex DC.) Mattos 金毛风铃木
F9006547 — — — 南美洲东北部

Handroanthus heptaphyllus (Vell.) Mattos
F9006548 — — — 玻利维亚、巴西、阿根廷东北部

Handroanthus impetiginosus (Mart. ex DC.) Mattos 紫花风铃木
00011440 — — — 墨西哥中部；美洲南部热带

Jacaranda 蓝花楹属

Jacaranda acutifolia Bonpl. 尖叶蓝花楹
F9006549 — — — 玻利维亚、巴西、阿根廷

Jacaranda mimosifolia D. Don 蓝花楹
00005465 — — — 玻利维亚、阿根廷西北部

Kigelia 吊瓜树属

Kigelia africana (Lam.) Benth. 吊瓜树
00000115 — — — —

Mansoa 蒜香藤属

Mansoa alliacea (Lam.) A. H. Gentry 蒜香藤
0000647 — — — 美洲热带

Markhamia 猫尾木属

Markhamia lutea (Benth.) K. Schum. 金黄猫尾木
F9006550 — — — 加纳、南苏丹、坦桑尼亚

Markhamia stipulata (Wall.) Seem. 西南猫尾木
F9006551 — — — 孟加拉国、中国南部、中南半岛

Markhamia stipulata var. *kerrii* Sprague 毛叶猫尾木
00011745 — — — 中国、老挝、缅甸、泰国、越南

Mayodendron 火烧花属

Mayodendron igneum (Kurz) Kurz 火烧花
0002195 — — — 印度（阿萨姆邦）、中国、中南半岛

Oroxylum 木蝴蝶属

Oroxylum indicum (L.) Kurz 木蝴蝶
00011425 — — — 中国南部；亚洲热带

Pandorea 粉花凌霄属

Pandorea jasminoides (Lindl.) K. Schum. 粉花凌霄
0001471 — — — 澳大利亚（昆士兰州东部、新南威尔士州东北部）

Pyrostegia 炮仗藤属

Pyrostegia venusta (Ker Gawl.) Miers 炮仗花
0000074 — — — —

Radermachera 菜豆树属

Radermachera hainanensis Merr. 海南菜豆树
00012544 — — — 中国南部、中南半岛

Radermachera sinica (Hance) Hemsl. 菜豆树
F9006552 — — — 中国、印度、尼泊尔、孟加拉国、不丹、马来半岛

Spathodea 火焰树属

Spathodea campanulata P. Beauv. 火焰树
00005390 — — — 安哥拉；非洲西部热带

Stereospermum 羽叶楸属

Stereospermum colais (Buch.-Ham. ex Dillwyn) Mabb. 羽叶楸
F9006553 — — — 印度、中国南部、印度尼西亚（苏门答腊岛）

Tabebuia 栎铃木属

Tabebuia heterophylla (DC.) Britton 异叶栎铃木
0002201 — — — 加勒比地区
Tabebuia rosea (Bertol.) DC. 玫红栎铃木
F9006554 — — — 拉丁美洲

Tecoma 黄钟花属

Tecoma stans (L.) Juss. ex Kunth 黄钟树
F9006555 — — — —

Tecomaria 硬骨凌霄属

Tecomaria capensis (Thunb.) Spach 硬骨凌霄
00053028 — — — 坦桑尼亚；非洲南部

Lentibulariaceae 狸藻科

Pinguicula 捕虫堇属

Pinguicula acuminata Benth.
F0033891 — — — 墨西哥
Pinguicula agnata × *Pinguicula potosiensis*
F9006556 — — — —
Pinguicula 'Anpa. A' 'Anpa. A'捕虫堇
F9006557 — — — —
Pinguicula 'Anpa. C' 'Anpa. C'捕虫堇
F9006558 — — — —
Pinguicula 'Anpa. D' 'Anpa. D'捕虫堇
F9006559 — — — —
Pinguicula 'Aphrodite' 'Aphrodite'捕虫堇
F0033887 — — — —
Pinguicula arotundiflora × *Pinguicula gracilis*
F0033879 — — — —
Pinguicula catania × *Pinguicula moranensis*
F9006560 — — — —
Pinguicula colimensis McVaugh & Mickel
F0033874 — — — 墨西哥
Pinguicula colimensis × *Pinguicula gigantea*
F9006561 — — — —
Pinguicula colimensis × *Pinguicula zecheri*
F9006562 — — — —

Pinguicula conzattii Zamudio & van Marm
F0028645 — — — 墨西哥
Pinguicula 'Crystals' 'Crystals'捕虫堇
F0033863 — — — —
Pinguicula cyclosecta Casper
F0028644 — — — 墨西哥
Pinguicula debbertiana Speta & F. Fuchs
F0033890 — — — 墨西哥
Pinguicula ehlersiae Speta & F. Fuchs 爱兰捕虫堇
F0028651 — — — 墨西哥东北部
Pinguicula ehlersiae × *Pinguicula immaculata*
F0033884 — — — —
Pinguicula emarginata S. Z. Ruiz & Rzed.
F0028646 — — — 墨西哥
Pinguicula emarginata × *Pinguicula zecheri*
F9006563 — — — —
Pinguicula gigantea Luhrs 巨大捕虫堇
F0028901 — — — 墨西哥
Pinguicula 'Gold Eye' 'Gold Eye'捕虫堇
F0028977 — — — —
Pinguicula 'Guatemala' 'Guatemala'捕虫堇
F0033894 — — — —
Pinguicula gypsicola × *Pinguicula zecheri*
F9006979 — — — —
Pinguicula heterophylla Benth.
F0028650 — — — 墨西哥
Pinguicula ibarrae Zamudio
F0028649 — — — 墨西哥
Pinguicula jaumavensis Debbert
F0028984 — — — 墨西哥
Pinguicula 'Koehres' 'Koehres'捕虫堇
F0028652 — — — —
Pinguicula kondoi Casper
F0028979 — — — 墨西哥
Pinguicula kondoi '1285' '1285'捕虫堇
F0033870 — — — —
Pinguicula laueana Speta & F. Fuchs
F0033860 — — — 墨西哥
Pinguicula lilacina Schltdl. & Cham.
F0033886 — — — 墨西哥、危地马拉、洪都拉斯
Pinguicula macrophylla Kunth
F0028980 — — — 墨西哥
Pinguicula 'Marciano' 'Marciano'捕虫堇
F0028987 — — — —
Pinguicula moctezumae × *Pinguicula moranensis*
F0033883 — — — —
Pinguicula moctezumae × *Pinguicula moranensis* f. *flos-mulionis*
F0033872 — — — —

Pinguicula moranensis Kunth　墨兰捕虫堇
F0028988 — — — 墨西哥、危地马拉、洪都拉斯
Pinguicula moranensis 'Red Leave'　'Red Leave'墨兰捕虫堇
F0033875 — — — —
Pinguicula moranensis 'Roses'　'Roses'墨兰捕虫堇
F0033865 — — — —
Pinguicula moranensis var. *neovolcanica* Zamudio
F0028985 — — — 墨西哥
Pinguicula orchidioides A. DC.
F0028978 — — — 墨西哥、危地马拉
Pinguicula parvifolia B. L. Rob.
F0033881 — — — 墨西哥
Pinguicula pilosa Luhrs, Studnicka & Gluch
F0033897 — — — 墨西哥
Pinguicula 'Sethos'　'Sethos'捕虫堇
F0028986 — — — —
Pinguicula 'Sumidero'　'Sumidero'捕虫堇
F0028648 — — — —
Pinguicula 'Sumidero II'　'Sumidero II'捕虫堇
F9006564 — — — —
Pinguicula 'Weser'　'Weser'捕虫堇
F0033862 — — — —

Utricularia　狸藻属

Utricularia aurea Lour.　黄花狸藻
F9006565 — — — 澳大利亚北部及东部；亚洲热带及亚热带
Utricularia bifida L.　挖耳草
F9006566 — — — 西北太平洋岛屿；亚洲热带及亚热带
Utricularia graminifolia Vahl　禾叶挖耳草
F9006567 — — — 斯里兰卡、印度、中国
Utricularia uliginosa Vahl　齿萼挖耳草
F9006568 — — — 西北太平洋岛屿；亚洲热带及亚热带

Verbenaceae　马鞭草科

Duranta　假连翘属

Duranta erecta L.　假连翘
00011732 — — — 美国南部；美洲热带
Duranta erecta 'Alba'　白花假连翘
F9006569 — — — —
Duranta erecta 'Dwarf Yellow'　金叶假连翘
00046704 — — — —
Duranta erecta 'Dwarftype'　矮生假连翘
F9006868 — — — —
Duranta erecta 'Marginata'　'Marginata'花叶假连翘
0000055 — — — —

Duranta erecta 'Variegata'　'Variegata'花叶假连翘
F9006570 — — — —

Glandularia　美女樱属

Glandularia × *hybrida* (Groenl. & Rümpler) G. L. Nesom & Pruski　美女樱
F9006571 — — — —
Glandularia tenera (Spreng.) Cabrera　细叶美女樱
F9006572 — — — 南美洲北部

Lantana　马缨丹属

Lantana camara L.　马缨丹
0004222 — — — 美洲热带
Lantana camara 'Alba'　白花马缨丹
0004202 — — — —
Lantana camara 'Hybrida'　五彩马缨丹
F9006573 — — — —
Lantana × *flava* Medik.　黄花马缨丹
F0037017 — — — 加勒比地区
Lantana montevidensis (Spreng.) Briq.　蔓马缨丹
0003131 — — — 美洲南部热带

Petrea　蓝花藤属

Petrea volubilis L.　蓝花藤
0001189 — — — 美国（佛罗里达州）；美洲热带

Stachytarpheta　假马鞭属

Stachytarpheta jamaicensis (L.) Vahl　假马鞭
00018281 — — — 美国东南部；美洲热带

Verbena　马鞭草属

Verbena officinalis L.　马鞭草
Q201805180535 — — — 澳大利亚；旧世界

Lamiaceae　唇形科

Agastache　藿香属

Agastache rugosa (Fisch. & C. A. Mey.) Kuntze　藿香
F9006574 — — — 俄罗斯（远东地区）；亚洲东部温带

Ajuga　筋骨草属

Ajuga ciliata Bunge　筋骨草
F9006575 — — — 中国、韩国、日本
Ajuga decumbens Thunb.　金疮小草
00047495 — — — 中国；亚洲东部温带
Ajuga nipponensis Makino　紫背金盘
F9006576 — — — 中国、越南；亚洲东部温带

Anisomeles　广防风属

Anisomeles indica (L.) Kuntze　广防风

00018769 —— 亚洲热带及亚热带

Basilicum 小冠薰属

Basilicum polystachyon (L.) Moench 小冠薰
F9006577 —— 澳大利亚北部；西印度洋岛屿；亚洲亚热带；世界热带

Callicarpa 紫珠属

Callicarpa bodinieri H. Lév. 紫珠
00011173 —— 中国南部、中南半岛

Callicarpa brevipes (Benth.) Hance 短柄紫珠
F0036903 —— 中国、中南半岛

Callicarpa cathayana C. H. Chang 华紫珠
F9006578 中国特有 —— 中国南部

Callicarpa giraldii Hesse ex Rehder 老鸦糊
F9006579 中国特有 —— 中国

Callicarpa integerrima Champ. ex Benth. 全缘叶紫珠
F9006580 中国特有 —— 中国南部

Callicarpa integerrima var. *chinensis* (C. Pei) S. L. Chen 藤紫珠
F9006581 中国特有 —— 中国南部

Callicarpa kochiana Makino 枇杷叶紫珠
00046754 —— 中国、日本中南部及南部、越南

Callicarpa longipes Dunn 长柄紫珠
F9006582 中国特有 —— 中国

Callicarpa luteopunctata C. H. Chang 黄腺紫珠
F9006583 中国特有 —— 中国

Callicarpa macrophylla Vahl 大叶紫珠
00046943 —— 澳大利亚（昆士兰州）；亚洲热带及亚热带

Callicarpa nudiflora Hook. & Arn. 裸花紫珠
00046170 —— 印度、中国、马来半岛

Callicarpa pedunculata R. Br. 杜虹紫珠
F9006584 —— 澳大利亚；亚洲热带及亚热带

Callicarpa rubella Lindl. 红紫珠
F9006585 —— 中国、印度、尼泊尔、孟加拉国、不丹、马来西亚

Caryopteris 莸属

Caryopteris forrestii Diels 灰毛莸
F9006586 中国特有 —— 中国

Caryopteris incana (Thunb. ex Houtt.) Miq. 兰香草
F9006587 —— 中国、韩国、日本

Caryopteris incana 'Autumn Pink' '秋日粉红'兰香草
F9006588 —— —

Chelonopsis 铃子香属

Chelonopsis deflexa (Benth.) Diels 华麝香草

F9006589 中国特有 —— 中国

Clerodendrum 大青属

Clerodendrum bungei Steud. 臭牡丹
F0036839 —— 中国、越南

Clerodendrum canescens Wall. ex Walp. 灰毛大青
0001040 —— 中国、越南

Clerodendrum chinense (Osbeck) Mabb. 重瓣臭茉莉
F9006590 —— 中国南部；亚洲热带

Clerodendrum cyrtophyllum Turcz. 大青
F9006591 —— 中国南部、韩国、越南

Clerodendrum fortunatum L. 白花灯笼
0000841 —— 中国、印度尼西亚（爪哇岛）

Clerodendrum glandulosum Lindl. 腺叶茉莉
F9006592 —— —

Clerodendrum japonicum (Thunb.) Sweet 赪桐
0002186 —— 亚洲热带及亚热带

Clerodendrum japonicum 'Album' 白花赪桐
F9006593 —— —

Clerodendrum laevifolium Blume 光叶大青
F9006594 —— 巴基斯坦、马来半岛、印度尼西亚（爪哇岛、小巽他群岛）

Clerodendrum laevifolium 'Variegata' 花叶垂茉莉
0000443 —— —

Clerodendrum lindleyi Decne. ex Planch. 尖齿臭茉莉
F9006595 中国特有 —— 中国

Clerodendrum luteopunctatum C. Pei & S. L. Chen 黄腺大青
F9006596 中国特有 —— 中国

Clerodendrum mandarinorum Diels 海通
F9006597 —— 中国南部、越南

Clerodendrum poggei Gürke 紫叶假马鞭
0000955 —— 非洲中部

Clerodendrum speciosissimum Drapiez 美丽赪桐
00013020 —— 马来西亚、瓦努阿图

Clerodendrum splendens G. Don 红龙吐珠
0000401 —— 安哥拉；非洲西部热带

Clerodendrum thomsoniae Balf. f. 龙吐珠
0000211 —— 非洲西部及中西部热带

Clerodendrum trichotomum Thunb. 海州常山
0004537 —— 中国、菲律宾；亚洲东部温带

Clinopodium 风轮菜属

Clinopodium chinense (Benth.) Kuntze 风轮菜
F9006598 —— 俄罗斯（远东地区）、越南

Clinopodium gracile (Benth.) Kuntze 细风轮菜
F9006599 —— 亚洲热带及亚热带

Coleus　鞘蕊花属

Coleus forskohlii (Willd.) Briq.　毛喉鞘蕊花

F9006600 — — — 厄立特里亚、坦桑尼亚、阿拉伯半岛；南亚、东亚中南部

Coleus maculosus (Lam.) A. J. Paton　多斑鞘蕊花

F9006601 — — — —

Coleus prostratus (Gürke) A. J. Paton　卧地鞘蕊花

0002815 — — — —

Coleus scutellarioides (L.) Benth.　彩叶草

0000179 — — — 中南半岛、琉球群岛、澳大利亚北部

Dracocephalum　青兰属

Dracocephalum ruyschiana L.　青兰

F9006602 — — — 欧洲、亚洲

Elsholtzia　香薷属

Elsholtzia argyi H. Lév.　紫花香薷

F9006603 — — — 中国南部、越南

Elsholtzia ciliata (Thunb.) Hyl.　香薷

F9006604 — — — 马来半岛；亚洲温带

Elsholtzia fruticosa (D. Don) Rehder　鸡骨柴

F9006605 — — — 中国

Glechoma　活血丹属

Glechoma hederacea ‘Variegata’　花叶活血丹

F9006606 — — — —

Glechoma longituba (Nakai) Kuprian.　活血丹

F9006607 — — — 俄罗斯（远东地区）、越南

Gmelina　石梓属

Gmelina arborea Roxb. ex Sm.　云南石梓

0000953 — 易危（VU）— 中国；亚洲中南部及南部

Gmelina hainanensis Oliv.　苦梓

0002268 — — 二级 中国、中南半岛

Gomphostemma　锥花属

Gomphostemma leptodon Dunn　细齿锥花

F9006608 — — — 中国、越南

Gomphostemma microdon Dunn　小齿锥花

00018280 — — — 中国、中南半岛

Heterolamium　异野芝麻属

Heterolamium debile (Hemsl.) C. Y. Wu　异野芝麻

F9006609 中国特有 — — 中国

Holmskioldia　冬红属

Holmskioldia sanguinea Retz.　冬红

0000028 — — — 印度、尼泊尔、不丹、孟加拉国、缅甸

Isodon　香茶菜属

Isodon amethystoides (Benth.) H. Hara　香茶菜

0003297 中国特有 — — 中国

Isodon nervosus (Hemsl.) Kudô　显脉香茶菜

00046197 中国特有 — — 中国

Isodon serra (Maxim.) Kudô　溪黄草

0002042 — — — 俄罗斯（远东地区）、中国

Lavandula　薰衣草属

Lavandula × *intermedia* ‘Dutch’　荷兰薰衣草

F9006611 — — — —

Leonotis　狮耳花属

Leonotis nepetifolia (L.) W. T. Aiton　荆芥叶狮耳花

F9006612 — — — 非洲、南亚

Leonurus　益母草属

Leonurus japonicus Houtt.　益母草

00048161 — — — 中国、俄罗斯（远东地区）、澳大利亚北部

Lycopus　地笋属

Lycopus lucidus Turcz. ex Benth.　地笋

F0036924 — — — 俄罗斯（西伯利亚南部及东部）；亚洲东部温带

Mentha　薄荷属

Mentha canadensis L.　薄荷

F9006613 — — — 俄罗斯（西伯利亚中东部）、中国、日本；北美洲

Mentha spicata L.　留兰香

F9006614 — — — 中国；欧洲

Mesosphaerum　山香属

Mesosphaerum suaveolens (L.) Kuntze　山香

F9006615 — — — 美洲热带

Mosla　石荠苎属

Mosla chinensis Maxim.　石香薷

0003210 — — — 中国、日本中南部及南部、越南

Mosla dianthera (Buch.-Ham. ex Roxb.) Maxim.　小鱼仙草

00046094 — — — 高加索地区、千岛群岛、印度尼西亚（苏门答腊岛北部）、喜马拉雅山脉

Nepeta　荆芥属

Nepeta cataria L.　荆芥

00047541 — — — 韩国；欧洲南部

Nepeta tenuifolia Benth.　裂叶荆芥

F9006616 — — — 中国、韩国、朝鲜、日本

Ocimum 罗勒属

Ocimum basilicum L. 罗勒
F9006617 — — — 中国；非洲、亚洲

Ocimum gratissimum L. 丁香罗勒
F0037011 — — — 世界热带及亚热带

Paraphlomis 假糙苏属

Paraphlomis javanica (Blume) Prain 假糙苏
F0036904 — — — 亚洲热带及亚热带

Perilla 紫苏属

Perilla frutescens (L.) Britton 紫苏
00019372 — — — 俄罗斯（远东地区南部）、中国、巴基斯坦

Perilla frutescens var. *crispa* (Thunb.) H. Deane 茴茴苏
F9006618 — — — 日本

Phlomoides 糙苏属

Phlomoides umbrosa (Turcz.) Kamelin & Makhm. 糙苏
0004930 — — — 中国、韩国

Physostegia 假龙头花属

Physostegia virginiana (L.) Benth. 假龙头花
F9006619 — — — 加拿大、美国、墨西哥东北部

Plectranthus 延命草属

Plectranthus glabratus 'Marginatus' 白边烛光草
F9006620 — — — —

Pogostemon 刺蕊草属

Pogostemon auricularius (L.) Hassk. 水珍珠菜
Q201611056066 — — — 中国南部；亚洲热带

Pogostemon cablin (Blanco) Benth. 广藿香
00047827 — — — 亚洲热带

Premna 豆腐柴属

Premna microphylla Turcz. 豆腐柴
F9006621 — — — 中国、日本中部及南部

Premna serratifolia 'Variegata' 伞序臭黄荆
0002110 — — — —

Pseudodictamnus 波萼苏属

Pseudodictamnus mediterraneus Salmaki & Siadati 宽萼苏
F9006622 — — — 爱琴海南部岛屿、土耳其西南部、利比亚东北部、埃及西北部

Rostrinucula 钩子木属

Rostrinucula sinensis (Hemsl.) C. Y. Wu 长叶钩子木
0002308 中国特有 — — 中国南部

Rotheca 三对节属

Rotheca myricoides (Hochst.) Steane & Mabb. 蓝蝴蝶
F0038085 — — — 非洲南部

Salvia 鼠尾草属

Salvia bowleyana Dunn 南丹参
F0037016 中国特有 — — 中国

Salvia cavaleriei var. *erythrophylla* (Hemsl.) E. Peter 紫背贵州鼠尾草
0004748 中国特有 — — 中国

Salvia cavaleriei var. *simplicifolia* E. Peter 血盆草
F9006623 中国特有 — — 中国南部

Salvia chinensis Benth. 华鼠尾草
0003223 中国特有 — — 中国

Salvia coccinea 'Alba' 白花朱唇
Q201801034559 — — — —

Salvia coccinea Buc'hoz ex Etl. 朱唇
0004496 — — — 美国东南部、阿根廷北部

Salvia farinacea Benth. 蓝花鼠尾草
0004770 — — — 美国中南部、墨西哥东北部

Salvia maximowicziana Hemsl. 鄂西鼠尾草
0002898 中国特有 — — 中国

Salvia miltiorrhiza Bunge 丹参
F0037023 — — — 中国、越南

Salvia plectranthoides Griff. 长冠鼠尾草
F9006624 — — — 中国、尼泊尔、不丹、孟加拉国

Salvia prionitis Hance 红根草
00018322 中国特有 — — 中国

Salvia splendens Sellow ex Nees 一串红
0003015 — — — 巴西

Salvia splendens 'Afropurpurea' 一串紫
0003879 — — — —

Salvia splendens 'Alba' 一串白
F9006625 — — — —

Schnabelia 四棱草属

Schnabelia oligophylla Hand.-Mazz. 四棱草
F0024214 中国特有 — — 中国南部

Schnabelia terniflora (Maxim.) P. D. Cantino 三花莸
0000285 中国特有 — — 中国

Schnabelia tetrodonta (Y. Z. Sun) C. Y. Wu & C. Chen 四齿四棱草
0001313 中国特有 — — 中国

Scutellaria 黄芩属

Scutellaria barbata D. Don 半枝莲
F9006626 — — — 喜马拉雅山脉；亚洲东部温带

Scutellaria franchetiana H. Lév. 岩藿香

F9006627 中国特有 — — 中国

Scutellaria incarnata Vent.　美花岑

0003700 — — — 哥伦比亚、巴西

Scutellaria indica L.　韩信草

F0036145 — — — 亚洲热带及亚热带

Stachys　水苏属

Stachys arrecta L. H. Bailey　蜗儿菜

0003420 中国特有 — — 中国

Tectona　柚木属

Tectona grandis L. f.　柚木

00047879 — — — 中国、印度、印度尼西亚、马来西亚、缅甸

Teucrium　香科科属

Teucrium alborubrum Hemsl.　粉红动蕊花

F9006610 中国特有 — — 中国

Teucrium viscidum Blume　血见愁

F9006628 — — — 亚洲热带及亚热带

Tinnea　火梓属

Tinnea aethiopica Kotschy ex Hook. f.　埃塞俄比亚火梓

F9006629 — — — 非洲热带

Tripora　叉枝莸属

Tripora divaricata (Maxim.) P. D. Cantino　莸

F9006630 — — — 中国、韩国、朝鲜、日本

Vitex　牡荆属

Vitex canescens Kurz　灰毛牡荆

F9006631 — — — 中国南部；亚洲热带

Vitex kwangsiensis C. Pei　广西牡荆

F9006632 中国特有 易危（VU） — 中国

Vitex negundo L.　黄荆

00005620 — — — 索马里南部、莫桑比克；亚洲热带及亚热带

Vitex negundo var. *cannabifolia* (Siebold & Zucc.) Hand.-Mazz.　牡荆

00011482 — — — 印度、中国南部、马来半岛

Vitex pinnata L.

F9006941 — — — 亚洲热带

Vitex quinata (Lour.) F. N. Williams　山牡荆

00005600 — — — 加罗林群岛；亚洲热带及亚热带

Vitex triflora Vahl　三花蔓荆

00047164 — — — 美洲南部热带

Vitex trifolia L.　蔓荆

F9006633 — — — 中国、澳大利亚；太平洋岛屿；亚洲南部及东南部

Mazaceae　通泉草科

Mazus　通泉草属

Mazus pulchellus Hemsl.　美丽通泉草

F9006634 中国特有 — — 中国

Mazus pumilus (Burm. f.) Steenis　通泉草

F9006635 — — — 亚洲

Paulowniaceae　泡桐科

Paulownia　泡桐属

Paulownia fortunei (Seem.) Hemsl.　白花泡桐

00011539 — — — 中国、中南半岛北部

Orobanchaceae　列当科

Aeginetia　野菰属

Aeginetia indica L.　野菰

0000448 — — — 亚洲热带及亚热带

Brandisia　来江藤属

Brandisia hancei Hook. f.　来江藤

F9006636 中国特有 — — 中国

Pedicularis　马先蒿属

Pedicularis resupinata L.　返顾马先蒿

F9006637 — — — 欧洲东部、亚洲

Rehmannia　地黄属

Rehmannia glutinosa (Gaertn.) DC.　地黄

F9006638 中国特有 — — 中国

Rehmannia henryi N. E. Br.　湖北地黄

F9006639 中国特有 — — 中国

Rehmannia piasezkii Maxim.　裂叶地黄

F9006640 中国特有 — — 中国

Striga　独脚金属

Striga asiatica (L.) Kuntze　独脚金

F9006641 — — — 世界热带及亚热带

Striga masuria (Buch.-Ham. ex Benth.) Benth.　大独脚金

F9006642 — — — 中国、尼泊尔南部、中南半岛、菲律宾

Cardiopteridaceae　心翼果科

Gonocaryum　琼榄属

Gonocaryum lobbianum (Miers) Kurz　琼榄

F9006643 — — — 中国南部、马来半岛、加里曼丹岛

Helwingiaceae 青荚叶科

Helwingia 青荚叶属

Helwingia chinensis Batalin 中华青荚叶

F0036110 — — — 中国、泰国

Helwingia himalaica Hook. f. & Thomson ex C. B. Clarke 西域青荚叶

F0036018 — — — 中国、印度、尼泊尔、孟加拉国、不丹、中南半岛北部

Helwingia japonica (Thunb.) F. Dietr. 青荚叶

F0036864 — — — 不丹；亚洲东部温带

Helwingia omeiensis (W. P. Fang) H. Hara & S. Kuros. 峨眉青荚叶

F0036063 中国特有 — — 中国中部

Aquifoliaceae 冬青科

Ilex 冬青属

Ilex asprella Champ. ex Benth. 秤星树

0002805 — — — 中国、菲律宾

Ilex bioritsensis Hayata 刺叶冬青

F9006644 中国特有 — — 中国

Ilex buergeri Miq. 短梗冬青

F9006645 — — — 中国、日本中南部及南部

Ilex centrochinensis S. Y. Hu 华中枸骨

F9006646 中国特有 — — 中国

Ilex cheniana T. R. Dudley 龙陵冬青

F9006647 中国特有 — — 中国

Ilex chinensis Sims 冬青

00047473 — — — 中国、越南、日本中部及南部

Ilex corallina Franch. 珊瑚冬青

F9006648 — — — 中国、缅甸

Ilex cornuta Lindl. & Paxton 枸骨

00005651 — — — 中国、韩国

Ilex editicostata Hu & Tang 显脉冬青

0004898 中国特有 — — 中国南部

Ilex excelsa var. *hypotricha* (Loes.) S. Y. Hu 毛背高冬青

F9006649 — — — 中国；亚洲中南部及南部

Ilex ficoidea Hemsl. 榕叶冬青

F9006650 — — — 中国、越南

Ilex hainanensis Merr. 海南冬青

F9006651 中国特有 — — 中国南部

Ilex intermedia Loes. 中型冬青

F9006652 中国特有 — — 中国

Ilex latifolia Thunb. 大叶冬青

F9006653 — — — 中国南部、日本中部及南部

Ilex macrocarpa var. *longipedunculata* S. Y. Hu 长梗冬青

F9006654 中国特有 — — 中国

Ilex nitidissima C. J. Tseng 亮叶冬青

00047030 中国特有 — — 中国

Ilex omeiensis Hu & Tang 峨眉冬青

F0036435 中国特有 — — 中国

Ilex pedunculosa Miq. 具柄冬青

0003478 — — — 中国、日本中南部

Ilex pernyi Franch. 猫儿刺

F9006655 中国特有 — — 中国

Ilex polypyrena C. J. Tseng & B. W. Liu 多核冬青

F9006656 中国特有 近危（NT） — 中国

Ilex pubescens Hook. & Arn. 毛冬青

0004576 中国特有 — — 中国

Ilex pubilimba Merr. & Chun 毛叶冬青

00046698 — — — 越南、中国南部

Ilex rotunda Thunb. 铁冬青

00000280 — — — 中国、中南半岛、韩国、日本中南部

Ilex salicina Hand.-Mazz. 柳叶冬青

F9006657 — — — 中国、越南北部

Ilex shennongjiaensis T. R. Dudley & S. C. Sun 神农架冬青

0002359 中国特有 濒危（EN） — 中国

Ilex suaveolens (H. Lév.) Loes. 香冬青

F9006658 中国特有 — — 中国南部

Ilex szechwanensis Loes. 四川冬青

F9006659 中国特有 — — 中国

Ilex triflora Brandegee 三花冬青

F9006660 — — — 中国；亚洲南部

Ilex viridis Champ. ex Benth. 绿冬青

0003027 — — — 中国南部、越南

Campanulaceae 桔梗科

Adenophora 沙参属

Adenophora capillaris Hemsl. 丝裂沙参

F9006661 中国特有 — — 中国

Adenophora petiolata subsp. *hunanensis* (Nannf.) D. Y. Hong & S. Ge 杏叶沙参

F9006662 中国特有 — — 中国

Codonopsis 党参属

Codonopsis javanica (Blume) Hook. f. & Thomson 金钱豹

00047618 — — — 印度、中国、不丹、孟加拉国、缅甸、韩国、朝鲜、日本、马来西亚西部

Codonopsis lanceolata (Siebold & Zucc.) Benth. & Hook. f. ex Trautv. 羊乳

F9006663 — — — 俄罗斯（远东地区）、中国、韩国、日本

Codonopsis pilosula (Franch.) Nannf. 党参

F9006664 ——— 蒙古、韩国、中国

Codonopsis tubulosa Kom. 管花党参

F9006665 中国特有 —— 中国

Lithotoma 石星花属

Lithotoma axillaris (Lindl.) E. B. Knox 长星花

F9006666 ——— 澳大利亚东部

Lobelia 半边莲属

Lobelia alsinoides Lam. 短柄半边莲

Q201801021335 ——— 中国南部；亚洲热带

Lobelia cardinalis 'Queen Victoria' '维多利亚女王'红花山梗菜

F0036704 ————

Lobelia chevalieri Danguy 假半边莲

F9006667 ——— 越南南部

Lobelia chinensis Lour. 半边莲

0003280 ——— 印度、尼泊尔、不丹、中国、日本

Lobelia davidii Franch. 江南山梗菜

F9006668 ——— 中国、尼泊尔

Lobelia zeylanica L. 卵叶半边莲

F9006669 ——— 亚洲热带及亚热带

Platycodon 桔梗属

Platycodon grandiflorus (Jacq.) A. DC. 桔梗

F0037015 ——— 俄罗斯（西伯利亚东南部）、中国、韩国、朝鲜、日本

Pseudocodon 辐冠参属

Pseudocodon convolvulaceus subsp. *forrestii* (Diels) D. Y. Hong 毛叶鸡蛋参

F9006670 ——— 中国、缅甸北部

Menyanthaceae 睡菜科

Menyanthes 睡菜属

Menyanthes trifoliata L. 睡菜

F9006671 ——— 亚北极区；北半球温带

Nymphoides 荇菜属

Nymphoides cristata (Roxb.) Kuntze 水皮莲

F9006672 ——— 印度、中国

Nymphoides indica (L.) Kuntze 金银莲花

F9006673 ——— 西南太平洋岛屿；亚洲热带及亚热带

Nymphoides lungtanensis S. P. Li, T. H. Hsieh & Chun C. Lin 龙潭荇菜

F0036708 中国特有 野外绝灭（EW）— 中国

Nymphoides peltata (S. G. Gmel.) Kuntze 荇菜

F9006674 ——— 阿尔及利亚；欧亚大陆温带

Asteraceae 菊科

Achillea 蓍属

Achillea alpina L. 高山蓍

F9006675 ——— 俄罗斯（西伯利亚）、日本、中国

Achillea millefolium L. 蓍

F9006676 ——— 亚北极区；北半球温带

Acmella 金纽扣属

Acmella paniculata (Wall. ex DC.) R. K. Jansen 金纽扣

0003791 ——— 中国、澳大利亚（昆士兰州）

Adenostemma 下田菊属

Adenostemma lavenia (L.) Kuntze 下田菊

F9006677 ——— 斯里兰卡

Ageratum 藿香蓟属

Ageratum conyzoides L. 藿香蓟

0002006 ——— 墨西哥

Ageratum houstonianum Mill. 熊耳草

F9006678 ——— 中美洲

Ainsliaea 兔儿风属

Ainsliaea angustifolia Hook. f. & Thomson ex C. B. Clarke 狭叶兔儿风

F9006679 ——— 印度（阿萨姆邦）、马来半岛

Ainsliaea elegans Hemsl. 秀丽兔儿风

F9006680 ——— 中国、越南

Ainsliaea fragrans Champ. ex Benth. 杏香兔儿风

F9006681 ——— 中国、日本

Ainsliaea henryi Diels 长穗兔儿风

F9006682 中国特有 —— 中国

Ainsliaea macroclinidioides Hayata 阿里山兔儿风

F9006683 中国特有 —— 中国

Ajania 亚菊属

Ajania pallasiana (Fisch. ex Besser) Poljakov 亚菊

0000793 ——— 蒙古、中国、日本

Anaphalis 香青属

Anaphalis margaritacea (L.) Benth. & Hook. f. 珠光香青

F9006684 ——— 亚洲

Anaphalis sinica Hance 香青

F9006685 ——— 俄罗斯（远东地区南部）、中国、韩国、日本中部及南部

Anisopappus 山黄菊属

Anisopappus chinensis Hook. & Arn. 山黄菊

F9006686 — — — 印度（锡金）、中国南部、中南半岛、菲律宾

Argyranthemum 木茼蒿属

Argyranthemum frutescens (L.) Sch. Bip. 木茼蒿
F9006687 — — — 加那利群岛

Artemisia 蒿属

Artemisia anomala S. Moore 奇蒿
F9006688 中国特有 — — 中国

Artemisia argyi H. Lév. & Vaniot 艾
00018282 — — — 俄罗斯（远东地区）、中国

Artemisia chingii Pamp. 南毛蒿
F9006689 中国特有 — — 中国

Artemisia indica Willd. 五月艾
00047677 — — — 菲律宾；南亚、东亚

Artemisia lactiflora Wall. ex DC. 白苞蒿
0000398 — — — 印度（阿萨姆邦）、中国、越南

Artemisia vulgaris L. 北艾
F9006690 — — — 中南半岛；欧亚大陆温带、非洲北部

Aster 紫菀属

Aster ageratoides Turcz. 三脉紫菀
F9006691 — — — 喜马拉雅山脉；亚洲东部温带

Aster amellus 'King George' 杂交紫菀
F9006692 — — — —

Aster baccharoides Steetz 白舌紫菀
F9006991 中国特有 — — 中国

Aster hispidus Thunb. 狗娃花
F9006693 — — — 蒙古、中国、日本、越南

Aster indicus L. 马兰
00018808 — — — 喜马拉雅山脉、中南半岛、印度尼西亚（爪哇岛）；亚洲东部温带

Aster striatus Champ. ex Benth. 香港紫菀
F9006694 — — — 中国

Atractylodes 苍术属

Atractylodes macrocephala Koidz. 白术
F9006695 — — — 中国、韩国、朝鲜、日本

Bellis 雏菊属

Bellis perennis L. 雏菊
F9006696 — — — 中国；非洲北部、亚洲西南部、欧洲

Bidens 鬼针草属

Bidens bipinnata L. 婆婆针
F9006697 — — — 加拿大东部、美国中东部

Bidens biternata (Lour.) Merr. & Sherff 金盏银盘
F9006698 — — — 世界热带及亚热带

Bidens pilosa L. 鬼针草
0001869 — — — 美洲热带及亚热带

Blumea 艾纳香属

Blumea balsamifera (L.) DC. 艾纳香
0002632 — — — 亚洲热带及亚热带

Blumea lacera (Burm. f.) DC. 见霜黄
0004934 — — — 西南太平洋岛屿；亚洲热带及亚热带

Blumea megacephala C. T. Chang & C. H. Yu 东风草
0000209 — — — 印度（阿萨姆邦）、琉球群岛、越南、印度尼西亚（爪哇岛）

Calendula 金盏花属

Calendula officinalis L. 金盏菊
0001455 — — — 地中海地区西部

Callistephus 翠菊属

Callistephus chinensis (L.) Nees 翠菊
F9006699 — — — 俄罗斯（远东地区南部）、中国

Caputia 好望菊属

Caputia tomentosa (Haw.) B. Nord. & Pelser 银月
F9006700 — — — 南非

Carpesium 天名精属

Carpesium abrotanoides L. 天名精
F9006701 — — — 欧洲南部及中部、亚洲中部及东南部

Carpesium cernuum L. 烟管头草
F9006702 — — — 欧亚大陆

Centaurea 疆矢车菊属

Centaurea cyanus L. 矢车菊
F9006703 — — — 地中海地区中东部

Centipeda 石胡荽属

Centipeda minima (L.) A. Braun & Asch. 石胡荽
0004931 — — — 中国、蒙古、俄罗斯（远东地区）；东亚温带、南亚

Chrysanthemum 菊属

Chrysanthemum indicum L. 野菊
00047658 — — — 中国、中南半岛北部、韩国、日本

Cirsium 蓟属

Cirsium lineare Sch. Bip. 线叶蓟
F9006704 — — — 印度（阿萨姆邦）、中国南部；亚洲东部温带

Coreopsis 金鸡菊属

Coreopsis lanceolata L. 剑叶金鸡菊

F9006705 —　—　— 加拿大、美国

Coreopsis tinctoria Nutt.　两色金鸡菊

F9006706 —　—　— 加拿大、美国、墨西哥东部

Cosmos　秋英属

Cosmos bipinnatus Cav.　秋英

F9006707 —　—　— 墨西哥

Cosmos sulphureus Cav.　黄秋英

F9006708 —　—　— 中美洲

Cotula　山芫荽属

Cotula anthemoides L.　芫荽菊

F9006709 —　—　— 阿拉伯半岛、喜马拉雅山脉、中南半岛、印度尼西亚（苏门答腊岛）；非洲

Crassocephalum　野茼蒿属

Crassocephalum crepidioides (Benth.) S. Moore　野茼蒿

0000900 —　—　— 马达加斯加；世界热带

Crassothonna　敦菊木属

Crassothonna capensis (L. H. Bailey) B. Nord.　黄花新月

0002174 —　—　— 南非

Crossostephium　芙蓉菊属

Crossostephium chinense (L.) Makino　芙蓉菊

F9006710 —　—　— 中国南部、菲律宾、印度尼西亚（爪哇岛）；亚洲东部温带

Curio　翡翠珠属

Curio radicans (L. f.) P. V. Heath　弦月

F9006711 —　—　— 非洲南部

Curio rowleyanus (H. Jacobsen) P. V. Heath　翡翠珠

F9006712 —　—　— 南非

Cyanthillium　夜香牛属

Cyanthillium cinereum (L.) H. Rob.　夜香牛

0000012 —　—　— 西北太平洋岛屿；世界热带及亚热带

Dichrocephala　鱼眼草属

Dichrocephala integrifolia (L. f.) Kuntze　鱼眼草

F9006713 —　—　— 土耳其；太平洋岛屿；亚洲

Duhaldea　羊耳菊属

Duhaldea cappa (Buch.-Ham. ex D. Don) Pruski & Anderb.　羊耳菊

F9006714 —　—　— 巴基斯坦、中国南部、印度尼西亚（爪哇岛）

Eclipta　鳢肠属

Eclipta prostrata (L.) L.　鳢肠

0001668 —　—　— 美洲亚热带；世界温带

Elephantopus　地胆草属

Elephantopus scaber L.　地胆草

F9006890 —　—　— 亚洲热带及亚热带

Elephantopus tomentosus L.　白花地胆草

00048130 —　—　— 美国

Emilia　一点红属

Emilia sonchifolia (L.) DC.　一点红

F9006715 —　—　— 世界热带及亚热带

Epaltes　球菊属

Epaltes australis DC.　球菊

00046515 —　—　— 巴布亚新几内亚、澳大利亚中部及东部、新喀里多尼亚

Erechtites　菊芹属

Erechtites hieraciifolius (L.) Raf. ex DC.　梁子菜

F9006716 —　—　— 新世界

Farfugium　大吴风草属

Farfugium japonicum (L.) Kitam.　大吴风草

0003994 —　—　— 中国南部；亚洲东部温带

Gazania　勋章菊属

Gazania rigens (L.) Gaertn.　勋章菊

0001028 —　—　— 南非

Gerbera　非洲菊属

Gerbera jamesonii Bolus　非洲菊

F9006717 —　—　— 南非、斯威士兰

Glebionis　茼蒿属

Glebionis coronaria (L.) Cass. ex Spach　茼蒿

F9006718 —　—　— 地中海地区、阿拉伯半岛；亚洲中部

Gynura　菊三七属

Gynura bicolor (Roxb. ex Willd.) DC.　红凤菜

00047522 —　—　— 加罗林群岛；南亚、东亚东南部

Gynura divaricata (L.) DC.　白子菜

F9006719 —　—　— 中国南部、中南半岛

Gynura japonica (Thunb.) Juel　菊三七

00047470 —　—　— 尼泊尔、中国、韩国、朝鲜、日本、菲律宾

Gynura procumbens Merr.　平卧菊三七

F9006720 —　—　— 中国、印度、尼泊尔、孟加拉国、不丹、巴布亚新几内亚；非洲西部热带

Helianthus　向日葵属

Helianthus annuus L.　向日葵

F9006722 —　—　— 北美洲

Helianthus annuus 'Big Smile'　矮生向日葵

F9006721 — — — —

Helianthus decapetalus 'Multiflorus'　千瓣葵

F9006723 — — — —

Helianthus tuberosus L.　菊芋

F9006724 — — — 加拿大中东部、美国

Helichrysum　蜡菊属

Helichrysum odoratissimum (L.) Sweet　宽叶拟鼠曲草

F9006725 — — — 世界热带

Ismelia　蒿子秆属

Ismelia carinata (Schousb.) Sch. Bip.　蒿子秆

F9006726 — — — 摩洛哥

Jacobaea　疆千里光属

Jacobaea maritima (L.) Pelser & Meijden　银叶菊

F9006727 — — — 地中海地区西部及中部

Jacobaea maritima 'Silver Dust'　细裂银叶菊

F9006728 — — — —

Kleinia　仙人笔属

Kleinia abyssinica (A. Rich.) A. Berger

F9006729 — — — 非洲热带

Kleinia articulata (L. f.) Haw.　仙人笔

F9006730 — — — 南非

Kleinia fulgens Hook. f.　猩红肉叶菊

0001638 — — — 世界热带

Kleinia grantii Hook. f.　绯冠菊

F9006731 — — — 非洲热带

Kleinia mweroensis (Baker) C. Jeffrey　普西利菊

0002026 — — — 坦桑尼亚、赞比亚

Kleinia pendula DC.　泥鳅掌

0000102 — — — 厄立特里亚、肯尼亚、阿拉伯半岛

Kleinia schweinfurthii (Oliv. & Hiern) A. Berger　纹叶绯之冠

0003211 — — — 尼日利亚、南苏丹、马拉维

Kleinia stapeliiformis Stapf　铁锡杖

0004255 — — — 非洲南部

Lactuca　莴苣属

Lactuca dolichophylla Kitam.　长叶莴苣

F9006733 — — — —

Lactuca indica L.　翅果菊

F9006732 — — — 俄罗斯（西伯利亚东南部）、日本、马来西亚

Lactuca sativa L.　莴苣

F9006735 — — — 起源于西亚

Lactuca sativa 'Asparagina'　紫叶油麦菜

F9006981 — — — —

Lactuca sativa 'Crispa'　玻璃生菜

F9006734 — — — —

Lapsanastrum　稻槎菜属

Lapsanastrum apogonoides (Maxim.) Pak & K. Bremer　稻槎菜

F9006736 — — — 中国；亚洲东部温带

Leucanthemum　滨菊属

Leucanthemum vulgare Lam.　滨菊

F9006737 — — — 俄罗斯（远东地区）、高加索地区；欧洲、亚洲中部

Liatris　蛇鞭菊属

Liatris spicata (L.) Willd.　蛇鞭菊

F9006738 — — — 加拿大东部、美国

Ligularia　橐吾属

Ligularia duciformis (C. Winkl.) Hand.-Mazz.　大黄橐吾

F9006739 中国特有 — — 中国北部及中部

Ligularia fischeri Turcz.　蹄叶橐吾

F9006740 — — — 俄罗斯（西伯利亚南部）、中国、日本

Mauranthemum　白晶菊属

Mauranthemum paludosum (Poir.) Vogt & Oberpr.　白晶菊

F9006911 — — — 西班牙；非洲西北部

Melampodium　黑足菊属

Melampodium divaricatum (Rich.) DC.　黄帝菊

0002045 — — — 拉丁美洲

Melampodium divaricatum 'Tiansing'　皇帝菊

F9006741 — — — —

Microglossa　小舌菊属

Microglossa pyrifolia (Lam.) Kuntze　小舌菊

F9006742 — — — 世界热带及亚热带

Mikania　假泽兰属

Mikania micrantha Kunth　微甘菊

0002355 — — — 美洲热带及亚热带

Nouelia　栌菊木属

Nouelia insignis Franch.　栌菊木

F9006743 中国特有 易危（VU） — 中国

Packera　金千里光属

Packera werneriifolia (A. Gray) W. A. Weber & Á. Löve ex Trock　新月

F9006744 — — — 美国西南部及中西部

Paraprenanthes 假福王草属

Paraprenanthes sororia (Miq.) C. Shih 假福王草
F9006745 — — — 中国、越南、日本中部及南部

Parasenecio 蟹甲草属

Parasenecio forrestii W. W. Sm. & J. Small 蟹甲草
F9006746 中国特有 — — 中国

Pericallis 瓜叶菊属

Pericallis cruenta Webb & Berthel. 野瓜叶菊
F9006747 — — — 加那利群岛

Petasites 蜂斗菜属

Petasites japonicus (Siebold & Zucc.) Maxim. 蜂斗菜
0001982 — — — 中国、俄罗斯（远东地区）、日本中部及南部

Pluchea 阔苞菊属

Pluchea indica (L.) Less. 阔苞菊
00046708 — — — 澳大利亚北部；亚洲热带及亚热带

Senecio 千里光属

Senecio crassissimus Humbert 紫蛮刀
0004078 — — — 马达加斯加中部
Senecio herreianus Dinter 大弦月
F9006748 — — —
Senecio nemorensis L. 林荫千里光
F9006749 — — — 俄罗斯（西伯利亚）、日本、越南
Senecio scandens Buch.-Ham. ex D. Don 千里光
00046364 — — — 中国、中南半岛、马来西亚中部
Senecio wightii (DC.) Benth. ex C. B. Clarke 岩生千里光
F9006750 — — — 中南半岛；南亚、东亚南部

Silybum 水飞蓟属

Silybum marianum (L.) Gaertn. 水飞蓟
F9006751 — — — 地中海地区、埃塞俄比亚；亚洲中部

Sinosenecio 蒲儿根属

Sinosenecio oldhamianus (Maxim.) B. Nord. 蒲儿根
F0036858 — — — 中国、中南半岛
Sinosenecio palmatisectus C. Jeffrey & Y. L. Chen 鄂西蒲儿根
F9006752 中国特有 — — 中国

Solidago 一枝黄花属

Solidago canadensis L. 加拿大一枝黄花
F9006753 — — — 美国；亚北极区
Solidago decurrens Lour. 一枝黄花
F9006754 — — — 尼泊尔、中国、中南半岛、马来西亚；

亚洲东部
Solidago ptarmicoides (Torr. & A. Gray) B. Boivin 蓍叶一枝黄花
F9006755 — — — 加拿大、美国

Sonchus 苦苣菜属

Sonchus asper (L.) Hill 花叶滇苦菜
F9006756 — — — 欧亚大陆温带、非洲北部
Sonchus oleraceus L. 苦苣菜
Q201805156456 — — — 地中海地区、撒哈拉沙漠、阿拉伯半岛、马卡罗尼西亚；欧洲
Sonchus wightianus DC. 苣荬菜
F9006757 — — — 阿富汗、巴基斯坦、中国、马来西亚西部

Sphagneticola 蟛蜞菊属

Sphagneticola trilobata (L.) Pruski 南美蟛蜞菊
0003369 — — — 特立尼达和多巴哥；美洲热带

Stevia 甜叶菊属

Stevia rebaudiana (Bertoni) Bertoni 甜叶菊
F9006758 — — — 巴西、巴拉圭

Symphyotrichum 联毛紫菀属

Symphyotrichum ericoides (L.) G. L. Nesom 柳叶白菀
F9006759 — — — 加拿大中东部、美国、墨西哥

Synedrella 金腰箭属

Synedrella nodiflora (L.) Gaertn. 金腰箭
F9006760 — — — 美洲热带及亚热带

Syneilesis 兔儿伞属

Syneilesis aconitifolia (Bunge) Maxim. 兔儿伞
F9006761 — — — 中国、俄罗斯（远东地区）、日本

Tagetes 万寿菊属

Tagetes erecta L. 万寿菊
0002883 — — — 墨西哥、危地马拉

Tussilago 款冬属

Tussilago farfara L. 款冬
F9006762 — — — 尼泊尔；欧亚大陆温带、非洲北部

Xanthium 苍耳属

Xanthium strumarium L. 苍耳
0002137 — — — 秘鲁、巴西；北美洲、南美洲南部

Xerochrysum 麦秆菊属

Xerochrysum bracteatum (Vent.) Tzvelev 蜡菊
F9006763 — — — 巴布亚新几内亚、澳大利亚

Youngia 黄鹌菜属

Youngia japonica (L.) DC. 黄鹌菜
0002073 — — — 亚洲热带及亚热带

Zinnia 百日菊属

Zinnia angustifolia Kunth 小百日菊
F9006764 — — — 墨西哥
Zinnia elegans Jacq. 百日菊
0002416 — — — 中美洲

Viburnaceae 荚蒾科

Sambucus 接骨木属

Sambucus javanica Reinw. ex Blume 接骨草
F9006765 — — — 孟加拉国、不丹、中南半岛、印度、印度尼西亚（爪哇岛、小巽他群岛）
Sambucus williamsii Hance 接骨木
F9006766 — — — 俄罗斯（西伯利亚南部）、中国、韩国、日本

Viburnum 荚蒾属

Viburnum betulifolium Batalin 桦叶荚蒾
F9006767 中国特有 — — 中国
Viburnum brachybotryum Hemsl. 短序荚蒾
F9006768 中国特有 — — 中国南部
Viburnum chinshanense Graebn. 金佛山荚蒾
F9006769 中国特有 — — 中国中部
Viburnum cylindricum Buch.-Ham. ex D. Don 水红木
F9006770 — — — 中南半岛；南亚、东亚中部及南部
Viburnum erosum Thunb. 宜昌荚蒾
F9006771 — — — 中国；亚洲东部温带
Viburnum foetidum Wall. 臭荚蒾
F9006772 — — — 印度（锡金）、中国西部、中南半岛北部
Viburnum fordiae Hance 南方荚蒾
00047231 中国特有 — — 中国南部
Viburnum hanceanum Maxim. 蝶花荚蒾
F9006773 中国特有 — — 中国
Viburnum henryi Hemsl. 巴东荚蒾
F0025759 中国特有 — — 中国
Viburnum odoratissimum Ker Gawl. 珊瑚树
0000572 — — — 中国中部；亚洲热带及亚热带
Viburnum oliganthum Batalin 少花荚蒾
0003001 中国特有 — — 中国
Viburnum opulus subsp. *calvescens* (Rehder) Sugim. 鸡树条
0001946 — — — 中国、日本、韩国、蒙古、俄罗斯
Viburnum plicatum Thunb. 粉团
00046681 — — — 中国、日本

Viburnum plicatum var. *tomentosum* Miq. 蝴蝶戏珠花
F9006774 — — — —
Viburnum propinquum Hemsl. 球核荚蒾
F9006775 — — — 中国、菲律宾
Viburnum rhytidophyllum Hemsl. 皱叶荚蒾
F9006776 中国特有 — — 中国
Viburnum schensianum Maxim. 陕西荚蒾
F9006777 中国特有 — — 中国
Viburnum sempervirens K. Koch 常绿荚蒾
F9006778 中国特有 — — 中国
Viburnum sempervirens var. *trichophorum* Hand.-Mazz. 具毛常绿荚蒾
F9006779 中国特有 — — 中国
Viburnum setigerum Hance 茶荚蒾
0002192 中国特有 — — 中国
Viburnum sympodiale Graebn. 合轴荚蒾
F9006780 中国特有 — — 中国
Viburnum taitoense Hayata 台东荚蒾
F9006781 中国特有 — — 中国
Viburnum tengyuehense (W. W. Sm.) P. S. Hsu 腾越荚蒾
F9006782 — — — 中国、缅甸
Viburnum ternatum Rehder 三叶荚蒾
F9006783 中国特有 — — 中国
Viburnum trabeculosum C. Y. Wu 横脉荚蒾
F9006784 中国特有 易危（VU） — 中国
Viburnum urceolatum Siebold & Zucc. 壶花荚蒾
F9006785 — — — 中国、日本
Viburnum utile Hemsl. 烟管荚蒾
F9006786 中国特有 — — 中国
Viburnum wrightii Miq. 浙皖荚蒾
F9006787 — 近危（NT） — 中国、千岛群岛、韩国

Caprifoliaceae 忍冬科

Abelia 糯米条属

Abelia forrestii (Diels) W. W. Sm. 细瘦糯米条
00018780 中国特有 易危（VU） — 中国
Abelia grandiflora 'Francis Mason' 金叶大花六道木
F9006788 — — — —

Dipsacus 川续断属

Dipsacus inermis Wall. 劲直续断
00018549 — — — 阿富汗、巴基斯坦、中国、中南半岛

Heptacodium 七子花属

Heptacodium miconioides Rehder 七子花
F9006789 中国特有 濒危（EN） 二级 中国

Leycesteria 鬼吹箫属

Leycesteria formosa Wall. 鬼吹箫
F9006790 — — — 中国、印度、尼泊尔、孟加拉国、不丹、缅甸

Linnaea 北极花属

Linnaea amabilis (Graebn.) Christenh. 猬实
F9006792 中国特有 易危（VU） — 中国
Linnaea chinensis (R. Br.) A. Braun & Vatke 糯米条
F9006793 — — — 中国、越南
Linnaea × grandiflora (Rovel Li ex André) Christenh.
F9006791 — — — —
Linnaea uniflora (R. Br.) A. Braun & Vatke 莛梗花
F9006794 中国特有 — — 中国

Lonicera 忍冬属

Lonicera angustifolia var. *myrtillus* (Hook. f. & Thomson) Q. E. Yang, Landrein, Borosova & Osborne 越橘叶忍冬
F9006795 — — — 阿富汗、巴基斯坦、中国、缅甸北部
Lonicera confusa DC. 华南忍冬
00046593 — — — 中国、尼泊尔、中南半岛北部
Lonicera crassifolia Batalin 匍匐忍冬
F9006796 中国特有 — — 中国
Lonicera fragrantissima Lindl. & Paxton 郁香忍冬
F9006797 中国特有 — — 中国
Lonicera japonica Thunb. 忍冬
0002835 — — — 中国；亚洲东部温带
Lonicera ligustrina var. *pileata* (Oliv.) Franch. 蕊帽忍冬
F9006798 中国特有 — — 中国
Lonicera ligustrina var. *yunnanensis* Franch. 亮叶忍冬
F9006799 中国特有 — — 中国中部
Lonicera ligustrina Wall. 女贞叶忍冬
F9006800 — — — 中国、尼泊尔
Lonicera maackii (Rupr.) Maxim. 金银忍冬
0001500 — — — 俄罗斯（远东地区）、中国、日本
Lonicera mucronata Rehder 短尖忍冬
F9006801 中国特有 — — 中国

Triosteum 莛子藨属

Triosteum pinnatifidum Maxim. 莛子藨
F9006802 — — — 中国北部及中部、日本

Triplostegia 双参属

Triplostegia glandulifera Wall. ex DC. 双参
0003665 — — — 中国、印度、尼泊尔、孟加拉国、不丹、印度尼西亚（苏拉威西岛）、巴布亚新几内亚

Valeriana 缬草属

Valeriana hardwickii Wall. 长序缬草
F9006803 — — — 中国、中南半岛；亚洲中部
Valeriana jatamansi Jones ex Roxb. 蜘蛛香
F9006804 — — — 阿富汗东部、中国、中南半岛北部

Weigela 锦带花属

Weigela japonica var. *sinica* (Rehder) L. H. Bailey 半边月
F9006805 — — — —

Zabelia 六道木属

Zabelia biflora (Turcz.) Makino 六道木
F9006806 — — — 俄罗斯（远东地区）、中国、韩国

Torricelliaceae 鞘柄木科

Torricellia 鞘柄木属

Torricellia tiliifolia DC. 鞘柄木
F9006807 — — — 中国、尼泊尔

Pittosporaceae 海桐科

Pittosporum 海桐属

Pittosporum brevicalyx (Oliv.) Gagnep. 短萼海桐
F0025207 中国特有 — — 中国
Pittosporum crispulum Gagnep. 皱叶海桐
F9006808 中国特有 — — 中国
Pittosporum glabratum Lindl. 光叶海桐
00048000 — — — 缅甸、越南
Pittosporum glabratum var. *neriifolium* Rehder & E. H. Wilson 狭叶海桐
F9006809 中国特有 — — 中国
Pittosporum pauciflorum Hook. & Arn. 少花海桐
F9006810 — — — 中国、中南半岛
Pittosporum pentandrum var. *formosanum* (Hayata) Zhi Y. Zhang & Turland 台琼海桐
00005983 — — — 越南、中国
Pittosporum podocarpum var. *angustatum* Gowda 线叶柄果海桐
F9006811 — — — 中国、印度东北部、缅甸北部
Pittosporum rehderianum Gowda 厚圆果海桐
F9006936 中国特有 — — 中国中部
Pittosporum tobira (Thunb.) W. T. Aiton 海桐
0000286 — — — 韩国南部、日本中部及南部
Pittosporum tobira 'Variegata' 斑叶海桐
0004296 — — — —
Pittosporum tobira 'Variegatum' 花叶海桐
F9006812 — — — —
Pittosporum truncatum E. Pritz. 崖花子
F0037753 中国特有 — — 中国

Araliaceae 五加科

Aralia 楤木属

Aralia armata (Wall. ex G. Don) Seem. 野楤头
F9006813 — — — 印度东部、中国（南部至喜马拉雅山脉东部）、中南半岛

Aralia cordata Thunb. 食用土当归
F9006814 — — — 中国；亚洲东部温带

Aralia decaisneana Hance 台湾毛楤木
0002008 中国特有 — — 中国

Aralia elata (Miq.) Seem. 楤木
00047247 — — — 俄罗斯（远东地区）、中国；亚洲东部温带

Brassaiopsis 罗伞属

Brassaiopsis ciliata Dunn 纤齿罗伞
F9006815 — — — 中国、尼泊尔、中南半岛北部

Brassaiopsis ferruginea (H. L. Li) G. Hoo 锈毛罗伞
F9006816 中国特有 — — 中国南部

Brassaiopsis glomerulata (Blume) Regel 罗伞
F9006817 — — — 印度、中国南部、印度尼西亚（爪哇岛西部）

Brassaiopsis stellata K. M. Feng 星毛罗伞
F9006818 — — — 中国、越南北部

Dendropanax 树参属

Dendropanax dentiger (Harms) Merr. 树参
F9006819 — — — 中国、中南半岛

Dendropanax macrocarpus Cuatrec. 大果树参
F9006820 — — — 哥伦比亚、厄瓜多尔

Dendropanax proteus (Champ. ex Benth.) Benth. 变叶树参
F9006821 中国特有 — — 中国南部

Eleutherococcus 五加属

Eleutherococcus leucorrhizus var. *setchuenensis* (Harms ex Diels) C. B. Shang & J. Y. Huang 蜀五加
F9006822 中国特有 — — 中国中部

Eleutherococcus trifoliatus (L.) S. Y. Hu 白簕
00047172 — — — 印度、尼泊尔、不丹、中国南部、中南半岛北部、菲律宾

Fatsia 八角金盘属

Fatsia japonica (Thunb.) Decne. & Planch. 八角金盘
0000571 — — — 韩国南部、日本

Hedera 常春藤属

Hedera helix L. 洋常春藤
F9006823 — — — —

Hedera helix 'Pittsburgh' 尖裂洋常春藤
F9006824 — — — —

Hedera helix 'Silver Queen' 银边洋常春藤
F9006825 — — — —

Hedera helix 'Variegata' 斑叶常春藤
F9006826 — — — —

Hedera sinensis (Tobler) Hand.-Mazz. 常春藤
0001308 — — — 中国、中南半岛北部

Heteropanax 幌伞枫属

Heteropanax fragrans (Roxb.) Seem. 幌伞枫
00011393 — — — 中南半岛；南亚、东亚南部

Hydrocotyle 天胡荽属

Hydrocotyle batrachium Hance 破铜钱
0003076 — — — —

Hydrocotyle javanica Thunb. 乞食碗
F9006827 — — — 斐济；亚洲热带及亚热带

Hydrocotyle sibthorpioides Lam. 天胡荽
0004009 — — — 世界热带及亚热带

Hydrocotyle verticillata Thunb. 南美天胡荽
Q201611059635 — — — 索马里；美洲热带及亚热带、非洲南部

Hydrocotyle wilfordii Maxim. 肾叶天胡荽
00018514 — — — 中国南部、越南；亚洲东部温带

Kalopanax 刺楸属

Kalopanax septemlobus (Thunb.) Koidz. 刺楸
00046280 — — — 俄罗斯（远东地区）、中国；亚洲东部温带

Macropanax 大参属

Macropanax decandrus G. Hoo 十蕊大参
F9006828 中国特有 — — 中国南部

Macropanax dispermus (Blume) Kuntze 大参
F9006829 — — — 中国、印度、中南半岛、马来西亚西部

Macropanax rosthornii (Harms) C. Y. Wu ex G. Hoo 短梗大参
F9006830 中国特有 — — 中国

Metapanax 梁王茶属

Metapanax davidii (Franch.) J. Wen & Frodin 异叶梁王茶
F9006831 — — — 中国、越南北部

Panax 人参属

Panax bipinnatifidus Seem. 疙瘩七
F9006832 — 濒危（EN）二级 中国、印度、尼泊尔、孟加拉国、不丹

Panax japonicus (T. Nees) C. A. Mey. 竹节参
F9006833 — — 二级 中国、韩国、日本
Panax notoginseng (Burkill) F. H. Chen 三七
F9006834 — 野外绝灭（EW）二级 中国、越南北部

Polyscias 南洋参属

Polyscias balfouriana (André) L. H. Bailey 圆叶南洋参
F9006835 — — — 巴布亚新几内亚、澳大利亚（昆士兰州）
Polyscias balfouriana 'Marginata' 银边圆叶福禄桐
0001883 — — — — —
Polyscias balfouriana 'Variegata' 黄斑圆叶福禄桐
F9006836 — — — —
Polyscias filicifolia (C. Moore ex E. Fourn.) L. H. Bailey 蕨叶南洋参
0001712 — — — 巴布亚新几内亚；起源于西南太平洋岛屿
Polyscias fruticosa (L.) Harms 南洋参
F9006837 — — — 马来西亚；起源于西南太平洋岛屿
Polyscias fruticosa 'Deleauana' 羽裂福禄桐
F9006838 — — — —
Polyscias guilfoylei (W. Bull) L. H. Bailey 银边南洋参
F9006839 — — — 马来西亚东部；起源于西南太平洋岛屿
Polyscias guilfoylei 'Marginata' 镶边圆叶福禄桐
0000429 — — — — —
Polyscias guilfoylei 'Quinquifolia' 芹叶福禄桐
F9006840 — — — —
Polyscias paniculata (DC.) Baker 圆锥南洋参
F9006841 — — 毛里求斯

Schefflera 南鹅掌柴属

Schefflera actinophylla (Endl.) Harms 辐叶鹅掌柴
0001451 — — — 巴布亚新几内亚南部、澳大利亚北部
Schefflera bodinieri (H. Lév.) Rehder 短序鹅掌柴
0003132 — — — 中国、越南
Schefflera delavayi (Franch.) Harms 穗序鹅掌柴
0001015 — — — 中国南部、越南西北部
Schefflera heptaphylla (L.) Frodin 鹅掌柴
00011293 — — — 中国、日本、中南半岛、菲律宾
Schefflera macrophylla (Dunn) R. Vig. 大叶鹅掌柴
F9006842 — — 中国、中南半岛北部
Schefflera minutistellata Merr. ex H. L. Li 星毛鸭脚木
00011758 — — — 中国南部、越南
Schefflera pauciflora R. Vig. 球序鹅掌柴
F0037950 — — 中国南部、中南半岛

Tetrapanax 通脱木属

Tetrapanax papyrifer (Hook.) K. Koch 通脱木
00000093 中国特有 — — 中国

Trevesia 刺通草属

Trevesia palmata (Roxb. ex Lindl.) Vis. 刺通草
F9006843 — — — 尼泊尔、中国、中南半岛

Apiaceae 伞形科

Angelica 当归属

Angelica biserrata (R. H. Shan & C. Q. Yuan) C. Q. Yuan & R. H. Shan 重齿当归
F9006844 — — — 中国南部、越南
Angelica decursiva (Miq.) Franch. & Sav. 紫花前胡
F9006845 — — — 越南；亚洲东部温带
Angelica laxifoliata Diels 疏叶当归
F9006846 中国特有 — — 中国中部
Angelica polymorpha Maxim. 拐芹
F9006847 — — — 中国北部及东部、日本中部及南部

Apium 芹属

Apium graveolens L. 旱芹
F9006848 — — — 喜马拉雅山脉西部；非洲、欧洲

Bupleurum 柴胡属

Bupleurum chinense DC. 北柴胡
F9006849 — — — 中国、朝鲜
Bupleurum marginatum Wall. ex DC. 竹叶柴胡
F9006850 — — — 阿富汗东部、中国中部、缅甸北部

Centella 积雪草属

Centella asiatica (L.) Urb. 积雪草
0001407 — — — 高加索地区、新西兰；西南太平洋岛屿；世界热带及亚热带

Chuanminshen 川明参属

Chuanminshen violaceum M. L. Sheh & R. H. Shan 川明参
F9006851 中国特有 濒危（EN）二级 中国

Coriandrum 芫荽属

Coriandrum sativum L. 芫荽
F9006852 — — — 地中海地区东部、巴基斯坦

Cryptotaenia 鸭儿芹属

Cryptotaenia japonica Hassk. 鸭儿芹
F9006853 — — — 越南、中国、韩国、日本；亚洲东部温带

Daucus 胡萝卜属

Daucus carota var. *sativus* Hoffm. 胡萝卜
F9006854 — — — —

Foeniculum　茴香属

Foeniculum vulgare Mill.　茴香
0004718 — — — 地中海地区、埃塞俄比亚、尼泊尔西部、
马卡罗尼西亚

Heracleum　独活属

Heracleum hemsleyanum Diels　独活
F9006855 — — — 中国、越南

Heracleum moellendorffii Hance　短毛独活
F9006856 — — — 俄罗斯（远东地区南部）、中国、日本

Kitagawia　石防风属

Kitagawia praeruptora (Dunn) Pimenov　前胡
F9006857 中国特有 — — 中国

Lilaeopsis　水毯草属

Lilaeopsis chinensis (L.) Kuntze　中华天胡荽
0004011 — — — 老挝、越南、美国

Nothosmyrnium　白苞芹属

Nothosmyrnium japonicum Miq.　白苞芹
F9006858 中国特有 — — 中国

Oenanthe　水芹属

Oenanthe javanica (Blume) DC.　水芹
F9006859 — — — 俄罗斯（西伯利亚东南部）；亚洲热带
及亚热带

Oenanthe javanica subsp. *rosthornii* (Diels) F. T. Pu　卵叶
水芹

F9006860 — — — 中国、泰国

Oenanthe linearis Wall. ex DC.　线叶水芹
F9006861 — — — 中国；亚洲热带

Oenanthe thomsonii subsp. *stenophylla* (H. Boissieu) F. T. Pu
窄叶水芹
F9006862 — — — 中国、越南

Osmorhiza　香根芹属

Osmorhiza aristata (Thunb.) Rydb.　香根芹
F9006863 — — — 亚洲温带

Peucedanum　疆前胡属

Peucedanum medicum Dunn　华中前胡
F9006864 中国特有 — — 中国南部

Pternopetalum　囊瓣芹属

Pternopetalum davidii Franch.　囊瓣芹
F9006865 中国特有 — — 中国

Pternopetalum trichomanifolium (Franch.) Hand.-Mazz.　膜
蕨囊瓣芹
0002002 中国特有 — — 中国

Sanicula　变豆菜属

Sanicula orthacantha S. Moore　直刺变豆菜
F9006866 — — — 中国、中南半岛

Saposhnikovia　防风属

Saposhnikovia divaricata (Turcz. ex Ledeb.) Schischk.　防风
F9006999 — — — 俄罗斯（西伯利亚南部）、韩国、中国
北部

科属中文名索引

科属拉丁名索引

A

Abelia 325
Abelmoschus 207
Abies 38
Abroma 207
Abrus 154
Abutilon 207
Acacia 154
Acalypha 190
Acampe 67
Acanthaceae 308
Acanthephippium 67
Acanthocalycium 219
Acanthocereus 219
Acanthus 308
Acer 202
Acharagma 219
Achariaceae 188
Achetaria 306
Achillea 320
×*Achimenantha* 263
Achimenes 263
Achyranthes 216
Acianthera 67
Acidosasa 128
Acmella 320
Acokanthera 246
Aconitum 138
Acoraceae 52
Acorus 52
Acrocomia 102
Acronychia 204
Acrostichum 8
Actaea 138
Actephila 196
Actinidia 240

Actinidiaceae 240
Actiniopteris 9
Actinodaphne 49
Actinorhytis 102
Actinostachys 7
Acystopteris 13
Adansonia 207
Adelonema 53
Adenanthera 154
Adenium 246
Adenoncos 67
Adenophora 319
Adenosma 306
Adenostemma 320
Adiantum 9
Adina 242
Adinandra 233
Adonidia 102
Adromischus 150
Aechmea 113
Aeginetia 318
Aeonium 150
Aerangis 67
Aerides 67
Aeridostachya 67
Aeschynanthus 267
Aesculus 203
Afzelia 154
Agapanthus 94
Agapetes 240
Agarista 240
Agastache 314
Agathis 35
Agave 96
Ageratum 320
Aglaia 206
Aglaodorum 53

Aglaonema 53
Agrimonia 162
Agrostophyllum 67
Aidia 242
Ailanthus 206
Ainsliaea 320
Aiphanes 102
Aizoaceae 217
Ajania 320
Ajuga 314
Akaniaceae 211
Akebia 136
Alangium 233
Albizia 154
Albuca 97
Alcantarea 116
Alcea 207
Alchornea 190
Alcimandra 43
Aletris 64
Aleurites 190
Aleuritopteris 9
Alibertia 243
Alisma 63
Alismataceae 63
Alkekengi 261
Allamanda 248
Allium 94
Allocasuarina 175
Allocheilos 268
Allophylus 203
Allospondias 201
Allostigma 268
Alluaudia 218
Alniphyllum 239
Alnus 175
Alocasia 53

Aloe 90
Aloestrela 92
Aloiampelos 92
Aloidendron 92
Alphonsea 48
Alpinia 110
Alseodaphne 49
Alseodaphnopsis 49
Alsobia 268
Alsophila 8
Alternanthera 216
Altingiaceae 148
Alysicarpus 155
Alyxia 248
Amalophyllon 269
Amaranthaceae 216
Amaranthus 216
Amaryllidaceae 94
Amentotaxus 37
Amischotolype 107
Ammocharis 94
Amomum 111
Amorphophallus 53
Ampelocalamus 128
Ampelopsis 153
Ampelopteris 17
Amydrium 54
Anacardiaceae 201
Anacardium 202
Anaphalis 320
Anchomanes 54
Andrographis 308
Androsace 235
Anemarrhena 97
Anemia 7
Anemiaceae 7
Anemonastrum 138
Anemone 138
Anemonoides 138
Aneuraceae 1
Angelica 328
Angelonia 306
Angiopteris 5
Angraecum 67
Anhaloniopsis 219
Ania 67

Anisocampium 15
Anisodus 261
Anisomeles 314
Anisopappus 320
Anna 269
Annona 48
Annonaceae 48
Anodendron 248
Anoectochilus 67
Anomodontaceae 2
Anredera 219
Antherotoma 200
Anthogonium 68
Anthurium 54
Antiaris 170
Antidesma 196
Antigonon 213
Antirhea 243
Antirrhinum 306
Antrophyum 9
Anubias 56
Aphanamixis 206
Aphananthe 170
Aphelandra 308
Apiaceae 328
Apium 328
Apoballis 56
Apocynaceae 246
Aponogeton 64
Aponogetonaceae 64
Aporocactus 219
Aporosa 196
Appendicula 68
Apterosperma 237
Aquarius 63
Aquifoliaceae 319
Aquilaria 210
Aquilegia 139
Araceae 53
Arachis 155
Arachniodes 19
Arachnis 68
Arachnothryx 243
Araeococcus 116
Aralia 327
Araliaceae 327

Araucaria 36
Araucariaceae 35
Arcangelisia 136
Archidendron 155
Archontophoenix 102
Ardisia 235
Areca 102
Arecaceae 102
Arenga 102
Argyranthemum 321
Argyreia 260
Ariocarpus 219
Arisaema 56
Aristaloe 93
Aristea 86
Aristolochia 42
Aristolochiaceae 42
Artabotrys 48
Artemisia 321
Arthropteridaceae 24
Arthropteris 24
Artocarpus 170
Arundina 68
Arundo 128
Asarum 42
Asclepias 248
Asparagaceae 96
Asparagus 97
Asphodelaceae 90
Aspidistra 98
Aspidopterys 188
Aspleniaceae 13
Asplenium 13
Aster 321
Asteraceae 320
Asterogyne 103
Asteropyrum 139
Astilbe 150
Astragalus 155
Astridia 217
Astrocaryum 103
Astrolepis 10
Astroloba 93
Astrophytum 219
Asystasia 308
Atalantia 204

Athyriaceae 15
Athyrium 15
Atractylodes 321
Atropa 261
Attalea 103
Aucuba 242
Austrocylindropuntia 220
Averrhoa 186
Axonopus 128
Ayenia 207
Azanza 207
Azolla 7
Aztekium 220

B

Bacopa 306
Bactris 103
Baeckea 199
Balanophora 212
Balanophoraceae 212
Baliospermum 190
Balsaminaceae 233
Bambusa 128
Bambuseria 68
Banksia 147
Barbula 2
Barfussia 116
Barleria 309
Barnardia 98
Barringtonia 233
Barthea 200
Bartramiaceae 2
Basella 219
Basellaceae 219
Bashania 129
Basilicum 315
Bauhinia 155
Beaucarnea 98
Beaumontia 248
Beccarinda 269
Beccariophoenix 103
Beesia 139
Begonia 176
Begoniaceae 176
Beilschmiedia 49

Bellis 321
Benincasa 175
Bennettiodendron 189
Bentinckia 103
Berberidaceae 137
Berberis 137
Berchemia 169
Berchemiella 169
Bergenia 150
Bergia 188
Beta 216
Betula 175
Betulaceae 175
Biancaea 155
Bidens 321
Bifrenaria 68
Bignonia 312
Bignoniaceae 312
Billbergia 116
Biophytum 186
Bischofia 196
Bismarckia 103
Bistorta 213
Bixa 210
Bixaceae 210
Blachia 190
Blastus 200
Blechnaceae 15
Blechnopsis 15
Bletilla 68
Blumea 321
Blyxa 63
Boehmeria 172
Boeica 269
Boenninghausenia 204
Boesenbergia 111
Bolbitis 19
Bombax 207
Bommeria 10
Bonnaya 308
Boraginaceae 259
Borassus 103
Bosmania 25
Bothriochloa 129
Bothriospermum 259
Bougainvillea 218

Bowenia 31
Bowringia 155
Brachychiton 207
Brachytheciaceae 2
Brahea 103
Brainea 15
Brandisia 318
Brasenia 40
Brasiliopuntia 220
Brassaiopsis 327
Brassavola 68
Brassia 68
Brassica 211
Brassicaceae 211
Bredia 200
Bretschneidera 211
Breutelia 2
Breynia 196
Bridelia 196
Briggsiopsis 269
Bromeliaceae 113
Brucea 206
Brugmansia 261
Bruguiera 186
Brunfelsia 261
Brunsvigia 94
Bryaceae 2
Bryum 2
Buddleja 307
Bulbine 93
Bulbophyllum 68
Bulbostylis 126
Bulleyia 70
Bupleurum 328
Burmannia 64
Burmanniaceae 64
Burretiodendron 207
Bursera 201
Burseraceae 201
Butia 103
Buxaceae 147
Buxus 147

C

Cabombaceae 40

Cactaceae 219

Caesalpinia 155

Cajanus 155

Caladium 57

Calamus 103

Calanthe 70

Calathea 109

Calciphilopteris 10

Caldesia 63

Calendula 321

Callerya 155

Calliandra 155

Callianthe 207

Callicarpa 315

Callisia 107

Callistemon 199

Callistephus 321

Callitriche 306

Callitris 36

Callostylis 71

Calocedrus 36

Calochlaena 8

Calophyllaceae 187

Calophyllum 187

Calycanthaceae 48

Calycanthus 48

Calypogeia 1

Calypogeiaceae 1

Calyptothecium 2

Calyptrocalyx 103

Camellia 237

Camonea 260

Campanulaceae 319

Campsis 312

Camptotheca 231

Campylopus 1

Campylotropis 155

Cananga 48

Canarium 201

Canellaceae 41

Canistropsis 117

Canna 109

Cannabaceae 170

Cannabis 170

Cannaceae 109

Capparaceae 211

Capparis 211

Caprifoliaceae 325

Capsicum 261

Caputia 321

Caragana 156

Carallia 187

Cardamine 211

Cardiocrinum 66

Cardiopteridaceae 318

Cardiospermum 203

Carex 126

Carica 211

Caricaceae 211

Carissa 248

Carludovica 65

Carpentaria 103

Carpesium 321

Carpinus 175

Carpobrotus 217

Carpoxylon 103

Carrierea 189

Cartrema 262

Caryophyllaceae 215

Caryopteris 315

Caryota 103

Cascabela 248

Casearia 189

Cassia 156

Cassytha 49

Castanea 173

Castanopsis 173

Castanospermum 156

Casuarina 175

Casuarinaceae 175

Catalpa 312

Catharanthus 248

Cathaya 38

Catopsis 117

Cattleya 71

Caulophyllum 137

Causonis 153

Cautleya 111

Cavanillesia 207

Cayratia 153

Cecropia 172

Cedrus 38

Ceiba 208

Celastraceae 184

Celastrus 184

Celosia 216

Celtis 170

Cenchrus 129

Cenocentrum 208

Centaurea 321

Centella 328

Centipeda 321

Centrosolenia 269

Cephalanthera 71

Cephalantheropsis 71

Cephalocereus 220

Cephalomanes 6

Cephalomappa 190

Cephalostachyum 130

Cephalotaceae 186

Cephalotaxus 38

Cephalotus 186

Cerastium 215

Cerasus 162

Ceratophyllaceae 135

Ceratophyllum 135

Ceratopteris 10

Ceratostema 240

Ceratostigma 212

Ceratostylis 71

Ceratozamia 31

Cerbera 248

Cercidiphyllaceae 149

Cercidiphyllum 149

Cercis 156

Cereus 220

Ceropegia 248

Cerosora 10

Cestrum 261

Chaenomeles 162

Chamabainia 172

Chamaecyparis 36

Chamaedorea 103

Chamaelirium 65

Chamaerops 104

Chambeyronia 104

Changiostyrax 239

Cheilanthes 10

Crocus 86

Crossandra 309

Crossostephium 322

Crotalaria 156

Croton 191

Cryosophila 104

Cryptanthus 117

Cryptochilus 72

Cryptocoryne 57

Cryptomeria 37

Cryptostegia 248

Cryptotaenia 328

Ctenanthe 109

Ctenitis 19

Cucumis 175

Cucurbita 175

Cucurbitaceae 175

Culcasia 57

Culcita 7

Culcitaceae 7

Cunninghamia 37

Cuphea 197

Cupressaceae 36

Cupressus 37

Curculigo 86

Curcuma 111

Curio 322

Cuscuta 260

Cyanthillium 322

Cyatheaceae 8

Cycadaceae 30

Cycas 30

Cyclamen 236

Cyclanthaceae 65

Cyclea 136

Cyclobalanopsis 174

Cyclocarya 174

Cyclogramma 17

Cyclopeltis 24

Cyclosorus 17

Cylindrolobus 73

Cylindropuntia 221

Cymbidium 73

Cymbopogon 130

Cynanchum 248

Cynodon 130

Cynoglossum 260

Cynorkis 74

Cyperaceae 126

Cyperus 127

Cyphostemma 153

Cypripedium 74

Cyrtandra 269

Cyrtanthus 95

Cyrtococcum 130

Cyrtomium 20

Cyrtostachys 104

Cystopteridaceae 13

Cystopteris 13

D

Dacrycarpus 36

Dacrydium 36

Dactylicapnos 135

Dactyloctenium 130

Dalbergia 156

Dalrympelea 201

Damnacanthus 243

Damrongia 269

Daphne 210

Daphniphyllaceae 149

Daphniphyllum 149

Dasiphora 162

Datura 261

Daucus 328

Davallia 25

Davalliaceae 25

Davidia 232

Deinostigma 269

Delonix 157

Delosperma 217

Delphinium 141

Dendrobium 74

Dendrocalamus 130

Dendrochilum 77

Dendrolirium 77

Dendrolobium 157

Dendrolycopodium 3

Dendropanax 327

Dendrotrophe 212

Denmoza 221

Dennstaedtia 12

Dennstaedtiaceae 12

Deparia 16

Deppea 243

Derris 157

Deschampsia 131

Desmos 48

Deuterocohnia 118

Deutzia 232

Deutzianthus 191

Dianella 93

Dianthus 215

Dichondra 260

Dichotomanthes 163

Dichrocephala 322

Dicksonia 8

Dicksoniaceae 8

Dicliptera 309

Dicranella 1

Dicranellaceae 1

Dicranopteris 6

Dictyosperma 104

Didierea 218

Didiereaceae 218

Didymocarpus 270

Didymochlaena 19

Didymochlaenaceae 19

Didymostigma 270

Dieffenbachia 57

Dienia 77

Dietes 86

Digitalis 307

Digitaria 131

Dillenia 148

Dilleniaceae 148

Dimocarpus 203

Dinetus 260

Dionaea 214

Dioon 32

Dioscorea 64

Dioscoreaceae 64

Diospyros 234

Diphasiastrum 3

Diplaziopsidaceae 13

Diplaziopsis 13

Diplazium 16

Euptelea 135
Eupteleaceae 135
Eurya 234
Euryale 40
Eurycorymbus 203
Euryodendron 234
Eustigma 149
Euterpe 105
Exallage 243
Exbucklandia 149
Excoecaria 195
Exochorda 163

F

Fabaceae 154
Fagaceae 173
Fagopyrum 213
Fagraea 246
Fagus 174
Falcataria 157
Farfugium 322
Fargesia 131
Fatsia 327
Faucaria 217
Ferocactus 223
Festuca 131
Ficus 170
Filicium 203
Filipendula 163
Fimbristylis 127
Firmiana 208
Fissidens 1
Fissidentaceae 1
Fissistigma 48
Fittonia 309
Flemingia 157
Floscopa 107
Foeniculum 329
Fokienia 37
Foonchewia 243
Forsythia 262
Fortunearia 149
Fosterella 119
Fragaria 163
Frangula 169

Fraxinus 262
Fritillaria 66
Frullania 1
Frullaniaceae 1
Fuchsia 198
Fuirena 127
Funariaceae 1
Furcraea 100

G

Gahnia 127
Galphimia 188
Garcinia 187
Gardenia 243
Garryaceae 242
Garuga 201
Gasteria 93
Gastrochilus 78
Gaultheria 240
Gazania 322
Gelsemiaceae 246
Gelsemium 246
Gentiana 246
Gentianaceae 246
Geodorum 78
Geonoma 105
Geraniaceae 197
Geranium 197
Gerbera 322
Gerrardanthus 175
Gesneria 270
Gesneriaceae 263
Geum 163
Gigantochloa 131
Ginkgo 35
Ginkgoaceae 35
Gironniera 170
Glabrella 271
Glandularia 314
Glaphyropteridopsis 17
Glebionis 322
Glechoma 316
Gleditsia 157
Gleicheniaceae 6
Glinus 218

Globba 112
Glochidion 196
Gloriosa 65
Glottiphyllum 217
Gloxinia 271
Glycosmis 205
Glyptostrobus 37
Gmelina 316
Gnetaceae 39
Gnetum 39
Goeppertia 110
Gomphocarpus 249
Gomphostemma 316
Gomphrena 216
Gonatopus 58
Goniophlebium 26
Goniothalamus 48
Gonocaryum 318
Gonostegia 172
Goodyera 78
Goudaea 119
Graptopetalum 151
Graptophyllum 309
Graptoveria 151
Grevillea 147
Grewia 208
Grona 157
Grossulariaceae 149
Guarianthe 78
Guibourtia 158
Guihaia 105
Guilandina 158
Guzmania 119
Gymnadenia 78
Gymnema 249
Gymnocalycium 223
Gymnocarpium 13
Gymnocladus 158
Gymnosphaera 8
Gymnosporia 185
Gymnostachyum 309
Gynochthodes 243
Gynostemma 175
Gynura 322
Gypsophila 215
Gyrocheilos 271

Iresine 216

Iridaceae 86

Iris 86

Isachne 132

Ischaemum 132

Ischnogyne 79

Ismelia 323

Isodon 316

Isoetaceae 3

Isoetes 3

Isoglossa 309

Itea 149

Iteaceae 149

Ixioliriaceae 86

Ixiolirion 86

Ixonanthaceae 196

Ixonanthes 196

Ixora 243

J

Jacaranda 312

Jacobaea 323

Jasminum 262

Jatropha 195

Johannesteijsmannia 105

Jubaea 105

Juglandaceae 174

Juglans 174

Jumellea 79

Juncaceae 126

Juncus 126

Juniperus 37

Justicia 309

K

Kadenicarpus 225

Kadsura 41

Kaempferia 112

Kalanchoe 151

Kalopanax 327

Kandelia 187

Kerria 163

Keteleeria 38

Khaya 206

Kigelia 312

Kingdonia 136

Kitagawia 329

Kleinia 323

Kniphofia 94

Koeleria 132

Koelreuteria 203

Koenigia 213

Kohleria 272

Kopsia 252

Korthalsella 212

Kroenleinia 225

Kumara 94

Kungia 152

L

Lablab 158

Laccospadix 105

Lactuca 323

Lagenaria 176

Lagerstroemia 198

Lamiaceae 314

Lampranthus 217

Lanonia 105

Lantana 314

Lanxangia 112

Lapidaria 217

Lapsanastrum 323

Lardizabalaceae 136

Larix 38

Lasia 58

Lasianthus 244

Lasiococca 195

Latania 105

Lauraceae 49

Laurus 49

Lavandula 316

Lawsonia 198

Lecanopteris 26

Lecythidaceae 233

Ledebouria 100

Leea 153

Lemmaphyllum 26

Lemna 58

Lentibulariaceae 313

Leonotis 316

Leonurus 316

Lepidagathis 310

Lepidosperma 127

Lepidozamia 34

Lepisanthes 203

Lepisorus 26

Leptoboea 277

Leptochilus 27

Leptochloa 132

Leptodermis 244

Leptogramma 18

Leptopus 197

Leptospermum 199

Lespedeza 158

Leucaena 158

Leucanthemum 323

Leuchtenbergia 225

Leucobryaceae 1

Leucocasia 58

Leucostegia 19

Leucostele 225

Leuenbergeria 225

Leycesteria 326

Liatris 323

Libidibia 158

Licuala 105

Ligularia 323

Ligustrum 263

Lilaeopsis 329

Liliaceae 66

Lilium 66

Limnocharis 63

Limnophila 307

Limonium 212

Linaceae 196

Lindera 49

Lindernia 308

Linderniaceae 308

Lindsaea 8

Lindsaeaceae 8

Linnaea 326

Liparis 79

Liquidambar 148

Lirianthe 43

Liriodendron 43

Meteoriaceae 2
Mezoneuron 159
Michelia 44
Micholitzia 252
Mickelia 22
Micranthemum 308
Micranthes 150
Microchirita 278
Microcos 209
Microcycas 35
Microglossa 323
Microlepia 12
Micromelum 205
Micropera 80
Microsorum 27
Microstegium 132
Microtis 80
Microtropis 185
Microula 260
Mikania 323
Millettia 159
Mimosa 159
Mimusops 234
Mirabilis 218
Miscanthus 132
Mischocarpus 204
Mitrasacme 246
Mniaceae 2
Molluginaceae 218
Momordica 176
Monachosorum 13
Monolophus 112
Monoon 48
Monstera 58
Montrichardia 58
Moraceae 170
Morinda 244
Moringa 211
Moringaceae 211
Morus 172
Mosla 316
Mucuna 159
Muehlenbeckia 213
Munronia 206
Muntingia 207
Muntingiaceae 207

Murdannia 107
Murraya 205
Musa 109
Musaceae 109
Musella 109
Mussaenda 244
Mycaranthes 80
Mycetia 244
Myrica 174
Myricaceae 174
Myricaria 212
Myriophyllum 153
Myristica 43
Myristicaceae 43
Myroxylon 159
Myrsine 236
Myrtaceae 199
Myrtillocactus 228
Myrtus 199
Mytilaria 149

N

Nageia 36
Nandina 138
Nanhaia 159
Nannorrhops 105
Narcissus 96
Nartheciaceae 64
Nassella 132
Nautilocalyx 278
Nechamandra 64
Neillia 163
Nekemias 153
Nelsonia 310
Nelumbo 141
Nelumbonaceae 141
Nematanthus 278
Neocinnamomum 51
Neoglaziovia 120
Neogyna 80
Neolamarckia 244
Neolitsea 51
Neomea 121
Neonauclea 244
Neophytum 121

Neoraimondia 228
Neoregelia 121
Nepenthaceae 214
Nepenthes 214
Nepeta 316
Nephelium 204
Nephrolepidaceae 24
Nephrolepis 24
Nephrosperma 106
Nephthytis 58
Nerium 252
Neustanthus 159
Neyraudia 132
Nicoteba 310
Nicotiana 261
Nidularium 123
Normanbya 106
Notholaena 11
Nothosmyrnium 329
Nothotsuga 38
Nouelia 323
Nuphar 40
Nyctaginaceae 218
Nymphaea 40
Nymphaeaceae 40
Nymphoides 320
Nyssa 232
Nyssaceae 231

O

Oberonia 80
Obregonia 228
Ochna 187
Ochnaceae 187
Ochrosia 252
Ocimum 317
Ocotea 52
Odontochilus 80
Odontonema 310
Odontosoria 8
Oeceoclades 80
Oenanthe 329
Oenothera 198
Oeonia 80
Oldenlandia 244

Tetrastigma 154
Teucrium 318
Thalia 110
Thalictrum 141
Thaumatophyllum 62
Theaceae 237
Thelasis 85
Thelocactus 231
Thelypteridaceae 17
Thrixspermum 85
Thuidiaceae 2
Thuidium 2
Thuja 37
Thujopsis 37
Thunbergia 312
Thunia 85
Thymelaeaceae 210
Thyrsostachys 135
Thysanolaena 135
Thysanotus 102
Tiarella 150
Tibouchina 201
Tigridiopalma 201
Tillandsia 124
Tinnea 318
Tinospora 137
Tirpitzia 196
Titanotrichum 306
Todea 6
Tofieldia 63
Tofieldiaceae 63
Toona 207
Torenia 308
Torreya 38
Torricellia 326
Torricelliaceae 326
Toxicodendron 202
Toxocarpus 259
Trachelospermum 259
Trachycarpus 107
Tradescantia 108
Trapa 198
Trapella 307
Treculia 172
Trema 170
Trevesia 328

Triadica 196
Trichocladus 149
Trichoglottis 85
Trichosanthes 176
Trichotosia 85
Tricyrtis 67
Trigastrotheca 218
Trillium 65
Trimezia 90
Triosteum 326
Tripidium 135
Triplaris 214
Triplostegia 326
Tripora 318
Tripterospermum 246
Tripterygium 185
Tristellateia 188
Trithrinax 107
Triumfetta 210
Trochodendraceae 147
Tropaeolaceae 211
Tropaeolum 211
Tropidia 85
Tsuga 39
Tulbaghia 96
Tulipa 67
Tulipastrum 45
Tulista 94
Tupistra 102
Turbinicarpus 231
Turpinia 201
Tussilago 324
Typha 113
Typhaceae 113
Typhonium 63
Typhonodorum 63

U

Uebelmannia 231
Ulmaceae 170
Ulmus 170
Uncaria 245
Uncarina 308
Uncifera 85
Ungernia 96

Uraria 161
Urceolina 96
Urena 210
Urochloa 135
Urtica 173
Urticaceae 172
Utricularia 314
Uvaria 48

V

Vaccinium 242
Vachellia 161
Valeriana 326
Vallisneria 64
Vanda 85
Vandenboschia 6
Vandopsis 86
Vanilla 86
Vatica 210
Veratrum 65
Verbascum 308
Verbena 314
Verbenaceae 314
Vernicia 196
Veronica 307
Veronicastrum 307
Viburnaceae 325
Viburnum 325
Victoria 40
Vigna 161
Vinca 259
Vincetoxicum 259
Viola 188
Violaceae 188
Viscum 212
Vitaceae 153
Vitex 318
Vitis 154
Voacanga 259
Vriesea 125
Vrydagzynea 86

W

Wallichia 107